# 青海省水文站网规划

河南黄河水文勘测设计院
青海省水文水资源勘测局 著

黄河水利出版社
·郑州·

## 内容提要

本书在对青海省境内历史和现状水文站网进行梳理、分析和评价的基础上，采用主成分聚类分析和自然地理概况相结合的方法开展了水文分区，根据《水文站网规划技术导则》（SL 34—2013）和相关理论方法，对该省各类水文站网做出了规划；结合当前青海省水文工作形势，提出了推进水文巡测工作的意见和实施规划的保障措施。

本书可作为从事水文站网规划、研究、管理等方面工作人员的参考用书。

图书在版编目（CIP）数据

青海省水文站网规划/河南黄河水文勘测设计院，青海省水文水资源勘测局著. —郑州：黄河水利出版社，2016. 12

ISBN 978 - 7 - 5509 - 1627 - 2

Ⅰ. ①青…　Ⅱ. ①河…②青…　Ⅲ. ①水文站 - 规划 - 青海　Ⅳ. ①P336. 244

中国版本图书馆 CIP 数据核字（2016）第 291785 号

组稿编辑：李洪良　电话：0371 - 66026352　E-mail：hongliangli0013@ 163. com

出 版 社：黄河水利出版社

地址：河南省郑州市顺河路黄委会综合楼 14 层　　邮政编码：450003

发行单位：黄河水利出版社

发行部电话：0371 - 66026940、66020550、66028024、66022620（传真）

E-mail：hhslcbs@ 126. com

承印单位：河南省瑞光印务股份有限公司

开本：787 mm × 1 092 mm　1/16

印张：20. 5

字数：470 千字　　印数：1—1 000

版次：2016 年 12 月第 1 版　　印次：2016 年 12 月第 1 次印刷

定价：80. 00 元

# 《青海省水文站网规划》撰写人员


樊东方　李其江　张国栋

张建海　唐洪波　左　超

崔玉香　王　田　宋延芝

# 序

青海省幅员辽阔，地形多样，气候复杂，河湖众多，省内流域面积 1 000 km$^2$ 以上的河流有 200 条，水面面积在 1 km$^2$ 以上的湖泊达 242 个。孕育了长江、黄河、澜沧江、黑河等大江大河，被誉为“江河之源”“中华水塔”，是我国重要的水源涵养区和生态屏障。水文工作是服务于经济社会发展和生态文明建设的重要基础性工作，通过布设水文站网，监测各类水文要素，分析、预测和评价洪水干旱的发生、水资源时空分布规律与变化情况等，为解决经济社会发展中遇到的各类水问题提供科学依据。新中国成立以来，青海省水文事业取得了长足发展，在全省防汛抗旱减灾、水工程规划建设运行、水资源开发利用管理、水生态环境保护等领域发挥了重要作用。

党的十八大以来，党中央、国务院制定了一系列加快水利改革发展的方针和政策，为新时期水文工作指明了方向。为切实践行“大水文”发展理念，支撑生态文明建设，把脉江河湖库，推动青海省水文事业科学有序发展，2013 年，根据青海省水利厅的总体安排和部署，青海省水文水资源勘测局在深入分析、调查研究、全面梳理青海省水文工作的基础上，联合河南黄河水文勘测设计院，编制了《青海省水文站网规划》（简称《规划》）。经过近三年的辛勤耕耘，客观地总结了青海省水文事业的历史和现状，找出了差距和短板；从全面支撑生态文明建设和生态立省战略的角度出发，提出了强化水文支撑，加强基础设施建设，扩大覆盖范围，优化站网布局，推进测验方式改革，提高服务水平的具体思路和举措。

在《规划》的编制过程中，长江水利委员会水文局、黄河水利委员会水文局有关领导和专家严格把关，提出了大量宝贵的指导性意见，提高了《规划》的层次和质量；规划编制人员主动协调并处理遇到的各种困难，解决了大量关键性难题，为《规划》的顺利完成贡献了智慧。《规划》的批准实施，将会更加科学系统地指导当前和今后一段时期青海省水文事业的发展，希望全体水文职工上下齐心，共同推进《规划》实施，早日将蓝图变为现实。

我相信，在《规划》的指引下，青海省的水文事业必将取得更大的成就，并见证一江清水向东流。

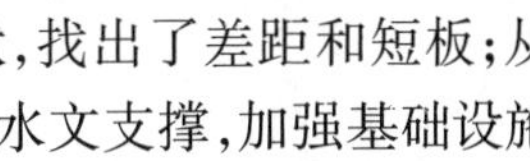

2016 年 9 月 9 日

# 前　言

青海省简称“青”，位于祖国西部地区，是长江、黄河、澜沧江的发源地，被称为“三江源”，素有“中华水塔”之美誉，是全国重要的水源涵养区、生态屏障区。同时，青海省也是西部多民族集聚地区、经济欠发达地区，在保护我国生态安全、维护国家安全、促进民族团结中具有举足轻重的战略地位。该省地大物博、资源富足，开发前景广阔，后发优势强劲。

水是生命之源、生产之要、生态之基，是基础性的自然资源和战略性的经济资源。兴水利、除水害，事关人类生存、经济发展、社会进步，历来是治国安邦的大事。水文是水利和社会经济发展的基础性公益事业和重要支撑，关系到国民经济建设的全局和长远利益。水文站网作为水文工作的重要基础和战略布局，在水文事业中具有承基建构的功用。

《中共中央 国务院关于加快水利改革发展的决定》（中发〔2011〕1 号）要求：“全面加快水利基础设施建设……扩大覆盖范围，优化站网布局，着力增强重点地区、重要城市地下水超采区水文测报能力，加快应急机动监测能力建设，实现资料共享，全面提高服务水平。”中共青海省省委青海省人民政府《关于加快水利改革发展的若干意见》（青发〔2011〕23 号）中提出：“加快防汛抗旱工程建设。在水文水资源监测工程中，加强水文组织机构建设，优化水文站网布局，扩大覆盖范围，加强水文巡测基地建设和水文水环境应急监测能力建设，加快水文测验设施现代化改造，提高监测预报能力，健全水资源动态监测机制。”为全面落实中央和青海省省委省政府的决策部署，青海省水利厅在《印发水利厅〈关于加快水利改革发展的若干意见〉责任分工方案的通知》（青水办〔2011〕951 号）中，将青海省水文站网规划工作落实为由该厅牵头的分工项目第九项，该工作是制订青海省的水文站网总体布局所需进行的各项业务工作的总称，是未来一段时间统领青海省水文站网建设的基础性工作。

青海省的水文站网建设始于 1940 年 1 月，当时的国民政府黄河水利委员会在青海省民和县设立享堂水文站，施测湟水和大通河两个断面。中华人民共和国成立后，青海省的水文事业走上了快速发展的轨道，青海省水利厅、黄河水利委员会、长江水利委员会和甘肃省水利厅分别在青海省境内设立了一批水文站，经过六十余年的发展，基本形成了较为稳定的国家基本水文站网。

2012 年青海省水文水资源勘测局向水利厅建议立项开展青海省水文站网规划，经水利厅同意，2013 年 12 月 26 日，由青海省水利厅水利工作前期中心委托青海禹龙招投标公司对本项目进行公开招标，河南黄河水文勘测设计院作为中标单位承担了本项目即青海省水文站网规划的编制工作。之后河南黄河水文勘测设计院联合青海省水文水资源勘测局共同组成项目办公室，开展规划的编制工作。

本书各章撰写分工为：第 1 章、第 3 章 3.3、第 4 章由樊东方编写；第 2 章、第 3 章 3.1 由李其江编写；第 5 章由张国栋编写；第 3 章 3.2 由张建海编写；第 6 章由唐洪波、左超、崔玉香编写;第7章、第8章由王田编写;第9章及附录由宋延芝、张建海、唐洪波、崔玉香、王田编写。全书由樊东方、张国栋统稿。

本次规划的编制工作,得到了青海省水利厅、黄河水利委员会水文局、长江水利委员会水文局、青海省水文水资源勘测局及其他相关单位的大力支持和帮助,在此一并表示感谢。

鉴于水文站网规划是一个动态的过程,是水文规律探索与社会经济发展需求相结合的复杂工程,本次工作仅为阶段性成果,能够指导规划期内的水文站网建设管理工作,但随着形势的不断发展,必然会有新课题需要进一步探讨和深入研究。

由于作者水平有限,书中不妥之处在所难免,敬请专家和读者批评指正。

**作 者**
**2016年5月**

# 目　录

# 第1章 综 述

## 1.1 项目由来

2013年青海省水利厅同意将该省水文水资源勘测局提出的开展青海省水文站网规划列为水利前期工作，经公开招标，河南黄河水文勘测设计院中标。该院联合青海省水文水资源勘测局组成项目办公室承担本项目编制工作。

## 1.2 规划的特殊性和必要性

一是贯彻落实《中共青海省委青海省人民政府关于加快水利改革发展的若干意见》的需要。该意见明确指出“坚持科学治水、依法治水、统筹治水，突出加强重大综合水利工程和农田水利、饮水安全、防汛抗旱等薄弱环节建设，大力发展民生水利和生态水利，不断深化水利改革”，而加快水利改革的基础在于加强水文的基础支撑作用，水文的基础工作又重在加强站网和测报能力的建设。本规划的建设目标是充实完善青海省水文站网、提高水文测报水平、扩大资料收集范围。因此，该项目的实施是必要的。

二是加强国家“三江源”水资源管理的需要。青海省号称“中华水塔”，每年向下游输送水量596亿 $m^3$，因此源头区水量、水质的变化，均将通过河道传输转移到中下游地区，而中下游地区又是中国社会经济发展的精华地区。影响中下游地区社会经济可持续发展，必将影响中国的可持续发展。因此，加强源头区水量、水质监测，任务迫切且重要。2015年12月9日，习近平总书记主持召开中央深改组第十九次会议，审议通过了《中国“三江源”国家公园体制试点方案》，更显示了中央对“三江源”的高度重视。从这个角度来讲，做好青海省的水文站网规划，促进青海省的水文事业发展，提升青海省的水资源监测、管理能力，也是对国家发展的重要贡献。

三是青海省“生态立省”战略发展的需要。青海省委、省政府确定了生态立省的发展战略，国家投巨资开展生态治理，目前已开展了“三江源”、青海湖生态治理，即将开展“三江源”二期、祁连山生态治理。生态治理效果评估需要准确的水文监测资料，分析流域蓄水特性变化，进而分析流域生态治理效果。因此，加强生态治理区水文监测，为青海省的水生态保护和补偿提供保障，是青海水文的一项特殊任务。

四是青海省水文自身发展的需要。通过设立水文站实现对水文要素的监测和资料的积累，形成水文站网后可以把握住空间的变化规律和分布特点。同时，青海省有些河流受上游湖泊影响，径流年际变化加大，与国内其他地区受上游湖泊影响的河流，径流年际变化减小的普遍性特点相比，青海省的河流表现出了水文特性的差异性。需经过填充和优化水文站网进行监测，分析差异产生的原因。因此，从水文监测的一般性和特殊性要求来说，开展本次水文站网规划是青海省水文自身发展的需要。

五是青海省重大水利工程建设和科学研究前期工作的需要。水利工程建设前期的分析、计算、论证及工程建成后的管理运行都需要水文信息的支撑。目前青海省已规划引江济柴、“三滩”引水生态治理、环青海湖区水利综合治理、湟水南岸水利扶贫、青海省柴达木盆地水资源配置等一批重大水利工程，以及加强“三江源”水生态环境等方面的科学研究，申报可可西里国家级自然保护区为世界自然遗产。现有水文站网尚不能完全满足工程建设、运行、管理以及科学研究和申遗工作的需要，本项目的实施是必要的。

## 1.3　工作概况

本规划在较为系统全面地对青海省境内水文站网(含历史已撤销站和现状站)进行梳理、分析和评价的基础上，采用主成分聚类分析和自然地理概况相结合的方法开展了水文分区，对青海省的流量站、水位站、泥沙站、降水量站、蒸发站、地下水站、水质站、墒情站、实验站、专用站等各类站网进行了功能和测验项目确认，然后根据《水文站网规划技术导则》(SL 34—2013)和相关理论方法，结合区域特点、经济社会发展需求等因素，规划了新的测站，提出规划方案。规划中除增加新设测站外，充分考虑了历史已裁撤但积累有可用资料的水文站的重要作用，分析了现状水文站受水利工程影响后的情况并提出调整方案，也对近期中小河流水文监测系统建设项目建设的站点提出部分调整意见。最后规划根据当前青海省水文工作的形势和推进水文巡测工作的意见和一些实施规划的保障措施。

## 1.4　规划目标、范围、原则和依据

规划的基本目标是，立足中华水塔的高度，在生态立省的战略框架下，科学规划水文站网，优化巩固现有站网体系，适度拓宽填充条件合适地区的站网，酌情向条件严酷的空白区补点，使“容许最稀站网”逐步向“最优站网”发展；夯实水文站网基础，全面提升水文测验技术水平，采用新技术向测验自动监测和湖泊、冰川等水体遥感监测发展，以适应水资源可持续利用和社会经济可持续发展各类功能的需要。

本次水文站网规划范围为青海省全境。规划现状水平年为2013年，近期规划水平年为2020年，远期规划水平年为2030年。

规划编制遵循服从上层相关规划、前瞻性、统筹兼顾、远近结合、合理布局突出重点等原则。

规划编制依据主要包括《青海省水文事业发展规划》《青海省水文站网规划设计任务书》《水文站网规划技术导则》等。

## 1.5　青海省水文站网现状及评价

### 1.5.1　流量站网

#### 1.5.1.1　站网现状

基本站:青海省境内目前有基本水文站48处,属青海省水文局管辖的有34处,属黄河水利委员会水文局(简称黄委水文局)管辖的有12处,甘肃省水文局管辖的2处。其中,大河控制站27处,区域代表站17处,小河站4处;国家重要水文站31处,省级重要水文站9处,一般水文站8处。基本站主要分布在黄河流域和内陆河流域,长江流域较少,澜沧江流域目前空白。

专用站:青海省境内目前建有专用站20处。其中,中小河流水文监测系统水文巡测站14处,青海湖生态监测水文巡测站1处,南水北调西线工程项目专用站1处,“三江源”生态监测水文巡测站4处。

全省现有的68处水文站按流域划分黄河流域43处,长江流域6处,澜沧江流域2处,内陆河流域17处。

辅助站:全省共有辅助水文站17处,全部为一般辅助站(其中青海省水文局12处,甘肃省水文局5处),主要分布在内陆河流域的重要河流上。

实验站:青海省目前没有实验站。历史上曾在吉家堡水文站设过径流实验站,但由于多方面原因未正规开展工作。

另外,青海省历史上设立目前已撤站的水文站有108处,其中有47处监测资料系列在5年以上,对青海省的水文监测评价以及为社会服务都具有重要作用。

#### 1.5.1.2　站网评价

青海省境内流域面积500 $km^2$以上的河流共计360条(包括跨省界河流33条),现有水文站共控制了41条河流,满足程度为11.4%;考虑已撤销的可用站资料,共控制河流60条,满足程度为16.7%。

现状站站网密度为10 506 $km^2$/站,已达到干旱区和极干旱地区(不包括大沙漠)容许最稀水文站网密度20 000 $km^2$/站的标准,但地区及流域间站网密度极不均衡,其中站点最密地区为黄河流域,站网平均密度为3 540 $km^2$/站。若考虑历史曾经设立的站点,密度将有很大提高。

青海省站网现状与青海省目前国民经济发展空间格局基本相适应。站网总体布局控制基本有效,各站服务功能呈现出多样化趋势,专用水文站稳步发展,新建站信息采集力争自动化,水文巡测工作进行了有益的探索与实践。

但目前还存在大多水系流域站点稀少,站网密度偏低;站点分布不均衡,流量站空白区(如高海拔缺氧的“三江源”等地区)较多;现有水文站受水利工程影响严重,水文站网未能随着水情和工情的较大变化而及时调整;现有水文站网不能满足以行政区划为单元的水资源管理和保护的需要;为河湖管理服务的水文监测站点布设不足等多种问题。站网布局还需优化,整体功能的发挥需要继续挖掘。

### 1.5.2 其他水文站网

#### 1.5.2.1 站网现状

1. 水位站网

将水文站的水位观测也记入水位站统计，青海省境内现有水位站 99 处，属青海省水文局管辖的有 83 处，属黄委水文局管辖的有 14 处（含 2 处水位站），属甘肃省水文局管辖的有 2 处。其中，水文站中含水位观测项目的水位站 68 处，独立水位站现有 31 处；属基本水位站 3 处，专用水位站 28 处（分别为中小河流水文监测系统水位站 27 处，青海湖生态监测水文巡测站 1 处）。分布在黄河流域 65 处、长江流域 6 处、澜沧江流域 2 处、内陆河流域 26 处。

2. 泥沙站网

青海省境内现有泥沙站 41 处，属青海省水文局管辖的有 31 处，属黄委水文局管辖的有 8 处，属甘肃省水文局管辖的有 2 处。分布于黄河流域 29 处、长江流域 3 处、内陆河流域 9 处。

3. 降水量站网

青海省境内现有雨量观测项目的各类降水量站 470 处，属青海省水文局管辖的有 456 处，属黄委水文局管辖的有 12 处，属甘肃省水文局管辖的有 2 处。其中，独立降水量站有 386 处，与水文站结合的降水量站有 62 处，与水位站结合的降水量站有 22 处。分布在黄河流域 329 处、长江流域 57 处、澜沧江流域 2 处、内陆河流域 82 处。

4. 蒸发站网

青海省境内现有蒸发站 46 处，属青海省水文局管辖的有 37 处，属黄委水文局管辖的有 7 处，属甘肃省水文局管辖的有 2 处。其中，与水文站结合的蒸发站有 38 处，与水位站结合的蒸发站有 1 处，与降水量站结合的蒸发站有 7 处。分布在黄河流域 29 处、长江流域 4 处、内陆河流域 13 处、澜沧江流域空白。

5. 地下水井网

青海省目前共有地下水观测井 206 眼，其中青海省水文局管辖 32 眼，青海省国土资源厅管辖 174 眼。黄河流域 86 眼，内陆流域 118 眼，长江流域 2 眼，澜沧江流域无。

6. 水质监测站网

青海省水文系统现有水质站点 116 处，从监测对象分，地表水水质站点 92 处，地下水水质站点 12 处，饮用水水源地监测站点 12 处，排污口监测以不定期调查监测为主。从监测方式分，主要以定期人工监测为主。

7. 墒情站网

目前青海省防汛办在旱情监测方面做了一些工作，水文系统墒情观测工作目前尚未正式起步，站网基本空白。

#### 1.5.2.2 站网评价

水位站网主要分布在黄河流域和内陆河流域。泥沙站平均站网密度为 17 425 $km^2$/站（可用站网密度为 11 523 $km^2$/站），满足《水文实践指南》推荐的容许最稀水文站网密度，70% 的泥沙站布设在黄河流域。降水量站平均站网密度 1 520 $km^2$/站（可用平均站网密度 1 076 $km^2$/站)，基本达到了《水文实践指南》推荐的容许最稀水文站网密度的上限；但站网密度最稀的是澜沧江流域，目前仅有中小河流项目新建的 2 处降水量站，站网密度为 18 499 $km^2$/站，已超出《水文实践指南》推荐的容许最稀水文站网密度下限。蒸发站平均站网密度 15 531 $km^2$/站(可用平均站网密度 5 953 $km^2$/站)，达到干旱区容许最稀蒸发站网密度标准，也是分布不均，澜沧江流域至今空白。全省地下水井密度严重偏低，尤其在长江流域和澜沧江流域地下水观测井稀少，无法完整地掌握区域内地下水位变化规律，但该地区海拔偏高、人类活动少，经济发展缓慢，目前观测井的数量已基本能适应经济社会发展的需求。

全省水质站点中，监测水功能区 78 个，监测覆盖率为 50.0%，其中监测全国重要江河湖泊水功能区 39 个，监测覆盖率达到 83.0%，满足全国重要江河湖泊水功能区水质达标考核工作要求；监测一般水功能区 39 个，监测覆盖率为 35.8%，监测覆盖率偏低。12 处地下水水质站主要分布在湟水干流海东地区和西北诸河格尔木市区，其余地区尚处于监测空白，监测覆盖率较低；饮用水水源地监测站点主要分布在全国重要饮用水水源地，监测覆盖率较低；尚未布设水生态、降水水质监测站点。

## 1.6 水文分区

本次规划运用主成分聚类分析和自然地理概括结合的方法对全省重新进行了水文分区，分区共分 3 级。主成分聚类分析以青海省所设 39 处水文站和黄委水文局在青海省境内所设 12 处水文站 1956 ~ 2013 年的年降水量、年径流深、年水面蒸发量、干旱指数、悬移质输沙模数、年平均气温共 6 项水文因子资料系列为基础，在地理底图点绘各水文因子等值线图，由等值线图内插出 180 对基本均匀分布地理点位的数据，按规定的程序规则进行运算分析，获得主要反映气候干湿程度的背景分区成果，作为第一级分区。以主要反映自然地理概况的大地貌单元作为第二级分区，以较直接影响水文现象和过程的有关要素作为第三级分区，并考虑水系的完整性和在站网规划中的可操作性。

本次分区共划分 4 个一级分区，8 个二级分区，20 个三级分区，下级分区以上级为背景基础。三级分区分为阿尔金山东麓剥蚀山地极干旱区、柴达木盆地潴水湿地极干旱区；祁连山柴达木盆地过渡地带山丘干旱区、昆仑山柴达木盆地过渡地带丘塬干旱区、沙珠玉河流域干旱区；可可西里高原草甸潴水湿地半干旱区、长江源头高山冻融半干旱区、黄河源头山丘冻融半干旱区；共和 - 兴海荒漠草原风力侵蚀半干旱区、黄河峡谷段山地丘陵水力侵蚀半干旱区；湟水谷地川水带强侵蚀半干旱区、湟水谷地浅山带强侵蚀半干旱区、湟水谷地脑山带强侵蚀半干旱区、黄河干流黄土丘陵半干旱区；哈拉湖高山湖盆冻融侵蚀半干旱区、青海湖山丘湖盆水力侵蚀半干旱区；青南高山草原冻融侵蚀半湿润区、青南高山林地水力侵蚀半湿润区；祁连山北部冻融侵蚀半湿润区、大通河流域高山盆地水力侵蚀半湿润区等 20 个分区。

# 1.7 站网规划成果

## 1.7.1 流量站网

### 1.7.1.1 规划新建站点

本次对全省34条集水面积在5 000 $km^2$以上的河流,采用大河干流布设流量站的直线原则逐一分析,并结合社会经济发展需求和设站条件,共规划新增大河控制站13处,结合现有站点和历史已撤销可用站,控制率达到82.4%。规划新建的疏勒河上的疏勒站,可作为青海省和甘肃省的省界控制站,加上已有省界站,这样青海省与邻省交界的5条主要河流全部得到控制。

根据本次规划所做的水文分区,按照中等河流布设流量站的区域原则,共规划新增区域代表站10处,结合其他可作为区域代表的小河站和调整为区域代表站的防汛专用站,除阿尔金山东麓剥蚀山地极干旱区(发展潜力小、无监测需求)和可可西里高原草甸潴水湿地半干旱区(高海拔且人类活动少,在遥感实验站中考虑)外,各水文分区代表站或有所加强、或填补了空白,对加强区域水资源监测和生态环境保护以及分析水文特性规律能力有较大提升。

在综合考虑区域站点分布和水文研究、监测需求的基础上,规划新增7处小河水文站,开展集水区内水文规律和泥沙差异为主要目的观测研究,监测期一般为5~10年,届时根据实际情况进行适当转移。

规划的流量站点按照需求的迫切程度和当前设站条件划入到不同规划实施期,具体实施还要根据实际情况确定。规划的站点原则上以巡测管理方式为主,但还需要根据具体情况和条件分析论证可行性。

本次规划针对青海省境内现有的大、中型水库,设立6处水库水文站,13处坝前水位站;针对青海省"十三五"水利发展规划中所列的大中型水库,规划新建18处水库水文站。

### 1.7.1.2 现状站的调整规划

根据现状水文站受水利工程影响的分析,规划提出受蓄水工程和引水工程混合中等影响的西宁站、乐都站、桥头站、傅家寨站、夏日哈站、三兰巴海站、大华站、白马站、王家庄站、清水站、吉家堡站以后将以水资源监测、管理为主。建议采取改善测验方式处理,通过水文调查等方法收集上游各水库出、入库流量资料来还原该站资料。受上游水电站严重影响的大米滩站、上村站建议撤销。青石嘴站建议暂时维持桥上渡河测流,待石头峡水电站稳定运行及当地修堤缩窄河床后再考虑建设缆道测流,并建议增加辅助断面进行观测。受水利工程中等影响的化隆水文站,集水面积小,目前上游农灌、生活等用水量大,导致水文测验影响较显著,区域代表性差,且出现季节性河干现象,建议将该站撤销,由规划新建的马克堂水文站代替其区域代表及小河水文研究之作用。

通过本次规划,青海省境内一些大河有了流量监测控制,部分空白分区得到填补,水文站网密度得到进一步提高(流量站网密度从现状的10 506 $km^2$/站提高到2020年的9 043 $km^2$/站和2030年的7 290 $km^2$/站),水资源监测、评价及社会服务功能得到显著提高。

### 1.7.2 其他水文站网

本次规划根据水资源监测需要，在可鲁克湖、青海湖和鸦湖新建3处水位站。根据泥沙测验要求和当前技术能力酌情选择了现状和规划新设站中的7处设为泥沙监测站，但也应根据技术进步和需求变化适时增加或调整。从面雨量分布状况分析，在目前空白或监测站点稀少地区以及亟须增加站点地区规划新设面降水量站68处，建设小河水文站配套降水量站8处，加上新设30处水文站、24处水库站和3处水位站均建自动遥测雨量设施，新设降水量站共计133处。根据中小河流水文监测系统建设项目建设的降水量站点防洪对象及实际分布情况分析，规划建议优化调整该项目的15处降水量站，规划新增蒸发站12处，主要在自动监测技术成熟后逐步落实。本规划采用国土部门和水文局已有规划成果，新建地下水监测井共计406眼，其中水利部门134眼。规划共计布设水质监测站点144个，其中水功能区58个，城镇集中供水水源地31个，湖泊水库4个，地下水48个，大气降水3个。还规划了一些水文实验站，以适应各方面发展需要。这就在较大程度上提高了各类站网的密度和监测能力，但也随之给水文部门增加了大量的工作任务，需要靠技术革新进步和管理方式的改变才能有效支持规划站网的有序健康发展。

青海省境内现有与规划的水文站网布局呈现东部密度大、西部稀疏，北部多、南部少的现象。究其原因，一是受海拔、环境等自然条件限制，二是与经济社会发展要求相适应。

规划近期及远期主要规划站点（数量）汇总见表1-1。

### 1.7.3 规划布局评价

通过本次规划，增设了流量站30处（另有水库站24处）、独立水位站3处（另有坝前水位站7处）、泥沙站12处、降水量站76处、蒸发站12处、地下水站134处、水质站144处（含地下水水质站）、墒情站130处（含移动站）、实验站16处、专用站6处，分布于青海省境内的长江流域、黄河流域、澜沧江流域和内陆河流域。项目实施后青海省站网密度将得到较大提高，全省流量站网密度则从10 506 $km^2$/站提高到9 043 $km^2$/站（2020年）和7 290 $km^2$/站（2030年），黄河流域流量站网密度从3 541 $km^2$/站提高到3 383 $km^2$/站（2020年）和2 768 $km^2$/站（2030年），长江流域流量站网密度从26 399 $km^2$/站提高到14 399 $km^2$/站（2020年）和10 559 $km^2$/站（2030年），澜沧江流域流量站网密度从18 499 $km^2$/站提高到12 333 $km^2$/站（2020年）和7 400 $km^2$/站（2030年），内陆河流域流量站网密度从21 575 $km^2$/站提高到18 338 $km^2$/站（2020年）和15 946 $km^2$/站（2030年）；水位、降水量、泥沙、蒸发、地下水、水质等站类也得到补充，站网密度有较大幅度的提高；墒情站、实验站填补了空白。

该项目实施后，青海省水文将形成一个更为完善的站网体系，整体站网功能得到加强，可进一步为青海省水生态环境保护、水资源管理与开发利用、水利工程建设运行、防汛抗旱等关系到全省经济建设、社会发展方面的水利工作提供全面服务支撑，特别是长江源区三大源流楚玛尔河、当曲、沱沱河均可得到有效监测，澜沧江源区的站网和监测水平得到提高，可可西里湖泊遥感实验室的建设和实施可为可可西里国家级自然保护区申报世界自然遗产及其后期管理、监测提供基础水文信息服务。

表 1-1　本规划近期及远期主要规划站点(数量)汇总

| 分期 | 站点分类 | | 规划站点 | | | |
|---|---|---|---|---|---|---|
| | | | 黄河流域 | 长江流域 | 澜沧江流域 | 内陆河流域 |
| 2015～2020年 | 流量站 | 大河站 | | 4(囊极巴陇、治多、曲麻河、当曲) | 1(杂多) | 2(舒尔干、黄藏寺) |
| | | 区域代表站 | 1(大史家、拉曲(三)*、优干宁*、) | | | 0(卡克特尔*、黑马河**) |
| | | 小河站 | 1(马克堂、三兰巴海*、仙米*) | 1(达考) | | 1(黑马河) |
| | | 水库站 | 7(盘道水库入库站、南门峡水库出库站、娘堂水库出库站、扎毛水库出库站、夕昌水库站、西纳川水库站、杨家水库站) | | | 4(温泉水库出库站、蓄集峡水利枢纽水库站、那棱格勒河水利枢纽水库站、哇沿水库站) |
| | 水位站 | | 3(黑泉水库、门源县纳子峡水电站—水库、门源县石头峡水电站—水库) | | | 湖泊水位站2处(鸟岛、可鲁克湖);<br>水库坝前水位站2处(黑石山水库、乃吉里水库) |
| | 泥沙站 | | 10(大史家、拉曲(三)、优干宁、三兰巴海、仙米、盘道水库、南门峡水库、娘堂水库、温泉水库、扎毛水库) | | | 1(黑马河) |
| | 降水量站 | | 12 | 1 | | 1 |
| | 蒸发站 | | 3(拉曲(三)*大史家、三兰巴海*) | | | 3(黑马河、黄藏寺、可鲁克湖) |
| | 地下水站 | | 46(含25处监测水质) | 2(2处监测水质) | | 86(含21处监测水质) |
| | 水质站(不含地下水) | | 43 | 1 | | 15 |
| | 墒情站 | | 固定监测站124处,移动监测站6处 | | | |
| | 实验站 | | 4 | 2(含湖泊遥感实验室) | | 3 |
| | 专用站 | | 2 | | | 4 |

**续表 1-1**

| 分期 | 站点分类 | | 规划站点 | | | |
|---|---|---|---|---|---|---|
| | | | 黄河流域 | 长江流域 | 澜沧江流域 | 内陆河流域 |
| 2021～2030年 | 流量站 | 大河站 | 2(玛沁、玛多) | 2(色吾桥、珍秦) | 1(囊谦) | 1(苏里) |
| | | 区域代表站 | 4(多钦、江措、纳亥雪、上兰角、马场垣**、隆治**) | 2(秋智、巴干) | 1(钢通陇) | 2(卡可土、央龙) |
| | | 小河站 | 4(马场垣、隆治、皇城、浩门) | | | |
| | | 水库站 | 8(莫多电站水库出库站、香日德水库站、曲什安水库站、宝库河水库站、大河坝水库站、巴曲水库站、青根河水库站、二卡子水库站) | | | 5(诺木洪水库站、哇洪水库站、老虎口水库站、三岔河水库站、塔塔棱河水库站) |
| | 水位站 | | 水库坝前水位站1处(东大滩水库) | | | 湖泊水位站1处(鸦湖)<br>水库坝前水位站1处(小干沟水库) |
| | 泥沙站 | | 1(莫多电站水库) | | | |
| | 降水量站 | | 11 | 16 | 16 | 19 |
| | 蒸发站 | | 2(优干宁*、玛沁) | | | 4(茫崖、大柴旦、诺木洪、沙珠玉) |
| | 地下水站 | | | | | |
| | 水质站 | | 21 | 6 | | 10 |
| | 墒情站 | | | | | |
| | 实验站 | | 4 | | | 3 |
| | 专用站 | | 1 | | | 1 |

注:加*表示中小河流项目所建防汛专用站调整为基本站;加**表示小河站兼作区域代表站。

## 1.8 推进水文测验方式改革的规划

水文巡测是测验方式的重大改革，是满足新形势对水文要求而采取拓宽资料收集范围的一种方式，也是水文走出困境，实现良性循环的根本出路。规划从推进巡测的目标、巡测的方案论证、推进巡测的措施以及近期能够开展的巡测工作进行了论述。今后一段时间，要以现状水位流量关系呈单一线（有较好巡测条件）的基本站为突破口，充分开展巡测站点的分析论证和落实工作；在中小河流水文监测系统建设项目新建的14处防汛专用站进行巡测管理中积累经验，解放生产力，充分发挥巡测和站队结合的优势，创造出更多优质的水文产品，更好地为经济社会服务。

## 1.9 加强站网良好发展的保障措施

本规划从加强水文行业管理、加强水文站网优化布局的长期研究、加强制度建设、加大人才培养与队伍建设、加大投入力度，加大技术开发和科学研究等方面提出了水文站网有序、健康、良性发展和运行的一些保障措施。

## 1.10 站网规划投资匡算及效益评价

青海省水文站网规划总投资匡算为31 121.03万元，其中水文站建设投资（含专用站）20 558.56万元，占总投资的66.06%；水位站建设投资276.24万元，占总投资的0.89%；降水量站建设投资435.48万元，占总投资的1.40%；地下水站建设投资1 895.00万元，占总投资的6.09%；水质站建设投资96万元，占总投资的0.31%；墒情站（含近期1处墒情实验站）建设投资778.00万元，占总投资的2.50%；实验站建设投资5 295.00万元，占总投资的17.01%；巡测基地建设投资1 786.75万元，占总投资的5.74%。该规划投资分近期（2015～2020年）和远期（2021～2030年）两期实施，其中近期规划投资14 398.75万元，远期规划投资16 722.28万元。本次规划地下水监测站建设投资1 895.00万元已在《国家地下水监测工程初步设计》项目中考虑，鸟岛、可鲁克湖水位站投资23.77万元、23.57万元和墒情监测站（含1处墒情实验站）投资778万元已在《全国水文基础设施建设规划（2013～2020年）》项目中考虑，故本规划建设投资不再重复计算。其余项目建设投资28 400.69万元积极争取地方投资，其中近期11 678.41万元，远期16 722.28万元。

水文站网及站网规划的效益蕴含在水文事业整体功能和水文资料使用的价值之中，水文业务的成果可以为防汛抗旱提供及时有效的决策信息，为水利工程和涉水工程设计提供必要的资料，为水资源管理和水环境保护提供依据性数据。没有水文站网的有效测验，这些功效就失去了基础。本次规划对青海省水文站网的总体认识有所加深，功能定位更切合实际，水文观测空白区的站网有所扩展，河流流域控制更加有效，站网密度有适当增大，受水利等工程影响的测站有所调整，各测验项目比较配套，各类站网相对协调。科学的水文分区不仅是本次区域代表站检验和发展规划的基本支撑，而且也是青海水文规律的地域总括，在相关业务中会有重要参考价值。可以预见，随着本次水文站网规划的逐步实施，必将在青海省的防汛抗旱、水资源管理、水环境治理和经济建设中发挥更好的作用，取得更好的效益。

## 1.11 规划实施建议

本规划按照《水文站网规划技术导则》(SL 34—2013)的分类，列出流量站、水位站、泥沙站、降水量站、蒸发站、地下水站、水质站、墒情站、实验站、专用站等各类水文站点数量及布设情况，属于综合性规划，仅作为青海省水文测站建设的指导，具体测站建设实施宜按照基本建设程序开展建设规划、前期设计及经费测算工作。

# 第2章 概 况

## 2.1 自然地理

### 2.1.1 地理位置

青海省位于我国的西部,青藏高原东北部,是长江、黄河、澜沧江和黑河等著名江河的发源地,素有“中华水塔”和“三江源”之美誉。地理坐标为北纬 31°39′~39°19′,东经 89°35′~103°04′。全省东西长 1 200 多 km,南北宽 800 多 km,总面积 71.44 万 $km^2$。境内有我国最大的内陆咸水湖——青海湖,青海省也由此得名。

青海省东北邻甘肃省,西北同新疆维吾尔自治区接壤,东南接四川省,西南与西藏自治区毗邻,是西藏自治区、新疆维吾尔自治区连接内地的纽带之一,具有重要的战略地位。

青海省现有 5 市(2 个地级市,3 个县级市),6 个自治州,46 个县级行政单位,见表 2-1 及附图 1,省会设在西宁市。

**表 2-1 青海省县级行政区划**

| 市(区、州) | 数量 | 县、区名称 |
|---|---|---|
| 全省 | 46 | |
| 西宁市 | 7 | 城东区、城西区、城北区、城中区、大通回族土族自治县、湟中县、湟源县 |
| 海东市 | 6 | 平安区、民和回族土族自治县、乐都区、互助土族自治县、化隆回族自治县、循化撒拉族自治县 |
| 海北藏族自治州 | 4 | 门源回族自治县、祁连县、刚察县、海晏县 |
| 海南藏族自治州 | 5 | 共和县、同德县、贵德县、兴海县、贵南县 |
| 黄南藏族自治州 | 4 | 同仁县、尖扎县、泽库县、河南蒙古族自治县 |
| 果洛藏族自治州 | 6 | 玛沁县、班玛县、甘德县、达日县、玛多县、久治县 |
| 玉树藏族自治州 | 6 | 玉树市、杂多县、称多县、治多县、囊谦县、曲玛莱县 |
| 海西蒙古族藏族自治州 | 8 | 格尔木市、德令哈市、乌兰县、都兰县、天峻县、茫崖行政委员会、冷湖行政委员会、大柴旦行政委员会 |

**注**:该行政区划引用《青海统计年鉴(2013 年)》。

### 2.1.2 地形地貌

青海省地形复杂,地貌多样。省内高山纵横,昆仑山东西向横穿中部,南有唐古拉山,西北有阿尔金山,东北为祁连山。各大山脉构成全省地貌的基本骨架,并将全省分为三块不同的地理单元,北部为高海拔的祁连山—阿尔金山山地,中部为海拔相对较低的柴达木盆地及河湟谷地,南部为高海拔的青南高原。全省海拔由西部向东部呈阶梯形降低,平均海拔3 000 m以上，最高布喀达坂峰6 860 m，最低民和县下川口1 600 m。地貌大体分为黄土高原、祁连山地、柴达木盆地、青海湖盆地、共和盆地和青南高原六个类区。青海省总面积中，河谷平原约占30.1%，丘陵约占18.7%，山地约占51.2%。海拔在3 000 m以下的面积约占26.3%，3 000～5 000 m的面积约占67.7%，5 000 m以上的面积约占6%。青海省山丘区平原区区划图见附图2。

### 2.1.3 气候条件

青海省地处青藏高原，深居内陆，远离海洋，属于高原大陆性气候，具有太阳辐射强、日照时间长，平均气温低、日差较大、年差较小、冬季寒冷而漫长、夏季凉爽而短促，降水量小、地域差异大、降水日数多强度小等特点。

青海省年平均气温介于-5.9～8.7 ℃，具有南北低、中部高的特点（见附图3）。全省有两个低温中心，一是祁连山中西段，年平均气温不及-2 ℃，许多地区低于-3 ℃，哈拉湖东侧在-5 ℃以下；另一个是青南高原中西部，其大部分地区年平均气温低于-3 ℃。中部的玛多、清水河，西部的五道梁、沱沱河，年平均气温在-4 ℃以下。省内海拔高，空气稀薄，内陆地区云量少，太阳直接辐射强，其年总辐射量一般在140～177 $kJ/cm^2$，日照时数在2 328～3 537 h。

青海省境内的主要气象灾害有干旱、冰雹、霜冻、雪灾和大风。干旱频繁且严重，受害面积大，尤其是春旱，出现频率较高；降雹次数多，持续时间长，对农牧业危害较重；山区早霜冻，严重影响作物的产量和质量。省内年最大风速12～28 m/s，年大风日数5～100 d。沙尘暴多发生于沙漠地区，年沙尘暴日数13～18 d。

### 2.1.4 土壤、植被

青海土壤受地形、气候、植被类型、成土母质及人为耕作等综合因素影响，种类与分布错综复杂，共有22个土类、56个亚类、118个土属、178个土种，具有明显的水平和垂直规律性，大体可划分为如下四个土壤区。

（1）东部黄土高原栗钙土区，包括祁连山地东部的黄河、湟水谷地以及大通河的门源滩地。其中，川水地区土体较厚，自然土壤主要有灰钙土、栗钙土；在海拔2 000～2 600 m的垂直带谱是浅山地，分布有大面积的淡钙栗土和栗钙土，地力贫瘠，水土流失严重；在海拔2 600～3 400 m的高山带谱是脑山地，位于阳坡有暗钙土，位于阴坡有黑钙土和耕种黑钙土，土体较厚，肥力较高。

（2）柴达木盆地荒漠土区，怀头他拉至都兰县香日德以东为棕钙土，以西地区为灰棕漠土，南部一带为宽阔的三湖盆地，土壤有盐沼、盐化沼泽土、沼泽盐土、草甸盐土及残积盐土、洪积盐土等，北部和东部均为一连串的山间盆地，整个盆地土壤风蚀极为严重。

（3）青海湖环湖及海南台地黑钙土区，在海拔3 400～4 300 m的垂直带谱上，多是黑钙土和高山草甸土；海拔2 800～3 400 m的滩地、坡地上，为栗钙土和暗栗钙土，土壤肥力较高，土层较薄；河漫滩分布有草甸土及草甸沼泽土。

（4）青南高原高山区，东南部有高山草原土、高山荒漠草原土、沼泽土、高山草甸土、灰褐土等，西部和北部，广泛分布有沼泽土。

青海植被的分布受制于以水分条件为主导的水热条件。同时,它的水平分布是在广阔的高原面上展开的,因而具有垂直—水平的“高原地带性”,呈现出由东南往西北方向的变化。青海东部和东南部为森林草原植被,向西或西北植被类型依次是草原、高山草甸、高山草原、荒漠。青海地域辽阔,地形复杂,气候条件差异大,各地山地植被垂直带谱结构有明显的不同。祁连山东段山体的植被垂直带是森林草原—高寒灌丛和垫状植被—高山流石坡稀疏植被,可可西里山体植被垂直带是高寒荒漠草原—高山流石坡稀疏植被。由于纬度和基带不同,相同植被带的海拔差别较大。

## 2.1.5 地质与水文地质

### 2.1.5.1 地层与地质构造

省内地层发育齐全,岩浆活动频繁,地质构造复杂。地层从元古界到第四系地层均有分布,尤以元古界、古生界和三叠系最为发育,仅缺失上志留统。地层沉积相十分复杂。泥盆纪及其以前各时代的地层,主要分布在布尔汗布达山及其以北的广大地区,多属海相地层;中生代地层分布在青海湖以南地区,仍以海相地层为主,陆相地层次之;新生代地层则较为集中地分布在较大的盆地与河谷地带。青海第四系大都为陆相,具有高原沉积的特色,成因类型有残积—坡积、冲积、洪积、风积、湖积、沼泽沉积、化学沉积、冰碛、冰水沉积等,其岩性为卵砾石、砂类土、黏性土、盐渍土等。

青海位于几大构造域的接合部,构造活动性强,应力状态复杂,地壳结构不均。新生代以来,地壳收缩抬升,新构造活动强烈,主要表现在地震、活动断裂和地壳差异性运动方面。自北而南存在三个一级大地构造单元,它们是秦祁昆加里东地槽及褶皱系、巴颜喀拉华力西—印支地槽及印支褶皱系、藏北—唐古拉准地台及台缘拗褶带。且前两个褶皱系是省区的主要构造单元。在平面上则围限在塔里木地台、中朝准地台、扬子准地台和藏南—北喜马拉雅地槽及褶皱系之间。青海省处于古欧亚大陆的边缘活动带,古地裂作用活跃,地壳结构复杂,断裂构造十分发育。自新生代以来,地壳运动以陆内冲断推覆和强烈抬升为主,使高原地壳水平方向缩短,竖直方向加厚,青藏高原强烈隆起,形成诸多高大的山系与相对沉降的盆地。至晚更新世地壳活动达到最盛时期。进入全新世以来,黄河强烈下切形成诸多峡谷和高数百米的多级阶地,外流水系溯源侵蚀作用强烈。

### 2.1.5.2 水文地质

青海省地域辽阔,自然地理及水文地质条件多样。根据地下水的含水介质、水理性质及水动力特征等,分为松散岩类孔隙水、碎屑岩类孔隙裂隙水、碳酸盐岩类裂隙溶洞水、基岩裂隙水及冻结层水等五种类型。

1. 松散岩类孔隙水

松散岩类孔隙水具有埋藏浅、循环交替快、水量丰富、水质好、易开采等特点,是青海省工农业及城镇生活用水的重要供水水源。主要分布在第四系松散沉积物厚度较大的内陆盆地、山丘区较大谷地及湟水、黄河、长江上游干支流河谷平原区。松散岩类孔隙水按其分布又可分为盆地型孔隙水和河谷型孔隙水。

2. 碎屑岩类孔隙裂隙水

碎屑岩类孔隙裂隙水即指中新生界陆相盆地内分布的比较稳定的层间水。水力性质多为承压水或自流水。含水层岩性有砂砾岩、砂岩、泥岩、灰岩、煤系地层及火山岩等。在柴达木盆地西北部多为油田水。阿拉尔北的七个泉(上升泉),是出自下更新统($Q_1$)砂岩层中的低矿化自流水,泉水总流量达2.975 L/s。花土沟南12 km附近深1 089.42 m的钻孔在724.5~725.0 m深度揭露的自流水,其含水层为中新统砂岩,涌水量小于20 $m^3/d$,矿化度234.7 g/L,为Cl—Mg型卤水。

3. 碳酸盐岩裂隙溶洞水

裂隙溶洞水较广泛地赋存于侏罗系前的灰岩、结晶灰岩、大理岩、白云岩及其所夹的砂板岩、火山碎屑岩的裂隙孔洞中。多以大泉形式沿构造断裂或层间孔洞泄出。岩层富水性从丰富到贫乏皆有,很不均匀。

4. 基岩裂隙水

主要赋存于前中生代各种沉积变质岩、侵入岩的风化裂隙、构造裂隙中,在不同地貌、气候、岩性、构造条件下,富水性极不均匀,埋深相差悬殊。其水质除柴达木盆地边缘及径流循环条件较差的地段矿化度稍高外,一般都较低,多为淡水。按岩石结构分层状岩类裂隙水和块状岩类裂隙水两个亚类。

5. 冻结层水

冻结层水广泛分布于祁连山地和青南高原中纬度高海拔多年冻土区,赋存于冻结层上、下及其融区松散岩层孔隙及基岩裂隙孔洞中。柴达木盆地东北的乌兰大坂山、土尔根大坂山,在4 200 m以上,冻土的季节融化层一般不超过3 m,在5月中旬至9月上旬暖季融冰、融雪和降水的补给作用下,冻结层上水发育,泉水很多,单泉流量小于1 L/s的占70%以上,平均地下径流模数1.2 L/(s· $km^2$),水质属矿化度小于0.2 g/L的极淡水。

#### 2.1.5.3 地下水分布特征

根据区域地形地貌特征,青海省划分为平原区和山丘区两个一级类型区(见附图2),平原区仅分布在黄河流域和内陆河流域,长江和澜沧江流域没有平原区。根据次级地形地貌特征和地下水类型,平原区划分为柴达木内陆盆地平原区、青海湖水系内陆盆地平原区、湟水山间河谷平原区、东共和盆地山间盆地平原区和荒漠区等多个二级类型区;山丘区划分为柴达木一般山丘区、青海湖水系一般山丘区、湟水一般山丘区、东共和盆地一般山丘区等多个二级类型区。

青海省山丘区地下水补给来源单一,主要受降水的垂直补给和冰雪融水补给,以水平径流为主,通过河流和潜流排泄。地区分布很不均匀,其主要原因是降水的地区分布差异很大,分布规律大致与降水量和径流深分布规律相一致。青海省平原区地下水补给来源主要是地表水和降水入渗补给,由于各地降水量和地表水体的分布情况及水文地质条件不同,地区分布差异很大。

### 2.1.6 河流水系

青海省境内河流众多,受冰川融水、大气降水、自然地理条件的影响,水系发达,河网密集,湖泊棋布。南部和东部为外流水系,是长江、黄河、澜沧江三大江河的源头和上游段,由于降水相对较多,水系较发育,河网密集。西北部为内陆水系,因气候干旱少雨,河流短小而分散。青海省河流水系图见附图4。

根据全国第一次河湖基本情况普查数据，青海省集水面积在 50 $km^2$ 的中小河流有 3 518条，是全国中小河流分布较多的省(区)之一，总的集水面积约 70 多万 $km^2$。青海省境内集水面积在500 $km^2$以上的河流共360 条，其中黄河水系 83 条，长江水系 97 条，澜沧江水系 20 条，内陆河水系 160 条。青海省河道长度大于 100 km 的河流有 128 条，干支流总长度约为 42 184 km。青海省四大水系简介如下，主要河流水文特征值见表 2-2。

**表 2-2 青海省主要河流水文特征值**

| 河流 | 站名 | 集水面积($km^2$) | 年径流量(亿 $m^3$) | 年径流深(mm) |
|---|---|---|---|---|
| 黄河 | 循化 | 145 459 | 206.8 | 142.2 |
| 湟水 | 民和 | 16 005 | 21.5 | 134.5 |
| 大通河 | 享堂 | 12 975 | 24.3 | 187.6 |
| 通天河 | 直门达 | 137 704 | 129.2 | 93.8 |
| 澜沧江 | 香达 | 17 909 | 43.9 | 245.1 |
| 那棱格勒河 | 那棱格勒 | 27 671 | 12.26 | 44.3 |
| 格尔木河 | 格尔木(三) | 20 559 | 7.771 | 37.8 |
| 巴音河 | 德令哈(三) | 9 530 | 3.231 | 33.9 |
| 大哈尔腾河 | 花海子 | 2 373.5 | 0.608 | 25.6 |
| 察汗乌苏河 | 察汗乌苏(三) | 6 874 | 2.454 | 35.7 |
| 诺木洪 | 诺木洪(三) | 4 127 | 1.440 | 34.9 |
| 塔塔棱河 | 小柴旦 | 5 065 | 1.241 | 24.5 |
| 布哈河 | 布哈河口 | 14 458 | 8.36 | 57.8 |
| 黑河 | 扎马什克 | 11 074.6 | 5.139 | 46.4 |

注：集水面积及多年平均径流深来自全国第一次河湖基本情况普查数据，以上河流集水面积均为青海省内流域面积。

### 2.1.6.1 黄河

黄河发源于巴颜喀拉山北麓的约古宗列盆地西南隅，源头海拔 4 724 m，玛多县以上称黄河源头区。黄河干流在青海大体呈“S”形，到寺沟峡流入甘肃，自河源至寺沟峡长 1 983 km(包括甘肃、四川部分)，平均比降约 1.47‰。黄河在青海省境内流域面积 15.225 0万 $km^2$，多年平均径流量 206.8 亿 $m^3$(采用循化站多年平均值)。其主要支流有达日河、西科河、泽曲、巴沟、曲什安河、大河坝河、拉曲、隆务河等。出省后流入干流的河流有湟水、洮河、大夏河等。

湟水是黄河在青海省境内最大的一级支流。发源于海北藏族自治州海晏县，河源海拔 4 395 m，于甘肃省永靖县注入黄河。省内流域面积(不含大通河)1.600 5 万 $km^2$，河长 335 km，多年平均径流量 21.5 亿 $m^3$。湟水流域是青海省经济最发达地区，在青海省经济社会发展中占有极其重要的地位。

### 2.1.6.2 长江

长江干流在青海省境内称通天河，正源沱沱河发源于唐古拉山中段的各拉丹东雪山，它与南源当曲汇合后称通天河，继而与北源楚玛尔河相汇，东南流至玉树县接纳巴塘河后称金沙江。省内干流长 1 206 km，落差 2 065 m，平均比降 1.78‰，流域面积 15.839 2 万 $km^2$，多年平均径流量 179.4 亿 $m^3$。另有较大的长江一级支流雅砻江和二级支流大渡河，分别发源于青海省的称多、班玛县境，单独流出省境后，在四川境内注入长江。

### 2.1.6.3 澜沧江

澜沧江位于青海省西南部，发源于唐古拉山北麓的查加日玛峰西南部，河源海拔

5 388 m。其干流上游段在青海境内称扎曲，流经青海省南部玉树藏族自治州杂多、囊谦两县，尔后流入西藏，河流长 448 km，落差 1 553 m，平均比降 3.47‰，流域面积 3.699 8 万 $km^2$，多年平均径流量 108.9 亿 $m^3$。省内主要支流有子曲和解(吉)曲等。

#### 2.1.6.4 内陆河

青海省内陆河流域主要分布在青海省北部和西部，东起日月山，西至可可西里盆地，南至鄂拉山、昆仑山，北至阿尔金山、祁连山，流域面积 36.68 万 $km^2$，占全省面积的 51.3%。内陆河流域由柴达木、青海湖、哈拉湖、茶卡—沙珠玉、祁连山地、可可西里等六大水系组成。其主要特点是：水流分散，流程短、流量小，年内年际变化大，多为季节性河流。据统计，内陆河流域集水面积在 500 $km^2$ 以上的河流有 91 条，其主要河流有：柴达木盆地水系的那棱格勒河、格尔木河、香日德河、察汗乌苏河、诺木洪河、巴音河、哈尔腾河、塔塔棱河等；青海湖水系的布哈河、沙柳河(又称依克乌兰河)、哈尔盖河、乌哈阿兰河、黑马河等；哈拉湖水系的奥古吐尔乌兰郭勒；茶卡—沙珠玉水系的茶卡河、小察苏河、沙珠玉河、大水河等；祁连山地水系的黑河、托莱河、疏勒河等(这些河流出省后均流入甘肃省河西走廊)；可可西里盆地水系的河流有曾松曲、切尔恰藏布、兰丽河、险车河、库赛河等。

### 2.1.7 湖泊冰川

#### 2.1.7.1 冰川

青海省地势高峻，境内祁连山、昆仑山、巴颜喀拉山、唐古拉山等多为海拔 5 000 m 以上的高大山体，山上终年积雪。据中国科学院寒区旱区环境与工程研究所(原兰州冰川所)资料，全省冰川面积 4 872.92 $km^2$，占中国冰川总面积的 8.8%，冰川覆盖率为 0.67%，冰川储水量为 3 519.66 亿 $m^3$。冰川补给径流年融水量 31.72 亿 $m^3$，占全年径流总量的 5.1%。其中：外流区有冰川面积 1 853.71 $km^2$，占全省冰川总面积的 38.0%，主要分布在长江、黄河的源流区；内流区有冰川面积 3 019.21 $km^2$，占全省冰川总面积的 62.0%，主要分布在祁连山、昆仑山和可可西里的高山地带。

#### 2.1.7.2 湖泊

青海省是中国多湖泊的省(区)之一，湖泊主要分布在黄河、长江源头区以及西北诸河地区。常年水面面积 1 $km^2$ 及以上湖泊 242 个(不包括 3 个特殊湖泊)，其中黄河流域 40 个，长江流域 85 个，澜沧江流域 1 个，内陆河流域 116 个。湖泊总面积为 13 098.04 $km^2$，占中国湖泊总面积的 16.0%。青海省湖泊率为 1.77%，在全国各省(区)中，仅次于西藏，居第二位。根据湖泊的矿化度对全省 242 个湖泊属性进行了统计，其中淡水湖 104 个，咸水湖 125 个，盐湖 8 个，其他 5 个。(备注：淡水湖的矿化度 $<1$ g/L，微咸湖的矿化度为 1 ~24 g/L，咸水湖的矿化度为 24 ~35 g/L，盐水湖的矿化度 $>35$ g/L)

## 2.2 水文气象特征

### 2.2.1 降水量

青海省地处中纬度内陆高原，属大陆性气候，水汽来源主要是西南方孟加拉湾上空的暖湿气流，其次为太平洋的东南季风输送来的暖湿气流。由于青海省深居内陆，远离海洋及受高山阻隔，无论是西南还是东南来的水汽，进入青海省境内已成强弩之末，故全省气候干燥，降水稀少。全省多年降水总量为2 075 亿 $m^3$，平均降水深290.5 mm，仅为全国平均年降水深648 mm 的45%。省内降水在地区分布上极不均衡，多年平均年降水量在17.6(冷湖)~767(久治)mm 变化，最少地区与最多地区相差40 多倍。降水地区分布的总趋势是由西北向东北和东南方向递增并随海拔的增加而增加(见附图5)。

全年降水量主要集中在夏、秋两季，年内分配不均，连续最大4 个月降水多出现在6~9 月，占全年降水量的80%左右，11 月至次年3 月降水量仅占年降水量的5%~10%。年降水量变差系数 $C_v$ 值一般由东南向西北递增，其变化范围在0.15~0.70，通天河以南及青海湖北部 $C_v$ 值较小，通天河以北及青海湖以西的内陆干旱地区 $C_v$ 值逐渐增大，柴达木盆地西北干旱荒漠区 $C_v$ 值接近0.70。

青海省暴雨常常发生在湟水干流区，在该区域内有两个暴雨中心，一个是东南面的民和、乐都一带，另一个是西北面的大通、湟中、湟源一带，其他地区则很少发生暴雨。全省90%以上暴雨发生在湟水干流各个山沟谷地，其余不到10%的暴雨发生在三江源地区或柴达木盆地。

### 2.2.2 蒸发量

青海省内的年蒸发能力在800~2 000 mm 变化，其分布规律恰与降水相反，即由东南向西北递增，并随海拔的增加而减小。柴达木盆地中心为高值区，水面蒸发量在2 000 mm以上，察尔汗盐湖则高达2 285 mm，为我国蒸发能力最强的地区之一(见附图6)。

年蒸发能力与年降水量之比被称为干旱指数，通常以此作为区别各地区气候干湿程度的指标。全省的干旱指数在1.5~100 变化，由东南向西北递增。青海省东南部和东北部地区的干旱指数变化大多在1.5~2.0，属半湿润向半干旱过渡地带，而西北部柴达木盆地的干旱指数则在10 以上，盆地中心地区甚至高达100 以上，故柴达木盆地属极干旱地带(见附图7)。

### 2.2.3 径流

由于受降水和地形等因素的影响，省内河川径流地区差异很大，年径流深为0~500 mm 不等，地区分布与降水分布相对应，从东南向西北方向递减(见附图8)。祁连山东段局部高山区及东南部的久治—班玛、玉树—昂欠、吉尼赛一带降水多，植被及下垫面条件好，年径流系数高达0.6~0.5，年径流深500~300 mm；黄河流域玛多以下，湟水流域、长江流域、澜沧江流域及内陆河流域的祁连山地、青海湖、哈拉湖、可可西里、柴达木盆地西南边缘，年径流系数0.4~0.2，年径流深300~250 mm；柴达木盆地周围山区、茶卡—沙珠玉盆地、黄河源等地，年径流系数0.2~0.1，年径流深50~10 mm；柴达木盆地中西部等地区，一般年份不产流。

省内河流径流量的年内分配与河流的补给条件有很大关系。以雨水补给为主的河流，汛期连续最大4 个月的径流量占年径流量的55%~85%；以冰雪融水补给为主的河流，年内分配不均，连续最大4 个月的径流量占年径流量的70%以上；以地下水补给为主的河流，年内分配较均匀。

年径流变差系数 $C_v$ 值分布呈由东南向西北递增趋势，并随径流深加大而减小。东南部及祁连山地区，径流年际变化相对稳定，$C_v$ 值为 0.2 ~ 0.25；湟水河谷、青海湖盆地、柴达木盆地的山地，径流年际变化大，$C_v$ 值达 0.4 左右。

### 2.2.4 洪水与干旱

青海省洪水灾害主要发生在黄河流域和内陆河流域的中小河流，由局部高强度暴雨所引起。由于特殊的地理位置和自然环境，一旦出现局部暴雨或连续降水过程，形成的洪水具有暴涨暴落、汇流时间短、致灾严重等特点。

青海省干旱灾害主要发生在东部农业区和柴达木盆地，由于地处干旱半干旱地区，降水少，蒸发大，且降水时空分布不均匀，在农作物生长季节易发生春旱和春夏连旱灾害。

### 2.2.5 泥沙

长江、澜沧江流域植被较好，河流多年平均含沙量为 0.8 $kg/m^3$，输沙模数小于 100 $t/(km^2 \cdot a)$。祁连山地多年平均含沙量为 0.3 ~ 2.3 $kg/m^3$，输沙模数低于 100 $t/(km^2 \cdot a)$；柴达木盆地南部河流含沙量较高，一般为 2.3 ~ 3.5 $kg/m^3$，输沙模数为 100 ~ 200 $t/(km^2 \cdot a)$。

黄河流域的河流泥沙含量都较大，干流含沙量自上游向下游逐渐增加。黄河芒拉河口以下及湟水西宁—民和段，多年平均含沙量为 17 ~ 30 $kg/m^3$，输沙模数达 1 000 ~ 3 500 $t/(km^2 \cdot a)$，是省内水土流失最严重的地区。省内绝大部分河流输沙量主要集中在夏汛，最大含沙量多出现在 7 月、8 月。有明显春汛的河流 4 月、5 月河水含沙量急剧增加，甚至出现年内最高沙峰。枯水期地下水补给河川径流比重较大，河水较清澈，各河输沙量占年输沙总量的 5.0% 以下（见附图 9）。

## 2.3 水资源

### 2.3.1 水资源量

青海省水资源的时空分布不均，且与土地、自然资源、人口的分布以及社会经济发展格局不相适应。

#### 2.3.1.1 地表水资源量

青海省多年平均地表水资源量 611.2 亿 $m^3$，折合径流深 85.6 mm（详见附图 8）。按水系划分，黄河流域地表水资源量 206.8 亿 $m^3$，占全省的 33.8%；长江流域地表水资源量 179.4 亿 $m^3$，占全省的 29.4%；西南诸河流域地表水资源量 108.9 亿 $m^3$，占全省的 17.8%；西北诸河流域地表水资源量 116.1 亿 $m^3$，占全省的 19.0%。

全省多年平均入境水量 81.1 亿 $m^3$。其中，黄河流域甘肃、四川入境水量 61.16 亿 $m^3$，西南诸河入境水量 17.07 亿 $m^3$，西北诸河中柴达木盆地新疆入境水量 2.87 亿 $m^3$。

全省出境水量 596.02 亿 $m^3$。其中，黄河流域出境水量 264.3 亿 $m^3$，长江流域出境水量179.4亿 $m^3$,西南诸河出境水量126.0亿 $m^3$,西北诸河出境水量26.32亿 $m^3$。

#### 2.3.1.2 地下水资源量

青海省山丘区多年平均年地下水资源量为266.65亿 $m^3$,平原区多年平均年地下水资源量为47.06亿 $m^3$,扣除山丘区与平原区之间的重复计算量后多年平均地下水资源量为281.60亿 $m^3$。其中,黄河流域92.68亿 $m^3$,占全省的32.9%;长江流域71.24亿 $m^3$,占全省的25.3%;西南诸河流域45.84亿 $m^3$,占全省的16.3%;西北诸河流域71.84亿 $m^3$,占全省的25.5%。

#### 2.3.1.3 水资源总量

按照地表水资源量与地下水资源量之和扣除两者之间的重复量计算,青海省水资源总量为629.3亿 $m^3$,约占全国水资源总量的2.2%,折合产水深88.1 mm,为全国平均值的30.1%。其中,黄河流域208.5亿 $m^3$,占全省的33.1%;长江流域179.4亿 $m^3$,占全省的28.5%;西南诸河流域108.9亿 $m^3$,占全省的17.3%;西北诸河流域132.5亿 $m^3$,占全省的21.1%。

全省平均产水模数8.8万 $m^3/(km^2 \cdot a)$。黄河流域产水模数13.7万 $m^3/(km^2 \cdot a)$,长江流域产水模数11.3万 $m^3/(km^2 \cdot a)$,西南诸河产水模数29.4万 $m^3/(km^2 \cdot a)$。西北诸河产水模数3.6万 $m^3/(km^2 \cdot a)$。最大产水模数为大渡河31.0万 $m^3/(km^2 \cdot a)$,最小产水模数为柴达木盆地西区,仅为1.8万 $m^3/(km^2 \cdot a)$。

### 2.3.2 水资源开发利用

青海省水资源开发程度总体较低,但由于地区间自然条件的巨大差异和社会经济发展的不平衡,水资源开发利用程度极不平衡。据水利普查统计,2011年全省建成的水利工程有水库204座,总库容370.03亿 $m^3$;水电站254座,装机容量1 565.06万kW;过闸流量1 $m^3/s$ 及以上的水闸660座,橡胶坝38座,泵站822座。农村供水工程5.5万处,塘坝448处,总容积673.27万 $m^3$;窖池7.72万处,总容积192.12万 $m^3$;地下水取水井7.49万眼,堤防总长度为657.33 km,有效灌溉面积389.05万亩,实际灌溉面积324.39万亩。

2013年全省总供水量28.09亿 $m^3$(含"引硫济金"工程向甘肃省调出地表水0.34亿 $m^3$),其中地表水源供水量24.35亿 $m^3$,占总供水量的86.7%;地下水源供水量3.63亿 $m^3$,占总供水量的12.9%;其他水源供水量0.11亿 $m^3$,占总供水量的0.4%。按流域划分,黄河流域供水量为14.55亿 $m^3$,其中地表水供水量为12.51亿 $m^3$,地下水供水量为1.99亿 $m^3$,其他水源供水量为0.05亿 $m^3$;长江流域供水量为0.18亿 $m^3$;西南诸河供水量为0.16亿 $m^3$;西北诸河供水量为13.20亿 $m^3$,其中青海湖盆地(不含茶卡沙珠玉)供水量为0.90亿 $m^3$。

## 2.4 水环境

### 2.4.1 主要河流水质

青海省河流天然水质良好,pH在8.0左右,基本能够满足各种用水要求。河流矿化度、总硬度从东到西逐渐增加，水化学类型从东部的重碳酸盐型逐渐向西部氯化物型转化，但仍以重碳酸盐类——钙型分布最为广泛。

2013 年对全省 52 条河流、2 个湖泊的水质进行监测评价，评价总河长 10 086 km，年度评价水质符合或优于Ⅲ类水质标准的河长为 9 740.1 km，占总评价河长的 96.6%，水体水质良好；劣于Ⅲ类水标准的河长为 345.9 km，主要分布在湟水干流西宁至民和段，占总评价河长的 3.4%。主要污染项目为氨氮、五日生化需氧量、总磷等污染物。

### 2.4.2 湖泊、水库水质

2013 年对青海湖、可鲁克湖 2 个湖泊的水体进行了监测评价。青海湖、可鲁克湖水质类别均为Ⅱ类，均处于中营养状态，未出现富营养化状况。

省内主要大中型水库水质良好。2013 年所监测的大中型水库水质类别均为Ⅱ类，处于中营养状态。

### 2.4.3 水源地水质

2013 年对西宁市四水厂、五水厂、六水厂、多巴水厂、七水厂、柴达木盆地西部格尔木市二水厂进行了水质评价，水质类别均为Ⅰ类。

### 2.4.4 水功能区水质

青海省列入全国重要江河湖泊水功能区 47 个，其中一级水功能区 26 个(不包括按二级区划执行的开发利用区)，二级水功能区 21 个。2013 年共监测水功能区 39 个，监测河长 5 643.7 km。39 个水功能区中，2 个排污控制区不参加评价，参评水功能区 37 个，评价河长 5 628.3 km，31 个达到水质目标，达标率 83.8%；达标河长 5 489 km，达标率 97.5%。

### 2.4.5 废污水排放量

根据 2013 年青海省水资源公报，青海省废污水排放量 2.64 亿 t，其中城镇居民生活污水排放量占 21.7%，第二产业废污水排放量占 54.8%，第三产业废污水排放量占 23.5%。黄河流域废污水排放量 1.98 亿 t，其中湟水流域废污水排放量 1.77 亿 t；长江流域废污水排放量 0.02 亿 t；西南诸河废污水排放量 0.01 亿 t；西北诸河废污水排放量0.63 亿 t。

## 2.5 水文工作的特点与任务

### 2.5.1 水文工作的特点

青海省境内地域广阔，深居内陆，地势高峻、地形复杂、干旱少雨、高寒缺氧、风沙狂暴，环境条件恶劣。除少数地区(河湟谷地)人口稠密、交通较方便、经济较发达外，全省绝大多数地区人烟稀少、交通闭塞、经济落后，甚至是无人区。因此，青海省水文不仅具有全国水文的普通特点，更有其特殊特点。

2.5.1.1 **基础性和超前性**

水文是水利和经济社会发展的基础工作,从区域经济发展规划等宏观问题的研究决策到各行各业基本建设项目可行性研究决策,均受到水的制约,水文工作与国民经济建设的其他工作相比具有显著的基础性和超前性。

2.5.1.2 **长期性和连续性**

由于水文要素时空分布和变化的随机性和不确定性,需要水文工作者对社会、经济发展所需的相关的水文要素进行长期、连续的监测和资料积累,这样才能运用长系列的水文基础资料,进行水文水资源分析计算,从中研究和探求水文特性与变化规律,为解决与水相关联的经济建设问题提供科学的决策依据。这就使水文工作具有显著的长期性和连续性。

2.5.1.3 **整体性和区域性**

水文信息资料是通过站网布设、测站功能设计、水文要素的监测、计算、分析、评价等一系列环节来实现并获取的。大尺度的水文循环研究、全流域的水文特性分析,国民经济布局与发展等都需要整体性的水文信息资料,收集的水文要素必须系统、全面,范围广、时间长,充分反映时空变化特性。受自然地理环境、气候条件以及人类活动的影响,青海省水文信息资料具有明显的区域特性,同时水文监测、分析还要为各区域经济发展提供相关的信息服务,需要充分利用其区域性。

2.5.1.4 **实时性和准确性**

水文信息是防汛抗旱减灾工作指挥决策的依据,水文信息的准确性与时效性,事关人民生命安危和国家财产安全。水文实时监测信息必须及时准确地报送各级政府防汛指挥部门,满足防灾指挥调度和抢险救灾的需要。同时,水资源管理与保护、水工程的调度运行也都需要实时准确的水文监测数据与水文水资源情势预测预报成果。因而青海省有防洪任务的重点河流、报汛站点的水文工作具有明显的实时性和准确性。

2.5.1.5 **艰苦性和危险性**

水文站的设置大多远离城镇,尤其青海省地处青藏高原,高寒缺氧,社会发育程度低,地域广、路线长,交通通信和生产生活条件差。由于水文工作的长期性和实时性特点,无论是天寒地冻、炎热酷暑,还是雨、雾、冰、雪、狂风、雷击,都要不分昼夜、不分节假日,按照技术规范、标准的要求进行野外水上作业。水文工作的对象是自然水体,每当发生大洪水时,水文工作者更是要冒着生命危险,监测、记录相关的水文信息,分析洪水成因,发送情报预报,为减灾工作提供科学的决策依据。由其特殊的工作性质、工作环境决定,水文工作具有较强的艰苦性和危险性特征。

### 2.5.2 水文工作的任务

水文工作是承担监测和研究水资源质和量的变化动态,并进行水资源管理的基础性工作,是国民经济建设和社会发展的一项重要基础性和公益性事业。它的基本任务是为合理开发利用和科学管理水资源、抗旱防汛、保护环境提供水文信息和水文技术服务,为解决工农业生产及社会经济发展中的水问题提供重要科学依据。

在新形势新任务情况下,青海水文将完成水文站网的科学布设,完善站网体系和职能，增强水文水资源监测能力，加强基础设施建设，加强水文信息服务系统建设，大力开展水文技术服务，培养新时期水文人才队伍，提高现代化水平，为西部大开发和青海省社会经济发展提供优质、高效的服务。

2.5.2.1　**水文站网规划与建设**

对全省境内水文站网进行统一规划，对水文站网中的监测设施、通信网络设施、生活设施等统一进行建设，并对水文站网实施统一管理。

2.5.2.2　**增强水文水资源监测能力**

按照突出重点、稳步推进的原则，加强对经济、社会发展、生态环境保护与建设重点区域的水资源、水环境监测，为水资源管理、生态保护、经济发展提供水资源水环境信息。按新标准更新改造水质分析实验室仪器设备，提高应对突发性水污染事件的应急监测能力。

2.5.2.3　**加强基础设施建设**

继续改善基层水文职工生产、生活条件，优先解决饮水、用电问题。在测验设施设备方面，根据先进实用的原则，积极引进适合本省河流特性的设施设备。按照中央报汛站、国家重要站、地方报汛站、地方重要站的顺序逐步改造测验设施设备。积极推进水文巡测基地建设和测验方式改革，探索适合青海水文实际的驻测、巡测和水文调查相结合的水文信息收集方式。

2.5.2.4　**加强水文信息服务系统建设**

力争建设一个以先进的计算机网络系统为支持，以水文、水资源、水质数据库及各类基础数据库为基础、以办公自动化及地理信息系统为平台，能够提供预测、综合、决策的水文信息服务系统。一是加快建设由各类基础数据库组成的数据库服务中心，为洪水、水资源、水质的预测、预报与分析提供信息量的支持；二是引进功能较为完善的数据库服务系统软件，加大对数据的深加工力度，增强查询、统计、分析各类数据的功能；积极建设青海省西宁水情分中心，进一步提高信息传输和服务的自动化水平；三是扩大计算机网络的覆盖范围，利用办公自动化系统，实现各部门、各分局的资源共享。

2.5.2.5　**大力开展水文技术服务**

积极承担水资源、水环境研究课题，做好建设项目水资源论证、水情报汛等水文技术服务。开展大中型水利工程引（退）水口水资源、水质监测。积极开展重点流域、区域的水资源、水环境承载能力研究。

2.5.2.6　**加快人才队伍建设**

提高现有人员素质，在技术人员相对集中的机关，采取定任务、压担子、外出学习、技术研讨等形式锻炼科技队伍。对技术力量相对薄弱的基层，制订学习计划，分批进行短期培训、考试考核、促进提高。加强岗位交流，使具有发展潜力的人才，在不同的业务部门、不同的岗位上经受锻炼，拓展知识面，提高素质，增长才干；积极引进以水文水资源专业为主的高校毕业生和技术人才。

# 第3章　水文站网发展历程及评价

水文站网是在一定地区或流域内，按一定的原则，用一定数量的各类水文测站构成的水文资料收集系统。收集某一项目水文资料的水文测站组合在一起，构成该项目的站网，按测验项目可分为流量站网、水位站网、泥沙站网、降水量站网、水面蒸发站网、地下水站网、水质站网、墒情站网、实验站网等。

青海省境内水文站网主要是青海省水文水资源勘测局（简称青海省水文局）所辖各类测站。黄河水利委员会水文局（简称黄委水文局）和甘肃省水文局在青海省境内建有部分水文站（目前分别为12处、2处），也构成了青海省境内水文站网不可或缺的组成部分。本章主要对青海省水文局所辖各类测站（含历史站）进行统计、分析和评价，黄委水文局和甘肃省水文局在青海省境内所设站点仅在发展历程中提及和在现状评价中适当考虑。

## 3.1　青海省水文站网发展历程

### 3.1.1　不同时期水文站网建设概况

#### 3.1.1.1　民国时期水文站网建设

1940年1月，国民政府黄河水利委员会（简称国民政府黄委会）在青海省民和县设立享堂水文站（施测湟水和大通河两个断面），1945年10月又在黄河干流设立循化水文站。两个站的测验项目为水位、流量、悬移质泥沙、降水量、蒸发量和目测冰情。所以青海省最早应用现代科学方法正式开展水文观测在民国时期，水文业务在青海省起步迟于全国其他省区，规模也很小。

#### 3.1.1.2　新中国早期的水文站网建设

中华人民共和国成立后，青海省水文事业走上了较快发展的轨道。1951年5~11月青海省水利局在湟水干支流首设松树庄（1951年设为水位站，1953年改为水文站）、西宁（1951年设为水位站，1953年改为水文站）、扎马隆、桥头（1951年设为水位站，1956年改为水文站）、大峡（1951年设为水位站，1957年改为水文站）5处水文（位）站。1953~1956年，又在黄河上游支流、大通河、内陆河设立32处水文站。同时黄委、长江流域规划办公室（简称长办）和甘肃省水文总站分别在青海省内的黄河、长江干流和祁连山地区设立了一批水文站。

1956年8月青海省水文总站成立，1956年前各年建站情况见表3-1。

1956年全国范围内开展了第一次站网规划，此后不久即进入“大跃进”时期，基本水文站网建设得到了迅速发展，到1960年全省水文站曾达至114处，为历史最高峰，提前超额完成了1956年站网规划的数字。其分布情况见表3-2。

表 3-1　1940～1956 年青海省基本水位站、水文站建设统计

| 年份 | 建站数 | | | | | | | | | 备注 |
|---|---|---|---|---|---|---|---|---|---|---|
| | 总数 | 流域水系 | | | | 建站单位 | | | | |
| | | 湟水 | 黄河 | 内陆 | 长江 | 青海 | 黄委 | 甘肃 | 长办 | |
| 1940～1950 | 3 | 2 | 1 | | | | 3 | | | 1. 一站施测两河者按两站统计，如享堂、海晏；<br>2. 黄河流域指湟水以外干支流；<br>3. 建站单位青海指青海省水文总站，甘肃指甘肃省水文总站，黄委指黄河水利委员会，长办指长江流域规划办公室 |
| 1951 | 5 | 5 | | | | 5 | | | | |
| 1952 | | | | | | | | | | |
| 1953 | 2 | 2 | | | | 2 | | | | |
| 1954 | 8 | 3 | 3 | 2 | | 7 | | 1 | | |
| 1955 | 8 | 1 | 2 | 5 | | 6 | 2 | | | |
| 1956 | 21 | | 2 | 17 | 2 | 17 | 2 | | 2 | |
| 合计 | 47 | 13 | 8 | 24 | 2 | 37 | 7 | 1 | 2 | |

表 3-2　1960 年基本水位站、水文站统计

| 站别 | 湟水 | 黄河 | 长江 | 澜沧江 | 内陆 | 备注 |
|---|---|---|---|---|---|---|
| 水位 | | 1 | | | 3 | 其中，黄委属站 9 个，甘肃省水文总站属站 3 个 |
| 水文 | 31 | 18 | 6 | 3 | 52 | |
| 合计 | 31 | 19 | 6 | 3 | 55 | |

这个时期的测站建设仅少数站（如吉家堡、巴滩等）比较正规地进行了设站查勘，提出了包括流域自然地理概况、河流特征、测验河段河槽和水流形态及有关附图等内容的较完整的查勘报告，并于其后在审定的站址设站。其余多数测站建设没有完全按照建站的正规要求进行，具体表现在以下几个方面：

（1）多数站测验河段的选定只经过简单的踏勘，而未进行符合规范要求的勘查、测量和多个河段的分析比较，更没有详细的设站报告。

（2）部分站是为适应当时全民大办水利的急需而设的，没有经过站网分析。

（3）多数站因建站时间仓促，未建过河设施和站房，仪器、测具少而简陋。

（4）多数站工作人员文化程度偏低，未经或只经过短期专业培训，工作业务素养不够。尽管如此，这个时期的水文工作得到了很大的发展，填补了许多水文空白区，为以后水文站网的规划建设提供了大量宝贵的资料和经验。

1958 年，省水文总站首次在湟水干流西宁、扎马隆及支流北川河桥头三站开展天然水化学测验，水质监测工作处于起步阶段。

#### 3.1.1.3　20 世纪六七十年代的水文站网建设

1961～1965 年，为适应国民经济"调整、巩固、充实、提高"的方针，青海省水文总站逐步撤销了部分布设不合理、交通不便、生活条件非常艰苦的测站，同时也设立了少数站

(如黄河站、拉曲站等)。到1965年全省仅有52个基本水位站、水文站,站数降到第一个低谷点。期间,省水文总站对保留下来的测站进行了测验设施整顿,基本配齐了仪器测具,初步解决了各站测流测沙问题,还为多数测站修建了3~6间土木结构的站房,各站的测验和资料整编工作日益走向正规,水文资料质量显著提高。

1965年进行了第二次站网规划,之后1966年站网建设又获得了一次较大的发展,新建和恢复了20个基本水位站、水文站,如八里桥、怀头他拉、千瓦鄂博等就是这个时期设立和恢复的。特别值得一提的是,1967年2月,省水文总站决定建立芒拉河水文服务站,其计划是在芒拉河流域内布设测流断面9处、降水量站10处、蒸发站3处、地下水位站6处,并进行流域洪枯水、泥石流、水土流失、可垦地及草原分布等多项调查,用最快的速度全面掌握全流域水文情况。这是青海省水文工作最早的点面结合构想,但因“文化大革命”的影响未能实施。由于受到“文化大革命”的影响,从1968年开始到1971年,每年都有水文站被撤销,1969年水文站第二次下放前,一次撤销8站,省属水文站仅余40站,全省域内包括流域机构和邻省共有54个水文站。1972年全省水文站数降到历史上第二个低谷点,仅有53个。1972~1976年,水位站、水文站数为53~54。“文化大革命”结束后,从1977年开始,又逐年新建和恢复了一部分测站,到1982年达到第三个峰顶,全省共有74个站。

1976年格尔木分站成立了格尔木巡测队,负责柴达木盆地南部各河的年最大洪水和年径流量的调查和巡测任务,这是青海省站队结合工作的开端,弥补了该地区站网的不足。

1963年,增设海晏(湟水)、海晏(哈利涧)两个水化学站;1975年,水文总站开始筹建水质化验室,1979年1月省水文总站水质化验室正式成立(1984年5月更名为水质监测科),水质监测工作正式启动。

#### 3.1.1.4 20世纪80年代(改革开放时期)的水文站网建设

20世纪80年代在水电部水文局的统一部署下,青海省进行了水文站网的全面整顿和有计划地发展,站网建设走向稳步发展的轨道。1985年水文站网有站点71处(含黄委、甘肃、水利部水电四局所属13处)。1980~1989年(80年代)新设和恢复的水文站共有19处,至今仍在运行的水文站有9处,占80年代新设或恢复的47.37%;其中在1980~1989年被撤销的有4个,占80年代新设或恢复的21.05%;1990~1999年被撤销的有6处,占80年代新设或恢复的31.58%。1980~1989年撤销1980年以前设的水文站共13处。

水质站点在20世纪80年代也有了长足发展,截至1985年隶属于青海省水文局的水质监测站点共有31处,各种分析化验设备基本完善。水化室将省属各水化学站的分析化验任务从水利厅水科所全部接管过来,水污染监测和天然水化学的分析工作由省水文总站水化室承担,原来由测站取样送样的方式改为由水化室人员直接到现场取样。80年代共增加东大滩出口站、乐都站、黑林(二)站、老幼堡站、南川河口(二)站、布哈河口、刚察(二)站、下社站8个水质监测站,新增站占80年代水质站的25%,8个新增站点至今仍在监测。同时,在80年代初,青海省水文总站首次对湟水西宁河段进行排污口数量及分布状况调查,并在西钢排污口、小峡河段取样化验。1985~1987年,由水文总站、省环保厅等单位组成联合调查队,在全省范围内共调查597家企业,经调查当时(两年)全省废污水排放总量为1.70亿t。

#### 3.1.1.5 1990年至今水文站网建设

由于部分水文站地处人烟稀少、交通不便、生活条件异常艰苦的地区,加之1990~2000年工作经费困难等,到2002年全省水文站仅有51处(其中含黄河水利委员会13处,甘肃省水文局2处),使全省水文站数降到历史上第三个低谷点。例如在1992~1995年,经过资料分析论证,撤销了部分自然条件艰苦、交通不便、生活困难的水文站,有鱼卡(中)、泽林沟、上唤仓、查查香卡、舒尔干、下拉秀、巴隆、拉曲、黑马河等,其中香达、下拉秀属于澜沧江流域。此次调整使青海省在澜沧江流域无一处水文观测点。1998年将交通不便、生活艰苦的湟水一级支流大通河上的尕大滩水文站下迁9 km,在青石嘴镇设立了青石嘴水文站,为了资料的一致性,青石嘴水文站与尕大滩水文站比测了3年,经分析,两站资料系列比较一致,并于2000年底撤销了尕大滩水文站。香日德水文站由于交通、生活艰难在2000年被撤销,为了弥补区域内代表站的不足,于同年恢复了千瓦鄂博水文站。

2010年10月10日,国务院出台了《国务院关于切实加强中小河流治理和山洪地质灾害防治若干意见》(国发〔2010〕31号),之后在水利部和青海省政府的领导下,青海省水文局为提高中小河流水文信息采集、传输和洪水预报能力,开展了中小河流水文监测系统的水文站网建设,共新建中小河流水文站14处,充实了青海省水文站网。

1940~2013年青海水文站网历经多次建撤波潮,运转的测站数量峰谷交替,至2013年底青海省水文局管辖水文站共有54处,其中多年运转水文站34处,2013年新建1处(那棱格勒站),中小河流项目专用水文站14处,三江源监测项目新建水文巡测站4处,青海湖生态项目新建水文站1处。

1990年至今是水质监测工作飞速发展的阶段,1996年青海省成立水环境监测中心,下设格尔木和海东两个分中心。1997年获得国家计量认证合格证书,监测内容包括地表水、地下水、饮用水、废污水、大气降水、土壤底质,认证项目61项。21世纪,水质监测工作得到了进一步发展,站网布设理念和思路也发生了根本性的变化,水功能区管理、保障饮用水安全、加强排污口监控成为新时期监测工作的主要内容,以水资源质量监测为主的常规监测逐步向水功能区、入河排污口、水源地三位一体发展,监测范围也由湟水向全省扩大,监测项目根据水质站点的性质和特点不断丰富,由最初的水化学指标的测定,逐步扩展为满足评价标准要求的规范化监测。

### 3.1.2 水文站网建设的历程及特点

#### 3.1.2.1 流量站网

*1. 流量站网基本情况*

经统计,青海省水文局管辖流量站共162处(见附图10、附图11),其中历史流量站108处,现状流量站54处(含基本站34处、专用站20处)。长江流域有历史流量站4处,现状流量站6处,合计10处,占6.2%;黄河流域有历史站56处,现状站31处,合计87处,占53.7%;澜沧江流域有历史站1处,现状站2处,合计3处,占1.9%;内陆河流域有历史站47处,现状站15处,合计62处,占38.2%。详见附表1及附表4。

青海省水文局管辖的162处流量站中,资料系列长度小于5年的流量站有78处,占

49%；大于等于 5 年且小于 10 年的有 17 处，占 10%；大于等于 10 年且小于 20 年的有 19 处，占 12%；大于等于 20 年且小于 30 年的有 7 处，占 4%；大于等于 30 年的有 41 处，占 25%。青海省流量站资料系列长度对比分析见图 3-1。

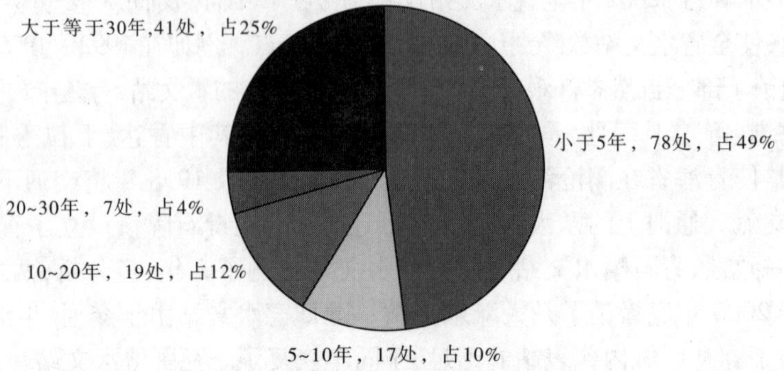


图 3-1　青海省流量站系列资料长度对比分析图

2. 流量站发展历程

青海省境内流量站各个时期站名统计表见表 3-3。

表 3-3　青海省流量站各个时期站名统计

| 设立年份 | 历史站 | 现状站 |
| --- | --- | --- |
| 1951 | 扎马隆(1964 年撤销，下同，仅列年份) | 民和*、享堂*、循化*、西宁、桥头 |
| 1955 | 石崖庄(2007)、海晏(湟)(2007)、芒拉(1962)、隆务河口(1996)、海晏(哈)(2007)、黄藏寺(1967)、诺木洪(1995)、拉曲(1994) | 黄河沿*、贵德*、唐乃亥*、德令哈 |
| 1960 | 大峡(1988)、斯巴利克(1963)、阿拉尔(1967)、阿达滩(1963)、小柴旦(1969)、鱼卡(中)(1993)、花海子(1960)、拉干(1962)、花儿地(1967)、扎马什克(1988)、切吉(1961)、大峡(1988)、上唤仓(1992)、百户寺(1963)、托拉海(1961)、大灶火(1960)、西西(1961)、泽林沟(1991)、卡可土(1961)、沙珠玉(1969)、大水(1961)、大河坝(1962)、巴滩(1997)、上新庄(1961)、下唤仓(1968)、吉尔孟(1962)、哈尔盖(1963)、大坂山(1961)、塔尔湾、八里沟(1961)、乌图美仁(1963)、希里沟(1969)、楚玛尔河(1990)、黄清(1980)、上兰角(1962)、晁家庄(1979)、夏拉沟(1961)、老虎沟(1961)、南门峡(1974)、孔家梁(1960)、大海旦(1961)、胡大寺(1960)、甘德(1961)、千树岭(1961)、黑泉(1960)、夏拉西沟(1960)、香日德(2002) | 格尔木、察汗乌苏、直门达、纳赤台、同仁、西纳川、布哈河口、沱沱河、大米滩、傅家寨、吉家堡、刚察、黑林、董家庄、鄂陵湖(黄)*、吉迈*、新寨、千瓦鄂博 |

**续表 3-3**

| 设立年份 | 历史站 | 现状站 |
|---|---|---|
| 1965 | 哇洪(1982)、龙羊峡(1966)、宗家(1965)、马海(1982)、大格勒(1980)、夏日哈(1980)、巴隆(1980)、哈图(1980)、硖门(1965)、黑马河(1994) | |
| 1970 | 祁家庄(1970)、芒什多(1970)、赛什堂(1970)、大梁(1994)、清水河(1980)、查查香卡(1979) | 八里桥、祁连** |
| 1975 | | 王家庄、尕日得 |
| 1980 | 西台子(1980)、卡金门(1981)、官庄(1980)、舒尔干(1993)、林场(1981) | 清水、上村、化隆、军功*、久治*上尕巴 |
| 1985 | 周屯(1997)、老幼堡(1985)、祝家庄(1989) | 黄河*、朝阳 |
| 1990 | | 乐都、门堂* |
| 1995 | 江西沟(1995) | 南川河口 |
| 2000 | | 班玛、青石嘴 |
| 2005 | | 牛场 |
| 2010 | | 湟源、隆宝滩、雁石坪、香达、下拉秀、海晏(三)、扎马什克** |
| 2013 | | 那棱格勒、泉吉、南沙、夏日哈、卡克特儿、向公、吉尔孟、优干宁、拉曲(三)、三兰巴海、大华、峡口、东峡、白马、白坡、仙米 |

**注**:表中站名后加“*”表示黄委水文局站点,加“**”表示甘肃省水文局站点。

青海省流量站各个时期站网数量见图 3-2。

从青海省各个时期流量站数量变化趋势分析,青海省流量站数量总体呈下降趋势,进入 2000 年之后水文站数量基本趋于平稳。2012 年因中小河流水文监测系统建设等项目增加了部分测站,数量有所上升。2000 年之前水文站数量下降的主要原因有以下几个方面:

(1)20 世纪五六十年代,青海省水文系统由于缺乏工作经验,设立水文测站过于考虑适合测验的测站断面位置,很少考虑测站职工的生产生活条件,因此绝大多数水文站设在人迹罕至、高寒缺氧、交通不便的深山峡谷,职工常年坚持在生活单调、物资缺乏、高寒缺氧的环境中,加之 20 世纪 60 代初全国出现了新中国成立以来的最严重的经济危机,青海水文工作和全国一样陷入了困境,1962 年 5 月,水利水电部召开全国水文工作座谈会,提出“巩固调整站网,加强测站管理,提高测报质量”的方针,青海水文也随即进入了调整优化时期,撤销部分水文站。

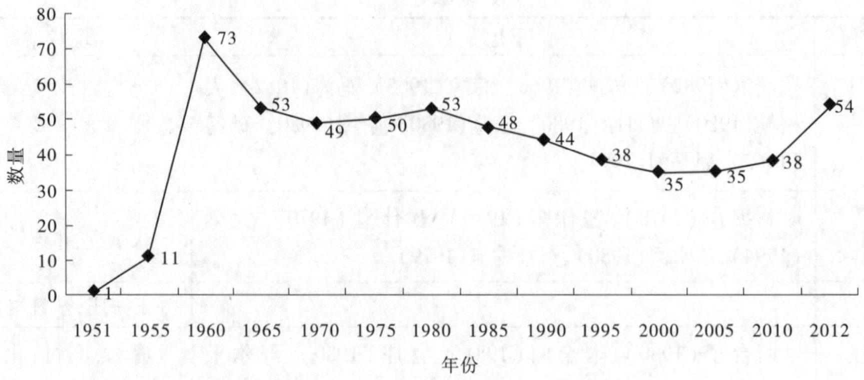


**图 3-2 青海省流量站数量发展历程曲线**

（注:部分资料长度小于 5 年的历史流量站本图不再体现）

（2）1966 年 5 月起,全国掀起的“文化大革命”对青海省的水文工作也产生了冲击,1970 年 1 月,青海省撤销了全部水文分站和 9 处水文站,40 处水文站 222 名职工下放州、县领导,全省水文总站降格为水文组（科级）;到 1972 年,水利部召开水文工作座谈会,层层下放得到制止,直到 1978 年,中共十一届三中全会召开以后,青海省的水文工作才进入了新的发展时期,恢复、新设部分站点,20 世纪 70 年代末水文站数量较 60 年代末有所上升。

（3）部分水文站已达到测站目的,经资料分析后即撤销。

（4）部分水文站由于需要,移交其他管理部门,如龙羊峡站。

（5）受水利工程影响失去代表性,撤销部分站点。

青海水文站网有了较大发展,水文站数量尤其是专用站数量有了较大增加,主要原因有以下几个方面:

（1）2010 年 10 月 10 日,国务院发布了《国务院关于切实加强中小河流治理和山洪地质灾害防治若干意见》（国发〔2010〕31 号）,提出了未来 5 年中小河流治理、山洪地质灾害防治、易灾地区生态环境综合治理的目标任务。明确要求完善防洪非工程措施,加强水文测站站网及基础设施建设,密切监控河流汛情,提高水文监测能力和预报精度。为完善和加强中小河流水文监测系统能力建设,提高中小河流治理和山洪地质灾害防治的基础支撑能力,水利部于“十一五”期间开展了中小河流水文监测系统一期建设,主要安排在湖南、江西等 14 个易灾地区,为全面开展中小河流水文监测系统建设摸索积累经验。青海省水文局于 2012 年共新建中小河流水文站 14 处。

（2）三江源是世界上独一无二的高原湿地,是长江、黄河和重要的国际河流——澜沧江的源头所在之处。2005 年 1 月,国务院批准了《青海三江源自然保护区生态保护和建设总体规划》,8 月 30 日三江源自然保护区生态保护和建设工程在青海省西宁市正式启动实施,明确提出了三江源生态保护和建设工程的总体目标、指导原则和重点项目。为认真落实三江源保护建设规划,不断改善高原生态环境,更好地为三江源生态治理评估提供科学、合理的依据,三江源项目自 2005 年开始实施以来新建了隆宝滩、下拉秀、雁石坪、香达 4 处水文站,有效加强了三江源地区的水资源监测能力,提高了该地区的水文站网密度。

（3）由于国家重点项目南水北调西线工程大渡河上游地区缺少水文资料，水利部黄河水利委员会于1999年在青海省果洛州班玛县来塘镇玛柯河上设立了班玛专用水文站。

（4）青海湖对于青海生态有着极其重要的地位，为加强青海湖生态监测能力，青海省水文局于2012年在青海湖新建泉吉专用水文站，有效加强了青海湖水文监测能力。

3.1.2.2 **泥沙站网**

青海河流主要测验悬移质泥沙，泥沙测验与流量测验结合进行，泥沙站网作为流量站网的一部分，历程和特点也体现在流量站网之中。青海省水文局管辖泥沙观测项目的水文站共有65处，占流量站的40.1%，其中历史泥沙站34处，现状泥沙站31处。长江流域有历史泥沙站0处，现状泥沙站3处，合计3处，占泥沙站总数的4.6%；黄河流域有历史站18处，现状站21处，合计39处，占60%；澜沧江流域有历史站0处，现状站0处，合计0处，占0%；内陆河流域有历史站16处，现状站7处，合计23处，占35.4%。

青海省的泥沙站主要建设在黄土高原与青藏高原过渡地带和内陆盆地与山麓过渡地带，这些地带容易受水力侵蚀和风力侵蚀而产生河流泥沙。

3.1.2.3 **水位站网**

1. 水位站网基本情况

青海省水文局管辖水位站共198处，其中历史水位站115处，现状水位站83处。长江流域有历史水位站4处，现状水位站6处，合计10处，占5.1%；黄河流域有历史站56处，现状站49处，合计105处，占53%；澜沧江流域有历史站1处，现状站2处，合计3处，占1.5 %；内陆河流域有历史站54处，现状站26处，合计80处，占40.4%。详见附表2及附表4、附表5。

青海省水文局管辖198处水位站中，资料系列长度小于5年的水位站有109处，占55.1%；大于等于5年小于10年的有17处，占8.6%；大于等于10年小于20年的有21处，占10.6%；大于等于20年小于30年的有9处，占4.5%；大于等于30年的有42处，占21.2%，详见图3-3。

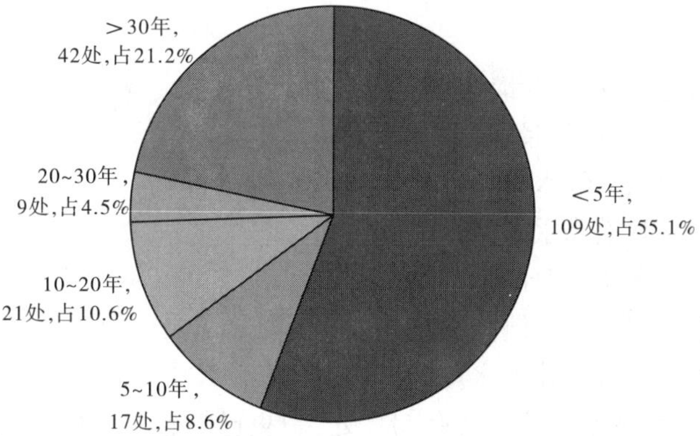


**图3-3 青海省水位站资料系列长度对比分析**

2. 水位站发展历程

青海省水位站数量历程见图3-4。

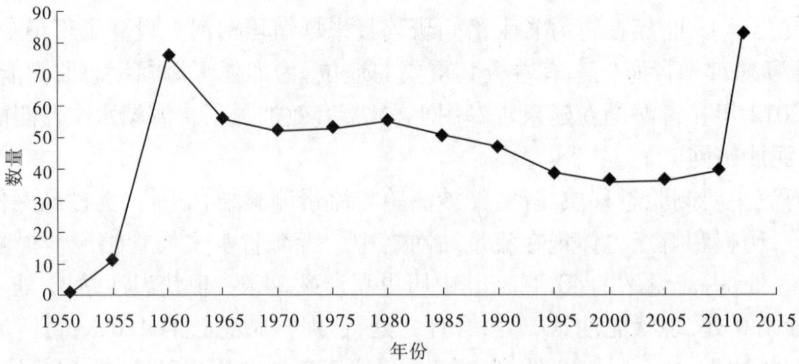


**图 3-4　青海省水位站发展历程曲线**

（注：部分资料长度小于 5 年的历史水位站本图不再体现）

青海省水位站主要指有水位观测项目的水文站与独立水位站。青海省独立水位站主要以全国第一大咸水湖青海湖为中心进行观测，共设立水位站 5 处，其中历史撤销站 3 处，现有水位站 2 处。1955 年 7 月青海省在青海湖二郎剑设立了第一处水位站，1962 年 6 月 1 日水尺向东迁移约 2 km，为二郎剑（二）水位站；10 月 1 日再向东迁移约 19 km，为二郎剑（三）水位站；1966 年 1 月 1 日向西迁移约 27 km，更名为一郎剑水位站。1983 年 1 月 1 日一郎剑水位站东迁 13 km，更名为下社水位站。1958 年设立了沙陀寺水位站，1993 年撤销；1959 年设立甘子河口水位站，1962 年撤销；1964 年设立黑马河水位站，1993 年撤销；2012 年在青海湖鸟岛新设立鸟岛水位站。

2012 年以来河道上设立的独立水位站有 27 个，主要为防汛服务的中小河流水文监测系统专用水位站。

水文站的水位观测除了防汛等独立作用，主要和流量建立水位流量关系，用以由水位推算流量。湖区的水位是通过水位湖容关系和水位湖水面积关系由水位推算湖容和湖水面积的基本水文要素。

#### 3.1.2.4　降水量站网

1. 青海省降水量站网基本情况

本次主要统计以下五个部分的降水量站：

（1）青海省历史独立降水量站（详见附表 3）；

（2）青海省现状独立降水量站；

（3）青海省历史水文站兼测降水量；

（4）青海省现状水文站兼测降水量；

（5）青海省中小河流新建降水量站。

青海省水文局管辖降水量站共有 650 处，历史已撤销站 194 处（历史独立降水量站 100 处，历史水文站兼测降水量 94 处），现状降水量 456 处，其中独立降水量站 386 处（含基本雨量站 86 处，中小河流新建雨量 300 处），水文（位）站兼测降水量 70 处（含基本水文（位）站兼测雨量 35 处，中小河流水文（位）站兼测雨量 35 处）。青海省独立降水量站分布情况见附图 12 ~ 附图 15 所示。

2. 降水量站发展历程

青海省各个时期降水量站站名见表 3-4（因中小河流降水量站全部在 2012 年建设，故本表不含中小河流降水量站）。降水量站数量统计数据见表 3-5、图 3-5。

**表 3-4 青海省各个时期降水量站站名统计**

| 设立年份 | 历史水文（位）站兼测降水量 | 现状水文站兼测降水量 | 历史独立降水量站 | 现状独立降水量站 |
|---|---|---|---|---|
| 1951 | 扎马隆（撤销年份 1964 年、下同仅列年份） | 西宁、桥头 | | |
| 1955 | 诺木洪（1995）、海晏（湟）（2007）、石崖庄（2007）、尕大滩（2001）、芒拉（1962）、隆务河口（1996）、海晏（哈）（2007）、黄藏寺（1967）、拉曲（1994）、二郎剑（1966） | 德令哈、格尔木、察汗乌苏、直门达 | 湟中（1973）、曹家堡（1955）、娄圭台（1955） | |
| 1960 | 斯巴利克（1963）、阿拉尔（1967）、阿达滩（1963）、宗家（1969）、小柴旦（1969）、花海子（1960）、查查香卡（1992）、花儿地（1967）、拉干（1962）、扎马什克（1988）、香日德（2002）、哇洪（1988）、夏日哈（1981）、哈图（1987）、切吉（1961）、大峡（1988）、上唤仓（1992）、百户寺（1963）、拖拉海（1961）、大灶火（1960）、西西（1961）、泽林沟（1991）、卡可土（1961）、沙珠玉（1969）、大水（1961）、巴隆（1994、1963 ~ 1979 无资料）、大河坝（1962）、巴滩（1997）、晁家庄（1981）、下唤仓（1968）、吉尔孟（1962）、大坂山（1961）、沙陀寺（1993）、吴松他拉（1973）、乌图美仁（1963）、八里沟（1961）、大格勒（1992、1962 ~ 1980 无资料）、希里沟（1969）、楚玛尔河（1990）、黄清（1980）、上兰角（1962）、大梁（1995、1969 ~ 1994 无资料）、老虎沟（1961）、硖门（2001、1963 ~ 1965 无资料）、南门峡（1974）、孔家梁（1960）、大海旦（1961）、甘德（1961）、甘子河口（1962） | 直门达、纳赤台、同仁、西纳川、布哈河口、沱沱河、傅家寨、吉家堡、千瓦鄂博、上尕巴、董家庄、新寨、那棱格勒 | 牛场（2002）、卧马（1981、1970 ~ 1975 无资料）、晁家庄（1993、1961 ~ 1976 无资料）、石坡沟（1960） | 衙门庄、倒淌河、安卜庄、华山村、平安镇、古鄯、诺木洪 |
| 1965 | 小灶火（1962）、苏干湖（1967）、曼特里克（1962）、得列楚卡（1963）、小南川（1962）、加让（1960）、文都（1962）、吉尼赛（1962）、马海（1982）、黑马河（1992）、黑马河（青海湖）（1993）、祁家庄（1969）、托索胡（1968） | | 下马家（1993）、小南川（1985）、昆仑山口（1981）、甘河源（1969）、甘家堡（1993） | 凉坪、巴州、老观坪、哈城、兔尔干、祁家庄、七塔尔、田家寨 |

续表 3-4

| 设立年份 | 历史水文站兼测降水量 | 现状水文站兼测降水量 | 历史独立降水量站 | 现状独立降水量站 |
| --- | --- | --- | --- | --- |
| 1970 | 清水河(1982、1970 年 1 月至 1980 年 5 月无资料)、一郎剑(1983)、芒什多(1970) | 八里桥 | 南木塘(1990)、大河坝(1979)、鲁仓(1995)、陈家庄(1970)、五十(1969)、角加庄(1993)、核桃庄(1997)、樊家滩(1993)、大布江(1970)、十道班(1985、1970～1976 无资料)、九道班(1992、1970～1976 无资料)、尚家(1993) | 麦秀、巴汉、保家庄、大寺滩、拉尕、龙王岗、后沟、黑嘴、他哇、大庄子、林场、狼营、中坝、白家山庄、巴燕峡 |
| 1975 | 瞿昙寺(1976)、红庄(1977) | 王家庄、尕日得 | 窑洞(1976)、南垣(1995)、哈利涧(1996) | 下河滩、哈藏滩、黄鼠湾、三角城、红庄、中巷道、夏日哈、哈尔盖 |
| 1980 | 林场(1981)、周屯(1997) | 上村、清水化隆、青石嘴、大米滩、刚察 | 大格勒(1982)、脑庄(1993)、大石滩(1993)、吉尔孟(1991)、加牙麻(1990)、羊圈(1993)、马趟村(2000)、上狼哇(1993)、上营(1993)、默勒(1996)、青石嘴(1997)、梁家(1993)、仲家庄(1993)、药草滩(1993)、老幼堡(1985)、雷大庄(1993)、高寨(1993)、西台子(1993)、红山(1982)、四道班(1985)、小黑沟(1999)、拉布才(1993)、宁木特(1980)、汞矿(1981)、古浪堤(1986)、泽林沟(老)(1993)、当洛(1988)、东倾沟(1994)、温泉(1985)、小栋梁(1988)、鸾吧(1993) | 南岔、下野牛沟、三合、胡拉海、卡金门、察汗河、董家脑、后河、拉尔贯、阳坡庄、泉家湾、包家口、洪水泉、喇家、满坪、小茶石浪、山根、大寺沟、贾尔基、景家庄、红岭、湾子、祁家山、杨家岗、阳关寺、高庙 |

续表 3-4

| 设立年份 | 历史水文站兼测降水量 | 现状水文站兼测降水量 | 历史独立降水量站 | 现状独立降水量站 |
|---|---|---|---|---|
| 1985 | 鱼卡桥(二)(1993)、白家山庄 | 下社、朝阳 | 昆仑山南口(1998)、西龙卡(1989)、却旦塘(1991)、十八道班(1990)、祝家庄(1993)、西巷(1996)、康瞿家(1998)、池坡(1997)、龙门(1989)、天棚(1985)、三塘(1992)、察汗诺(1990)、西大滩(1992)、拖拉海(1989)、阳康(1989)、家连合(2000)毛家岭(1993)、绿草山(1993) | 官地、赵家湾、尕海、月茂庄、包家口、什毛阳山、柯尔、大格勒(二)、湖东、怀头他拉、甘都、道帏、白庄 |
| 1990 | | 乐都 | 大高陵(1995)、六号泵站(1994) | 锡铁山、河西、双格达、保安 |
| 1995 | | | | 泉吉 |
| 2000 | | 班玛 | | |
| 2005 | | 牛场、湟源 | | 孟达天池、苏尔吉 |
| 2010 | | 海晏(三) | | 阴坡、小灶火 |
| 2013 | | | | |

注:各个时期降水量站部分资料长度小于 5 年且不经过整数年份的降水量站本表不再体现。

**表 3-5 青海省各个时期降水量站数量统计**

| 年份 | 历史水文站兼测降水量 | 历史独立降水量站 | 现状水文站兼测降水量 | 现状独立降水量站 | 合计 |
|---|---|---|---|---|---|
| 1951 | 1 | 0 | 2 | 0 | 3 |
| 1955 | 11 | 1 | 5 | 0 | 17 |
| 1960 | 58 | 4 | 19 | 7 | 88 |
| 1965 | 40 | 9 | 19 | 15 | 83 |
| 1970 | 33 | 15 | 20 | 31 | 99 |
| 1975 | 31 | 17 | 22 | 37 | 107 |
| 1980 | 30 | 46 | 28 | 65 | 169 |
| 1985 | 29 | 53 | 30 | 77 | 189 |
| 1990 | 22 | 47 | 31 | 81 | 181 |
| 1995 | 9 | 12 | 31 | 82 | 134 |
| 2000 | 6 | 1 | 32 | 82 | 121 |
| 2005 | 3 | 0 | 34 | 84 | 121 |
| 2010 | 0 | 0 | 35 | 86 | 121 |
| 2013 | 0 | 0 | 35 | 86 | 456(含中小河流 335 处降水量站) |

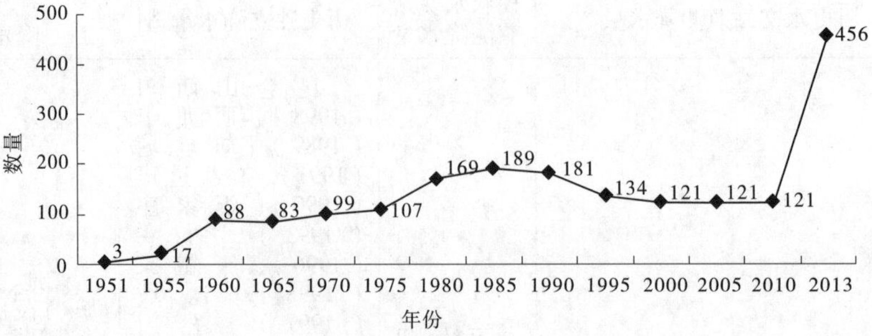


**图 3-5　青海省降水量站数量发展历程曲线**

通过青海省降水量站发展历程曲线分析,1951 ~ 1960 年青海省降水量站呈上升趋势,主要原因是许多有雨量观测项目的水文站在这段时间集中设立,设站时主要考虑测站的功能位置,没有考虑恶劣的自然环境对测站人员的负面影响,所以在 1965 年左右集中撤销部分环境艰苦地区有雨量观测项目的水文站;1965 ~ 1990 年青海省降水量站呈上升趋势,主要因为新设立了部分独立降水量站;1990 ~ 2000 年青海省降水量站数量急剧减少,主要是在此期间集中撤销了部分独立降水量站;2000 ~ 2013 年青海省降水量站数量得到恢复,主要因为在此期间新建了部分独立降水量站,其中许多降水量站为现状独立降水量站,尤其是 2012 年中小河流水文监测系统建设项目实施以来,青海省新建降水量站达 335 个,极大地加大了青海省降水量站网密度。

#### 3.1.2.5　蒸发站

青海省蒸发站主要由以下三个部分组成:

(1)青海省降水量站蒸发观测项目。

(2)青海省历史水文站蒸发场。

(3)青海省现状水文站与水位站蒸发场。

青海省水文局管辖蒸发站共有 111 处,其中有蒸发观测项目的历史水文站与水位站 74 处;有蒸发观测项目的现状水文站与水位站 30 处;有蒸发观测项目的降水量站 7 处(黄河流域 3 处,内陆河流域 4 处)。

111 处蒸发站中,长江流域历史蒸发站 2 处,现状蒸发站 4 处,合计 6 处;黄河流域历史蒸发站 30 处,现状蒸发站 22 处,合计 52 处;澜沧江流域历史蒸发站 1 处,现状蒸发站 0 处,合计 1 处;内陆河流域历史蒸发站 41 处,现状蒸发站 11 处,合计 52 处。

#### 3.1.2.6　水质站

从地表水水质站点发展来看,全省水文系统水质监测工作始于 1958 年,当时仅在湟水干流及支流北川河布设三处站点开展天然水化学测验,1979 年 1 月青海省水文总站水质化验室正式成立,1982 年各种分析化验设备基本完善,监测项目有所增加,到 1985 年全省水化学水质站达到 31 处。1996 年青海省成立水环境监测中心,下设格尔木和海东两个分中心,水质监测机构逐步健全,监测项目不断拓展,水质站点不断增加,截至 2013 年,地表水水质站点已发展为 92 处,遍布全省 52 条重点河流、2 个重要湖泊,监测河长达到 10 086 km,监测湖泊面积 4 450 $km^2$。

从全省地下水水质站点发展来看,全省地下水水质监测始于 1998 年,为监控格尔木市地下水水质状况,在格尔木市区布设地下水监测站点 6 处,每年 2 次开展水质监测,监测项目 20 余项。2003 年,为监控海东地区地下水水质状况,在海东地区布设地下水监测站点 6 处,由此全省地下水水质站点增加到 12 处。

从入河排污口监测工作发展来看,入河排污口从调查监测逐步走向常态化监测轨道。1985 ~ 1987 年,由青海省水文总站、青海省环保厅等单位组成联合调查队,在全省范围内共调查 597 家企业,调查当时全省废污水排放总量为 1.70 亿 t;20 世纪 90 年代,青海省水文总站再次组织人员对湟水流域排污口进行调查,对入河污染物量进行了监测统计;为满足全国水资源综合规划工作要求,2005 年青海省水文水资源勘测局组织对青海省重点地区入河排污口逐一进行了调查,共调查入河排污口 101 个,经统计当时年废污水入河量为 2.24 亿 t。为满足流域机构入河排污口核查工作要求,2010 ~ 2011 年,青海省水文水资源勘测局再次对青海重点地区入河排污口进行逐一调查,共调查入河排污口 88 个,年废污水入河量为 2.21 亿 t。2013 年开始,入河排污口监测走向常态化监测轨道,年内对全省入河排污口开展登记统计和监测,共登记入河排污口 117 个,对 81 个规模以上(日排废污水 300 t 或年排废污水 10 万 t)入河排污口开展了监测。

从水源地监测站点来看,该项工作启动于 1999 年,当时根据水利部《关于组织发布重点城市主要供水水源地水资源旬报的通知》(水资源〔1999〕102 号文)要求,青海省水文水资源勘测局对西宁市大型供水水源地的塔尔水源地(四水厂)、丹麻寺水源地(五水厂)、石家庄水源地(六水厂)和格尔木市主要供水水源地格尔木市水厂共 4 处供水水源地进行每旬监测与评价。根据青海省实际,经申请批准,2002 年 1 月各水源地监测频次由每旬一次减少为每月一次。2009 年,按照青海省水利厅要求,青海省水文水资源勘测局在黑泉水库增设水源地站点 7 处,分别为七水厂、纳拉大桥、孔家梁公路桥、察汗河小桥、黑泉水库(坝前)、黑泉水库(库中)和黑泉水库(库尾)。同年 12 月,在黑泉水库建成水质自动监测站 1 处,水质自动监测站由取水单元、水样预处理及配水单元、辅助单元、分析监测单元、现场系统控制单元、通信单元等组成,监控项目为 pH、浊度、溶解氧、电导率、水温、总氮、总磷、高锰酸盐指数。饮用水水源地水质监测站点现状一览见附表 10-4。

通过几十年的发展,全省水质监测由单一的地表水监测逐步向水功能区、入河排污口、水源地三位一体监测模式发展,监测范围也由湟水向全省扩大,监测项目根据水质站点的性质和特点不断丰富,由最初的水化学指标的测定,逐步扩展为满足评价标准要求的规范化监测。

截至 2013 年底,青海省共有水质站 116 处,均为现状站,从站点功能来看,水文水质站 44 处,水位水质站 1 处(下社站),省界独立水质站 1 处(竹节寺站),地下水水质站 12 处,水源地水质站 12 处,其余均为独立水质站。青海省各个时期水质站数量变化趋势见图 3-6。青海省现状水质监测站分布情况见附图 16、附图 17。

从青海省水质站数量变化趋势图中分析,青海省水质站点发展总体呈上升趋势,尤其在 2000 年之后,水质站点得到迅猛发展。

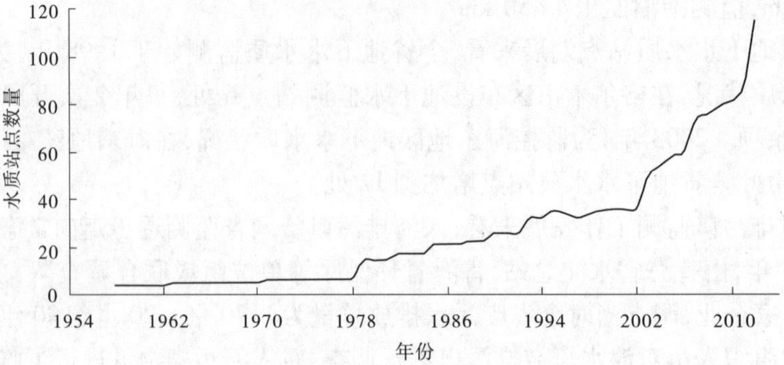


**图 3-6　青海省各个时期水质站数量变化趋势**

#### 3.1.2.7　地下水监测站

青海省地下水井网建设起步较晚。1958 年首先在扎麻隆站设立地下水观测井,之后又在傅家寨、西纳川、土门关、田家寨、沱沱河、纳赤台等站观测地下水。1964 ~ 1979 年,地下水井网建设处于停滞状态。

1980 年水利部下发《关于加强地下水观测研究工作的意见》后,青海省地下水井网建设逐步发展起来。青海省水文总站依据科学、经济综合、配套的原则,1980 年建设互助县地下水井网(10 眼井)、德令哈尕海地区的地下水井网(9 眼井)两处。同年 8 月 1 日设立尕海地下水观测站,1981 年在尕海地区增设地下水观测井 20 眼,1982 年再增设 6 眼,该地区的地下水观测井达到 35 眼。1984 年撤销尕海地下水观测站,观测井委托农场人员观测,由德令哈分站负责管理。1983 年,在格尔木市乃吉里水电厂建地质专用井一眼。

1984 年 10 月,青海省水文总站下发了《关于开展地下水观测的通知》,各水文站利用测站附近居民点的民用水井或生产水井,并相继设立了海晏、董家庄、大柴旦、黑林、硖门、化隆、清水、尕大滩、周屯、玉树、刚察、黑马河、石崖庄、鱼卡桥等 14 处地下水观测井。截至 1985 年全省共有地下水观测井 62 眼,其中内陆河流域 39 眼,黄河流域 20 眼,长江流域 3 眼。

截至 2013 年底,青海省水文局管辖的现状地下水监测井共 32 眼(详见附表 12-1),另有青海省国土部门管辖的现状地下水监测井共 164 眼(详见附表 12-2)。青海省历史地下水井区域分布见附图 18,现状水利、国土部门地下水监测井分布情况分别见附图 19、附图 20。

### 3.1.3　水文站裁撤、搬迁情况

青海省从 1949 年以来截至 2013 年底,共裁撤水文站 108 处。裁撤的 108 处水文站当中资料在 5 年及以上的有 48 处,其中已达设站目的裁撤的站有 41 处,占 85.4%;受水利影响失去代表性的裁撤站有 1 处,占 2.1%;环境变化不符合施测条件或失去代表性的有 3 处,占 6.2%;经费困难裁撤的站有 2 处,占 4.2%;移交其他部门的裁撤站有 1 处,占 2.1%。这 48 处水文站,按流域统计,黄河流域裁撤 19 处,长江流域裁撤 1 处,内陆流域

裁撤28处,澜沧江流域裁撤0处;按资料年限统计,30年及以上资料的站有13处,占裁撤站的27.1%;有20~30年资料的站有4处,占裁撤站的8.3%;有10~20年资料的站有18处,占裁撤站的37.5%;有5~10年资料的站有13处,占裁撤站的27.1%(详见表3-6、表3-7)。裁撤站的资料是连续的,可以满足不同要求的水资源评价、水利水电工程规划设计等国民经济和社会发展的需要。

**表3-6 青海省水文(位)裁撤站背景情况**

| 流域 | | 已达设站目的或站网调整 | 水利工程影响失去代表性 | 环境变化不符合施测条件或失去代表性 | 经费困难 | 移交其他管理部门 |
|---|---|---|---|---|---|---|
| 内陆 | 测站 | 诺木洪(三)、斯巴利克、阿拉尔、阿达滩(四)、戈壁、宗家、小柴旦(二)、马海、鱼卡桥(二)、鱼卡(上)、大格勒、清水河(二)、泽林沟、舒尔干、希里沟(二)、沙珠玉(二)、哇洪、查查香卡、夏日哈(二)、巴隆、哈图(三)、花儿地、下唤仓、上唤仓(三)、哈尔盖(二)、黄藏寺、苏干湖、黑马河 | | | | |
| | 站数 | 28 | | | | |
| 黄河 | 测站 | 扎马隆(二)、大峡、隆务河口、拉干、芒拉(二)、黄清、祝家庄、吴松他拉、百户寺、大梁、硖门、南门峡 | 周屯 | 石崖庄、海晏(哈)、海晏(湟) | 巴滩(二)、拉曲(二) | 龙羊峡(二) |
| | 站数 | 12 | 1 | 3 | 2 | 1 |
| 长江 | 测站 | 楚玛尔河(二) | | | | |
| | 站数 | 1 | | | | |
| 澜沧江 | 测站 | | | | | |
| | 站数 | | | | | |
| 合计 | | 41 | 1 | 3 | 2 | 1 |
| 所占比例(%) | | 85.4 | 2.1 | 6.3 | 4.2 | 2.1 |

**表 3-7　青海省观测 5 年以上水文裁撤站资料占有情况**

| 流域 | 大于等于 5 年<br>小于 10 年 | | 大于等于 10 年<br>小于 20 年 | | 大于等于 20 年<br>小于 30 年 | | 大于等于<br>30 年 | | 小计 |
|---|---|---|---|---|---|---|---|---|---|
| | 站名 | 数量 | 站名 | 数量 | 站名 | 数量 | 站名 | 数量 | |
| 内陆 | 斯巴利克、阿达滩(四)、戈壁、哈尔盖、鱼卡(二)、鱼卡(上)、清水河(二)、夏日哈(二)、苏干湖 | 9 | 阿拉尔、宗家、小柴旦(二)、大格勒、舒尔干、希里沟(二)、沙珠玉(二)、哇洪、哈图、花儿地、下唤仓、黄藏寺 | 12 | 马海、查查香卡、巴隆 | 3 | 诺木洪、泽林沟、上唤仓、黑马河 | 4 | 28 |
| 黄河 | 龙羊峡、拉干、祝家庄、百户寺 | 4 | 吴松他拉、大梁、南门峡、周屯、扎马隆(二)、芒拉(二) | 6 | 黄清 | 1 | 大峡、海晏(湟)、石崖庄、隆务河口、拉曲、巴滩(二)、海晏(哈)、硖门 | 8 | 19 |
| 长江 | | | | | | | 楚玛尔河(二) | 1 | 1 |
| 澜沧江 | | | | | | | | | |
| 合计 | 13 | | 18 | | 4 | | 13 | | 48 |
| 占裁撤站数比例(%) | 27.1 | | 37.5 | | 8.3 | | 27.1 | | 100 |

# 3.2　青海省水文站网现状

## 3.2.1　水文站网结构

水文站网是在一定地区,按一定原则,以适当数量的各类水文测站构成的水文资料收集系统。水文测站是在河流上或流域内,按一定技术标准收集和提供水文要素的各种水文观测现场的总称。

### 3.2.1.1　按目的和作用区分水文(流量)站

按目的和作用分为基本站、实验站、专用站和辅助站。

1. 基本站

基本站是为公用目的，经统一规划设立，能获取基本水文要素值多年变化资料的水文测站。应保持相对稳定，并进行较长时间的连续观测，收集的资料应刊入水文年鉴或存入数据库。

2. 实验站

实验站是为深入研究某些专门问题而设立的一个或一组水文测站，实验站也可兼作基本站。

1958 年 1 月，水利水电科学研究所制定了《全国径流实验站规划（草案）》（简称《规划》），按照《规划》的精神，青海省水文总站选定吉家堡水文站控制的巴州沟流域为实验流域，并于 1959 年将吉家堡水文站改为吉家堡径流实验站。吉家堡径流实验站设立后，由于经费、人员、仪器设备等，未正规开展径流实验。1959 年，先后设立南门峡、小南川两个径流站，1962 年均改为水文站，两站实际上并没有正式开展径流实验。桥头水文站是湟水支流北川河上的一个控制站，为适应工作需要，1980 年 1 月青海省水文总站将该站改为水文测验实验站。其任务是在继续保留基本水文站功能的同时，进行测验设施和测验方法的试验研究，并进行新仪器的试验。

3. 专用站

专用站是为特定目的设立的水文测站，专用站设站年限和测验资料的整编、保存应由设立单位确定。

截至 2013 年底，青海省境内建有专用站 20 处，其中防汛专用水文站 14 处，占全部 68 处水文站的 20.6%，位于黄河流域 9 处、内陆河流域 5 处；建有青海湖生态监测专用站 1 处，占水文站总数的 1.5%，位于内陆河流域；建有南水北调西线工程项目水资源监测专用站 1 处，占水文站总数的 1.5%，位于长江流域；建有三江源生态监测专用站 4 处，占水文站总数的 5.9%，其中长江流域 2 处、澜沧江流域 2 处，详见表 3-8。

**表 3-8　青海省境内各类专用站统计**

| 站别 | | 防汛专用站 | 南水北调工程项目水资源监测专用站 | 三江源生态监测专用站 | 青海湖生态监测专用站 | 合计 |
|---|---|---|---|---|---|---|
| 黄河流域 | 站名登记 | 拉曲（三）、三兰巴海、大华、白马、白坡、仙米、峡口、东峡、优干宁 | | | | |
| | 站数统计 | 9 | | | | 9 |
| 长江流域 | 站名登记 | | 班玛 | 雁石坪、隆宝滩 | | |
| | 站数统计 | | 1 | 2 | | 3 |
| 澜沧江流域 | 站名登记 | | | 香达（四）、下拉秀 | | |
| | 站数统计 | | | 2 | | 2 |

续表 3-8

| 站别 | | 防汛专用站 | 南水北调工程项目水资源监测专用站 | 三江源生态监测专用站 | 青海湖生态监测专用站 | 合计 |
|---|---|---|---|---|---|---|
| 内陆河湖流域 | 站名登记 | 卡克特儿、南沙沟、夏日哈、吉尔孟、向公 | | | 泉吉 | |
| | 站数统计 | 5 | | | 1 | 7 |
| 合计 | | 14 | 1 | 4 | 1 | 20 |
| 所占比例(%) | | 20.6 | 1.5 | 5.9 | 1.5 | 29.4 |

4. 辅助站

辅助站是为补充基本站网不足而设置的一个或一组站点。辅助站是基本站的补充，弥补基本站观测资料的不足。计算站网密度时，辅助站不参加统计。

青海省辅助水文站自 1965 年以后开始建设，并进入缓慢增加的时期，1990 ~ 1995 年、2000 ~ 2005 年为辅助站增加相对较快的时期，后经优化调整，至 2013 年底，全省共有辅助水文站 17 处，全部为一般辅助站(其中青海省水文局 12 处，甘肃省水文局 5 处)，主要分布在内陆河流域的重要河流上(详见附表 6)。

此次评价统计新中国成立以来各年度的基本站数、辅助站(断面)数、专用站数和实验站数。统计得出：截至 2013 年底，全省现有基本水文站 48 处(其中青海省水文局 34 处，黄委水文局 12 处，甘肃省水文局 2 处)、辅助站 17 处、专用站 20 处、实验站 0 处。青海省基本站、辅助站、专用站各年度累计站数统计见表 3-9。

**表 3-9　青海省基本站、辅助站、专用站各年度累计站数统计**

| 年份 | 基本站 | 辅助站 | 专用站 | 实验站 | 合计 |
|---|---|---|---|---|---|
| 1950 | 3 | 0 | 0 | 0 | 3 |
| 1955 | 11 | 0 | 0 | 0 | 11 |
| 1960 | 25 | 0 | 0 | 0 | 25 |
| 1965 | 26 | 0 | 0 | 0 | 26 |
| 1970 | 29 | 2 | 0 | 0 | 31 |
| 1975 | 31 | 3 | 0 | 0 | 34 |
| 1980 | 40 | 6 | 0 | 1 | 47 |
| 1985 | 45 | 6 | 0 | 1 | 52 |
| 1990 | 48 | 6 | 0 | 1 | 55 |
| 1995 | 48 | 12 | 0 | 0 | 60 |
| 2000 | 48 | 12 | 1 | 0 | 61 |
| 2005 | 50 | 17 | 1 | 0 | 68 |
| 2013 | 48 | 17 | 20 | 0 | 85 |

从青海省基本水文站网发展历程来看，为了弥补基本站观测资料不足，正确探求特定目的的水文情势变化，1965 年以后逐步增设了相应辅助站和专用站。随着水资源管理、水环境保护以及社会经济发展对水文的需求不断增多，特别是近几年来，为满足水利水电和其他工程建设项目要求设站的增多，水文部门在稳定基本站的基础上，积极扩大专用站和辅助站，以适应水文站断面控制条件所发生的变化。如由于水利水电工程影响的加剧，测验断面无法完全控制上游河道来水量的基本站越来越多，因此在引水渠道上大量设立辅助站进行监测，以满足基本站年径流量的正确推算。随着南水北调西线工程前期勘察研究、三江源地区生态保护与建设工程、青海湖流域生态监测、中小河流水文监测系统建设等重大专项项目的开展，2003 ~ 2013 年共增设了 19 处专用站，为水资源管理、生态保护成效评价、防汛减灾等提供水文服务。

从青海省基本站、辅助站、专用站站网发展过程可见，基本站在 1950 ~ 1965 年、1976 ~ 1985 年为两个建设快速发展时期，1985 ~ 2013 年基本站进行优化调整，站网发展趋于稳定；辅助站自 1965 年以后开始建设，并进入缓慢增加的时期，1990 ~ 1995 年、2000 ~ 2005年为辅助站增加相对较快的时期，后经优化调整，目前全省辅助站为 17 处，见附图 21；于 1999 年首次设立班玛专用水文站后，专用水文站建设步入了快速发展阶段，截至 2013 年底各类专用水文站已达到 20 处，见附图 22。

#### 3.2.1.2 按测验水体的类型区分水文（流量、水位）站

按测验水体的类型分为河道站、水库站、湖泊站、渠道站。

河道站分为大河控制站、区域代表站、小河站。根据《水文站网规划技术导则》（SL 34—2013）及《全国水文站网评价提纲与评价方法》的规定，天然河道的流量站可根据集水面积大小及作用分类，干旱区集水面积在 5 000 $km^2$ 以上的为大河控制站；在集水面积为 500 ~ 5 000 $km^2$ 的河流上设立的水文站称为区域代表站；在集水面积 500 $km^2$ 以下的河流上的流量站称为小河站。

水库站是指在水库出口、进口或库区进行水文要素测验的水文测站。青海省目前没有在水库设立水文（位）站。

湖泊站是指在湖泊上设立的用于观测湖泊水文特征的测站。

青海省湖泊水文（位）站主要在青海湖，分别为下社水位站与鸟岛水位站，下社站在湖南岸，鸟岛站在湖北岸，用于观测青海湖水位、降水、蒸发等水文要素。

截至 2013 年底，全省共有基本水文站 48 处，其中大河控制站共计 27 处，占水文站总数的 56.3%，其中黄河流域 18 处、长江流域 2 处、内陆河湖流域 7 处；区域代表站共计 17 处，占水文站总数的 35.4%，黄河流域 12 处、长江流域 1 处、内陆河湖流域 4 处；小河站共计 4 处，占水文站总数的 8.3%，均分布在黄河流域（详见表 3-10 及附表 4）。从三类站别水文站所占比例分析看，总体上说是合理的，但根据《水文站网规划技术导则》（SL 34—2013）的规定和随着国民经济和社会发展对水文信息的要求，在站网布局上尚存在一定的缺陷，特别是长江和澜沧江流域站点稀少，各类站点布局不合理，需通过分析计算进行充实、调整，使站网达到合理的布局。

**表 3-10　青海省境内大河控制站、区域代表站、小河站统计**

| 站别 | 黄河流域 | | 长江流域 | | 澜沧江流域 | | 内陆河湖流域 | | 合计 | 所占比例（%） |
|---|---|---|---|---|---|---|---|---|---|---|
| | 站名登记 | 站数统计 | 站名登记 | 站数统计 | 站名登记 | 站数统计 | 站名登记 | 站数统计 | | |
| 大河控制站 | 鄂陵湖（黄）、黄河沿（三）、吉迈（四）、门堂、军功、唐乃亥、贵德（二）、循化（二）、黄河、民和（三）、享堂（三）、大米滩、西宁、乐都、青石嘴、海晏（三）、湟源、尕日得 | 18 | 沱沱河、直门达 | 2 | | 0 | 德令哈（三）、千瓦鄂博（二）、格尔木（四）、纳赤台（二）、那棱格勒、布哈河口、扎马什克（二） | 7 | 27 | 56.3 |
| 区域代表站 | 上村、同仁、清水、久治、董家庄（三）、西纳川（二）、桥头（五）、朝阳、牛场、南川河口（二）、傅家寨（二）、八里桥（三） | 12 | 新寨 | 1 | | 0 | 上尕巴、察汗乌苏（二）、刚察（二）、祁连 | 4 | 17 | 35.4 |
| 小河站 | 化隆、黑林（二）、吉家堡、王家庄、 | 4 | | 0 | | 0 | | 0 | 4 | 8.3 |
| 合计 | | 34 | | 3 | | 0 | | 11 | 48 | 100 |

注：1. 表内水文站为青海省境内所有包括青海省水文局、黄委水文局和甘肃省水文局所设现有水文站；

2. 表内所占比例为占全省水文站总数的比例。

#### 3.2.1.3 按重要程度区分水文测站

水文站按重要程度区分为国家重要水文站、省级重要水文站和一般水文站。

1. 各种类型水文站划分标准

1）国家重要水文站标准

（1）向国家防汛抗旱总指挥部报汛且集水面积3 000 $km^2$以上的水文测站。

（2）集水面积10 000 $km^2$以上且年径流量3亿$m^3$以上，或者集水面积5 000 $km^2$以上且年径流量5亿$m^3$以上，或者年径流量25亿$m^3$以上的水文测站；集水面积大于1 000 $km^2$的独流入海河流的控制站。

（3）常年水面面积500 $km^2$以上且常年蓄水量10亿$m^3$以上的湖泊代表站。

（4）库容5亿$m^3$以上，或者库容1亿$m^3$以上且下游有大中型城市、重要铁路公路干线、大型骨干企业，或者库容不足1亿$m^3$但国务院水行政主管部门直属水文机构认为对流域防灾减灾有重要影响的水库站；供水人口50万以上的水库站。

（5）在国家确定的重要江河、湖泊上设置的水量调度控制站；集水面积大于1 000 $km^2$的省际河流边界控制站，或者对省际水事纠纷调处工作有重要作用的水文测站。

（6）国家重点综合型的水文实验站，位于重点产沙区的代表站。

（7）向其他国家、有关国际组织通报汛情或者长期从事中华人民共和国与邻国交界的跨界河流（简称跨界河流）水文资料交换活动的水文测站；集水面积1 000 $km^2$以上的出入境河流控制站；距国界（境）300 km范围内、对水资源管理和防灾减灾等有重要影响的水文测站。

（8）国家重点地下水站、水质站、墒情站、生态站。

2）省级重要水文站标准

（1）大河控制站。

（2）向国家防汛抗旱总指挥部、流域、省（自治区、直辖市）报汛部门报汛的区域代表站。

（3）对防汛、水资源勘测评价、水质监测等有较大影响的基本水文站。

3）一般水文站标准

未选入国家级和省级重要水文站的其他基本水文站。

2. 基本情况

青海省境内2013年各类水文（流量）站有48处，其中国家重要水文站共计33处，占总数的68.7%；省级重要水文站共计7处，占总数的14.6%；一般水文站8处，占总数的16.7%，详见表3-11。从表中可以看出国家重要水文站所占比例相对较高，主要是近几年青海省水文局绝大部分省级重要水文站被升格为国家级重要水文站，以及黄委水文局在青海省的大部分测站都为国家重要水文站。同时，澜沧江流域目前没有基本站，急需增加补充，才能使水文站网的布设较为科学合理，满足生态环境保护及水资源开发利用等经济和社会发展对水文的需求。

**表 3-11 青海省境内国家级重要水文站、省级重要水文站、一般水文站情况统计**

| 站别 | 黄河流域 | | 长江流域 | | 澜沧江流域 | | 内陆河湖流域 | | 合计 | 所占比例(%) |
|---|---|---|---|---|---|---|---|---|---|---|
| | 站名登记 | 站数统计 | 站名登记 | 站数统计 | 站名登记 | 站数统计 | 站名登记 | 站数统计 | | |
| 国家级重要水文站 | 鄂陵湖(黄)、黄河沿(三)、吉迈(四)、门堂、军功、唐乃亥、贵德(二)、循化(二)、黄河、民和(三)、享堂(三)、大米滩、同仁、湟源、西宁、乐都、牛场、桥头(五)、朝阳、吉家堡、尕日得、青石嘴 | 22 | 沱沱河、直门达、新寨 | 3 | | 0 | 德令哈(三)、千瓦鄂博(二)、格尔木(四)、纳赤台(二)、布哈河口、刚察(二)、扎马什克(二)、祁连 | 8 | 33 | 68.7 |
| 省级重要水文站 | 上村、海晏(三)、董家庄(三)、西纳川(二)、傅家寨(二) | 5 | | 0 | | 0 | 察汗乌苏(二)、那棱格勒 | 2 | 7 | 14.6 |
| 一般水文站 | 久治、清水、化隆、黑林(二)、南川河口(二)、王家庄、八里桥(三) | 7 | | 0 | | 0 | 上尕巴 | 1 | 8 | 16.7 |

注:表内水文站为青海省境内包括青海省水文局、黄委水文局和甘肃省水文局所设所有现有水文站。

#### 3.2.1.4 按观测项目区分水文测站

水文测站按观测项目分为流量站、水位站、泥沙站、降水量站、水面蒸发站、地下水井站、水质站、墒情站等。流量站(通常称作水文站)除进行流量测验外,可观测水位,还可兼测降水量、水面蒸发量、泥沙等其他项目。水面蒸发站应观测降水量。泥沙站应以监测泥沙项目为主,并进行流量测验。其余站类可独立进行观测,或以独立观测项目为主,兼测其他项目。这些兼测项目,在站网规划和计算布站密度时,可按独立的水文测站参加统计。

水文站网是在一定的地区或流域内,按一定的原则,用一定数量的各类水文测站构成的水文资料收集系统。收集某一项水文资料的水文测站组合在一起,构成该项目的站网,如流量站网、水位站网、泥沙站网、降水量站网、水面蒸发站网、地下水站网、水质站网、墒情站网等,其中流量站网作为水文站网的主体组成部分在前述章节中已详细论述,墒情站网目前基本为空白,此处不再赘述。

1. 水位站网

水位站根据其独立性可分为水文站的水位观测项目和独立水位站两类。截至2013年底,青海省境内建有水位站99处(含黄委水文局12处水文站、2处水位站,甘肃省水文局2处水文站),其中黄河流域65处、长江流域6处、澜沧江流域2处、内陆河流域26处(详见表3-12)。

**表3-12 青海省境内水位站统计**

| 流域 | 基本站 | | 专用站 | | 合计 |
|---|---|---|---|---|---|
| | 水文站水位观测项目 | 独立水位站 | 水文站水位观测项目 | 独立水位站 | |
| 黄河流域 | 34 | 2 | 9 | 20 | 65 |
| 长江流域 | 3 | 0 | 3 | 0 | 6 |
| 澜沧江流域 | 0 | 0 | 2 | 0 | 2 |
| 内陆河流域 | 11 | 1 | 6 | 8 | 26 |
| 合计 | 48 | 3 | 20 | 28 | 99 |

2. 泥沙站网

截至2013年底,青海省境内建有泥沙站41处,其中黄河流域29处、长江流域3处、内陆河流域9处(详见表3-13及附表7)。

截至2013年底,青海省境内现有5处颗分站,其中青海省水文局1处(乐都站),黄委水文局4处(唐乃亥、贵德(二)、循化(二)、民和(三))。

3. 降水量站网

青海省境内现有降水量站470处(含黄委水文局及甘肃省水文局所设共14处水文站属的降水量站),其中独立降水量站有386处,与水文站结合的降水量站有62处,与水位站结合的降水量站有22处(详见表3-14及附表8)。

表 3-13 青海省境内泥沙站统计

| 流域 | 黄河 | 长江 | 澜沧江 | 内陆 | 合计 |
| --- | --- | --- | --- | --- | --- |
| 泥沙站 | 大米滩、上村、同仁、化隆、清水、海晏(三)、湟源、西宁、乐都、董家庄(三)、西纳川(二)、牛场、桥头(五)、朝阳、南川河口(二)、傅家寨(二)、王家庄、八里桥(三)、吉家堡、尕日得、青石嘴、黄河沿(三)、吉迈(四)、军功、唐乃亥、贵德(二)、循化(二)、民和(三)、享堂(三) | 沱沱河、直门达、新寨 | | 德令哈(三)、上尕巴、千瓦鄂博(二)、纳赤台(二)、布哈河口、刚察(二)、那棱格勒、祁连、扎马什克(二) | |
| 合计 | 29 | 3 | 0 | 9 | 41 |

表 3-14 青海省境内降水量站统计

| 流域 | 水文站雨量观测项目 | 水位站雨量观测项目 | 独立降水量站 | 降水量站合计 |
| --- | --- | --- | --- | --- |
| 黄河流域 | 42 | 16 | 271 | 329 |
| 长江流域 | 4 | 0 | 53 | 57 |
| 澜沧江流域 | 0 | 0 | 2 | 2 |
| 内陆河流域 | 16 | 6 | 60 | 82 |
| 合计 | 62 | 22 | 386 | 470 |

4. 蒸发站网

青海省境内现有蒸发站 46 处,其中与水文站结合的蒸发站有 38 处,与水位站结合的蒸发站 1 处,与降水量站结合的蒸发站 7 处(详见表 3-15 及附表 9)。

表 3-15 青海省境内蒸发站统计

| 流域 | 水文站蒸发观测项目 | 水位站蒸发观测项目 | 降水量站蒸发观测项目 | 蒸发站合计 |
| --- | --- | --- | --- | --- |
| 黄河流域 | 26 | 0 | 3 | 29 |
| 长江流域 | 4 | 0 | 0 | 4 |
| 澜沧江流域 | 0 | 0 | 0 | 0 |
| 内陆河流域 | 8 | 1 | 4 | 13 |
| 合计 | 38 | 1 | 7 | 46 |

为了加强青海湖流域生态环境保护与综合治理,探求青海湖泊水体的水面蒸发以及蒸发能力在地区和时间上的变化规律,弄清水面蒸发与气象因子的关系,以得到湖泊天然水体的蒸发量,青海省水文局于 2010 年在下社水位站建设了一座 20 $m^2$ 陆面蒸发池(见图 3-7),并配置相应的配套设备,全年采用 E—601 型蒸发器和 20 cm 口径蒸发器同步观测。

图 3-7　下社水位站 20 $m^2$ 蒸发池实景图

5. 地下水井站网

截至 2013 年底，青海省共有现状地下水观测井 206 眼（见表 3-16），其中包括青海省水文局管辖现有地下水观测井 32 眼，青海省国土资源厅管辖现有地下水观测井 174 眼。按流域划分，黄河流域 86 眼，长江流域 2 眼，澜沧江流域 0 眼，内陆河流域 118 眼。长江流域和澜沧江流域地下水观测井稀少。

表 3-16　青海省地下水井统计

| 流域 | 青海省水文局管辖 | 青海省国土资源厅管辖 | 站点总数（站） |
|---|---|---|---|
| 黄河流域 | 15 | 71 | 86 |
| 长江流域 | 2 | 0 | 2 |
| 澜沧江流域 | 0 | 0 | 0 |
| 内陆河流域 | 15 | 103 | 118 |
| 合计 | 32 | 174 | 206 |

目前，青海省地下水监测中存在的主要问题是：监测站点稀少，尤其是长江流域和澜沧江流域，几乎为空白；地下水监测方式仍以传统方式为主；监测设备损毁较为严重。

6. 水质站网

1）地表水水质站点

目前，在青海省 52 条重点河流、2 个重要湖泊布设水质监测站点 92 处，其中黄河流域 48 处，长江流域 11 处，西南诸河 2 处，西北诸河 31 处，考虑青海省高寒高海拔、交通不便、河源较多的特点，监测频次在每年 2 ~ 12 次不等，监测项目按照《地表水环境质量标准》（GB 3838—2002）基本项目 24 项执行，对于湖泊水质站点，增加透明度、叶绿素、总氮等项目。92 处水质站点中包括跨省界水质站点 7 处，跨市（州）界水质站点 2 处，详见附表 10-1。

2)地下水水质站点

截至 2013 年,青海省水文系统共布设地下水水质站 12 处,其中黄河流域 6 处,西北诸河 6 处。监测频次为每年 2 次,监测项目按照《地下水质量标准》(GB/T 14848—93),结合青海实际,确定为 20 项。地下水水质监测站点现状一览表见附表 10-3。

3)饮用水水源地站点

2013 年青海省水文系统对西宁市四水厂、五水厂、六水厂、多巴水厂、七水厂和格尔木市二水厂进行监测,同时对西宁市黑泉水库等 6 处水源地水质进行监测,监测站点共 12 处。其中,6 处水厂水源地按照《生活饮用水卫生标准》(GB 5749—2006)选取 31 项监测项目,每年监测 12 次。黑泉水库水源地的纳拉大桥、孔家梁公路桥、察汗河小桥 3 处水质监测站点,按照《生活饮用水卫生标准》(GB 5749—2006),也选取 31 项监测项目,每年监测 12 次。黑泉水库坝前、黑泉水库库中、黑泉水库回水 3 处水质监测站点除监测以上 31 项外,还需增加透明度、总磷、总氮、叶绿素 a 等 4 项,监测项目共计 35 项。饮用水水源地水质监测站点现状一览见附表 10-4。

4)入河排污口站点

2013 年对全省入河排污口开展登记统计和监测,对 81 个规模以上(日排废污水 300 t 或年排废污水 10 万 t)入河排污口开展了监测,这些入河排污口主要分布在黄河流域的湟水地区。考虑入河排污口整治、污水处理厂建设工程的不断推进,入河排污口站点处于动态变化过程中,本报告不再统计和规划入河排污口站点。

### 3.2.2 水资源监测站现状

在实施《国家水资源监控能力建设项目青海省技术方案(2012 ~ 2014 年)》之前,青海省已建在线监测点 54 个,主要监控重点企业(或取用水大户)。

《国家水资源监控能力建设项目青海省技术方案(2012 ~ 2014 年)》规划拟建在线监测点 176 个,包括河道型监测站点 66 个、管道型监测站点 110 个。2013 年已建成 33 个河道型监测站点、36 个管道型监测站点,2014 年将完成剩余的 33 个河道型监测站点、74 个管道型监测站点建设。

《国家水资源监控能力建设项目青海省技术方案(2012 ~ 2014 年)》规划项目完成后,青海省水资源国控监测点总量为 230 个。

水资源监测站评价主要作用有:

(1)初步建立起与最严格的水资源管理相适应的监控体系。

随着国家水资源监控能力建设项目的推进,青海省初步建立起与水资源开发利用控制、用水效率控制红线管理相适应的重要取水户监控体系,增强了支持水资源定量管理和“三条红线”监督考核的能力。

(2)水资源监测点需不断充实、完善。230 个水资源国控监测点与正在修订的《用水总量统计工作方案》对青海省 2015 年、2020 年分行业调查预测对象数量相比,有较大差距。为满足用水总量统计工作,建议未来需根据《用水总量统计工作方案》(最终稿)的要求,不断调整完善、充实水资源监控点(详见附表 11)。

### 3.2.3　水文站受水利工程影响分析

随着青海省经济的迅速发展,人们为合理开发和利用水资源所兴建的水利工程越来越多,而工程的建设运行反过来又影响了水文站网的稳定性和水文资料的收集、流域水文水资源特性的正确分析、防汛和水资源开发利用的科学决策。

#### 3.2.3.1　站网概况及分析对象

2013 年,青海省管辖的现有基本站 34 个,三江源巡测站 4 个,南水北调西线工程项目水资源监测专用站 1 个,青海湖生态监测专用站 1 个,中小河流水文监测系统建设项目新建水文站 14 个,共计 54 个。本次对那棱格勒水文站(基本站)、向公水文站(中小河流水文站)不作影响分析,仅对其余 52 个水文站进行分析。

#### 3.2.3.2　全省水利水电工程

据 2011 年水利普查数据统计,全省已建、在建水库 204 座,其中大、中型水库各 14 座;规模以上取水口 603 个,取水量 23.86 亿 $m^3$;规模以下取水口 2 431 个,取水量 2.44 亿 $m^3$;规模以上机电井 1 307 眼,取水量为 3.05 亿 $m^3$。

#### 3.2.3.3　影响程度判别指标

青海省水文站受水利工程影响情况包括两种形式:①仅受引水工程影响;②受引水和蓄水工程综合影响。

1. 受引水工程影响

根据《水文站网规划技术导则》(SL 34—2013),测站月、年径流量在涉水工程建设、运行前后改变小于 10%,为轻微影响;改变在 10% ~50%,为中等影响;改变大于 50%,为严重影响。本次评价采用水文站上游水资源开发利用耗水量占测站多年平均还原径流量的比重表示改变因子(对应于下文的 $k_1$)。

2. 受蓄水工程影响分析

根据《水文站网规划技术导则》(SL 34—2013),对于水文站上游水库电站造成的影响,用判别指标 $K$ 进行判断,根据 $K$ 值大小分为轻微、中等、严重三种。

$$K=\begin{cases}\sum f/F & \sum f/F(\text{用 }k_2\text{ 表示})\leqslant\sum V/W(\text{用 }k_3\text{ 表示})\\ \sum V/W & \sum f/F>\sum V/W\text{ 时}\end{cases}\tag{3-1}$$

式中:$\sum f$ 为水文站以上各水库的集水面积之和(已扣除库中库的集水面积);$F$ 为水文站断面以上集水面积;$\sum V$ 为水文站断面以上各水库有效兴利库容之和;$W$ 为河流多年平均径流量。

当 $K<10\%$ 时为轻微影响(无大型水库或无单个中小型水库的 $f/F\geqslant15\%$),$K$ 为 10% ~50% 时为中等影响,$K$ 为 50% 以上时为严重影响。

3. 蓄水和引水工程综合影响分析

受蓄水工程和引水工程综合影响时,使用水文站断面以上各水库兴利库容之和占河流多年平均径流量的比重($k_3$)与引水工程对年径流量的改变比重($k_1$)之和引水工程影响程度,即 $k_1+k_3$。

#### 3.2.3.4　影响分析结果

全省水文站受蓄水工程和引水工程综合影响的有 20 个(见表 3-17),其中受轻微影响的有 3 个,受中等影响的有 13 个,受严重影响的有 4 个;仅受引水工程影响的有 32 个,其中轻微影响 27 个,中等影响 5 个。

表 3-17　受水利水电工程影响水文站情况统计

| 影响类别 | 影响程度 | | | 备注 |
|---|---|---|---|---|
| | 轻微 | 中度 | 严重 | |
| 引水工程影响 | 27 | 5 | | |
| 蓄水工程和引水工程综合影响 | 3 | 13 | 4 | |

本次评价的 34 个基本站中,17 个站受轻微影响,14 个站受中等影响,3 个站受严重影响;三江源 4 个巡测站(雁石坪、隆宝滩、下拉秀、香达)和 1 个专用站(班玛)均受到轻微影响;13 个中小河流水文站中 9 个受轻微影响,4 个受中等影响。

按《水文站网规划技术导则》(SL 34—2013),青石嘴属中等影响,考虑未来引大济湟工程的实施对该站将产生更大影响,故本次评价适当超前把该站纳入严重影响范围。

大米滩水文站评价影响程度采用 2011 年水利普查数据,该数据未对上游水电站的引水量进行统计计算,按《水文站网规划技术导则》(SL 34—2013)评价为中等影响,但由于曲什安河的梯级水电站开发,在大米滩水文站上游 5 km 处建有莫多水电站,该电站 2010 年投入运行后引取曲什安河近 90% 的水量发电后直接排入黄河,且该水电站引水流量因引水管道用钢筋混凝土密封无法施测,大米滩水文站只能监测到 10% 的天然水量,已失去原有设站目的与功能,故最终应判定为受严重影响。

位于黄河支流的大河坝河上的上村水文站高程约 2 706 m,水文测验断面高程 2 686 m。该河上新建的羊曲水电站(位于青海省海南州兴海县与贵南县交界处),电站坝顶高程 2 721 m。电站建成后正常蓄水位 2 715 m。上村水文站受该电站影响将全部被淹没,导致其丧失所有的测报功能,判定为受严重影响。

青海省现有测站受水利工程影响分析见附表 13。

### 3.2.4　设站年限分析

在水文站网规划与调整中,及时地撤销或停止一些已经满足生产需要的水文测站或观测项目,就可以腾出一部分人力物力,转移到其他需要设站的地点,发展水文站网,扩大资料收集范围。反之,如果不适当地撤销水文测站,又会造成连续资料中断,影响水文站网的整体功能。因此,必须适时地定期对水文测站进行设站年限的分析检验。

确定水文测站的设站年限,主要应审查其对站网整体功能的影响,水文资料的经济效益和受水工程影响的程度,经对上述各方面的综合分析论证,再联系测站的测验条件,生活交通条件等实际情况,方可对测站的撤留做出决策。

#### 3.2.4.1　确定长期站和短期站

根据《水文站网规划技术导则》(SL 34—2013),水文站按观测年限,分为长期站和短期站两种。长期站应系统收集长系列样本,探索水文要素在时间上的变化规律,短期站能依靠与邻近长期站或条件类似站同步系列间的相关关系,或者依靠与长系列资料建立转换模型，展延自身的系列。应通过有计划地转移短期站的位置，逐步提高站网密度，推展基本水文要素在时间上和空间上的全面控制。

青海省大河控制站、$F \geqslant 1\ 000\ \text{km}^2$区域代表站和有重要作用的小河站（除个别达不到设站目的者（如受水利工程影响显著））全部列入长期站。

由于青海省水文站网稀疏，而对于$F < 1\ 000\ \text{km}^2$的区域代表站和小河站，亦列入长期站。若有条件应在经济较发达的农牧业区根据需要逐步增加各类水文观测点，以发展水文站网并维持青海省水文事业的可持续发展。

#### 3.2.4.2 分析方法

1. 选用资料

选用资料为各水文站的年平均流量。

2. 方法

以最多设站年数（从设站至2013年）的特征值计算的$\bar{x}$（均值）、$C_v$（离差系数）为标准值，采用《水文站观测年限的确定方法》（马秀峰、龚庆胜著）推荐的设站年限计算公式估算。

设一个水文站实测的样本系列为$X_i(i=1,2,3,\cdots,m)$，要求有$(1-\alpha)$的保证率，使样本的均值$\overline{X}$与系列总体均值$\mu$的差异满足不等式$|X-\mu| \leqslant \varepsilon\overline{X}$。其中，$\varepsilon$为允许误差的相对值；$\alpha$称为显著性水平，$0 \leqslant \alpha \leqslant 1$；$m$是样本系列长度。

按照$t$检验原理，可导出满足对样本均值要求的设站年限计算公式：

$$N = 1 + \left(\frac{C_v t_\alpha}{\varepsilon}\right)^2 \tag{3-2}$$

式(3-2)中，对于已知样本变差系数$C_v$的水文系列，若进行$N$年观测，则有$1-\alpha$的保证率，使样本与总体均值之间的相对误差不超过事先指定的相对误差$\varepsilon$。式中$t_\alpha$是自由度为$N-1$、显著性水平为$\alpha$的$t$分布积分下限，其数值随$N$的增大而增大。该公式是一个需要通过试算才能得出$N$的超越方程。不过当$N$较大$(N>10)$时，$t_\alpha$值已接近常数，因此给计算工作带来了方便。

#### 3.2.4.3 误差标准

对于已知样本变差系数$C_v$的水文系列，若进行$N$年观测，则有$1-\alpha$的保证率，使样本与总体均值之间的相对误差不超过事先指定的相对误差$\varepsilon$。

#### 3.2.4.4 确定设站年限

综上所述，可归纳如下计算步骤：

（1）计算样本系列的变差系数$C_v$、均值$\overline{X}$、标准差$S$。

（2）根据经济发展情况及变差系数$C_v$值的大小，酌选$\varepsilon$、$\alpha$值，本次计算中$\varepsilon=0.1 \sim 0.15$，$\alpha=0.1$。

（3）按式(3-2)计算设站年限$N$。成果见表3-18。

表 3-18　青海省水文站设站年限计算成果

| 序号 | 站名 | $F$ ($km^2$) | 设站年份 | 计算设站年限（年） | 年平均流量的多年均值 | 年平均流量的 $C_v$ | 调整方案 | 备注 |
|---|---|---|---|---|---|---|---|---|
| 1 | 清水 | 689 | 1979 | 7.99 | 1.77 | 0.31 | 保留 | 区域站 |
| 2 | 海晏(三) | 715 | 2007 | 8.97 | 3.29 | 0.30 | 保留 | 区域站 |
| 3 | 傅家寨(二) | 1 112 | 1958 | 8.85 | 3.35 | 0.33 | 保留 | 区域站 |
| 4 | 董家庄(三) | 636 | 1958 | 7.06 | 2.43 | 0.29 | 保留 | 区域站 |
| 5 | 西纳川(二) | 809 | 1968 | 9.85 | 4.53 | 0.35 | 保留 | 区域站 |
| 6 | 南川河口(二) | 398 | 1985 | 8.45 | 1.43 | 0.32 | 保留 | 区域站 |
| 7 | 王家庄 | 370 | 1971 | 10.04 | 0.96 | 0.52 | 保留 | 区域站 |
| 8 | 八里桥(二) | 464 | 1966 | 5.52 | 2.67 | 0.25 | 保留 | 区域站 |
| 9 | 牛场 | 830 | 2001 | 3.79 | 7.17 | 0.19 | 保留 | 区域站 |
| 10 | 化隆 | 217 | 1979 | 11.51 | 0.34 | 0.38 | 调整 | 小河站 |
| 11 | 黑林(二) | 281 | 1958 | 6.93 | 2.34 | 0.28 | 保留 | 小河站 |
| 12 | 吉家堡 | 192 | 1958 | 13.71 | 0.77 | 0.63 | 保留 | 小河站 |
| 13 | 上尕巴 | 1 107 | 1978 | 13.84 | 0.77 | 0.63 | 保留 | 区域站 |

## 3.2.5　省界及地州(县)界水资源监测分析

### 3.2.5.1　水量监测站点

1. 省界水资源监测站

青海省和甘肃省、新疆维吾尔自治区、西藏自治区、四川省等交界，进入或流出的河流有上百条，其中河流大且有监测价值的主要是黄河、湟水、大通河、通天河、疏勒河等五条河流。

在现状水文站中，属于省界水文站的有青海省水文局在长江流域设立的直门达水文站，该站作为长江上游通天河的干流控制站，属国家级重要水文站，中央报汛站，该站设在青海省玉树州称多县，下游进入四川省，主要监测水资源量；另外还有黄委水文局在境内设置的循化站、民和站，循化站作为黄河出青海、入甘肃的省界控制站；民和水文站作为黄河流域支流湟水出青海、入甘肃的省界控制站；黄委水文局在青海省与甘肃省交界处设立的享堂水文站(甘肃境内)，也可作为大通河从甘肃省流向青海省的水资源监测站。

2. 地州界水资源监测站点

在现状站点中，属于市、县界水文站的主要为黄河流域的海晏、湟源、西宁、乐都、朝阳、傅家寨等六处水文站。其中海晏、湟源、西宁、乐都均为黄河流域湟水干流代表站；朝阳水文站为北川河区域代表站；傅家寨水文站为沙塘川区域代表站。

海晏水文站设立在青海省海晏县，下游进入青海省湟源县；湟源水文站设立在青海省湟源县，下游进入青海省湟中县；西宁水文站设立在青海省西宁市，上游衔接青海省湟中县、西宁市大通县，下游进入青海省平安县；乐都水文站设在青海省乐都县，上游衔接青海省平安县；朝阳水文站设在西宁市，是北川河区域代表站，上游流经青海省西宁市大通县；傅家寨水文站设立在西宁市，为沙塘川区域代表站，上游流经青海省互助县。

#### 3.2.5.2 水质监测站点

青海省境内设置有七处省界水质监测断面，分别位于通天河上的直门达断面（青海流向四川）、雅砻江上的竹节寺断面（青海流向四川）、澜沧江扎曲上的香达断面（青海流向西藏）、子曲上的下拉秀断面（青海流向西藏）、黄河干流上的大河家断面（青海流向甘肃）、湟水上的民和断面（青海流向甘肃）、大通河上的享堂断面（甘肃流向青海）。

另有两处市界水质监测断面，分别位于湟水的东大滩水库和小峡桥断面，分别监测海北流向西宁、西宁流向海东的水质。

### 3.2.6 水文站网资料收集系统现状评价

此处仅对青海省水文局所辖水文（位）站和降水量站进行现状评价。

据统计，目前测站水位要素采用人工观测的站有32站，采用自记水位计观测的站有51站，但自记水位站绝大多数站为三江源、青海湖生态监测及中小河流水文监测系统建设所设水文（位）站，基本水文站仍以人工观测为主；流量要素采用流速仪法施测的有51站，采用ADCP施测的有3站，主要以传统流速仪法为主，过河设施主要有电动水文缆道、手动水文缆道、电动水文缆车、手动水文缆车、桥测等几种形式，但主要以手动水文缆车为主；雨量要素采用人工雨量器观测的站有15站，采用自记雨量计观测的站有108站，其中采用虹吸式自记雨量计的站有20站，采用20 cm JDZ01 自记雨量计的站有12站，采用20 cm JDZ02 自记雨量计的站有76站，中小河流水文监测系统建设项目所建降水量站（新建）330处，主要采用JEZ－1融雪和20 cm JDZ－2型自记雨量计，详见表3-19。

### 3.2.7 水文测验方式和站队结合基地建设

近几年来，随着三江源生态保护与建设工程、青海湖流域生态监测体系建设及中小河流水文监测系统建设等项目的规划实施，青海省基础设施建设步入了快速发展阶段，一些国内外先进的水文仪器设备相继投入使用，全省水文监测手段及测验方式有了很大改善，以“驻守与巡测相结合”的管理模式逐步得到推广应用。青海省水文局在原有六个分局的基础上，分地域分片成立了海东、黄南、西宁、海北、青海湖、海南、德令哈、沱沱河、格尔木、都兰、玉树、果洛等12个巡测队，除负责完成辖区基本站水文资料的收集外，还负责中小河流水文监测系统新建水文（位）站及降水量站的运行维护管理工作，以及所在区域青海湖、三江源生态监测项目水文监测站点水资源监测工作。

表 3-19 青海省水文局水文(位)站、降水量站各水文要素采集方式统计

| 测验项目 | 测验方式 | | 测站 | 备注 |
| --- | --- | --- | --- | --- |
| 水位 | 人工观测 | | 大米滩、上村、同仁、化隆、清水、海晏(三)、湟源、西宁、乐都、董家庄(三)、西纳川(二)、牛场、桥头(五)、朝阳、黑林(二)、南川河口(二)、傅家寨(二)、王家庄、八里桥(三)、吉家堡、尕日得、青石嘴、沱沱河、直门达、班玛,上尕巴、千瓦鄂博(二)、察汗乌苏(二)、格尔木(四)、纳赤台(二)、布哈河口、刚察(二),共计 32 站 | |
| | 自记水位计 | | 德什端、优干宁、大武乡、黄沙头、拉曲(三)、康吾羊、浪什干桥、马克唐、曲玛、麻巴、牙什尕、加鲁乎、三兰巴海、麻皮寺、下寺、大华、山根、峡口、东峡、祁家庄、山城、白马、东崖头、沈家、上杨家、崖湾、甘家、白坡、仙米;雁石坪、隆宝滩、新寨、香达(四)、下拉秀;德令哈(三)、察汗河、南沙、清水河、夏日哈、巴隆、大格勒(四)、卡克特儿、那棱格勒、鸟岛、向公、吉尔孟、泉吉、刚察小寺、热水、下社、铁卜加,共 51 站 | |
| 流量 | 流速仪法 | 电动缆道 | 西宁、乐都、直门达、班玛、新寨、布哈河口、刚察(二),共计 7 站 | |
| | | 手动缆道 | 大米滩、上村,共计 2 站 | |
| | | 电动缆车 | 桥头(五)、八里桥(三)、德令哈(三)、优干宁,共计 4 站 | |
| | | 手动缆车 | 同仁、化隆、清水、海晏(三)、湟源、董家庄(三)、西纳川(二)、牛场、朝阳、黑林(二)、傅家寨(二)、王家庄、吉家堡、尕日得、雁石坪、上尕巴、千瓦鄂博(二)、格尔木(四)、纳赤台(二)、拉曲(三)、白坡、白马、仙米、东峡、向公、吉尔孟、三兰巴海、夏日哈、南沙、那棱格勒,共计 30 站 | |
| | | 桥测 | 青石嘴、沱沱河、察汗乌苏(二)、大华、峡口,共计 5 站 | |
| | | 涉水 | 南川河口(二)、隆宝滩、卡克特儿,共计 3 站 | |
| | ADCP | 桥测 | 香达(四)、下拉秀、泉吉,共计 3 站 | |
| 雨量 | 人工雨量器 | | 千瓦鄂博(二)、诺木洪、大格勒(二)、锡铁山、小灶火、白庄、南岔、哈城、三角城、华山村、阴坡、包家、尕日得、沱沱河、班玛,共计 15 站 | |
| | 自记雨量计 | 虹吸式 | 香日德(二)、察汗乌苏(二)、都兰、德令哈(三)、纳赤台、格尔木(四)、布哈河口、下社、大米滩、上村、同仁、清水、海晏、湟源、桥头、朝阳、西宁、乐都、青石嘴、直门达,共计 20 站 | |
| | | 20 cmJDZ01 | 上尕巴、吉家堡、傅家寨、董家庄、化隆、牛场、黑林、刚察、西纳川、王家庄、八里桥、新寨,共计 12 站 | |
| | | 20 cmJDZ02 | 怀头他拉、察汗河、柯尔、夏日哈、河西、泉吉、哈尔盖、湖东、倒淌河、双格达、麦秀、保安、甘都、道帏、孟达天池、喇家、满坪、哈藏滩、巴燕峡、后沟、巴汉、兔尔干、小茶石浪、山根、董家脑、苏尔吉、安卜庄、大寺沟、后河、拉尔贯、黑嘴、黄鼠湾、贾尔基、景家庄、阳坡庄、他哇、泉家湾、衙门庄、月茂庄、陈家庄、祁家庄、下野牛沟、七塔尔、保家庄、大寺滩、包家口、红岭、拉尕、田家寨、洪水泉、下河滩、湾子、三合、平安镇、大庄子、卡金门、林场、祁家山、杨家岗、狼营、红庄、阳关寺、高庙、中坝、龙王岗、胡拉海、中巷道、凉坪、官地、白家山庄、巴州、老观坪、什毛阳山、古鄯、尕海、那棱格勒,共计 76 站 | |

续表 3-19

| 测验项目 | 测验方式 | | 测站 | 备注 |
| --- | --- | --- | --- | --- |
| 雨量 | 自记雨量计 | JEZ－1 融雪 | 西沟(东峡)、峡口、大华、山城、麻皮寺、红山嘴(白坡)、讨拉(仙米)、夏日哈、南沙、八里沟、吉尔孟、刚察小寺、麻吾、元义(茫曲)、康吾羊、黄沙头、同德、沈家村、李家台村、牙什尕镇、三兰巴海、傅家寨、西纳川(二)、黑林、牛场、桥头、朝阳、海晏、湟源、西宁、格尔木(四)、德令哈(三)、上尕巴、班玛、新寨、王家庄、八里桥、化隆、同仁、乐都、清水 | 中小河流降水量站 |
| | | 20 cmJDZ－2 | 羊圈、养鹿场、曲库村、瓦日尕、央隆、默勒、菊花村、龙羊村、查那村、夏塔啦二社、温泉水库、昆仑桥、乃吉里、幸福村、柴开村、白力其尔、乌图美仁、河北、察汗诺、都兰河、巴力沟、那仁希尔格、纳木哈、共和、向阳、扎苏合、沙陀寺、环仓寺、环仓、哈尔盖、三角城、新海、恩乃、永丰村、东巴、肉陇、石乃亥、铁卜加、高红崖、高红崖电站、常牧、上兰角、兰角新村、下兰角、王屯、贡巴、杨家、党家、城东、上牛圈、尕马堂、新街、瓦家农场、本科、加莫河滩、江仓麻、红岩、森多、都兰、过马营、过芒、东吾羊、沙沟乡、东让、加大科、南巴滩、德什端、谷芒、尕强、科加、龙门尔、扎玛尔、阳康、组合玛、舟群、织合干木、江河镇、上塔买、下塔买、德里吉、后菊花、龙羊新村、上巴塘、胜利、跃进、东风、前进、上巴塘、巴塘、格琼达、隆宝滩、德勤、哇陇、吉拉、安冲电站、下河、尕藏寺、歇武镇、当巴、吾海、拉司通、珍秦三大队、珍秦、清水河、东才西、拉宗、多彩乡、治多、多彩、叶青、立新乡、扎西、代曲、秋智、大武、江让多、大武牧场、野马滩煤矿、德尔尼铜矿、血麻、当洛、优云乡、柯曲镇、下贡麻乡、岗龙乡、莫哈、窝赛、依隆、普忙、特合土、上贡麻、吉迈镇、向阳、岗日巴寺、满掌乡、尼勒、上红科、达孜、下红科、阿十羌、日合洞、玛格列、泽多、热红沟、马武当、多贡麻乡、多贡麻村、满掌、达卡、东中、吉卡、玛尼、改勒穷、贡掌、知钦、知钦寺、沙科、德合龙、宁友、富钦、折安、白玉、隆格、台康塘、野牛沟、花石峡、曲那迈、古城乡、沙沟乡、石路滩、石灰窑乡、巴藏沟乡、亲仁乡、瞿昙镇、洪水镇、马趟村、下营乡、城台乡、裴家村、高店镇、峰堆乡、蒲台乡、共和乡、核桃庄、刚察乡、总堡乡、马场、三塘、二塘乡、合群、石大仓乡、工什加、科木其、先口、扎巴镇、城车、金源乡、群科镇、昂思多、日茫、文都乡、阿代、合哇、立伦、立庄、山根、曲麻村、瓜什则乡、曲库乎乡、双朋西乡、浪加、夏卜浪、牙浪乡、江什加、四合吉、吴屯下庄、俄什加、措周乡、加让、昂拉乡、马克唐镇、宁秀乡、和日乡、麦秀镇、西卜沙乡、多禾茂乡、泽曲镇、赛尔龙乡、多松乡、优干宁、宁木特乡、多杰拉卡、三角城、衙门庄、月茂庄、哈城、兔尔干、小茶石浪、山根、董家脑、苏尔吉、安卜庄、大寺沟、后河、拉尔贯、黑嘴、黄鼠湾、贾尔基、景家庄、华山村、祁家庄、红岭、田家寨、他哇、泉家湾、巴汉、讨拉、陈家庄、哈藏滩、巴燕峡、后沟、南岔、下野牛沟、七塔尔、保家庄、大寺滩、包家口、拉尕、夏日哈、河西、尕海、怀头他拉、泉吉、道帏乡、老观坪、包家、林场、杨家岗、中坝、三合、古鄯、甘都、高庙、胡拉海、道帏、白庄、洪水泉、湾子 | |

注:雨量中包括水文(位)站雨量观测项目。

## 3.3 水文站网评价及存在的问题

### 3.3.1 水文站网布局评价

水文站网是水文工作的战略布局,水文站网布局评价的目的是优化水文站网结构。随着科学的不断进步,人的认识也在不断提高,站网的调整和优化就不可能一蹴而就,而必将是一个长期进行检验、反馈和逐步完善的动态过程。自1951年至今,经过多次站网规划的制订和实施、检验、调整,目前全省基本建成按一定规划原则部署、功能比较齐全的水文站网,基本上可满足水文情报预报、水文分析计算、水资源分析研究、水利工程建设等国民经济建设的需要。截至2013年底,全省有水文站68处(含黄委水文局和甘肃省水文局所辖测站),独立水位站31处(含黄委水文局所辖站),雨量观测项目470处(含黄委水文局和青海省水文局中小河流水文监测系统建设所设站)。

青海省境内流域面积500 $km^2$以上河流共计360条(包括跨省界河流33条),现有水文站共控制了41条河流,满足程度为11.4%。按河流所属流域分,黄河流域83条河流中现有水文站控制了17条,满足程度为20.5%;长江流域97条河流中现有水文站控制了5条,满足程度为5.2%;澜沧江流域20条河流中现有水文站控制了2条,满足程度为10.0%;内陆河湖流域160条河流中现有水文站控制了17条,满足程度为10.6%。

青海省历史上还建有(已撤销)大量水文站点,监测资料在5年以上的有47处,与现有水文站点结合,共控制了流域面积在500 $km^2$以上的河流60条,满足程度为16.7%。黄河流域共控制了23条,满足程度为27.7%;长江流域共控制了8条,满足程度为8.25%;澜沧江流域共控制了2条,满足程度为10.0%;内陆河湖流域共控制了34条,满足程度为21.3%。青海省境内流域面积500 $km^2$以上河流水文站控制情况统计见表3-20。

另外,青海省境内南川河口(二)、八里桥(二)、清水、王家庄、吉家堡等基本站,泉吉专用站,三兰巴海、大华、峡口、白马、白坡、仙米等中小河流项目新建的防汛专用站,所控制河流流域面积在500 $km^2$以下,但也是青海省水文站网的重要组成部分。

### 3.3.2 站网密度评价

本规划中站网密度评价采用两个指标,一是平均密度,二是可用密度,前者指所在地区面积除以现状站点数量的密度,后者指所在地区面积除以现状站加历史站点数量得到的密度,单位均取 $km^2$/站。

#### 3.3.2.1 流量站网密度评价

青海省由黄河、长江、澜沧江和内陆河湖四大流域组成,全省国土面积为714 409 $km^2$(根据2013年水资源公报)。截至2013年底,全省共有水文站共计68处,其中黄河流域43处,长江流域6处,澜沧江流域2处,内陆河湖流域17处;如按照裁撤水文(位)站资料可用情况,历史站有108处,其中黄河流域56处,长江流域4处,澜沧江流域1处,内陆河流域47处。站网密度统计情况详见表3-21。

**表 3-20　青海省境内流域面积 500 $km^2$ 以上河流有水文站控制情况统计**

| 流域 | | 河流条数统计 | | | | | | 控制条数(现状站) | 满足程度(%) | 控制条数(现状及历史站) | 满足程度(%) |
|---|---|---|---|---|---|---|---|---|---|---|---|
| | | 干流 | 1级 | 2级 | 3级 | 4级 | 合计 | | | | |
| 黄河 | | 1 | 46 | 30 | 6 | 0 | 83 | 17 | 19.89 | 23 | 27.7 |
| 长江 | | 1 | 28 | 51 | 13 | 4 | 97 | 5 | 5.15 | 8 | 8.25 |
| 澜沧江 | | 1 | 9 | 9 | 1 | 0 | 20 | 2 | 8.7 | 2 | 8.70 |
| 内陆河湖 | 青海湖盆地 | 7 | 6 | 1 | 0 | 0 | 14 | 5 | 35.7 | 6 | 42.9 |
| | 柴达木盆地 | 50 | 43 | 13 | 1 | 0 | 107 | 10 | 9.35 | 24 | 22.4 |
| | 祁连山地 | 2 | 6 | 1 | 0 | 0 | 9 | 2 | 22.2 | 2 | 22.2 |
| | 茶卡—沙珠玉盆地 | 2 | 3 | 1 | 0 | 0 | 6 | 0 | 0 | 2 | 33.3 |
| | 哈拉湖盆地 | 1 | 0 | 0 | 0 | 0 | 1 | 0 | 0 | 0 | 0 |
| | 可可西里盆地 | 20 | 3 | 0 | 0 | 0 | 23 | 0 | 0 | 0 | 0 |
| | 小计 | 82 | 61 | 16 | 1 | 0 | 160 | 17 | 8.0 | 34 | 21.3 |
| 全省合计 | | 85 | 144 | 106 | 21 | 4 | 360 | 41 | 10.3 | 67 | 18.6 |

**表 3-21　青海省各流域水文(位)站网密度统计**

| 项目 | 黄河 | 长江 | 澜沧江 | 内陆河湖 | 全省 |
|---|---|---|---|---|---|
| 流域面积($km^2$) | 152 250 | 158 392 | 36 998 | 366 769 | 714 409 |
| 站数(站) | 43 | 6 | 2 | 17 | 68 |
| 可用站数(站) | 99 | 10 | 3 | 64 | 176 |
| 平均密度($km^2$/站) | 3 541 | 26 399 | 18 499 | 21 575 | 10 506 |
| 可用密度($km^2$/站) | 1 538 | 15 839 | 12 333 | 5 731 | 4 059 |

从表中可看出,全省现状平均站网密度为 105 06 $km^2$/站,已达到干旱区和极干旱地区(不包括大沙漠)容许最稀水文站网密度 20 000 $km^2$/站的标准,但地区及流域间站网密度极不均衡。其中站点最密地区为黄河流域,站网平均密度为 3 540 $km^2$/站,高出干旱区和极干旱地区容许最稀水文站网密度标准;站点最稀地区为长江流域与内陆流域,站网密度为 26 398 $km^2$/站与 21 574 $km^2$/站,每站控制面积超出了容许最稀水文站网密度控制面积,未达到容许最稀水文站网密度标准;澜沧江流域已达到容许最稀水文站网密度标准,但澜沧江流域几乎接近容许最稀水文站网密度标准的下限。可用密度则全省都达到干旱区和极干旱地区容许最稀水文站网密度标准。

### 3.3.2.2　泥沙站网评价

依据《全国水文站网评价提纲与评价方法》中泥沙站在容许最稀水文站网中所占比例,干旱、内陆地区为 30%;湿润地区为 10%。依此标准推算,湿润地区,每站控制面积为

2 000 ~ 6 000 $km^2$;干旱区(不包括大沙漠),每站控制面积为 15 000 ~ 65 000 $km^2$。

全省现有泥沙站 41 处,平均站网密度为 17 425 $km^2$/站,可用站网密度为 9 525 $km^2$/站,满足《水文实践指南》推荐的容许最稀水文站网密度,但站点分布不合理,其中黄河流域 29 个、长江流域 3 个、内陆河湖流域 9 个,澜沧江流域 0 个,全省 70% 的泥沙站布设在黄河流域,详见表 3-22。

**表 3-22　青海省各流域泥沙站网密度统计**

| 项目 | | 黄河 | 长江 | 澜沧江 | 内陆河湖 | 全省 |
|---|---|---|---|---|---|---|
| 流域面积($km^2$) | | 152 250 | 158 392 | 36 998 | 366 769 | 714 409 |
| 泥沙站 | 站数(站) | 29 | 3 | 0 | 9 | 41 |
| | 可用站数(站) | 47 | 3 | 0 | 25 | 75 |
| | 平均密度($km^2$/站) | 5 250 | 52 797 | — | 40 752 | 17 425 |
| | 可用平均密度($km^2$/站) | 3 239 | 52 797 | — | 14 671 | 9 525 |

澜沧江流域至今没有泥沙控制站点,无法掌握澜沧江流域泥沙变化规律,难以满足该地区生态环境保护、水土流失治理及水利工程规划的需要。全省除黄委在黄河流域所设 4 处测站开展泥沙颗分项目,青海省水文局也仅在黄河流域的乐都站作泥沙颗分处理,长江流域、澜沧江流域均为空白,无法掌握三江源地区泥沙粒径变化规律。

#### 3.3.2.3　降水量站网密度评价

根据《水文站网规划技术导则》(SL 34—2013)中推荐世界气象组织(WMO)编写的《水文实践指南》有关降水量站容许最稀水文站网密度为:干旱区和边远地区(不包括大沙漠),每站控制面积为 1 500 ~ 10 000 $km^2$。由站网密度统计可见,全省水文系统现有雨量观测项目 470 站(包括中小河流水文监测系统建设项目所新建降水量站 335 个),其中青海省水文局管辖 456 个,黄委水文局管辖 12 个,甘肃省水文局管辖 2 个,全省平均站网密度 1 520 $km^2$/站,资料可用站数 664 个,可用平均站网密度 1 076 $km^2$/站,基本达到了《水文实践指南》推荐的容许最稀水文站网密度的上限,但站点分布不合理,站点最密地区为黄河流域,超过了《水文实践指南》推荐的容许最稀水文站网密度 1 500 $km^2$/站,达到 463 $km^2$/站;其次是长江流域和内陆河湖流域,站点稀少,但站网密度尚未超出《水文实践指南》推荐的容许最稀水文站网密度下限 10 000 $km^2$/站;站网密度最稀的是澜沧江流域,目前仅有中小河流项目新建的 2 处基本站,站网密度为 18 499 $km^2$/站,已超出《水文实践指南》推荐的容许最稀水文站网密度下限,详见表 3-23。

#### 3.3.2.4　蒸发站网密度评价

青海省共有可用蒸发站 120 个,其中现有蒸发观测项目 46 站,其中青海省水文局管辖 37(含 30 个有蒸发观测项目的水文站与 7 个有蒸发观测项目的降水量站)个,黄委水文局管辖 7 个,甘肃省水文局管辖 2 个。有蒸发观测项目的历史水文(位)站有 74 个,经统计,全省平均站网密度 15 531 $km^2$/站,可用平均站网密度 5 953 $km^2$/站,达到干旱区容许最稀蒸发站网密度标准,但流域间站点布设不均衡,黄河流域站点最密,站网密度为 5 250 $km^2$/站,其他流域站点均较为稀少,甚至澜沧江流域至今一处蒸发观测站没有,站网密度均未达到蒸发站网容许最稀设站密度要求。青海省水文系统蒸发站网密度统计见表3-24。

**表3-23 青海省降水量站网密度统计**

| 流域 | 降水量站观测项目 | | 总数 | 可用站总数 | | | 中小河流降水量站 | 合计 | 面积（km²） | 平均站网密度（km²/站） | 可用站网密度（km²/站） |
|---|---|---|---|---|---|---|---|---|---|---|---|
| | 现状独立降水量站 | 现状水文（位）站有雨量场 | | 历史独立降水量站 | 历史水文（位）站有雨量场 | 总数 | | | | | |
| 长江 | 0 | 4 | 4 | 2 | 4 | 6 | 53 | 63 | 158 392 | 2 779 | 2 514 |
| 黄河 | 72 | 33 | 105 | 78 | 39 | 117 | 224 | 446 | 152 250 | 463 | 341 |
| 澜沧江 | 0 | 0 | 0 | 0 | 1 | 1 | 2 | 3 | 36 998 | 18 499 | 12 333 |
| 内陆河 | 14 | 12 | 26 | 20 | 50 | 70 | 56 | 152 | 366 769 | 4 473 | 2 413 |
| 合计 | 86 | 49 | 135 | 100 | 94 | 194 | 335 | 664 | 714 409 | 1 520 | 1 076 |

**表3-24 青海省水文系统蒸发站网密度统计**

| 水系 | 流域面积（km²） | 站点数（站） | 站网密度（km²/站） | 资料可用站点（站） | 可用站网密度（km²/站） |
|---|---|---|---|---|---|
| 长江 | 158 392 | 4 | 39 598 | 6 | 26 399 |
| 黄河 | 152 250 | 29 | 5 250 | 59 | 2 581 |
| 澜沧江 | 36 998 | 0 | — | 1 | 36 998 |
| 内陆河湖 | 366 769 | 13 | 28 213 | 54 | 6 792 |
| 合计 | 714 409 | 46 | 15 531 | 120 | 5 953 |

#### 3.3.2.5 地下水井站网密度评价

青海省地下水资源较丰富，随着经济和社会的发展，地下水已成为重要的、不可或缺的宝贵资源。青海省水利部门开展地下水动态观测工作从20世纪50年代开始，但均是水文站兼测，1980年下半年开始正规的观测工作，主要进行浅层地下水监测，测井均为生产井或民用井。互助片井、尕海片井、诺木洪片井主要是为改良盐碱地、灌溉而布设的。共积累有134眼井的地下水位资料，但资料系列大多仅有2～3年。

截至2013年底，青海省共有地下水观测井206眼，其中包括青海省水文局管辖现有地下水观测井32眼，青海省国土资源厅管辖现有地下水观测井174眼。按流域划分，黄河流域86眼，内陆流域118眼，长江流域2眼，澜沧江流域0眼。按裁撤站资料可用情况，资料达到5年以上的站数有6个（均位于黄河流域），可用平均站网密度3 370 km²/站（详见表3-25）。全省地下水井密度严重偏低，尤其在长江流域和澜沧江流域地下水观测井稀少，无法完整地掌握区域内地下水位运动变化规律，但该地区海拔偏高、人类活动少、经济发展缓慢，观测井的数量已基本能适应经济社会发展的需求。

表 3-25　青海省现状地下水井统计

| 水系 | 流域面积（$km^2$） | 青海省水文局管辖 | 青海省国土资源厅管辖 | 站点总数（站） | 站网密度（$km^2$/站） | 资料可用站总数（站） | 可用站网密度（$km^2$/站） |
|---|---|---|---|---|---|---|---|
| 长江 | 158 392 | 2 | 0 | 2 | 79 196 | 2 | 79 196 |
| 黄河 | 152 250 | 15 | 71 | 86 | 1 770 | 92 | 1 655 |
| 澜沧江 | 36 998 | 0 | 0 | 0 | — | 0 | — |
| 内陆河湖 | 366 769 | 15 | 103 | 118 | 3 108 | 118 | 3 108 |
| 合计 | 714 409 | 32 | 174 | 206 | 3 468 | 212 | 3 370 |

#### 3.3.2.6　水质站网密度评价

目前，全省水功能区监测覆盖率仅为50.0%，其中全国重要江河湖泊水功能区监测覆盖率达到83.0%，满足全国重要江河湖泊水功能区水质达标考核工作要求，一般水功能区监测覆盖率为35.8%，监测覆盖率偏低；地下水水质站除湟水干流海东地区和西北诸河格尔木市区外，其余地区尚处于监测空白，监测覆盖率较低；县城所在城镇饮用水水源地监测覆盖率较低；尚未布设水生态、降水水质监测站点。

### 3.3.3　站网功能评价

（1）总体布局基本合理，控制基本有效。全省水文站网覆盖了各地（州、市），在青海省境内东部地区，站网密度相对较高，与青海省经济布局基本相适应，体现了水文为社会经济发展服务的宗旨。目前，以格尔木市为重点的柴达木盆地经济发展较快，水文站网建设和服务能力尚需进一步加强。

（2）各站服务功能呈现出多样化趋势。传统水文测站的主要服务功能是为水利水电工程建设、防汛抗旱提供决策依据。随着社会经济的发展，水资源管理和生态环境保护建设评估等工作的需要，水文测站增加了新的服务功能。水文测站监测内容也发生了相应变化，逐步向地表水与地下水监测相结合、水量与水质监测并重、自然水循环与人工水循环同步监测的方向发展。

（3）专用水文站稳步发展。专用水文站在一定程度上弥补了基本站站网密度的不足，适应了社会经济发展对水文工作的需求。近几年来，围绕水资源管理、防汛抗旱设置了一批专用站，起到了较好的效果。

（4）新建站信息采集实现了自动化，水文巡测工作进行了有益的探索与实践。中小河流水文监测系统中新建水文站、水位站、降水量站均实现了水位、雨量信息的采集、传输、处理自动化；在三江源、青海湖生态监测水资源专项监测工作中，测验方式为巡测，经过近7年的实践，取得了较好的效果，为中小河流水文监测系统运行管理提供了宝贵的经验。

青海省现有水文（位）站99处，其中水文站68处，水位站31处，具有水沙变化分析、区域水文分析、水文气候长期变化分析、水文预报等功能。青海省黄河、长江、澜沧江、内陆河四大流域具体承担的监测任务详见表3-26。

青海省水文监测站网目前承担的服务功能总体情况如图3-8所示。

从图3-8可以很明显地看出，青海省站网系统现有功能比较齐全，但功能分布不够均

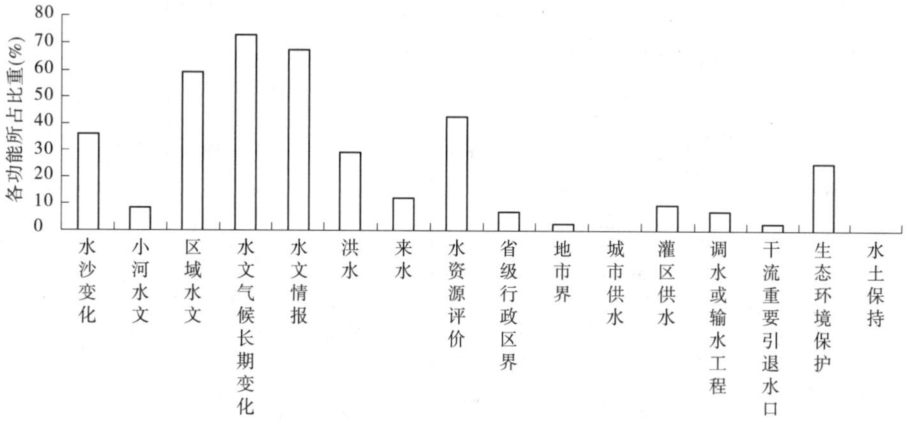


**图 3-8　青海省水文站(断面)功能分布图**

匀。主要站网功能还是侧重在水沙变化(36%)、区域水文(59%)、水文气候长期变化(73%)、水文情报(67%)和水资源评价(42%)五大方面,在灌区供水、调水或输水工程等方面还非常的薄弱,所占的比重还非常低;在城市供水、干流主要引退水、水土保持、试验研究等方面还是空白,站网在紧密结合社会现实需求方面存在一定的不足,从社会经济的发展和水资源的合理开发、高效利用、优化配置、全面节约、有效保护和综合治理等方面看,全省水文站网尚不能满足目前形势和任务的需要,不利于青海省水土保持和水资源保护工作的开展。此外,在城市供水,干流重要引退水口监测等工作开展不足,对青海省水资源的开发利用服务不够,并且缺少山洪监测、墒情监测、突发水事件应急监测和水文试验研究监测等。这些问题将通过今后工作加以研究改进,详见表 3-26。

## 3.3.4　水文站网存在的主要问题

通过以上站网密度、站网功能、站网受水利工程影响等分析评价可见,青海省水文站网建设中仍存在站点稀少、站网密度偏低、布局不合理、受水利工程影响严重等问题。

(1)站点稀少,站网密度偏低。根据站网密度评价分析结果,全省平均站网密度为 10 506 $km^2$/站,已达到干旱区和边远地区(不包括大沙漠)容许最稀水文站网密度标准,但地区及流域间站网密度极不均衡。其中,站点最密地区为黄河流域,站网密度高出干旱区和边远地区容许最稀水文站网密度标准;站点最稀地区为长江流域和内陆河湖流域,均未达到容许最稀水文站网密度标准;澜沧江流域虽已达到容许最稀水文站网密度标准,但仅相当于容许最稀水文站网密度标准的下限。

(2)站点分布不均,水文空白区较多。青海省水文站点分布的特点是东部密集,西南部稀少;黄河流域密集,其他流域稀少。受地理环境及自然条件的限制,目前内陆河湖流域六大水系中开展水文监测的流域只有青海湖、柴达木盆地和祁连山地,其余茶卡—沙珠玉盆地、哈拉湖盆地和可可西里盆地均没有开展水文监测。长江流域一级支流较多,目前只在 2 条一级支流上布设有水文站。从行政区域角度看,青海省现有县级行政区域中泽库、天峻、大柴旦、甘德、达日、久治、曲麻莱、治多、杂多等 9 县至今无一处基本水文站,从水资源监测角度还不能满足社会各方面的需求。

表 3-26　青海省水文站(断面)现有功能统计

| 流域 | 全部断面 | 测站功能 | | | | | | | | | | | | | | | | |
|---|---|---|---|---|---|---|---|---|---|---|---|---|---|---|---|---|---|---|
| | | 分析水文特性规律 | | | | 水文情报 | 水文预报 | | 水资源管理 | | | | | | | 生态环境保护 | 水土保持 | 其他 |
| | | 水沙变化 | 小河水文 | 区域水文 | 水文气候长期变化 | | 洪水 | 来水 | 水资源评价 | 省级行政区界 | 地市界 | 城市供水 | 灌区供水 | 调水或输水工程 | 干流重要引退水口 | | | |
| 黄河流域 | 71 | 30 | 7 | 44 | 58 | 57 | 22 | 8 | 34 | 34 | 2 | | 5 | 1 | 2 | 9 | | |
| 长江流域 | 6 | 3 | 0 | 6 | 4 | 3 | 1 | 1 | 3 | 3 | 0 | | 0 | 2 | | 6 | | |
| 澜沧江流域 | 2 | 0 | 0 | 2 | 0 | 0 | 0 | 0 | 0 | 1 | 0 | | 0 | 0 | | 2 | | |
| 内陆河流域 | 34 | 9 | 2 | 16 | 22 | 18 | 10 | 5 | 12 | 0 | 0 | | 5 | 5 | | 12 | | |
| 测验断面数 | 116 | 42 | 9 | 68 | 84 | 78 | 33 | 14 | 49 | 8 | 2 | | 10 | 8 | 2 | 29 | | |
| 各功能所占比重(%) | | 36 | 8 | 59 | 73 | 67 | 29 | 12 | 42 | 7 | 2 | | 9 | 7 | 2 | 25 | | |

注:1. 各功能百分数所占比重为第 3 项至第 19 项与第 2 项“全部断面”数的比值。由于一站多功能,因此各百分数之和不为 100%;
2. 测验断面数包括青海省现有水文(位)77 个,辅助站 17 个。

(3)站网布局不够合理,影响水文站网功能的发挥。青海省经过多次站网规划的制定和实施、检验、调整,目前基本建成按一定规划原则部署,功能比较齐全的水文站网,基本可以满足水文情报预报、水文分析计算、水资源分析研究、水利工程建设等国民经济建设的需要。但随着水资源管理、水环境保护和社会各有关部门不断提出的对水文资料需求的新特点,青海省站网尚需完善和发展,例如该省西南部地区水文站点稀少,甚至有些地区为水文空白区;跨省界较大河流没有完全控制;流经县城的一些重要河流上还没有设立水文站;影响水文站监测的引水工程越来越多,但一些重要引水渠道上没有及时设立辅助站进行监测;全省没有旱情监测站和水文实验站等。这些问题和不足严重影响到水文站网各项功能的充分发挥。

(4)现有水文站受水利工程影响严重。水资源的开发利用,水利水电工程的大量兴建,改变了水文站的测验条件和上下游水沙情势,水文站网受水利工程影响日益严重,极大地影响了区域水文资料的连续性、代表性和一致性,给这类地区水文测验、流域水文预报、水资源计算造成了一定的困难,影响了水文站网的稳定。河流梯级电站的不断开发建设,水文测验环境不断遭受破坏,使许多水文站面临被淹的境地,出现"工程进、水文退"的现象,被迫迁移。有的水文站上游由于水利工程引水,测验断面无法完全控制河流水沙量的变化,需要增设测验辅助断面,增加了测验难度。有些流经城镇的河流因河道景观建设,在城镇附近的河流上相继兴建橡胶坝,使水文站中、低水测验受到影响。水文站网需要适应这一客观环境的变化而及时进行系统分析、论证和调整。

(5)现有水文站网不能满足以行政区划为单元的水资源管理和保护的需要。现行水文站网的规划和设置,大多以河流、水系为基本单元,以防洪、水利建设为主要目的,对以行政区为核算单元的水资源的开发、利用、配置、节约、保护等方面考虑不足,没有按照行政区界(省、市、县)、水功能区界来布设站网,难以满足实施最严格水资源管理制度、落实"三条红线"控制管理的需要。

(6)为湖泊水库管理服务的水文监测站点布设不足。青海省湖泊、水库众多,青海省水文局仅对青海湖进行了部分水位和水质的监测,监测范围和力度不够,亟需加强。

(7)传统的测验方式已不能满足需要。历史上,由于受国力以及科技进步等方面的制约,水文测验主要采用驻测的方式。在当时的经济社会背景下,基本保证了水文服务的需要。但是近年来随着我国经济社会的快速发展,国家及地方逐步加大了水文投入,水文站网和测验仪器装备不断得到加强和完善。目前正在实施的中小河流水文监测系统、国家水资源监控能力、国家地下水监测工程等项目,将大幅增加水文监测站点数量;与此同时,水文监测要素也在不断增加,土壤墒情、地下水、水生态等项目逐渐开展;此外,监测的频次也明显增加。

水文服务的领域在不断扩展,监测任务也越来越重,但是水文部门的人员编制基本维持现状。因此,以驻测为主的传统监测方式已远不能满足现实工作任务的需要。

### 3.3.5 经济社会发展对水文站网的要求

水文信息是经济社会发展不可或缺的基础性、资源性、公益性信息,信息准确与否,直接关系到经济发展的质量和效益以及人民群众的生命财产安全和生活水平。中央提出建设资源节约型、环境友好型社会，对水资源的优化配置、节约和保护提出了更高要求；加快经济发展方式转变，调整产业结构，带来用水结构、用水方式的变化；城市化进程加快，对城市供水安全、防洪安全以及水生态环境保护与修复提出了更高要求；实施西部大开发，推动青海省经济社会更快更好的发展，解决好水问题是关键；建设社会主义新农村、促进农村经济社会发展，保障农村饮水安全成为当务之急；扩大国内需求、确保经济平稳较快发展，加强水利等基础设施建设，都需要大量及时、准确和优质的水文基础信息作为保障。新形势下如何为青海省的经济社会发展提供全面优质服务，是青海水文面临的重大挑战。

水文是经济建设和社会发展的重要基础。在青海省实现经济社会又好又快发展的过程中，围绕省政府"四区两带一线"经济发展格局，尤其是柴达木循环经济试验区、黄河谷地和湟水沿岸特色经济带建设的整体推进，对水资源的需求与日俱增，对水量、水质和供水保障程度以及环境改善等方面的要求越来越高，由此对水文信息的需求量也越来越大。这就要求水文部门全面、及时、准确地为经济建设发展、生态环境保护和人类健康生存提供有关水的信息服务。

#### 3.3.5.1　防汛抗旱减灾工作

洪涝与干旱灾害频繁是青海省经济社会发展面临的三大水利问题之一。由于全省水资源的时空分布很不均匀，地区性、局部性和季节性缺水相当严重，随着人口的增加、土地开发利用和经济建设的发展，资源型缺水的地区和时段将越来越多，受干旱威胁的人口和工农业用水部门将越来越多。因此，水文信息在防汛抗旱工作中的作用将更加突出，要求水文部门根据防汛抗旱工作的新形势、新要求，不断加强水情、雨情、墒情、地下水等方面的监测和预测预报工作，着力为防汛抗旱指挥调度提供准确、及时的信息服务。

目前，青海省已实施的中小河流水文监测系统建设项目，只针对规划中的72条河流实施，其余大部分中小河流未列入，还有一些具有防洪需求的河流上没有水文站，满足不了防洪的需求，亟待补充完善监测站网。

#### 3.3.5.2　水资源合理开发利用及管理保护

随着青海省国民经济的发展、工业化和城镇化进程的加快及人民生活水平的提高，不仅资源型缺水越来越严重，而且水质型缺水将逐渐凸显。水资源可持续利用将是全省经济社会发展面临的重要战略问题之一。如何科学确定水资源的承载能力，全面监控水资源开发利用情况，合理制定水资源的优化配置方案，实行严格水资源管理制度，这些都依赖于水文的支撑作用，要求水文部门发挥水文站网的优势，发挥水量、水质同步监测的优势，全面监测、分析、评价水资源的质量分布及变化情势，为实现水资源管理与保护目标、实行严格的水资源管理制度提供科学的决策依据。

#### 3.3.5.3　水生态建设

青海省地处三江源头，生态保护与建设对于全流域乃至全国均有十分重要的现实意义。近些年来，随着全球气候变暖，冰川、雪山逐年萎缩，众多的湖泊、湿地面积缩小甚至干涸，沼泽低湿草甸植被向旱生高原植被演变，草地生态退化严重，沙化面积增大，水源涵养能力降低，野生动物栖息环境质量减退，生物多样性受到影响。根据三江源区生态保护与建设的迫切要求，国家启动了三江源生态保护与建设工程，青海省政府逐步推进生态立省战略，这不仅要求水文部门利用水量、水质监测的优势，加强水资源动态监测和评价能力，而且要求水文部门加强对水资源演变趋势的研究分析，加强对水资源与生态环境关联度的研究分析，从而为生态保护与建设工程的实施提供基础依据和技术支撑，为推进生态立省战略的实施发挥作用。

#### 3.3.5.4 突发公共水事件处理

近年来，我国突发性重大水事件频繁发生，给人民生命财产安全带来严重威胁，对政府处理公共危机能力带来严峻考验；同时也对水文部门的水量、水质快速应急监测、预报能力提出了新的要求。

#### 3.3.5.5 水利工程建设运行

许多工程的建设与管理特别是水工程、跨流域调水工程、水利水电枢纽工程及铁路、交通等建设与调度运行，都离不开水文资料。对于青海省来说，引大济湟调水工程建设、南水北调西线工程建设、各类水利水电工程建设、铁路公路桥梁施工等都需要水文资料的支撑和服务。今后随着经济社会的快速发展，该省涉水工程将越来越多，当前青海省水利厅已开展了引江济柴工程、“三滩”引水生态治理工程、环青海湖区水利综合治理工程、湟水南岸水利扶贫工程、青海省柴达木盆地水资源配置工程等相关规划，这些工程的建设运行，不仅对水文信息的需求量大幅增加，而且对水文服务的要求也越来越高。

另外，随着社会经济发展和水资源的开发利用，水文站网和水文测验日益受到水利工程的严重影响，需要根据具体情况对水文站及其测验方式、方法进行调整。对已完全失去设站作用的站点，可搬迁或利用水利工程建筑物测验；对受影响但尚未失去设站作用的站点，可增加辅助断面、引进新的测验设备并利用新的测验方式进行水文测验，以保证基本站网的相对稳定。

#### 3.3.5.6 水文特性规律研究

青海省河流众多，水资源丰富，全省境内流域面积 500 $km^2$ 以上河流共计 360 条(包括跨省界河流 33 条)，现有水文站仅控制了 41 条流域面积 500 $km^2$ 以上河流和 11 条流域面积 500 $km^2$ 以下河流；41 处泥沙站仅控制了 21 条流域面积 500 $km^2$ 以上河流和 4 条流域面积 500 $km^2$ 以下河流。水文站对河流的控制程度低，尤其是青南地区水文站点稀少、内陆河湖流域存在水文空白区、澜沧江流域没有泥沙监测站等，严重影响到区域水文特性规律的掌握和分析研究，需要适当增加水文监测站点。

#### 3.3.5.7 最严格的水资源管理要求

青海省跨界河流较多，且有水文站控制的河流较少，水文站的布设满足不了省界水资源管理的需求。全省境内流域面积 500 $km^2$ 以上跨省界河流 33 条，其中流向省外且境内流域面积大于 1 000 $km^2$ 以上的跨省界河流 17 条，目前只有黄河干流、湟水、大通河、黑河、长江干流、岷江—大渡河干流、澜沧江干流等 7 条河流上设有水文站，其余均为空白，为最严格的水资源管理服务的功能发挥得不够。

#### 3.3.5.8 水文科学实验

水文实验站主要包括为满足水文科学基础理论和综合问题探索、研究不同水体水文规律、气候变化及人类活动对水文水资源影响研究等需求建立的站点。目前，青海省境内水文实验站基本处于起步阶段，亟须建设一些针对水生态、地下水、蒸发、墒情、泥沙、径流及降雨水质的实验站。

# 第4章　规划的指导思想、目标、原则和依据

## 4.1　指导思想

用科学发展观做指导，紧紧围绕新时期水利中心工作和经济社会发展的需要，以全面服务社会为主线，积极践行可持续发展治水思路，抓住加强、加快青海水利基础设施建设的历史机遇，围绕青海社会经济可持续发展与生态环境建设及青海水利发展要求，牢固树立“大水文”发展理念，站在“中华水塔”的高度，在生态立省的战略框架下，充分体现青海省区域特点，解决青海水文的实际需要。优化巩固现有站网体系，适度拓宽填充条件合适地区的站网，酌情向条件严酷的空白区补点，采用新技术向湖泊水体遥感测验发展。

以加强水文水资源监测体系建设为基础，以提高分析研究能力为重点，以提供全面优质服务为目标，以强化科技创新和队伍建设为保障，协调发展、统筹兼顾、因地制宜、科学合理、先进实用、突出重点、全面发展，加快推进水文从侧重局部建设向注重整体发展转变，从技术导向型向服务导向型转变，从数据服务型向成果服务型转变，从行业水文向社会水文转变，努力提高水文现代化水平。为促进生态文明建设、保护“中华水塔”、加快涉水经济建设、落实最严格的水资源管理、防汛抗旱、水工程开发运用、水土保持等获取实时水文信息和积累历史水文资料奠定基础，为探索水文规律，为水文业务的本身发展和水平提升开辟和巩固阵地。

## 4.2　规划目标

### 4.2.1　总体目标

按照经济社会发展、防洪抗旱、江河治理、水资源利用管理与保护的要求，制定整体功能较强的站网结构和合理的站网密度，以最经济合理的测站数目、最科学的位置，达到全面控制水文要素的时空变化规律的目的。使“容许最稀站网”逐步向“最优站网”发展，科学规划水文站网，夯实水文站网基础，全面提升水文站网技术水平，以适应水资源可持续利用和社会经济可持续发展各类功能的需要。

通过本次规划，力争完善水文监测体系，使青海形成布局合理、功能齐全的水文站网监测系统，该系统包含水资源监测、水环境监测、雨水情监测、地下水监测、应急监测和水文信息服务等六大体系；形成遥测、巡测、驻测相结合的水文监测方式；在无人区，根据社会经济发展的需要，主要利用自动遥测和卫星遥感技术开展区域水文研究。

### 4.2.2　具体目标

水文站网规划在单一类型站网规划的基础上，综合考虑各类水文站网之间的相互关联、协调、配套，形成流域或区域内功能齐全的综合站网体系，充分发挥站网的整体功能，满足水文基本规律探索、水资源管理、水资源开发利用、水资源保护、防汛、抗旱、水土保持、水利工程运用管理、水生态监测、水文科学实验等方面的需求，成为社会效益、经济效益最优的水文站网。

#### 4.2.2.1　流量站网

大河控制站的规划目标，使之紧密结合社会实时性服务需求，补充和完善重要河流的重要河段、重点防洪区、重要城镇附近、重要水功能区和水资源保护区、重点水土流失区和大型引退水工程的上下游以及河流治理工程区的水文测站。布设区域代表站的目标是根据径流的区域规律可内插或移用任何无资料地点的径流特征值。小河站网的规划目标能够较好地分析降雨径流关系，找出有关参数在地区上的分布规律，使小河站网功能有所提高。

适当规划水库站，既能为工程管理、防汛抗旱、水文情报预报和水资源开发利用服务，又能系统积累水文资料，研究水文规律和资料内插移用，发挥河道基本水文站网的作用。

#### 4.2.2.2　水位站网

河道流量站均布设水位观测，对无流量站的河道（段）、湖泊、水库开展需求分析，适当布设水位站；在现有基础上，补充和完善中小河流水位站网，注重在水位能以比较灵敏稳定反映流量的河流控制点布设水文站，以便构成完整的全省水文监测预报体系，满足社会发展、区域经济建设以及防洪抗旱减灾的信息需求。

#### 4.2.2.3　泥沙站网

按流域侵蚀和河流产沙分布规律布设泥沙站网，以便完善和细化产沙模数图或侵蚀分布图，以满足内插符合实用精度要求的各种泥沙特征值。注重在河道整治、多泥沙水库管理运用等布设泥沙站，以提供实时观测数据和积累历史资料为目标。

#### 4.2.2.4　降水量站网

面降水量站网能控制月年降水量和暴雨特征值在大范围内的分布规律，能够控制暴雨的时空变化，求得足够精度的面分布和面平均降水量；配套降水量站与小河站、区域代表站进行配套布设，以探索降水量与径流过程之间的转化规律为目标。注重布设满足各重要城镇的防洪、山洪灾害及水土流失监测及预报的降水量站。

#### 4.2.2.5　水面蒸发站网

满足区域蒸发计算和研究地区水面蒸发规律的需要。

#### 4.2.2.6　水质站网

以满足水功能区水质达标考核为基础，掌握地表水、地下水、水源地水质动态，收集和积累水资源质量、水生态与环境等水质基本资料为目标。

#### 4.2.2.7　地下水站网

结合现有监测站网，建立比较完整的国家级地下水监测站网，实现对青海地下水动态的有效监测，提供及时、准确、全面的地下水动态信息。

#### 4.2.2.8 墒情站网

以防汛部门墒情站为基础，在重点农业县规划墒情监测站网，收集土壤墒情信息，满足抗旱减灾决策、水利建设规划、水资源科学管理等需要。

#### 4.2.2.9 专用站建设

稳定为南水北调西线工程服务的班玛专用站。根据科学研究、工程建设、管理运用等特殊需要适当设立专用水文站。

#### 4.2.2.10 实验站建设

重点建设研究水文基础理论、水体水文规律以及人类活动对环境和生态影响的实验站点。

## 4.3 规划原则

根据水利与经济社会发展对水文工作的新要求，按照水利发展总体布局，统筹兼顾、因地制宜、突出重点、推动建立与经济社会发展相适应的水文监测站网。依靠站网的结构，发挥站网的总体功能，提高站网产出的社会效益和经济效益。规划的编制应遵循的原则如下。

### 4.3.1 服从与有效衔接

本规划服从于《全国水文事业发展规划》《青海省水利发展战略规划》和《青海省水文事业发展规划》等上层规划，与国土资源和环保等部门规划和地下水、水环境等单项水文规划有效衔接，近期规划站点尤其要与《全国水文基础设施建设规划(2013～2020 年)》有效衔接，并充分考虑现有与已立项建设项目，避免重复规划、重复立项。

### 4.3.2 前瞻性

充分考虑水文事业是需要超前发展的基础性行业，而水文站网又是水文事业发展的基础，适度加快发展速度，最大限度地满足规划期内全省经济社会发展对水文的要求。

### 4.3.3 统筹兼顾、全面规划

规划中不仅要考虑水文监测及水资源管理的要求，也要结合青海省自然地理实际，做好统筹兼顾、贴近实际；做好干支流、上下游、城市与乡村、流域与区域的协调关系以及各类站点协调发展，在水文站网普查与功能评价的基础上进行调查分析，全面规划流量站网、水位站网、泥沙站网、降水量站网、蒸发站网、地下水站网、水质站网、墒情站网及实验站。

### 4.3.4 远近结合、合理布局

结合青海省国民经济与社会发展的需要，广泛调研、充分论证，使之符合站网发展实际情况，并按照轻重缓急的原则，近期重点考虑现有受水利工程影响的水文站的调整和急需建设的新建水文站，兼顾远期发展，合理布局，分阶段实施。

### 4.3.5　有效控制、突出重点

青海省作为全国面积第四大省,河流水系分布众多,地形地貌复杂多样,且多数区域为高海拔、无人区,本次规划结合青海省经济社会和水利发展实际,对重点区域、重要河流进行有效控制,突出考虑。

### 4.3.6　新设站以巡测为主

受水文行业特点及人员队伍的限制,本次规划新增加测站在考虑技术进步和发展的基础上,测验方式以流量巡测为主。

## 4.4　编制依据及参考文献

### 4.4.1　编制依据

(1)《中共中央 国务院关于加快水利改革发展的决定》,中共中央 2011 年一号文件;

(2)《中华人民共和国水法》,2002 年 10 月 1 日起施行;

(3)《中华人民共和国水污染防治法》,2008 年 6 月 1 日起施行;

(4)《国务院关于实行最严格水资源管理制度的意见》,国发〔2012〕3 号;

(5)《中华人民共和国水文条例》,国务院令第 496 号,2007 年 4 月 25 日;

(6)国家发展改革委 水利部关于印发《全国水文基础设施建设规划(2013 ~ 2020 年)的通知》(发改农经〔2013〕2457 号),2013 年 12 月 5 日。

(7)《取水许可管理办法》,中华人民共和国水利部令第 34 号,2008 年 4 月 9 日起施行;

(8)《入河排污口监督管理办法》,中华人民共和国水利部令第 22 号,2005 年 1 月 1 日起施行;

(9)《水文站网管理办法》,中华人民共和国水利部令第 44 号;

(10)《水文站网规划技术导则》(SL 34—2013);

(11)《中共青海省委 青海省人民政府〈关于加快水利改革发展若干意见〉》,青发〔2011〕23 号;

(12)《青海省水文站网规划设计任务书》;

(13)青海省实施《中华人民共和国水文条例》办法,青海省人民政府令第 69 号;

(14)《青海省水利发展战略规划(2011 ~ 2030)》,北京中水新华国际工程咨询有限公司,2011 年 12 月;

(15)《青海省水功能区划》(修订稿),青海省水文水资源勘测局,2013 年 8 月;

(16)《青海省水文事业发展规划》(修编稿),青海省水文水资源勘测局,2012 年 3 月;

(17)《全国水文事业发展规划》,水利部水文局编,经济科学出版社,2004 年;

(18)《黄河流域综合规划》,水利部黄河水利委员会编,黄河水利出版社,2013 年;

(19)《黄河流域(片)水文事业发展规划》,黄委水文局,2010 年 9 月;

(20)《长江流域(片)水文事业发展规划》,长江委水文局,2012 年 3 月;

(21)《国家地下水监测工程可行性研究报告》,河南黄河水文勘测设计院、北京市地质工程勘察院、陕西省水工程勘察规划研究院,2014 年 5 月;

(22)《国家防汛抗旱指挥系统二期工程初步设计报告(审批稿)》,水利部水利信息中心、黄河勘测规划设计有限公司,2013 年 7 月;

(23)《全国省界断面水资源监测站网规划》,水利部水文局,2012 年 1 月;

(24)“水利部关于印发全国省际河流省界水资源监测断面名录的通知”,水资源〔2014〕286 号,2014 年 8 月 21 日;

(25)2013 年青海省水资源公报,青海省水利厅。

### 4.4.2 参考文献

(1)《水文站网规划技术导则实用方法》,水利部水文司,河海大学出版社,1993;

(2)《干旱地区水文站网规划论文选集》,河南科学技术出版社,1988;

(3)《黄河水文站网合理布局研究》,黄委水文局,2000;

(4)《青海省水资源评价报告》,青海省水文水资源勘测局,2006。

(5)《水文实践指南》,世界气象组织(WMO)编,1988。

## 4.5 规划范围及水平年

### 4.5.1 规划范围

本次水文站网规划范围为青海省全境。

按站类划分包括水文站(分大河站、区域代表站、小河站等基本站及专用站)、水位站、泥沙站、降水量站、蒸发站、水质站、水库站、墒情站、实验站等。

### 4.5.2 规划水平年

根据《青海省水文站网规划任务书》并结合青海省现有水文基础资料的情况,确定规划现状年为 2013 年,规划水平年为 2030 年。

本次规划在全面进行青海省水文站网战略布局的考虑上,分为两个阶段实施建设,近期规划到 2020 年,远期规划到 2030 年。

# 第 5 章　水文分区与规划布局

## 5.1　水文分区

水文分区是根据流域或区域的气候、地貌地质、植被覆盖等自然地理条件和水文特征所划分成的不同水文区域，其目的在于从空间上揭示水文特性的相似与差异，提高对水文的综合认知水平。水文分区可以从自然的视野指导水文站网布设，比如在水文分区边界附近河段布设水文站，就容易将该水文站的径流特征值与单一水文分区的有效集水区联系起来分析研究有关课题，某水文测站集水区完全在某一水文分区也有利于从该站的径流特征值加深认识水文分区的特性。尤其对区域代表水文站，我们总希望其能反映特定水文分区的集水特征，水文分区更有直接指导意义。

我国在水文站网发展的初期，由于资料短缺，不得不依赖分区者个人的经验判断进行水文分区，高大的山脊、山地到平原的转折点、湖泊水网区区界、荒漠的边缘，以及地质、土壤、植被发生显著改变的地方，常作为分区的边界。青海省即根据气候、水文特性与自然地理情况，划分为二十二个水文分区，即湟水脑山区、湟水浅山区、大通河区、黄河源头区、黄河沿—玛曲区、黄河（唐乃亥上、下）左岸区、黄河（唐乃亥上、下）右岸区、贵德—循化区、长江源头区、通天河区、澜沧江区、青海湖北区、青海湖湖滨区、沙珠玉—茶卡区、柴达木盆地南区、柴达木盆地西区、柴达木盆地东北区、柴达木盆地中区、柴达木盆地无径流区、祁连山区、可可西里高原湖泊区（见青海省水文手册，1974 年 10 月）。上述分区方法主要是从自然地理角度考虑，思路清晰直观，但对水文特性的差异性与相似性、个性与共性考虑较少。

尔后，水文学者发现按照自然地理景观做出的自然分区并非等同于用水文资料做出的分区，提出了以水量平衡条件大致相同为原则，划分水文一致区，再参照下垫面因素的相似性划分子区。但这种方法也只能做出单因子的分区，即把某一项水文特征值、某一经验关系或水文模型中某一参数的区域规律比较接近一致的空间范围标定出来，它可以按一定的精度进行水文因子的地理内插和解决水文资料的移用问题。

但是不同的单因子分区并不完全一致，有时出入很大；在单因子梯度大的地带，这样分区会过于零碎。从水文站网规划来看，面对众多的单因子分区，较难进行全面、综合考虑；比较可行的途径，是把各单因子分区的类似性进行归纳，做出能够体现全部或大部分水文因子综合效应的，或者说能够综合反映众多水文因子共同规律的水文分区。

为把诸多水文因子所表现的“集体效应”用计量手段有效地提取出来，20 世纪 80 年代，黄河水利委员会水文局提出了“水文分区的主成分分析法”，通过在甘肃、陕西、新疆、内蒙古等省（区）的应用试验，说明该方法是成功的。

把主成分聚类分析用于水文分区的基本思路是：在考察区域地图上，均匀适量地选择一批地理坐标点作为样点,编号并记下其经纬度;选择与分区目标有成因联系的水文因子,绘制等值线图或单项因子的地理分布图,内插出每个样点相应的水文因子特征值,组成原始因子资料矩阵,经过数据处理与线性正交变换,使原来具有一定相关关系的原始因子,变成相互独立、不再含有重叠信息的新变量—主成分。用前两位主成分(一般含信息量在80%以上)作为纵横坐标,绘制主成分聚类图,将聚合在一起的同类样点所代表的空间范围,在地图上一一标示出来,就初步构成了水文分区图。结合实际情况,对水文分区的合理性进行论证,调整原始因子,修正错误,使理论与实际达到统一;参照每个分区的典型特征,给分区作出命名,并对每个分区的重要水文特性,作出定性、定量的描述。

### 5.1.1 主成分聚类分区计算

本次规划采用多元分析的方法,分两步进行,即主成分分析和聚类分析。前者的目的主要是消除原始指标之间的相关给聚类分析带来的偏差,同时也减少系统聚类的变量个数,从而能对原始指标间的相关关系及其组合分类意义作出合理的解释。这是通过将原始指标合成为少数几个彼此独立,而又反映系统的主要信息的主成分来实现的。主成分分析依赖于原始指标间的相关性,其效果与主成分个数成反比,而与它们的累积方差贡献成正比。聚类分析则是利用第一步的结果,即各样本的主成分得分值而完成。最终的分类划区结果反映的是样本间的整体系统差异,而非个别指标上的异同,正符合水文分区的综合性原则。

#### 5.1.1.1 水文因子的选择与资料统计

一个科学合理的水文分区,应能反映水文现象中必然而稳定的区域性规律。因此,选用的水文资料应该是平稳的统计特征值;在空间,应力求排除诸如集水面积、河长、流域形状等非分区因素的干扰。

本次规划对青海省用主成分聚类进行水文分区,选用了年降水量、年径流深、年水面蒸发量、干旱指数、悬移质输沙模数、年平均气温共六项水文因子。在因子选择确定后,通过对历史实测资料的检验、分析,分别绘制了各因子等值线图或分区图(详见附图3~附图9)。

为保持资料数据的一致性,本次对所选因子进行的特征值分析及等值线图绘制中,采用了青海省所设39处水文站和黄河水利委员会水文局在青海省境内所设12处水文站的水文资料(部分站个别因子特征值缺测),资料系列为1956~2013年。年平均气温等值线图参考了《青海省志·自然地理志》《青海地理》中的同类图及青海省气象部门部分实测数据。

1.水文因子空间变化上的异同

祁连山及青南地区是青海省降水量及径流深的高值区,降水量达500~700 mm,径流深达200~400 mm;柴达木盆地是全省的低值区,降水量小于50 mm,径流深小于5 mm。从总体形势看,降水、径流等值线图具有极强的相似性,水面蒸发、干旱指数则与降水、径流相反,柴达木盆地中心为全省最干旱的地区,水面蒸发量高达2 000 mm,干旱指数超过50;祁连山、青南则为低值区,水面蒸发量仅650~900 mm,干旱指数小于2.0。

河湟谷地及柴达木盆地为全省气温的高值区及次高值区,年平均气温分别达到8 ℃、

4 ℃;全省低温区则位于长江、黄河源头及祁连山一带,年平均气温低于 -4 ℃。

悬移质输沙模数仅河湟地区(湟水西宁以下、黄河龙羊峡以下)达到了 300 ~3 000 t/($km^2$ · a),省内其余地区大都在 300 t/($km^2$ · a)以下。

2. 样点资料分析

本次水文分区工作在工作底图上选择了 180 个样点,控制了上述六个因子的空间变化。其中,柴达木盆地 54 个样点,羌塘高原内陆区 7 个样点,金沙江石鼓以上 22 个样点,金沙江石鼓以下 2 个样点,澜沧江 8 个样点,河西内陆河 10 个样点,黄河龙羊峡以上 23 个样点,黄河龙羊峡至兰州 36 个样点,青海湖、哈拉湖流域 14 个样点,泯沱江 4 个样点。各水系样点分布情况见表 5-1。

**表 5-1　青海省各水系样点分布情况**

| 水系(水资源二级区) | 样点数 | 编号 |
|---|---|---|
| 柴达木盆地 | 54 | 1 ~ 54 |
| 羌塘高原内陆区 | 7 | 55 ~ 60、63 |
| 金沙江石鼓以上 | 22 | 61、62、64 ~ 79、82 ~ 85 |
| 金沙江石鼓以下 | 2 | 81、89 |
| 澜沧江 | 8 | 80、90 ~ 96 |
| 河西内陆河 | 10 | 97 ~ 106 |
| 黄河龙羊峡以上 | 23 | 107 ~ 113、115 ~ 129、134 |
| 黄河龙羊峡至兰州 | 36 | 130 ~ 133、135 ~ 166 |
| 青海湖、哈拉湖流域 | 14 | 167 ~ 180 |
| 泯沱江 | 4 | 86、87、88、114 |
| 合计 | 180 | |

样点分布图见附图 23,样点特征值统计资料见表 5-2。

**表 5-2　水文因子样点特征值统计资料**

| 序号 | 位置 | | | 主要水文因子 | | | | | |
|---|---|---|---|---|---|---|---|---|---|
| | 东经 | 北纬 | 所处流域或地区 | 降水量(mm) | 径流深(mm) | 水面蒸发量(mm) | 干旱指数 | 输沙模数(t/($km^2$ · a)) | 年平均气温(℃) |
| 1 | 90.25 | 38.35 | 茫崖 | 50 | 5 | 1 600 | 32 | 1 | 2 |
| 2 | 90.633 33 | 38.133 33 | 阿拉尔 | 40 | 5 | 1 650 | 55 | 1 | 2 |
| 3 | 91.75 | 38.616 67 | 大通沟南山 | 35 | 3 | 1 700 | 49 | 10 | 2 |
| 4 | 91.8 | 38.233 33 | 黄瓜梁 | 22 | 0 | 1 800 | 82 | 1 | 4 |
| 5 | 91.133 33 | 37.533 33 | 铁木里克 | 85 | 10 | 1 600 | 19 | 8 | 0 |
| 6 | 91.733 33 | 37.816 67 | 老茫崖 | 25 | 0 | 1 800 | 72 | 1 | 2 |

续表 5-2

| 序号 | 位置 | | | 主要水文因子 | | | | | |
|---|---|---|---|---|---|---|---|---|---|
| | 东经 | 北纬 | 所处流域或地区 | 降水量（mm） | 径流深（mm） | 水面蒸发量（mm） | 干旱指数 | 输沙模数（t/（$km^2$·a）） | 年平均气温（℃） |
| 7 | 92.4 | 37.65 | 黄风山 | 20 | 0 | 2 000 | 100 | 1 | 2 |
| 8 | 91.733 33 | 36.716 67 | 那棱格勒河 | 190 | 35 | 1 250 | 6.6 | 80 | -3 |
| 9 | 92.7 | 36.7 | 那棱格勒水文站 | 100 | 12 | 1 400 | 14 | 50 | -1 |
| 10 | 93.4 | 38.833 33 | 冷湖 | 20 | 0 | 1 900 | 95 | 5 | 3 |
| 11 | 92.9 | 38.333 33 | 俄博梁二号 | 20 | 0 | 1 900 | 95 | 1 | 4 |
| 12 | 93.966 67 | 38.433 33 | 高泉煤矿 | 22 | 0 | 1 800 | 82 | 1 | 3 |
| 13 | 95.433 33 | 38.166 67 | 鱼卡河源头 | 180 | 38 | 1 200 | 6.7 | 64 | -1 |
| 14 | 95.116 67 | 38.05 | 鱼卡河中部 | 100 | 12 | 1 380 | 13.8 | 64 | 0 |
| 15 | 96.2 | 37.833 33 | 塔塔棱河 | 170 | 15 | 1 250 | 7.4 | 14 | -1 |
| 16 | 97.3 | 37.733 33 | 巴音河上游 | 240 | 50 | 1 100 | 4.6 | 33 | -2 |
| 17 | 96.866 67 | 37.616 67 | 巴音山 | 200 | 20 | 1 200 | 6 | 33 | 0 |
| 18 | 97.733 33 | 37.45 | 泽林沟水文站 | 230 | 25 | 1 200 | 5.2 | 34 | 1 |
| 19 | 98.633 33 | 37 | 上尕巴 | 220 | 25 | 1 300 | 5.9 | 85 | 3 |
| 20 | 97 | 37.25 | 戈壁 | 100 | 5 | 1 350 | 13.5 | 20 | 3 |
| 21 | 96.716 67 | 37.35 | 怀头他拉 | 100 | 5 | 1 350 | 13.5 | 20 | 3 |
| 22 | 98.433 33 | 36.566 67 | 沙柳河 | 220 | 25 | 1 350 | 6.1 | 109 | 3 |
| 23 | 97.983 33 | 36.45 | 夏日哈河下游 | 200 | 5 | 1 400 | 7 | 40 | 3 |
| 24 | 98.45 | 36.45 | 夏日哈河安固滩 | 240 | 25 | 1 350 | 5.6 | 109 | 2 |
| 25 | 97.890 95 | 36.660 1 | 素棱郭勒河 | 135 | 5 | 1 350 | 10 | 40 | 3 |
| 26 | 98.166 67 | 36.216 67 | 察汗乌苏河热水 | 210 | 8 | 1 280 | 6.1 | 40 | 2 |
| 27 | 98.65 | 36 | 察汗乌苏河上游 | 240 | 30 | 1 200 | 5 | 110 | 0 |
| 28 | 98.116 67 | 35.733 33 | 托索河下游 | 200 | 20 | 1 200 | 6 | 50 | 0 |
| 29 | 98.833 33 | 35.333 33 | 托索湖上游 | 300 | 55 | 800 | 2.7 | 100 | -2 |
| 30 | 97.466 67 | 35.55 | 乌兰乌苏河中游 | 250 | 30 | 1 100 | 4.4 | 75 | -1 |
| 31 | 97.433 33 | 35.783 33 | 宜克光河 | 225 | 60 | 1 200 | 5.3 | 50 | 0 |
| 32 | 97.133 33 | 36.016 67 | 波洛斯太河 | 160 | 10 | 1 400 | 8.8 | 20 | 1 |
| 33 | 96.433 33 | 36.4 | 诺木洪农场 | 50 | 3 | 1 800 | 39 | 10 | 4 |
| 34 | 96.45 | 36.1 | 诺木洪河中游 | 90 | 10 | 1 600 | 17.8 | 40 | 1 |

续表 5-2

| 序号 | 位置 | | | 主要水文因子 | | | | | |
|---|---|---|---|---|---|---|---|---|---|
| | 东经 | 北纬 | 所处流域或地区 | 降水量（mm） | 径流深（mm） | 水面蒸发量（mm） | 干旱指数 | 输沙模数（t/（$km^2$·a）） | 年平均气温（℃） |
| 35 | 96.466 67 | 35.833 33 | 诺木洪河上游哈勒郭勒 | 170 | 25 | 1 400 | 8.2 | 150 | -1 |
| 36 | 95.666 67 | 36.2 | 五龙沟 | 80 | 10 | 1 600 | 20 | 40 | 0 |
| 37 | 96 | 35.55 | 雪水河格涌曲河口 | 240 | 10 | 1 200 | 5 | 140 | -2 |
| 38 | 95.366 67 | 35.75 | 雪水河温泉水库 | 200 | 25 | 1 400 | 7 | 140 | -2 |
| 39 | 94.883 33 | 36.416 67 | 格尔木市 | 75 | 3 | 1 600 | 21.3 | 40 | 4 |
| 40 | 94.066 67 | 36.65 | 大灶火 | 40 | 2 | 1 600 | 40 | 40 | 4 |
| 41 | 94.8 | 36.066 67 | 格尔木水文站 | 110 | 25 | 1 440 | 13.1 | 150 | 0 |
| 42 | 94.45 | 35.916 67 | 纳赤台水文站 | 160 | 50 | 1 360 | 8.5 | 150 | -2 |
| 43 | 93.9 | 36.416 67 | 大灶火上游 | 60 | 6 | 1 450 | 24.2 | 140 | 1 |
| 44 | 93.7 | 35.916 67 | 奈金河上游 | 200 | 60 | 1 180 | 5.9 | 160 | -2 |
| 45 | 92.25 | 36.066 67 | 红水河（那棱格勒河） | 220 | 55 | 1 000 | 4.5 | 150 | -4 |
| 46 | 93.6 | 37.65 | 西台吉乃尔湖 | 20 | 1 | 1 900 | 95 | 1 | 4 |
| 47 | 94.566 67 | 37.583 33 | 东台吉乃尔湖东 | 25 | 1 | 1 820 | 72.8 | 1 | 4 |
| 48 | 95.433 33 | 37.533 33 | 小柴旦 | 80 | 3 | 1 600 | 20 | 1 | 1 |
| 49 | 93.233 33 | 37.116 67 | 台吉乃尔河哈西亚图 | 22 | 1 | 1 820 | 82.7 | 1 | 4 |
| 50 | 93.15 | 36.883 33 | 乌图美仁河 | 33 | 2 | 1 600 | 48.5 | 10 | 3 |
| 51 | 94.233 33 | 36.983 33 | 西达布逊湖 | 20 | 1 | 1 820 | 91 | 1 | 4 |
| 52 | 95.316 67 | 36.783 33 | 察汗河 | 20 | 1 | 1 820 | 91 | 1 | 4 |
| 53 | 96.15 | 36.733 33 | 柴达木河入湖口附近 | 27 | 1 | 1 820 | 67.4 | 1 | 4 |
| 54 | 97.1 | 36.616 67 | 宗家以北 | 50 | 1 | 1 630 | 32.6 | 1 | 4 |
| 55 | 92.516 67 | 35.683 33 | 库赛湖西部大梁山 | 240 | 45 | 930 | 3.9 | 120 | -4 |
| 56 | 90.631 63 | 35.900 97 | 太阳湖 | 240 | 50 | 900 | 3.8 | 80 | -5 |
| 57 | 90.329 07 | 35.158 35 | 金西乌兰湖 | 265 | 45 | 1 000 | 3.8 | 80 | -5 |
| 58 | 90.583 33 | 34.616 67 | 乌池湖等马河口 | 270 | 45 | 900 | 3.3 | 70 | -5 |
| 59 | 89.916 67 | 34.116 67 | 波涛湖兰丽河口 | 280 | 50 | 900 | 3.2 | 70 | -5 |
| 60 | 93.366 67 | 35.366 67 | 楚玛尔河中部 | 250 | 45 | 900 | 3.6 | 70 | -4 |
| 61 | 92.366 67 | 35.2 | 多尔改错湖 | 260 | 45 | 900 | 3.5 | 70 | -4 |
| 62 | 93.05 | 35.183 33 | 五道梁 | 260 | 45 | 800 | 3.1 | 70 | -5 |

续表 5-2

| 序号 | 位置 | | | 主要水文因子 | | | | | |
|---|---|---|---|---|---|---|---|---|---|
| | 东经 | 北纬 | 所处流域或地区 | 降水量（mm） | 径流深（mm） | 水面蒸发量（mm） | 干旱指数 | 输沙模数（t/(km² · a)） | 年平均气温（℃） |
| 63 | 90.435 43 | 33.396 58 | 曾松曲 | 400 | 150 | 1 000 | 2.5 | 70 | −5 |
| 64 | 91.316 67 | 34.133 33 | 沱沱河中游那日尼亚 | 290 | 60 | 900 | 3.1 | 70 | −5 |
| 65 | 92.466 67 | 34.216 67 | 沱沱河沿 | 291 | 57 | 900 | 3.1 | 70 | −4 |
| 66 | 91.666 67 | 33.633 33 | 得列楚卡河上游 | 380 | 130 | 900 | 2.4 | 70 | −5 |
| 67 | 92.733 33 | 34 | 当曲河口 | 330 | 50 | 900 | 2.7 | 70 | −4 |
| 68 | 94.027 4 | 33.584 37 | 莫曲源头 | 450 | 110 | 850 | 1.9 | 70 | −3 |
| 69 | 93.666 67 | 34.066 67 | 莫曲河口 | 460 | 150 | 820 | 1.8 | 70 | −3 |
| 70 | 92.033 33 | 33.583 33 | 布曲口游 | 380 | 130 | 900 | 2.4 | 70 | −5 |
| 71 | 91.9 | 33.3 | 布曲上游 | 420 | 180 | 900 | 2.1 | 70 | −5 |
| 72 | 93.333 33 | 33.283 33 | 当曲中游 | 450 | 130 | 820 | 1.8 | 70 | −3 |
| 73 | 93.933 33 | 32.883 33 | 当曲上游 | 400 | 90 | 800 | 2 | 100 | −3 |
| 74 | 93.8 | 34.7 | 北麓河下游 | 310 | 46 | 800 | 2.6 | 70 | −4 |
| 75 | 94.966 67 | 34.833 33 | 楚玛尔河河口 | 300 | 50 | 850 | 2.8 | 70 | −3 |
| 76 | 94.584 13 | 33.862 28 | 牙曲源头 | 430 | 120 | 840 | 2 | 70 | −3 |
| 77 | 94.8 | 34.316 67 | 科欠曲中游 | 370 | 85 | 800 | 2.2 | 70 | −3 |
| 78 | 96.5 | 34.2 | 德曲中游 | 390 | 100 | 780 | 2 | 50 | −4 |
| 79 | 95.633 33 | 33.85 | 治多县城 | 400 | 150 | 800 | 2 | 60 | −1.2 |
| 80 | 95.466 93 | 33.325 05 | 子曲源头 | 480 | 200 | 800 | 1.7 | 100 | 0 |
| 81 | 97.183 33 | 33.7 | 扎曲（雅砻江） | 510 | 150 | 700 | 1.4 | 50 | −4 |
| 82 | 96.683 33 | 33.466 67 | 叶曲河口 | 470 | 205 | 700 | 1.5 | 50 | −2 |
| 83 | 97.083 33 | 33 | 新寨站 | 530 | 300 | 750 | 1.4 | 40 | 1 |
| 84 | 97.266 67 | 33.016 67 | 直门达站 | 560 | 300 | 890 | 1.6 | 50 | 1 |
| 85 | 97.133 33 | 32.75 | 巴塘河上游 | 540 | 340 | 780 | 1.4 | 40 | 2 |
| 86 | 100.516 67 | 33.316 67 | 玛柯河上游哇尔依 | 650 | 300 | 720 | 1.1 | 40 | 0 |
| 87 | 100.416 67 | 33.033 33 | 玛柯河上游塘尕玛 | 630 | 300 | 700 | 1.1 | 40 | 1 |
| 88 | 100.716 67 | 32.933 33 | 班玛县 | 680 | 300 | 704 | 1.04 | 40 | 3 |
| 89 | 99.3 | 33.016 67 | 泥曲上游 | 560 | 280 | 750 | 1.34 | 40 | −1 |
| 90 | 94.75 | 33.166 67 | 扎曲上游（澜沧江） | 500 | 200 | 840 | 1.7 | 200 | −2 |

**续表 5-2**

| 序号 | 位置 | | | 主要水文因子 | | | | | |
|---|---|---|---|---|---|---|---|---|---|
| | 东经 | 北纬 | 所处流域或地区 | 降水量（mm） | 径流深（mm） | 水面蒸发量（mm） | 干旱指数 | 输沙模数（t/（$km^2$·a）） | 年平均气温（℃） |
| 91 | 95.25 | 32.916 67 | 杂多县城 | 520 | 280 | 860 | 1.65 | 200 | 0.6 |
| 92 | 96.2 | 32.916 67 | 子曲上游（澜沧江） | 520 | 300 | 870 | 1.67 | 200 | 1 |
| 93 | 96.55 | 32.55 | 子曲 | 580 | 370 | 720 | 1.24 | 200 | 2 |
| 94 | 95.483 33 | 32.4 | 解曲上游 | 550 | 370 | 780 | 1.42 | 200 | 2 |
| 95 | 96.483 33 | 32.233 33 | 囊谦县城 | 580 | 400 | 720 | 1.24 | 200 | 4 |
| 96 | 96.083 33 | 31.916 67 | 解曲出境口 | 560 | 400 | 780 | 1.39 | 200 | 2.5 |
| 97 | 97.25 | 39.05 | 疏勒河出境口 | 250 | 70 | 1 000 | 4 | 220 | −4 |
| 98 | 97.733 33 | 38.833 33 | 疏勒河中游 | 280 | 90 | 1 000 | 3.6 | 200 | −4 |
| 99 | 98.416 67 | 38.833 33 | 托勒河出境口 | 280 | 110 | 1 020 | 3.6 | 220 | −4 |
| 100 | 98.333 33 | 38.466 67 | 疏勒河上游 | 330 | 110 | 950 | 2.9 | 170 | −4 |
| 101 | 98.8 | 38.633 33 | 托勒河上游 | 340 | 140 | 1 000 | 2.9 | 200 | −4 |
| 102 | 99.333 33 | 38.633 33 | 黑河边马沟 | 360 | 150 | 900 | 2.5 | 220 | −3 |
| 103 | 99.966 67 | 38.266 67 | 黑河扎麻什 | 430 | 160 | 760 | 1.8 | 220 | −1 |
| 104 | 100.216 67 | 38.166 67 | 祁连县城 | 410 | 160 | 840 | 2.1 | 250 | 0 |
| 105 | 100.633 33 | 38.016 67 | 八宝河峨堡 | 450 | 180 | 800 | 1.8 | 160 | −1 |
| 106 | 101.85 | 37.6 | 西大河（石羊河） | 520 | 380 | 720 | 1.4 | 200 | 0 |
| 107 | 96.866 67 | 35 | 扎陵湖上游 | 270 | 40 | 900 | 3.3 | 40 | −4 |
| 108 | 98.166 67 | 34.916 67 | 玛多 | 300 | 40 | 780 | 2.6 | 40 | −4 |
| 109 | 99.144 53 | 34.485 02 | 优尔曲 | 400 | 150 | 700 | 1.8 | 100 | −3 |
| 110 | 98.133 33 | 34.45 | 热曲黄河 | 410 | 70 | 700 | 1.7 | 43 | −3 |
| 111 | 98.45 | 34 | 热曲上游日阿拉洼 | 490 | 150 | 700 | 1.4 | 43 | −3 |
| 112 | 99.2 | 34.25 | 昌马河优云（黄河） | 480 | 180 | 700 | 1.5 | 40 | −2 |
| 113 | 99.666 67 | 33.75 | 达日县 | 550 | 200 | 720 | 1.3 | 40 | −2 |
| 114 | 100.366 67 | 33.133 33 | 东科河江千 | 620 | 260 | 720 | 1.16 | 170 | 1 |
| 115 | 101.483 33 | 33.416 67 | 久治县城 | 780 | 300 | 710 | 0.9 | 170 | 1 |
| 116 | 101.533 33 | 34.2 | 黄河柯生 | 620 | 220 | 740 | 1.2 | 170 | 1 |
| 117 | 100.25 | 34.5 | 玛沁县城 | 520 | 160 | 770 | 1.5 | 110 | 0.5 |
| 118 | 101.616 67 | 34.766 67 | 河南县城 | 510 | 170 | 750 | 1.5 | 90 | 0.3 |

续表 5-2

| 序号 | 位置 | | | 主要水文因子 | | | | | |
|---|---|---|---|---|---|---|---|---|---|
| | 东经 | 北纬 | 所处流域或地区 | 降水量（mm） | 径流深（mm） | 水面蒸发量（mm） | 干旱指数 | 输沙模数（t/（km$^2$·a）） | 年平均气温（℃） |
| 119 | 100.179 48 | 34.800 12 | 切木曲中游 | 470 | 110 | 800 | 1.7 | 120 | −0.5 |
| 120 | 100.216 67 | 33.85 | 切木曲河口 | 570 | 210 | 800 | 1.4 | 110 | −2 |
| 121 | 101.466 67 | 35.033 33 | 泽库县城 | 470 | 160 | 750 | 1.6 | 100 | −1.2 |
| 122 | 99.583 33 | 35.216 67 | 曲什安河温泉 | 350 | 140 | 800 | 2.3 | 260 | −1 |
| 123 | 99.633 33 | 35.816 67 | 青根河口（大河坝） | 320 | 100 | 900 | 2.8 | 330 | 0 |
| 124 | 100.033 33 | 35.516 67 | 大河坝河口 | 350 | 90 | 930 | 2.6 | 300 | 1.5 |
| 125 | 100.133 33 | 35.333 33 | 曲什安河河口 | 320 | 90 | 980 | 3.1 | 400 | 1 |
| 126 | 100.583 33 | 35.25 | 同德县城 | 405 | 70 | 810 | 2 | 90 | 1 |
| 127 | 100.75 | 35.583 33 | 贵南县城 | 400 | 40 | 840 | 2.1 | 180 | 2 |
| 128 | 101.05 | 35.5 | 拉曲站流域中心 | 420 | 60 | 830 | 2 | 300 | 2 |
| 129 | 101.016 67 | 35.35 | 巴滩站流域中心 | 430 | 70 | 780 | 1.8 | 70 | 2 |
| 130 | 101.883 33 | 35.233 33 | 同仁站流域中心 | 450 | 160 | 780 | 1.7 | 199 | 1 |
| 131 | 102 | 35.533 33 | 同仁站 | 420 | 150 | 860 | 2.1 | 300 | 4 |
| 132 | 102.033 33 | 35.666 67 | 同仁—隆务河口区间中心 | 400 | 130 | 950 | 2.4 | 520 | 6 |
| 133 | 101.366 67 | 35.833 33 | 西河（贵德） | 320 | 80 | 1 000 | 3.1 | 500 | 4 |
| 134 | 100.95 | 35.916 67 | 沙沟（龙羊峡） | 280 | 50 | 1 000 | 3.6 | 500 | 3 |
| 135 | 101 | 36.183 33 | 龙羊峡电站 | 300 | 70 | 1 000 | 3.3 | 700 | 4 |
| 136 | 101.4 | 36.133 33 | 龙春河口（贵德） | 300 | 80 | 1 100 | 3.7 | 800 | 7 |
| 137 | 101.916 67 | 35.95 | 马克唐（尖扎） | 350 | 100 | 1 120 | 3.2 | 700 | 6 |
| 138 | 102.3 | 35.9 | 巴燕沟河口 | 300 | 100 | 1 200 | 4 | 700 | 7 |
| 139 | 102.55 | 35.866 67 | 循化积石峡 | 260 | 80 | 1 000 | 3.84 | 800 | 8 |
| 140 | 102.35 | 35.766 67 | 街子河流域中心 | 290 | 90 | 1 100 | 3.8 | 600 | 8 |
| 141 | 102.533 33 | 35.633 33 | 清水河流域中心 | 400 | 110 | 900 | 2.3 | 800 | 5 |
| 142 | 102.183 33 | 36.133 33 | 化隆站流域中心 | 450 | 90 | 900 | 2 | 300 | 4 |
| 143 | 102.766 67 | 36.2 | 巴州沟流域中心 | 650 | 150 | 910 | 1.4 | 2 500 | 5 |
| 144 | 102.833 33 | 36.316 67 | 吉家堡站 | 400 | 90 | 950 | 2.38 | 3 200 | 6 |
| 145 | 102.433 33 | 36.5 | 乐都 | 340 | 90 | 920 | 2.7 | 2 000 | 6 |
| 146 | 102.383 33 | 36.666 67 | 八里桥站流域中心 | 400 | 190 | 960 | 2.4 | 287 | 3 |

续表 5-2

| 序号 | 位置 | | | 主要水文因子 | | | | | |
|---|---|---|---|---|---|---|---|---|---|
| | 东经 | 北纬 | 所处流域或地区 | 降水量（mm） | 径流深（mm） | 水面蒸发量（mm） | 干旱指数 | 输沙模数（t/（$km^2$·a）） | 年平均气温（℃） |
| 147 | 102.3 | 36.333 33 | 岗子沟流域中心 | 420 | 150 | 900 | 2.14 | 1 500 | 4 |
| 148 | 101.716 67 | 36.466 67 | 王家庄站流域中心 | 560 | 100 | 820 | 1.46 | 1 373 | 3.5 |
| 149 | 101.616 67 | 36.5 | 南川河流域中心 | 560 | 130 | 820 | 1.46 | 352 | 3 |
| 150 | 101.783 33 | 36.616 67 | 西宁 | 360 | 90 | 870 | 2.41 | 700 | 4 |
| 151 | 101.2 | 36.566 67 | 药水河流域中心 | 500 | 130 | 820 | 1.64 | 212 | 2.5 |
| 152 | 102.25 | 36.7 | 董家庄站 | 410 | 120 | 720 | 1.76 | 220 | 2.5 |
| 153 | 101.483 33 | 36.75 | 西纳川站 | 520 | 160 | 680 | 1.3 | 250 | 3 |
| 154 | 101.316 67 | 36.9 | 西纳川站流域中心 | 600 | 170 | 700 | 1.17 | 123 | 2 |
| 155 | 101 | 36.9 | 海晏站 | 380 | 130 | 820 | 2.2 | 50 | 1 |
| 156 | 100.9 | 37.033 33 | 海晏站流域中心 | 420 | 130 | 810 | 1.9 | 17 | 1 |
| 157 | 101.283 33 | 37.116 67 | 黑林站流域中心 | 720 | 290 | 680 | 0.95 | 100 | 1 |
| 158 | 101.55 | 37.066 67 | 硖门站 | 580 | 270 | 720 | 1.24 | 170 | 1.5 |
| 159 | 101.966 67 | 36.833 33 | 互助县 | 520 | 130 | 840 | 1.61 | 900 | 2 |
| 160 | 102.016 67 | 37.033 33 | 沙塘川源头 | 600 | 220 | 770 | 1.3 | 280 | 2 |
| 161 | 102.2 | 37.183 33 | 大通河雪龙滩 | 500 | 200 | 720 | 1.44 | 280 | 1 |
| 162 | 101.5 | 37.383 33 | 浩门农场 | 510 | 200 | 660 | 1.29 | 100 | 0 |
| 163 | 101.05 | 37.616 67 | 大通河大石头峡 | 530 | 200 | 700 | 1.32 | 90 | -1 |
| 164 | 101.133 33 | 37.733 33 | 景阳 | 500 | 300 | 700 | 1.4 | 110 | -1 |
| 165 | 100.566 67 | 37.7 | 默勒 | 560 | 170 | 640 | 1.14 | 85 | -1.5 |
| 166 | 99.916 67 | 38 | 大通河上游 | 470 | 180 | 640 | 1.4 | 60 | -2 |
| 167 | 100.05 | 37.55 | 刚察站流域中心 | 440 | 180 | 750 | 1.7 | 53 | 0 |
| 168 | 99.55 | 37.4 | 吉尔孟站流域中心 | 380 | 80 | 890 | 2.34 | 25 | 0 |
| 169 | 99.133 33 | 37.533 33 | 夏日哈河流域中心（布） | 360 | 110 | 920 | 2.56 | 20 | -1 |
| 170 | 99 | 37.333 33 | 天峻县城 | 330 | 60 | 1 000 | 3 | 10 | -1 |
| 171 | 98.383 33 | 37.95 | 阳康曲上游 | 310 | 86 | 910 | 2.9 | 39 | -4 |
| 172 | 97.85 | 38.15 | 哈拉湖东 | 290 | 80 | 940 | 3.24 | 100 | -4 |
| 173 | 97.333 33 | 38.2 | 哈拉湖东南 | 270 | 60 | 1 000 | 3.7 | 100 | -4 |
| 174 | 97.5 | 38.55 | 哈拉湖北 | 290 | 110 | 1 000 | 3.45 | 150 | -4 |

续表 5-2

| 序号 | 位置 | | | 主要水文因子 | | | | | |
|---|---|---|---|---|---|---|---|---|---|
| | 东经 | 北纬 | 所处流域或地区 | 降水量(mm) | 径流深(mm) | 水面蒸发量(mm) | 干旱指数 | 输沙模数(t/(km² · a)) | 年平均气温(℃) |
| 175 | 98.933 33 | 36.9 | 海西州骆驼场(沙珠玉) | 230 | 35 | 1 200 | 5.22 | 35 | 1.5 |
| 176 | 99.616 67 | 36.55 | 沙珠玉然去乎 | 280 | 110 | 1 160 | 4.1 | 25 | 2 |
| 177 | 99.183 33 | 36.25 | 哇洪 | 280 | 90 | 1 250 | 4.46 | 10 | 0 |
| 178 | 99.85 | 36.35 | 沙珠玉浪娘 | 200 | 25 | 1 200 | 6 | 25 | 2 |
| 179 | 99.816 67 | 36.016 67 | 切吉 | 300 | 80 | 1 000 | 3.3 | 10 | 1 |
| 180 | 100.183 33 | 36.583 33 | 青海湖江西沟 | 400 | 50 | 980 | 2.45 | 25 | 1 |

3.建立原始资料矩阵

经多次分析筛选,年降水量、年径流深、年水面蒸发量、干旱指数、悬移质输沙模数、年平均气温等六个水文因子的综合效应明显,被选入,180 个样点六项水文特征值组成的原始资料矩阵为

$$\boldsymbol{X} = [x_{ij}]_{E\times N} = \begin{bmatrix} x_{00} & x_{01} & \cdots & x_{0n} \\ x_{10} & x_{11} & \cdots & x_{1n} \\ \vdots & \vdots & & \vdots \\ x_{e0} & x_{e1} & \cdots & x_{en} \end{bmatrix} \tag{5-1}$$

式中:$E$ 为样本点位总个数(180);$N$ 为特征值因子的总个数(6);$e = E-1$;$n = N-1$;

### 5.1.1.2 数据处理

1.极差正规化处理

为消除原始资料矩阵元素的量纲和量级,需进行极差正规化处理(见式(5-2)),将每个原始元素的变化范围,限制在闭区间[0,1]以内。

$$h_{ij} = \frac{x_{ij} - x_{j(\min)}}{x_{j(\max)} - x_{j(\min)}} \tag{5-2}$$

式中:$x_{j(\max)}$ 为全部样点中第 $j$ 个因子的最大值;$x_{j(\min)}$ 为全部样点中第 $j$ 个因子的最小值。

经极差正规化处理,使原始资料矩阵的所有元素都变成了大于 0 小于 1 的矩阵 $\boldsymbol{H}$。

$$\boldsymbol{H} = [h_{ij}]_{E\times N} \tag{5-3}$$

2.概率化处理

要对 $\boldsymbol{H}$ 矩阵中的所有元素进行比较,需将它们放在同一基础上。为此,把每个元素除以全部元素的总和:

$$y_{ij} = \frac{h_{ij}}{T_0} \tag{5-4}$$

$$T_0 = \sum_{i=0}^{e}\sum_{j=0}^{n} h_{ij} \tag{5-5}$$

使 $\boldsymbol{H}$ 矩阵变换为具有类似概率性质的矩阵 $\boldsymbol{Y}$：

$$\boldsymbol{Y} = [y_{ij}]_{E\times N} \tag{5-6}$$

矩阵 $\boldsymbol{Y}$ 的全部元素的总和为 1，可视之为全概率；其中的每一个元素，则作为全概率的一个分量。

3. 类标准化处理

按照式(5-7)、式(5-8)计算类标准化变量 $W_{ij}$：

$$W_{ij} = \frac{y_{ij} - PDJ(i) - PLD(j)}{\sqrt{PDJ(i) \times PLD(j)}} \tag{5-7}$$

$$\left.\begin{aligned} PDJ(i) &= \sum_{j=0}^{n} y_{ij} \\ PLD(j) &= \sum_{i=0}^{e} y_{ij} \end{aligned}\right\} \tag{5-8}$$

式中：$PDJ(i)$ 为第 $i$ 行（第 $i$ 个样点）的 $N$ 个元素（各因子值）的总和；$PLD(j)$ 为第 $j$ 列（第 $j$ 个因子）的 $E$ 个元素（各样点值）的总和。

至此，矩阵 $\boldsymbol{Y}$ 就变换成了 $\boldsymbol{W}$ 矩阵：

$$\boldsymbol{W} = [W_{ij}]_{E\times N} \tag{5-9}$$

4. 计算类协方差矩阵 $\boldsymbol{A}$

互换 $\boldsymbol{W}$ 矩阵的行与列，变 $\boldsymbol{W}$ 矩阵为转置矩阵 $\boldsymbol{W}'$，按式(5-10)计算类协方差：

$$a_{kj} = \sum_{i=0}^{e} W'_{ik} \cdot W_{ij} \qquad k(\text{或}j) = 0,1,2,\cdots,n \tag{5-10}$$

由于 $a_{kj} = a_{jk}$，则构成一个 $N\times N$ 阶的实对称方阵 $\boldsymbol{A}$：

$$\boldsymbol{A} = W' \cdot W = [a_{ij}]_{E\times N} \tag{5-11}$$

式中：$\boldsymbol{A}$ 为矩阵，也称为类协方差矩阵。

#### 5.1.1.3 计算主成分、特征值和特征向量

1. 计算主成分

所谓主成分，就是用 $N$ 个相互关联的因子，经线性正交变换而成的新组合变量，以 $g_{ki}$ 表示：

$$g_{ki} = \sum_{j=0}^{n} V_{kj} \cdot W'_{ij} \tag{5-12}$$

式中：$k$ 为主成分的顺序号，$k = 0$、1、2、…，$n$；$j$ 为因子的顺序号；$g_{ki}$ 为第 $i$ 号样点的第 $k$ 行主成分；$V_{kj}$ 为第 $j$ 个因子在第 $k$ 行主成分中的特征向量；$W'_{ij}$ 为矩阵 $W$ 第 $i$ 行第 $j$ 列上的元素，也是第 $i$ 样点第 $j$ 个因子的类标准化变量。

主成分有一个重要特点，即下角标不同的任何两个主成分，同位的特征向量之积的代数和为 0，因而它们相互正交，他们之间不再有相关关系。每个主成分都可以独立地发挥作用，提供互不重叠的信息。可见，特征值与特征向量的计算，是寻求主成分的关键。

主成分与原始因子的个数相等，如果用全部主成分进行分析，就达不到简化分析工作

的目的。因此,需要从全部 $N$ 个主成分中,提取贡献最大的很少几个主成分——前位主成分,以取代全部原始因子,绘制具有直观形象的映象图,达到合理分类的目的。可见,如何提取前位主成分,是简化分析工作的关键。

因子分析的理论证明,某一主成分的平方和愈大,提供的信息就越多,贡献也就越大。而主成分的平方和,恰好就是矩阵 $\boldsymbol{A}$ 相应于该主成分的特征值 $\lambda_k$:

$$\lambda_k = \sum_{i=0}^{e} g_{ki}^2 \qquad k = 0,1,2,\cdots,n \tag{5-13}$$

2. 计算特征值和特征向量

采用雅可比算法计算出实对称方阵 $\boldsymbol{A}$ 的特征值与特征向量,将特征值按其大小排序,即 $\lambda_0 \geqslant \lambda_1 \geqslant \lambda_2 \geqslant \cdots \geqslant \lambda_n \geqslant 0, B_0 \geqslant B_1 \geqslant B_2 \geqslant \cdots \geqslant B_n \geqslant 0$,

其中

$$B_k = \frac{\lambda_k}{\sum_{j=0}^{e} \lambda_j} \tag{5-14}$$

令

$$\eta_m = B_0 + B_1 + B_2 + \cdots + B_m \tag{5-15}$$

式中:$\eta_m$ 为前位主成分的累计贡献率;$m$ 为当 $\eta_m \geqslant 80\%$ 时的前位主成分的个数。

#### 5.1.1.4 绘制主成分聚类图

经对 180 个样点年降水量、年径流深、年水面蒸发量、干旱指数、悬移质输沙模数、年平均气温六项水文特征值组成的原始资料矩阵计算,其特征值及特征向量成果见表 5-3,本次水文分区主成分聚类图见图 5-1。

表 5-3 特征值及特征向量成果

| $K$ | | 1 | 2 | 3 | 4 | 5 | 6 |
|---|---|---|---|---|---|---|---|
| 特征值 $\lambda_k$ | | 0.410 9 | 0.110 1 | 0.055 1 | 0.036 7 | 0.015 1 | 0 |
| $B_k$(%) | | 65.44 | 17.53 | 8.78 | 5.85 | 2.40 | 0 |
| $\eta_k$(%) | | 65.44 | 82.97 | 91.75 | 97.60 | 100 | 0 |
| 特征向量 $V_{kj}$ | 降水量 | -0.423 8 | -0.206 9 | -0.088 4 | 0.295 3 | 0.645 3 | 0.515 9 |
| | 年径流深 | -0.428 0 | -0.359 9 | 0.289 5 | -0.081 9 | -0.651 4 | 0.415 3 |
| | 年水面蒸发量 | 0.469 9 | -0.020 5 | -0.555 8 | 0.419 8 | -0.317 3 | 0.439 2 |
| | 干旱指数 | 0.626 0 | -0.280 7 | 0.652 6 | 0.028 4 | 0.193 2 | 0.255 5 |
| | 悬移质输沙模数 | -0.117 4 | 0.790 5 | 0.390 5 | 0.397 1 | -0.109 9 | 0.197 7 |
| | 年平均气温 | 0.103 7 | 0.351 5 | -0.145 | -0.755 9 | 0.095 9 | 0.514 |

前两位主成分的累积贡献率达到了 82.97%,第一位主成分的贡献亦达 65.44%,第一主成分中反映水分因素的因子降水量、径流深、蒸发量及干旱指数的特征向量均较大,降水、径流深特征向量为负值,蒸发量、干旱指数特征向量为正值。用 $G_0$ 作直角坐标的横轴,则从负方向到正方向,代表着水分条件从湿润向干旱的变化规律,称 $G_0$ 轴为水分轴。第二主成分中,输沙模数的特征向量达 0.790 5,远远大于其他因子的特征向量,用 $G_1$ 作纵轴,从负方向到正方向,明显地反映了输沙模数从弱到强的变化规律,称 $G_1$ 轴为侵蚀强度轴。

对上述六种水文因素,作多种不同组合,总体感觉是:水分条件是最显著的主成分,其贡献率均超过了 65%,其次侵蚀强度在第二主成分中是最显著的,它对应的特征向量基本达到了 0.8。

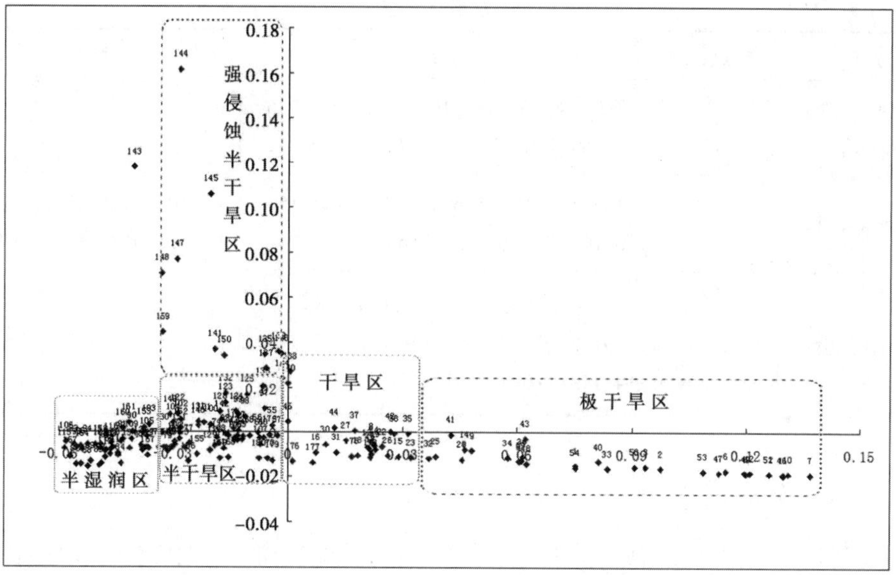


**图 5-1　青海省水文因素主成分聚类图**

由 $G_0$、$G_1$ 分别作为直角坐标的横轴、纵轴，从六个水文因素变量计算的主成分聚类图中，横轴代表水分条件，从左到右均可分为四个大区（一级区），即半湿润区、半干旱区、干旱区、极干旱区。根据其计算值并考虑自然地理地貌情况在地图划分二级分区（见附图 23、表 5-4）。

**表 5-4　水文二级分区散点与分区对应**

| 分区 | 样点数 | 编号 | 异常点 |
|---|---|---|---|
| 柴达木盆地极干旱区 | 32 | 1、2、3、4、5、6、7、9、10、11、12、14、20、21、25、32、33、34、36、39、40、41、43、46、47、48、49、50、51、52、53、54 | |
| 柴达木盆地边缘、茶卡、沙珠玉干旱区 | 25 | 8、13、15、16、17、18、19、22、23、24、26、27、28、30、31、35、37、38、42、44、45、175、176、177、178 | |
| 长江、黄河源头半干旱区 | 29 | 29、55、56、57、58、59、60、61、62、63、64、65、66、67、68、69、70、71、72、73、74、75、76、77、78、79、107、108、110 | （69、71）计算结果位于湿润区，划分在长江、黄河源头半干旱区内 |
| 黄河丘陵半干旱区 | 13 | 119、122、123、124、125、126、127、128、129、130、131、132、179 | |
| 河湟谷地强侵蚀半干旱区 | 21 | 133、134、135、136、137、138、139、140、141、142、143、144、145、146、147、148、149、150、151、152、159 | （138、140）计算结果位于干旱区，（143）计算结果位于半湿润区，都划分在河湟谷地，属于半干旱区 |

续表 5-4

| 分区 | 样点数 | 编号 | 异常点 |
| --- | --- | --- | --- |
| 青海湖、哈拉湖半干旱区 | 16 | 97、98、99、100、101、102、155、156、168、169、170、171、172、173、174、180 | |
| 祁连半湿润区 | 16 | 103、104、105、106、153、154、157、158、160、161、162、163、164、165、166、167 | (104)计算结果位于半干旱区,划分在青南半湿润区 |
| 青南半湿润区 | 27 | 80、81、82、83、84、85、86、87、88、89、90、91、92、93、94、95、109、111、112、113、114、115、116、117、118、120、121 | |

### 5.1.2 水文分区成果

青海省地处我国青藏高原、黄土高原和内蒙古高原的交汇区,地质构造和地质活动颇为复杂,地势上最高和最低海拔高差特大。地貌有高高山、高山、山丘、沙漠沙丘、黄土丘陵、高高原,高原、平原、盆地,河川等多种类型。地表质地有裸露的岩石、戈壁沙地、冰碛洪积物、水积湖积物、黄土沉积、沼泽湿地淤泥等种类。植被从草甸草、草原草、灌丛、农作物到乔木林区都有分布。气候表现为:在高海拔地区呈现空气稀薄高寒多日照;在低海拔地区呈现气温偏凉但季节尚分明;由于深居内陆,从海洋远距离输运的水汽有限,水文大循环发展轮次较少,但本地的蒸发聚集产生局地降水的随机性很强,水文小循环发生较活跃。地理外营力的风力、水力、冻融及重力坍塌都有活动区域和表现场合。地表水有河流、水库、湖泊、冰川、沼泽、湿地等多种多样的存赋状态和汇流运动方式,地下水则有渗流、潜流和存赋于土壤孔隙、岩层裂隙及空穴的上层滞水、潜水及承压水。青海省的人居主要偏于河湟地带的黄土高原,人们对这里的开发利用程度较高,认识也较多较深刻;广大的高原高山沙漠戈壁,高寒缺氧人烟稀少,人们对其认识相当有限。这些因素的影响使得水文过程现象多彩,因由纷繁,要将其综合起来划分水文分区难度不小。另则,分区太大则显笼统,区内考察的有关要素差距明显,有失分区初衷;分区太小则显零星,难以达到分区之综合统一的目标。本次分区以主成分聚类图的分区作为背景基础(第一级),主要反映气候干湿程度;以大地貌单元作为第二级,主要反映自然地理概况;以较直接影响水文现象和过程的地形、地表质地、植被分布等有关下垫面要素分第三极,并考虑水系的完整性和在站网规划中的可操作性。

本次青海省水文分区共分 4 个一级分区,8 个二级分区(见附图 24),20 个三级分区(见附图 25 和表 5-5)。一级分区用代码Ⅰ、Ⅱ、Ⅲ、Ⅳ分别代表极干旱区、干旱区、半干旱区、半湿润区。极干旱区Ⅰ的二级分区即柴达木盆地极干旱区,用角标 1 作代码(其三级分区代码为 -1、-2)。干旱区Ⅱ的二级分区即柴达木盆地边缘、茶卡、沙珠玉干旱区,用角标 1 作代码(其三级分区代码为 -1、-2、-3)。半干旱区Ⅲ的二级分区有长江、黄河源头半干旱区,用角标 1 作代码(其三级分区代码为 -1、-2、-3);黄河丘陵半干旱区,用角标 2 作代码(其三级分区代码为 -1、-2);河湟谷地半干旱区,用角标 3 作代码(其三级分区代码为-1、-2、-3、-4);青海湖、哈拉湖半干旱区,用角标4作代码(其三级分区代码为-1、-2)。半湿润区Ⅳ的二级分区有青南半湿润区,用角标1作代码(其三级分区代码为-1、-2);祁连山半湿润区,用角标2作代码(其三级分区代码为-1、-2)。

表5-5　青海省水文分区三级分区

| 序号 | 一级分区 | 二级分区 | 三级分区 |
|---|---|---|---|
| 1 | Ⅰ极干旱区 | $Ⅰ_1$柴达木盆地极干旱区 | $Ⅰ_{1-1}$阿尔金山东麓剥蚀山地极干旱区 |
| 2 | | | $Ⅰ_{1-2}$柴达木盆地潴水湿地极干旱区 |
| 3 | Ⅱ干旱区 | $Ⅱ_1$柴达木盆地边缘、茶卡、沙珠玉干旱区 | $Ⅱ_{1-1}$祁连山柴达木盆地过渡地带山丘干旱区 |
| 4 | | | $Ⅱ_{1-2}$昆仑山柴达木盆地过渡地带丘塬干旱区 |
| 5 | | | $Ⅱ_{1-3}$沙珠玉河流域干旱区 |
| 6 | Ⅲ半干旱区 | $Ⅲ_1$长江、黄河源头半干旱区 | $Ⅲ_{1-1}$可可西里高原草甸潴水湿地半干旱区 |
| 7 | | | $Ⅲ_{1-2}$长江源头高山冻融半干旱区 |
| 8 | | | $Ⅲ_{1-3}$黄河源头山丘冻融半干旱区 |
| 9 | | $Ⅲ_2$黄河丘陵半干旱区 | $Ⅲ_{2-1}$共和—兴海荒漠草原风力侵蚀半干旱区 |
| 10 | | | $Ⅲ_{2-2}$黄河峡谷段山地丘陵水力侵蚀半干旱区 |
| 11 | | $Ⅲ_3$河湟谷地半干旱区 | $Ⅲ_{3-1}$湟水谷地川水带强侵蚀半干旱区 |
| 12 | | | $Ⅲ_{3-2}$湟水谷地浅山带强侵蚀半干旱区 |
| 13 | | | $Ⅲ_{3-3}$湟水谷地脑山带强侵蚀半干旱区 |
| 14 | | | $Ⅲ_{3-4}$黄河干流黄土丘陵半干旱区 |
| 15 | | $Ⅲ_4$青海湖、哈拉湖半干旱区 | $Ⅲ_{4-1}$哈拉湖高山湖盆冻融侵蚀半干旱区 |
| 16 | | | $Ⅲ_{4-2}$青海湖山丘湖盆水力侵蚀半干旱区 |
| 17 | Ⅳ半湿润区 | $Ⅳ_1$青南半湿润区 | $Ⅳ_{1-1}$青南高山草原冻融侵蚀半湿润区 |
| 18 | | | $Ⅳ_{1-2}$青南高山林地水力侵蚀半湿润区 |
| 19 | | $Ⅳ_2$祁连山半湿润区 | $Ⅳ_{2-1}$祁连山北部冻融侵蚀半湿润区 |
| 20 | | | $Ⅳ_{2-2}$大通河流域高山盆地水力侵蚀半湿润区 |

### 5.1.2.1　二级分区水文气候特点

极干旱区降水量基本小于100 mm(个别区域达到160 mm),大都为非产流区,蒸发量能力高达1 350～2 000 mm,干旱指数大于8.8,且大部分大于50。干旱区降水量为160～

280 mm,径流深为 5 ~ 110 mm,水面蒸发量 1 000 ~ 1 400 mm,干旱指数 4.1 ~ 8.5。半干旱区降水量在 240 ~ 650 mm,径流深在 40 ~ 190 mm,蒸发量在 700 ~ 1 200 mm,干旱指数在 1.4 ~ 4。长江、黄河源头半干旱区降水量在 240 ~ 460 mm,径流深在 40 ~ 180 mm,蒸发量在 700 ~ 1 000 mm,干旱指数在 1.7 ~ 3.9,输沙模数在 40 ~ 120 t/($km^2$ · a),气温在 -5 ~ -1.2 ℃,常年平均气温处于零下。黄河丘陵半干旱区降水量在 300 ~ 470 mm,径流深在 40 ~ 160 mm,蒸发量在 780 ~ 1 000 mm,干旱指数在 1.7 ~ 3.3,输沙模数在 10 ~ 520 t/($km^2$ · a),气温在 -1 ~ 4 ℃。河湟谷地强侵蚀半干旱区降水量在 260 ~ 650 mm,径流深在 50 ~ 190 mm,蒸发量在 720 ~ 1 200 mm,干旱指数在 1.4 ~ 4;气温为全省最高,在 2 ~ 8 ℃;河湟谷地为农业区,河流源头暴雨强度大,地形破碎,几种因素结合在一起,形成了青海省水土侵蚀的高强度区,输沙模数在 212 ~ 3 200 t/($km^2$ · a)。青海湖哈拉湖半干旱区降水量在 250 ~ 420 mm,径流深在 50 ~ 150 mm,蒸发量在 810 ~ 1 020 mm,干旱指数在 1.9 ~ 4,输沙模数在 10 ~ 220 t/($km^2$ · a),气温在 -4 ~ 1 ℃。青南半湿润区降水量在 400 ~ 780 mm,径流深在 150 ~ 400 mm,蒸发量在 700 ~ 890 mm,干旱指数在 0.9 ~ 1.8,输沙模数在 40 ~ 200 t/($km^2$ · a),气温在 -4 ~ 4 ℃。祁连山半湿润区降水量在 410 ~ 720 mm,径流深在 160 ~ 380 mm,蒸发量在 640 ~ 840 mm,干旱指数在 0.95 ~ 2.1,输沙模数在 53 ~ 280 t/($km^2$ · a),气温在 -2 ~ 3 ℃。

二级分区水文气候特征见表 5-6。

#### 5.1.2.2 三级分区水文地理简况

1. $Ⅰ_{1-1}$阿尔金山东麓剥蚀山地极干旱区

阿尔金山系呈北东—南西向绵延于青海西北部,为柴达木盆地与塔里木盆地的界山。该水文分区处于阿尔金山系东麓,地势为波状平缓山丘;降水极少,蒸发能力特强,气候极干燥,为低温地区,但年、日温差极大,地表风化特发育,剥蚀作用强烈,山丘顶部多岩体裸露,山坡多覆盖岩屑、砾石、卵石,几无植被生存,形成典型的高山荒漠戈壁自然景观。

2. $Ⅰ_{1-2}$柴达木盆地潴水湿地极干旱区

该水文分区处于柴达木盆地腹地,地势总体广平,河、湖、草滩、盐碱地、沙丘沙地及戈壁交错分布。气候极干旱、降雨极少,区内自产径流贫乏,但由发源于南部昆仑山的格尔木河、柴达木河等河流及发源于北部祁连山的巴音河等河流汇入形成潴水区,分布有达布逊湖、北霍布逊湖、托索湖、盐湖等众多湖泊和面积大小不同的沼泽湿地。河川、草滩、湖滨及固定沙丘等处低等植被尚好,流动沙丘及戈壁则无植物生存。本区的显著水文特征是干旱指数极大,但汇流潴水比较丰富,水资源存量并不小。

3. $Ⅱ_{1-1}$祁连山柴达木盆地过渡地带山丘干旱区

该水文分区处于祁连山中部山系向柴达木盆地的过渡地带,主要分布有土尔根达坂山、柴达木山、宗务隆山等山脉,海拔从 4 500 m 左右过渡到 2 500 m 左右,部分高海拔山峰上发育有现代冰川。地势从山区到盆地边缘逐步平缓,为较大河流的中游区段。气候干旱、降雨稀少,除河谷地带植被尚好外,极大区域是荒芜裸地。区内自产径流有限,但由山区产生通过本区进入柴达木盆地的径流不少。

表 5-6　青海省水文分区二级分区特征范围

| 分区号 | | 分区名称 一级区 | 分区名称 二级区 | 分区面积（万 $km^2$） | 降水量（mm） | 径流深（mm） | 水面蒸发量（mm） | 干旱指数 | 输沙模数（t/（$km^2$·a）） | 气温（℃） | 编号 |
|---|---|---|---|---|---|---|---|---|---|---|---|
| Ⅰ | Ⅰ$_1$ | 极干旱区 | 柴达木中西部极干旱区 | 15.026 8 | 20～160 | 0～12 | 1 350～2 000 | 8.8～100 | 1～150 | -1～4 | 1～7、9～12、14、20、21、25、32～34、36、39～41、43、46～54 |
| Ⅱ | Ⅱ$_1$ | 干旱区 | 柴达木山地、茶卡—沙珠玉盆地干旱区 | 10.185 4 | 160～280 | 5～110 | 1 000～1 400 | 4.1～8.5 | 14～160 | -4～4 | 8、13、15～19、22～24、26～28、30、31、35、37、38、42、45、175～178 |
| Ⅲ | | 半干旱区 | | 32.372 | 240～650 | 40～190 | 700～1 200 | 1.4～4 | 10～3 200 | -5～8 | |
| | Ⅲ$_1$ | | 黄河及长江源头半干旱区 | 21.307 | 240～460 | 40～180 | 700～1 000 | 1.7～3.9 | 40～120 | -5～-1.2 | 29、55～79、107、108、110 |
| | Ⅲ$_2$ | | 黄河丘陵半干旱区 | 3.623 | 300～470 | 40～160 | 780～1 000 | 1.7～3.3 | 10～520 | -1～4 | 119、122～132、179 |
| | Ⅲ$_3$ | | 河湟谷地强侵蚀半干旱区 | 2.036 4 | 260～650 | 50～190 | 720～1 200 | 1.4～4 | 212～3 200 | 2～8 | 133～152、159 |
| | Ⅲ$_4$ | | 青海湖哈拉湖半干旱区 | 5.405 6 | 250～420 | 50～150 | 810～1 020 | 1.9～4 | 10～220 | -4～1 | 97～102、155、156、169～174、180 |
| Ⅳ | | 半湿润区 | | 13.857 2 | 400～780 | 150～400 | 640～890 | 0.9～2.1 | 40～280 | -4～4 | |
| | Ⅳ$_1$ | | 青南半湿润区 | 11.225 6 | 400～780 | 150～400 | 700～890 | 0.9～1.8 | 40～200 | -4～4 | 80～95、109、111～118、120、121 |
| | Ⅳ$_2$ | | 祁连山半湿润区 | 2.631 6 | 410～720 | 160～380 | 640～840 | 0.95～2.1 | 53～280 | -2～3 | 103～106、153、154、157、158、160～167 |

4. $\text{Ⅱ}_{1-2}$昆仑山柴达木盆地过渡地带丘塬干旱区

该水文分区处于昆仑山北坡向柴达木盆地的过渡地带，昆仑山北坡较陡峭、与柴达木盆地之间形成1 500～2 500 m的高差，源自北坡的诸多河流注入柴达木盆地。该区域由于水系较发达，人口较密集，经济发展较好。

该区域总体属山麓冲洪积倾斜平原、丘塬，可称为柴达木盆地的南盆缘。分布有那仁格勒河、乌图美仁河、格尔木河、诺木洪河、柴达木河等河流，形成不少河川盆地，并将冲洪积倾斜平原分成多个自然地貌单元。山麓冲洪积倾斜平原沿昆仑山北麓延伸数百千米，平均宽度25 km左右。从山地向盆地内部依次为砾石带、砂土带和细土带。砂土带的下部和细土带的上部水土条件良好，成为盆地农田、城镇居民点、工厂企业的集中分布区。本区较低处的河川盆地多为灌区，植被良好；较高处的丘塬地多为旱地，植被较差。全区水文总特征为气候干旱、降雨稀少，区内自产径流有限，但过境水流较丰富。

5. $\text{Ⅱ}_{1-3}$沙珠玉河流域干旱区

该水文分区主要处于茶卡—共和盆地，区内地形多为大小不一的阶地台地及宽谷，台地至沟谷底高差在20～40 m，流水侵蚀作用强烈，沟壑纵横，地形破碎，海拔在2 990～3 200 m。该区地表沙地层覆盖较厚，植被较差，水文特征为气候干旱、降雨稀少，区内自产径流较少，径流以地下水补给为主，出山口后转为潜流，在盆地低处溢出，众泉水汇流成河或湖泊。

6. $\text{Ⅲ}_{1-1}$可可西里高原草甸潴水湿地半干旱区

该区位于青海省西南部，处在昆仑山以南、乌兰乌拉山以北，东起青藏公路，西讫省界，为青藏高原腹地，平均海拔在4 600 m以上，东部为以楚玛尔河为主的长江北源水系，西部和北部是分布着众多湖泊的内流水系。基本地貌类型除南北边缘为大、中起伏的高山和极高山外，广大地区主要为较小起伏的高海拔丘陵、台地和平原。

境内年平均气温由东南向西北逐渐降低，在西金乌兰湖地区有一明显暖区，年均气温－4.1 ℃，最冷为最西边的勒斜武担措，最低气温－46.4 ℃。该区内土壤类型简单，多为高山草甸土、高山草原土和高山寒漠土壤，零星分布的有沼泽土、龟裂土、盐土、碱土和风沙土。土壤发育年轻。受冻融作用影响深刻。植被主要为耐高寒的草甸草被。本区气候高寒，以雪为主的固体降水占比例较大，水面蒸发不甚强烈，融雪化冰径流较发育，径流多汇聚成湖或沼泽湿地。

7. $\text{Ⅲ}_{1-2}$长江源头高山冻融半干旱区

该区位于青海省的西南部，北邻昆仑山脉、南界唐古拉山，分水岭山峰均在海拔6 000 m以上，西依可可西里山等山，山峰多在海拔5 000 m左右；地势高峻，气候干旱，空气稀薄，冰水冻融交替，具有高原特殊的自然地理环境；存在高山多年冻土，使河流深蚀作用受到限制，形成的河道断面宽浅，同时强烈的融冻风化和融冻泥流作用使河谷两岸山形浑圆，谷地开阔，谷坡平缓；该区主要分布有高山荒漠土、高山草甸土、高山草原土、沼泽土等；区内地表水以河流、湖泊、沼泽和冰川形式存在，储量较丰，地下水属山丘区地下水，主要为基岩裂隙水。

8. $\text{Ⅲ}_{1-3}$黄河源头山丘冻融半干旱区

黄河源头湖泊星罗棋布（大小约5 300多个），拥有最大两个吞吐淡水湖，也是全国海拔最高的淡水湖——扎陵湖和鄂陵湖(湖面平均水位分别约为 4 293.2 m 和 4 268.7 m)。该区地形为丘陵和盆地,植被为低草牧区,区域内拥有广大的水域湿地,在强烈蒸发的作用下,成为当地水汽的重要来源,对内陆循环和当地气候产生较大的影响。主要水文地理特征为地势高,气候干旱,空气稀薄,冰水冻融交替,有较多的潴水沼泽湿地,水汽交换也较强烈。

9. $Ⅲ_{2-1}$共和—兴海荒漠草原风力侵蚀半干旱区

共和—兴海一带地势较平缓,沙层覆盖较深厚,地表多为大小流动沙丘和平坦的积沙沙地,自然地理景观为荒漠草原,风力侵蚀比较发育,具有较独特的水文地理特征。

10. $Ⅲ_{2-2}$黄河峡谷段山地丘陵水力侵蚀半干旱区

从玛曲到循化是黄河峡谷段,受祁吕贺"山"字形构造体系的控制,地壳扭曲,褶皱发育,形成了一系列北西走向或近乎东西向的大山。黄河流经这些山谷或沿着较大断裂发育,其水流方向多与山地走向正交或斜交,河谷忽宽忽窄,出现川峡相间的河谷形态。该区海拔不高,山体陡峭、峡谷下切很深,基岩多有裸露,山地丘陵部分坡地台塬地有薄层黄土覆盖,水力侵蚀比较强烈。本区段是黄河水电水能开发的主要区域,已经建成数十座水电站和水库,成为人工控制黄河上游径流过程的基础设施,对河川水文现象有较大的影响。

11. $Ⅲ_{3-1}$湟水谷地川水带强侵蚀半干旱区

该区主要指海拔 1 565 ~2 200 m,依附于水系呈树枝状分布于湟水流域黄土低山丘陵之间的河谷平川,干流和较大支流下游区段一般宽 2 ~5 km,有些小支谷宽仅 200 ~300 m。水文地理特征是,平川大都由二、三级阶地构成,黄土深厚、坡度较陡、降雨较多,沟谷侵蚀发育。这里是青海省人居密度最大的地带,人多地少,劳力丰富,基础设施和工业最为集中。

12. $Ⅲ_{3-2}$湟水谷地浅山带强侵蚀半干旱区

该区基本环绕$Ⅲ_{3-1}$湟水谷地川水带区向上延续到山峁边缘,海拔 2 200 ~2 800 m,相对高差 300 ~500 m,黄土沉积很厚,降雨较多较强,沟谷极为发育,沟道短促,坡度大,是青海省现代水力侵蚀作用最强烈的地段,沟道一般与干支流垂直相交,常溯源侵蚀至峁顶,横断面呈 V 字形,多悬谷、滑坡、崩塌等地貌形态及物理地质现象。沟间分水岭呈脊状,地形遭受强烈切割,起伏很大,支离破碎;由于植被稀疏、沟深坡陡、地层本身抗侵蚀能力弱,经水流的切割冲刷,水土流失严重。

浅山带地貌属黄土高原低山沟壑类型,土层深厚、沟壑纵横、水源贫乏、地力瘠薄、植被稀少、暴雨集中、水土流失严重,人居较密,贫困面大程度深、社会经济基础薄弱。

13. $Ⅲ_{3-3}$湟水谷地脑山带强侵蚀半干旱区

该区处于湟水谷地的较高地带,海拔 2 800 ~3 200 m,地貌属黄土高原低山梁峁丘陵类型,地势广阔平缓,多为宽浅沟谷所分割的梁状丘、圆顶峁,零星分布有高塬,地形景观形体浑圆,波状起伏,梁、峁、塬坡度 5°左右,上覆黄土,植被较好,局部山坡生长次生林,放牧草场占很大的比重。冲沟切割不深,沟谷横断面呈 U 形和半弧形,高出附近沟底 150 ~300 m。较开阔的沟底也较平坦,土壤、地形、气候均宜农耕。

该区地广人稀,降水较多,是湟水许多支流的发源地和流域地表水主要产流区,水力侵蚀相当发育。

14. $\mathrm{III}_{3-4}$黄河干流黄土丘陵半干旱区

该区主要指贵德—循化一带的黄河区段，河谷虽然有较深的切割，但黄土高原地貌类型也很明显，有起伏和缓的丘陵、开阔广平的河谷盆地及零星的高塬台地，黄土覆盖厚薄不一，降雨较多，植被良好，人居不少，农牧较发达。

15. $\mathrm{III}_{4-1}$哈拉湖高山湖盆冻融侵蚀半干旱区

该区处于祁连山系的中段，主要分布有走廊南山、托勒山、托勒南山、疏勒南山等高山和哈拉湖盆地。其中，疏勒南山由数个相对高差不大的主峰聚集组成块状山体，海拔4 500～5 000 m，是祁连山系的最高峰（主峰岗则吾结峰海拔5 826.8 m），该山也是祁连山系中现代冰川最为发育的一条山脉。哈拉湖盆地广平开阔，由于气候高寒，冻融发育，地理环境尽显荒漠景观。

16. $\mathrm{III}_{4-2}$青海湖山丘湖盆水力侵蚀半干旱区

该区包括青海湖高原盆地及周围的高山，也收进了布哈河流域。区内青海湖东侧的日月山，是一条北西向的断块山，海拔4 000 m左右，为我国季风区与非季风区、外流流域与内流区域的分界线、是传统观念上黄土高原最西缘、青海省内农业区与牧业区的分界线，为我国非常重要的一条自然地理分界线。布哈河流域是祁连山系向青海湖高原盆地的过渡地带，上游呈现高山景观，中下游则为山丘地貌。青海湖盆地山湖之间是向湖区倾斜的流水坡积平原，尽显广柔的草原风光。本区属于雨源水文区，但青海湖是咸水湖。

17. $\mathrm{IV}_{1-1}$青南高山草原冻融侵蚀半湿润区

该区总体地势高但地形较平缓、间高山峡谷，植被覆盖以草甸草、灌木丛等低等植物居多，大部分地区是宽广平坦的草滩、草甸，牧草生长良好；降雨较多，降雨略小于蒸发能力，尽显半湿润气候特征；坡地平地蓄水能力强，多沼泽湿地；由于高寒，为明显的冻融侵蚀区。

18. $\mathrm{IV}_{1-2}$青南高山林地水力侵蚀半湿润区

该区位于$\mathrm{IV}_{1-1}$青南高山草原冻融侵蚀半湿润区南部，海拔相对前区较低，但地形坡度较陡，降雨量大，降雨与蒸发能力大致持平，气温等条件适合生长高大的乔木，是重要的林区，农作物耕种也较发达。该区的水文特征是产水多外流也多，存流潴水能力不如$\mathrm{IV}_{1-1}$区强。

19. $\mathrm{IV}_{2-1}$祁连山北部冻融侵蚀半湿润区

该区多高山峻峰，平均海拔4 800 m，许多山峰常年积雪或为冰川覆盖，尽显半湿润状况，气候高寒，为明显的冻融侵蚀区。

20. $\mathrm{IV}_{2-2}$大通河流域高山盆地水力侵蚀半湿润区

该区地势特征是，大通河干流河道被两侧高山夹持，西北高、东南低，海拔在1 650～4 700 m。流域水系呈羽毛状，干流河道峡谷与盆地相间分布，峡谷深窄，水势湍急、下切力强，水流落差大，水能资源丰富。盆地为开阔的草原，也有农耕开发，但生态环境脆弱。青石嘴以上为上游，主要特征是遍布高山草原，间有林区，气候寒冷湿润；青石嘴以下为中游，适宜森林和农作物生长；该区降水量较大，为明显的水力侵蚀区。

水文分区是对水文气候和水文地理的综合，也体现水文观测和自然地理考察等方面的工作成就和认知水平。从分区成果看,高原高山沙漠戈壁,高寒缺氧人烟稀少地区分区较粗,河湟地带的黄土高原分区较细,这与青海的客观情况和水文发展的水平及需求是一致的。

通过水文分区也发现一些水文现象描述概念的矛盾或不适合,比如从蒸发能力和降水的对比考察气候干湿的总表现,柴达木盆地腹地为“极干旱”区,但又汇集贮存较丰富的水资源,遍布湖泊、沼泽和湿地而似为“重度涝”区,有悖于干旱的常识概念。对气候干旱的灌溉区,似应以蒸发能力和进入该区水量的对比考察农业、水利或水文干湿的总表现。

## 5.2 规划布局

青海省水文站网布局的总体思路是,以掌控和探索水文基本规律为基础,充分考虑为经济社会发展和国民经济建设提供服务和支撑,结合水文地理条件和开展水文监测工作的可行性,采用新技术巩固完善现有水文站网体系,积极向水文空白区拓展。

在现有河流水文站网的基础上,从防灾减灾、防汛抗旱、城市防洪、水资源配置和管理、水量平衡计算、水能资源开发、水利工程影响、突发性水事件应急监测等方面综合考虑,巩固大河控制站,优化区域代表站,调整小河站,对青海省河流水文站网进行规划、调整、完善。

结合青海省自然条件、人居分布、社会经济发展水平等实际情况,围绕经济社会发展各项涉水事务和社会公众需求,大力拓展水文服务领域,布设一定数量的流量、降水、蒸发、墒情、水质监测站点以及实验站,使水文监测功能逐步从过去为水工程规划设计服务过渡到为水工程调度运行服务,同时积极开展供水量、用水量、耗水量、排水量调查,增强水文服务能力,扎实做好为水利建设、水资源管理等水利中心服务工作。在不同的区域进行水文站网重点规划如下:

青南地区高原、冰川、湖泊、草地广泛分布,是中华水塔所在地、我国重要的清洁水源地,对我国的大气环境、水文气象环境、三大流域水资源的补充和水文循环过程都有很重要的意义。虽然由于海拔高、空气稀薄、寒冷期长、高等植物稀少等自然条件限制,人类活动少,人居环境差,但从认识计量水资源角度看,超前部署水文站网,克服困难加强水文监测还是很需要的,随着科技发展和水文测验自动化水平的提高,宜从生态保护角度出发布设自动监测站和巡测站,充实完善水文站网。同时积极采用遥感等先进手段,开展诸如冰川、湖泊、沼泽、湿地、草甸草原等的水资源产源区和涵养区勘察。

环青海湖地区属于青海省国民经济及社会发展潜力很大的地区,距离人口密集的湟水流域和黄河黄土区很近,人类很强的紧邻蔓延性发展能力正在唤醒以往的宁静,随着人类生活水平提高,以旅游为代表的流动性人口急剧增加,人类活动对生态环境影响逐步加大,水资源消耗及污染加大,生物多样性和青海湖生物特有性受到较大的威胁,需从研究水量平衡及水生态保护角度扩大监测范围、提高监测能力,开展较广泛的水文水环境科学实验。

湟水流域是青海省人口聚集密度最大和经济最为发达的地区,水资源需求量大,用水缺口大,且水质性污染严重,这一区域要同时加强水量监测和水质监测,还要加强中小河流山洪灾害监测。这一区域原有水文站网受人类活动影响很大,在支持经济建设时更需完善和保护站网。

柴达木盆地在青海省发展潜力也较大,盐化工工业发展较热,人类聚集向这里延伸,但该区域生态脆弱、水资源短缺、风沙大、稀缺自然资源破坏严重,需加强区域内一些盐湖的监测,充实完善水文站网,扩大水文监测范围。柴达木盆地周缘地带也是重要的农耕区和工业快速发展区,水从山中来,流向大盆地,路过山麓坡塬,滋润人间万象,水资源宝贵,加强其有效管理和高效利用就需要合理布设水文站网,加强水文监测。

祁连山区域水资源丰富,有高山冰川,有山涧湖泊,有盆地草原,是重要的牧业基地,但该区域以大通河为主的水电开发力度大,从大通河借水的压力大,草地水源涵养任务重,需从水资源保护角度考虑完善站网,提高监测能力。

按照规划水平年的不同,分为近期布局(2015~2020年),主要考虑现状水文站的优化和中小河流监测站点的适当调整;远期布局(2021~2030年),考虑水资源管理及防汛、水工程应用等要求较急迫且设站条件较好的站点以及考虑有设站需求、有设站条件但非常艰苦地区的站点。

# 第 6 章　站网站点规划

## 6.1　流量站网规划

流量站按照测验水体的类型，可分为河道站、水库站、湖泊站、渠道站等，本次规划结合青海省实际情况，重点对河道站和水库站进行分析规划，其中河道站按照集水面积大小及作用分为大河控制站、区域代表站和小河站。规划中兼顾考虑省界、地州界、县界控制断面的水文测站，为落实最严格的水资源管理制度提供基础信息服务。

### 6.1.1　大河控制站

#### 6.1.1.1　测站数量确定的方法

根据《水文站网规划技术导则》(SL 34—2013)，控制大河径流沿程变化的大河干流流量站的布站数目，应按下列要求确定：

(1)任何相邻测站之间，正常年径流或相当于防洪标准的洪峰流量递变率(在无径流量或者洪峰流量资料时，可用流域面积递变率代替)应以不小于10% ~15%估算布站数目的上限。

(2)在干流沿线的任何地点，应以内插年径流或相当于防洪标准洪峰流量的误差5% ~10%估算布站数目的下限。困难条件下，内插容许误差可放宽到15%。

(3)根据实际需要与设站可能，在上、下限之间选定布站数目。

青海省境内集水面积大于5 000 km$^2$的河流大约有34条，这些河流上的流量站网按照上述规定进行检验分析和规划。布设原则和方法参考《干旱地区水文站网规划论文选集》中《布设流量站网的直线原则与区域原则的研究》(马秀峰、龚庆胜)一文中所列的方法。

1. 按径流递增率确定

在一条河流的干流上布设流量站网，其中任何相邻的两个测站应满足“下游站与上游站流量特征值的比例应大于一定的递变率”的“直线原则”，用以控制流量特征值在干流河道上的沿程变化，有利于进行各种水量平衡的分析计算和科学研究。

$$n \leqslant 1 + \frac{\ln Q_n - \ln Q_1}{\ln(1+\lambda)} \tag{6-1}$$

式中：$n$ 为干流应布站数；$Q_n$ 为最下游站的径流特征值；$Q_1$ 为上游第一个站的径流特征值；$\lambda$ 为相邻测站特征值的递增率。

递增率 $\lambda$ 的计算可按照式(6-2)进行计算：

$$\lambda = \eta \frac{\ln P_1}{\ln P_0} \tag{6-2}$$

式中：$P_1$ 为既保证相邻站有显著的水量变化，又不致引起过限的内插误差，通常取10% ~

20%；$P_0$ 为上、下游相邻站观测的流量增值判断为测验误差或区间来水造成的概率，一般取 50%；$\eta$ 为测验相对误差，用百分率表示。

2. 按线性内插精度确定

一条河流沿程测站的同类流量特征值之间一般都存在线性相关关系，由此可以建立在上、下游两个测站中间位置上的测站与上、下游相邻测站同类流量特征值之间的线性回归方程；根据有关误差理论进行推演，可得出在长度为 $L$ 的河道上布设流量站数目 $n$：

$$n \geqslant 1 + \frac{L}{L_0 \ln \left| \frac{C_v^2 + \varepsilon^2}{C_v^2 - \varepsilon^2} \right|} \tag{6-3}$$

式中：$n$ 为应布设在长度为 $L$ 河道上的水文站数；$L$ 为河道的长度；$C_v$ 为内插系列的变差系数；$\varepsilon$ 为允许内插误差的相对值；$L_0$ 为相关半径，描述相关系数随间距变化的灵敏度，通过试算法求得。

#### 6.1.1.2　测站数量的确定

1. 黄河流域

对黄河干流青海省河段和对流域面积大于 5 000 $km^2$ 的 5 条一级支流进行计算。

1）黄河干流

黄河干流在青海省境内现有黄河沿（三）、吉迈（四）、门堂、军功、唐乃亥、贵德（二）、循化（二）等 7 处水文站，区间还有玛曲（二）站位于甘肃省境内，根据各站年径流量计算该河段区间布站数量（由于门堂站资料序列较短，与相邻测站相关系数较差，未采用该站数据）。黄河在青海省境内径流测站布置见图 6-1。

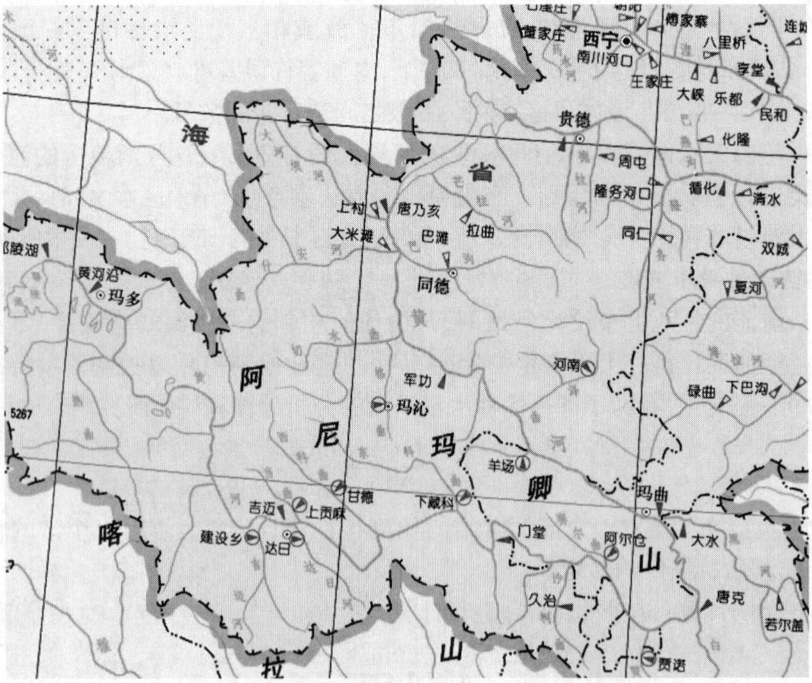


图 6-1　黄河在青海省境内径流测站布置

黄河干流各水文站年径流量特征值见表6-1，各站年径流相关系数 $R_{ij}$ 及河长 $L_{ij}$ 统计见表6-2，相关系数 $R_{ij}$ 及河长 $L_{ij}$ 相关图见图6-2，黄河干流布站上限、下限计算见表6-3。

**表6-1 黄河干流各水文站年径流特征值统计**

| 站名 | 黄河沿（三） | 吉迈（四） | 玛曲（二） | 军功 | 唐乃亥 | 贵德（二） | 循化（二） |
|---|---|---|---|---|---|---|---|
| 统计年数 | 51 | 51 | 47 | 32 | 56 | 58 | 64 |
| 多年平均径流量（亿 $m^3$） | 6.98 | 40.98 | 142.9 | 168.72 | 199.48 | 202.43 | 213.94 |
| 变差系数 $C_v$ | 0.868 9 | 0.375 1 | 0.257 0 | 0.276 4 | 0.258 8 | 0.237 1 | 0.228 6 |
| 流域总面积（$km^2$） | 20 930 | 45 019 | 86 048 | 98 414 | 121 972 | 133 650 | 145 459 |
| 递增面积（$km^2$） | 24 089 | 41 029 | 12 366 | 23 558 | 11 678 | 11 809 | |
| 分段河长（km） | 325 | 585 | 227 | 146 | 189 | 166 | |

**表6-2 黄河干流各站年径流相关系数 $R_{ij}$ 与河长 $L_{ij}$**

| 黄河沿（三） | 吉迈（四） | 玛曲（二） | 军功 | 唐乃亥 | 贵德（二） | 站名 |
|---|---|---|---|---|---|---|
| 0.834 1(325) | | | | | | 吉迈（四） |
| 0.754 2(910) | 0.918 8(585) | | | | | 玛曲（二） |
| 0.759 6(1 137) | 0.866 2(812) | 0.988 0(227) | | | | 军功 |
| 0.734 2(1 283) | 0.888 5(958) | 0.984 5(373) | 0.988 3(146) | | | 唐乃亥 |
| 0.734 0(1 472) | 0.751 5(1 147) | 0.982 2(562) | 0.698 0(335) | 0.817 4(189) | | 贵德（二） |
| 0.682 9(1 638) | 0.730 9(1 313) | 0.965 0(728) | 0.688 9(501) | 0.799 9(355) | 0.985 2(166) | 循化（二） |

**注：**表中为相关系数，（ ）内为站间河长，km，下同。

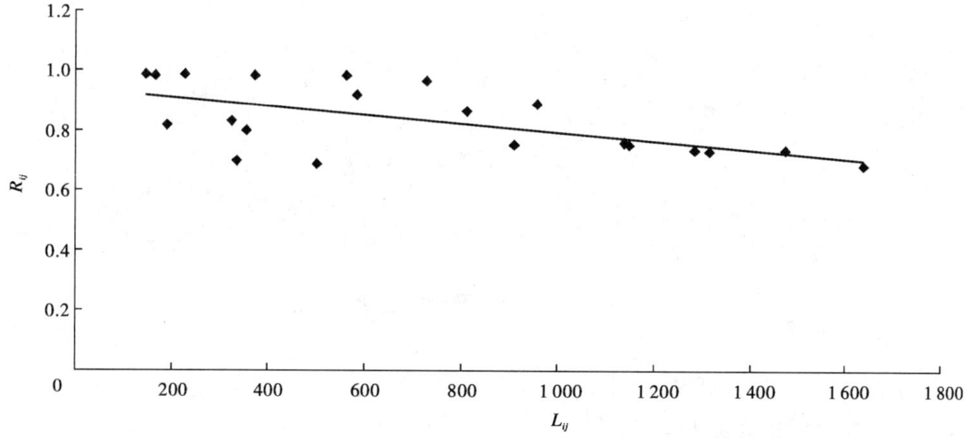


**图6-2 黄河干流各测站 $R_{ij}$ ~ $L_{ij}$ 相关图**

表6-3　黄河流域大河控制站布站数量统计

| 河名 | 递变率法 | | | | 内插精度法 | | | | |
|---|---|---|---|---|---|---|---|---|---|
| | 参数取值 | | | 上限 | 参数取值 | | | | 下限 |
| | $Q_1$ ($A_1$) | $Q_n$ ($A_n$) | $\lambda$ | $n$ | $L$ | $L_0$ | $C_v$ | $\varepsilon$ | $n$ |
| 黄河 | 6.98 | 213.94 | 0.274 | 15 | 1 638 | 4 260 | 0.357 | 0.10 | 4 |
| 湟水 | 0.469 9 | 20.43 | 0.274 | 12 | 222 | 545 | 0.310 | 0.10 | 3 |
| 大通河 | 8.277 4 | 28.85 | 0.274 | 6 | 370 | 2 065 | 0.194 | 0.10 | 1 |
| 多曲 | 5 000 | 5 706 | 0.274 | 1 | 163 | 1 000 | 0.240 | 0.10 | 1 |
| 切木曲 | 5 000 | 5 550 | 0.274 | 1 | 154 | 1 000 | 0.250 | 0.10 | 1 |
| 曲什安河 | 5 000 | 5 787 | 0.274 | 1 | 216 | 1 000 | 0.250 | 0.10 | 1 |

2）湟水

利用湟水干流海晏（湟）、石崖庄、西宁、乐都、民和（二）站年径流量计算海晏（湟）站至民和（二）站之间的布站数。

湟水干流各水文站分布情况见图6-3，湟水干流各水文站年径流量特征值如表6-4所示，各站相关系数 $R_{ij}$ 及河长 $L_{ij}$ 统计表如表6-5所示，相关系数 $R_{ij}$ 及河长 $L_{ij}$ 相关图见图6-4，湟水干流布站上限、下限计算如表6-3所示。

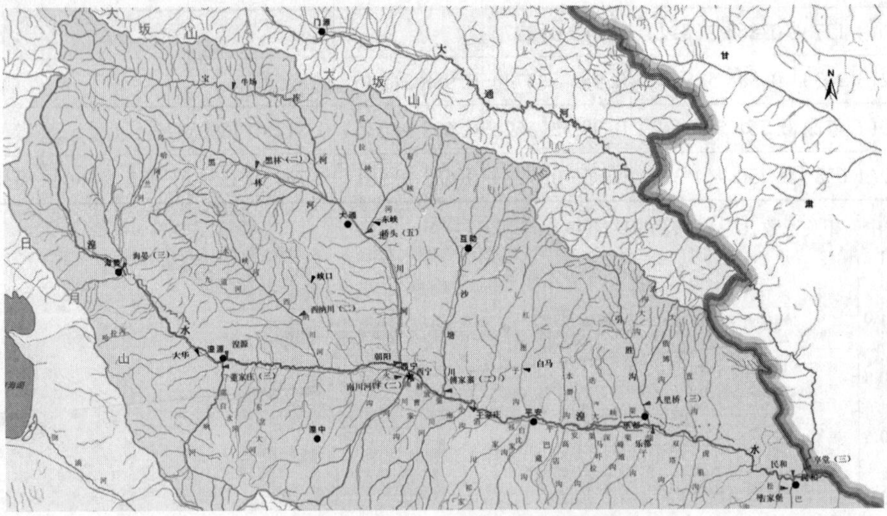

图6-3　湟水水系及测站现状图

3）大通河

利用尕日得站、青石嘴站、享堂（三）站年径流量计算湟水一级支流大通河尕日得站至享堂（三）站之间的布站数。

大通河干流各水文站年径流量特征值见表6-6，各站相关系数 $R_{ij}$ 及河长 $L_{ij}$ 统计见表6-7，相关系数 $R_{ij}$ 及河长 $L_{ij}$ 相关图见图6-5，湟水干流布站上限、下限计算见表6-3。

表 6-4　湟水干流各水文站年径流量特征值统计

<table>
<tr><td>站名</td><td colspan="2">海晏(湟)站</td><td colspan="2">石崖庄站</td><td colspan="2">西宁站</td><td colspan="2">乐都站</td><td colspan="2">民和(二)站</td></tr>
<tr><td>统计年数</td><td colspan="2">51</td><td colspan="2">48</td><td colspan="2">57</td><td colspan="2">57</td><td colspan="2">64</td></tr>
<tr><td>多年平均径流量 $x$ (亿 $m^3$)</td><td colspan="2">0. 430 6</td><td colspan="2">3. 096</td><td colspan="2">9. 127</td><td colspan="2">13. 355</td><td colspan="2">16. 368</td></tr>
<tr><td>变差系数 $C_v$</td><td colspan="2">0. 291</td><td colspan="2">0. 274</td><td colspan="2">0. 393</td><td colspan="2">0. 299</td><td colspan="2">0. 294</td></tr>
<tr><td>流域总面积($km^2$)</td><td colspan="2">715</td><td colspan="2">3 083</td><td colspan="2">9 022</td><td colspan="2">13 025</td><td colspan="2">15 342</td></tr>
<tr><td>递增面积($km^2$)</td><td colspan="3">2 368</td><td colspan="2">5 939</td><td colspan="2">4 003</td><td colspan="3">2 317</td></tr>
<tr><td>分段河长(km)</td><td colspan="3">49</td><td colspan="2">47</td><td colspan="2">71</td><td colspan="3">55</td></tr>
</table>

**注**:1. 由于海晏站 2007 年以后年径流量较之前序列有突变,序列采用至 2006 年;

2. 石崖庄站借鉴历史资料,其他各站资料序列到 2013 年。

表 6-5　湟水各站年径流相关系数 $R_{ij}$ 与河长 $L_{ij}$

| 海晏(湟)站 | 石崖庄站 | 西宁站 | 乐都站 | 测站 |
|---|---|---|---|---|
| 0. 727 5 (49) | | | | 石崖庄站 |
| 0. 650 1 (96) | 0. 864 1 (47) | | | 西宁站 |
| 0. 657 8 (167) | 0. 869 2 (118) | 0. 939 8 (71) | | 乐都站 |
| 0. 614 7 (222) | 0. 882 2 (173) | 0. 893 5 (126) | 0. 957 2 (55) | 民和(二)站 |

**注**:表中河长单位为 km。

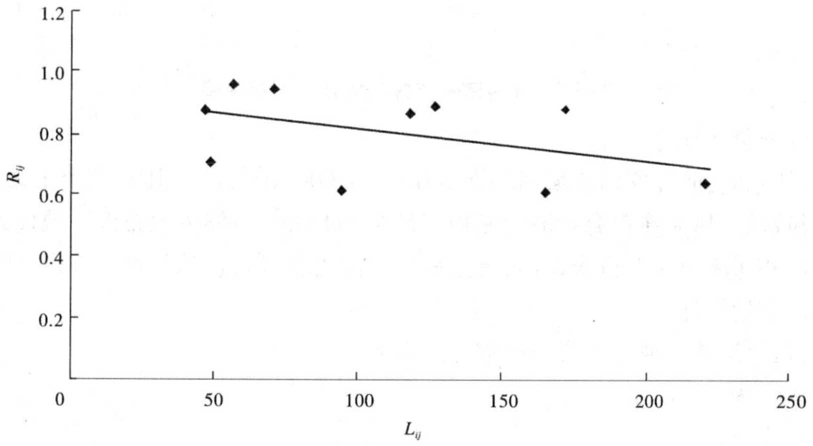


图 6-4　湟水干流各测站 $R_{ij}$ ~ $L_{ij}$ 相关图

**表 6-6　大通河干流各水文站年径流量特征统计**

| 年份 | 尕日得站 | 青石嘴站 | 享堂(三)站 |
|---|---|---|---|
| 统计年数 | 57 | 14 | 62 |
| 多年平均径流量 $x$(亿 $m^3$) | 8.251 | 16.448 | 27.945 |
| 变差系数 $C_v$ | 0.249 | 0.144 | 0.190 |
| 流域总面积($km^2$) | 4 576 | 8 011 | 15 126 |
| 递增面积($km^2$) | 3 435 | | 7 115 |
| 分段河长(km) | 117 | | 253 |

注:1. 青石嘴站根据本次收集到的 1998 ~2013 年序列计算;

2. 享堂(三)站采用 1950 ~2011 年连续序列。

**表 6-7　大通河各站年径流相关系数 $R_{ij}$ 与河长 $L_{ij}$**

| 尕日得站 | 青石嘴站 | 测站 |
|---|---|---|
| 0.958 5<br>(117) | | 青石嘴站 |
| 0.817 2<br>(370) | 0.902 6<br>(253) | 享堂(三)站 |

注:表中河长单位为 km。

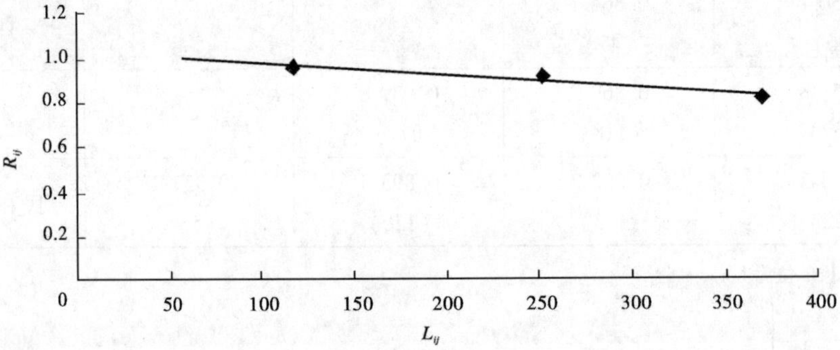


**图 6-5　大通河干流各测站 $R_{ij}$ ~ $L_{ij}$ 相关图**

4)其他一级支流

多曲、切木曲、曲什安河流域面积在 5 000 ~7 000 $km^2$,计算其布站上下限。根据河湖普查最新数据,热曲在青海省境内面积不足 5 000 $km^2$,只能考虑布设区域代表站。

由于这些河流历史上也未设站,无法采用径流资料进行设站数量推算,只能用面积代替进行布站数量估计。

综上,黄河流域大河上需要布站数量见表 6-3。

2. 长江流域

1)长江干流

青海省境内长江干流先后设有沱沱河站、直门达站,源头曾设有楚玛尔(二)站、雁石坪站,各站径流特征值见表 6-8。利用雁石坪站、沱沱河站、楚玛尔(二)站、直门达站多年平均年径流量计算沱沱河站至直门达站之间的布站数。

**表 6-8　长江上游各水文站年径流量特征统计**

| 站名 | 沱沱河站 | 直门达站 |
| --- | --- | --- |
| 年份 | 57 | 57 |
| 多年平均径流量 $x$(亿 $m^3$) | 9.343 | 129.166 |
| 变差系数 $C_v$ | 0.452 | 0.278 |
| 流域总面积($km^2$) | 15 924 | 137 704 |
| 分段河长(km) | 850 | |
| 相关系数 | 0.680 4 | |

2)长江流域其他大河

长江南源当曲流域总面积 30 920.4 $km^2$,长江北源楚玛尔河流域总面积为 21 672 $km^2$。长江上一级支流中有 7 条大河,即布曲、莫曲、北麓河、色吾曲、聂恰曲、雅砻江和岷江—大渡河,流域面积分别是 13 812.4 $km^2$、8 871.4 $km^2$、8 003 $km^2$、6 699.2 $km^2$、5 720.9 $km^2$、6 671.3 $km^2$和 9 285.5 $km^2$。由于这些河流径流资料缺乏,用流域面积递变率代替,利用大河控制站的下限面积(5 000 $km^2$)和流域总面积分别概略地估算设站数目上限、下限。

长江干流及一级支流布站上限、下限计算见表 6-9。

**表 6-9　长江干流及一级支流布站上限、下限计算**

| 河名 | 递变率 | | | | 内插精度 | | | | |
| --- | --- | --- | --- | --- | --- | --- | --- | --- | --- |
| | 递变率参数 | | | 上限 | 参数 | | | | 下限 |
| | $Q_1(A_1)$ | $Q_n(A_n)$ | $\lambda$ | $n$ | $L$ | $L_0$ | $C_v$ | $\varepsilon$ | $n$ |
| 长江干流 | 8.251 | 123.2 | 1 | 5 | 850 | 1 839 | 0.365 | 0.15 | 2 |
| 当曲 | 5 000 | 30 920.4 | 1 | 4 | 320 | 1 200 | 0.250 | 0.10 | 2 |
| 楚玛尔河 | 5 000 | 21 672 | 1 | 3 | 528 | 1 200 | 0.848 | 0.15 | 8* |
| 布曲 | 5 000 | 13 812.4 | 1 | 2 | 235 | 1 200 | 0.250 | 0.15 | 1 |
| 莫曲 | 5 000 | 8 871.4 | 1 | 2 | 146 | 1 000 | 0.250 | 0.15 | 1 |
| 北麓河 | 5 000 | 8 003 | 1 | 2 | 206 | 1 000 | 0.300 | 0.15 | 1 |
| 色吾曲 | 5 000 | 6 699.2 | 1 | 1 | 159 | 1 000 | 0.200 | 0.15 | 1 |
| 聂恰曲 | 5 000 | 5 720.9 | 1 | 1 | 175 | 1 000 | 0.230 | 0.15 | 1 |
| 雅砻江 | 5 000 | 6 671.3 | 1 | 1 | 200 | 100 | 0.23 | 0.15 | 1 |
| 岷江—大渡河 | 5 000 | 9 285.5 | 1 | 2 | — | | | | 1 |

注:1. 表中长江干流 $C_v$ 值为实测站均值,其他站为参考历史资料或借用相近站;

2. 岷江—大渡河未计算,直接取下限为 1;

3. *楚玛尔河位于高海拔山区,采用地理内插法进行估算,由于 $C_v$ 值偏大造成下限值比上限值还大,本次规划根据自然地理实际取下限为 1。

3. 澜沧江流域

澜沧江流域总面积 37 015.6 $km^2$，集水面积大于 5 000 $km^2$ 的河流有 3 条，一级支流子曲流域总面积 8 211.7 $km^2$，昂曲流域总面积 9 461.4 $km^2$（青海省境内）。澜沧江一级支流布站上限、下限计算见表 6-10。

**表 6-10　澜沧江一级支流布站上限、下限计算**

| 河名 | 递变率 | | | | 内插精度 | | | | |
|---|---|---|---|---|---|---|---|---|---|
| | 递变率参数 | | | 上限 | 参数 | | | | 下限 |
| | $Q_1(A_1)$ | $Q_n(A_n)$ | $\lambda$ | $n$ | $L$ | $L_0$ | $C_v$ | $\varepsilon$ | $n$ |
| 澜沧江 | 5 000 | 37 015.6 | 1 | 4 | 466 | 1 000 | 0.220 | 0.15 | 1 |
| 子曲 | 5 000 | 8 211.7 | 1 | 2 | 273 | 1 000 | 0.175 | 0.15 | 1 |
| 昂曲 | 5 000 | 9 461.4 | 1 | 2 | 344 | 1 000 | 0.150 | 0.10 | 1 |

注：表中澜沧江、子曲 $C_v$ 值根据现有监测数据计算得到，昂曲 $C_v$ 值为借鉴其他成果资料。

4. 内陆河流域

经统计，内陆河流域现状设有测站以及历史上曾设过测站的河流有布哈河、巴音河、格尔木河、奈金河、香日德河等，受原站点布设和测验资料影响，本次对巴音河和布哈河采用径流递变率的方法推求测站设置数量上限，对其他河流采用面积代替径流进行推算；所有河流均采用内插精度法推算测站设置数量下限。

1）巴音河

巴音河先后设有泽林沟站、戈壁站、德令哈（三）站，德令哈市以下为径流散失区，如没有特殊目的一般不宜设站。巴音河各水文站年径流量特征及相关系数统计见表 6-11。

**表 6-11　巴音河各水文站年径流量特征及相关系数统计**

| 站名 | 泽林沟站 | 德令哈（三）站 |
|---|---|---|
| 统计年数 | 33 | 57 |
| 多年平均径流量 $x$（亿 $m^3$） | 2.954 | 3.586 |
| 变差系数 $C_v$ | 0.288 | 0.250 |
| 流域总面积（$km^2$） | 5 544 | 7 281 |
| 递增面积（$km^2$） | 1 737 | |
| 分段河长（km） | 33 | |
| 相关系数 | 0.913 6 | |

注：泽林沟为历史裁撤站，资料沿用之前成果。

2）布哈河

布哈河先后设有上唤仓（三）、布哈河口两站，各水文站年径流量特征统计见表 6-12。

**表 6-12　巴音河各水文站年径流量特征及相关系数统计**

| 站名 | 上唤仓(三)站 | 布哈河口站 |
|---|---|---|
| 统计年数 | 32 | 57 |
| 多年平均径流量 $x$(亿 $m^3$) | 6.716 | 8.357 |
| 变差系数 $C_v$ | 0.375 | 0.461 |
| 流域总面积($km^2$) | 7 840 | 14 457.7 |
| 递增面积($km^2$) | 6 617.7 | |
| 分段河长(km) | 124 | |
| 相关系数 | 0.949 8 | |

3)黑河

黑河属内陆流域祁连山地水系,发源于青海东北部祁连山支脉走廊南山雅腰掌,在祁连西北黄藏寺处接纳右岸的八宝河后向北进入莺落峡。目前,甘肃省水文局在青海境内建有扎马什克、祁连等2处水文站。该2站径流资料未掌握,因此利用大河控制站的下限面积(5 000 $km^2$)和黑河流域面积11 074.6 $km^2$概略的估计布站数目。

4)格尔木河

格尔木河上游分为东西两支,东支为舒尔干河、西支为奈金河。格尔木河先后设有纳赤台(二)站、格尔木站。利用大河控制站的下限面积(5 000 $km^2$)和格尔木河流域面积20 559.5 $km^2$概略的估计布站数目。

5)其他河流

除上述四条大河外,青海省内陆河流域还有疏勒河、鱼卡河、塔塔棱河、奈金河、那棱格勒河、楚拉克阿干河、素棱郭勒河、柴达木河、察汗乌苏河、蒙古尔河、沙珠玉河等11条大河,在青海省境内集水面积分别为9 314.7 $km^2$、5 303.4 $km^2$、5 064.6 $km^2$、7 745.1 $km^2$、27 267.1 $km^2$、9 649.6 $km^2$、9 581.3 $km^2$、23 566.1 $km^2$、6 874.2 $km^2$、11 281.9 $km^2$、8 263.7 $km^2$,利用大河控制站的下限面积(5 000 $km^2$)和其流域面积分别概略的估计设站数目。

内陆河流域大河布站数量估算成果见表6-13。

**表 6-13　内陆河流域大河站布站上限、下限计算**

| 河名 | 递变率 | | | | 内插精度 | | | | |
|---|---|---|---|---|---|---|---|---|---|
| | 递变率参数 | | | 上限 | 参数 | | | | 下限 |
| | $Q_1(A_1)$ | $Q_n(A_n)$ | $\lambda$ | $n$ | $L$ | $L_0$ | $C_v$ | $\varepsilon$ | $n$ |
| 巴音河 | 2.954 | 3.586 | 1 | 1 | 33 | 354 | 0.250 | 0.10 | 1 |
| 布哈河 | 6.716 | 8.357 | 1 | 1 | 124 | 1 651 | 0.427 | 0.15 | 1 |
| 黑河 | 5 000 | 11 074.6 | 0.274 | 4 | | | | | 1 |
| 格尔木河 | 5 000 | 20 559.5 | 1 | 3 | 483 | 2 449 | 0.286 | 0.10 | 2 |
| 疏勒河 | 5 000 | 9 314.7 | 1 | 2 | 287 | | | | 1 |

续表 6-13

| 河名 | 递变率 | | | | 内插精度 | | | | |
|---|---|---|---|---|---|---|---|---|---|
| | 递变率参数 | | | 上限 | 参数 | | | | 下限 |
| | $Q_1(A_1)$ | $Q_n(A_n)$ | $\lambda$ | $n$ | $L$ | $L_0$ | $C_v$ | $\varepsilon$ | $n$ |
| 鱼卡河 | 5 000 | 5 303.4 | 1 | 1 | 188 | | | | 1 |
| 塔塔棱河 | 5 000 | 5 064.6 | 1 | 1 | 198 | | | | 1 |
| 奈金河 | 5 000 | 7 745.1 | 1 | 1 | 248 | | | | 1 |
| 那棱格勒河 | 5 000 | 27 267.1 | 1 | 3 | 575 | | | | 1 |
| 楚拉克阿干河 | 5 000 | 9 649.6 | 1 | 2 | 204 | | | | 1 |
| 素棱郭勒河 | 5 000 | 9 581.3 | 1 | 2 | 400 | | | | 1 |
| 柴达木河 | 5 000 | 23 566.1 | 1 | 3 | 534 | | | | 1 |
| 察汗乌苏河 | 5 000 | 6 874.2 | 1 | 1 | 245 | | | | 1 |
| 蒙古尔河 | 5 000 | 11 281.9 | 1 | 2 | 319 | | | | 1 |
| 沙珠玉河 | 5 000 | 8 263.7 | 1 | 2 | 188 | | | | 1 |

注:采用内插法计算下限值、$C_v$ 值较为关键,大部分河流缺少相关资料,且这些河流设站条件均较差,下限均取值为1,不再估算。

综上分析,在现有水文站及历史裁撤站统计的基础上,结合青海省自然地理特点、社会经济发展情况及建站需求,本次共规划新建大河控制站 11 处,大河站规划布站分析见表 6-14。

**表 6-14　大河站规划布站分析**

| 序号 | 河名 | 规划数量 | | 现有站 | 历史站 | 设站条件/备注 | 规划站 |
|---|---|---|---|---|---|---|---|
| | | 递变率(上限) | 内插精度(下限) | | | | |
| 1 | 长江干流 | 5 | 2 | 2(沱沱河、直门达) | 1(岗桑寺) | 艰苦 | 1 |
| 2 | 当曲 | 4 | 2 | | | 极艰苦 | 1 |
| 3 | 楚玛尔河 | 3 | 1 | | 2(楚玛尔河、楚玛尔河(二)) | 艰苦 | 1 |
| 4 | 布曲 | 2 | 1 | 1(雁石坪) | 1(得列楚卡) | 极艰苦 | 0 |
| 5 | 莫曲 | 2 | 1 | | | 极艰苦 | 0 |
| 6 | 北麓河 | 1 | 1 | | | 极艰苦 | 0 |
| 7 | 色吾曲 | 1 | 1 | | | 艰苦 | 1 |
| 8 | 聂恰曲 | 1 | 1 | | | 较好 | 1 |
| 9 | 雅砻江 | 1 | 1 | | | 一般 | 1 |

续表 6-14

| 序号 | 河名 | 规划数量 | | 现有站 | 历史站 | 设站条件/备注 | 规划站 |
|---|---|---|---|---|---|---|---|
| | | 递变率（上限） | 内插精度（下限） | | | | |
| 10 | 岷江—大渡河 | 2 | 1 | 1（班玛） | | 极艰苦 | 0 |
| 11 | 澜沧江 | 4 | 1 | 1（香达（四）） | | 艰苦 | 1 |
| 12 | 子曲 | 2 | 1 | 1（下拉秀） | | 艰苦 | 0 |
| 13 | 昂曲 | 2 | 1 | | 1（吉尼赛） | 艰苦 | 1 |
| 14 | 黄河 | 15 | 4 | 8（鄂陵湖（黄）、黄河沿（三）、吉迈（四）、门堂、军功、唐乃亥、贵德（二）、循化（二）） | 1（龙羊峡） | 黄委管辖 | — |
| 15 | 湟水 | 12 | 3 | 5（民和（三）、海晏（三）、湟源、西宁、乐都） | 6（海晏（湟）、石崖庄、扎马隆（二）、大峡（三）、老鸦峡、松树庄） | 较好 | 0 |
| 16 | 大通河 | 6 | 1 | 4（尕日得、青石嘴、天堂、享堂（三）） | 3（吴松他拉、百户寺、尕大滩） | 较好 | 0 |
| 17 | 多曲 | 1 | 1 | | | 一般 | 1 |
| 18 | 切木曲 | 1 | 1 | | | 一般 | 1 |
| 19 | 曲什安河 | 1 | 1 | 1（大米滩） | 1（曲什安） | 一般 | 0 |
| 20 | 疏勒河 | 2 | 1 | | | 艰苦 | 1 |
| 21 | 黑河 | 4 | 1 | 2（扎马什克、莺落峡） | 1（黄藏寺） | 一般 | 1 |
| 22 | 布哈河 | 1 | 1 | 1（布哈河口） | 1（上唤仓） | 艰苦 | 0 |
| 23 | 鱼卡河 | 1 | 1 | | 4（马海、鱼卡（二）、鱼卡（上）、鱼卡桥（中）） | 极艰苦 | 0 |
| 24 | 塔塔棱河 | 1 | 1 | | 2（卡可土、小柴旦（二）） | 极艰苦 | 0 |
| 25 | 格尔木河 | 3 | 2 | 1（格尔木（四）） | 1（舒尔干、南沟口） | 艰苦 | 1 |

续表 6-14

| 序号 | 河名 | 规划数量 | | 现有站 | 历史站 | 设站条件/备注 | 规划站 |
|---|---|---|---|---|---|---|---|
| | | 递变率(上限) | 内插精度(下限) | | | | |
| 26 | 奈金河 | 1 | 1 | 1(纳赤台(二)) | | 极艰苦 | 0 |
| 27 | 那棱格勒河 | 3 | 1 | 1(那棱格勒河) | 1(那棱格勒河) | 极艰苦 | 0 |
| 28 | 楚拉克阿干河 | 2 | 1 | | | 极艰苦 | 0 |
| 29 | 巴音河 | 1 | 1 | 1(德令哈(三)) | 2(泽林沟、戈壁) | 艰苦 | 0 |
| 30 | 素棱郭勒河 | 2 | 1 | | | 极艰苦 | 0 |
| 31 | 柴达木河 | 3 | 1 | | 3(宗家、托索湖、托索湖(大)) | 极艰苦 | 0 |
| 32 | 察汗乌苏河 | 1 | 1 | 1(察汗乌苏) | | 极艰苦 | 0 |
| 33 | 蒙古尔河 | 2 | 1 | | | 极艰苦/无意义 | 0 |
| 34 | 沙珠玉河 | 2 | 1 | | 1(沙珠玉) | 极艰苦/无意义 | 0 |
| 合计 | | 95 | 42 | 32 | 32 | — | 13 |

#### 6.1.1.3 新建大河流量站规划

青海省地处江河源头,自然条件恶劣,内陆河流域的山区大都为无人区,工作生活条件异常艰苦,目前暂不具备设站条件,水文站大都只宜布设在出山口附近;青南地区,海拔较高,气候恶劣,水文站相对较少,且主要集中在交通相对方便,生活条件较好的县镇。本次规划在计算布站上下限时,递变率、内插精度可按最大允许值考虑,在此基础上,结合水资源开发利用及社会经济发展程度综合考虑相应的布站数目。

本次规划拟在长江干流(治多县囊极巴陇公路桥处)、当曲(格尔木市唐古拉山乡)、聂恰曲(治多县县城)、楚玛尔河(曲麻莱县曲麻河乡)、扎曲(杂多县城)、格尔木河(青藏公路53道班)、黑河(祁连县黄藏寺村)等7条河上新建水文站各1处,站名分别暂定为囊极巴陇、当曲、治多、曲麻河、杂多、舒尔干、黄藏寺等水文站,在近期实施;拟在切木曲(玛沁县切木曲桥)、多曲(玛多县入湖口)、雅砻江(称多县珍秦十村)、色吾曲(曲麻莱县色吾河大桥)、昂曲(囊谦县吉曲乡沙岗)、疏勒河(天峻县苏里乡农业队)等6条河上新建水文站各1处,站名分别暂定为玛沁、玛多、珍秦、色吾桥、囊谦、苏里等水文站,在远期实施。

规划布设站点情况见表6-15,规划布设大河站一览见附表14,规划布设大河站分布图见附图26。

**表 6-15　规划新建大河站基本情况**

| 序号 | 流域 | 河名 | 站名 | 站/断面地址 | 东经 | 北纬 | 测验方式 | 设站期限 |
|---|---|---|---|---|---|---|---|---|
| 1 | 黄河 | 切木曲 | 玛沁 | 玛沁县切木曲桥 | 100.142 2 | 34.824 4 | 巡测 | 远期 |
| 2 | 黄河 | 多曲 | 玛多 | 玛多县入湖口 | 97.379 2 | 34.804 2 | 巡测 | 远期 |
| 3 | 长江 | 长江 | 囊极巴陇 | 治多县囊极巴陇公路桥处 | 93.024 2 | 34.148 9 | 巡测 | 近期 |
| 4 | 长江 | 当曲 | 当曲 | 格尔木市唐古拉山乡 | 92.759 6 | 33.711 5 | 巡测 | 近期 |
| 5 | 长江 | 聂恰曲 | 治多 | 治多县县城 | 95.611 7 | 33.855 3 | 驻测 | 近期 |
| 6 | 长江 | 雅砻江 | 珍秦 | 称多县珍秦十村 | 97.685 6 | 33.361 4 | 驻测 | 远期 |
| 7 | 长江 | 楚玛尔河 | 曲麻河 | 曲麻莱县曲麻河乡 | 94.942 2 | 34.855 3 | 巡测 | 近期 |
| 8 | 长江 | 色吾曲 | 色吾桥 | 曲麻莱县色吾河大桥 | 95.368 1 | 34.536 7 | 巡测 | 远期 |
| 9 | 澜沧江 | 昂曲 | 囊谦 | 囊谦县吉曲乡沙岗 | 96.050 0 | 31.950 0 | 巡测 | 远期 |
| 10 | 澜沧江 | 扎曲 | 杂多 | 杂多县城附近 | 95.289 5 | 32.891 6 | 巡测 | 近期 |
| 11 | 内陆河湖 | 格尔木河 | 舒尔干 | 格尔木市青藏公路 53 道班 | 94.800 0 | 35.950 0 | 巡测 | 近期 |
| 12 | 内陆河湖 | 黑河 | 黄藏寺 | 祁连县黄藏寺村 | 100.181 3 | 38.235 0 | 驻测 | 近期 |
| 13 | 内陆河湖 | 疏勒河 | 苏里 | 天峻县苏里乡农业队 | 98.029 72 | 38.678 6 | 巡测 | 远期 |

根据河湖普查最新资料，青海省境内集水面积在 5 000 $km^2$ 以上的大河 34 条。本次规划在现有 32 站的基础上，共新建大河流量站 13 处，主要分布在长江干流、当曲、澜沧江、黑河等河流上，加上历史已撤销站大河监测控制率将提高到 82.4%；通过本规划实施，长江主要源流楚玛尔河、沱沱河、当曲的水资源量均可得到控制。规划新建站点原则上以巡测方式为主进行管理，根据规划站点具体实施时间及人员、设备、实验期间的分析论证情况确定具体的管理方式。

本次在青海省天峻县苏里乡农业队规划的疏勒水文站亦可作为青海省和甘肃省的省界控制站，则青海省与邻省交界的五条主要河流全部得到控制（参见 3.2.5 节）。

## 6.1.2　区域代表站

根据《水文站网规划技术导则》（SL 34—2013），区域代表站的规划应在水文分区的基础上开展，规划设站数可按下列方法确定：

用统计法或聚类法进行水文分区的地区，可采用卡拉谢夫法、递变率—内插法等方法确定布站数目的上限与下限，再综合考虑需要与可能在上下限之间确定每个分区的站数。

青海省集水面积在 500 ~ 5 000 $km^2$ 的河流数量众多，不可能在每条河上都布设流量站。因此，需按照流量特征值的空间变化特性，在本次水文分区内，根据区域原则，选择有代表性的河流设站观测。

#### 6.1.2.1 测站数量确定的方法

本规划主要参考《干旱地区水文站网规划论文选集》(河南科学技术出版社,1988年)中《布设流量站网的直线原则与区域原则的研究》(马秀峰、龚庆胜)一文介绍的"中等河流布设流量站的区域原则"。

1. 按径流递增率确定上限

在一个水文分区内,沿流量变化的梯度方向,任何两个相邻水文站所控制流域重心处的年径流量之间应具有一定的递变率,才能使集水面积引起的流量差别,与测验误差区分开来。为此,布站不宜过密,站数不宜过多。按以下两个公式可确定布站数目的上限。

$$n \leqslant \frac{F}{f} \tag{6-4}$$

$$f \geqslant \frac{L^2}{1 + \dfrac{\ln R_n - \ln R_1}{\ln(1+\lambda)}} \tag{6-5}$$

式中:$R_n$、$R_1$为某水文分区内年径流等值线的最大、最小值;$L$为$R_n$与$R_1$两条等值线之间的平均距离;$f$为单站控制面积;$F$为水文分区面积;$\lambda$为流量递增率,可用公式$\lambda = \eta \dfrac{\ln P_1}{\ln P_0}$(公式中相关符号概念同6.1.1.1节)进行计算,本次规划统一按照$P_0 = 50\%$,$P_1 = 10\%$,$\eta = 0.15$进行考虑,则$\lambda = 0.498\,3$。

2. 按地理内插精度确定布站下限

假定各个水文站所控制的流域中心,构成一个边长为常数的等边三角形网络。为使任一三角形中心点,内插流量的误差,不超过一定的允许误差$\varepsilon$,则要求布站间距不宜过大,布站数目不宜过少。由此可确定布站数目的下限。

布站数目下限计算公式:

$$n \geqslant \frac{F}{f} \tag{6-6}$$

$$n \geqslant \frac{2F}{\sqrt{3}\tau_0^2 \ln^2 \left| \dfrac{C_v^2}{C_v^2 - \varepsilon^2} \right|} \tag{6-7}$$

$$\tau_0 = -\frac{\sum\limits_{i=1}\sum\limits_{j=1}\Delta L_{ij}}{\sum\limits_{i=1}\sum\limits_{j=1}\ln\rho_{ij}} \tag{6-8}$$

$$\rho = \frac{3r^{\frac{2}{\sqrt{3}}}}{1+2r} \tag{6-9}$$

式中:$\tau_0$为类似于相关半径$L_0$的参数,该值愈大,曲线愈平坦,不同站点流量系列之间的相关关系愈密切;$r$为标准化相关系数;$\rho$为相关系数$r$的函数,是间距$L$的复杂的超越函数,无法求出$L$的显函数形式,可直接用$\rho$和$L$建立相关关系,按经验公式$\rho = e^{-\frac{L}{\tau_0}}$进行拟合。

#### 6.1.2.2 区域代表站数量的确定

本次规划对青海省进行了重新水文分区,分成8个二级分区,20个三级分区。受分析资料的限制，本节在测站数量确定上，以二级分区为基础进行上、下限计算以供参考，然后根据三级分区具体分析规划站点。

由于柴达木盆地极干旱区干旱指数在10以上，年平均径流深在10 mm以下，且大部分区域年平均径流深在5 mm以下，根据相关布站原则计算该区域布站数量无意义，因此本节重点考虑其他7个分区。

1. 资料的选取

(1)在青海省境内资料系列≥6年的区域代表站中选取，适当选用大河控制站，小河站全部列入区域代表站中考虑。

(2)站与站之间为互不包含关系。

(3)资料系列可不同步。

(4)同流域不同分区水文站可适当按流域调整。

2. 资料的审查

对于断面有迁移的站，集水面积变化小于3%时，两站资料直接合并；集水面积变化大于3%且小于15%时，径流资料进行面积比改正，并一律用现站名及其集水面积；迁移后集水面积变化超过15%时，按两站处理。

3. 测站选用

经筛选，选用测站情况见附图27和表6-16。

**表6-16　青海省区域代表站选用站数统计**

| 序号 | 水文分区 | 站数 | 站名 |
|---|---|---|---|
| $Ⅱ_1$ | 干旱区 | 10 | 德令哈(三)、上尕巴、千瓦鄂博、察汗乌苏(二)、巴隆哈图、查查香卡、纳赤台、沙珠玉、哇洪 |
| $Ⅲ_1$ | 长江、黄河源头半干旱区 | 4 | 沱沱河、楚玛尔河、黄河沿(三)、雁石坪 |
| $Ⅲ_2$ | 黄河丘陵半干旱区 | 4 | 巴滩(二)、大米滩、上村、拉曲 |
| $Ⅲ_3$ | 河湟谷地强侵蚀半干旱区 | 8 | 周屯、化隆、清水、吉家堡、南川河口、傅家寨(二)、王家庄、八里桥(二) |
| $Ⅲ_4$ | 青海湖、哈拉湖半干旱区 | 5 | 上唤仓(三)、下唤仓、刚察、大喇嘛、花儿地 |
| $Ⅳ_1$ | 青南半湿润区 | 4 | 新寨、香达(三)、下拉秀、吉迈(四) |
| $Ⅳ_2$ | 祁连山半湿润区 | 8 | 扎马什克、祁连、硖门、黑林、西纳川、南门峡、尕日得、大梁 |

4. 资料的还原与延长

湟水流域中不进行还原的站有硖门、黑林、南门峡，其余站采用还原数据。其他流域水资源开发利用量比重不大，对计算结果不会有大的影响，均采用实测资料。

遵循站与站之间关系为互不包含原则，仅将常年站改为汛期站的资料采用本站汛期径流量与年径流量相关的方法插补延长。

5. 采用自然地理内插法和径流递增率法进行计算设站上下限估算

本次规划采用青海省水文站年径流量变差系数与集水面积统计见表6-17。

表6-17　青海省水文站年径流变差系数与集水面积统计

| 分区 | 站名 | $C_v$ | 集水面积（$km^2$） | 分区 | 站名 | $C_v$ | 集水面积（$km^2$） |
|---|---|---|---|---|---|---|---|
| $\mathrm{II}_1$ | 德令哈 | 0.250 | 7 281 | $\mathrm{III}_4$ | 上唤仓(三) | 0.358 | 7 840 |
| | 上尕巴 | 0.286 | 1 107 | | 下唤仓 | 0.357 | 3 048 |
| | 千瓦鄂博(二) | 0.277 | 9 878 | | 刚察(二) | 0.324 | 1 442 |
| | 察汗乌苏(二) | 0.485 | 973 | | 大喇嘛 | 0.903 | 107 |
| | 巴隆 | 0.496 | 305 | $\mathrm{IV}_1$ | 花儿地 | 0.167 | 6 415 |
| | 哈图 | 0.419 | 613 | | 新寨 | 0.160 | 2 298 |
| | 查查香卡 | 0.227 | 1 965 | | 香达(二) | 0.217 | 17 909 |
| | 纳赤台(二) | 0.218 | 5 973 | | 下拉秀 | 0.175 | 4 125 |
| | 沙珠玉(二) | 0.344 | 4 535 | | 吉迈(四) | 0.379 | 45 019 |
| | 哇洪 | 0.112 | 432 | | 扎马什克 | 0.162 | 4 589 |
| $\mathrm{III}_1$ | 沱沱河 | 0.393 | 15 924 | $\mathrm{IV}_2$ | 祁连 | 0.200 | 2 452 |
| | 楚玛尔河 | 0.848 | 9 388 | | 硖门 | 0.278 | 1 308 |
| | 黄河沿(三) | 0.877 | 20 930 | | 黑林(二) | 0.269 | 281 |
| | 雁石坪 | 0.226 | 4 538 | | 西纳川(二) | 0.341 | 809 |
| $\mathrm{III}_2$ | 巴滩(二) | 0.251 | 3 554 | | 南门峡 | 0.258 | 217 |
| | 大米滩 | 0.325 | 5 786 | | 尕日得 | 0.249 | 4 576 |
| | 上村 | 0.379 | 3 977 | | 大梁 | 0.232 | 254 |
| | 拉曲 | 0.103 | 1 717 | | | | |
| $\mathrm{III}_3$ | 周屯 | 0.489 | 539 | | | | |
| | 化隆 | 0.403 | 217 | | | | |
| | 清水 | 0.324 | 689 | | | | |
| | 吉家堡 | 0.623 | 192 | | | | |
| | 南川河口 | 0.315 | 398 | | | | |
| | 傅家寨(二) | 0.322 | 1 112 | | | | |
| | 王家庄 | 0.539 | 370 | | | | |
| | 八里桥(二) | 0.294 | 464 | | | | |

通过采用公式 $\lambda = \eta \dfrac{\ln P_1}{\ln P_0}$ 计算上限参数，根据各站年径流深系列，计算相关系数 $r$ 及

$\rho$ 值，方法与 6.1.1.1 节相似。各区水文站年径流相关系数统计见表 6-18 ~ 表 6-24。

表 6-18　Ⅱ区年径流量相关系数统计

| 站名 | 参数 | 纳赤台 | 哈图 | 巴隆 | 千瓦鄂博 | 察汗乌苏 | 查查香卡 | 上尕巴 | 德令哈 |
|---|---|---|---|---|---|---|---|---|---|
| 哈图 | $r$ | 0.726 | | | | | | | |
| | $\rho$ | 0.845 | | | | | | | |
| | $L$ | 257.8 | | | | | | | |
| 巴隆 | $r$ | 0.244 | 0.979 | | | | | | |
| | $\rho$ | 0.396 | 0.990 | | | | | | |
| | $L$ | 265.7 | 16.0 | | | | | | |
| 千瓦鄂博 | $r$ | 0.234 | — | 0.099 | | | | | |
| | $\rho$ | 0.382 | | 0.173 | | | | | |
| | $L$ | 314.3 | | 57.4 | | | | | |
| 察汗乌苏 | $r$ | 0.611 | 0.801 | 0.550 | 0.532 | | | | |
| | $\rho$ | 0.764 | 0.893 | 0.717 | 0.701 | | | | |
| | $L$ | 366.8 | 113.8 | 102.4 | 75.3 | | | | |
| 查查香卡 | $r$ | 0.664 | 0.840 | 0.527 | 0.162 | 0.935 | | | |
| | $\rho$ | 0.803 | 0.916 | 0.697 | 0.277 | 0.967 | | | |
| | $L$ | 377.1 | 143.2 | 128.3 | 122.7 | 56.1 | | | |
| 上尕巴 | $r$ | 0.589 | 0.549 | 0.448 | 0.389 | 0.756 | 0.968 | | |
| | $\rho$ | 0.748 | 0.716 | 0.626 | 0.567 | 0.865 | 0.984 | | |
| | $L$ | 395.6 | 192.9 | 177.0 | 185.9 | 124.6 | 68.6 | | |
| 德令哈 | $r$ | 0.690 | — | 0.530 | 0.126 | 0.679 | 0.043 | 0.754 | |
| | $\rho$ | 0.821 | | 0.700 | 0.219 | 0.813 | 0.073 | 0.864 | |
| | $L$ | 282.3 | | 202.8 | 250.8 | 236.9 | 202.1 | 170.3 | |
| 哇洪 | $r$ | 0.577 | 0.689 | 0.065 | 0.656 | 0.743 | 0.833 | — | 0.989 |
| | $\rho$ | 0.738 | 0.820 | 0.113 | 0.798 | 0.856 | 0.911 | | 0.995 |
| | $L$ | 410.7 | 162.9 | 150.3 | 125.9 | 50.9 | 46.6 | | 248.7 |
| 沙珠玉 | $r$ | 0.756 | 0.500 | 0.304 | — | 0.657 | 0.624 | — | 0.919 |
| | $\rho$ | 0.865 | 0.674 | 0.472 | | 0.798 | 0.774 | | 0.959 |
| | $L$ | 525.7 | 193.6 | 179.6 | | 87.5 | 55.1 | | 243.4 |

**注**：1. 表中部分站点为历史裁撤站，本次规划未重新计算，资料沿用历史分析资料成果，下同；

2. 表中现状站资料分析序列延长至 2013 年，下同；

3. 表中“—”表示相关系数为负值。

表 6-19　$Ⅲ_1$区年径流量相关系数统计

| 站名 | 参数 | 雁石坪 | 沱沱河 | 楚玛尔河(二) |
|---|---|---|---|---|
| 沱沱河 | $r$ | 0.604 | | |
| | $\rho$ | 0.759 | | |
| | $L$ | 123.5 | | |
| 楚玛尔河(二) | $r$ | 0.356 | 0.846 | |
| | $\rho$ | 0.532 | 0.918 | |
| | $L$ | 286.8 | 208.7 | |
| 黄河沿(三) | $r$ | — | — | 0.627 |
| | $\rho$ | | | 0.776 |
| | $L$ | | | 342.2 |

表 6-20　$Ⅲ_2$区年径流量相关系数统计

| 站名 | 参数 | 拉曲 | 巴滩 | 大米滩 |
|---|---|---|---|---|
| 巴滩 | $r$ | 0.624 | | |
| | $\rho$ | 0.774 | | |
| | $L$ | 15.9 | | |
| 大米滩 | $r$ | 0.177 | 0.866 | |
| | $\rho$ | 0.301 | 0.930 | |
| | $L$ | 142.8 | 128.5 | |
| 上村 | $r$ | 0.602 | 0.365 | 0.894 |
| | $\rho$ | 0.758 | 0.542 | 0.945 |
| | $L$ | 144.3 | 128.4 | 52.9 |

表 6-21　$Ⅲ_3$区年径流量相关系数统计

| 站名 | 参数 | 周屯 | 化隆 | 清水 | 南川河口 | 傅家寨(二) | 王家庄 | 八里桥(二) |
|---|---|---|---|---|---|---|---|---|
| 化隆 | $r$ | 0.577 | | | | | | |
| | $\rho$ | 0.738 | | | | | | |
| | $L$ | 89.2 | | | | | | |
| 清水 | $r$ | 0.386 | 0.615 | | | | | |
| | $\rho$ | 0.564 | 0.767 | | | | | |
| | $L$ | 91.2 | 62.2 | | | | | |
| 南川河口 | $r$ | 0.473 | 0.389 | 0.374 | | | | |
| | $\rho$ | 0.650 | 0.568 | 0.551 | | | | |
| | $L$ | 74.0 | 154.9 | 130.0 | | | | |
| 傅家寨(二) | $r$ | 0.505 | 0.473 | 0.601 | 0.699 | | | |
| | $\rho$ | 0.678 | 0.650 | 0.756 | 0.828 | | | |
| | $L$ | 128.7 | 195.3 | 152.6 | 61.6 | | | |

续表 6-21

| 站名 | 参数 | 周屯 | 化隆 | 清水 | 南川河口 | 傅家寨(二) | 王家庄 | 八里桥(二) |
|---|---|---|---|---|---|---|---|---|
| 王家庄 | $r$ | 0.493 | 0.479 | 0.549 | 0.720 | 0.791 | | |
| | $\rho$ | 0.667 | 0.655 | 0.716 | 0.841 | 0.887 | | |
| | $L$ | 63.4 | 141.2 | 115.2 | 14.5 | 66.6 | | |
| 八里桥(二) | $r$ | 0.191 | 0.250 | 0.400 | 0.490 | 0.479 | 0.575 | |
| | $\rho$ | 0.321 | 0.404 | 0.579 | 0.664 | 0.655 | 0.736 | |
| | $L$ | 124.1 | 171.2 | 119.4 | 79.5 | 46.0 | 75.5 | |
| 吉家堡 | $r$ | 0.039 | 0.225 | 0.499 | 0.535 | 0.679 | 0.800 | 0.500 |
| | $\rho$ | 0.065 | 0.370 | 0.673 | 0.704 | 0.814 | 0.892 | 0.674 |
| | $L$ | 111.1 | 124.0 | 64.1 | 107.6 | 104.2 | 95.8 | 62.3 |

**表 6-22　$Ⅲ_4$ 区年径流量相关系数统计**

| 站名 | 参数 | 花儿地 | 上唤仓(三) | 下唤仓 | 黑马河 |
|---|---|---|---|---|---|
| 上唤仓(三) | $r$ | 0.823 | | | |
| | $\rho$ | 0.905 | | | |
| | $L$ | 88.0 | | | |
| 下唤仓 | $r$ | 0.602 | 0.951 | | |
| | $\rho$ | 0.757 | 0.976 | | |
| | $L$ | 160.5 | 84.4 | | |
| 黑马河 | $r$ | 0.544 | 0.745 | 0.944 | |
| | $\rho$ | 0.711 | 0.857 | 0.972 | |
| | $L$ | 261.8 | 176.2 | 107.3 | |
| 刚察(二) | $r$ | 0.890 | 0.776 | 0.814 | 0.714 |
| | $\rho$ | 0.943 | 0.877 | 0.900 | 0.837 |
| | $L$ | 216.0 | 151.7 | 70.5 | 106.5 |

**表 6-23　$Ⅳ_1$ 区年径流量相关系数统计**

| 站名 | 参数 | 香达(二) | 下拉秀 | 新寨 |
|---|---|---|---|---|
| 下拉秀 | $r$ | 0.714 | | |
| | $\rho$ | 0.837 | | |
| | $L$ | 102.4 | | |
| 新寨 | $r$ | 0.746 | 0.684 | |
| | $\rho$ | 0.859 | 0.817 | |
| | $L$ | 186.7 | 84.6 | |
| 吉迈(四) | $r$ | 0.368 | 0.532 | 0.459 |
| | $\rho$ | 0.544 | 0.701 | 0.637 |
| | $L$ | 463.6 | 363.5 | 280.0 |

**表 6-24 $Ⅳ_2$区年径流量相关系数统计**

| 站名 | 参数 | 扎马什克 | 祁连 | 尕日得 | 大梁 | 硖门 | 黑林（二） | 董家庄（三） | 西纳川（二） |
|---|---|---|---|---|---|---|---|---|---|
| 祁连 | $r$ | 0.765 | | | | | | | |
| | $\rho$ | 0.870 | | | | | | | |
| | $L$ | 155.6 | | | | | | | |
| 尕日得 | $r$ | 0.874 | 0.796 | | | | | | |
| | $\rho$ | 0.934 | 0.889 | | | | | | |
| | $L$ | 91.8 | 86.2 | | | | | | |
| 大梁 | $r$ | 0.637 | — | 0.504 | | | | | |
| | $\rho$ | 0.784 | | 0.677 | | | | | |
| | $L$ | 221.0 | | 148.7 | | | | | |
| 硖门 | $r$ | 0.445 | 0.779 | 0.701 | — | | | | |
| | $\rho$ | 0.623 | 0.879 | 0.829 | | | | | |
| | $L$ | 247.6 | 99.7 | 161.9 | | | | | |
| 黑林(二) | $r$ | 0.181 | 0.462 | 0.705 | 0.005 | 0.916 | | | |
| | $\rho$ | 0.306 | 0.639 | 0.831 | 0.007 | 0.957 | | | |
| | $L$ | 260.6 | 114.0 | 173.9 | 72.1 | 14.4 | | | |
| 西纳川（二） | $r$ | 0.359 | 0.594 | 0.547 | 0.873 | 0.776 | 0.841 | 0.908 | |
| | $\rho$ | 0.534 | 0.752 | 0.714 | 0.934 | 0.877 | 0.916 | 0.953 | |
| | $L$ | 283.9 | 141.1 | 195.0 | 100.1 | 42.6 | 28.4 | 47.9 | |
| 南门峡 | $r$ | 0.328 | 0.392 | 0.280 | 0.771 | — | — | — | 0.853 |
| | $\rho$ | 0.500 | 0.570 | 0.442 | 0.874 | | | | 0.923 |
| | $L$ | 319.8 | 166.2 | 236.9 | 106.1 | | | | 61.8 |

水文分区与径流深等值线套绘见附图 28。

将相关函数$\rho$和各流域中心距离$L$绘制散点图，根据式(6-6)和经验公式$\rho = e^{-\frac{L}{\tau_0}}$采用试算法进行拟合，求得$\tau_0$值。

Ⅱ区年径流量相关系数统计及相关系数$\rho$和间距$L$分布散点图分别见表 6-18 和图 6-6。

$Ⅲ_1$区年径流量相关系数统计及相关系数$\rho$和间距$L$分布散点图分别见表 6-19 和图 6-7。

$Ⅲ_2$区年径流量相关系数统计及相关系数$\rho$和间距$L$分布散点图分别见表 6-20 和图 6-8。

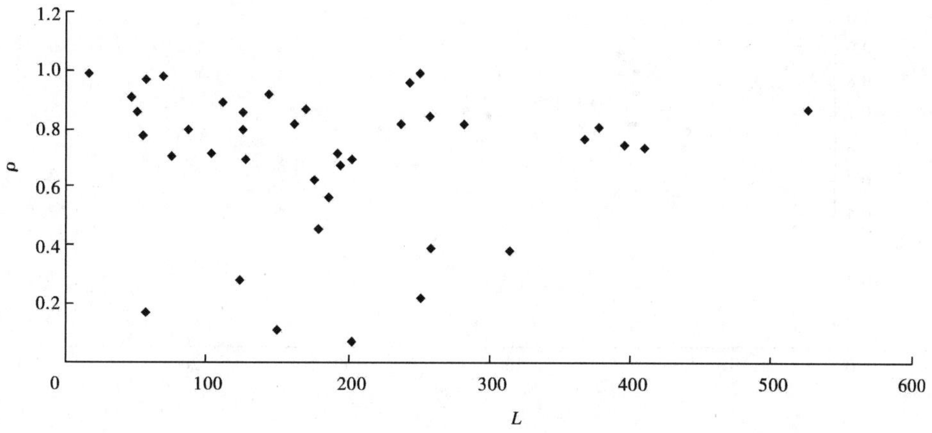


图 6-6　Ⅱ区 $\rho \sim L$ 散点分布图

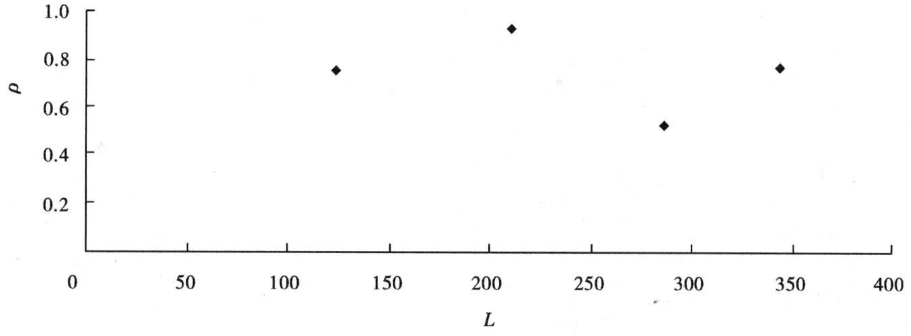


图 6-7　$Ⅲ_1$区 $\rho \sim L$ 散点分布图

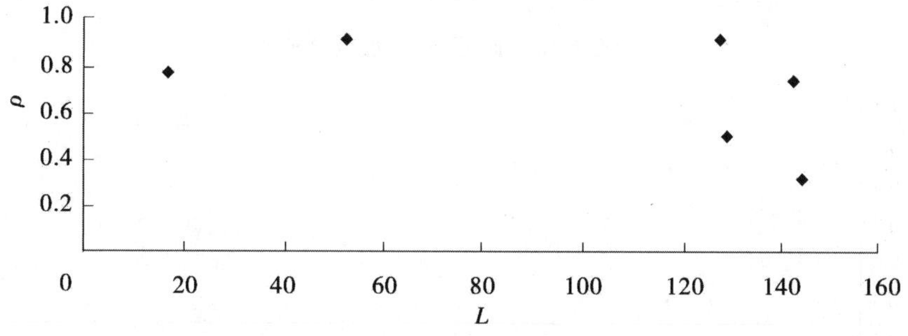


图 6-8　$Ⅲ_2$区 $\rho \sim L$ 散点分布图

$Ⅲ_3$区年径流量相关系数统计及相关系数 $\rho$ 和间距 $L$ 分布散点图分别见表 6-21 和图 6-9。

$Ⅲ_4$区年径流量相关系数统计及相关系数 $\rho$ 和间距 $L$ 分布散点图分别见表 6-22 和图 6-10。

$Ⅳ_1$区年径流量相关系数统计及相关系数 $\rho$ 和间距 $L$ 分布散点图分别见表 6-23 和图 6-11。

$Ⅳ_2$区年径流量相关系数统计及相关系数 $\rho$ 和间距 $L$ 分布散点图分别见表 6-24 和图 6-12。

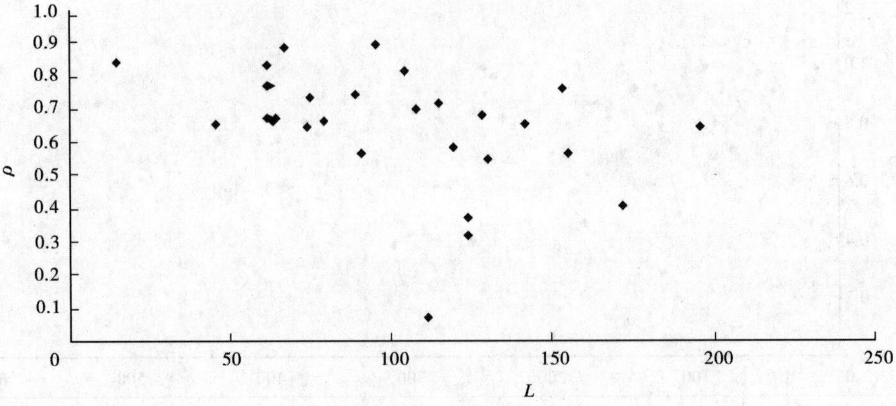


图 6-9　$\mathrm{III}_3$ 区 $\rho \sim L$ 散点分布图

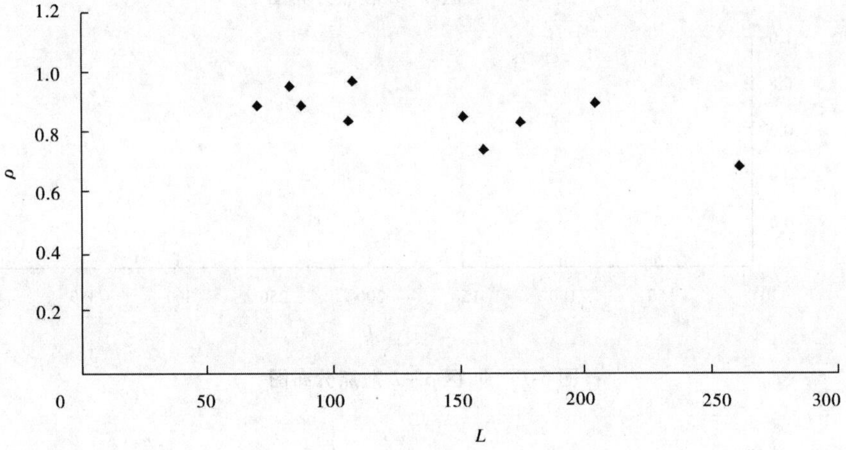


图 6-10　$\mathrm{III}_4$ 区 $\rho \sim L$ 散点分布图

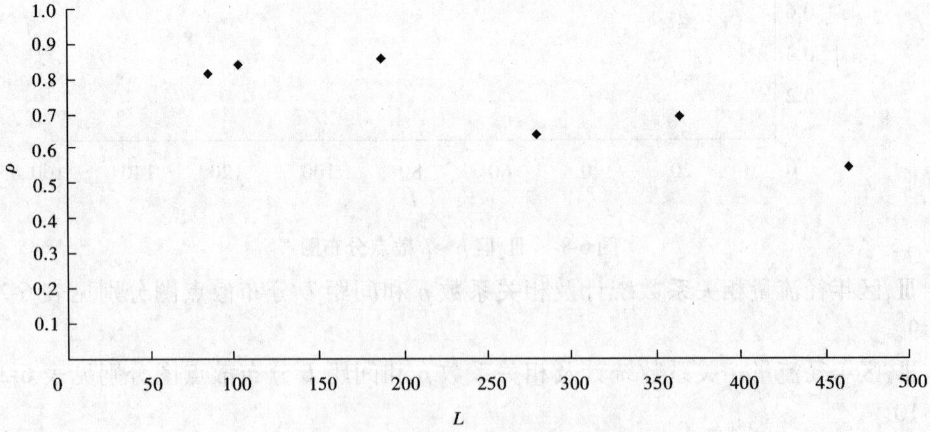


图 6-11　$\mathrm{IV}_1$ 区 $\rho \sim L$ 散点分布图

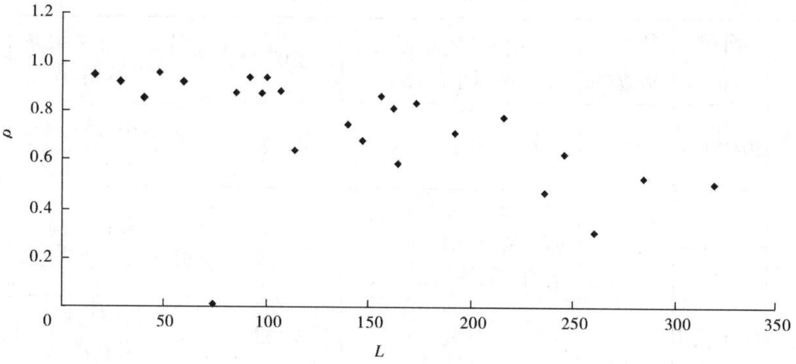


**图 6-12　$Ⅳ_2$区 $\rho \sim L$ 散点分布图**

综上，按照径流递增率方法对站网规划区域代表站布站数量下限进行核定，采用内插法对区域代表站布站数量上限进行核定，参数取值及计算结果见表 6-25。

**表 6-25　采用流量递变率法和内插法进行布站数量下、上限计算**

| 编号 | 二级分区 | 面积（万 $km^2$） | 流量递变率法 | | | | 内插法 | | | | |
|---|---|---|---|---|---|---|---|---|---|---|---|
| | | | $C_v$ | $\varepsilon$ | $\tau_0$ | 下限 | $L$ | $R_n$ | $R_1$ | $\lambda$ | 上限 |
| $Ⅱ_1$ | 柴达木盆地边缘、茶卡、沙珠玉干旱区 | 10.185 4 | 0.311 | 0.15 | 592 | 5 | 119 | 50 | 10 | 0.498 3 | 36 |
| $Ⅲ_1$ | 长江、黄河源头半干旱区 | 21.307 0 | 0.586 | 0.25 | 856 | 8 | 187.5 | 200 | 50 | 0.498 3 | 27 |
| $Ⅲ_2$ | 黄河丘陵半干区 | 3.623 0 | 0.265 | 0.15 | 301 | 3 | 83.2 | 150 | 50 | 0.498 3 | 19 |
| $Ⅲ_3$ | 河湟谷地强侵蚀半干旱区 | 2.036 4 | 0.358 | 0.15 | 229 | 12 | 43.5 | 150 | 100 | 0.498 3 | 21 |
| $Ⅲ_4$ | 青海湖、哈拉湖半干旱区 | 5.405 6 | 0.422 | 0.20 | 542 | 3 | 128.4 | 150 | 50 | 0.498 3 | 12 |
| $Ⅳ_1$ | 青南半湿润区 | 11.225 6 | 0.233 | 0.15 | 792 | 1 | 209.3 | 350 | 150 | 0.498 3 | 8 |
| $Ⅳ_2$ | 祁连山半湿润区 | 2.631 6 | 0.249 | 0.15 | 442 | 1 | 72.3 | 400 | 150 | 0.498 3 | 17 |
| 合计 | | 56.414 6 | | | | 33 | | | | | 140 |

综上分析，青海省区域代表站分析及规划新区域代表站数目综合分析见表 6-26。

需要说明：

（1）《水文站网规划技术导则》（SL 34—2013）规定：干旱区和边远地区（不包括大沙漠），根据需要与可能，单站平均面积宜小于 20 000 $km^2$，由于Ⅰ区属戈壁荒漠区，人烟稀少，属经济社会极不发达地区，所以可定为完全空白区；其他各区根据当地经济发达程度、发展前景及技术方法综合确定。

（2）青海省境内高山纵横，昆仑山东西向横穿中部，南有唐古拉山，西北有阿尔金山，东北为祁连山，全省境内山丘区面积高达 55.647 1 $km^2$，占全省总面积的 77.9%。青海省境内河流水系众多，但大都分布在高山区，而水资源的开发利用重点在出山后的山前平原区，径流深自山区向盆地中心递减，因此采用径流递增率法沿流量变化梯度方向布设流量

表 6-26 青海省区域代表站布站数目综合分析

| 序号 | 三级分区 | 面积（$km^2$） | 参考设站数量 | 历史站（监测资料5年以上的站） | 现状站 | 社会发展需求及设站条件 | 布设站数及说明 |
|---|---|---|---|---|---|---|---|
| 1 | $\mathrm{I}_{1-1}$ | 50 281.1 | — | 0 处 | 0 处 | 需求小、条件差，与 $\mathrm{I}_{1-2}$ 区类似 | 不新设站 |
| 2 | $\mathrm{I}_{1-2}$ | 98 341.4 | | 诺木洪、小柴旦（二）、马海、鱼卡（中）、大格勒、苏干湖、清水河 7 处 | 0 处 | 需求小，积累较多资料，已满足 | 不设新站 |
| 3 | $\mathrm{II}_{1-1}$ | 16 377.2 | 5～36 | 0 处 | 0 处 | 资料空白区，将来有需求 | 新设 1 处 |
| 4 | $\mathrm{II}_{1-2}$ | 68 368.0 | | 希里沟、沙珠玉、哇洪 3 处 | 上尕巴 1 处 | 条件较艰苦，有防汛需求 | 新设 1 处 |
| 5 | $\mathrm{II}_{1-3}$ | 14 843.1 | | 查查香卡、夏日哈（三）、巴隆、哈图 4 处 | 察汗乌苏 1 处 | 条件艰苦，资料积累及现状布站基本满足 | 不设新站 |
| 6 | $\mathrm{III}_{1-1}$ | 51 173.3 | 8～27 | 0 处 | 0 处 | 潴水区，人烟稀少，设站条件差 | 该地区监测在遥感实验中考虑 |
| 7 | $\mathrm{III}_{1-2}$ | 37 002.7 | | 0 处 | 0 处 | 海拔高、发展落后，有需求 | 新设 2 处 |
| 8 | $\mathrm{III}_{1-3}$ | 127 871.2 | | 0 处 | 0 处 | 海拔高、发展落后，有需求 | 新设 2 处 |
| 9 | $\mathrm{III}_{2-1}$ | 7 752.9 | 3～19 | 黄清 1 处 | 0 处 | 有需求，条件较差 | 新设 1 处 |
| 10 | $\mathrm{III}_{2-2}$ | 28 829.5 | | 拉干、拉曲、芒拉、巴滩、隆务河口、周屯 6 处 | 同仁、上村 2 处 | 基本满足需求 | 不设新站。防汛专用站拉曲（三）规划作为代表站 |
| 11 | $\mathrm{III}_{3-1}$ | 222.8 | 12～21 | 0 处 | 0 处 | 范围小，湟水干流区，上游乐都站监测可代表 | 不设新站 |
| 12 | $\mathrm{III}_{3-2}$ | 872.6 | | 0 处 | 八里桥（二）1 处 | 有对比研究需求 | 新设 1 处 |
| 13 | $\mathrm{III}_{3-3}$ | 9 378.3 | | 石崖庄、祝家庄、南门峡 3 处 | 南川河口（二）、朝阳、傅家寨（二）、王家庄、吉家堡、西纳川（二）、董家庄（三）7 处 | 满足需求，可增强对比研究功能 | 新设 1 处 |
| 14 | $\mathrm{III}_{3-4}$ | 9 899.0 | | 0 处 | 清水 1 处 | 有需求，条件较差 | 新设 2 处 |

续表 6-26

| 序号 | 三级分区 | 面积（$km^2$） | 参考设站数量 | 历史站（监测资料5年以上的站） | 现状站 | 社会发展需求及设站条件 | 布设站数及说明 |
|---|---|---|---|---|---|---|---|
| 15 | $Ⅲ_{4-1}$ | 20 048.1 | 3～12 | 0处 | 0处 | 条件艰苦，有需求，填补空白 | 新设1处 |
| 16 | $Ⅲ_{4-2}$ | 32 479.4 | | 海晏（湟）、扎马隆、海晏（哈）、下唤仓、哈尔盖、扎马什克、黑马河7处 | 刚察（二）1处 | 满足需求 | 新设1处 |
| 17 | $Ⅳ_{1-1}$ | 72 258.1 | 1～8 | 0处 | 化隆、新寨2处 | 满足需求 | 调整防汛专用站1处为基本站 |
| 18 | $Ⅳ_{1-2}$ | 41 959.4 | | 0处 | 久治1处 | 条件较艰苦，有需求 | 新设1处 |
| 19 | $Ⅳ_{2-1}$ | 5 698.6 | 1～17 | 0处 | 祁连1处 | 条件艰苦，基本满足需求 | 不设新站 |
| 20 | $Ⅳ_{2-2}$ | 20 752.4 | | 大梁、硖门2处 | 牛场、黑林（二）、桥头（五）3处 | 基本满足需求 | 不设新站 |
| 合计 | | | 33～140 | 33 | 21 | | 16 |

站，在山区意义不大。马秀峰等提出的地理内插法是基于“在一个地区内，各个流量站所控制的流域重心都分布在边长为常数的等边三角形顶点上”的假设提出的，但在青海省境内，径流变化规律受地形影响很大，站网布设以山前环形为主，不可能是等边三角形。因此，采用该方法进行测站数量估算仅作为参考。

#### 6.1.2.3　区域代表站规划

区域代表站的布设，本应在面上分布基本均匀，但由于地形、地貌以及水利工程影响日益加剧，现有站点分布在山丘区较多，丘陵平原区较少，还有些设站达不到目的和受其他因素影响严重，调整后尚未补建代替，形成较大空白区。本次规划的主要任务就是加强这方面的分析和填补。

在三级水文分区的基础上，通过上述综合分析，本次规划新建区域代表站13处，其中3处流域面积在500 $km^2$以下，按小河站考虑；另外由中小河流水文监测系统建设的防汛专用站转变管理方式调整为区域代表站的3处（不占数量），总计增加区域代表站13处（详见附表14和附图26）。

通过本次规划新增区域代表站，除阿尔金山东麓剥蚀山地极干旱区（发展潜力小、无监测需求）和可可西里高原草甸潴水湿地半干旱区（高海拔且人类活动少，在遥感实验站中考虑）外，各水文分区代表站或有所加强，或填补了空白，对加强区域水资源监测和生态环境保护以及分析水文特性规律有较大能力提升。但部分水文站建设及运行条件非常艰苦，需要根据经济社会发展和水文技术进步程度进行适时安排，根据测站条件和分析论证结论确定各站的测验工作模式。原则上，新建的测站应尽可能采用巡测模式，对于巡测站，应按照《水文巡测规范》(SL 195—2015)中关于巡测的条件，从测站控制条件、水位流量关系的基本规律、巡测可能达到的测验精度以及测站交通、通信、与巡测机构间的距离等方面进行论证。

本次规划新增区域代表站见表6-27。

**表6-27　规划新增区域代表站基本情况一览**

| 序号 | 河名 | 站名 | 水文分区 | 东经 | 北纬 | 分期 | 备注 |
|---|---|---|---|---|---|---|---|
| 1 | 塔塔棱河 | 卡克土 | Ⅱ$_{1-1}$祁连山柴达木盆地过渡地带山丘干旱区 | 96.216 7 | 37.816 7 | 远期 | |
| 2 | 东色吾曲 | 秋智 | Ⅲ$_{1-2}$长江源头高山冻融半干旱区 | 95.662 5 | 34.571 4 | 远期 | |
| 3 | 德曲 | 巴干 | | 96.522 5 | 33.895 7 | 远期 | |
| 4 | 多钦安科郎 | 多钦 | Ⅲ$_{1-3}$黄河源头山丘冻融半干旱区 | 98.389 2 | 34.721 1 | 远期 | |
| 5 | 黑河 | 江措 | | 98.046 4 | 34.671 0 | 远期 | |
| 6 | 大河坝河 | 纳亥雪 | Ⅲ$_{2-1}$共和—兴海荒漠草原风力侵蚀半干旱区 | 99.572 5 | 35.783 1 | 远期 | |
| 7 | 西河 | 大史家 | Ⅲ$_{3-4}$黄河干流黄土丘陵半干旱区 | 101.404 5 | 36.024 6 | 近期 | |
| 8 | 德拉河 | 上兰角 | | 101.483 3 | 35.933 3 | 远期 | |
| 9 | 讨赖河 | 央龙 | Ⅲ$_{4-1}$哈拉湖高山湖盆冻融侵蚀半干旱区 | 97.036 7 | 39.105 | 远期 | |
| 10 | 隆曲 | 钢通隆 | Ⅳ$_{1-2}$青南高山林地水力侵蚀半湿润区 | 96.610 8 | 32.663 9 | 远期 | |
| | 黑马河 | 黑马河 | Ⅲ$_{4-2}$青海湖山丘湖盆水力侵蚀半干旱区 | 97.783 33 | 36.716 67 | 近期 | 小河站兼 |
| | 咸水沟 | 马场垣 | Ⅲ$_{3-2}$湟水谷地浅山带强侵蚀半干旱区 | 102.910 6 | 36.278 1 | 远期 | 小河站兼 |
| | 隆治沟 | 隆治 | Ⅲ$_{3-3}$湟水谷地脑山带强侵蚀半干旱区 | 102.821 5 | 36.129 1 | 远期 | 小河站兼 |
| | 卡克特儿河 | 卡克特儿 | Ⅱ$_{1-3}$沙珠玉河流域干旱区 | 98.182 0 | 35.875 2 | 近期 | 中小河流转变管理方式 |
| | 芒拉河 | 拉曲(三) | Ⅲ$_{2-2}$黄河峡谷段山地丘陵水力侵蚀半干旱区 | 100.743 5 | 35.589 3 | 近期 | 中小河流转变管理方式 |
| | 泽曲 | 优干宁 | Ⅳ$_{1-1}$青南高山草原冻融侵蚀半湿润区 | 101.632 3 | 34.731 3 | 近期 | 中小河流转变管理方式 |

### 6.1.3　小河站

#### 6.1.3.1　布设要求

小河站的规划布设以收集小面积暴雨洪水资料，探索产汇流参数在地区上和随下垫面变化的规律，满足局地防汛抗旱、山洪灾害防治、水资源管理（县级以上行政区界）、水生态保护、水土保持等需求。

为研究小流域降雨径流关系，大多小河站需要配套降水量站，故小河站设站位置应具有代表性，配套降水量站分布应能控制住暴雨的分布变化。

#### 6.1.3.2 小河站规划

青海省曾经布设了八里沟、清水河（二）、大水（二）、祁家庄、小南川等 26 处小河站，其配套降水量站也相对较多。20 世纪 70 年代末、80 年代初期，在湟水及青海省境内黄河龙羊峡以下支流又重点发展，恢复了周屯、化隆、清水、董家庄、黑林、南川河口等站，其中有些仅观测了短短几年，也有一部分观测至今。

为更好地研究海拔、坡度及下垫面对水文要素的影响，本次规划拟在河湟地区的咸水沟（发源于海拔 2 394.9 m 的浅山区）、隆治沟（发源于海拔 3 307.8 m 的脑山区）布设两处小河站，研究其代表区域径流、泥沙等方面的特性。为研究源于中低山区河流的产流产沙特点，在青海湖流域规划新建黑马河(4 261.7 m)小河站。为加强区域水资源研究及水生态保护，在大通河流域的永安河设置皇城小河站、老虎沟上设置浩门小河站。在黄河流域的加让沟设置马克堂小河站。在长江流域的达考河上设置达考小河站。共规划黑马河、咸水沟、隆治沟、皇城、浩门、马克堂、达考等 7 处小河站。

本次规划综合考虑区域站点分布和水文规律研究需求，将青海省中小河流水文监测系统项目建设的三兰巴海和仙米水文站作为小河站（不增加新建站数量）。本次规划和调整的小河站达到 9 处，见表 6-28（详见附表 14 和附图 26）。

表 6-28　规划小河站基本情况

<table>
<tr><th>序号</th><th>流域</th><th>河名</th><th>站名</th><th>东经</th><th>北纬</th><th>集水面积（km²）</th><th>设站期限</th><th>备注</th></tr>
<tr><td>1</td><td>黄河</td><td>咸水沟</td><td>马场垣</td><td>102.910 6</td><td>36.278 1</td><td>113.3</td><td>远期</td><td></td></tr>
<tr><td>2</td><td>黄河</td><td>隆治沟</td><td>隆治</td><td>102.821 5</td><td>36.129 1</td><td>322.5</td><td>远期</td><td></td></tr>
<tr><td>3</td><td>黄河</td><td>加让沟</td><td>马克堂</td><td>102.024 4</td><td>35.941 1</td><td>254</td><td>近期</td><td></td></tr>
<tr><td>4</td><td>黄河</td><td>永安河</td><td>皇城</td><td>101.208 6</td><td>37.587 5</td><td>358</td><td>远期</td><td></td></tr>
<tr><td>5</td><td>黄河</td><td>老虎沟</td><td>浩门</td><td>101.571 9</td><td>37.388 9</td><td>276</td><td>远期</td><td></td></tr>
<tr><td>6</td><td>长江</td><td>达考</td><td>达考</td><td>95.731 5</td><td>33.990 6</td><td>323</td><td>近期</td><td></td></tr>
<tr><td>7</td><td>内陆</td><td>黑马河</td><td>黑马河</td><td>99.783 3</td><td>36.716 7</td><td>107</td><td>近期</td><td></td></tr>
<tr><td></td><td>黄河</td><td>街子河</td><td>三兰巴海</td><td>102.424 6</td><td>35.855 4</td><td>255</td><td>近期</td><td rowspan="2">中小河流项目站点功能调整</td></tr>
<tr><td></td><td>黄河</td><td>讨拉沟</td><td>仙米</td><td>102.007 0</td><td>37.300 4</td><td>309</td><td>近期</td></tr>
</table>

根据青海海拔高、地域大的自然地理境况、水文行业野外工作艰苦特点以及人员编制限制与任务不断增加的矛盾等实际情况，小河站亦不宜增加太多。此类水文站以研究分区内水资源、泥沙差异为主要目的，监测期也不必太长，一般 5～10 年，届时根据实际情况进行适当转移。新设站点原则上以巡测管理方式为主，需要根据实际情况具体分析论证安排人员、车辆等保障条件。

### 6.1.4 水库站

根据《水文站网规划技术导则》(SL 34—2013),大型水库、进库水流集中且特别重要的中型水库宜设入库站;大型及特别重要的中型水库应设出库站;其他水库是否设站,根据具体情况确定。

#### 6.1.4.1 现有水库规划方案

青海省现有大型水库14座,中型水库14座。本次规划拟对大型水库、重要的中型水库均设立观测站。结合现有水文站位置情况,大型水库以及重要的中型水库上、下游有水文站的,不再重新设站,而仅设立坝前水位观测站,通过水库与容积曲线推算水库蓄水变量,以达到还原径流的目的。

由于黄河上已按大河控制站布设原则布设了玛多、吉迈、玛曲、军功、唐乃亥、贵德、循化等水文站,可以控制黄河上梯级水库的入库、出库情况,加之龙羊峡水库作为龙头水库起主要调节作用,其以下各水库基本不具备调节能力,因此,不考虑在黄河梯级水库上增设站点。

盘道水库、南门峡水库、娘堂水库、温泉水库、扎毛水库、莫多电站所在的河流目前没有水文站,规划在其上、下游选择合适的断面或结合水库泄水建筑物设立入库或出库站和水库坝前水位站。东大滩水库、黑泉水库、黑石山水库、门源县纳子峡水电站—水库、门源县石头峡水电站—水库、乃吉里水库、小干沟水库只在坝前设立水位站,大南川水库为注入式水库,不考虑设站,详见表6-29。本次规划建设水库站点分布图见附图29。

表6-29 现有中型以上水库(不包括黄河上水库)设站规划

| 序号 | 水库名称 | 坝址控制流域面积($km^2$) | 坝址多年平均径流量(万 $m^3$) | 总库容(万 $m^3$) | 是否设立水库站 | 是否设立坝前水位站 | 建设分期 |
|---|---|---|---|---|---|---|---|
| 1 | 盘道水库 | 135 | 1 988 | 1 988 | 设立 | | 近期 |
| 2 | 南门峡水库 | 218 | 1 840 | 1 840 | 设立 | | 近期 |
| 3 | 娘堂水库 | 5 503 | 1 080 | 1 080 | 设立 | | 近期 |
| 4 | 温泉水库 | 10 723 | 25 500 | 25 500 | 设立 | | 近期 |
| 5 | 扎毛水库 | 800 | 4 350 | 4 350 | 设立 | | 近期 |
| 6 | 莫多电站水库 | 5 762 | 17 872 | 17 872 | 设立 | | 远期 |
| 7 | 东大滩水库 | 1 536 | 9 460.8 | 2 850 | | 是 | 远期 |
| 8 | 黑泉水库 | 1 043 | 32 000 | 18 200 | | 是 | 近期 |
| 9 | 黑石山水库 | 7 281 | 32 000 | 3 664 | | 是 | 近期 |
| 10 | 门源县纳子峡水电站—水库 | 6 593 | 130 000 | 73 300 | | 是 | 近期 |
| 11 | 门源县石头峡水电站—水库 | 7 452 | 158 300 | 98 500 | | 是 | 近期 |
| 12 | 乃吉里水库 | 19 614 | 2 500 | 2 500 | | 是 | 近期 |
| 13 | 小干沟水库 | 19 000 | 1 040 | 1 040 | | 是 | 远期 |
| 14 | 大南川水库 | 38 | 2 881.27 | 1 320 | | | |

#### 6.1.4.2 “十三五”规划中水库站规划方案

根据已批复的《青海省水利发展“十三五”规划》，近期要完成蓄集峡水利枢纽建设，开工建设那棱格勒河水利枢纽，推进香日德、曲什安河、宝库河等大型水库的前期工作。基本完成夕昌、哇沿、西纳川、杨家等4座中型水库建设任务；争取诺木洪、哇洪等中型水库早日开工；继续推进大河坝、巴曲、老虎口、三岔河、塔塔棱河、青根河、二卡子等中型水库的前期工作。为了加强“十三五”期间水文为水利工作的服务能力，本规划提出新建18处水库站，近期6处，远期12处，详见表6-30。

表6-30 “十三五”水利规划水库需布设水库站规划

| 序号 | 水库名称 | 基本情况 | 是否设立水库站 | 建设分期 |
| --- | --- | --- | --- | --- |
| 1 | 蓄集峡水利枢纽 | 总库容16 217万 $m^3$，总装机容量3.30万kW | 设立 | 近期 |
| 2 | 那棱格勒河水利枢纽 | 总库容62 600万 $m^3$，总装机容量4.00万kW | 设立 | 近期 |
| 3 | 香日德水库 | 总库容15 250万 $m^3$ | 设立 | 远期 |
| 4 | 曲什安河水库 | 总库容14 041.90万 $m^3$ | 设立 | 远期 |
| 5 | 宝库河水库 | 总库容12 600万 $m^3$ | 设立 | 远期 |
| 6 | 夕昌水库 | 中型水库 | 设立 | 近期 |
| 7 | 哇沿水库 | 中型水库 | 设立 | 近期 |
| 8 | 西纳川水库 | 中型水库 | 设立 | 近期 |
| 9 | 杨家水库 | 中型水库 | 设立 | 近期 |
| 10 | 诺木洪水库 | 中型水库 | 设立 | 远期 |
| 11 | 哇洪水库 | 中型水库 | 设立 | 远期 |
| 12 | 大河坝水库 | 中型水库 | 设立 | 远期 |
| 13 | 巴曲水库 | 中型水库 | 设立 | 远期 |
| 14 | 老虎口水库 | 中型水库 | 设立 | 远期 |
| 15 | 三岔河水库 | 中型水库 | 设立 | 远期 |
| 16 | 塔塔棱河水库 | 中型水库 | 设立 | 远期 |
| 17 | 青根河水库 | 中型水库 | 设立 | 远期 |
| 18 | 二卡子水库 | 中型水库 | 设立 | 远期 |

## 6.2 水位站网规划

青海湖位于青海省西北部的青海湖盆地内，是中国最大的内陆湖泊，也是最大的咸水湖。其生态地位极为重要，是维系青藏高原东北部生态安全、控制西部荒漠化向东蔓延的重要水体，也是区域内最重要的水汽源和气候调节器。

可鲁克湖发源于德令哈北部柏树山中的巴音河，面积约57 $km^2$，库容约4亿 $m^3$，属于微咸性淡水湖。由于巴音河的水常年带着大量的牛羊粪和其他有机物注入湖内，湖底泥质肥厚、杂草丛生、鱼类繁殖，是柴达木盆地中水草肥美、景色绮丽的好地方。

鸦湖（西台吉乃尔湖）位于海西蒙古族藏族自治州大柴旦镇境内，是固液相并存的盐湖，湖盆呈近似三角形，为封闭的内流盆地，接受来自昆仑山北坡的那仁郭勒河支流西台吉乃尔河的补给。该湖区属柴达木荒漠干旱、极干旱气候，生态环境恶劣。

本次规划除在拟增设的流量站均施测水位外，从加强生态保护的角度出发，根据水文、水资源监测的需求和设站条件规划在青海省可鲁克湖、青海湖和鸦湖新建3处湖泊水位站，观测水位和降水量、水质等水文要素，为青海省的生态文明建设服务。

规划新建水位站见表6-31，现状及规划的水位站分布见附图30。

**表6-31　青海省规划新建水位站统计**

| 序号 | 流域 | 水系 | 站名 | 坐标 | | 断面地址 | 管理单位 | 海拔（m） | 规划分期 |
|---|---|---|---|---|---|---|---|---|---|
| | | | | 东经 | 北纬 | | | | |
| 1 | 内陆 | 青海湖 | 鸟岛 | 99.883 33 | 36.966 67 | 刚察县泉吉乡立新村 | 青海湖分局 | | 近期 |
| 2 | 内陆 | 可鲁克湖 | 可鲁克湖 | 96.904 455 | 37.316 335 | 德令哈市可鲁克湖北 | 德令哈分局 | 2 826 | 近期 |
| 3 | 内陆 | 鸦湖 | 鸦湖 | 93.357 027 | 37.671 562 | 海西州大柴旦行委 | 格尔木分局 | 2 687 | 远期 |

## 6.3　泥沙站网规划

根据《水文站网规划技术导则》（SL 34—2013），泥沙站均应有流量测验，因此本次规划的泥沙站从流量站中选择。泥沙站的分类与流量站一致，也可分为大河控制站、区域代表站和小河站。规划的泥沙站网应满足内插各种泥沙特征值的精度要求，以及为河道、湖泊整治，水库管理运用等提供观测资料。

本次规划在输沙模数分区图（见附图9）及以往研究成果的基础上，按照“在剧烈、极强度和强度侵蚀地区，尽可能将全部流量站作为泥沙站；在中度侵蚀地区，选择60%以上流量站作为泥沙站；在轻度和微度侵蚀地区，选择30%左右的流量站作为泥沙站”的原则进行考察，并综合考虑设站目的和技术上是否能够满足、经济上是否具备条件、工作中是否可以实现等可能性。

综上考虑，规划将近期拟调整原站后新建的大史家水文站作为泥沙站，将原中小河流防汛专用站调整为国家基本水文站的拉曲（三）、优干宁、三兰巴海、仙米等4处水文站作为泥沙站，将规划新建的黑马河水文站暂列为泥沙站，共计规划新增泥沙监测站点6处。本次规划的盘道水库、南门峡水库、娘堂水库、温泉水库、扎毛水库、莫多电站水库6处水库出入库流量站也规划为泥沙站（见表6-29）。由于泥沙监测目前还不能脱离人工测验，对以巡测方式为主的新规划站点是一个限制，在泥沙测验技术取得实质性突破、能够实现自动测验时，宜根据需要相应增加泥沙监测站点。

规划新建泥沙监测站点情况详见附表14，现状及规划泥沙监测站点分布见附图31，规划新建泥沙监测站点(水文站)基本情况见表6-32。

**表6-32　规划新建泥沙监测站点基本情况**

| 序号 | 河名 | 站名 | 东经 | 北纬 | 断面地址 | 分期 |
|---|---|---|---|---|---|---|
| 1 | 黑马河 | 黑马河 | 99.783 3 | 36.716 7 | 共和县黑马河乡 | 近期 |
| 2 | 西河 | 大史家 | 101.404 5 | 36.024 6 | 贵德县大史家村 | 近期 |
| 3 | 芒拉河 | 拉曲(三) | 100.743 5 | 35.589 3 | 海南藏族自治州贵南县芒拉镇 | 近期 |
| 4 | 街子河 | 三兰巴海 | 102.424 6 | 35.855 4 | 循化撒拉族自治县街子镇三兰巴海村 | 近期 |
| 5 | 泽曲 | 优干宁 | 101.632 3 | 34.731 3 | 河南县优干宁镇泽曲1号桥上游35 m处 | 近期 |
| 6 | 讨拉沟 | 仙米 | 102.007 0 | 37.300 4 | 门源回族自治县仙米乡尕德拉村 | 近期 |

## 6.4　降水量站网规划

降水量站网规划包括面降水量规划和配套降水量站规划。面降水量站应能控制月、年降水量和暴雨特征值在大范围内的分布规律,应长期稳定;配套降水量站应与小河站或区域代表站同步配套观测,控制暴雨的时空变化,求得足够精度的面分布和面平均降水量,以探索区域降水量与径流之间的转化规律。

由于青海省地域广阔,多为高海拔的无人区,大部分区域无设站条件或设站异常困难,本次规划立足于青海省自然地理实际,在遵循《水文站网规划技术导则》(SL 34—2013)的前提下,在社会经济较为发达、人类聚集较为密集的区域,适当加密降水量监测站网;而对于无人类聚集的高海拔、荒漠等区域,适当规划部分面降水量站。

本次规划在现状降水量站(含中小河流项目新建降水量站)的基础上,经综合考虑,在互助县、门源县、大通县、乌兰县等地补充新建降水量站6处;在茫崖、冷湖、大柴旦、德令哈、河南县、曲麻莱县、杂多县、称多县、玉树县等目前空白或监测站点稀少地区新建面降水量站62处;在仙米水文站(中小河流水文监测系统新建站,管理方式规划为小河站)上游新建3处配套降水量站,在达考、老虎沟、皇城(本次规划新建小河站)上游分别新建1处、1处、3处配套降水量站。合计独立降水量站共计76处。另外,本次规划新建的30处流量站、24处水库站和3处水位站均兼测降水量。这样规划降水量站总数达到133处。

经对中小河流水文监测系统建设项目中的新建降水量站的防洪对象及站点条件分析,规划建议对部分站点进行优化调整,如图6-13～图6-17所示。

(1)贡掌站上游设有玛尼站、达卡站、东中站,基本控制了吉卡乡以上区域;下游5 km处设有吉卡站,降雨时间基本同步,除个别强降雨差异较大外日降雨量较为接近,且区间无村民居住和水利工程。另外,该站周边仅有3户牧民,不利于设备维护安全。

(2)改勒穷站距离上游吉卡站仅1.5 km,监测价值不大,且该站周边人员稀少,仅有2户牧民,不利于测站管理及设备维护安全。

(3)知钦寺站设在寺院之中,给管理维护工作带来诸多不便,同时也存在严重的安全

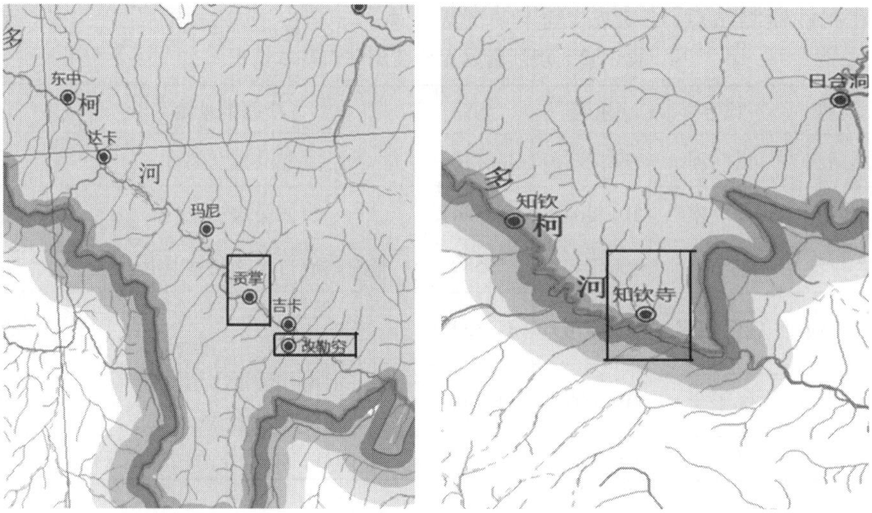


图 6-13　拟调整中小河流项目雨量站点分布示意图(1)

隐患;另该站位于知钦林业保护区内,下游河道在山谷间弯延通行,区间仅有少数村民和一条村级公路,无重要水利工程,该站上游 20 km 处设有知钦站,基本满足地区监测需要。

(4)多贡麻乡站与多贡麻村站距离仅 2 km,降水时间基本同步,除个别强降雨差异较大外日降雨量较为接近,且后者设备安置在村民家中,委托看护一直很好,而前者设备虽在多贡麻乡派出所院内,却时常处于无人看守状态。

(5)大武站与大武牧场站距离不足 2 km,降水时间基本同步,除个别强降雨差异较大外日降雨量较为接近。大武站地势相对较高,并在山坡脚下,受局部地形影响其地区降水代表性相对较差,而大武牧场站在地势较平坦的河滩地,其地区降水代表性较好。

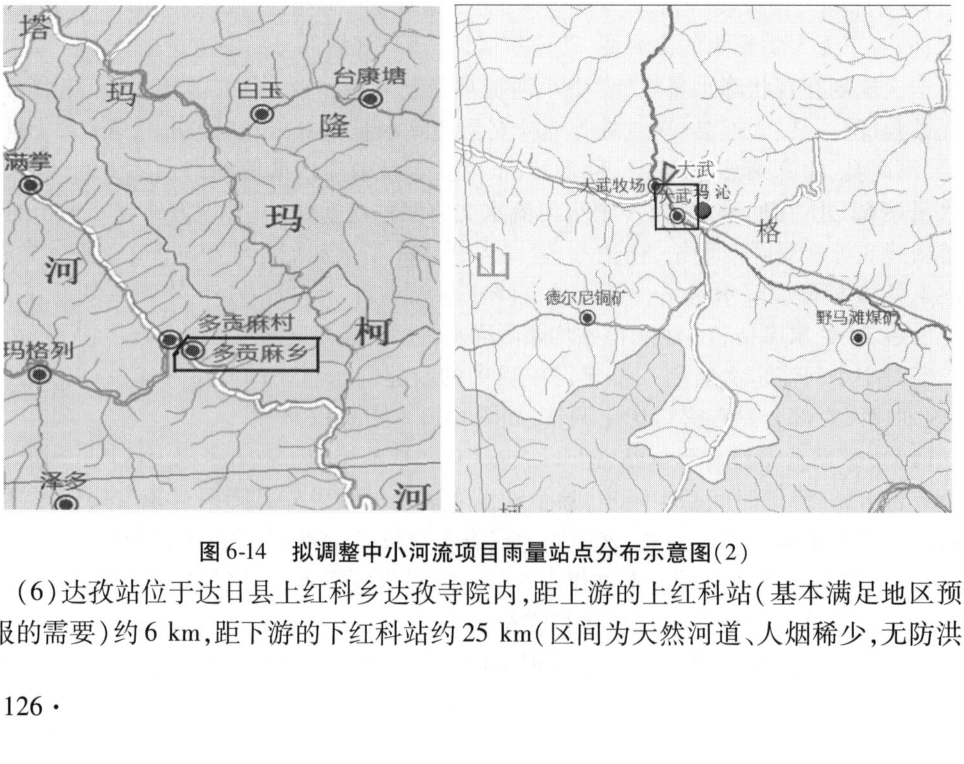


图 6-14　拟调整中小河流项目雨量站点分布示意图(2)

(6)达孜站位于达日县上红科乡达孜寺院内,距上游的上红科站(基本满足地区预警预报的需要)约 6 km,距下游的下红科站约 25 km(区间为天然河道、人烟稀少,无防洪对象)，由于该站位于寺院住宿区内，存在严重的安全隐患，不利于测站安全和管理。

(7)尼勒站位置十分偏远，周边仅有 3 户牧民，其距离上红科乡政府驻地 20 km，公路路况极差，存在严重的安全隐患；且该站至上红科站区间为天然河道，无水利工程，无防洪对象。

(8)德合龙站位于德合龙村一僧人院内，建设管理及运行维护较为不便。距该站 4 km 处还有宁友站，与其地形地貌较为相似，降水具有一定的代表性。

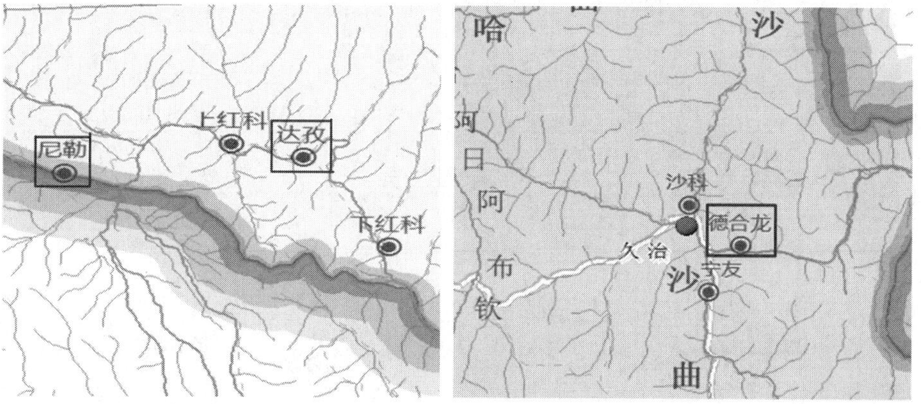


图 6-15　拟调整中小河流项目雨量站点分布示意图(3)

(9)马武当站下游 30 km 处有班玛县水库，该站具有一定的防洪意义，但该站所处位置偷盗较为严重，其北斗卫星通信终端和太阳能蓄电池于 2013 年被盗。其附近 10 km 范围内无合适设站位置，且该站下游 20 km 处设有玛格列站(亦位于班玛县水库上游)，也具有防洪预警预报功能。

(10)由于俄堡收费站(降水量站)所在的收费站已到期须拆除，周围荒无人烟，其距离俄堡站仅 2 km，地形地貌相似，降水具有一定代表性，不利于测站安全和管理。

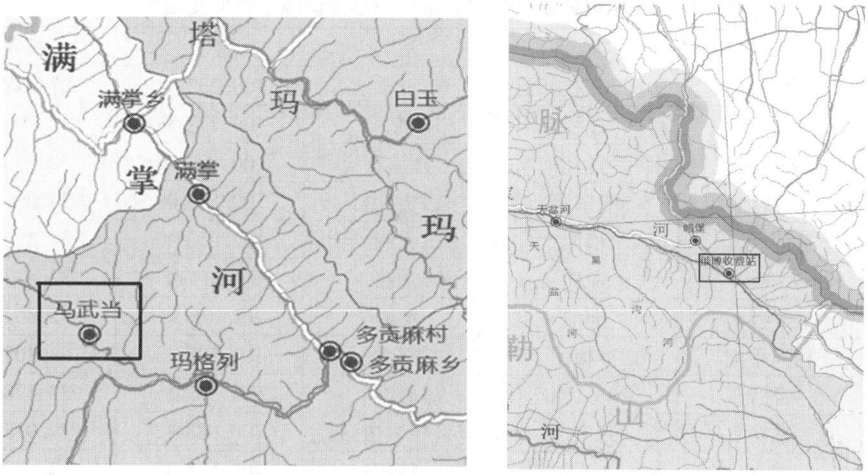


图 6-16　拟调整中小河流项目雨量站点分布示意图(4)

(11)浩门站所在位置由于门源火车站建设需要已被征用，且其上游 1.5 km 处建有苏吉湾站，下游 5 km 处建有下尖尖站，地形地貌均相似，降水具有一定代表性。

(12)三角城镇站因海晏县城市道路建设需要被征用，其下游 1.5 km 处建有海晏水文站，地形地貌相似，降水具有一定代表性。

(13)威远站因互助县城镇建设需要被征用,该站下游 1 km 处有胡家庄降水量站,地形地貌相似,降水具有一定代表性。

(14)董家站因互助县塘川镇董家村新农村建设需要拆迁,该站上游 3 km 有胡家庄降水量站,下游 4 km 有高羌降水量站,地形地貌相似,降水具有一定代表性。

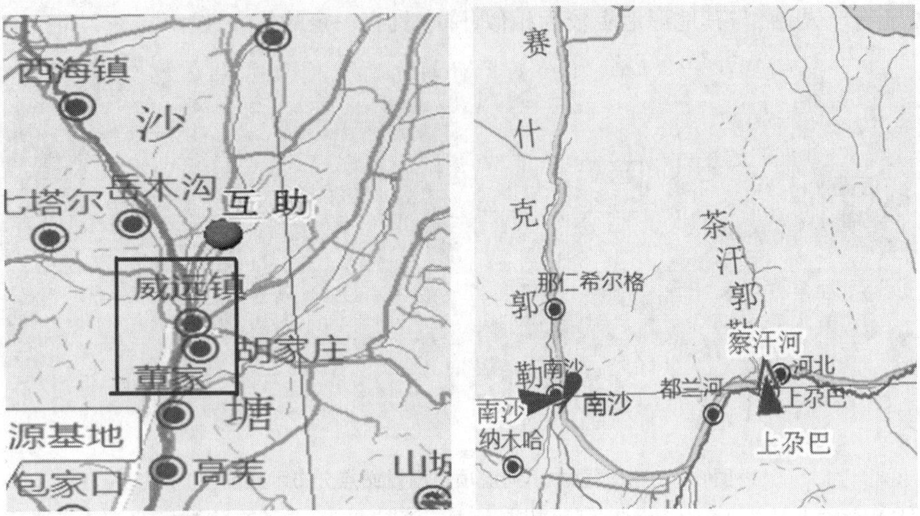


图 6-17　拟调整中小河流项目雨量站点分布示意图(5)

(15)河北站所在的乌兰县铜普镇河北村集体搬迁进城,其距离察汗河降水量站不足 1 km,两站地形地貌相同,降水具有一定代表性。

本次规划新建降水量监测站点见附表 15,现状及规划降水量站点分布见附图 32。建议优化调整的中小河流项目新建降水量站点见表 6-33。

表 6-33　本次规划建议优化调整的中小河流降水量监测站点

| 序号 | 水系 | 河名 | 站名 | 经度 | 纬度 |
|---|---|---|---|---|---|
| 1 | 大渡河 | 多柯河(杜柯河) | 贡掌 | 100.233 84 | 32.847 23 |
| 2 | 大渡河 | 多柯河(杜柯河) | 改勒穷 | 100.277 38 | 32.796 42 |
| 3 | 大渡河 | 多柯河(杜柯河) | 知钦寺 | 100.601 44 | 32.566 40 |
| 4 | 大渡河 | 满掌河 | 多贡麻村 | 100.596 08 | 33.096 83 |
| 5 | 黄河干流 | 格曲 | 大武 | 100.253 40 | 34.474 84 |
| 6 | 大渡河 | 泥曲 | 达孜 | 99.634 62 | 32.872 45 |
| 7 | 大渡河 | 泥曲 | 尼勒 | 99.461 32 | 32.867 27 |
| 8 | 黄河干流 | 沙柯河 | 德合龙 | 101.527 43 | 33.405 30 |
| 9 | 大渡河 | 马武当 | 马武当 | 100.387 35 | 33.128 91 |
| 10 | 黑河 | 八宝河 | 俄堡收费站 | 100.988 42 | 37.915 46 |
| 11 | 湟水 | 老虎沟 | 浩门 | 101.535 32 | 37.430 74 |
| 12 | 湟水 | 湟水 | 三角城镇 | 100.992 76 | 36.894 18 |
| 13 | 湟水 | 沙塘川河 | 威远 | 101.964 43 | 36.839 08 |
| 14 | 湟水 | 沙塘川河 | 董家 | 101.935 15 | 36.800 04 |
| 15 | 内陆水系 | 都兰河 | 河北 | 98.588 06 | 37.011 11 |

## 6.5 蒸发站网规划

青海省境内现有46处蒸发站，其中含黄委水文局所设站点7处，甘肃省水文局所设站点2处，青海省水文局所设站点37处(有7处由降水量监测站点兼测，30处由水文站兼测)。考虑青海省自然地理和社会经济发展的实际情况，本次规划在拉曲(三)、三兰巴海现状站(中小河流专用站调整为基本站)上各增设蒸发站1处，在大史家、黑马河、黄藏寺等规划建设水文站各增设蒸发站1处，在新建可鲁克湖水位站上设蒸发站1处，在新建茫崖、大柴旦、诺木洪、沙珠玉、优干宁、玛沁等降水量监测站上各增设蒸发站1处，共计规划新建蒸发监测站12处。本次规划的蒸发站点主要是从填补空白等角度考虑，在技术成熟且可实现自动化监测后，宜根据需要增设一定数量的蒸发监测站点。

规划新建蒸发监测站点一览表见附表16，现状及规划蒸发量站点见附图33，基本情况见表6-34。

表6-34 规划新建蒸发监测站基本情况

| 序号 | 河名 | 站名 | 站别 | 监测地点 | 东经 | 北纬 | 分期 |
|---|---|---|---|---|---|---|---|
| 1 | 芒拉河 | 拉曲(三) | 水文 | 青海省海南藏族自治州贵南县芒拉镇 | 100.743 5 | 35.589 3 | 近期 |
| 2 | 黑马河 | 黑马河 | 水文 | 共和县黑马河乡 | 99.783 3 | 36.716 7 | 近期 |
| 3 | 西河 | 大史家 | 水文 | 青海省贵德县大史家村 | 101.404 5 | 36.024 6 | 近期 |
| 4 | 街子河 | 三兰巴海 | 水文 | 青海省循化撒拉族自治县街子镇三兰巴海村 | 102.424 6 | 35.855 4 | 近期 |
| 5 | 黑河 | 黄藏寺 | 水文 | 青海省祁连县城 | 100.181 3 | 38.235 0 | 近期 |
| 6 | 可鲁克湖 | 可鲁克湖 | 水位 | 青海省海西州德令哈市 | 96.904 5 | 37.316 3 | 近期 |
| 7 | 尕斯库勒湖 | 茫崖 | 降水 | 海西州茫崖镇 | 90.869 5 | 38.256 1 | 远期 |
| 8 | 鱼卡河 | 大柴旦 | 降水 | 海西州柴旦镇 | 95.356 7 | 37.853 5 | 远期 |
| 9 | 诺木洪河 | 诺木洪 | 降水 | 海西州都兰县 | 98.095 2 | 36.309 9 | 远期 |
| 10 | 沙珠玉 | 沙珠玉 | 降水 | 海南州共和县 | 100.304 4 | 36.257 2 | 远期 |
| 11 | 泽曲 | 优干宁 | 降水 | 黄南州河南县优干宁镇 | 101.617 5 | 34.733 1 | 远期 |
| 12 | 格曲 | 玛沁 | 降水 | 果洛州玛沁县大武镇 | 100.254 0 | 34.465 8 | 远期 |

## 6.6 地下水站网规划

本次规划地下水站直接采用《国家地下水监测工程可行性研究报告》(2004年5月)成果，青海省水利部门负责建设运行的134处新建地下水站(井)，主要监测水位、水文等要素，均在近期实施。有关情况见表6-35(详见附图34、附表17-1和附图20、附表17-2)。

表 6-35　青海省地下水井现状及规划统计

| 水系 | 流域面积（$km^2$） | 青海省水文局管辖 | | 青海省国土资源厅管辖 | | 站点总数（站） | 站网密度（$km^2$/站） |
|---|---|---|---|---|---|---|---|
| | | 现有（站） | 规划在建（站） | 现有（站） | 规划在建（站） | | |
| 长江 | 158 392 | 2 | 2 | 0 | 10 | 14 | 11 314 |
| 黄河 | 152 250 | 15 | 45 | 71 | 147 | 278 | 548 |
| 澜沧江 | 36 998 | 0 | 0 | 0 | 2 | 2 | 18 499 |
| 内陆河湖 | 366 769 | 15 | 87 | 103 | 107 | 312 | 1 176 |
| 合计 | 714 409 | 32 | 134 | 174 | 266 | 606 | 1 179 |

水利部门规划监测的地下水站点中有 48 处同时监测水质，其中现有站点 12 处，规划近期新增站点 30 处，规划远期新增站点 6 处，主要分布在黄河流域、青海湖流域、柴达木盆地和长江流域。

## 6.7　水质站网规划

本次水质监测站点规划以《水文站网规划技术导则》（SL 34—2013）为依据，结合青海省经济社会发展情况，分水功能区、城镇集中供水水源地、湖泊水库、地下水、大气降水等五类对青海省水质监测站点进行规划布站。本次规划共计新增水质监测站点 142 个，其中水功能区 78 个，城镇集中供水水源地 21 个，湖泊水库 4 个，大气降水 3 个，地下水 36 个（含在地下水监测站，详见附表 17-1）。按照水环境监测中心技术设备及专业人员情况，对规划监测站点分近期（2020 年前）和远期（2030 年前）分别实施，可根据实验室监测能力建设情况逐年选择合适的监测站点分项目逐步开展监测工作。

### 6.7.1　水功能区

以《青海省水功能区划（2015～2020 年）》为依据，对目前没有监测站点的水功能区进行规划，保证每个水功能区有 1 个监测断面。本次规划共设置水功能区监测站点 78 个，其中近期建设监测站点 57 个，远期建设监测站点 21 个。从流域来看，近期黄河流域新增站点 35 个，长江流域新增站点 4 个，西北诸河新增站点 18 个，远期黄河流域新增站点 11 个，长江流域新增站点 3 个，西南诸河新增站点 1 个，西北诸河新增站点 6 个。近期全省水功能区监测覆盖率达到 86.5%，其中全国重要江河湖泊水功能区监测覆盖率达到 100%；远期全省水功能区监测覆盖率达到 100%。

### 6.7.2　城镇集中供水水源地

本次规划以《青海省城市饮用水水源安全保障规划》中的城镇集中供水水源地为依据，对目前没有开展水质监测的城镇集中供水水源地进行规划布点。规划新增水源地监测站点 21 个，其中近期规划新增站点 10 个，远期规划新增站点 11 个。从流域来看，近期黄河流域新增站点9个，西北诸河新增站点1个，远期黄河流域新增站点6个，长江流域新增站点2个，西北诸河新增站点3个。

### 6.7.3 湖泊水库

选取重点淡水湖泊、主要河流大型水库作为湖库水质监测站点规划对象，规划建设站点4处，其中近期监测站点2个，为黄河干流大中型水库，远期监测站点2个，为黄河源区湖泊两处。

### 6.7.4 大气降水

由于青海省水环境监测中心目前尚未开展大气降水监测工作，本次规划考虑在大气降水水质监测站点选取采样、监测可行性较好的朝阳、格尔木、乐都三个监测中心所在地为大气降水监测站，其中朝阳站规划在近期实施，格尔木站和乐都站规划在远期实施。

青海省水功能区水质监测站点规划见附表18-1，水源地监测站点规划见附表18-2，湖泊水库规划监测站点见附表18-3，大气降水水质监测站点详见附表18-4。规划水质监测站点分布图见附图35。

## 6.8 墒情站网规划

墒情站是监测土壤含水量的水文测站。土壤墒情监测是水循环规律研究、农牧业灌溉、水资源合理利用、水资源科学管理和抗旱救灾决策重要的基础工作。

目前，青海省防汛办在旱情监测方面做了一些工作，水文系统墒情观测工作目前尚未正式起步。根据《全国水文基础设施建设规划(2013～2020)》，青海省根据全国墒情监测站网布设原则统一规划：根据土壤墒情监测薄弱的现状，在易旱地区和一般地区按不同站网密度标准进行布设，重点加大易旱地区墒情站网布设密度；行政区按照易旱地区每县5处、一般地区每县3处的标准布设；山区为主的耕作区按单站控制耕地面积5 000～10 000 $hm^2$ 的标准布设，丘陵区为主的耕作区按单站控制耕地面积10 000～15 000 $hm^2$ 的标准布设，平原区为主的耕作区按单站控制耕地面积15 000～30 000 $hm^2$ 的标准布设。综合青海省县级行政区域和耕作区面积的布设采取县级行政区划和耕地面积算术平均方法，确定青海省共布设墒情固定监测站124处，移动监测站6处，均在近期实施。

## 6.9 实验站规划

水文实验站一般分为基础理论研究类实验站、特定水体特定环境类实验站、测验技术研究类实验站，其目标分别是探索水文自然规律、水文现象在特定条件下的特征反映，以及为测验作业技术的提高和为编制规范探索方法和积累经验。实验站测控的流域区域和测站的河段位置等应具有较好的代表性，以便实验的成果能较好地推广应用。

本次水文站网规划结合青海省水文发展现状和要求，规划新建水生态与水环境实验站2处、水均衡试验场暨农业灌溉实验站3处、蒸发实验站2处(其中含蒸发自动监测实验站 1 处)、径流实验站 1 处、水文测验技术实验站 1 处、降水水质实验站 3 处,墒情实验站 3 处、湖泊遥感实验室 1 处。除湖泊遥感实验室位于西宁,其余实验站布设以现有水文站为基础,考虑实验内容及功能组合,共涉及 8 处水文站,详见表 6-36 和附图 36。

**表 6-36 青海省水文科学实验站站网规划一览**

| 序号 | 实验站站名 | 类型 | 所在河流流域 | 备注 |
| --- | --- | --- | --- | --- |
| 1 | 布哈河口 | 水生态与水环境实验站 | 内陆河 | 结合下社水位站、泉吉水文站等联合开展工作;近期 |
| 2 | 乐都 | 水均衡试验场暨农业灌溉实验站 | 黄河 | 远期 |
| | | 墒情监测实验站 | | 近期 |
| | | 水文测验技术实验站 | | 远期 |
| | | 降水水质实验站 | | 远期 |
| 3 | 德令哈 | 蒸发(自动监测)实验站 | 内陆河 | 近期 |
| 4 | 西纳川 | 径流实验站 | 黄河 | 远期 |
| 5 | 朝阳 | 降水量水质实验站 | 黄河 | 近期 |
| 6 | 格尔木 | 墒情监测实验站 | 内陆河 | 远期 |
| | | 水均衡试验场暨农业灌溉实验站 | | 远期 |
| | | 降水量水质实验站 | | 远期 |
| | | 蒸发实验站 | | 远期 |
| 7 | 直门达 | 水生态与水环境实验站 | 长江 | 远期 |
| 8 | 大史家 | 墒情监测实验站 | 黄河 | 远期 |
| | | 水均衡试验场暨农业灌溉实验站 | | 远期 |
| 9 | 可可西里(西宁) | 湖泊冰川遥感实验室 | | 主要遥测可可西里区域湖泊;远期 |

## 6.9.1 水生态与水环境实验站

青海省地处青藏高原,是长江、黄河、澜沧江的发源地,故有“江河源头”之称。由于特殊的地理位置,生态环境保护和建设就显得尤为重要,不仅对本省的可持续发展意义重大,而且对整个黄河、长江流域产生深刻的影响。水利部水文局邓坚局长于 2009 年 8 月在考察青海省水文工作时,明确提出:要针对青海水文现有站网密度稀疏的实际,围绕西部大开发和生态保护的需要,认真做好水文规划和前期工作;在规划中要坚持遥测、巡测的监测方式,突出现代化建设,尤其是要做好青海湖流域的生态监测和保护工作。因此,本次规划拟在青海湖流域和三江源地区设立水生态与水环境实验站各 1 处。

### 6.9.1.1 青海湖水生态与水环境实验站

青海湖地处青海高原的东北部,西宁市的西北,是我国第一大内陆湖泊,也是我国最大的咸水湖。青海湖面积达 4 456 $km^2$,环湖周长 360 km,比著名的太湖大 1 倍还要多。

20 世纪 50 年代后期,青海省水利厅在青海湖设站观测湖泊水位,在 1959 ~ 2001 年的 42 年间,湖水下降 3. 60 m,平均每年下降 0. 086 m;湖水面积缩小 313. 3 $km^2$,平均每年缩小 7. 5 $km^2$。2004 年后,湖面面积又逐年扩大,至 2013 年已连续 8 年呈增大趋势,2011 年 9 月,遥感卫星监测表明,湖面面积达到 4 353. 72 $km^2$,比 2004 年增大了 109. 22 $km^2$。据生态学家研究,100 年后青海湖水位下降使湖水面积降至 3 500 $km^2$时,湖面蒸发量与入湖径流量趋于平衡,那时湖面不再退缩,湖水储量 360 亿 $m^3$,矿化度将达 30 g/L,青海湖由咸水湖变成了盐湖,湖中没有鱼类生存,以鱼类为食料的鸟类自然也无法生存了。目前,青海湖西北部鸟岛上栖息有斑头雁、鱼鸥、棕头鸥等 10 万余只候鸟,为我国大型鸟类自然保护区之一,列入《国际重要湿地手册》。

布哈河口水文站是青海湖流域最大支流布哈河干流控制站,位于布哈河与青海湖交汇处,属国家重要水文站,对研究布哈河径流及青海湖水位变化规律、水资源优化配置及当地国民经济建设具有十分重要的意义。

本次规划布哈河口水文站(包括泉吉水文站、下社水位站等湖区测站)为水生态与水环境实验站,有关观测点位及考察调查范围将涉及布哈河流域及青海湖区。主要观测测验考察项目要素为水位、水温、湖流、悬移质含沙量、降水量、湖面蒸发量、盐度、水化学、污染、湖底质、水生物等,在植物单体或个体及样地尺度上用同位素技术测定生态水文过程,为进行大尺度模拟提供必要的素材。观测手段要充分利用现代科技成果和先进技术,以自动测报为基础,以空间数据采集技术为方向,通过水文及水生态与水环境相关要素的观测及考察,掌握布哈河水沙量变化,获取流域水土流失情况;通过蒸发及气候测验为青海湖流域及湖滨的有关研究提供参证资料;开展水生态水环境调查研究,进行数值模拟与风险评估,测定水盐度,调查鳇鱼生存发育状况,研究人类活动对生态系统的影响与作用机制,揭示湖泊生态系统的长期演变规律;研究湖泊生态系统结构与功能,研究资源可持续利用的生态学原理,为综合开发和治理利用湖泊资源,改善湖泊生态环境提供科学依据;了解控制污染源,防治富营养化与水华,促进污水、污泥资源化,修复流域生态,解决本区、本省及行业内代表型问题和共性技术难题;开展生态水量及新仪器设备比测实验研究。实时、准确、全面地掌握布哈河及青海湖流域水文、水生态、水环境信息,为国家宏观决策、生态建设和科学研究提供翔实的基础资料。

#### 6. 9. 1. 2 三江源水生态与水环境实验站

青海是黄河、长江、澜沧江的源头所在地,是我国主要的水源地之一,区域涵养水源功能显著,是国家生态环境建设的战略要地。

本次规划在直门达水文站建设三江源水生态与水环境实验站 1 处,有关观测断面及考察调查范围将涉及整个三江源地区,主要测验项目要素为水位、水温、流量、悬移质含沙量、降水量、水面蒸发量、盐度、水化学、污染等,在水文领域和角度研究气候变化和人类活动对三江源生态环境的影响,为三江源生态保护提供基础资料。

### 6. 9. 2 水均衡试验场暨农业灌溉实验站

灌溉排水及土壤改良对农业生产具有极为重要的意义,对于河流水文过程也有相应的影响。为了寻求节水、增产、提高经济效益的途径,必须研究各种作物的需水量和需水规律。为了防止土壤次生盐渍化,改良土壤,必须研究临界水位。在评价区域水资源时,需要确定潜水蒸发系数、降雨入渗系数、灌溉回归系数及墒情(土壤含水量)等水文地质参数。所有这些都必须通过设立水均衡试验场观测研究。而青海省一直未建设水均衡试验场。

本规划拟设水均衡试验场暨农业灌溉实验站选择在乐都县、格尔木市、贵德县等农业灌溉比较发达的地区,依托乐都、格尔木、大史家(本次规划新建)等三处水文站,选择规模、条件合适的灌区,布设入、退水及作物地块观测断面测验入、退水量;布置测点观测降水、蒸发及气候要素,观测土壤含水量及变化过程,开展水量平衡演算,探索建立模型,估测灌溉与农业增产效益等。

## 6.9.3 蒸发实验站

水面蒸发是水循环过程中的一个重要环节,是水量损失的主要途径之一。水面蒸发资料在水资源评价、水文模型确定、水利水电工程等规划设计和管理中有着很重要的应用价值。本次规划以德令哈、格尔木两个水文站为基地建设蒸发实验站。这两站分别处于柴达木盆地北缘和南缘,其中德令哈蒸发实验站拟设自动监测蒸发实验站。

### 6.9.3.1 格尔木蒸发实验站

水面蒸发实验的设站目标一般有实验各类蒸发观测器具的效率,即其对无限大水面或标准观测仪器的观测值换算系数;观测对蒸发有直接作用的日照、气温、风速、干湿度、降水等气象因子,探索由这些因子建立蒸发模型;观测地面环境如地温、湿度等条件,考察对蒸发的影响;在可能的条件下,探索水面蒸发(蒸发能力)、降水与陆地蒸发的关系。

本次规划新设格尔木蒸发实验站拟采用世界气象组织蒸发工作组在日内瓦会议上推荐使用的20 $m^2$蒸发池作标准(无限大水面)。实验站主要设百叶箱和20 $m^2$蒸发池,在水面、上空同时观测气温、水汽压、相对湿度、饱和差,1.5 m、10 m 高度的风速,0～320 cm 9种不同深度的地温、日照、气压、降水、冻土、冰厚、水(冰)温,20 $m^2$蒸发池和 E—601 蒸发器的水汽压力差等。

### 6.9.3.2 德令哈自动监测蒸发实验站

随着科学技术的快速发展,蒸发的自动化监测日趋成熟,如 YSCADA－1 型自动蒸发站就是参照国家《水面蒸发观测规范》(SL 630—2013)的观测要求,在徐州造 E—601B 型蒸发器基础上增加智能检测控制装置后设计制造的,可以全面代替人工观测,并具有准确度高、重复性好的特点,还可以自动编报和远程报送标准水情报文,实现蒸发量信息采集、传输的自动化,见图 6-18。

但自动蒸发站目前还需要定期有人对蒸发池除草和维护,因此还不能完全脱离管理人员;同时蒸发的自动化监测也会受到气温等因素的限制,气温过低会对蒸发监测设备造成损坏,而青海省境内平均海拔在 3 000 m 以上,大部分地区常年平均气温在 0 ℃以下。因此,在青海省较为偏远和人类活动较少的区域建设自动化蒸发监测站还不成熟,本次规划在德令哈(三)水文站建设 1 处蒸发自动监测站,为在青海省境内推广和应用进行试探和实验。

图 6-18　蒸发自动监测站效果图

## 6.9.4　径流实验站

本规划拟选西纳川(二)水文站作为一处径流实验站。该站位于青海省湟中县拦隆口镇拦隆口村,地理坐标为东经 101°29′,北纬 36°46′,控制流域面积 809 km$^2$。

西纳川为黄河一级支流湟水左岸支流,位于青海省东部海晏和湟中县境内,源出海晏县东部红山掌西北 2 km 处,河源海拔 4 039 m,干流自西北流向东南;流出峡口以上名水峡河,以下称西纳川,于湟中县高棱干村注入湟水,河长 82.1 km,流域面积 957 km$^2$,河床砂砾石质。上游有大片沼泽和草地,中游山势连绵,树木葱郁,下游为山间盆地。水系发育,河系如网,径流以降水补给为主。本河流在湟水流域中小河流具有代表性,所受人类活动影响有限。

该站需配套建设雨量监测站点、土壤含水量监测站点、不同下垫面条件的径流场若干处,实施配套观测;开展汇流演算,探索汇流模型,率定汇流参数等分析研究工作。

## 6.9.5　水文测验技术实验站

本次规划乐都水文站为测验技术实验站。主要研究各水文要素的测验方法,尤其是适用于三江源高海拔地区的自动测验技术,实验检验水文测验新技术、新仪器,兼作培训基地。测验技术研究成熟后在全省推广应用和普及。

## 6.9.6　降水水质实验站

本规划拟将朝阳水文站、格尔木水文站、乐都水文站规划为降水水质实验站,主要研究实验降水水质的采样、存储、送样等方式方法,相应在实验室检验项目要素,以及探索自动测试的方式方法。

### 6.9.7 墒情监测实验站

目前,国内外墒情的监测方法主要分为三类,第一类是移动式测墒监测,即用移动便携式仪表在不同采样点进行不定期测墒,通过统计分析得到区域土壤墒情;第二类是遥感监测土壤墒情,即利用卫星和机载传感器从高空遥感探测地面土壤水分;第三类为建立固定墒情站测定固定点土壤墒情,先在多个固定点连续测量土壤墒情,然后利用空间插值法计算监测区域内土壤墒情。移动式测墒监测方法只能监测小范围土壤墒情;遥感监测方法测墒精度不够;固定站测墒监测方法虽然精度较高,但投资较大,需要大量资金支持。

经对全国水文行业墒情监测现状的分析,综合考虑水文行业特点、墒情监测作用和管理权限等因素,本次规划与水均衡试验场暨农业灌溉实验站整合考虑,在青海境内建设乐都、格尔木、大史家等墒情实验站三处(分别位于乐都县、格尔木市、贵德县,见表6-37)。目标是探索适应青海的墒情(土壤含水量)监测方式方法,检验率定有关仪器工具等。同时研究土壤含水量取样和开展烘干测试试验。

**表6-37 青海省墒情监测实验站规划一览**

| 序号 | 站名 | 流域 | 所在县 | 东经 | 北纬 |
|---|---|---|---|---|---|
| 1 | 乐都 | 湟水 | 乐都县 | 102.416 7 | 36.483 3 |
| 2 | 格尔木 | 内陆河 | 格尔木市 | 94.816 7 | 36.000 0 |
| 3 | 大史家 | 黄河 | 贵德县 | 101.404 5 | 36.024 6 |

墒情固定监测站基础设施主要为墒情观测场建设,墒情监测仪器设备包括墒情遥测终端机、土壤墒情探测仪、仪器箱等。

### 6.9.8 湖泊冰川遥感实验站

青海省湖泊冰川众多,多数处于高原缺氧无人区,但又是“中华水塔”的重要组成部分,具有现实和潜在的水资源功能,应该监测湖泊所处流域水文环境和湖区蓄水量。但由于所处环境十分恶劣,常规人工监测十分困难或近期几乎不可能。可以创设条件,逐步测量湖容积和考察湖区水文环境,建立各湖泊容积与水面面积的关系。

本次规划建设以可可西里为主要监测基地,在西宁设立湖泊冰川遥感实验站,与国家遥感中心建立资料和技术交流协作联系,从遥感图像入手调查湖泊、冰川发育状态、环境变化,测量湖泊水面面积估算水量,了解冰川发育或融化的变化过程,开展湖泊冰川遥感水文学实验研究。

在实验站的建设和运用中,要充分运用现代遥感和地理信息系统、微波定位等先进技术手段。

## 6.10 专用站

随着经济社会的快速发展，作为国家基本水文站网的有效补充，为专门目的设立的各类专用水文测站也得到了快速发展，数量越来越多，分布越来越广，并在整个水文站网体系中起到了重要作用。

青海省目前有雁石坪、香达、下拉秀、隆宝滩等4处三江源保护专用站，泉吉水文站1处青海湖生态监测专用站，班玛水文站1处南水北调工程项目水资源监测专用站，南沙、卡克特儿、夏日哈、向公、吉尔孟等14处中小河流监测专用站。

本次规划将优干宁、拉曲(三)等2处中小河流监测专用站的监测、管理方式调整为国家基本站中的区域代表站，将三兰巴海、仙米等2处中小河流监测专用站的监测、管理方式调整为国家基本站中的小河站，其他专用站保持现状；另在引大济湟工程出口处规划新建一处水资源监测专用站(与牛场水文站结合)，在引硫济金引水工程引水口处规划新建一处水资源监测专用站，均在近期实施。

### 6.10.1 引大济湟监测专用站

引大济湟工程是一项大型跨流域调水工程，由调水总干渠、黑泉水库、湟水北干渠组成。该工程从大通河引水，穿越大坂山入湟水干流地区，经黑泉水库调节后，向西宁市和北川工业区提供生活、工业用水，并结合河道基流补水，兼顾发电。本次规划在该工程出水口(牛场村)新建一处水资源监测专用站。

### 6.10.2 引硫济金监测专用站

引硫济金工程是为解决金昌市(中国镍都)工农业生产和城市生活缺水问题，从青海省门源县将黄河支流——硫磺沟的水穿越祁连山冷水岭引至金昌，规划每年引水量约4 000万 $m^3$(现实际引水量约2 100万 $m^3$)。本次规划在引硫济金工程入口处新建一处水资源监测专用站——硫磺沟水文站。

两处新建专用站基本情况见表6-38。

**表6-38 规划新建水资源监测专用站基本情况表一**

| 站名 | 监测工程 | 监测位置 | 东经 | 北纬 | 规划分期 |
|---|---|---|---|---|---|
| 牛场(专) | 引大济湟工程 | 出水口处 | 101.280 25 | 37.794 44 | 近期 |
| 硫磺沟 | 引硫济金工程 | 引水口处 | 101.407 74 | 37.253 83 | 近期 |

### 6.10.3 其他渠道水库专用站

为加强渠道和水库引水量的监测，规划在巴音河、格尔木河、巴勒根郭勒、巴音河等4条河上新建尕海渠、格尔木中干渠、怀头他拉水库引水渠、德令哈农场引水渠等4处水文站，按照巡测站建设，见表6-39。

表 6-39　规划新建水资源监测专用站基本情况表二

| 序号 | 站名 | 河名 | 断面地点 | 东经 | 北纬 | 规划分期 |
| --- | --- | --- | --- | --- | --- | --- |
| 1 | 尕海渠 | 巴音河 | 青海省德令哈市格尔木桥下游河东 10 m 处 | 97°22′9.3″ | 37°22′4.8″ | 近期 |
| 2 | 格尔木中干渠 | 格尔木河 | 青海省格尔木市东西干渠进水口下游 2.9 km 处 | 94°47′10.6″ | 36°19′47.4″ | 近期 |
| 3 | 怀头他拉水库引水渠 | 巴勒根郭勒 | 青海省怀头他拉水库下游 | 96°44′44.6″ | 37°21′58.1″ | 近期 |
| 4 | 德令哈农场引水渠 | 巴音河 | 青海省德令哈市格尔木桥下游 50 m 处 | 97°22′5.2″ | 37°22′2.3″ | 近期 |

### 6.10.4　“十三五”水利规划重点项目专用站

根据已批复的《青海省水利发展“十三五”规划》,“十三五”期间青海省要开工建设柴达木盆地水资源配置工程,争取开工建设“三滩”引水生态综合治理工程,本次规划在这两处重点水利工程项目上新建专用水文站各 1 处,远期实施。

本次规划的水文监测专用站分布见附图 37。

## 6.11　受水利工程影响的现状水文站调整规划

大河控制站、长期站(用于展延其他水文系列的水文站)、基准站、报汛站及对江河治理起重要作用的水文站,都是站网中的骨干,只要不是测验条件太差,或是情况发生了变化,达不到设站目的者,一般都要连续地、长期地甚至无限期地积累实测水文资料。

青海省现状水文测站都是经过长期运行保留下来的监测站点,是全省水文测验中的骨干和基础,本次规划不再分析其观测年限,只要不是因受人类活动及其他影响而失去设站目的的都保留;受影响的测站进行优化调整。本节在对受水利工程影响的现有站点进行分析(见 3.2.3 节)的基础上,提出调整规划意见。

(1)对基本不受影响或受轻微影响的水文站不调整。

(2)水文站上游有引水渠道的增加引水渠道的辅助观测。

(3)受蓄水工程和引水工程混合中等影响的西宁站、乐都站、桥头站、傅家寨站、夏日哈站、三兰巴海站、大华站、白马站、王家庄站、清水站、吉家堡站防汛报汛作用及要求有所改变,甚至出现季节性河干,以后将以水资源监测为主。建议采取改善测验方式,通过水文调查等方法收集上游各水库出、入库流量资料来还原该站资料。

(4)大米滩水文站受水电站的严重影响(见 3.2.3 节),已失去原有设站目的与功能,建议将该站撤销,将中小河流水文监测系统建设项目中建设的拉曲(三)水文站代替其作为区域代表站的作用。

(5)受严重影响的南川河口水文站,就在西宁市内,建议改为巡测站,由西宁水文分局巡测。

(6)青石嘴水文站上游45 km处已建成纳子峡水电站(大通河流域水利水电梯级规划中的第4座水电站),工程总库容为7.33亿 $m^3$,已于2014年2月24日开始蓄水。另外,在青石嘴水文站上游约16 km处在建石头峡水电站,其水库为“引大济湟”工程的龙头水库,主要功能是为调水总干渠提供调水所需的水量,保证调水所需的兴利库容,总库容9.85亿 $m^3$。这两座水库的建设将极大地改变大通河的径流特性,因此青石嘴水文站被判定受显著影响。建议待石头峡水电站稳定运行及当地修堤缩窄河床后再考虑建设缆道进行测流,并建议增加辅助断面进行观测。

(7)上村水文站由于受羊曲水电站的影响已失去测验条件,该站需撤销,经与羊曲水电站建设管理单位充分沟通,由其赔付资金在贵德西河上新建大史家水文站。

(8)受水利工程中等影响的化隆水文站,集水面积小,目前上游农灌、生活等用水量大导致水文测验影响严重,区域代表性差,且出现季节性河干现象,建议将该站撤销,由规划新建的马克堂水文站代替其区域代表及小河研究的作用。

在规划的实施过程中,还应逐一分析研究各站的具体情况,提出专门的分析论证报告,按正常的测站管理和技术业务手续办理。

# 第 7 章　推进水文测验方式改革的规划

水文巡测是测验方式的重大改革,是促进水文体制改革的重要环节,也是满足新形势对水文的要求而采取拓宽资料收集范围的一种方式,是逐步实行“站网优化,分级管理,站队结合,精兵高效、技术先进、优质服务”工作模式和水文走出困境,实现良性循环的根本出路。

站队结合是在现有水文站网的基础上,进行适当的分片组合,将人员分散、驻站定位观测的工作方式,改变为集中人员、建立基地、统一调度,并按专业队伍观测与委托观测相结合;定位观测与巡测、水文调查相结合;水文勘测与水文分析、科研、服务相结合的原则,来完成某一行政区域或流域的水文勘测、科研和服务工作。实行站队结合与水文巡测是减少投入、降低成本、提高劳动生产率、扩大资料收集和服务范围以及稳定基层水文职工队伍的需要,是基层水文组织形式改革的重大举措,是水文现代化建设的重要组成部分。

当前青海省各基本站的工作方式仍然是固守断面驻站监测,且由于人员编制限制,在对水资源分析评价和统一管理所需的工业用水、农业用水、生活用水及相应的排水等方面的监测调查工作上投入就远远不够。为改善这一状况做好巡测工作,就需要在巡测技术手段和方法上深入研究,分析现状各勘测局所辖水文站是否满足巡测条件,对满足条件者做好分析论证工作;对规划新建实行巡测的水文站点,要遵守“先详后简”的原则,积累详测资料后开展分析论证工作,实行巡测。另外在测验规范要求尤其是测验任务书的制定上也要有所调整,以支撑巡测工作的开展。

另外,本次站网规划按照水资源监控、评价和管理等要求,规划了一批站点的建设,考虑水文行业实际情况,这些站不可能全部安排专业人员进行驻站观测,大部分测站要考虑巡测、间测等方式进行测验,在突发情况下还要有良好的应急监测能力。因此,本章重点对水文站点的巡测方案进行规划。

## 7.1　推进巡测的目标

随着经济社会的不断发展,科学发展观和以人为本思想的贯彻,水文作为基础性工作,在社会发展进程中的作用越显突出,社会对水文的需求越来越大,要求越来越高。水资源管理、水环境保护、水利工程安全经济运行等方面,给水文提供了更大的拓展空间。但是越来越重的工作任务与人员编制不能增加已经成为当前青海省水文工作中的一大矛盾。本次规划推进水文巡测的目标,就是要在今后一段时间,能够在按照《水文巡测规范》(SL 195—97)对各水文站逐站考察的基础上,将尽可能多的水文站纳入巡测管理范围,充分发挥巡测和站队结合的优势,解放生产力,为社会创造出更多更优质的水文产品,更好地为经济社会服务。

## 7.2 巡测的方案论证

水文站实行巡测的可行性，与测站特性、水位流量关系的形式、交通通信条件以及巡测方案有关。因此，对现有水文站或新设站是否有条件实行巡测应根据测站的条件，按规定的内容进行分析论证后确定。

### 7.2.1 流量巡测的条件

各类精度的水文站符合下列条件之一者，流量测验可实行巡测：

(1)水位流量关系呈单一曲线，流量定线可达到规范的允许误差，且不需要施测洪峰流量和洪水流量过程。

(2)实行间测的测站，在停测期间实行检测者。

(3)低枯水、冰期水位流量关系比较稳定，或流量变化平缓，采用巡测资料推算流量、年径流量的误差符合规定。

(4)水位流量关系不呈单一曲线的测站，当距离巡测基地较近，交通、通信方便，能按水情变化及时施测流量者。

### 7.2.2 单站实施巡测前开展的分析论证工作

根据新形势、新要求和变化了的条件对各测站重新进行功能定位的基础上，开展现有水文站实行巡测详细的分析论证，主要工作有：

(1)测站控制条件及其转移。

(2)水位流量关系线的变化规律与处理方法。

(3)可能达到的测验精度与巡测允许误差的关系。

(4)现有交通、通信条件、测验仪器设备状况。

(5)巡测路线的优化。

(6)分析选择巡测时机。

新设准备实行巡测的水文站，应遵守“先详后简”的原则，积累一定的详测资料后，按上述要求分析论证，符合巡测条件的实行巡测。

### 7.2.3 组织机构上的巡测论证

省级水文主管单位在全省范围内考虑巡测基地、巡测队的设置和调整，根据巡测站点的布置情况安排巡测路线，为水文站的巡测工作提供组织保障。同时，在确定水文站管理方式时，需适时开展测站定位和项目清理工作，为巡测工作的开展减轻负担。

## 7.3 推进巡测的措施

### 7.3.1 调整测验任务书要求

当前按巡测站要求制定的测站任务书的一些规定限制了巡测开展的步伐，主要有以下几个方面。

#### 7.3.1.1　水位观测

现行水位观测要求对水位计执行“人工每日校测,必须有人值守”,如改为定期校测、随机校测等方式或采用视频技术、水位计双备份运用等现代化测验手段均可满足巡测条件。

#### 7.3.1.2　流量测验

现行驻测站流量测验任务书从重视洪水过程控制和峰型完整考虑,规定了每次洪水过程、每月、每年最少流量测验次数,测次较多,难以实现巡测。巡测站一般具有比较稳定的和规律明显的水位流量关系,流量测次以检验和校正水位流量关系为主,测次安排可以减少,测验时机可以适当调整。同时应研究单次流量测验的方式方法,以保证质量满足规范要求并提高效率。

#### 7.3.1.3　降水、蒸发、气温观测

现有水文站常驻人员值守观测降水、蒸发、气温等项目,使得巡测工作难以实现。一方面积极更新仪器,使这些项目实现自动化观测,也可将这些可以离开河流的辅助项目调整到水文气象条件相似且便于巡测与观测的异地,以利于巡测的开展。

#### 7.3.1.4　泥沙测验

目前泥沙在线自动监测技术还不成熟,测验任务书规定泥沙测次较多,限制了巡测的开展,可在泥沙特性相似的若干区域选择代表站继续开展泥沙测验,其他测站尤其是具有水位流量关系较好适合流量巡测的测站,不再安排泥沙测验任务,可通过成果比拟移用获得泥沙资料,以推动巡测的开展。

#### 7.3.1.5　资料整编

随着测站数量的增加和人员基本不变,按照现有的人力无法按传统的资料管理模式进行资料审查,也就不可能对各站测验资料进行有效管理和监督,巡测的资料无法按时、保质完成审查和整编,制约了巡测站数量的增加。但现有的技术手段已能代替人工进行资料计算、整编、绘图等,如还采用传统的人工方式进行整编和审查,严重制约了水文信息化的发展,必须予以改革,尽量采用计算机技术代替传统的手工模式。

因此,要在调整验收规定、任务书要求上有所动作,尤其对一些有条件开展巡测的测站要首先调整相关规定和要求,在测验要求上以巡测规范为基本要求。

### 7.3.2　巡测设备要加强

实现巡测,要有轻便可靠容易携带性能良好的仪器设备,要有满足在恶劣条件下通行的车辆,要选择合适的巡测路线和道路条件;要有稳定、通畅的通信条件,能够实时、准确地将测站信息传到上级管理部门。

### 7.3.3　河道断面整修

对于测流河段(断面)基本规整的测站可通过修建测流堰、槽以及进行河道整治的方法来实现水位流量关系的单值化。

可以在测站现有断面附近查看河段更为规整能使水位流量单值化的断面,以作为临

时测流断面或者备选迁移断面。

## 7.4 近期水文巡测的规划

### 7.4.1 重点开展一些有条件现状站的分析论证工作

根据当前积累资料分析和调查,青海省水文局所辖9处水文站水位流量关系呈单一线(见表7-1),近期重点开展巡测条件的分析论证,编制巡测方案。

**表7-1 青海省水文局所辖水位流量关系单一的测站一览**

| 序号 | 站名 | 所属分局 | 设站年限 | 报汛站 | 现测验方式 |
|---|---|---|---|---|---|
| 1 | 直门达 | 玉树分局 | 30年以上 | 中央报汛站 | 驻测 |
| 2 | 新寨 | 玉树分局 | 30年以上 | | 驻测 |
| 3 | 班玛 | 玉树分局 | 30年以下 | | 驻测 |
| 4 | 桥头(五) | 西宁分局 | 30年以上 | 中央报汛站 | 驻测 |
| 5 | 黑林(二) | 西宁分局 | 30年以上 | | 驻测 |
| 6 | 朝阳 | 西宁分局 | 30年以下 | 省级报汛站 | 驻测 |
| 7 | 朝阳(渠道) | 西宁分局 | 30年以下 | | 驻测 |
| 8 | 牛场 | 西宁分局 | 30年以下 | 中央报汛站 | 驻测 |
| 9 | 南川河口(二) | 西宁分局 | 30年以下 | | 驻测 |

### 7.4.2 有序开展中小河流项目新建站点的近期规划站点的测验工作

青海省中小河流水文监测系统建设项目新建了14处水文站,近期就要投入运行,加上已列入规划近期要建设的测站,在现有人力情况下,按传统的管理和测验方式开展工作已不可能实现,而是一部分测站必须要走巡测路线。这些水文站建设前后,要根据《水文调查规范》(SL 196—2015)的要求尽量收集、调查相关资料取得相关关系,通过逐渐开展的巡测测验成果不断检验和修正相关关系。

### 7.4.3 巡测路线规划

青海省水文局分地域分片成立了海东、黄南、西宁、海北、青海湖、海南、德令哈、沱沱河、格尔木、都兰、玉树、果洛12个巡测队。根据测站分布情况和开展巡测的预研,近期巡测路线规划如下。

#### 7.4.3.1 西宁巡测队

从西宁巡测队向北由西小高速与岗木线到门源县仙米乡巡测仙米水文站,全长150 km;从西宁巡测队向西经由西湟高速到达湟源,再转315国道到达大华镇,巡测大华水文站,全长65 km;从西宁巡测队出发经由京藏高速公路到李家山镇,巡测峡口水文站,全长39 km;从西宁巡测队出发向北经由227国道到大同县朔北镇,巡测东峡水文站,全长45

km;从西宁巡测队出发向北经由西小高速,227 国道到达青石嘴镇,巡测白坡水文站,全长 140 km。

#### 7.4.3.2 海东巡测队

从海东巡测队到循化县,巡测三兰巴海水文站,全长 155 km,路况较好;从海东巡测队向西经由京藏高速路行驶 28 km,北转走 11 km,全长 43 km,巡测白马水文站。

#### 7.4.3.3 海北巡测队(刚察(二)站)

规划从刚察县海北巡测队出发由 315 国道向西 55 km 到达吉尔孟水文站进行巡测,路况较好;从海北巡测队向西上 315 国道 15 km 后,上环湖西路,全长 77 km,巡测向公水文站;从向公水文站沿环湖西路前行巡测黑马河站,全长 125 km。

#### 7.4.3.4 海南巡测队

拉曲(三)水文站与海南巡测队同在贵南县芒拉镇,由该巡测队巡测拉曲(三)水文站。

#### 7.4.3.5 都兰巡测队

从都兰巡测队出发由 109 国道向北 17 km,对夏日哈水文站进行巡测,路况较好;从都兰巡测站出发先由 109 国道向南 60 km 到达香日德镇,再由香日德镇由省道向东南方向 18 km 对卡克特儿水文站进行巡测,路况一般。

#### 7.4.3.6 德令哈巡测队

从德令哈巡测队(德令哈水文站)沿茶德高速公路向东南 120 km 到达乌兰县赛什克乡,巡测南沙站。

#### 7.4.3.7 黄南巡测队

规划从黄南巡测队(同仁县)出发由 203 省道向南 140 km,到达优干宁水文站进行巡测。

# 第 8 章　保障措施

## 8.1　加强水文行业管理确保水文站网有序发展

《中华人民共和国水文条例》明确规定:省级水文机构具体负责组织实施该省水文管理工作;在国家基本水文测站覆盖的区域,确需设立专用水文测站的,应当按照管理权限报流域管理机构或者省、自治区、直辖市人民政府水行政主管部门直属水文机构批准;专用水文测站和从事水文活动的其他单位,应当接受水行政主管部门直属水文机构的行业管理;国家对水文监测资料实行统一汇交制度,向有关水文机构汇交监测资料。这从国家和法律层面上赋予了省级水文机构的行业管理职能。但目前还存在其他部门(如水管单位、林业单位)设立水文监测设施不接受行业管理,监测资料不予汇交等问题,行业管理还需加强。同时,只有加强了行业管理,才能稳步提升水文行业地位,确保水文站网能够有序、健康发展。因此,要在近期开展相关工作,主要有全省范围内的水文站网的登记备案(尤其是其他行业、部门所设站点),加强水文资料的汇交、审查、整编及入库(尤其是水管监测数据),加强对境内重要水库、灌区所设水文站及其水情自动测报系统的行业管理,以及对其他单位、部门的水文测验质量的督导与检查。

## 8.2　加强水文站网优化及测验技术研究

### 8.2.1　加强长期科学研究

水文站网建设是国民经济发展和水利建设中的基础性工作,同时受国民经济发展程度和布局的影响很大,因此也是一项不断调整优化的工作,需要加强长期的科学研究,以使水文站网建设适当超前适应新情况新形势。

### 8.2.2　专项观测或小区域站网的研究

根据具体目标,在日常工作中,可结合具体项目或任务针对不同的分析对象(地下水、水环境、旱情预报等),研究专项站网布设方法;也可针对具体一个小流域或小区域开展专门的研究,以不断丰富站网发展研究成果并为类似区域提供借鉴。

### 8.2.3　研究不同区域的测验方式

青海省面积大、自然地理条件复杂,大多为无人区、高海拔地区,目前受自然条件、技术水平等限制,水文测验工作发展很不平衡,而湟水流域等适宜人类居住、经济发达地区则站网分布较密,水文测验工作基本满足要求,要在具体工作中对不同区域采用的测验方式加强研究,推进水文测验工作的开展。

青海省青藏高原的大多地区海拔高缺氧,不适合久居工作。但这里多冰川、湖泊、沼泽,有闻名于世的“中华水塔”和“三江源”,又是水文测验的重要阵地。因此,要跳出建站住人的传统水文测验模式,积极探索水文测验新技术、新方法、新方式,主要以遥测、遥控、遥感等技术手段,获取必要的水文要素数据。在本规划期,应安排人员或组织力量,关注适用水文测验技术,试验或实施一些项目,逐步推进高海拔缺氧地区的水文测验,比如选择断面稳定的测验断面,建设遥控测流系统,测量断面流量过程;建立遥感水域实验室开展相关工作等。

## 8.3 加强青海省“数字水文”建设力度

水文业务是以提供各种与水有关的信息服务于社会的。在当前信息化进程日益加快的时代,必须充分利用数字技术来对传统水文进行全面变革,推动青海省“数字水文”的建设进度。通过各类项目投资建设,逐步实现更多水文测站的自动化监测,包括信息采集自动化、信息传输自动化、各类水文站的远程管理、信息的查询、处理与分析计算、充分的信息服务等,通过“数字水文”的建设推动青海省水文站网的充实和发展。利用“大数据”在青海省开展水沙变化特性分析、气候变化趋势研究等科学研究;利用“互联网 + ”新技术进一步拓宽水文这一传统行业在信息时代的服务领域。

## 8.4 加强制度建设

加强水文站网管理办法等制度建设,从制度上保障水文站网的良性发展和规范管理,不使现有站网受水利工程影响或其他原因而随意被调整。比如,结合青海省水文站网实际,在《水文站网管理办法》(中华人民共和国水利部令第 44 号)的指导下,有针对性地编制青海省水文站网管理办法;结合水文站网现状及运行管理方式,制订《青海省水文站队结合管理办法》,加强站队结合管理,制订科学合理的巡测方案,提高测验的效率。通过制度建设的途径,为水文站网的健康发展提供强有力的保障。

## 8.5 人才培养与队伍建设

围绕青海水文站网发展的需要,树立科学的人才观和人才强业思想,坚持合理扩充、配置和使用人才,构建适应现代化管理的水文人才队伍。

水文站网的发展必须要靠水文专业队伍的建设和管理,在水文站网的优化调整、充实的过程中,一方面想尽办法争取编制,充实测验、管理人员;一方面不断加强后续教育和锻炼,形成精兵、高效的队伍,这是水文站网良性发展的基础。在工作中,要分层次、分专业开展干部、职工的岗位培训,更新和提高水文职工的科技知识和技术水平,保障水文站网建设后的稳步发展。在适当条件下,也可尝试采取购买服务的方式解决人员不足之困难。

## 8.6 投入机制

水文是国家公益行业,是需要适当超前发展的基础性工作,而水文经费不足又是造成水文事业发展滞后的关键原因。水文站网的建设与良好发展离不开运行经费的支撑,否则将寸步难行。因此,必须要加大投入力度,主要有两种途径:

(1)必须要建立中央及地方各级政府投入的计划管理体制,形成多渠道、宽领域、多途径的经费来源和收入途径,保障水文站网的稳定发展。

(2)重视并尽快着手开展业务运行定额、设施设备维修定额、人力资源定额等相关定额的编制,为做好部门预算提供坚实基础,有效、长期的解决运行维护费短缺的问题,为水文站网的长期运行、维护提供保障。

# 第 9 章　投资匡算及效益评价

## 9.1　投资匡算

### 9.1.1　编制原则

本匡算是在贯彻执行国家及水利部现行有关工程概(估)算文件、政策的前提下,本着实事求是、科学有据的原则,根据青海省 2016 年第一季度建设工程造价信息和市场调研材料价格水平进行编制。

### 9.1.2　编制依据

(1)水利部水总〔2006〕140 号文关于发布《水利工程概算补充定额》(水文设施工程专项)。

(2)水利部水总〔2002〕116 号文,《水利工程设计概(估)算编制规定》。

(3)水利部水国科〔2002〕297 号文发布的《水文基础设施建设及技术装备标准》(SL 276—2002)。

(4)仪器设备由厂家和经销商报价。

### 9.1.3　编制方法

(1)主要建筑工程单价按扩大单价法匡算。

(2)安装工程单价按仪器设备价值百分比法匡算。仪器设备单价按厂家和经销商报价。

①需要安装的仪器设备按仪器设备费的 5% 计取。

②仪器设备运杂费按水利部水总〔2006〕140 号文计取。

(3)独立费用。

①建设管理费按建安工程与仪器设备费之和的 4% 计算。

②工程监理费按建安工程与仪器设备费之和的 3% 计算。

③工程勘测费按建安工程与仪器设备费之和的 3% 计算。

④工程设计费按建安工程与仪器设备费之和的 4.5% 计算。

⑤征地补偿费按照 20 万元/亩考虑。

(4)基本预备费。

基本预备费按建安工程、仪器设备费和独立费用之和的 10% 计算。

### 9.1.4　总投资匡算及分阶段投资计划

#### 9.1.4.1　总投资匡算

青海省水文站网规划总投资匡算为 31 121.03 万元,其中水文站建设投资(含专用站)20 558.56 万元,占总投资的 66.06%;水位站建设投资 276.24 万元,占总投资的 0.89%;降水量站建设投资 435.48 万元,占总投资的 1.40%;地下水站建设投资 1 895.00 万元,占总投资的 6.09%;水质站建设投资 96 万元,占总投资的 0.31%;墒情站(含近期 1 处墒情实验站)建设投资 778.00 万元,占总投资的 2.50%;实验站建设投资 5 295 万元,占总投资的 17.01%;巡测基地建设投资 1 786.75 万元,占总投资的 5.74%。

#### 9.1.4.2　分阶段实施计划

青海省水文站网规划总投资匡算为 31 121.03 万元,其中近期规划投资 14 398.75 万元,远期规划投资 16 722.28 万元。

青海省水文站网规划建设投资匡算详见表 9-1。

**表 9-1　青海省水文站网规划建设投资匡算表**

| 序号 | 建设项目 | 单站投资(万元) | 2015～2020 年 | | 2021～2030 年 | | 合计(万元) | 备注 |
|---|---|---|---|---|---|---|---|---|
| | | | 站数 | 投资(万元) | 站数 | 投资(万元) | | |
| 一 | 水文站 | | 28 | 9 623.04 | 34 | 10 935.52 | 20 558.56 | |
| 1 | 大河控制站 | 568.56 | 7 | 3 979.92 | 6 | 3 411.36 | 7 391.28 | 见匡算附表 1 |
| 2 | 区域代表站 | 268.72 | 1 | 268.72 | 9 | 2 418.48 | 2 687.20 | 见匡算附表 2 |
| 3 | 小河站 | 268.72 | 3 | 806.16 | 4 | 1 074.88 | 1 881.04 | 见匡算附表 2 |
| 4 | 水库站 | 268.72 | 11 | 2 955.92 | 13 | 3 493.36 | 6 449.28 | 见匡算附表 2 |
| 5 | 专用站 | 268.72 | 6 | 1 612.32 | 2 | 537.44 | 2 149.76 | 见匡算附表 2 |
| 二 | 水位站 | | 7 | 132.74 | 3 | 143.50 | 276.24 | |
| 1 | 湖泊水位站 | 109.34 | 2 | 47.34 | 1 | 109.34 | 156.68 | 近期鸟岛、可鲁克湖水位站建设投资分别为 23.77 万元、23.57 万元,在《全国水文基础设施建设规划(2013～2020 年)》已考虑;远期鸦湖匡算见匡算附表 3 |
| 2 | 水库坝前水位站 | 17.08 | 5 | 85.40 | 2 | 34.16 | 119.56 | 见匡算附表 4 |
| 三 | 泥沙站 | | | | | | | 含在水文站建设投资中 |
| 四 | 降水量站 | 5.73 | 14 | 80.22 | 62 | 355.26 | 435.48 | 见匡算附表 5 |
| 五 | 蒸发站 | | | | | | | 含在水文站建设投资中 |
| 六 | 地下水站 | — | 134 | 1 895.00 | | | 1 895.00 | 《国家地下水监测工程初步设计》已考虑 |

续表 9-1

| 序号 | 建设项目 | 单站投资（万元） | 2015～2020 年 | | 2021～2030 年 | | 合计（万元） | 备注 |
|---|---|---|---|---|---|---|---|---|
| | | | 站数 | 投资（万元） | 站数 | 投资（万元） | | |
| 七 | 水质站 | 1 | 59 | 59 | 37 | 37 | 96 | 监测站标识建设 |
| 八 | 墒情站 | | 130 | 778 | | | 778 | 《全国水文基础设施建设规划(2013～2020 年)》已考虑,含近期 1 处墒情实验站 |
| 九 | 实验站 | | 4 | 1 065 | 12 | 4 230 | 5 295 | |
| 1 | 水生态与水环境实验站 | 600 | 1 | 600 | 1 | 600 | 1 200 | 参考《全国水文实验站规划》 |
| 2 | 水均衡试验场暨农业灌溉实验站 | 350 | | | 3 | 1 050 | 1 050 | |
| 3 | 测验技术实验站 | 400 | | | 1 | 400 | 400 | |
| 4 | 径流实验站 | 450 | | | 1 | 450 | 450 | |
| 5 | 蒸发实验站 | 450 | 1 | 450 | 1 | 450 | 900 | |
| 6 | 降水水质实验站 | 15 | 1 | 15 | 2 | 30 | 45 | 取样送实验室,考虑取样设备购置、人员培训学习等费用 |
| 7 | 墒情实验站 | 400 | 1 | — | 2 | 800 | 800 | 近期 1 处含在墒情站 778 万元投资中;远期每站 400 万元参考《全国水文实验站规划》 |
| 8 | 湖泊冰川遥感实验站 | | | | 1 | 450 | 450 | 参考《全国水文实验站规划》 |
| 十 | 巡测队 | 255. 25 | 3 | 765. 75 | 4 | 1 021. 00 | 1 786. 75 | 见匡算附表 6 |
| 合计 | | | | 14 398. 75 | | 16 722. 28 | 31 121. 03 | |

**注**:1. 本投资表仅考虑规划期内新建站的投资匡算,不含改建、调整等其他站网建设相关投资;

2. 本规划投资仅考虑为优化补充水文站网而建的新建站投资,不含改建站投资;

3. 大河控制站、区域代表站、小河站、水库站、巡测基地等典型设计及投资匡算见匡算附表 1～匡算附表 3;

4. 其他各类站网典型投资参考近年来同类项目的平均投资。

### 9.1.5 投资来源与实施建议

#### 9.1.5.1 投资来源

青海省作为“中华水塔”和生态建设示范省，规划项目建设是充实优化青海省水文站网、提高青海省水资源监控能力的基础工作，对促进青海省水资源可持续利用、社会经济可持续发展具有重要作用，其建设资金应得到保证。本次规划地下水监测站建设投资1 895.00万元已在《国家地下水监测工程初步设计》项目中考虑，鸟岛、可鲁克湖水位站投资23.77万元、23.57万元和墒情监测站（含1处墒情实验站）778万元投资已在《全国水文基础设施建设规划（2013～2020年）》项目中考虑，故本规划建设投资不再重复计算。其余项目建设投资28 400.69万元积极争取地方投资，其中近期11 678.41万元，远期16 722.28万元。

#### 9.1.5.2 实施建议

青海省水利厅作为规划项目的主管单位，负责项目的竣工验收；青海省水文水资源勘测局履行项目法人职责，负责工程项目的实施，并对工程质量、工程进度和专项资金使用等负责；施工和监理单位依据有关的法律和法规进行招标和委托，工程实施严格招标项目法人制、工程监理制、招标投标制及合同管理制。

## 9.2 效益评价

水文站网及站网规划的效益蕴含在水文事业整体功能和水文资料使用的价值之中，水文业务的成果可以为防汛抗旱提供及时有效的决策信息，为水利工程和涉水工程设计提供必要的资料，为水资源管理和水环境保护提供依据性数据。没有水文站网的有效测验，这些功效就失去了基础。

科学的水文分区不仅是本次区域代表站检验和发展规划的基本支撑，而且是青海水文规律的地域总括，在相关业务中会有重要参考价值。本次规划对青海省水文站网的总体认识有所加深，功能定位更切合实际，水文观测空白区的站网有所扩拓，河流流域控制更加有效，其中大河控制率从64.7%提高到82.4%，加强或填补了各水文分区的区域代表站，小河站有适当增加；站网密度有适当增大，其中流量站网密度从10 506 $km^2$/站提高到9 043 $km^2$/站（2020年）和7 290 $km^2$/站（2030年），泥沙站网密度从17 425 $km^2$/站提高到13 739 $km^2$/站（2020年）和13 479 $km^2$/站（2030年），降水量站网密度从1 520 $km^2$/站提高到1 406 $km^2$/站（2020年）和1 185 $km^2$/站（2030年），蒸发站网密度从15 531 $km^2$/站提高到13 739 $km^2$/站（2020年）和12 317 $km^2$/站（2030年），水文部门管理的地下水站网密度从22 325 $m^2$/站提高到4 304 $km^2$/站（2020年），水质站网密度从6 159 $km^2$/站提高到3 204 $km^2$/站（2020年）和2 748 $km^2$/站（2030年）；墒情站网从空白发展到全省39处固定监测站（另配套195处移动监测站）；实验站由无到4处（2020年）和12处（2030年）。受水利等工程影响的测站有所调整，各测验项目比较配套，各类站网相对协调。青海省现状年及各规划水平年站网密度见表9-2。

表 9-2 青海省现状年及各规划水平年站网密度

| 序号 | 站类 | 流域 | 现有站数（2013 年） | 现状平均密度（km²/站） | 规划新增站数量及规划后密度 | | | |
|---|---|---|---|---|---|---|---|---|
| | | | | | 2020 年 | 密度（km²/站） | 2030 年 | 密度（km²/站） |
| 1 | 流量站 | 黄河流域 | 43 | 3 541 | 2 | 3 383 | 10 | 2 768 |
| | | 长江流域 | 6 | 26 399 | 5 | 14 399 | 4 | 10 559 |
| | | 澜沧江流域 | 2 | 18 499 | 1 | 12 333 | 2 | 7 400 |
| | | 内陆河湖 | 17 | 21 575 | 3 | 18 338 | 3 | 15 946 |
| | | 全省 | 68 | 10 506 | 11 | 9 043 | 19 | 7 290 |
| 2 | 泥沙站 | 黄河流域 | 29 | 5 250 | 10 | 3 904 | 1 | 3 806 |
| | | 长江流域 | 3 | 52 797 | 0 | 52 797 | 0 | 52 797 |
| | | 澜沧江流域 | 0 | | 0 | | 0 | |
| | | 内陆河湖 | 9 | 40 752 | 1 | 36 677 | 0 | 36 677 |
| | | 全省 | 41 | 17 425 | 11 | 13 739 | 1 | 13 479 |
| 3 | 降水量站 | 黄河流域 | 329 | 463 | 21 | 435 | 29 | 402 |
| | | 长江流域 | 57 | 2 779 | 6 | 2 514 | 20 | 1 908 |
| | | 澜沧江流域 | 2 | 18 499 | 1 | 12 333 | 18 | 1 762 |
| | | 内陆河湖 | 82 | 4 473 | 10 | 3 987 | 28 | 3 056 |
| | | 全省 | 470 | 1 520 | 38 | 1 406 | 95 | 1 185 |
| 4 | 蒸发站 | 黄河流域 | 29 | 5 250 | 3 | 4 758 | 2 | 4 478 |
| | | 长江流域 | 4 | 39 598 | 0 | 39 598 | 0 | 39 598 |
| | | 澜沧江流域 | 0 | | 0 | | 0 | |
| | | 内陆河湖 | 13 | 28 213 | 3 | 22 923 | 4 | 18 338 |
| | | 全省 | 46 | 15 531 | 6 | 13 739 | 6 | 12 317 |
| 5 | 地下水站 | 黄河流域 | 15 | 10 150 | 46 | 2 496 | 0 | 2 496 |
| | | 长江流域 | 2 | 79 196 | 2 | 39 598 | 0 | 39 598 |
| | | 澜沧江流域 | 0 | | 0 | | 0 | |
| | | 内陆河湖 | 15 | 24 451 | 86 | 3 631 | 0 | 3 631 |
| | | 全省 | 32 | 22 325 | 134 | 4 304 | 0 | 4 304 |
| 6 | 水质站 | 黄河流域 | 65 | 2 342 | 68 | 1 145 | 21 | 989 |
| | | 长江流域 | 11 | 14 399 | 3 | 11 314 | 6 | 7 920 |
| | | 澜沧江流域 | 2 | 18 499 | 0 | 18 499 | 0 | 18 499 |
| | | 内陆河湖 | 38 | 9 652 | 36 | 4 956 | 10 | 4 366 |
| | | 全省 | 116 | 6 159 | 107 | 3 204 | 37 | 2 748 |

续表 9-2

| 序号 | 站类 | 流域 | 现有站数（2013 年） | 现状平均密度（$km^2$/站） | 规划新增站数量及规划后密度 | | | |
|---|---|---|---|---|---|---|---|---|
| | | | | | 2020 年 | 密度（$km^2$/站） | 2030 年 | 密度（$km^2$/站） |
| 7 | 实验站 | 黄河流域 | 0 | | 2 | | 7 | |
| | | 长江流域 | 0 | | 0 | | 1 | |
| | | 澜沧江流域 | 0 | | 0 | | | |
| | | 内陆河湖 | 0 | | 2 | | 4 | |
| | | 全省 | 0 | | 4 | | 12 | |

本规划的实施将有利于提高青海省水文水资源监测能力、推进水资源监测和水文实验研究工作的开展，而且对于促进青海省水文站网建设、完善水文站网体系具有重要意义。因此，本规划具有显著的社会、经济和生态效益，对实现青海省水资源的可持续利用和生态环境的有效保护，保障“中华水塔”水资源安全起到重要作用。

### 9.2.1 社会效益评价

水文是基础性、公益性事业。水文工作在历年的抗洪减灾工作中，为保障人民生命和财产安全做出了巨大贡献。特别是近年来，在全球气候变化日趋明显、经济社会发展日新月异、水资源条件深刻变化的历史背景下，水文的基础地位更加重要，支撑作用更加突出，发展前景更加广阔。

随着经济社会的发展和水资源条件的变化，我国水资源管理正逐步从传统的供水管理为主向需水管理为主转变，水文工作在水资源管理中发挥着基础性和关键性作用。多年来，水文部门通过大量的水资源调查评价和论证工作，为编制青海省水资源综合规划、优化配置水资源提供了有力的信息支持和决策依据。而要做好这一工作，则必须要有一个完善、合理的水文站网为支撑。

在当前和今后一段时间，我国将面临日益严峻的水资源和水环境形势，青海省也不例外。通过本规划的实施，将进一步优化和完善青海省水文站网，提高水资源监测能力和水平，为该省水资源的全面监控、高效利用、优化配置和综合治理等工作提供扎实基础，同时也为水资源保护和生态环境改善提供重要支撑，其社会效益和生态效益巨大。

### 9.2.2 经济效益

在可预见的时期内，水资源供需矛盾将进一步加剧。通过实行最严格的水资源管理制度，加快转变我国经济发展方式是今后一个时期我国经济社会发展的主线。

本规划的实施，也将为最严格水资源管理制度实施和量化考核提供坚实的技术支撑，从而保证与促进在经济社会发展的各个方面控制用水总量、提高用水效率、减少废污水排放，以尽可能少的水资源消耗和水环境代价，获得尽可能大的经济效益，进一步促进经济发展方式的转变，其经济效益也是巨大的。

### 9.2.3 自身建设的效益评价

本规划的实施，将有效弥补青海省现有水文站网的不足，从整体上提高该省水文站网密度和种类，对水文部门提高为水资源管理的支撑能力与服务水平，为水文工作拓展服务领域提供了新的平台，对提高水文水资源监测、分析、评价水平，提高水文服务社会的能力具有重要意义；为进一步夯实水利基础，促进水文为青海省水利、国民经济建设和发展提供了基本保证。

可以预见，随着本次水文站网规划的逐步实施，必将在青海省的防汛抗旱、水资源管理、水环境治理和经济建设中发挥更好的作用，取得更好的效益。

**匡算附表 1　大河控制站典型设计及投资匡算**

| 序号 | 项目名称 | 建设性质 | 单位 | 数量 | 投资（万元） | 备注 |
| --- | --- | --- | --- | --- | --- | --- |
| 第一部分　建筑工程 | | | | | 117.93 | |
| 一 | 测验河段基础设施 | | | | 54.88 | |
| 1 | 断面桩 | 新建 | 个 | 6 | 0.36 | |
| 2 | 基线桩 | 新建 | 个 | 6 | 0.36 | |
| 3 | 断面界桩 | 新建 | 个 | 6 | 0.36 | |
| 4 | 断面标志杆、牌 | 新建 | 组 | 3 | 0.75 | |
| 5 | 基本水准点 | 新建 | 个 | 3 | 0.45 | |
| 6 | 校核水准点 | 新建 | 个 | 2 | 0.32 | |
| 7 | 测站标志 | 新建 | 个 | 1 | 0.8 | |
| 8 | 保护标志牌 | 新建 | 个 | 4 | 0.48 | |
| 9 | 观测道路 | 新建 | 处 | 1 | 5 | |
| 10 | 护岸 | 新建 | 处 | 1 | 20 | |
| 二 | 水位观测设施 | | | | 13.05 | |
| 1 | 直立式水尺 | 新建 | 组 | 3 | 1.05 | |
| 2 | 水位自记台 | 新建 | 座 | 1 | 12 | |
| 三 | 雨量观测设施 | | | | 5 | |
| 1 | 降水、蒸发观测场 | 新建 | 座 | 1 | 5 | |
| 四 | 流量测验设施 | | | | 30 | |
| 1 | 水文缆道 | 新建 | 座 | 1 | 20 | |
| 2 | 雷达测流缆道 | 新建 | 座 | 1 | 10 | |
| 五 | 生产业务用房 | | | | 10 | |
| 1 | 生产业务用房 | 新建 | $m^2$ | 20 | 10 | |
| 六 | 附属设施 | | | | 5 | |
| 第二部分　仪器设备购置 | | | | | 280.6 | |
| 一 | 雨量观测设备 | | | | 4.05 | |
| 1 | 雨量筒 | 购置 | 台 | 1 | 0.15 | |
| 2 | 雨量计及固态存储器 | 购置 | 台 | 1 | 0.5 | |
| 3 | 融雪雨量计 | 购置 | 台 | 1 | 0 | |
| 4 | 蒸发器(皿) | 购置 | 套 | 1 | 0.4 | |
| 5 | 百叶箱、风向、风速仪 | 购置 | 套 | 1 | 3 | |

**续匡算附表 1**

| 序号 | 项目名称 | 建设性质 | 单位 | 数量 | 投资（万元） | 备注 |
|---|---|---|---|---|---|---|
| 二 | 水位观测设备 | | | | 5 | |
| 1 | 水位计 | 购置 | 台 | 1 | 5 | |
| 三 | 流量、泥沙测验设备 | | | | 111.52 | |
| 1 | 缆道测流控制系统 | 购置 | 套 | 1 | 20 | 含驱动系统、绞车、缆道测距仪 |
| 2 | 自动在线测流系统 | 购置 | 套 | 1 | 40 | |
| 3 | ADCP | 购置 | 套 | 1 | 35 | |
| 4 | 铅鱼 | 购置 | 个 | 2 | 2 | |
| 5 | 探照灯 | 购置 | 个 | 1 | 0.5 | |
| 6 | 普通流速仪 | 购置 | 台 | 2 | 1.2 | |
| 7 | 流速直读仪 | 购置 | 台 | 2 | 1 | |
| 8 | 流速测算仪 | 购置 | 台 | 2 | 0.5 | |
| 9 | 测深仪 | 购置 | 台 | 3 | 3.6 | |
| 10 | 采样器 | 购置 | 台 | 1 | 1.5 | |
| 11 | 电子天平 | 购置 | 台 | 1 | 1 | |
| 12 | 烘干箱 | 购置 | 台 | 1 | 0.5 | |
| 13 | 采样筒 | 购置 | 个 | 30 | 0.6 | |
| 14 | 量杯、比重瓶、烘杯 | 购置 | 套 | 1 | 0.12 | |
| 四 | 报汛及通信设备 | | | | 5.81 | |
| 1 | RTU | 购置 | 套 | 2 | 1.96 | |
| 2 | 蓄电池及太阳能供电系统 | 购置 | 套 | 2 | 1 | |
| 3 | GSM/GPRS 模块 | 购置 | 套 | 2 | 0.4 | |
| 4 | 对讲机 | 购置 | 部 | 2 | 0.8 | |
| 5 | 短波电台 | 购置 | 部 | 1 | 1.5 | |
| 6 | 程控电话 | 购置 | 部 | 1 | 0.15 | |
| 五 | 测绘仪器 | | | | 60.12 | |
| 1 | GPS(1+2) | 购置 | 台 | 1 | 30 | |
| 2 | 测距仪 | 购置 | 台 | 1 | 2 | |
| 3 | 全站仪 | 购置 | 台 | 1 | 18 | |
| 4 | 数字水准仪 | 购置 | 台 | 1 | 10 | |

**续匡算附表 1**

| 序号 | 项目名称 | 建设性质 | 单位 | 数量 | 投资（万元） | 备注 |
|---|---|---|---|---|---|---|
| 5 | 水准尺 | 购置 | 台 | 1 | 0.12 | |
| 六 | 交通工具 | | | | 65 | |
| 1 | 交通工具车 | 购置 | 辆 | 1 | 65 | |
| 七 | 供电、水暖设备 | | | | 10 | |
| 1 | 自备电源 | 购置 | 台 | 1 | 5 | |
| 2 | 供电变压器 | 购置 | 台 | 1 | 5 | |
| 八 | 其他设备 | | | | 19.1 | |
| 1 | 台式计算机 | 购置 | 台 | 4 | 2 | |
| 2 | 便携式计算机 | 购置 | 台 | 2 | 1.6 | |
| 3 | 打印机 | 购置 | 台 | 1 | 0.3 | |
| 4 | 传真机 | 购置 | 台 | 1 | 0.3 | |
| 5 | 扫描仪 | 购置 | 台 | 1 | 0.3 | |
| 6 | 照相机 | 购置 | 台 | 2 | 1.2 | |
| 7 | 摄像机 | 购置 | 台 | 1 | 2 | |
| 8 | 空调 | 购置 | 台 | 4 | 2.4 | |
| 9 | 办公桌椅 | 购置 | 套 | 5 | 2.5 | |
| 10 | 消防设备 | 购置 | 套 | 1 | 1.5 | |
| 11 | 断面监控设备 | 购置 | 套 | 1 | 5 | |
| 运杂费 | | 仪器设备购置费的 7% | | | 19.64 | |
| 安装调试费 | | 仪器设备购置费的 5% | | | 14.03 | |
| 第三部分　独立费用 | | | | | 84.67 | |
| 1 | 建设管理费 | 第一和第二部分之和的 4% | | | 17.29 | |
| 2 | 监理费 | 第一和第二部分之和的 3% | | | 12.97 | |
| 3 | 勘测设计费 | 第一和第二部分之和的 7.5% | | | 32.42 | |
| 4 | 环评费用 | | | | 2 | |
| 5 | 征地 | | | 亩 | 1 | 20 | |
| 一～三部分合计 | | | | | 516.87 | |
| 基本预备费 | | 一～三部分之和的 10% | | | 51.69 | |
| 静态总投资 | | | | | 568.56 | |

**匡算附表2　区域代表站、小河站、水库站典型设计及投资匡算**

| 序号 | 项目名称 | 建设性质 | 单位 | 数量 | 投资（万元） | 备注 |
| --- | --- | --- | --- | --- | --- | --- |
| | 第一部分　建筑工程 | | | | 127.8 | |
| 一 | 测验河段基础设施 | | | | 15.6 | |
| 1 | 断面桩 | 新建 | 个 | 4 | 0.24 | |
| 2 | 基线桩 | 新建 | 个 | 2 | 0.12 | |
| 3 | 断面界桩 | 新建 | 个 | 4 | 0.24 | |
| 4 | 断面标志杆、牌 | 新建 | 组 | 2 | 0.5 | |
| 5 | 基本水准点 | 新建 | 个 | 2 | 0.3 | |
| 6 | 校核水准点 | 新建 | 个 | 1 | 0.16 | |
| 7 | 测站标志 | 新建 | 个 | 1 | 0.8 | |
| 8 | 保护标志牌 | 新建 | 个 | 2 | 0.24 | |
| 9 | 观测道路 | 新建 | 处 | 1 | 3 | |
| 10 | 护岸 | 新建 | 处 | 1 | 10 | |
| 二 | 水位观测设施 | | | | 8.7 | |
| 1 | 直立式水尺 | 新建 | 组 | 2 | 0.7 | |
| 2 | 水位自记台 | 新建 | 座 | 1 | 8 | |
| 三 | 雨量观测设施 | | | | 2.5 | |
| 1 | 降水观测场 | 新建 | 座 | 2.5 | 2.5 | 含防雷设施 |
| 四 | 流量测验设施 | | | | 51 | |
| 1 | 水文缆道 | 新建 | 座 | 1 | 25 | |
| 2 | 雷达测流缆道 | 新建 | 座 | 1 | 26 | |
| 五 | 生产业务用房 | | | | 15 | |
| 1 | 生产业务用房 | 新建 | $m^2$ | 60 | 15 | |
| 六 | 附属设施 | | | | 35 | |
| 1 | 排水设施 | 新建 | 处 | 1 | 4 | |
| 2 | 供水设施 | 新建 | 处 | 1 | 5 | |
| 3 | 供暖设施 | 新建 | 处 | 1 | 4 | |
| 4 | 站院硬化 | 新建 | 处 | 1 | 4 | |
| 5 | 环境绿化 | 新建 | 处 | 1 | 1 | |
| 6 | 大门 | 新建 | 处 | 1 | 2 | |
| 7 | 围墙 | 新建 | 座 | 1 | 3 | |

**续匡算附表 2**

| 序号 | 项目名称 | 建设性质 | 单位 | 数量 | 投资（万元） | 备注 |
|---|---|---|---|---|---|---|
| 8 | 供电线路 | 新建 | 处 | 1 | 10 | |
| 9 | 防雷设施 | 新建 | 处 | 1 | 2 | |
| | 第二部分　仪器设备购置 | | | | 75.07 | |
| 一 | 雨量观测设备 | | | | 0.65 | |
| 1 | 雨量筒 | 购置 | 台 | 1 | 0.15 | |
| 2 | 雨量计及固态存储器 | 购置 | 台 | 1 | 0.5 | |
| 二 | 水位观测设备 | | | | 5 | |
| 1 | 水位计 | 购置 | 台 | 1 | 5 | |
| 三 | 流量、泥沙测验设备 | | | | 32.17 | |
| 1 | 缆道测流控制系统 | 购置 | 套 | 1 | 20 | |
| 2 | 铅鱼 | 购置 | 个 | 2 | 2 | |
| 3 | 探照灯 | 购置 | 个 | 1 | 0.5 | |
| 4 | 普通流速仪 | 购置 | 台 | 3 | 1.8 | |
| 5 | 流速直读仪 | 购置 | 台 | 2 | 1 | |
| 6 | 流速测算仪 | 购置 | 台 | 3 | 0.75 | |
| 7 | 测深仪 | 购置 | 台 | 2 | 2.4 | |
| 8 | 采样器 | 购置 | 台 | 1 | 1.5 | |
| 9 | 电子天平 | 购置 | 台 | 1 | 1 | |
| 10 | 烘干箱 | 购置 | 台 | 1 | 0.5 | |
| 11 | 采样筒 | 购置 | 个 | 30 | 0.6 | |
| 12 | 量杯、比重瓶、烘杯 | 购置 | 套 | 1 | 0.12 | |
| 四 | 报汛及通信设备 | | | | 5.81 | |
| 1 | RTU | 购置 | 套 | 2 | 1.96 | |
| 2 | 蓄电池及太阳能供电系统 | 购置 | 套 | 2 | 1 | |
| 3 | GSM/GPRS 模块 | 购置 | 套 | 2 | 0.4 | |
| 4 | 对讲机 | 购置 | 部 | 2 | 0.8 | |
| 5 | 短波电台 | 购置 | 部 | 1 | 1.5 | |
| 6 | 程控电话 | 购置 | 部 | 1 | 0.15 | |
| 五 | 供电、水暖设备 | | | | 10 | |

**续匡算附表 2**

| 序号 | 项目名称 | 建设性质 | 单位 | 数量 | 投资（万元） | 备注 |
|---|---|---|---|---|---|---|
| 1 | 自备电源 | 购置 | 台 | 1 | 5 | |
| 2 | 供电变压器 | 购置 | 台 | 1 | 5 | |
| 六 | 其他设备 | | | | 13.4 | |
| 1 | 台式计算机 | 购置 | 台 | 2 | 1 | |
| 2 | 便携式计算机 | 购置 | 台 | 1 | 0.8 | |
| 3 | 打印机 | 购置 | 台 | 1 | 0.3 | |
| 4 | 传真机 | 购置 | 台 | 1 | 0.3 | |
| 5 | 扫描仪 | 购置 | 台 | 1 | 0.3 | |
| 6 | 照相机 | 购置 | 台 | 1 | 0.6 | |
| 7 | 摄像机 | 购置 | 台 | 1 | 2 | |
| 8 | 空调 | 购置 | 台 | 1 | 0.6 | |
| 9 | 办公桌椅 | 购置 | 套 | 2 | 1 | |
| 10 | 消防设备 | 购置 | 套 | 1 | 1.5 | |
| 11 | 断面监控设备 | 购置 | 套 | 1 | 5 | |
| 运杂费 | | 仪器设备购置费的 7% | | | 4.7 | |
| 安装调试费 | | 仪器设备购置费的 5% | | | 3.4 | |
| 第三部分 独立费用 | | | | | 41.4 | |
| 1 | 建设管理费 | 第一和第二部分之和的 4% | | | 8.1 | |
| 2 | 监理费 | 第一和第二部分之和的 3% | | | 6.1 | |
| 3 | 勘测设计费 | 第一和第二部分之和的 7.5% | | | 15.2 | |
| 4 | 环评费用 | | | | 2 | |
| 5 | 征地 | | | 亩 | 0.5 | 10 | |
| 一～三部分合计 | | | | | 244.29 | |
| 基本预备费 | | 一～三部分之和的 10% | | | 24.43 | |
| 静态总投资 | | | | | 268.72 | |

**匡算附表3　湖泊水位站(鸦湖)投资匡算**

| 序号 | 项目名称 | 建设性质 | 单位 | 数量 | 投资(万元) | 备注 |
|---|---|---|---|---|---|---|
| | 第一部分　建筑工程 | | | | 59.22 | |
| 1 | 直立式水尺 | 新建 | 组 | 1 | 1.5 | |
| 2 | 断面桩 | 新建 | 根 | 2 | 0.05 | |
| 3 | 基本水准点 | 新建 | 个 | 2 | 0.15 | |
| 4 | 校核水准点 | 新建 | 个 | 2 | 0.16 | |
| 5 | 水位计自记平台 | 新建 | 座 | 1 | 50 | |
| 6 | 仪器专用房 | 新建 | 座 | 1 | 4 | |
| 7 | 防雷接地 | 新建 | 项 | 1 | 3 | |
| | 第二部分　仪器设备购置 | | | | 20.608 | |
| 1 | 遥测自记水位计 | 购置 | 台 | 1 | 8 | |
| 2 | RTU 及附属配套设备 | 购置 | 套 | 1 | 1.5 | |
| 3 | GSM/GPRS 模块 | 购置 | 套 | 1 | 0.3 | |
| 4 | 卫星通信终端及天馈线 | 购置 | 套 | 1 | 2.4 | |
| 5 | UPS 稳压电源 | 购置 | 台 | 1 | 0.2 | |
| 6 | 防盗视频监控系统 | 购置 | 套 | 1 | 6 | |
| 运杂费 | | 仪器设备购置费的7% | | | 1.3 | |
| 安装调试费 | | 仪器设备购置费的5% | | | 0.9 | |
| | 第三部分　独立费用 | | | | 19.6 | |
| 1 | 建设管理费 | 第一和第二部分之和的4% | | | 3.2 | |
| 2 | 监理费 | 第一和第二部分之和的3% | | | 2.4 | |
| 3 | 勘测设计费 | 第一和第二部分之和的7.5% | | | 6.0 | |
| 4 | 环评费用 | | | | 2 | |
| 5 | 征地 | | | 亩 | 0.3 | 6 | |
| 一～三部分合计 | | | | | 99.4 | |
| 基本预备费 | | 一～三部分之和的10% | | | 9.94 | |
| 静态总投资 | | | | | 109.34 | |

**匡算附表4　水库坝前水位站典型设计及投资匡算**

| 序号 | 项目名称 | 建设性质 | 单位 | 数量 | 投资（万元） | 备注 |
|---|---|---|---|---|---|---|
| | 第一部分　建筑工程 | | | | 5.72 | |
| 一 | 测验河段基础设施 | | | | 1.22 | |
| 1 | 基本水准点 | 新建 | 个 | 2 | 0.3 | |
| 2 | 校核水准点 | 新建 | 个 | 2 | 0.32 | |
| 3 | 测站标志 | 新建 | 个 | 1 | 0.6 | |
| 二 | 水位观测设施 | | | | 4.5 | |
| 1 | 直立式水尺 | 新建 | 组 | 1 | 0.5 | |
| 2 | 水位自记台 | 新建 | 座 | 1 | 4 | 含基础、支架及避雷设施等 |
| | 第二部分　仪器设备购置 | | | | 7.84 | |
| 一 | 水位观测设备 | | | | 7.00 | |
| 1 | 遥测水位计 | 购置 | 套 | 1 | 7.00 | 含 RTU、通信、供电及避雷设施等 |
| | 运杂费 | 仪器设备购置费的 7% | | | 0.49 | |
| | 安装调试费 | 仪器设备购置费的 5% | | | 0.35 | |
| | 第三部分　独立费用 | | | | 1.97 | |
| 1 | 建设管理费 | 第一和第二部分之和的 4% | | | 0.54 | |
| 2 | 监理费 | 第一和第二部分之和的 3% | | | 0.41 | |
| 3 | 勘测设计费 | 第一和第二部分之和的 7.5% | | | 1.02 | |
| | 一～三部分合计 | | | | 15.53 | |
| | 基本预备费 | 一～三部分之和的 10% | | | 1.55 | |
| | 静态总投资 | | | | 17.08 | |

**匡算附表5　降水量新建站典型设计及投资匡算**

| 序号 | 项目名称 | 建设性质 | 单位 | 数量 | 投资（万元） | 备注 |
|---|---|---|---|---|---|---|
| | 第一部分　建筑工程 | | | | 5.72 | |
| 1 | 降水观测场（支架及围栏） | 新建 | 处 | 1 | 1.5 | 含防雷设施 |
| | 第二部分　仪器设备购置 | | | | 3.36 | |
| 1 | 自计雨（雪）量计 | 购置 | 套 | 1 | 3.00 | 含RTU、GSM模块、太阳能供电系统及避雷设施等 |
| 运杂费 | | 仪器设备购置费的7% | | | 0.21 | |
| 安装调试费 | | 仪器设备购置费的5% | | | 0.15 | |
| | 第三部分　独立费用 | | | | 0.70 | |
| 1 | 建设管理费 | 第一和第二部分之和的4% | | | 0.19 | |
| 2 | 监理费 | 第一和第二部分之和的3% | | | 0.15 | |
| 3 | 勘测设计费 | 第一和第二部分之和的7.5% | | | 0.36 | |
| 一～三部分合计 | | | | | 5.21 | |
| 基本预备费 | | 一～三部分之和的10% | | | 0.52 | |
| 静态总投资 | | | | | 5.73 | |

**匡算附表6　巡测队典型设计（配置仪器设备）及投资匡算**

| 序号 | 项目名称 | 建设性质 | 单位 | 数量 | 投资（万元） | 备注 |
|---|---|---|---|---|---|---|
| | 仪器设备购置 | | | | 215.86 | |
| 一 | 流量测验设备 | | | | 72.55 | |
| 1 | 流速测算仪 | 购置 | 台 | 3 | 0.75 | |
| 2 | 普通流速仪 | 购置 | 台 | 3 | 1.8 | |
| 3 | 测深仪 | 购置 | 台 | 2 | 40 | 进口 |
| 4 | 巡测船 | 购置 | 只 | 1 | 30 | |
| 二 | 报汛及通信设备 | | | | 7.46 | |
| 1 | RTU | 购置 | 套 | 2 | 1.96 | |
| 2 | 蓄电池及太阳能供电系统 | 购置 | 套 | 2 | 1 | |
| 3 | GSM/GPRS模块 | 购置 | 套 | 2 | 0.4 | |
| 4 | 对讲机 | 购置 | 对 | 2 | 0.8 | |
| 5 | 短波电台 | 购置 | 部 | 2 | 3 | |

**续匡算附表 6**

| 序号 | 项目名称 | 建设性质 | 单位 | 数量 | 投资（万元） | 备注 |
|---|---|---|---|---|---|---|
| 6 | 程控电话 | 购置 | 部 | 2 | 0. 3 | |
| 三 | 测绘仪器 | | | | 4. 32 | |
| 1 | 手持 GPS | 购置 | 台 | 1 | 1 | |
| 2 | 测距仪 | 购置 | 台 | 1 | 2 | |
| 3 | 经纬仪 | 购置 | 台 | 1 | 1 | |
| 4 | 普通水准仪 | 购置 | 台 | 1 | 0. 2 | |
| 5 | 水准尺 | 购置 | 台 | 1 | 0. 12 | |
| 四 | 交通工具 | | | | 80 | |
| 1 | 巡测车 | 购置 | 辆 | 2 | 80 | |
| 五 | 供电、水暖设备 | | | | 16 | |
| 1 | 自备电源 | 购置 | 台 | 1 | 5 | |
| 2 | 供电变压器 | 购置 | 台 | 1 | 5 | |
| 3 | 防盗视频监控系统 | 购置 | 套 | 1 | 6 | |
| 六 | 其他设备 | | | | 12. 4 | |
| 1 | 计算机 | 购置 | 台 | 4 | 2 | |
| 2 | 便携式计算机 | 购置 | 台 | 3 | 2. 4 | |
| 3 | 打印机 | 购置 | 台 | 1 | 0. 5 | |
| 4 | 传真机 | 购置 | 台 | 1 | 0. 5 | |
| 5 | 扫描仪 | 购置 | 台 | 1 | 0. 3 | |
| 6 | 照相机 | 购置 | 台 | 1 | 1. 5 | |
| 7 | 空调 | 购置 | 台 | 2 | 1. 2 | |
| 8 | 办公桌椅 | 购置 | 套 | 5 | 2. 5 | |
| 9 | 消防设备 | 购置 | 套 | 1 | 1. 5 | |
| 运杂费 | | 仪器设备购置费的 7% | | | 13. 49 | |
| 安装调试费 | | 仪器设备购置费的 5% | | | 9. 64 | |
| 第三部分　独立费用 | | | | | 41. 4 | |
| 1 | 建设管理费 | 第一和第二部分之和的 2% | | | 4. 32 | |
| 2 | 监理费 | 第一和第二部分之和的 1. 5% | | | 3. 24 | |
| 3 | 勘测设计费 | 第一和第二部分之和的 4% | | | 8. 63 | |
| 一～三部分合计 | | | | | 232. 05 | |
| 基本预备费 | | 一～三部分之和的 10% | | | 23. 20 | |
| 静态总投资 | | | | | 255. 25 | |

# 附　录

## 附件 1　青海省水利厅关于本规划的批复文件

# 青海省水利厅文件

青水规〔2016〕182 号

### 关于青海省水文站网规划的批复

省水文水资源勘测局：

你局《关于请求审查青海省水文站网规划的请示》（青水文〔2015〕67 号，以下简称《规划》）收悉。省水利技术评审中心对该《规划》进行了技术审查，提出了审查意见（见附件）。经研究，我厅基本同意该审查意见及修改后的《规划》，现批复如下：

一、水文是水利和经济社会发展的基础性公益事业和重要支撑，关系到国民经济建设的全局和长远利益。水文站网作为水文工作的重要基础和战略布局，在水文事业中具有承基建构的重要作用。为贯彻落实《中共中央　国务院关于加快水利改革发展的决定》和《中共青海省省委省人民政府关于加快水利改革发展的若干意见》精神，对水文站网进行统一规划、科学布局，使之更好地服务于全省经济社会可持续发展，编制和实施《规划》是必要的。

二、同意《规划》提出的范围和水平年。规划范围为青海省全境。规划现状水平年为2013年，近期规划水平年为2020年，远期规划水平年为2030年。

三、基本同意《规划》提出的目标和布局。通过水文站网建设，以最经济合理的测站数目、最科学的位置，达到全面控制水文要素时空变化规律的目的。在现有河流水文站网的基础上，从防灾减灾、防汛抗旱、城市防洪、水资源配置和管理、水量平衡计算、水能资源开发、水利工程影响、突发性水事件应急监测等方面综合考虑，巩固大河控制站，优化区域代表站，调整小河站，进一步夯实水文站网基础，完善水文监测体系，形成布局合理、功能齐全的水文站网监测系统。

四、基本同意《规划》成果。即，增设流量站30处、独立水位站10处、泥沙站12处、降水量站76处、蒸发站12处、地下水站134处、水质站144处、墒情站130处、实验站16处、专用站6处。

五、请你局按照《规划》确定的目标任务组织做好《规划》的实施工作。分别轻重缓急，认真组织开展《规划》内站网的前期工作，严格履行项目基本建设程序，统筹推进站网建设。

附件：青海省水文站网规划审查意见

青海省水利厅

2016年8月24日

青海省水利厅办公室　　　　　　　　2016年8月24日印发

附件：

# 青海省水文站网规划审查意见

受省水利厅委托，2015年5月19日，省水利技术评审中心在西宁主持召开了《青海省水文站网规划》（以下简称《规划》）审查会。省发改委、省财政厅、省水利厅、省国土资源厅、省环境保护厅，黄河水文水资源科学研究院等单位代表和特邀专家参加了会议。会议听取了青海省水文水资源勘测局、河南黄河水文勘测设计院关于《规划》的汇报，并进行了认真讨论和审查。会后，编制单位根据会议要求和专家意见，对《规划》进行了补充、修改、完善。经复核，基本同意修改后的《规划》，主要审查意见如下：

一、《规划》对于青海省实施"生态立省"战略、落实保护"中华水塔"神圣义务、促进水文自身发展是非常必要的。

二、《规划》编制依据充分，资料翔实，内容全面，目标明确，技术路线正确，符合《水文站网规划技术导则》（SL 34—2013）等技术标准的相关要求。

三、《规划》采用主成分聚类分析结合自然地理概况的方法，对青海省重新进行水文分区，具有水文资料系列较新较长、方法科学合理和区级层次适当等特点，成果合理，切合实际，在空间区域上符合青海省水文特性，可为水文及有关业务研究提供基础支撑。

1

四、《规划》根据水利发展总体布局，按照统筹兼顾、突出重点的原则，围绕地表水监测、水环境监测、大气（降水、蒸发等）水监测、地下水及墒情监测、应急监测和水文信息服务等六大体系建设，提出的青海省水文站网近、远期布局规划，基本符合水文工作的要求。

五、《规划》在综合分析各类水文站网功能的基础上，提出的以巩固大河控制站、优化区域代表站、调整小河站的流量站网规划目标明确；水位、泥沙、降水量、蒸发、水质、墒情、实验站、专用站等各类站网规划，全面合理，具有指导作用。

六、《规划》从维护江河源区河湖健康、促进生态文明建设、增强水事防灾、利于水资源配置和管理、满足水量平衡计算、促进水能资源开发、克服水利工程影响、应对突发性水事件、兼顾行政边界控制断面水文监测、落实最严格的水资源管理制度等方面，调整完善部分测站功能的成果，基本可满足服务对象的不同需求。

七、基本同意本次站网规划成果。

本次规划增设流量站30处（不含水库站及专用站）、独立水位站10处（含水库站）、泥沙站12处、降水量站76处、蒸发站12处、地下水站134处、水质站144处（含地下水水质站）、墒情站130处（含移动站）、实验站16处、专用站6处，分布于青海省内的长江流域、黄河流域、澜沧江流域和内陆河流域。

2

八、基本同意《规划》投资估算采用的编制原则、依据、方法、费用构成和取费标准。《规划》估算总投资31 121.03 万元，其中近期（2015～2020）规划投资14 398.75 万元，远期（2021～2030）规划投资16 722.28 万元。

九、基本同意站网规划实施效果评价。

规划实施后，青海省站网密度将得到较大提高，全省流量站网密度则从10 506km²/站提高到9 043km²/站（2020 年）和7 290km²/站（2030 年），黄河流域流量站网密度从3 541km²/站提高到3 383km²/站（2020 年）和2 768km²/站（2030 年），长江流域流量站网密度从26 399km²/站提高到14 399km²/站（2020 年）和10 559km²/站（2030 年），澜沧江流域流量站网密度从18 499km²/站提高到12 333km²/站（2020 年）和7 400km²/站（2030 年），内陆河流域流量站网密度从21 575km²/站提高到18 338km²/站（2020 年）和15 946km²/站（2030 年）；水位、降水量、泥沙、蒸发、地下水、水质等站类也得到补充，站网密度有较大幅度的提高；墒情站、实验站填补了空白。

十、随着经济社会的快速发展和政府各部门对水文工作的重视、支持力度加大，《规划》提出的加强水文行业管理、加强水文站网优化及测验技术研究、加强青海省“数字水文”建设、加强制度建设、加大人才培养与队伍建设、加大投入力度等保障措施是合理、可行的。

附审查组名单

4

## 《青海省水文站网规划》审查会专家组名单

| 姓 名 | 专家组职务 | 工作单位 | 职务/职称 | 签名 |
|---|---|---|---|---|
| 齐国庆 | 组长 | 青海省水利水电勘测设计研究院 | 高工 | |
| 张遂业 | 成员 | 黄河水文水资源科学研究院 | 教高 | |
| 金双彦 | 成员 | 黄河水文水资源科学研究院 | 教高 | |
| 刘锡宁 | 成员 | 青海省水利厅水资源处 | 高工 | |
| 宋 芳 | 成员 | 青海省水利厅前期中心 | 高工 | |
| 达明昌 | 成员 | 青海省水利技术评审中心 | 高工 | |
| 陈 强 | 成员 | 青海省水利技术评审中心 | 高工 | |
| 郭广随 | 成员 | 青海省发改委农牧处 | 工程师 | |
| 达来奎 | 成员 | 青海省财政厅经监处 | 财务总监 | |
| 柏玉云 | 成员 | 青海省国土资源厅 | 副主科 | |
| 罗淑英 | 成员 | 青海省环保厅监测处 | 高工 | |
| 党明芬 | 成员 | 青海省水利厅规计处 | 主任科员 | |
| 方季强 | 成员 | 青海省水利厅收费办 | 调研员 | |
| 余立新 | 成员 | 青海省水利厅前期中心 | 高工 | |

# 附件2　长江委水文局关于本规划的审核意见

# 长江水利委员会水文局文件

水文监测〔2014〕492号

## 关于审查通过《青海省水文站网规划》（送审稿）的函

青海省水文水资源勘测局：

2014年11月23日，长江水利委员会水文局在武汉主持召开了《青海省水文站网规划》（以下简称《规划》）审查会。参加会议的有长江水利委员会水文局、规划计划处、水文监测管理处、水环境处、技术中心、中游水文水资源勘测局，以及编制单位青海省水文水资源勘测局、河南黄河水文勘测设计院的专家和代表。与会专家听取了《规划》编制单位的汇报，经认真质询与讨论，一致同意《规划》通过审查，并根据专家审查意见（见附件）进一步补充完善。

附件：长江水利委员会水文局对《青海省水文站网规划》（送审稿）审查意见

长江委水文局

2014 年 12 月 15 日

附件：

## 长江水利委员会水文局
## 对《青海省水文站网规划》（送审稿）审查意见

2014年11月23日，长江水利委员会水文局在武汉主持召开了《青海省水文站网规划》（以下简称《规划》）审查会。参加会议的有长江水利委员会水文局、规划计划处、水文监测管理处、水环境处、技术中心、中游水文水资源勘测局，以及编制单位青海省水文水资源勘测局、河南黄河水文勘测设计院的专家和代表，会议成立了专家组（名单附后），与会专家听取了《规划》编制单位的汇报，经认真质询与讨论，形成意见如下：

1.《规划》报告编制依据充分、资料翔实、指导思想清晰、目标贴切、技术路线正确、规划成果合理；

2. 基本同意在青海省境内长江流域、澜沧江流域新建水文站10处（近期4处，远期6处）；新建雨量站31处（远期）；新建水功能区水质监测站5处（远期）、新建水源地水质监测站2处（近期1处，远期1处）、地下水水质监测站点1处（近期）；地下水水位监测站点1处（近期）；实验站1处（近期）。

3. 建议

（1）补充说明与相关规划的关系；

（2）在规划效益评价中增加规划后的效果评价。

与会专家一致同意《规划》（送审稿）通过审查，并根据专家意见进一步补充完善。

审查组组长：

副组长：

二〇一四年十一月二十三日

## 《青海省水文站网规划》

## 长江水利委员会水文局审查会专家表

| 姓名 | 单位 | 职称/职务 | 签字 |
|---|---|---|---|
| 刘东生 | 长江水利委员会水文局 | 副局长<br>教授级高工 | |
| 陈松生 | 长江水利委员会水文局 | 副总工程师<br>教授级高工 | |
| 张潮 | 长江委水文局长江中游<br>水文水资源勘测局 | 副局长<br>高级工程师 | |
| 徐德龙 | 长江水利委员会水文局 | 规计处处长<br>教授级高工 | |
| 汪金成 | 长江水利委员会水文局 | 水环境处处长<br>高级工程师 | |
| 袁德忠 | 长江水利委员会水文局 | 技术中心二室主<br>任<br>高级工程师 | |
| 张孝军 | 长江水利委员会水文局 | 水文监测管理处<br>高级工程师 | |
| 陈守荣 | 长江水利委员会水文局 | 调研员<br>教授级高工 | |
| 梅军亚 | 长江水利委员会水文局 | 水文监测管理处处长<br>教授级高工 | |

抄送:黄河水文勘测设计院

长江委水文局办公室　　　　　　　　　　2014 年 12 月 15 日印发

## 附件3　黄委水文局关于本规划的审核意见

# 黄 河 水 利 委 员 会 水 文 局

黄水测函〔2014〕8号

## 黄委水文局关于《青海省水文站网规划》（送审稿）审核意见的函

青海省水文水资源勘测局：

你局呈报的《青海省水文站网规划》（以下简称《站网规划》）收悉。依据《水文站网管理办法》（中华人民共和国水利部令第44号）和《水文站网规划技术导则》（SL 34—2013）的管理要求，黄委水文局于2014年11月24日在郑州主持召开了《站网规划》审核会议，参加会议的有黄委水文局、甘肃省水文水资源局、河南黄河水文勘测设计院、青海省水文水资源勘测局等单位的专家和代表。会议听取了编制单位的汇报，对规划成果进行了审阅、质询讨论，并形成审核意见（见附件）。

特此函告。

附件：《青海省水文站网规划》（送审稿）审核意见

黄河水利委员会水文局
黄委水文局

2014年11月25日

## 《青海省水文站网规划》（送审稿）审核意见

2014 年 11 月 24 日，黄委水文局在郑州主持召开了《青海省水文站网规划》（以下简称《站网规划》）审核会议。黄委水文局及所属规计处、测验处、信息中心、研究院、设计院，甘肃省水文水资源局，青海省水文水资源勘测局的专家和代表参加了会议（名单附后）。会议听取了编制单位的汇报，对规划成果进行了审阅、质询讨论，形成以下审核意见：

1.为加强水文规律研究，满足经济社会发展对水文工作的需求，提高水文支撑服务能力，编制《站网规划》是十分必要的。

2.《站网规划》分析了青海省水文站网现状、存在问题及经济社会发展对水文工作的需求，规划目标明确、分区合理、内容全面，可为水资源管理、开发利用，水生态保护，防汛抗旱等经济社会发展提供有力支撑。

3. 规划使用资料翔实、依据充分、技术路线正确、规划方案合理。

4. 同意青海省黄河流域片水文站网规划成果。

5. 建议做好《站网规划》与青海省、流域机构和全国有关综合或单项规划的衔接。

组长：谷源泽

2014 年 11 月 24 日

## 《青海省水文站网规划》

## 黄河水利委员会水文局审查会专家表

| 姓名 | 单位 | 职称/职务 | 签字 |
|---|---|---|---|
| 谷源泽 | 黄河水利委员会水文局 | 副局长<br>教授级高工 | |
| 王怀柏 | 黄河水利委员会水文局 | 处长/教授级高工 | |
| 罗思武 | 黄河水利委员会水文局 | 副处长/高工 | |
| 李世明 | 黄河水利委员会水文局 | 副主任<br>教授级高工 | |
| 李　明 | 黄河水利委员会水文局 | 高级工程师 | |
| 拓自亮 | 黄河水利委员会水文局 | 教授级高工 | |
| 钱云平 | 黄河水利委员会水文局 | 教授级高工 | |
| 林志宁 | 甘肃省水文局 | 处长/教授级高工 | |
| 程　宇 | 甘肃省水文局 | 处长/教授级高工 | |
| | | | |

## 附表 1　青海省历史水文站（已撤）基本情况一览

| 序号 | 水系 | 河名 | 站名 | 测站编码 | 断面位置 | 坐标 | | 集水面积($km^2$) | 监测项目 | | | | | | 监测时间（年-月） | 系列长度（年） | 备注 |
|---|---|---|---|---|---|---|---|---|---|---|---|---|---|---|---|---|---|
| | | | | | | 东经 | 北纬 | | 水位 | 流量 | 泥沙 | 降水 | 蒸发 | 地下水 | | | |
| 1 | 达布逊河 | 乌图美仁河 | 乌图美仁 | 01208500 | 格尔木市乌图美仁 | 93°19′ | 37°00′ | 1631 | 1 | 1 | | 1 | 1 | | 1959-11 ~ 1963-12 | 4 | $I_{1-2}$ |
| 2 | 霍布逊湖 | 诺木洪河 | 诺木洪 | 01104500 | 都兰县诺木洪南山口 | 96°23′ | 36°12′ | 3773 | 1 | 1 | 1 | 1 | 1 | | 1955-07 ~ 1995-09 | 40 | $I_{1-2}$ |
| 3 | 达布逊河 | 托拉海河 | 托拉海 | 01204400 | 格尔木市托拉海 | 94°14′ | 36°18′ | 525 | 1 | 1 | | 1 | | | 1958-09 ~ 1961-08 | 3 | $I_{1-2}$ |
| 4 | 达布逊河 | 大灶火 | 大灶火 | 01205400 | 格尔木市大灶火 | 93°52′ | 36°21′ | 571 | 1 | 1 | | 1 | 1 | | 1958-09 ~ 1960-05 | 1.5 | $I_{1-2}$ |
| 5 | 达布逊河 | 小灶火 | 小灶火 | 01206500 | 格尔木市小灶火 | 93°31′ | 36°39′ | 1116 | 1 | 1 | | 1 | 1 | | 1960-06 ~ 1962-04 | 2 | $I_{1-2}$ |
| 6 | 尕斯湖 | 斯巴利克河 | 斯巴利克 | 01006200 | 茫崖镇斯巴利克 | 89°55′ | 38°02′ | 8970 | 1 | 1 | 1 | 1 | 1 | | 1956-07 ~ 1963-12 | 7.5 | |
| 7 | 尕斯湖 | 铁木里克河 | 阿拉尔 | 01006400 | 茫崖镇阿拉尔 | 90°37′ | 38°11′ | 15821 | 1 | 1 | 1 | 1 | 1 | | 1956-05 ~ 1967-12 | 11.5 | $I_{1-1}$ |
| 8 | 尕斯湖 | 阿达滩河 | 阿达滩（四） | 01006600 | 茫崖镇阿达滩 | 89°54′ | 37°52′ | 5033 | 1 | 1 | | 1 | 1 | | 1956-10 ~ 1963-12 | 7 | |
| 9 | 霍布逊湖 | 柴达木河 | 宗家 | 01100900 | 都兰县宗家乡 | 97°30′ | 36°18′ | 14120 | 1 | 1 | | 1 | 1 | | 1956-08 ~ 1962-05、1965-09 ~ 1969-11 | 10 | $I_{1-2}$ |
| 10 | 巴戛柴达木湖 | 塔塔棱河 | 小柴旦（二） | 01003600 | 大柴旦镇小柴旦 | 95°30′ | 37°43′ | 4771 | 1 | 1 | 1 | 1 | 1 | | 1956-05 ~ 1969-12 | 13.5 | $I_{1-2}$ |
| 11 | 霍布逊湖 | 西西河 | 西西 | 01103800 | 都兰县宗家乡西西 | 97°01′ | 36°22′ | 4950 | 1 | 1 | | 1 | | | 1958-10 ~ 1961-10 | 3 | $I_{1-2}$ |
| 12 | 德宗马海湖 | 鱼卡河 | 马海 | 01001500 | 大柴旦镇马海 | 94°51′ | 38°00′ | 2352 | 1 | 1 | 1 | 1 | 1 | | 1962-07 ~ 1982-05 | 21 | $I_{1-2}$ |
| 13 | 德宗马海湖 | 鱼卡河 | 鱼卡（中） | 01001400 | 大柴旦镇鱼卡德宗马海湖 | 94°56′ | 38°00′ | 2320 | 3 | 3 | 1 | 3 | 3 | | 1956-03 ~ 1993 | 37 | $I_{1-2}$ |
| 14 | 依克柴达木湖 | 八里沟 | 八里沟 | 01002500 | 大柴旦镇八里沟 | 95°25′ | 37°52′ | 97.7 | 1 | 1 | | 1 | | | 1959-05 ~ 1961-11 | 2.5 | $I_{1-2}$ |
| 15 | 库尔雷克湖 | 巴勒更河 | 怀头他拉 | 01004200 | 乌兰县怀头他拉 | 96°46′ | 37°24′ | 882 | 1 | 1 | | 1 | 1 | | 1966-07 ~ 1968-09 | 2 | $I_{1-2}$ |
| 16 | 霍布逊湖 | 大格勒河 | 大格勒 | 01105500 | 格尔木市大格勒乡 | 95°43′ | 36°16′ | 1009 | 1 | 1 | | 1 | | | 1959-07 ~ 1962-04、1980-07 ~ 1992-12 | 17 | $I_{1-2}$ |
| 17 | 苏干湖 | 苏干河 | 苏干湖 | 01000800 | 冷湖镇苏干湖 | 94°04′ | 38°56′ | | 1 | 1 | | 1 | 1 | | 1960-09 ~ 1967-12 | 7.5 | $I_{1-1}$ |
| 18 | 霍布逊湖 | 清水河 | 清水河 | 01103400 | 都兰县清水河 | 97°09′ | 36°05′ | 340 | 1 | 1 | | 1 | 1 | | 1966-11 ~ 1969-12、1980-06 ~ 1981-12 | 5 | $I_{1-2}$ |
| 19 | 尕斯湖 | 曼特里克河 | 曼特里克 | 01006800 | 茫崖镇曼特里克 | 90°51′ | 37°48′ | 563 | 1 | 1 | | 1 | 1 | | 1960-08 ~ 1962-02 | 1.5 | $I_{1-1}$ |

**续附表 1**

| 序号 | 水系 | 河名 | 站名 | 测站编码 | 断面位置 | 坐标 | | 集水面积 | 监测项目 | | | | | | 监测时间 | 系列长度 | 备注 |
|---|---|---|---|---|---|---|---|---|---|---|---|---|---|---|---|---|---|
| | | | | | | 东经 | 北纬 | ($km^2$) | 水位 | 流量 | 泥沙 | 降水 | 蒸发 | 地下水 | (年-月) | (年) | |
| 20 | 苏干湖 | 哈尔腾河 | 花海子 | 01000400 | 达柴旦镇花海子 | 95°30′ | 38°49′ | 5967 | 1 | 1 | 1 | 1 | 1 | | 1956-06 ~ 1960-12 | 4.5 | |
| 21 | 库尔雷克湖 | 巴音河 | 泽林沟 | 01004400 | 德令哈市泽林沟 | 97°44′ | 37°27′ | 5544 | 1 | 1 | | 1 | 1 | | 1958-10 ~ 1991-10 | 33 | Ⅱ$_{1-1}$ |
| 22 | 达布逊河 | 格尔木河 | 舒尔干 | 01200200 | 格尔木市青藏公路 53 道班 | 94°48′ | 35°57′ | 10723 | 1 | 1 | | | | | 1978-06 ~ 1993-02 | 14.5 | Ⅱ$_{1-2}$ |
| 23 | 巴戛柴达木湖 | 塔塔棱河 | 卡可土 | 01003300 | 大柴旦镇卡可土 | 96°13′ | 37°49′ | 2076 | 1 | 1 | | 1 | | | 1958-11 ~ 1961-12 | 3 | Ⅱ$_{1-1}$ |
| 24 | 都兰湖 | 都兰河 | 希里沟 | 01005400 | 乌兰县铜普乡上尕巴村 | 98°35′ | 37°00′ | 978 | 1 | 1 | 1 | 1 | 1 | | 1959-09 ~ 1969-12 | 10 | Ⅱ$_{1-3}$ |
| 25 | 大连湖 | 沙珠玉河 | 沙珠玉 | 01310400 | 共和县沙珠玉拉日 | 99°51′ | 36°21′ | 4535 | 1 | 1 | 1 | 1 | 1 | | 1958-09 ~ 1969-11 | 11 | Ⅱ$_{1-3}$ |
| 26 | 大连湖 | 大水河 | 大水 | 01310800 | 共和县大水 | 99°28′ | 36°44′ | 341 | 1 | 1 | | 1 | 1 | | 1958-10 ~ 1961-12 | 3 | Ⅱ$_{1-3}$ |
| 27 | 大连湖 | 哇洪河 | 哇洪 | 01311200 | 共和县哇洪 | 99°14′ | 36°18′ | 432 | 1 | 1 | | 1 | 1 | | 1957-05 ~ 1961-12、1982-07 ~ 1988-12 | 11 | Ⅱ$_{1-3}$ |
| 28 | 霍布逊湖 | 沙柳河 | 查查香卡 | 01110200 | 都兰县夏日哈乡上查查香卡 | 98°21′ | 36°35′ | 1965 | 1 | 1 | 1 | 1 | 1 | | 1956-04 ~ 1969-11、1979-09 ~ 1992-06 | 27 | Ⅱ$_{1-2}$ |
| 29 | 霍布逊湖 | 夏日哈河 | 夏日哈(三) | 01100700 | 都兰县夏日哈 | 98°11′ | 36°26′ | 973 | 1 | 1 | | 1 | 1 | | 1957-11 ~ 1962-04、1980-06 ~ 1981-12 | 6 | Ⅱ$_{1-2}$ |
| 30 | 霍布逊湖 | 宜克光河 | 巴隆 | 01102400 | 都兰县巴隆乡下妥阿孟 | 97°30′ | 35°56′ | 305 | 1 | 1 | | 1 | | | 1958-06 ~ 1963-12、1980-07 ~ 1994-12 | 21 | Ⅱ$_{1-2}$ |
| 31 | 霍布逊湖 | 哈图河 | 哈图 | 01102800 | 都兰县巴隆乡哈图 | 97°24′ | 35°56′ | 613 | 1 | 1 | | 1 | 1 | | 1957-06 ~ 1963-12、1980-06 ~ 1987-12 | 14 | Ⅱ$_{1-2}$ |
| 32 | 达布逊河 | 格尔木河 | 南沟口 | 01203900 | 格尔木市 | 94°45′ | 35°54′ | 1208 | 1 | 1 | | | | | 1988-08 ~ 1988-12 | 0.5 | Ⅱ$_{1-2}$ |
| 33 | 都兰湖 | 都兰河 | 铜普 | 01005425 | 乌兰县铜普乡中尕巴村 | 98°33′ | 37°00′ | 1133 | 1 | 1 | | | | | 1977-07 ~ 1978-08 | 1 | Ⅱ$_{1-3}$ |
| 34 | 金沙江上游 | 楚玛尔河 | 楚玛尔河 | 60201400 | 曲麻莱县五道梁楚玛尔河大桥 | 93°18′ | 35°18′ | 9388 | 1 | 1 | | 1 | 1 | | 1959-01 ~ 1990-10 | 32 | Ⅲ$_{1-3}$ |
| 35 | 金沙江上游 | 北麓河 | 北麓河 | 60201200 | 曲麻莱县唐古拉山北麓河大桥 | 92°56′ | 34°53′ | 1026 | 1 | 1 | | 1 | | | 1959-09 ~ 1959-11 | 0.2 | Ⅲ$_{1-3}$ |
| 36 | 金沙江上游 | 尕日曲 | 得列楚卡 | 60201100 | 格尔木市唐古拉山尕日曲大桥 | 92°22′ | 33°52′ | 4168 | 1 | 1 | | 1 | | | 1960-06 ~ 1963-07 | 3 | Ⅲ$_{1-3}$ |
| 37 | 霍布逊湖 | 柴达木河 | 托索湖 | 01100300 | 玛多县黑海乡错逆得克 | 98°21′ | 35°21′ | 3175 | 1 | 1 | | 1 | 1 | | 1965-04 ~ 1968-12 | 4 | Ⅱ$_{1-2}$ |
| 38 | 黄河干流 | 黄河 | 龙羊峡 | 40100400 | 共和县曲沟乡龙羊峡口 | 100°54′ | 36°07′ | 131405 | 1 | | | | | | 1959-01 ~ 1961-12、1966-07 ~ 1969-01 | 5 | Ⅱ$_{1-3}$ |
| 39 | 湟水 | 湟水 | 海晏(湟) | 40400100 | 海晏县红山村 | 101°01′ | 36°54′ | 715 | 1 | 1 | 1 | 1 | 1 | 1 | 1954-04 ~ 2007-12 | 53.5 | Ⅲ$_{4-2}$ |
| 40 | 湟水 | 湟水 | 石崖庄 | 40400200 | 湟源县东峡乡灰条沟口 | 101°21′ | 36°40′ | 3083 | 1 | 1 | 1 | 1 | 1 | 1 | 1953-07 ~ 2007-12 | 53 | Ⅲ$_{3-3}$ |
| 41 | 大连湖 | 切吉河 | 切吉 | 01311400 | 共和县切吉 | 99°50′ | 36°04′ | 319 | 1 | 1 | 1 | 1 | 1 | | 1957-05 ~ 1961-12 | 4.5 | Ⅱ$_{1-3}$ |
| 42 | 黄河上游区 | 芒拉河 | 拉干 | 40202000 | 贵南县江当乡拉干村 | 100°26′ | 35°46′ | 3000 | 1 | 1 | 1 | 1 | 1 | | 1956-07 ~ 1962-06 | 6 | Ⅲ$_{2-2}$ |

## 续附表1

| 序号 | 水系 | 河名 | 站名 | 测站编码 | 断面位置 | 坐标 |  | 集水面积($km^2$) | 监测项目 |  |  |  |  |  | 监测时间(年-月) | 系列长度(年) | 备注 |
|---|---|---|---|---|---|---|---|---|---|---|---|---|---|---|---|---|---|
|  |  |  |  |  |  | 东经 | 北纬 |  | 水位 | 流量 | 泥沙 | 降水 | 蒸发 | 地下水 |  |  |  |
| 43 | 黄河上游区 | 芒拉河 | 拉曲 | 40201900 | 贵南县城关 | 100°44′ | 35°36′ | 1717 | 1 | 1 | 1 | 1 | 1 |  | 1955-04 ~ 1994-12 | 39.5 | $\text{Ⅲ}_{2-2}$ |
| 44 | 黄河上游区 | 芒拉河 | 芒什多 | 40201700 | 贵南县芒什多 | 101°15′ | 35°30′ | 277 | 1 | 1 |  | 1 | 1 |  | 1967-07 ~ 1970-10 | 3.5 | $\text{Ⅲ}_{2-2}$ |
| 45 | 黄河上游区 | 芒拉河 | 芒拉 | 40201800 | 贵南县芒拉乡上鲁仓村 | 100°52′ | 35°34′ | 1443 | 1 | 1 | 1 | 1 | 1 |  | 1954-04 ~ 1962-07 | 8 | $\text{Ⅲ}_{2-2}$ |
| 46 | 黄河上游区 | 大河坝河 | 黄清 | 40201300 | 兴海县大河坝乡俄合干村 | 99°52′ | 35°35′ | 3152 | 1 | 1 |  | 1 | 1 |  | 1959-06 ~ 1980-10 | 21 | $\text{Ⅲ}_{2-1}$ |
| 47 | 黄河上游区 | 大河坝河 | 大河坝 | 40201200 | 兴海县大河坝乡 | 99°42′ | 35°47′ | 2676 | 1 | 1 | 1 | 1 | 1 |  | 1958-04 ~ 1962-08 | 4 | $\text{Ⅲ}_{1-2}$ |
| 48 | 黄河上游区 | 巴沟 | 巴滩 | 40200900 | 同德县巴滩乡松多村 | 100°33′ | 35°15′ | 3554 | 1 | 1 | 1 | 1 | 1 |  | 1958-04 ~ 1997-12 | 39.5 | $\text{Ⅲ}_{2-2}$ |
| 49 | 黄河上游区 | 哈拉河 | 哈拉河 | 40202100 | 贵南县森多乡哈拉河 | 101°08′ | 35°27′ | 46.4 | 1 | 1 |  | 1 | 1 |  | 1967-05 ~ 1968-07 | 1 | $\text{Ⅲ}_{2-2}$ |
| 50 | 湟水 | 湟水 | 扎马隆 | 40400300 | 湟中县扎马隆 | 101°27′ | 36°40′ | 3338 | 1 | 1 | 1 | 1 | 1 | 1 | 1951-09 ~ 1964-02 | 12 | $\text{Ⅲ}_{4-2}$ |
| 51 | 湟水 | 湟水 | 松树庄 | 40400700 | 民和县松树乡旱台子 | 102°44′ | 36°21′ | 15144 | 2 | 2 |  | 1 |  |  | 1953-05 ~ 1953-12 | 0.5 | $\text{Ⅲ}_{3-3}$ |
| 52 | 湟水 | 湟水 | 大峡 | 40400500 | 乐都县大峡 | 102°14′ | 36°29′ | 12573 | 1 | 1 | 1 | 1 | 1 | 1 | 1957-01 ~ 1988-12 | 32 | $\text{Ⅲ}_{3-3}$ |
| 53 | 黄河上游区 | 隆务河 | 隆务河口 | 40202800 | 尖扎县昂拉乡 | 102°06′ | 35°50′ | 4959 | 1 | 1 | 1 | 1 | 1 |  | 1954-04 ~ 1996-12 | 43 | $\text{Ⅲ}_{2-2}$ |
| 54 | 黄河上游区 | 德拉河 | 周屯 | 40202500 | 贵德县东沟乡周屯 | 101°31′ | 35°55′ | 539 | 1 | 1 |  | 1 | 1 | 1 | 1980-01 ~ 1997-05 | 17.5 | $\text{Ⅲ}_{2-2}$ |
| 55 | 黄河上游区 | 东沟 | 上兰角 | 40202400 | 贵德县东沟乡上兰角 | 101°29′ | 35°56′ | 981 | 1 | 1 |  | 1 | 1 |  | 1959-06 ~ 1962-06 | 3 | $\text{Ⅲ}_{2-2}$ |
| 56 | 黄河上游区 | 沙沟 | 赛什堂 | 40202200 | 贵南县沙沟乡赛什堂 | 100°59′ | 35°53′ | 401 | 1 | 1 |  |  |  |  | 1968-10 ~ 1969-12 | 1 | $\text{Ⅲ}_{2-2}$ |
| 57 | 黄河上游区 | 西沟 | 瓦加 | 40202300 | 贵德县瓦加农场 | 101°24′ | 35°52′ | 714 | 1 | 1 |  | 1 |  |  | 1961-01 ~ 1961-12 | 1 | $\text{Ⅲ}_{2-1}$ |
| 58 | 湟水 | 哈利涧河 | 海晏(哈) | 40401400 | 海晏县红山村 | 101°01′ | 36°54′ | 662 | 1 | 1 | 1 | 1 | 1 |  | 1954-04 – 2007-12 | 53.5 | $\text{Ⅲ}_{4-2}$ |
| 59 | 湟水 | 南川河 | 上新庄 | 40405200 | 湟中县上新庄乡华山村 | 101°33′ | 36°23′ | 53.4 | 1 | 1 |  |  |  |  | 1958-03 ~ 1961-08 | 3.5 | $\text{Ⅲ}_{3-4}$ |
| 60 | 湟水 | 南川河 | 祁家庄 | 40405400 | 湟中县总寨乡祁家庄 | 101°37′ | 36°29′ | 185 | 1 | 1 |  | 1 | 1 |  | 1965-08 ~ 1969-12 | 4.5 | $\text{Ⅲ}_{3-4}$ |
| 61 | 湟水 | 南川河 | 老幼堡 | 40405600 | 湟中县总寨乡老幼堡大桥 | 101°38′ | 36°30′ |  | 1 | 1 |  | 1 | 1 |  | 1981-05 ~ 1984-12 | 3.5 | $\text{Ⅲ}_{3-3}$ |
| 62 | 湟水 | 小南川 | 小南川 | 40406400 | 湟中县田家寨乡梁家 | 101°55′ | 36°32′ | 362 | 1 | 1 | 1 | 1 | 1 |  | 1960-06 ~ 1962-08 | 2 | $\text{Ⅲ}_{3-3}$ |
| 63 | 湟水 | 哈拉直沟 | 哈拉直沟 | 40406800 | 互助县高寨乡西湾村 | 101°58′ | 36°33′ |  | 1 | 1 |  | 1 |  |  | 1977-08 ~ 1978-07 | 1 | $\text{Ⅲ}_{3-3}$ |
| 64 | 湟水 | 红崖子沟 | 西台子 | 40406900 | 互助县红崖子沟乡西台子村 | 102°05′ | 36°32′ |  | 1 | 1 | 1 |  |  |  | 1977-07 ~ 1980-12 | 3.5 | $\text{Ⅲ}_{3-3}$ |
| 65 | 湟水 | 高店沟 | 祝家庄 | 40407200 | 乐都县下营乡祝家村 | 102°11′ | 36°26′ | 46 | 1 | 1 |  |  |  |  | 1981-06 ~ 1989-05 | 9 | $\text{Ⅲ}_{3-3}$ |
| 66 | 湟水 | 高店沟 | 卡金门 | 40407100 | 乐都县下营乡卡金门村 | 102°09′ | 36°24′ | 30.9 | 1 | 1 |  |  |  |  | 1978-07 ~ 1981-05 | 2.5 | $\text{Ⅲ}_{3-3}$ |

## 续附表 1

| 序号 | 水系 | 河名 | 站名 | 测站编码 | 断面位置 | 坐标 | | 集水面积（$km^2$） | 监测项目 | | | | | | 监测时间（年-月） | 系列长度（年） | 备注 |
|---|---|---|---|---|---|---|---|---|---|---|---|---|---|---|---|---|---|
| | | | | | | 东经 | 北纬 | | 水位 | 流量 | 泥沙 | 降水 | 蒸发 | 地下水 | | | |
| 67 | 湟水 | 岗子沟 | 晁家庄 | 40407650 | 乐都县晁家庄 | 102°23′ | 36°25′ | 247 | 1 | 1 | 1 | 1 | 1 | | 1958-04 ~ 1959-12、1979-01 ~ 1981-04 | 4 | Ⅲ$_{3-3}$ |
| 68 | 湟水 | 亲仁沟 | 红庄 | 40407700 | 乐都县亲仁乡红庄村 | 102°20′ | 36°22′ | 75 | 1 | 1 | 1 | 1 | | | 1975-07 ~ 1977-11 | 2 | Ⅲ$_{3-3}$ |
| 69 | 湟水 | 岗子沟 | 瞿昙寺 | 40407600 | 乐都县瞿昙乡磨台乡 | 102°18′ | 36°21′ | 142 | 1 | 1 | 1 | 1 | | | 1975-09 ~ 1976-12 | 1.5 | Ⅲ$_{3-3}$ |
| 70 | 湟水 | 麻子沟 | 官庄 | 40408500 | 民和县东沟乡管庄 | 102°43′ | 36°09′ | 8.9 | 1 | 1 | | | | | 1978-07 ~ 1980-11 | 2 | Ⅲ$_{3-4}$ |
| 71 | 黄河上游区 | 马克唐河 | 加让 | 40202600 | 省尖扎县加让 | 101°58′ | 35°57′ | 228 | 1 | 1 | | 1 | | | 1960-07 ~ 1960-12 | 0.5 | Ⅲ$_{2-2}$ |
| 72 | 黄河上游区 | 街子河 | 文都 | 40203200 | 省循化撒拉族自治县梁什滩 | 102°24′ | 35°48′ | 255 | 1 | 1 | | 1 | | | 1960-04 ~ 1962-06 | 2 | Ⅲ$_{2-2}$ |
| 73 | 湟水 | 引胜沟 | 林场 | 40407300 | 乐都县引胜乡仓家峡 | 102°23′ | 36°39′ | 251 | 1 | 1 | | 1 | | | 1979-03 ~ 1981-08 | 3 | Ⅲ$_{3-3}$ |
| 74 | 疏勒河 | 昌马河 | 花儿地 | 01400200 | 天峻县苏里乡花儿地 | 97°16′ | 39°04′ | 6415 | 1 | 1 | 1 | 1 | 1 | | 1956-11 ~ 1967-12 | 11 | |
| 75 | 青海湖 | 江河 | 下唤仓 | 01300500 | 天峻县天棚乡下唤仓 | 99°18′ | 37°18′ | 3048 | 1 | 1 | | 1 | 1 | | 1958-04 ~ 1968-09 | 10.5 | Ⅲ$_{4-2}$ |
| 76 | 青海湖 | 布哈河 | 上唤仓 | 01300225 | 天峻县快尔马乡 | 98°41′ | 37°27′ | 7840 | 1 | 1 | 1 | 1 | 1 | | 1957-04 ~ 1992-06 | 35.5 | Ⅱ$_{1-3}$ |
| 77 | 青海湖 | 吉尔孟河 | 吉尔孟 | 01300700 | 刚察县吉尔孟乡 | 99°29′ | 37°10′ | 926 | 1 | 1 | | 1 | 1 | | 1958-04 ~ 1962-06 | 4 | Ⅲ$_{4-2}$ |
| 78 | 青海湖 | 哈尔盖河 | 哈尔盖 | 01301300 | 刚察县哈尔盖乡 | 100°30′ | 37°14′ | 1425 | 1 | 1 | | | | | 1958-04 ~ 1963-12 | 6 | Ⅲ$_{4-2}$ |
| 79 | 青海湖 | 江西沟 | 江西沟 | 01303350 | 共和县江西沟乡 | 100°17′ | 36°34′ | 34 | 1 | 1 | | 1 | | | 1993-06 ~ 1994-12 | 1.5 | Ⅱ$_{1-3}$ |
| 80 | 青海湖 | 黑马河 | 黑马河 | 01303500 | 共和县黑马河乡 | 99°47′ | 36°43′ | 107 | 1 | 1 | | 1 | 1 | | 1964-07 ~ 1992-12 | 30 | Ⅱ$_{1-3}$ |
| 81 | 金沙江上游 | 通天河 | 岗桑寺 | 60100600 | 治多县立新乡岗桑寺 | 96°14′ | 33°43′ | 125567 | 1 | 1 | | 1 | | | 1956-08 ~ 1958-07 | 2 | Ⅳ$_{1-1}$ |
| 82 | 澜沧江 | 吉曲 | 吉尼赛 | 90201800 | 囊谦县吉曲乡沙岗 | 96°03′ | 31°57′ | 10365 | 1 | 1 | | 1 | 1 | | 1960-01 ~ 1962-03 | 2 | Ⅳ$_{1-2}$ |
| 83 | 青海湖 | 查那沟 | 大坂山 | 01301700 | 海晏县大坂山查那沟 | 100°39′ | 37°19′ | 146 | 1 | 1 | | 1 | 1 | | 1958-10 ~ 1961-10 | 3 | Ⅲ$_{4-2}$ |
| 84 | 青海湖 | 哈登曲 | 热水 | 01302100 | 海晏县热水红山嘴 | 100°39′ | 37°13′ | 138 | 1 | 1 | | 1 | | | 1958-05 ~ 1958-12 | 0.5 | Ⅲ$_{4-2}$ |
| 85 | 黑河 | 黑河 | 黄藏寺 | 01500300 | 祁连县八宝灰大板湾 | 100°09′ | 38°19′ | 7643 | 1 | 1 | 1 | 1 | 1 | | 1954-06 ~ 1967-05 | 13 | Ⅳ$_{2-1}$ |
| 86 | 湟水 | 大通河 | 瓦里干 | 40410400 | 祁连县满曲乡瓦里干 | 100°28′ | 37°48′ | 4381 | 2 | 2 | | 1 | 1 | | 1958-05 ~ 1958-09 | 0.5 | Ⅳ$_{2-2}$ |
| 87 | 湟水 | 大通河 | 百户寺 | 40410800 | 祁连县默勒乡弓把湾子 | 100°47′ | 37°38′ | 5435 | 1 | 1 | | 1 | 1 | | 1957-05 ~ 1963-06 | 6 | Ⅳ$_{2-2}$ |
| 88 | 湟水 | 萨拉沟 | 夏拉沟 | 40414250 | 祁连县默勒乡夏拉沟 | 100°44′ | 37°30′ | 92.6 | 1 | 1 | | | | | 1959-01 ~ 1961-11 | 3 | Ⅲ$_{4-2}$ |
| 89 | 湟水 | 永安河 | 大梁 | 40414750 | 门源县皇城乡大梁 | 101°14′ | 37°45′ | 254 | 1 | 1 | | 1 | 1 | | 1959-06 ~ 1969-12、1994-08 ~ 1995-07 | 11.5 | Ⅳ$_{2-2}$ |
| 90 | 湟水 | 老虎沟 | 老虎沟 | 40414950 | 门源县老虎沟 | 101°35′ | 37°31′ | 242 | 1 | 1 | | 1 | 1 | | 1959-05 ~ 1961-12 | 2.5 | Ⅳ$_{2-2}$ |

## 续附表 1

| 序号 | 水系 | 河名 | 站名 | 测站编码 | 断面位置 | 坐标 | | 集水面积($km^2$) | 监测项目 | | | | | | 监测时间(年-月) | 系列长度(年) | 备注 |
|---|---|---|---|---|---|---|---|---|---|---|---|---|---|---|---|---|---|
| | | | | | | 东经 | 北纬 | | 水位 | 流量 | 泥沙 | 降水 | 蒸发 | 地下水 | | | |
| 91 | 湟水 | 北川河 | 硖门 | 40403400 | 大通县新庄乡申哇村 | 101°34′ | 37°05′ | 1308 | 1 | 1 | | 1 | 1 | 1 | 1959-01～1963-05、1965-08－2001-06 | 41 | Ⅳ$_{2-2}$ |
| 92 | 湟水 | 沙塘川 | 南门峡 | 40406100 | 互助县南门峡乡南定村 | 101°54′ | 36°57′ | 217 | 1 | 1 | 1 | 1 | 1 | | 1959-07～1974-12 | 15.5 | Ⅲ$_{3-3}$ |
| 93 | 湟水 | 北川河 | 孔家梁 | 40403210 | 大通县宝库乡孔家梁 | 101°27′ | 37°15′ | 920 | 1 | 1 | | 1 | 1 | | 1959-05～1960-12 | 1.5 | Ⅳ$_{2-2}$ |
| 94 | 湟水 | 大海旦河 | 大海旦 | 40413400 | 祁连县默勒乡大海旦 | 100°34′ | 37°41′ | 36.9 | 1 | 1 | | 1 | | | 1959-07～1961-11 | 2.5 | Ⅳ$_{2-2}$ |
| 95 | 湟水 | 后河打土河 | 胡大寺 | 40413800 | 祁连县默勒乡胡大寺 | 100°46′ | 37°37′ | 178 | 1 | 1 | | | | | 1959-08～1960-12 | 1.5 | Ⅳ$_{2-2}$ |
| 96 | 黄河上游区 | 当河 | 甘德 | 40200300 | 甘德县 | 99°55′ | 33°58′ | 1605 | 1 | 1 | 1 | 1 | 1 | | 1959-01～1961-06 | 2.5 | Ⅳ$_{1-1}$ |
| 97 | 黄河上游区 | 泽曲 | 曲格寺 | 40200800 | 河南蒙古族自治县宁木特乡 | 101°21′ | 34°36′ | 4262 | 1 | 1 | | 1 | | | 1961-01～1962-07 | 1.5 | Ⅳ$_{1-1}$ |
| 98 | 黑河 | 居延海 | 扎马什克 | 01500200 | 祁连县扎马什克 | 99°59′ | 38°14′ | 4589 | 1 | 1 | 1 | 1 | 1 | | 1956-12～1988 | 31 | Ⅲ$_{4-2}$ |
| 99 | 湟水 | 黄河 | 东大滩水库进水口 | 40400125 | 海晏县东大滩水库 | 102°02′ | 36°53′ | | 1 | 1 | | | | | 1982-01 | 1 | Ⅲ$_{3-3}$ |
| 100 | 湟水 | 黄河 | 东大滩水库坝上 | 40400126 | 海晏县东大滩水库 | 103°03′ | 36°52′ | | 1 | 1 | | | | | 1982-01 | 1 | |
| 101 | 湟水 | 黄河 | 东大滩水库出口 | 40400127 | 海晏县东大滩水库 | 101°03′ | 36°52′ | | 1 | 1 | | | | | 1982-01 | 1 | Ⅲ$_{4-2}$ |
| 102 | 湟水 | 黄河 | 小峡桥 | 40400450 | 平安县小峡乡小峡村 | 101°56′ | 36°33′ | | 1 | 1 | | | | | 1978-08 | 1 | Ⅲ$_{3-3}$ |
| 103 | 北川河 | 湟水 | 千树岭 | 40403225 | 大通县宝库乡千家岭 | 101°29′ | 37°15′ | 935 | 1 | 1 | | | | | 1959-05～1960-12 | 1.5 | Ⅳ$_{2-2}$ |
| 104 | 北川河 | 湟水 | 黑泉 | 40403250 | 大通县宝库乡黑泉 | 101°32′ | 37°12′ | 1030 | 1 | 1 | | | | | 1959-09～1960-01 | 0.3 | Ⅳ$_{2-2}$ |
| 105 | 北川河 | 湟水 | 塔尔湾 | 40403600 | 大通县塔尔乡下旧庄 | 101°38′ | 36°58′ | | 1 | 1 | | | | | 1958-08 | 0.9 | Ⅲ$_{3-3}$ |
| 106 | 萨拉西沟 | 萨拉沟 | 夏拉西沟 | 40414500 | 祁连县默勒乡 | 100°44′ | 37°30′ | 18.7 | 1 | 1 | | | | | 1959-01 | 3 | Ⅲ$_{4-2}$ |
| 107 | 白家山庄沟 | 巴州沟 | 白家山庄 | 40408950 | 民和县东沟乡白家山庄 | 102°41′ | 36°09′ | | 1 | 1 | | 1 | | | 1985-05 | 1 | Ⅲ$_{3-4}$ |
| 108 | 霍布逊湖 | 香日德河 | 香日德 | 01100700 | 都兰县香加乡下里可吞 | 97°59′ | 35°55′ | 12339 | 1 | 1 | 1 | 1 | 1 | | 1956-03～2002 | 46 | Ⅱ$_{1-2}$ |

注:1. 根据水文站网规划技术导则(SL 34—2013)3.2.1,在同一条河流的两个水文站,控制面积差值除以较大控制面积站的控制面积小于5%,可合并为同一站点,合并的站点本表不再体现;合并的站点有:尕大滩站合并入青石嘴站、曲什安站合并入大米滩站、朝阳桥站合并入朝阳站,沙塘川桥站合并入傅家寨(二)站,吴松他拉站合并入瓦里干站,老鸦峡站合并入松树庄站,鱼卡桥(二)、鱼卡(上)站合并入鱼卡(中)站,大喇叭口站合并入黑马河站,新宁桥站合并入西宁站。

2. 雁石坪、香达、下拉秀三个站原为历史站,三江源项目恢复为现状巡测水文站,本表不再体现。

3. 那棱格勒站原为历史站,2012 年重新建设恢复,故那棱格勒站在现状站中体现本表不再说明。

## 附表 2　青海省历史水位站（已撤）基本情况一览

| 序号 | 水系 | 河名 | 站名 | 测站编码 | 断面位置 | 坐标 | | 集水面积（$km^2$） | 站别 | 监测项目 | | | | | | 监测时间（年-月） | 系列长度（年） | 备注 |
|---|---|---|---|---|---|---|---|---|---|---|---|---|---|---|---|---|---|---|
| | | | | | | 东经 | 北纬 | | | 水位 | 流量 | 泥沙 | 降水 | 蒸发 | 地下水 | | | |
| 1 | 达布逊河 | 乌图美仁河 | 乌图美仁 | 01208500 | 格尔木市乌图美仁 | 93°19′ | 37°00′ | 1631 | 水文 | 1 | 1 | | 1 | 1 | | 1959-11～1963-12 | 4 | |
| 2 | 霍布逊湖 | 诺木洪河 | 诺木洪 | 01104500 | 都兰县诺木洪南山口 | 96°23′ | 36°12′ | 3773 | 水文 | 1 | 1 | 1 | 1 | 1 | | 1955-07～1995-09 | 40 | |
| 3 | 达布逊河 | 托拉海河 | 托拉海 | 01204400 | 格尔木市托拉海 | 94°14′ | 36°18′ | 525 | 水文 | 1 | 1 | | 1 | | | 1958-09～1961-08 | 3 | |
| 4 | 达布逊河 | 大灶火 | 大灶火 | 01205400 | 格尔木市大灶火 | 93°52′ | 36°21′ | 571 | 水文 | 1 | 1 | | 1 | 1 | | 1958-09～1960-05 | 1.5 | |
| 5 | 达布逊河 | 小灶火 | 小灶火 | 01206500 | 格尔木市小灶火 | 93°31′ | 36°39′ | 1116 | 水文 | 1 | 1 | | 1 | 1 | | 1960-06～1962-04 | 2 | |
| 6 | 尕斯湖 | 斯巴利克河 | 斯巴利克 | 01006200 | 茫崖镇斯巴利克 | 89°55′ | 38°02′ | 8970 | 水文 | 1 | 1 | 1 | 1 | 1 | | 1956-07～1963-12 | 7.5 | |
| 7 | 尕斯湖 | 铁木里克河 | 阿拉尔 | 01006400 | 茫崖镇阿拉尔 | 90°37′ | 38°11′ | 15821 | 水文 | 1 | 1 | 1 | 1 | 1 | | 1956-05～1967-12 | 11.5 | |
| 8 | 尕斯湖 | 阿达滩河 | 阿达滩（四） | 01006600 | 茫崖镇阿达滩 | 89°54′ | 37°52′ | 5033 | 水文 | 1 | 1 | | 1 | 1 | | 1956-10～1963-12 | 7 | |
| 9 | 霍布逊湖 | 柴达木河 | 宗家 | 01100900 | 都兰县宗家乡 | 97°30′ | 36°18′ | 14120 | 水文 | 1 | 1 | | 1 | 1 | | 1956-08～1962-05、1965-09～1969-11 | 10 | |
| 10 | 巴戛柴达木湖 | 塔塔棱河 | 小柴旦（二） | 01003600 | 大柴旦镇小柴旦 | 95°30′ | 37°43′ | 4771 | 水文 | 1 | 1 | 1 | 1 | 1 | | 1956-05～1969-12 | 13.5 | |
| 11 | 霍布逊湖 | 西西河 | 西西 | 01103800 | 都兰县宗家乡西西 | 97°01′ | 36°22′ | 4950 | 水文 | 1 | 1 | | 1 | | | 1958-10～1961-10 | 3 | |
| 12 | 德宗马海湖 | 鱼卡河 | 马海 | 01001500 | 大柴旦镇马海 | 94°51′ | 38°00′ | 2352 | 水文 | 1 | 1 | 1 | 1 | 1 | | 1962-07～1982-05 | 21 | |
| 13 | 德宗马海湖 | 鱼卡河 | 鱼卡（中） | 01001400 | 大柴旦镇鱼卡德宗马海湖 | 94°56′ | 38°00′ | 2320 | 水文 | 3 | 3 | 1 | 3 | 3 | | 1956-03～1993 | 1 | |
| 14 | 依克柴达木湖 | 八里沟 | 八里沟 | 01002500 | 大柴旦镇八里沟 | 95°25′ | 37°52′ | 97.7 | 水文 | 1 | 1 | | 1 | | | 1959-05～1961-11 | 2.5 | |
| 15 | 库尔雷克湖 | 巴勒更河 | 怀头他拉 | 01004200 | 乌兰县怀头他拉 | 96°46′ | 37°24′ | 882 | 水文 | 1 | 1 | | 1 | 1 | | 1966-07～1968-09 | 2 | |
| 16 | 霍布逊湖 | 大格勒河 | 大格勒 | 01105500 | 格尔木市大格勒乡 | 95°43′ | 36°16′ | 1009 | 水文 | 1 | 1 | | 1 | | | 1959-07～1962-04、1980-07～1992-12 | 17 | |
| 17 | 苏干湖 | 苏干河 | 苏干湖（二） | 01000800 | 冷湖镇苏干湖 | 94°04′ | 38°56′ | | 水文 | 1 | 1 | | 1 | 1 | | 1960-09～1967-12 | 7.5 | |
| 18 | 霍布逊湖 | 清水河 | 清水河（二） | 01103400 | 都兰县清水河 | 97°09′ | 36°05′ | 340 | 水文 | 1 | 1 | | 1 | 1 | | 1966-11～1969-12、1980-06～1981-12 | 5 | |
| 19 | 尕斯湖 | 曼特里克河 | 曼特里克 | 01006800 | 茫崖镇曼特里克 | 90°51′ | 37°48′ | 563 | 水文 | 1 | 1 | | 1 | 1 | | 1960-08～1962-02 | 1.5 | |
| 20 | 苏干湖 | 哈尔腾河 | 花海子（二） | 01000400 | 达柴旦镇花海子 | 95°30′ | 38°49′ | 5967 | 水文 | 1 | 1 | 1 | 1 | 1 | | 1956-06～1960-12 | 4.5 | |
| 21 | 库尔雷克湖 | 巴音河 | 泽林沟 | 01004400 | 德令哈市泽林沟 | 97°44′ | 37°27′ | 5544 | 水文 | 1 | 1 | | 1 | 1 | | 1958-10～1991-10 | 33 | 1984 年改为汛期站 |

**续附表2**

| 序号 | 水系 | 河名 | 站名 | 测站编码 | 断面位置 | 坐标 | | 集水面积（$km^2$） | 站别 | 监测项目 | | | | | | 监测时间（年-月） | 系列长度（年） | 备注 |
|---|---|---|---|---|---|---|---|---|---|---|---|---|---|---|---|---|---|---|
| | | | | | | 东经 | 北纬 | | | 水位 | 流量 | 泥沙 | 降水 | 蒸发 | 地下水 | | | |
| 22 | 达布逊河 | 格尔木河 | 舒尔干 | 01200200 | 格尔木市青藏公路53道班 | 94°48′ | 35°57′ | 10723 | 水文 | 1 | 1 | | | | | 1978-06～1993-02 | 14.5 | |
| 23 | 巴戛柴达木湖 | 塔塔棱河 | 卡可土 | 01003300 | 大柴旦镇卡可土 | 96°13′ | 37°49′ | 2076 | 水文 | 1 | 1 | | 1 | | | 1958-11～1961-12 | 3 | |
| 24 | 都兰湖 | 都兰河 | 希里沟（二） | 01005400 | 乌兰县铜普乡上尕巴村 | 98°35′ | 37°00′ | 978 | 水文 | 1 | 1 | 1 | 1 | 1 | | 1959-09～1969-12 | 10 | |
| 25 | 大连湖 | 沙珠玉河 | 沙珠玉（二） | 01310400 | 共和县沙珠玉拉日 | 99°51′ | 36°21′ | 4535 | 水文 | 1 | 1 | 1 | 1 | 1 | | 1958-09～1969-11 | 11 | |
| 26 | 大连湖 | 大水河 | 大水 | 01310800 | 共和县大水 | 99°28′ | 36°44′ | 341 | 水文 | 1 | 1 | | 1 | 1 | | 1958-10～1961-12 | 3 | |
| 27 | 大连湖 | 哇洪河 | 哇洪 | 01311200 | 共和县哇洪 | 99°14′ | 36°18′ | 432 | 水文 | 1 | 1 | | 1 | 1 | | 1957-05～1961-12、1982-07～1988-12 | 11 | |
| 28 | 霍布逊湖 | 沙柳河 | 查查香卡 | 01110200 | 都兰县夏日哈乡上查查香卡 | 98°21′ | 36°35′ | 1965 | 水文 | 1 | 1 | 1 | 1 | 1 | | 1956-04～1969-11、1979-09～1992-06 | 27 | 1986年改为汛期站 |
| 29 | 霍布逊湖 | 夏日哈河 | 夏日哈（三） | 01100700 | 都兰县夏日哈 | 98°11′ | 36°26′ | 973 | 水文 | 1 | 1 | | 1 | 1 | | 1957-11～1962-04、1980-06～1981-12 | 6 | |
| 30 | 霍布逊湖 | 宜克光河 | 巴隆 | 01102400 | 都兰县巴隆乡下妥阿孟 | 97°30′ | 35°56′ | 305 | 水文 | 1 | 1 | | 1 | | | 1958-06～1963-12、1980-07～1994-12 | 21 | |
| 31 | 霍布逊湖 | 哈图河 | 哈图 | 01102800 | 都兰县巴隆乡哈图 | 97°24′ | 35°56′ | 613 | 水文 | 1 | 1 | | 1 | 1 | | 1957-06～1963-12、1980-06～1987-12 | 14 | |
| 32 | 达布逊河 | 格尔木河 | 南沟口 | 01203900 | 格尔木市 | 94°45′ | 35°54′ | 1208 | 水文 | 1 | 1 | | | | | 1988-08～1988-12 | 0.5 | |
| 33 | 都兰湖 | 都兰河 | 铜普 | 01005425 | 乌兰县铜普乡中尕巴村 | 98°33′ | 37°00′ | 1133 | 水文 | 1 | 1 | | | | | 1977-07～1978-08 | 1 | |
| 34 | 金沙江上游 | 楚玛尔河 | 楚玛尔河 | 60201400 | 曲麻莱县五道梁楚玛尔河大桥 | 93°18′ | 35°18′ | 9388 | 水文 | 1 | 1 | | 1 | 1 | | 1959-01～1990-10 | 32 | |
| 35 | 金沙江上游 | 北麓河 | 北麓河 | 60201200 | 曲麻莱县唐古拉山北麓河大桥 | 92°56′ | 34°53′ | 1026 | 水文 | 1 | 1 | | 1 | | | 1959-09～1959-11 | 0.2 | |
| 36 | 金沙江上游 | 尕日曲 | 得列楚卡 | 60201100 | 格尔木市唐古拉山尕日曲大桥 | 92°22′ | 33°52′ | 4168 | 水文 | 1 | 1 | | 1 | | | 1960-06～1963-07 | 3 | |
| 37 | 霍布逊湖 | 柴达木河 | 托索湖 | 01100300 | 玛多县黑海乡错逆得克 | 98°21′ | 35°21′ | 3175 | 水文 | 1 | 1 | | 1 | 1 | | 1965-04～1968-12 | 4 | |
| 38 | 黄河干流 | 黄河 | 龙羊峡 | 40100400 | 青海省共和县曲沟乡龙羊峡口 | 100°54′ | 36°07′ | 131405 | 水文 | 1 | | | | | | 1959-01～1961-12、1966-07～1969-01 | 5 | 水位 |
| 39 | 湟水 | 湟水 | 海晏（湟） | 40400100 | 海晏县红山村 | 101°01′ | 36°54′ | 715 | 水文 | 1 | 1 | 1 | 1 | 1 | 1 | 1954-04－2007-12 | 53.5 | |
| 40 | 湟水 | 湟水 | 石崖庄 | 40400200 | 湟源县东峡乡灰条沟口 | 101°21′ | 36°40′ | 3083 | 水文 | 1 | 1 | 1 | 1 | 1 | 1 | 1953-07－2007-12 | 53 | |
| 41 | 大连湖 | 切吉河 | 切吉（二） | 01311400 | 共和县切吉 | 99°50′ | 36°04′ | 319 | 水文 | 1 | 1 | 1 | 1 | 1 | | 1957-05～1961-12 | 4.5 | |
| 42 | 黄河上游区 | 芒拉河 | 拉干 | 40202000 | 贵南县江当乡拉干村 | 100°26′ | 35°46′ | 3000 | 水文 | 1 | 1 | 1 | 1 | 1 | | 1956-07～1962-06 | 6 | |
| 43 | 黄河上游区 | 芒拉河 | 拉曲 | 40201900 | 贵南县城关 | 100°44′ | 35°36′ | 1717 | 水文 | 1 | 1 | 1 | 1 | 1 | | 1955-04～1994-12 | 39.5 | |

**续附表 2**

| 序号 | 水系 | 河名 | 站名 | 测站编码 | 断面位置 | 坐标 | | 集水面积（$km^2$） | 站别 | 监测项目 | | | | | | 监测时间（年-月） | 系列长度（年） | 备注 |
|---|---|---|---|---|---|---|---|---|---|---|---|---|---|---|---|---|---|---|
| | | | | | | 东经 | 北纬 | | | 水位 | 流量 | 泥沙 | 降水 | 蒸发 | 地下水 | | | |
| 44 | 黄河上游区 | 芒拉河 | 芒什多 | 40201700 | 贵南县芒什多 | 101°15′ | 35°30′ | 277 | 水文 | 1 | 1 | | 1 | 1 | | 1967-07 ~ 1970-10 | 3.5 | |
| 45 | 黄河上游区 | 芒拉河 | 芒拉(二) | 40201800 | 贵南县芒拉乡上鲁仓村 | 100°52′ | 35°34′ | 1443 | 水文 | 1 | 1 | 1 | 1 | 1 | | 1954-04 ~ 1962-07 | 8 | |
| 46 | 黄河上游区 | 大河坝河 | 黄清 | 40201300 | 兴海县大河坝乡俄合干村 | 99°52′ | 35°35′ | 3152 | 水文 | 1 | 1 | | 1 | 1 | | 1959-06 ~ 1980-10 | 21 | |
| 47 | 黄河上游区 | 大河坝河 | 大河坝 | 40201200 | 青海兴海县大河坝乡 | 99°42′ | 35°47′ | 2676 | 水文 | 1 | 1 | 1 | 1 | 1 | | 1958-04 ~ 1962-08 | 4 | |
| 48 | 黄河上游区 | 巴沟 | 巴滩(二) | 40200900 | 同德县巴滩乡松多村 | 100°33′ | 35°15′ | 3554 | 水文 | 1 | 1 | 1 | 1 | 1 | | 1958-04 ~ 1997-12 | 39.5 | |
| 49 | 黄河上游区 | 哈拉河 | 哈拉河 | 40202100 | 贵南县森多乡哈拉河 | 101°08′ | 35°27′ | 46.4 | 水文 | 1 | 1 | | 1 | 1 | | 1967-05 ~ 1968-07 | 1 | |
| 50 | 湟水 | 湟水 | 扎马隆(二) | 40400300 | 湟中县扎马隆 | 101°27′ | 36°40′ | 3338 | 水文 | 1 | 1 | 1 | 1 | 1 | 1 | 1951-09 ~ 1964-02 | 12 | |
| 51 | 湟水 | 湟水 | 松树庄 | 40400700 | 民和县松树乡旱台子 | 102°44′ | 36°21′ | 15144 | 水文 | 2 | 2 | | 1 | | | 1953-05 ~ 1953-12 | 0.5 | |
| 52 | 湟水 | 湟水 | 大峡 | 40400500 | 乐都县大峡 | 102°14′ | 36°29′ | 12573 | 水文 | 1 | 1 | 1 | 1 | 1 | 1 | 1957-01 ~ 1988-12 | 32 | |
| 53 | 黄河上游区 | 隆务河 | 隆务河口 | 40202800 | 尖扎县昂拉乡 | 102°06′ | 35°50′ | 4959 | 水文 | 1 | 1 | 1 | 1 | 1 | | 1954-04 ~ 1996-12 | 43 | |
| 54 | 黄河上游区 | 德拉河 | 周屯 | 40202500 | 贵德县东沟乡周屯 | 101°31′ | 35°55′ | 539 | 水文 | 1 | 1 | | 1 | 1 | 1 | 1980-01 ~ 1997-05 | 17.5 | |
| 55 | 黄河上游区 | 东沟 | 上兰角(三) | 40202400 | 贵德县东沟乡上兰角 | 101°29′ | 35°56′ | 981 | 水文 | 1 | 1 | | 1 | 1 | | 1959-06 ~ 1962-06 | 3 | |
| 56 | 黄河上游区 | 沙沟 | 赛什堂 | 40202200 | 贵南县沙沟乡赛什堂 | 100°59′ | 35°53′ | 401 | 水文 | 1 | 1 | | | | | 1968-10 ~ 1969-12 | 1 | |
| 57 | 黄河上游区 | 西沟 | 瓦加 | 40202300 | 贵德县瓦加农场 | 101°24′ | 35°52′ | 714 | 水文 | 1 | 1 | | 1 | | | 1961-01 ~ 1961-12 | 1 | |
| 58 | 湟水 | 哈利涧河 | 海晏(哈) | 40401400 | 海晏县红山村 | 101°01′ | 36°54′ | 662 | 水文 | 1 | 1 | 1 | 1 | 1 | | 1954-04 ~ 2007-12 | 53.5 | |
| 59 | 湟水 | 南川河 | 上新庄 | 40405200 | 湟中县上新庄乡华山村 | 101°33′ | 36°23′ | 53.4 | 水文 | 1 | 1 | | | | | 1958-03 ~ 1961-08 | 3.5 | |
| 60 | 湟水 | 南川河 | 祁家庄 | 40405400 | 湟中县总寨乡祁家庄 | 101°37′ | 36°29′ | 185 | 水文 | 1 | 1 | | 1 | 1 | | 1965-08 ~ 1969-12 | 4.5 | |
| 61 | 湟水 | 南川河 | 老幼堡 | 40405600 | 青海湟中县总寨乡老幼堡大桥 | 101°38′ | 36°30′ | | 水文 | 1 | 1 | | 1 | 1 | | 1981-05 ~ 1984-12 | 3.5 | |
| 62 | 湟水 | 小南川 | 小南川 | 40406400 | 青海湟中县田家寨乡梁家 | 101°55′ | 36°32′ | 362 | 水文 | 1 | 1 | 1 | 1 | 1 | | 1960-06 ~ 1962-08 | 2 | |
| 63 | 湟水 | 哈拉直沟 | 哈拉直沟 | 40406800 | 青海互助县高寨乡西湾村 | 101°58′ | 36°33′ | | 水文 | 1 | 1 | | 1 | | | 1977-08 ~ 1978-07 | 1 | |
| 64 | 湟水 | 红崖子沟 | 西台子 | 40406900 | 互助县红崖子沟乡西台子村 | 102°05′ | 36°32′ | | 水文 | 1 | 1 | 1 | | | | 1977-07 ~ 1980-12 | 3.5 | |
| 65 | 湟水 | 高店沟 | 祝家庄 | 40407200 | 乐都县下营乡祝家村 | 102°11′ | 36°26′ | 46 | 水文 | 1 | 1 | | | | | 1981-06 ~ 1989-05 | 9 | |
| 66 | 湟水 | 高店沟 | 卡金门 | 40407100 | 乐都县下营乡卡金门村 | 102°09′ | 36°24′ | 30.9 | 水文 | 1 | 1 | | | | | 1978-07 ~ 1981-05 | 2.5 | |
| 67 | 湟水 | 岗子沟 | 晁家庄 | 40407650 | 乐都县晁家庄 | 102°23′ | 36°25′ | 247 | 水文 | 1 | 1 | 1 | 1 | 1 | | 1958-04 ~ 1959-12、1979-01 ~ 1981-04 | 4 | |
| 68 | 湟水 | 亲仁沟 | 红庄 | 40407700 | 乐都县亲仁乡红庄村 | 102°20′ | 36°22′ | 75 | 水文 | 1 | 1 | 1 | 1 | | | 1975-07 ~ 1977-11 | 2 | |
| 69 | 湟水 | 岗子沟 | 瞿昙寺 | 40407600 | 乐都县瞿昙乡磨台乡 | 102°18′ | 36°21′ | 142 | 水文 | 1 | 1 | 1 | 1 | | | 1975-09 ~ 1976-12 | 1.5 | |
| 70 | 湟水 | 麻子沟 | 官庄 | 40408500 | 民和县东沟乡管庄 | 102°43′ | 36°09′ | 8.9 | 水文 | 1 | 1 | | | | | 1978-07 ~ 1980-11 | 2 | |

**续附表 2**

| 序号 | 水系 | 河名 | 站名 | 测站编码 | 断面位置 | 坐标 | | 集水面积($km^2$) | 站别 | 监测项目 | | | | | | 监测时间(年-月) | 系列长度(年) | 备注 |
|---|---|---|---|---|---|---|---|---|---|---|---|---|---|---|---|---|---|---|
| | | | | | | 东经 | 北纬 | | | 水位 | 流量 | 泥沙 | 降水 | 蒸发 | 地下水 | | | |
| 71 | 黄河上游区 | 马克唐河 | 加让 | 40202600 | 尖扎县加让 | 101°58′ | 35°57′ | 228 | 水文 | 1 | 1 | | 1 | | | 1960-07 ~ 1960-12 | 0.5 | |
| 72 | 黄河上游区 | 街子河 | 文都 | 40203200 | 循化撒拉族自治县梁什滩 | 102°24′ | 35°48′ | 255 | 水文 | 1 | 1 | | 1 | | | 1960-04 ~ 1962-06 | 2 | |
| 73 | 湟水 | 引胜沟 | 林场 | 40407300 | 乐都县引胜乡仓家峡 | 102°23′ | 36°39′ | 251 | 水文 | 1 | 1 | | 1 | | | 1979-03 ~ 1981-08 | 3 | |
| 74 | 疏勒河 | 昌马河 | 花儿地 | 01400200 | 天峻县苏里乡花儿地 | 97°16′ | 39°04′ | 6415 | 水文 | 1 | 1 | 1 | 1 | 1 | | 1956-11 ~ 1967-12 | 11 | |
| 75 | 青海湖 | 江河 | 下唤仓 | 01300500 | 天峻县天棚乡下唤仓 | 99°18′ | 37°18′ | 3048 | 水文 | 1 | 1 | | 1 | 1 | | 1958-04 ~ 1968-09 | 10.5 | |
| 76 | 青海湖 | 布哈河 | 上唤仓 | 01300225 | 天峻县快尔马乡 | 98°41′ | 37°27′ | 7840 | 水文 | 1 | 1 | 1 | 1 | 1 | | 1957-04 ~ 1992-06 | 35.5 | |
| 77 | 青海湖 | 吉尔孟河 | 吉尔孟 | 01300700 | 刚察县吉尔孟乡 | 99°29′ | 37°10′ | 926 | 水文 | 1 | 1 | | 1 | 1 | | 1958-04 ~ 1962-06 | 4 | |
| 78 | 青海湖 | 哈尔盖河 | 哈尔盖 | 01301300 | 刚察县哈尔盖乡 | 100°30′ | 37°14′ | 1425 | 水文 | 1 | 1 | | | | | 1958-04 ~ 1963-12 | 6 | |
| 79 | 青海湖 | 江西沟 | 江西沟 | 01303350 | 共和县江西沟乡 | 100°17′ | 36°34′ | 34 | 水文 | 1 | 1 | | 1 | | | 1993-06 ~ 1994-12 | 1.5 | |
| 80 | 青海湖 | 黑马河 | 黑马河 | 01303500 | 共和县黑马河乡 | 99°47′ | 36°43′ | 107 | 水文 | 1 | 1 | | 1 | 1 | | 1964-07 ~ 1992-12 | 30 | |
| 81 | 金沙江上游 | 通天河 | 岗桑寺 | 60100600 | 治多县立新乡岗桑寺 | 96°14′ | 33°43′ | 125567 | 水文 | 1 | 1 | | 1 | 1 | | 1956-08 ~ 1958-07 | 2 | |
| 82 | 澜沧江 | 吉曲 | 吉尼赛 | 90201800 | 囊谦县吉曲乡沙岗 | 96°03′ | 31°57′ | 10365 | 水文 | 1 | 1 | | 1 | 1 | | 1960-01 ~ 1962-03 | 2 | |
| 83 | 青海湖 | 查那沟 | 大坂山(二) | 01301700 | 海晏县大坂山查那沟 | 100°39′ | 37°19′ | 146 | 水文 | 1 | 1 | | 1 | 1 | | 1958-10 ~ 1961-10 | 3 | |
| 84 | 青海湖 | 哈登曲 | 热水 | 01302100 | 海晏县热水红山嘴 | 100°39′ | 37°13′ | 138 | 水文 | 1 | 1 | | 1 | | | 1958-05 ~ 1958-12 | 0.5 | |
| 85 | 黑河 | 黑河 | 黄藏寺 | 01500300 | 祁连县八宝灰大板湾 | 100°09′ | 38°19′ | 7643 | 水文 | 1 | 1 | 1 | 1 | 1 | | 1954-06 ~ 1967-05 | 13 | |
| 86 | 湟水 | 大通河 | 瓦里干 | 40410400 | 祁连县满曲乡瓦里干 | 100°28′ | 37°48′ | 4381 | 水文 | 2 | 2 | | 1 | 1 | | 1958-05 ~ 1958-09 | 0.5 | |
| 87 | 湟水 | 大通河 | 百户寺 | 40410800 | 祁连县默勒乡弓把湾子 | 100°47′ | 37°38′ | 5435 | 水文 | 1 | 1 | | 1 | 1 | | 1957-05 ~ 1963-06 | 6 | |
| 88 | 湟水 | 萨拉沟 | 夏拉沟 | 40414250 | 祁连县默勒乡夏拉沟 | 100°44′ | 37°30′ | 92.6 | 水文 | 1 | 1 | | | | | 1959-01 ~ 1961-11 | 3 | |
| 89 | 湟水 | 永安河 | 大梁 | 40414750 | 门源县皇城乡大梁 | 101°14′ | 37°45′ | 254 | 水文 | 1 | 1 | | 1 | 1 | | 1959-06 ~ 1969-12、1994-08 ~ 1995-07 | 11.5 | |
| 90 | 湟水 | 老虎沟 | 老虎沟 | 40414950 | 门源县老虎沟 | 101°35′ | 37°31′ | 242 | 水文 | 1 | 1 | | 1 | 1 | | 1959-05 ~ 1961-12 | 2.5 | |
| 91 | 湟水 | 北川河 | 硖门 | 40403400 | 大通县新庄乡申哇村 | 101°34′ | 37°05′ | 1308 | 水文 | 1 | 1 | | 1 | 1 | 1 | 1959-01 ~ 1963-05、1965-08 ~ 2001-06 | 41 | |
| 92 | 湟水 | 沙塘川 | 南门峡 | 40406100 | 互助县南门峡乡南定村 | 101°54′ | 36°57′ | 217 | 水文 | 1 | 1 | 1 | 1 | 1 | | 1959-07 ~ 1974-12 | 15.5 | |
| 93 | 湟水 | 北川河 | 孔家梁 | 40403210 | 大通县宝库乡孔家梁 | 101°27′ | 37°15′ | 920 | 水文 | 1 | 1 | | 1 | 1 | | 1959-05 ~ 1960-12 | 1.5 | |
| 94 | 湟水 | 大海旦河 | 大海旦 | 40413400 | 祁连县默勒乡大海旦 | 100°34′ | 37°41′ | 36.9 | 水文 | 1 | 1 | | 1 | | | 1959-07 ~ 1961-11 | 2.5 | |
| 95 | 湟水 | 后河打土河 | 胡大寺 | 40413800 | 祁连县默勒乡胡大寺 | 100°46′ | 37°37′ | 178 | 水文 | 1 | 1 | | | | | 1959-08 ~ 1960-12 | 1.5 | |

## 续附表 2

| 序号 | 水系 | 河名 | 站名 | 测站编码 | 断面位置 | 坐标 | | 集水面积（$km^2$） | 站别 | 监测项目 | | | | | | 监测时间（年-月） | 系列长度（年） | 备注 |
|---|---|---|---|---|---|---|---|---|---|---|---|---|---|---|---|---|---|---|
| | | | | | | 东经 | 北纬 | | | 水位 | 流量 | 泥沙 | 降水 | 蒸发 | 地下水 | | | |
| 96 | 黄河上游区 | 当河 | 甘德 | 40200300 | 甘德县 | 99°55′ | 33°58′ | 1605 | 水文 | 1 | 1 | 1 | 1 | 1 | | 1959-01 ~ 1961-06 | 2.5 | |
| 97 | 黄河上游区 | 泽曲 | 曲格寺 | 40200800 | 河南蒙古族自治县宁木特乡 | 101°21′ | 34°36′ | 4262 | 水文 | 1 | 1 | | 1 | | | 1961-01 ~ 1962-07 | 1.5 | |
| 98 | 黑河 | 居延海 | 扎马什克 | 01500200 | 祁连县扎马什克 | 99°59′ | 38°14′ | 4589 | 水文 | 1 | 1 | 1 | 1 | 1 | | 1956-12 ~ 1988 | 31 | |
| 99 | 湟水 | 黄河 | 东大滩水库进水口 | 40400125 | 海晏县东大滩水库 | 102°02′ | 36°53′ | | 水文 | 1 | 1 | | | | | 1982-01 | | |
| 100 | 湟水 | 黄河 | 东大滩水库坝上 | 40400126 | 海晏县东大滩水库 | 103°03′ | 36°52′ | | 水文 | 1 | 1 | | | | | 1982-01 | | |
| 101 | 湟水 | 黄河 | 东大滩水库出口 | 40400127 | 海晏县东大滩水库 | 101°03′ | 36°52′ | | 水文 | 1 | 1 | | | | | 1982-01 | | |
| 102 | 湟水 | 黄河 | 小峡桥 | 40400450 | 平安县小峡乡小峡村 | 101°56′ | 36°33′ | | 水文 | 1 | 1 | | | | | 1978-08 | | |
| 103 | 北川河 | 湟水 | 千树岭 | 40403225 | 大通县宝库乡千家岭 | 101°29′ | 37°15′ | 935 | 水文 | 1 | 1 | | | | | 1959-05 ~ 1960-12 | 1.5 | |
| 104 | 北川河 | 湟水 | 黑泉 | 40403250 | 大通县宝库乡黑泉 | 101°32′ | 37°12′ | 1030 | 水文 | 1 | 1 | | | | | 1959-09 ~ 1960-01 | 0.3 | |
| 105 | 北川河 | 湟水 | 塔尔湾 | 40403600 | 大通县塔尔乡下旧庄 | 101°38′ | 36°58′ | | 水文 | 1 | 1 | | | | | 1958-08 | 0.9 | |
| 106 | 萨拉西沟 | 萨拉沟 | 夏拉西沟 | 40414500 | 祁连县默勒乡 | 100°44′ | 37°30′ | 18.7 | 水文 | 1 | 1 | | | | | 1959-01 | 3 | |
| 107 | 白家山庄沟 | 巴州沟 | 白家山庄 | 40408950 | 民和县东沟乡白家山庄 | 102°41′ | 36°09′ | | 水文 | 1 | 1 | | 1 | | | 1985-05 | | |
| 108 | 霍布逊湖 | 香日德河 | 香日德 | 01100700 | 都兰县香加乡下里可吞 | 97°59′ | 35°55′ | 12339 | 水文 | 1 | 1 | 1 | 1 | 1 | | 1956-03 ~ 2002 | 46 | |
| 109 | 青海湖 | 青海湖 | 沙陀寺 | 01300900 | 刚察县泉吉乡沙陀寺 | 99°51′ | 37°13′ | | 水位 | 1 | | | 1 | 1 | | 1958-04 ~ 1993 | 35 | |
| 110 | 青海湖 | 青海湖 | 甘子河口 | 01302300 | 海晏县甘子河口 | 100°27′ | 37°03′ | | 水位 | 1 | | | 1 | | | 1959-06 ~ 1962-01 | 3 | |
| 111 | 青海湖 | 青海湖 | 二郎剑 | 01303100 | 共和县江西沟乡毛勒 | 100°25′ | 36°39′ | | 水位 | 1 | | | 1 | 1 | | 1955-07 ~ 1966-01 | 11 | |
| 112 | 青海湖 | 青海湖 | 一郎剑 | 01303300 | 共和县江西沟乡 | 100°23′ | 36°40′ | | 水位 | 1 | | | 1 | 1 | | 1966-01 ~ 1983-09 | 17 | |
| 113 | 青海湖 | 青海湖 | 黑马河（青海湖） | 01303900 | 共和县黑马河乡 | 99°47′ | 36°44′ | | 水位 | 1 | | | 1 | 1 | | 1964-07 ~ 1993-01 | 29 | |
| 114 | 霍布逊湖 | 托索河 | 托索湖（大） | 01100200 | 玛多县黑海乡错逆得克 | 98°22′ | 35°21′ | | 水文 | 1 | | | | | | 1964-01 ~ 1969-01 | 5 | |
| 115 | 霍布逊湖 | 托索河 | 托索湖（小） | 01100250 | 玛多县黑海乡错逆得克 | 98°21′ | 35°21′ | | 水文 | 1 | | | | | | 1964-01 ~ 1966-07 | 2.5 | |

## 附表3　青海省历史独立降水量站(已撤)基本情况一览

| 序次 | 水系 | 河名 | 站码 | 站名 | 监测项目 | | 站地址 | 坐标 | | 设站年月（年-月） | 撤销年月 | 资料长度 |
|---|---|---|---|---|---|---|---|---|---|---|---|---|
| | | | | | 降水 | 蒸发 | | 东经 | 北纬 | | | |
| 1 | 金沙江上段 | 南口河 | 60220300 | 昆仑山口南 | √ | | 格尔木市昆仑山口西南约7 km处 | 94°02′ | 35°35′ | 1981-01 | 1983年3月缺测,1987年1月撤销 | 6 |
| 2 | 金沙江上段 | 阿青岗欠陇巴 | 60220350 | 不冻泉 | √ | | 格尔木市唐古拉山不冻泉 | 93°55′ | 35°31′ | 1987-01 | 1988年11月撤销 | 2 |
| 3 | 黄河上游区上段 | 优尔曲 | 40220400 | 切么得 | √ | | 玛多县切么得线务段 | 99°06′ | 34°42′ | 1977-08 | 1978年1月撤销 | 0.5 |
| 4 | 黄河上游区上段 | 当曲 | 40220700 | 当洛 | √ | | 玛沁县当洛道班 | 99°37′ | 34°00′ | 1977-08 | 1988年1月撤销 | 10.5 |
| 5 | 黄河上游区上段 | 泽曲 | 40222900 | 宁木特 | √ | | 河南蒙古族自治县宁木特乡 | 101°20′ | 34°36′ | 1978-06 | 1980年1月撤销 | 1.5 |
| 6 | 黄河上游区上段 | 切木曲 | 40223100 | 东倾沟 | √ | | 玛沁县东倾沟商店 | 99°58′ | 34°32′ | 1977-08 | 1984年无资料,1994年1月撤销 | 15 |
| 7 | 黄河上游区上段 | 木合沟 | 40223500 | 汞矿 | √ | | 同德县秀麻乡汞矿 | 100°35′ | 34°58′ | 1978-06 | 1981年1月撤销 | 2.5 |
| 8 | 黄河上游区上段 | 曲龙河 | 40223800 | 温泉 | √ | | 兴海县温泉乡营业所 | 99°26′ | 35°24′ | 1977-01 | 1985年1月撤销 | 8 |
| 9 | 黄河上游区上段 | 曲什安河 | 40223900 | 南木塘 | √ | | 兴海县温泉乡南木塘 | 99°40′ | 35°13′ | 1966-05 | 1972、1973、1976、1987年无资料,1990年1月撤销 | 19 |
| 10 | 黄河上游区上段 | 大河坝河 | 40224200 | 小栋梁 | √ | | 兴海县河卡养路段十九道班 | 99°32′ | 35°40′ | 1977-05 | 1988年1月撤销 | 10.5 |
| 11 | 黄河上游区上段 | 黄清沟 | 40224300 | 大河坝 | √ | | 兴海县大河坝养路段 | 99°42′ | 35°53′ | 1966-06 | 1979年11月撤销 | 13.5 |
| 12 | 黄河上游区上段 | 芒拉河 | 40225100 | 鲁仓 | √ | | 贵南县森多乡鲁仓 | 100°54′ | 35°31′ | 1966-05 | 1995年1月撤销 | 29 |
| 13 | 黄河上游区上段 | 大布江 | 40225200 | 大布江 | √ | | 贵南县森多乡大布江村 | 100°58′ | 35°34′ | 1967-05 | 1970年1月撤销 | 2.5 |
| 14 | 黄河上游区上段 | 西龙沟 | 40225600 | 西龙卡 | √ | | 贵南县塔秀乡西龙卡 | 100°40′ | 35°31′ | 1981-01 | 1989年4月撤销 | 8.5 |
| 15 | 黄河上游区上段 | 塔秀沟 | 40225700 | 黑羊场 | √ | | 贵南县黑羊场 | 100°40′ | 35°31′ | 1967-05 | 1969年7月撤销 | 2 |
| 16 | 黄河上游区上段 | 西龙沟 | 40225800 | 娄圭台 | √ | | 贵南县娄圭台村 | 100°38′ | 35°38′ | 1954-01 | 1955年11月撤销 | 2 |
| 17 | 黄河上游区上段 | 芒拉河 | 40225900 | 却旦塘 | √ | | 贵南县芒拉乡却旦塘村 | 100°36′ | 35°39′ | 1981-01 | 1991年1月撤销 | 10 |
| 18 | 黄河上游区上段 | 恰卜恰河 | 40226200 | 共和 | √ | | 共和县恰卜恰 | 100°37′ | 36°17′ | 1940-04 | 又名海南站,1940年7月至1952年无资料,1980年1月撤销 | 28 |
| 19 | 黄河上游区上段 | 黑城河 | 40226800 | 扎巴 | √ | | 化隆县扎巴镇 | 102°00′ | 36°13′ | 1958-06 | 1958年10月撤销 | 0.3 |
| 20 | 黄河上游区上段 | 隆务河 | 40227500 | 古浪堤 | √ | | 尖扎县古浪堤电站 | 102°03′ | 35°46′ | 1978-06 | 1986年1月撤销 | 7.5 |
| 21 | 黄河上游区上段 | 巴燕沟 | 40227700 | 三塘 | √ | | 化隆回族自治县二塘乡三塘村 | 102°12′ | 36°08′ | 1985-01 | 1993年1月撤销 | 8 |
| 22 | 德宗马海湖 | 鱼卡河 | 01022650 | 十八道班 | √ | | 大柴旦镇敦格公路十八道班 | 95°02′ | 38°02′ | 1981-01 | 1986年1月撤销 | 5 |
| 23 | 库尔雷克湖 | 巴音河 | 01031550 | 泽林沟(老) | √ | | 德令哈市泽林沟农场 | 97°48′ | 37°21′ | 1978-06 | 1993年1月撤销 | 14.5 |
| 24 | 库尔雷克湖 | 巴音河 | 01031600 | 红山 | √ | | 德令哈市红山煤矿 | 97°34′ | 37°25′ | 1978-05 | 1982年12月撤销 | 4.5 |

续附表 3

| 序次 | 水系 | 河名 | 站码 | 站名 | 监测项目 | | 站地址 | 坐标 | | 设站年月（年-月） | 撤销年月 | 资料长度 |
|---|---|---|---|---|---|---|---|---|---|---|---|---|
| | | | | | 降水 | 蒸发 | | 东经 | 北纬 | | | |
| 25 | 都兰湖 | 都兰河 | 01041000 | 察汗诺 | √ | | 乌兰县铜普乡 | 98°50′ | 37°00′ | 1985-01 | 1990 年 1 月撤销 | 5 |
| 26 | 都兰湖 | 察汉河 | 01041500 | 四道班 | √ | | 乌兰县茶茫公路四道班 | 98°40′ | 37°00′ | 1978-07 | 1985 年 1 月撤销 | 6.5 |
| 27 | 霍布逊湖 | 乌兰乌苏河 | 01122000 | 勾力吉图 | √ | | 都兰县勾力吉图 | 94°47′ | 35°30′ | 1978-07 | 1979 年 8 月撤销 | 1 |
| 28 | 霍布逊湖 | 大格勒河 | 01142030 | 大格勒 | √ | | 格尔木市大格勒青藏公路四工区 | 95°44′ | 36°23′ | 1980-04 | 1982 年 1 月撤销 | 1.5 |
| 29 | 达布逊湖 | 奈金河 | 01221000 | 昆仑山口 | √ | | 格尔木市昆仑山口 | 94°03′ | 35°40′ | 1965-01 | 1981 年 1 月撤销 | 15 |
| 30 | 达布逊湖 | 奈金河 | 01221500 | 六号泵站 | √ | | 格尔木市西大滩六号泵站 | 94°06′ | 35°43′ | 1990 | 1994 年 6 月撤销 | 3.5 |
| 31 | 达布逊湖 | 奈金河 | 01222000 | 西大滩 | √ | | 格尔木市西大滩 | 94°18′ | 35°44′ | 1985-01 | 1992 年 11 月撤销 | 8 |
| 32 | 达布逊湖 | 奈金河 | 01222050 | 小南川 | √ | | 格尔木市小南川 | 94°20′ | 35°45′ | 1965-01 | 1985 年 1 月撤销 | 20 |
| 33 | 达布逊湖 | 托拉海河 | 01231000 | 托拉海 | √ | | 格尔木市托拉海 | 94°27′ | 36°25′ | 1985-01 | 1985 年 10 月撤销 | 0.7 |
| 34 | 青海湖 | 希格尔曲 | 01325000 | 龙门 | √ | | 天峻县龙门乡 | 98°49′ | 37°52′ | 1984-08 | 1989 年 1 月撤销 | 4.5 |
| 35 | 青海湖 | 希格尔曲 | 01325500 | 阳康 | √ | | 天峻县阳康乡 | 98°38′ | 37°41′ | 1985-09 | 1989 年 7 月撤销 | 4 |
| 36 | 青海湖 | 布哈河 | 01326300 | 天棚 | √ | | 天峻县天棚乡 | 99°16′ | 37°11′ | 1984-09 | 1989 年 11 月撤销 | 5 |
| 37 | 青海湖 | 吉尔孟河 | 01328550 | 吉尔孟 | √ | | 刚察县吉尔孟乡 | 99°34′ | 37°09′ | 1979-05 | 1991 年 1 月撤销 | 11.5 |
| 38 | 青海湖 | 青海湖 | 01331600 | 青海湖农场 | √ | | 刚察县青海湖农场场部 | 100°07′ | 37°15′ | 1988-01 | 1989 年 9 月撤销 | 11 |
| 39 | 茶卡湖 | 黑马河 | 01341000 | 茶卡 | √ | | 乌兰县茶卡 | 99°04′ | 36°47′ | 1940-03 | 1942 年 1 月撤销 | 1.7 |
| 40 | 黑河 | 八宝河 | 01520600 | 俄博 | √ | | 祁连县俄博 | 100°56′ | 37°58′ | 1946-01 | 1948～1966 年无资料，1990 年 1 月撤销 | 25 |
| 41 | 湟水 | 哈利涧河 | 40420400 | 哈利涧 | √ | | 海晏县哈利涧乡祁四牧场 | 101°00′ | 37°03′ | 1975-06 | 1996 年 1 月撤销 | 21 |
| 42 | 湟水 | 湟水 | 40421500 | 湟源 | √ | | 青海湟源县城关 | 101°16′ | 36°41′ | 1939-07 | 1942～1952；1956～1970 年无资料，1973 年 1 月撤销 | 7.5 |
| 43 | 湟水 | 大高陵沟 | 40422350 | 加牙麻 | √ | | 湟源县和平乡加牙麻 | 101°10′ | 36°36′ | 1979-05 | 1990 年 1 月撤销 | 10.5 |
| 44 | 湟水 | 大高陵沟 | 40422355 | 大高陵 | √ | | 湟中县和平乡大高陵村 | 101°13′ | 36°37′ | 1990-01 | 汛期站，1995 年撤销 | 5 |
| 45 | 湟水 | 小黑沟 | 40423000 | 小黑沟 | √ | | 湟源县东峡乡小黑沟 | 101°20′ | 36°43′ | 1978-07 | 1979 年无资料，1999 年 1 月撤销 | 19 |
| 46 | 湟水 | 尕易沟 | 40423600 | 鸾吧 | √ | | 湟中县共和乡前营村 | 101°24′ | 36°36′ | 1977-05 | 1984 年无资料，1993 年 6 月停测，1993 年 7 月撤销 | 15 |
| 47 | 湟水 | 甘河沟 | 40425000 | 甘河源 | √ | | 湟中县大元乡甘河源村 | 101°29′ | 36°28′ | 1965-08 | 1969 年 11 月停测，1969 年 11 月撤销 | 4 |
| 48 | 湟水 | 石灰沟 | 40425300 | 湟中 | √ | | 湟中县鲁沙尔 | 101°32′ | 36°30′ | 1953-01 | 1956、1959～1970 年无资料，1954-04～1957-12 有蒸发。1973 年 1 月撤销 | 9 |
| 49 | 湟水 | 石灰沟 | 40425500 | 羊圈 | √ | | 湟中县西堡乡羊圈村 | 101°37′ | 36°36′ | 1979-05 | 1993 年 6 年撤销 | 14 |

## 续附表 3

| 序次 | 水系 | 河名 | 站码 | 站名 | 监测项目 | | 站地址 | 坐标 | | 设站年月（年-月） | 撤销年月 | 资料长度 |
|---|---|---|---|---|---|---|---|---|---|---|---|---|
| | | | | | 降水 | 蒸发 | | 东经 | 北纬 | | | |
| 50 | 湟水 | 北川河 | 40426100 | 牛场 | √ | | 大通县宝库乡牛场 | 101°24′ | 37°15′ | 1958-07 | 1959～1965、1970～1974 年无资料，2002 年 1 月 1 日撤销，由新设牛场水文站观测降水资料代替。2002 年 1 月撤销 | 32 |
| 51 | 湟水 | 大坂沟 | 40426150 | 十道班 | √ | | 大通县宝库乡大坂沟十道班 | 101°23′ | 37°20′ | 1967-07 | 1970～1976 年无资料，1985 年 10 月撤销 | 11 |
| 52 | 湟水 | 大坂沟 | 40426200 | 九道班 | √ | | 大通县宝库乡大坂沟九道班 | 101°25′ | 37°18′ | 1967-07 | 1970～1976 年无资料，1992 年 1 月撤销 | 18 |
| 53 | 湟水 | 奇寒沟 | 40426600 | 拉布才 | √ | | 大通县西山乡拉布才村 | 101°31′ | 37°07′ | 1978-07 | 1993 年 6 月停测，1993 年 7 月撤销 | 15 |
| 54 | 湟水 | 黑林河 | 40427100 | 卧马 | √ | | 大通县多林乡卧马村 | 101°23′ | 37°05′ | 1958-07 | 1959～1965、1970～1975 年无资料，1981 年 1 月撤销 | 11 |
| 55 | 湟水 | 北川河 | 40427350 | 大通 | √ | | 大通县城关镇 | 101°32′ | 37°02′ | 1940-05 | 1941～1952、1956～1970 年无资料，1955-06～1955-12 有蒸发。1973 年 1 月撤销 | 6 |
| 56 | 湟水 | 药草沟 | 40427550 | 药草滩 | √ | | 大通县药草乡西庄 | 101°39′ | 37°04′ | 1978-08 | 1979 年无资料，1993 年 1 月撤销 | 13 |
| 57 | 湟水 | 浑水沟 | 40428550 | 陈家庄 | √ | | 大通县黄家寨乡陈家庄 | 101°39′ | 36°51′ | 1966-05 | 1970 年 1 月撤销 | 3.5 |
| 58 | 湟水 | 清水河 | 40428750 | 景阳 | √ | | 大通县景阳乡硖门 | 101°37′ | 36°50′ | 1963-05 | 1963 年 9 月撤销 | 0.3 |
| 59 | 湟水 | 南川河 | 40429750 | 老幼堡 | √ | | 湟中县中总寨乡老幼堡 | 101°38′ | 36°30′ | 1978-05 | 1985 年 1 月撤销 | 6.5 |
| 60 | 湟水 | 沙塘川 | 40431000 | 威远镇 | √ | | 互助县威远镇 | 101°57′ | 36°49′ | 1941-01 | 1942～1952、1955～1957、1959～1964 无资料 1974 年 1 月撤销 | 15 |
| 61 | 湟水 | 包家沙沟 | 40431400 | 雷大庄 | √ | | 互助县西山乡雷大庄 | 101°51′ | 36°47′ | 1978-05 | 1993 年 7 月撤销 | 15 |
| 62 | 湟水 | 包家沙沟 | 40431600 | 邵代家 | √ | | 互助县西山乡邵代家 | 101°49′ | 36°48′ | 1978-01 | 1979 年 1 月撤销 | 1 |
| 63 | 湟水 | 沙塘川 | 40432000 | 甘家堡 | √ | | 互助县沙塘川乡甘家堡 | 101°54′ | 36°42′ | 1965-06 | 1993 年 7 月撤销 | 28 |
| 64 | 湟水 | 小南川 | 40433200 | 梁家 | √ | | 湟中县田家寨乡梁家村 | 101°51′ | 36°31′ | 1979-05 | 1993 年 1 月撤销 | 13.5 |
| 65 | 湟水 | 哈拉直沟 | 40433800 | 尚家 | √ | | 互助县哈拉直沟乡尚家村 | 102°01′ | 36°39′ | 1967-05 | 1993 年 7 月撤销 | 25 |
| 66 | 湟水 | 哈拉直沟 | 40434000 | 高寨 | √ | | 互助县高寨乡高寨 | 101°58′ | 36°33′ | 1978-06 | 1980 年无资料，1993 年 7 月撤销 | 14 |
| 67 | 湟水 | 湟水 | 40434400 | 曹家堡 | √ | | 互助县曹家堡农场 | 102°03′ | 36°31′ | 1953-01 | 1955 年 5 月撤销 | 2.5 |
| 68 | 湟水 | 天重河 | 40434800 | 窑洞 | √ | | 湟中县三合乡窑洞村 | 101°56′ | 36°21′ | 1973-01 | 1976 年 1 月撤销 | 3 |
| 69 | 湟水 | 天重河 | 40434900 | 塔尔寺 | √ | | 湟中县三合乡塔尔寺 | 101°57′ | 36°23′ | 1976-01 | 1979 年 1 月撤销 | 3 |
| 70 | 湟水 | 红崖子沟 | 40435400 | 五十 | √ | | 互助县五十乡五十中学 | 102°08′ | 36°44′ | 1966-05 | 1969 年 1 月撤销 | 3 |
| 71 | 湟水 | 红崖子沟 | 40435600 | 老幼堡 | √ | | 互助县寨上乡 | 102°07′ | 36°39′ | 1958-07 | 1958 年 11 月撤销 | 0.5 |
| 72 | 湟水 | 红崖子沟 | 40435800 | 仲家庄 | √ | | 互助县红崖子沟乡仲家庄 | 102°06′ | 36°37′ | 1979-05 | 汛期站 1981 年无资料，1993 年 7 月撤销 | 13 |

## 续附表 3

| 序次 | 水系 | 河名 | 站码 | 站名 | 监测项目 | | 站地址 | 坐标 | | 设站年月（年-月） | 撤销年月 | 资料长度 |
|---|---|---|---|---|---|---|---|---|---|---|---|---|
| | | | | | 降水 | 蒸发 | | 东经 | 北纬 | | | |
| 73 | 湟水 | 红崖子沟 | 40436000 | 西台子 | √ | | 互助县红崖子沟乡西台子村 | 102°05′ | 36°32′ | 1978-01 | 1993 年 6 月撤销 | 14.5 |
| 74 | 湟水 | 白水沟 | 40436200 | 角加 | √ | | 平安县古城乡角加村 | 102°01′ | 36°21′ | 1966-05 | 1993 年 6 月撤销 | 27 |
| 75 | 湟水 | 高店沟 | 40436800 | 上营 | √ | | 乐都县下营乡上营村 | 102°09′ | 36°22′ | 1978-09 | 1993 年 7 月撤销 | 15 |
| 76 | 湟水 | 高店沟 | 40437200 | 祝家庄 | √ | | 乐都县下营乡祝家庄 | 102°11′ | 36°26′ | 1981-06 | 1993 年 1 月撤销 | 11.5 |
| 77 | 湟水 | 努木吃沟 | 40437600 | 马趟村 | √ | | 乐都县达拉乡马趟村 | 102°17′ | 36°37′ | 1979-05 | 2000 年 1 月撤销 | 20.5 |
| 78 | 湟水 | 湟水 | 40437800 | 乐都 | √ | | 乐都县李家乡 | 102°24′ | 36°29′ | 1937-04 | 1941～1970 年无资料，1973 年 1 月撤销 | 6 |
| 79 | 湟水 | 土关沟 | 40438600 | 上狼哇 | √ | | 乐都县寿乐乡上狼哇村 | 102°28′ | 36°39′ | 1979-05 | 1993 年 6 月撤销 | 14 |
| 80 | 湟水 | 引胜沟 | 40438900 | 沙坝 | √ | | 乐都县碾伯乡沙坝 | 102°25′ | 36°30′ | 1958-05 | 1959 年 9 月撤销 | 1.3 |
| 81 | 湟水 | 石坡沟 | 40439100 | 石坡沟 | √ | | 乐都县曲坛乡石坡沟 | 102°15′ | 36°18′ | 1959-06 | 1960 年 1 月撤销 | 0.5 |
| 82 | 湟水 | 洛巴沟 | 40439500 | 亲仁 | √ | | 乐都县亲仁乡 | 102°22′ | 36°20′ | 1959-03 | 只有 1 月资料，未刊，1960 年 1 月撤销 | 0.1 |
| 83 | 湟水 | 岗子沟 | 40439800 | 晁家庄 | √ | | 乐都县岗沟乡晁家庄 | 102°23′ | 36°25′ | 1958-03 | 1961～1976 年无资料，1993 年 7 月撤销 | 20.3 |
| 84 | 湟水 | 双塔沟 | 40440400 | 桃红营 | √ | | 乐都县蒲台乡桃红营 | 102°26′ | 36°20′ | 1959-06 | 1959 年 12 月撤销 | 0.5 |
| 85 | 湟水 | 磨泽沟 | 40440600 | 脑庄 | √ | | 乐都县高庙镇脑庄 | 102°32′ | 36°29′ | 1979-05 | 1993 年 7 月撤销 | 14 |
| 86 | 湟水 | 米拉沟 | 40442200 | 核桃庄 | √ | | 民和县核桃庄乡核桃庄 | 102°45′ | 36°18′ | 1966-06 | 1997 年 1 月撤销 | 29.5 |
| 87 | 湟水 | 西沟 | 40442700 | 康翟家 | √ | | 民和县西沟乡康翟家 | 102°41′ | 36°11′ | 1983-07 | 1998 年 5 月撤销 | 5 |
| 88 | 湟水 | 西沟 | 40442900 | 南垣 | √ | | 民和县西沟乡南垣 | 102°44′ | 36°12′ | 1973-01 | 1995 年 1 月撤销 | 21 |
| 89 | 湟水 | 东沟 | 40443000 | 家连合 | √ | √ | 民和县东沟乡家连合村 | 102°40′ | 36°09′ | 1985-05 | 汛期站，2000 年 1 月撤销 | 14.5 |
| 90 | 湟水 | 东沟 | 40443200 | 毛家岭 | √ | | 民和县东沟乡毛家岭村 | 102°41′ | 36°08′ | 1985-05 | 汛期站，1993 年 8 月撤销 | 8 |
| 91 | 湟水 | 东沟 | 40443300 | 西巷 | √ | | 民和县东沟乡西巷村 | 102°43′ | 36°10′ | 1982-05 | 1993 年 7 月撤销 | 11 |
| 92 | 湟水 | 东沟 | 40443400 | 池坡 | √ | | 民和县柴沟乡池坡 | 102°43′ | 36°08′ | 1983-07 | 1997 年 1 月撤销 | 13.5 |
| 93 | 湟水 | 东沟 | 40443500 | 樊家滩 | √ | | 民和县东沟乡樊家滩 | 102°43′ | 36°10′ | 1966-06 | 1993 年 7 月撤销 | 27 |
| 94 | 湟水 | 大通河 | 40451600 | 默勒 | √ | | 祁连县默勒乡 | 100°45′ | 37°42′ | 1978-05 | 汛期站，1979 年无资料，1996 年 1 月撤销 | 16 |
| 95 | 湟水 | 大通河 | 40453200 | 青石嘴 | √ | | 门源县青石嘴镇 | 101°25′ | 37°28′ | 1978-06 | 1981 年无资料，1997 年 12 月撤销 | 17.5 |
| 96 | 湟水 | 大通河 | 40454000 | 门源 | √ | | 门源县浩门镇 | 101°37′ | 37°23′ | 1939-06 | 1940、1942～1952 年无资料，1953 年 7 月撤销 | 3 |
| 97 | 湟水 | 洛巴沟 | 40439400 | 大石滩 | √ | | 乐都县亲仁乡大石滩水库 | 102°23′ | 36°18′ | 1979-05 | 1993 年 3 月撤销 | 14 |
| 98 | 湟水 | 巴州沟 | 40443900 | 下马家 | √ | | 民和县巴州乡下马家 | 102°47′ | 36°16′ | 1964-01 | 1993 年 4 月撤销 | 29 |
| 99 | 巴戛柴达木湖 | 绿草沟 | 01026000 | 绿草山 | √ | | 大柴旦镇绿草山煤矿 | 95°41′ | 37°36′ | 1985-01 | 1993 年 5 月撤销 | 8.5 |
| 100 | 湟水 | 头道沟 | 40457400 | 赵家湾 | √ | | 民和县川口镇赵家湾 | 102°49′ | 36°17′ | 1983-08 | 1993 年 6 月撤销 | 10 |

## 附表 4　青海省现状基本情况及专用水文站基本情况一览

| 序号 | 水系 | 河名 | 站名 | 测站编码 | 断面位置 | 坐标 | | 集水面积（$km^2$） | 测验项目 | | | | | | | 测站分类 | | | 设立机构 | 渠道辅助站 | 监测时间（年-日） | 系列长度（年） | 备注 |
|---|---|---|---|---|---|---|---|---|---|---|---|---|---|---|---|---|---|---|---|---|---|---|---|
| | | | | | | 东经 | 北纬 | | 水位 | 流量 | 泥沙 | 降水 | 蒸发 | 地下水 | 水温 | 按目的和作用 | 按集水面积大小与作用 | 按照重要程度 | | | | | |
| 1 | 达布逊湖 | 格尔木河 | 格尔木（四） | 01200640 | 格尔木市小干沟 | 94°49′ | 36°00′ | 18648 | 1 | 1 | 1 | 1 | 1 | | 1 | 基本站 | 大河控制站 | 国家重要站 | 青海水文局 | 2 | 1955-04～2013-12 | 59 | |
| 2 | 库尔雷克湖 | 巴音河 | 德令哈（三） | 01004500 | 德令哈市 | 97°27′ | 37°23′ | 7281 | 1 | 1 | 1 | 1 | | 1 | 1 | 基本站 | 大河控制站 | 国家重要站 | 青海水文局 | | 1954-04～2013-12 | 56.5 | |
| 3 | 霍布逊湖 | 托索河 | 千瓦鄂博 | 01100500 | 都兰县沟里乡千瓦鄂博 | 98°08′ | 35°45′ | 9878 | 1 | 1 | 1 | 1 | | | 1 | 基本站 | 大河控制站 | 国家重要站 | 青海水文局 | | 1959-04～1962-05、1966-08～2013-12 | 51 | |
| 4 | 都兰湖 | 都兰河 | 上尕巴 | 01005410 | 乌兰县铜普乡上尕巴 | 98°35′ | 37°00′ | 1107 | 1 | 1 | 1 | 1 | 1 | | | 基本站 | 区域代表站 | 一般水文站 | 青海水文局 | 1 | 1959-09～1969-12、1977-07～2013-12 | 47 | |
| 5 | 霍布逊湖 | 察汗乌苏 | 察汗乌苏 | 01101400 | 都兰县察汗乌苏关角牙合 | 98°07′ | 36°14′ | 4434 | 1 | 1 | | 1 | | | | 基本站 | 区域代表站 | 省级重要站 | 青海水文局 | 1 | 1955-08～2013-12 | 58.5 | |
| 6 | 达布逊河 | 奈金河 | 纳赤台（二） | 01202600 | 格尔木市纳赤台 | 94°34′ | 35°52′ | 5973 | 1 | 1 | 1 | 1 | 1 | | | 基本站 | 大河控制站 | 国家重要站 | 青海水文局 | | 1957-01～2013-12 | 57 | |
| 7 | 金沙江上游 | 沱沱河 | 沱沱河 | 60100500 | 格尔木市唐古拉山沱沱河大桥 | 92°27′ | 34°13′ | 15924 | 1 | 1 | 1 | 1 | 1 | 1 | 1 | 基本站 | 大河控制站 | 国家重要站 | 青海水文局 | | 1958-06～2013-10 | 55.5 | |
| 8 | 黄河上游区 | 曲什安河 | 大米滩 | 40201100 | 兴海县曲什安乡大米滩村 | 100°14′ | 35°19′ | 5786 | 1 | 1 | 1 | 1 | 1 | | | 基本站 | 大河控制站 | 国家重要站 | 青海水文局 | 1 | 1958-04～2013-12 | 56 | |
| 9 | 黄河上游区 | 隆务河 | 同仁 | 40202700 | 同仁县铁吾村 | 102°01′ | 35°31′ | 2832 | 1 | 1 | 1 | 1 | 1 | | 1 | 基本站 | 区域代表站 | 国家重要站 | 青海水文局 | | 1957-05～2013-12 | 56.5 | |
| 10 | 黄河上游区 | 大河坝河 | 上村 | 40201500 | 兴海县唐乃亥乡上村 | 100°08′ | 35°30′ | 3977 | 1 | 1 | 1 | 1 | 1 | | 1 | 基本站 | 区域代表站 | 省级重要站 | 青海水文局 | 1 | 1980-01～2013-12 | 34 | |
| 11 | 湟水 | 湟水 | 海晏（三） | 40400110 | 海晏县三角城镇 | 101°01′ | 36°54′ | 1377 | 1 | 1 | 1 | 1 | 1 | 1 | | 基本站 | 大河控制站 | 省级重要站 | 青海水文局 | 1 | 2007-01～2013-12 | 7 | |
| 12 | 湟水 | 湟水 | 湟源 | 40400190 | 湟源县城关镇滨河南路 3 号 | 101°16′ | 36°41′ | 3027 | 1 | 1 | 1 | 1 | 1 | 1 | | 基本站 | 大河控制站 | 国家重要站 | 青海水文局 | | 2005-08～2013-12 | 8.5 | |
| 13 | 湟水 | 湟水 | 西宁 | 40400400 | 西宁市北门外 | 101°47′ | 36°38′ | 9022 | 1 | 1 | 1 | 1 | | | 1 | 基本站 | 大河控制站 | 国家重要站 | 青海水文局 | | 1953-06～2013-12 | 60.5 | |
| 14 | 湟水 | 湟水 | 乐都 | 40400550 | 乐都县碾伯镇下教场村 | 102°25′ | 36°29′ | 13025 | 1 | 1 | 1 | 1 | 1 | 1 | 1 | 基本站 | 大河控制站 | 国家重要站 | 青海水文局 | | 1988-06～2013-12 | 25.5 | |
| 15 | 湟水 | 药水河 | 董家庄（三） | 40401800 | 湟源县城郊乡董家庄 | 101°16′ | 36°40′ | 636 | 1 | 1 | 1 | 1 | 1 | 1 | | 基本站 | 区域代表站 | 省级重要站 | 青海水文局 | | 1959-01～1963-05、1965-08～1969-10、1977-07～2013-12 | 45.5 | |

## 续附表 4

| 序号 | 水系 | 河名 | 站名 | 测站编码 | 断面位置 | 坐标 | | 集水面积（$km^2$） | 测验项目 | | | | | | | 测站分类 | 按集水面积大小与作用 | 按照重要程度 | 设立机构 | 渠道辅助站 | 监测时间（年-日） | 系列长度（年） | 备注 |
|---|---|---|---|---|---|---|---|---|---|---|---|---|---|---|---|---|---|---|---|---|---|---|---|
| | | | | | | 东经 | 北纬 | | 水位 | 流量 | 泥沙 | 降水 | 蒸发 | 地下水 | 水温 | 按目的和作用 | | | | | | | |
| 16 | 湟水 | 南川河 | 南川河口（二） | 40405800 | 西宁市北门外 | 101°47′ | 36°38′ | 398 | | 1 | 1 | | | | | 基本站 | 区域代表站 | 一般水文站 | 青海水文局 | | 1993-01 ~ 2013-12 | 21 | |
| 17 | 湟水 | 北川河 | 朝阳 | 40403900 | 西宁市小桥 | 101°46′ | 36°39′ | 3365 | 1 | 1 | 1 | 1 | 1 | | 1 | 基本站 | 区域代表站 | 国家重要站 | 青海水文局 | 1 | 1984-07 ~ 2013-12 | 29.5 | |
| 18 | 湟水 | 沙塘川 | 傅家寨（二） | 40406200 | 西宁市中庄乡傅家寨 | 101°52′ | 36°35′ | 1112 | 1 | 1 | 1 | 1 | | | | 基本站 | 区域代表站 | 省级重要站 | 青海水文局 | | 1958-03 ~ 2013-12 | 56 | |
| 19 | 湟水 | 引胜沟 | 八里桥（二） | 40407500 | 乐都县碾伯镇八里桥 | 102°24′ | 36°31′ | 464 | 1 | 1 | 1 | 1 | 1 | 1 | | 基本站 | 区域代表站 | 一般水文站 | 青海水文局 | 1 | 1966-08 ~ 2013-12 | 47.5 | |
| 20 | 黄河上游区 | 清水 | 清水 | 40203300 | 循化撒拉族自治县清水乡河东大庄 | 102°33′ | 35°50′ | 689 | 1 | 1 | 1 | 1 | 1 | 1 | | 基本站 | 区域代表站 | 一般水文站 | 青海水文局 | | 1980-01 ~ 2013-12 | 34 | |
| 21 | 黄河上游区 | 巴燕沟 | 化隆 | 40203000 | 化隆回族自治县谢家滩乡阴坡村 | 102°15′ | 35°06′ | 217 | 1 | 1 | 1 | 1 | | 1 | | 基本站 | 小河站 | 一般水文站 | 青海水文局 | | 1981-01 ~ 2013-12 | 33 | |
| 22 | 湟水 | 小南川 | 王家庄 | 40406700 | 平安县小峡乡王家庄 | 101°56′ | 36°33′ | 370 | 1 | 1 | 1 | 1 | 1 | | | 基本站 | 小河站 | 一般水文站 | 青海水文局 | | 1971-01 ~ 2013-12 | 45 | |
| 23 | 湟水 | 巴州沟 | 吉家堡 | 40408900 | 民和县川口镇吉家堡 | 102°47′ | 36°19′ | 192 | 1 | 1 | 1 | 1 | 1 | | 1 | 基本站 | 小河站 | 国家重要站 | 青海水文局 | | 1958-03 ~ 2013-12 | 56 | |
| 24 | 青海湖 | 依克乌兰河 | 刚察（二） | 01301125 | 刚察县 | 100°08′ | 37°19′ | 1442 | 1 | 1 | 1 | 1 | 1 | | | 基本站 | 区域代表站 | 国家重要站 | 青海水文局 | 1 | 1958-04 ~ 2013-12 | 56 | |
| 25 | 金沙江上游 | 通天河 | 直门达 | 60100700 | 称多县直门达村 | 97°13′ | 33°02′ | 137704 | 1 | 1 | 1 | 1 | 1 | 1 | 1 | 基本站 | 大河控制站 | 国家重要站 | 青海水文局 | | 1956-07 ~ 2013-12 | 57.5 | |
| 26 | 金沙江上游 | 巴塘河 | 新寨 | 60201500 | 玉树县结古新寨 | 97°03′ | 33°01′ | 2298 | 1 | 1 | 1 | 1 | 1 | | | 基本站 | 区域代表站 | 国家重要站 | 青海水文局 | | 1959-05 ~ 1968-09、1981-01 ~ 2013-12 | 42 | |
| 27 | 湟水 | 大通河 | 尕日得 | 40410600 | 祁连县默勒乡尕日得 | 100°31′ | 37°45′ | 4576 | 1 | 1 | 1 | 1 | 1 | | | 基本站 | 大河控制站 | 国家重要站 | 青海水文局 | | 1973-04 ~ 2013-12 | 41 | |
| 28 | 湟水 | 大通河 | 青石嘴 | 40411010 | 门源县青石嘴镇南街 84 号 | 101°25′ | 37°28′ | 8011 | 1 | 1 | 1 | 1 | 1 | 1 | 1 | 基本站 | 大河控制站 | 国家重要站 | 青海水文局 | | 1997-07 ~ 2013-12 | 16 | |
| 29 | 湟水 | 北川河 | 牛场 | 40403200 | 大通县宝库乡牛场 | 101°24′ | 37°14′ | 830 | 1 | 1 | 1 | 1 | 1 | 1 | 1 | 基本站 | 区域代表站 | 国家重要站 | 青海水文局 | | 2001-07 ~ 2013-12 | 12.5 | |
| 30 | 湟水 | 北川河 | 桥头（五） | 40403700 | 大通县桥头镇 | 101°41′ | 36°56′ | 2774 | 1 | 1 | 1 | 1 | 1 | | 1 | 基本站 | 区域代表站 | 国家重要站 | 青海水文局 | | 1956-01 ~ 2013-12 | 58 | |
| 31 | 湟水 | 西纳川 | 西纳川（二） | 40402500 | 湟中县拦隆口乡拦隆口 | 101°29′ | 36°46′ | 809 | 1 | 1 | 1 | 1 | 1 | 1 | 1 | 基本站 | 区域代表站 | 省级重要站 | 青海水文局 | | 1957-03 ~ 2013-12 | 57 | |

## 续附表 4

| 序号 | 水系 | 河名 | 站名 | 测站编码 | 断面位置 | 坐标 | | 集水面积（km²） | 测验项目 | | | | | | | 测站分类 | | | 设立机构 | 渠道辅助站 | 监测时间（年-日） | 系列长度（年） | 备注 |
|---|---|---|---|---|---|---|---|---|---|---|---|---|---|---|---|---|---|---|---|---|---|---|---|
| | | | | | | 东经 | 北纬 | | 水位 | 流量 | 泥沙 | 降水 | 蒸发 | 地下水 | 水温 | 按目的和作用 | 按集水面积大小与作用 | 按照重要程度 | | | | | |
| 32 | 湟水 | 黑林河 | 黑林（二） | 40404400 | 大通县青林乡 | 101°24′ | 37°05′ | 281 | 1 | 1 | | 1 | 1 | 1 | | 基本站 | 小河站 | 一般水文站 | 青海水文局 | | 1958-01～2013-12 | 56 | |
| 33 | 台吉乃尔湖 | 那棱格勒河 | 那棱格勒 | 01210500 | 格尔木市那棱格勒 | 92°42′ | 36°42′ | 21898 | 1 | 1 | 1 | 1 | 1 | | 1 | 基本站 | 大河控制站 | 省级重要站 | 青海水文局 | | 1959-04～1963-12 | 4 | 2012 年重新建设 |
| 34 | 青海湖 | 布哈河 | 布哈河口 | 01300300 | 刚察县泉吉乡布哈河口 | 99°44′ | 37°02′ | 143347 | 1 | 1 | 1 | 1 | 1 | | 1 | 基本站 | 大河控制站 | 国家重要站 | 青海水文局 | | 1957-05～2013-12 | 57 | |
| 35 | 青海湖 | 泉吉河 | 泉吉 | 01300950 | 刚察县泉吉乡 | 99°53′ | 37°16′ | | 1 | 1 | | | | | | 专用站 | | | 青海水文局 | 1 | 2013 | 2 | |
| 36 | 大渡河 | 玛柯河 | 班玛 | 60607550 | 班玛县赛来堂镇 | 100°45′ | 32°56′ | 4337 | 1 | 1 | | 1 | 1 | | | 专用站 | | | 青海水文局 | | 1999-05～2013-12 | 14.5 | |
| 37 | 金沙江上段 | 布曲 | 雁石坪 | 60201000 | 格尔木市唐古拉山镇雁石坪 | 92°04′ | 33°37′ | 4538 | 1 | 1 | | | | | | 专用站 | | | 青海水文局 | | 2007-06～2013-12 | 6 | 巡测站 |
| 38 | 金沙江上段 | 益曲 | 隆宝滩 | 60201470 | 玉树县隆宝镇君勤村 | 96°25′ | 33°18′ | 452 | 1 | 1 | | | | | | 专用站 | | | 青海水文局 | | 2007-06～2013-12 | 6 | 巡测站 |
| 39 | 澜沧江 | 扎曲 | 香达（四） | 90202050 | 囊谦县香达镇 | 96°27′ | 32°27′ | 16959 | 1 | 1 | | | | | | 专用站 | | | 青海水文局 | | 2007-06～2013-12 | 6 | 巡测站 |
| 40 | 澜沧江 | 子曲 | 下拉秀 | 90202800 | 玉树县下拉秀村 | 96°33′ | 32°37′ | 4125 | 1 | 1 | | | | | | 专用站 | | | 青海水文局 | | 2007-06～2013-12 | 6 | 巡测站 |
| 41 | 都兰湖 | 赛什克河 | 南沙 | 01006100 | 乌兰县赛什克河镇南沙沟村 | 98°23′ | 37°00′ | 987 | 1 | 1 | | 1 | | | | 专用站 | | | 青海水文局 | | | | 在建 |
| 42 | 霍布逊湖 | 夏日哈 | 夏日哈 | 01101800 | 都兰县夏日哈河上 | 98°09′ | 36°25′ | 936 | 1 | 1 | | 1 | | | | 专用站 | | | 青海水文局 | | | | 在建 |
| 43 | 霍布逊湖 | 卡克特儿 | 卡克特儿 | | | 98°09′ | 35°52′ | 1900 | 1 | 1 | | 1 | | | | 专用站 | | | 青海水文局 | | | | 在建 |
| 44 | 青海湖 | 中河 | 向公 | 01300310 | 海南藏族自治州共和县石乃亥乡向公村 | 99°43′ | 37°01′ | | 1 | 1 | | | | | | 专用站 | | | 青海水文局 | | | | 在建 |
| 45 | 青海湖 | 吉尔孟 | 吉尔孟 | 01300700 | 海北藏族自治州刚察县吉尔孟乡 | 99°33′ | 37°09′ | 1092 | 1 | 1 | | 1 | | | | 专用站 | | | 青海水文局 | | | | 在建 |
| 46 | 黄河 | 泽曲 | 优干宁 | 40200850 | 河南县优干宁镇泽曲1号桥上游35 m | 101°38′ | 34°44′ | 2807 | 1 | 1 | | 1 | | | | 专用站 | | | 青海水文局 | | | | 在建 |

## 续附表 4

| 序号 | 水系 | 河名 | 站名 | 测站编码 | 断面位置 | 坐标 |  | 集水面积（$km^2$） | 测验项目 |  |  |  |  |  |  | 测站分类 | 按集水面积大小与作用 | 按照重要程度 | 设立机构 | 渠道辅助站 | 监测时间（年-日） | 系列长度（年） | 备注 |
|---|---|---|---|---|---|---|---|---|---|---|---|---|---|---|---|---|---|---|---|---|---|---|---|
|  |  |  |  |  |  | 东经 | 北纬 |  | 水位 | 流量 | 泥沙 | 降水 | 蒸发 | 地下水 | 水温 | 按目的和作用 |  |  |  |  |  |  |  |
| 47 | 黄河 | 芒拉河 | 拉曲(三) | 40201900 | 海南藏族自治州贵南县芒拉镇 | 100°45′ | 35°35′ | 1664 | 1 | 1 |  | 1 |  |  |  | 专用站 |  |  | 青海水文局 |  |  |  | 在建 |
| 48 | 黄河 | 街子河 | 三兰巴海 | 40203250 | 循化撒拉族自治县街子镇三兰巴海村 | 102°25′ | 35°51′ | 255 | 1 | 1 |  | 1 |  |  |  | 专用站 |  |  | 青海水文局 |  |  |  | 在建 |
| 49 | 湟水 | 拉拉沟 | 大华 | 40401700 | 湟源县大华镇青海湖水泥厂 | 101°12′ | 36°41′ | 155.8 | 1 | 1 |  | 1 |  |  |  | 专用站 |  |  | 青海水文局 |  |  |  | 在建 |
| 50 | 湟水 | 云谷川 | 峡口 | 40402550 | 湟中县李家山镇崖头村 | 101°31′ | 36°50′ | 164.6 | 1 | 1 |  | 1 |  |  |  | 专用站 |  |  | 青海水文局 |  |  |  | 在建 |
| 51 | 湟水 | 东峡 | 东峡 | 40403650 | 西宁市大通回族土族自治县朔北藏族乡下吉哇村 | 101°42′ | 36°57′ | 547 | 1 | 1 |  |  |  |  |  | 专用站 |  |  | 青海水文局 |  |  |  | 在建 |
| 52 | 湟水 | 红崖子沟 | 白马 | 40406850 | 互助县红崖子沟乡所仲家庄村 | 102°05′ | 36°36′ | 377 | 1 | 1 |  | 1 |  |  |  | 专用站 |  |  | 青海水文局 |  |  |  | 在建 |
| 53 | 湟水 | 白水河 | 白坡 | 40411100 | 门源回族自治县青石嘴镇白坡村 | 101°25′ | 37°28′ | 221 | 1 | 1 |  |  |  |  |  | 专用站 |  |  | 青海水文局 |  |  |  | 在建 |
| 54 | 湟水 | 讨拉沟 | 仙米 | 40411200 | 门源回族自治县仙米乡尕德拉村 | 102°00′ | 37°18′ | 309 | 1 | 1 |  | 1 |  |  |  | 专用站 |  |  | 青海水文局 |  |  |  | 在建 |
| 55 | 黄河干流 | 黄河 | 鄂陵湖(黄) | 40100050 | 玛多县鄂陵湖 | 97°45′ | 35°05′ | 18428 | 1 | 1 |  |  |  | 1 | 1 | 基本站 | 大河控制站 | 国家重要站 | 黄委水文局 |  | 1986、1988、1991～1999、2004、2005 | 13 |  |
| 56 | 黄河干流 | 黄河 | 黄河沿(三) | 40100100 | 玛多县黄河沿 | 98°10′ | 34°53′ | 20930 | 1 | 1 | 1 |  | 1 | 1 | 1 | 基本站 | 大河控制站 | 国家重要站 | 黄委水文局 |  | 1956～1967、1976～2013 | 50 |  |
| 57 | 黄河干流 | 黄河 | 吉迈(四) | 40100150 | 达日县吉迈 | 99°39′ | 33°46′ | 45019 | 1 | 1 | 1 |  | 1 | 1 | 1 | 基本站 | 大河控制站 | 国家重要站 | 黄委水文局 |  | 1959～2013 | 55 |  |
| 58 | 黄河干流 | 黄河 | 门堂 | 40100180 | 久治县门堂乡 | 101°03′ | 33°46′ | 59655 | 1 | 1 |  |  | 1 | 1 |  | 基本站 | 大河控制站 | 国家重要站 | 黄委水文局 |  | 1988～2013 | 26 |  |
| 59 | 黄河干流 | 黄河 | 军功 | 40100300 | 玛沁县军功乡 | 100°39′ | 34°42′ | 98414 | 1 | 1 | 1 |  | 1 | 1 | 1 | 基本站 | 大河控制站 | 国家重要站 | 黄委水文局 |  | 1980～2013 | 34 |  |
| 60 | 黄河干流 | 黄河 | 唐乃亥 | 40100350 | 兴海县唐乃亥乡下村 | 100°09′ | 35°30′ | 121972 | 1 | 1 | 1 | 1 | 1 | 1 |  | 基本站 | 大河控制站 | 国家重要站 | 黄委水文局 |  | 1956～2013 | 58 |  |
| 61 | 黄河干流 | 黄河 | 贵德(二) | 40100500 | 贵德县河西乡黄河大桥 | 101°24′ | 36°02′ | 133650 | 1 | 1 | 1 | 1 | 1 | 1 | 1 | 基本站 | 大河控制站 | 国家重要站 | 黄委水文局 |  | 1954～2013 | 60 |  |

## 续附表 4

| 序号 | 水系 | 河名 | 站名 | 测站编码 | 断面位置 | 坐标 | | 集水面积（$km^2$） | 测验项目 | | | | | | | 测站分类 | | | 设立机构 | 渠道辅助站 | 监测时间（年-日） | 系列长度（年） | 备注 |
|---|---|---|---|---|---|---|---|---|---|---|---|---|---|---|---|---|---|---|---|---|---|---|---|
| | | | | | | 东经 | 北纬 | | 水位 | 流量 | 泥沙 | 降水 | 蒸发 | 地下水 | 水温 | 按目的和作用 | 按集水面积大小与作用 | 按照重要程度 | | | | | |
| 62 | 黄河干流 | 黄河 | 循化（二） | 40100550 | 循化撒拉族自治县积石镇 | 102°30′ | 35°50′ | 145459 | 1 | 1 | 1 | 1 | 1 | 1 | | 基本站 | 大河控制站 | 国家重要站 | 黄委水文局 | | 1946～1948、1950、1951、1953～2013 | 66 | |
| 63 | 黄河上游区上段 | 热曲 | 黄河 | 40200100 | 玛多县黄河乡 | 98°16′ | 34°36′ | 6446 | 1 | 1 | | | 1 | 1 | | 基本站 | 大河控制站 | 国家重要站 | 黄委水文局 | | 1981、1991～2013 | 24 | |
| 64 | 黄河上游区上段 | 沙柯曲 | 久治 | 40200400 | 久治县 | 101°30′ | 33°26′ | 1428 | 1 | 1 | | | 1 | 1 | | 基本站 | 区域代表站 | 一般水文站 | 黄委水文局 | | 1980、1981、1988～2013 | 28 | |
| 65 | 湟水 | 湟水 | 民和（三） | 40400800 | 民和县川口镇史那村 | 102°48′ | 36°20′ | 145342 | 1 | 1 | 1 | 1 | 1 | 1 | 1 | 基本站 | 大河控制站 | 国家重要站 | 黄委水文局 | | 1941、1942、1950～2013 | 66 | |
| 66 | 湟水 | 大通河 | 享堂（三） | 40411600 | 民和县享堂 | 102°50′ | 36°21′ | 15126 | 1 | 1 | 1 | | 1 | 1 | 1 | 基本站 | 大河控制站 | 国家重要站 | 黄委水文局 | | 1940～1942、1945、1947、1950～2013 | 69 | |
| 67 | 黑河 | 八宝河 | 祁连 | 01501400 | 祁连县八宝乡祁连 | 100°14′ | 38°12′ | 2452 | 1 | 1 | 1 | | 1 | 1 | 1 | 基本站 | 区域代表站 | 省级重要站 | 甘肃水文局 | 2 | | | 1988 年撤销 2012 年恢复 |
| 68 | 黑河 | 八宝河 | 扎马什克（二） | 01500200 | 祁连县八宝乡祁连 | 100°07′ | 38°13′ | 4986 | 1 | 1 | 1 | | 1 | 1 | 1 | 基本站 | 大河控制站 | 省级重要站 | 甘肃水文局 | 3 | | | |

## 附表 5　青海省现状独立水位站基本情况一览

| 序号 | 水系 | 河名 | 站名 | 测站编码 | 断面位置 | 坐标 | | 集水面积（$km^2$） | 站别 | 监测项目 | | | | | | | 渠道辅助站 | 监测年份 | 系列长度（年） | 备注 | 管辖单位 |
|---|---|---|---|---|---|---|---|---|---|---|---|---|---|---|---|---|---|---|---|---|---|
| | | | | | | 东经 | 北纬 | | | 水位 | 流量 | 泥沙 | 降水 | 蒸发 | 地下水 | 水温 | | | | | |
| 1 | 青海湖 | 青海湖 | 鸟岛 | | 刚察县泉吉乡立新村 | 99°53′ | 36°58′ | 29661 | 水位 | 1 | | | | | | | | 2013 | 29 | 基本水位站 | 青海水文局 |
| 2 | 青海湖 | 青海湖 | 下社 | | 共和县江西沟乡下社 | 100°29′ | 36°35′ | 29661 | 水位 | 1 | | | 1 | 1 | | 1 | | 1983～2013 | 1 | 基本水位站 | 青海水文局 |
| 3 | 都兰湖 | 都兰河 | 察汗河 | 01005400 | 乌兰县铜普镇察汗河村 | 98°34′ | 37°00′ | | 水位 | 1 | | | 1 | | | | | 2013 | | 专用水位站 | 青海水文局 |
| 4 | 霍布逊湖 | 清水河 | 清水河 | 01100600 | 都兰县沟里乡 | 98°09′ | 35°52′ | | 水位 | 1 | | | 1 | | | | | 2013 | | 专用水位站 | 青海水文局 |
| 5 | | 宜克光河 | 巴隆 | 01102400 | 都兰县巴隆乡 | 97°29′ | 35°56′ | | 水位 | 1 | | | 1 | | | | | 2013 | | 专用水位站 | 青海水文局 |
| 6 | 南霍布逊湖 | 大格勒河 | 大格勒（四） | 01105490 | 格尔木市大格勒乡 | 95°42′ | 36°16′ | | 水位 | 1 | | | | | | | | 2013 | | 专用水位站 | 青海水文局 |
| 7 | 青海湖 | 沙柳河 | 刚察小寺 | 01301100 | 刚察县沙柳河镇（刚察小寺） | 100°06′ | 37°25′ | | 水位 | 1 | | | 1 | | | | | 2013 | | 专用水位站 | 青海水文局 |

## 续附表 5

| 序号 | 水系 | 河名 | 站名 | 测站编码 | 断面位置 | 坐标 | | 集水面积（$km^2$） | 站别 | 监测项目 | | | | | | | 渠道辅助站 | 监测年份 | 系列长度（年） | 备注 | 管辖单位 |
|---|---|---|---|---|---|---|---|---|---|---|---|---|---|---|---|---|---|---|---|---|---|
| | | | | | | 东经 | 北纬 | | | 水位 | 流量 | 泥沙 | 降水 | 蒸发 | 地下水 | 水温 | | | | | |
| 8 | 青海湖 | 哈尔盖 | 热水 | 01301300 | 刚察县哈尔盖镇热水 | 100°25′ | 37°33′ | | 水位 | 1 | | | 1 | | | | | 2013 | | 专用水位站 | 青海水文局 |
| 9 | 青海湖 | 切吉河 | 铁卜加 | 01304000 | 共和县石乃亥乡铁卜加 | 99°34′ | 37°01′ | | 水位 | 1 | | | 1 | | | | | 2013 | | 专用水位站 | 青海水文局 |
| 10 | 黄河 | 尕干河 | 德什端 | 40200800 | 同德县尕巴松多镇德什端 | 100°40′ | 36°10′ | | 水位 | 1 | | | 1 | | | | | 2013 | | 专用水位站 | 青海水文局 |
| 11 | 黄河 | 格曲 | 大武乡 | 40200890 | 玛沁县大武乡格曲桥上游 10 m | 100°13′ | 34°29′ | | 水位 | 1 | | | 1 | | | | | 2013 | | 专用水位站 | 青海水文局 |
| 12 | 黄河 | 芒拉河 | 黄沙头 | 40201700 | 贵南县森多河黄沙头 | 101°06′ | 35°30′ | | 水位 | 1 | | | 1 | | | | | 2013 | | 专用水位站 | 青海水文局 |
| 13 | 黄河 | 芒拉河 | 康吾羊 | 40201950 | 贵南县芒拉乡康吾羊村 | 100°33′ | 35°39′ | | 水位 | 1 | | | 1 | | | | | 2013 | | 专用水位站 | 青海水文局 |
| 14 | 黄河 | 西河 | 浪什干桥 | 40202300 | 贵德县新街回族乡麻吾村浪什干桥 | 101°23′ | 35°47′ | | 水位 | 1 | | | 1 | | | | | 2013 | | 专用水位站 | 青海水文局 |
| 15 | 黄河 | 马克唐河 | 马克唐 | 40202600 | 尖扎县马克唐镇老酒厂 | 102°01′ | 35°56′ | | 水位 | 1 | | | | | | | | 2013 | | 专用水位站 | 青海水文局 |
| 16 | 黄河 | 曲玛沟 | 曲玛 | 40202720 | 同仁县年都乎乡曲玛村公路桥下游 70 m 处 | 102°00′ | 35°32′ | | 水位 | 1 | | | 1 | | | | | 2013 | | 专用水位站 | 青海水文局 |
| 17 | 黄河 | 浪加沟 | 麻巴 | 40202760 | 同仁县保安镇浪加沟麻巴村公路桥下游 30 m 处 | 102°05′ | 35°37′ | | 水位 | 1 | | | 1 | | | | | 2013 | | 专用水位站 | 青海水文局 |
| 18 | 黄河 | 黑城沟 | 牙什尕 | 40202930 | 化隆县牙什尕镇下多巴村公路桥下游 8 m 处 | 101°56′ | 36°04′ | | 水位 | 1 | | | 1 | | | | | 2013 | | 专用水位站 | 青海水文局 |
| 19 | 黄河 | 昂思多沟 | 加鲁乎 | 40202960 | 化隆县群科镇加鲁乎村公路桥上游 6 m 处 | 102°00′ | 36°04′ | | 水位 | 1 | | | 1 | | | | | 2013 | | 专用水位站 | 青海水文局 |
| 20 | 湟水 | 麻皮寺河 | 麻皮寺 | 40400090 | 海晏县西海镇麻皮寺 | 100°53′ | 37°02′ | | 水位 | 1 | | | 1 | | | | | 2013 | | 专用水位站 | 青海水文局 |
| 21 | 湟水 | 寺寨沟 | 下寺 | 40401600 | 湟源县寺寨乡下寺村 | 101°08′ | 36°44′ | | 水位 | 1 | | | 1 | | | | | 2013 | | 专用水位站 | 青海水文局 |
| 22 | 湟水 | 药水河 | 山根 | 40401780 | 湟源县日月山乡山根村 | 101°12′ | 36°34′ | | 水位 | 1 | | | 1 | | | | | 2013 | | 专用水位站 | 青海水文局 |
| 23 | 湟水 | 南川河 | 祁家庄 | 40405400 | 西宁市湟中县总寨镇老幼堡村 | 101°37′ | 36°30′ | | 水位 | 1 | | | 1 | | | | | 2013 | | 专用水位站 | 青海水文局 |
| 24 | 湟水 | 哈拉直沟 | 山城 | 40406500 | 互助县丹麻镇山城村 | 102°03′ | 36°44′ | | 水位 | 1 | | | 1 | | | | | 2013 | | 专用水位站 | 青海水文局 |
| 25 | 湟水 | 祁家川 | 东崖头 | 40406800 | 平安县三合镇东村公路桥下游 8 m 处 | 102°01′ | 36°27′ | | 水位 | 1 | | | 1 | | | | | 2013 | | 专用水位站 | 青海水文局 |
| 26 | 湟水 | 白沈家沟 | 沈家 | 40407000 | 平安县平安镇沈家村公路桥上游 5 m 处 | 102°04′ | 36°27′ | | 水位 | 1 | | | 1 | | | | | 2013 | | 专用水位站 | 青海水文局 |
| 27 | 湟水 | 上水磨沟 | 上杨家 | 40407150 | 乐都县高店镇上杨家村村口 | 102°11′ | 36°32′ | | 水位 | 1 | | | 1 | | | | | 2013 | | 专用水位站 | 青海水文局 |
| 28 | 湟水 | 岗子沟 | 崖湾 | 40407600 | 乐都县碾伯镇崖湾村公路下游 5 m 处 | 102°24′ | 36°26′ | | 水位 | 1 | | | 1 | | | | | 2013 | | 专用水位站 | 青海水文局 |

## 续附表 5

| 序号 | 水系 | 河名 | 站名 | 测站编码 | 断面位置 | 坐标 | | 集水面积（$km^2$） | 站别 | 监测项目 | | | | | | | 渠道辅助站 | 监测年份 | 系列长度（年） | 备注 | 管辖单位 |
|---|---|---|---|---|---|---|---|---|---|---|---|---|---|---|---|---|---|---|---|---|---|
| | | | | | | 东经 | 北纬 | | | 水位 | 流量 | 泥沙 | 降水 | 蒸发 | 地下水 | 水温 | | | | | |
| 29 | 湟水 | 隆治沟 | 甘家 | 40409000 | 民和县总堡乡甘家村公路桥下游 5 m 处 | 102°53′ | 36°10′ | | 水位 | 1 | | | 1 | | | | | 2013 | | 专用水位站 | 青海水文局 |
| 30 | 黄河干流 | 黄河 | 鄂陵湖(鄂) | 40100030 | 玛多县鄂陵湖 | 97°42′ | 35°04′ | | 水位 | | | | | | | | | 1986 ~ 2013 | | | 黄委水文局 |
| 31 | 黄河干流 | 黄河 | 扎陵湖 | 40100020 | 玛多县扎陵湖 | 97°21′ | 34°50′ | | 水位 | | | | | | | | | 2005 ~ 2013 | | | 黄委水文局 |

## 附表 6　青海省现状辅助站基本情况一览

| 序号 | 测站编码 | 水系 | 河名 | 流入何处 | 站名 | 站别 | 断面地点 | 坐标 | | 设立日期 | | 冻结基面与绝对基面高差（m） | 资料项目 | | | | | | | 测验方法 | 水位流量关系线 |
|---|---|---|---|---|---|---|---|---|---|---|---|---|---|---|---|---|---|---|---|---|---|
| | | | | | | | | 东经 | 北纬 | 年 | 月 | | 水位 | 流量 | 含沙量 | 颗粒级配 | 水温冰凌 | 降水 | 蒸发 | | |
| 1 | 01005415 | 都兰湖 | 都兰河 | 都兰湖 | 上尕巴（渠道） | 水文 | 乌兰县铜普镇上尕巴村 | 98°35′ | 37°00′ | 1978 | 7 | | | 1 | | | | | | | |
| 2 | 01101405 | 霍布逊湖 | 察汗乌苏河 | 察汗乌苏河 | 察汗乌苏（渠四） | 水文 | 都兰县察汗乌苏镇上庄村 | 98°07′ | 36°14′ | 1973 | 7 | 3234.526 | 1 | 1 | | | | | | | |
| 3 | 01200641 | 达布逊湖 | 格尔木河 | 察汗乌苏河 | 格尔木（东干渠三） | 水文 | 格尔木市东干渠进水口 | 94°47′ | 36°18′ | 1991 | 6 | 2927.185 | 1 | 1 | | | | | | 水工建筑物法 | 临时曲线法 |
| 4 | 01200642 | 达布逊湖 | 格尔木河 | 察汗乌苏河 | 格尔木（西干渠） | 水文 | 格尔木市西干渠进水口 | 94°47′ | 36°18′ | 1991 | 6 | 2927.185 | 1 | 1 | | | | | | 水工建筑物法 | 临时曲线法 |
| 5 | 01300951 | 青海湖 | 泉吉河 | 青海湖 | 泉吉（黄玉渠） | 水文 | 刚察县泉吉乡 | 99°53′ | 37°16′ | 2012 | 5 | | | 1 | | | | | | | |
| 6 | 01301135 | 青海湖 | 依克乌兰河 | 青海湖 | 刚察（永丰渠） | 水文 | 刚察县沙柳河镇 | 100°07′ | 37°19′ | 1976 | 1 | 3277.856 | 1 | 1 | | | | | | 悬杆测深,流速仪法测速,桥测 | 单一线法 |
| 7 | 40201105 | 黄河 | 曲什安河 | 青海湖 | 大米滩（农灌渠） | 水文 | 兴海县曲什安乡大米滩村 | 100°14′ | 35°19′ | 1993 | 3 | | | 1 | | | | | | 流速仪测法;桥测 | 连实测流量过程线法推求 |
| 8 | 40201505 | 黄河 | 大河坝河 | 青海湖 | 上村（渠道） | 水文 | 兴海县唐乃亥乡上村 | 100°08′ | 35°30′ | 1980 | 1 | | | 1 | | | | | | | |

**续附表 6**

| 序号 | 测站编码 | 水系 | 河名 | 流入何处 | 站名 | 站别 | 断面地点 | 坐标 | | 设立日期 | | 冻结基面与绝对基面高差（m） | 资料项目 | | | | | | | 测验方法 | 水位流量关系线 |
|---|---|---|---|---|---|---|---|---|---|---|---|---|---|---|---|---|---|---|---|---|---|
| | | | | | | | | 东经 | 北纬 | 年 | 月 | | 水位 | 流量 | 含沙量 | 颗粒级配 | 水温冰凌 | 降水 | 蒸发 | | |
| 9 | 40401405 | 湟水 | 哈利涧河 | 湟水 | 湟海渠 | 水文 | 海晏县三角城镇 | 101°01′ | 36°54′ | 1975 | 1 | | | 1 | 1 | | | | | | |
| 10 | 40401415 | 湟水 | 哈利涧河 | 湟水 | 海晏（动力渠） | 水文 | 海晏县三角城镇 | 101°01′ | 36°54′ | 2007 | 1 | | | 1 | 1 | | | | | 流速仪法 | 连实测流量过程线法 |
| 11 | 40403905 | 湟水 | 北川河 | 湟水 | 朝阳（渠） | 水文 | 西宁市城北区寺台子村 | 101°46′ | 36°39′ | 1992 | 5 | | 1 | 1 | | | | | | 流速仪法 | 单一线法 |
| 12 | 40407505 | 湟水 | 引胜沟 | 湟水 | 八里桥（渠道） | 水文 | 乐都县寿乐镇马家湾村 | 102°24′ | 36°31′ | 1966 | 8 | | | 1 | | | | | | 流速仪法 | 连实测流量过程线法 |
| 13 | 01501450 | 内陆河湖 | 黑河 | 八宝河 | 祁连（电站） | 水文 | 祁连县八宝乡祁连 | 100°14′ | 38°12′ | 1977 | 1 | | | | | | | | | | |
| 14 | 01501460 | 内陆河湖 | 黑河 | 八宝河 | 祁连（冰沟） | 水文 | 祁连县八宝乡祁连 | 100°14′ | 38°30′ | 2001 | 6 | | | | | | | | | | |
| 15 | 01500201 | 内陆河湖 | 黑河 | 居延海 | 扎马什克（二）（输） | 水文 | 祁连县八宝乡祁连 | 100°07′ | 38°13′ | | | | | | | | | | | | |
| 16 | 01500202 | 内陆河湖 | 黑河 | 居延海 | 扎马什克（二）（溢） | 水文 | 祁连县八宝乡祁连 | 100°07′ | 38°13′ | | | | | | | | | | | | |
| 17 | 01500203 | 内陆河湖 | 黑河 | 居延海 | 扎马什克（二）（泄） | 水文 | 祁连县八宝乡祁连 | 100°07′ | 38°13′ | | | | | | | | | | | | |

**附表 7　青海省现状泥沙站基本情况一览**

| 序号 | 测站编码 | 水系 | 河名 | 流入何处 | 站名 | 断面地点 | 坐标 | | 至河口距离（km） | 集水面积（$km^2$） | 设立日期 | | 冻结基面与绝对基面高差（m） | 绝对或假定基面名称 | 资料项目 | | | | | | | 附注 |
|---|---|---|---|---|---|---|---|---|---|---|---|---|---|---|---|---|---|---|---|---|---|---|
| | | | | | | | 东经 | 北纬 | | | 年 | 月 | | | 水位 | 流量 | 含沙量 | 颗粒级配 | 水温冰凌 | 降水 | 蒸发 | |
| 1 | 01004500 | 库尔雷克湖 | 巴音河 | 库尔雷克湖 | 德令哈（三） | 青海省德令哈市柴达木路东 | 97°27′ | 37°23′ | | 7281 | 1973 | 1 | 3017.670 | 85 基准 | 1 | 1 | 1 | | 1 | 1 | 1 | |
| 2 | 01005410 | 都兰湖 | 都兰河 | 库尔雷克湖 | 上尕巴 | 青海省乌兰县铜普镇上尕巴村 | 98°35′ | 37°00′ | 25 | 1107 | 1978 | 7 | 3111.028 | 85 基准 | 1 | 1 | 1 | | | 1 | 1 | |
| 3 | 01100500 | 霍布逊湖 | 托索河 | 香日德河 | 千瓦鄂博（二） | 青海省都兰县沟里乡千瓦鄂博 | 98°08′ | 35°45′ | 15 | 9878 | 1959 | 8 | 0.000 | 假定 | 1 | 1 | 1 | | 1 | 1 | | |

## 续附表 7

| 序号 | 测站编码 | 水系 | 河名 | 流入何处 | 站名 | 断面地点 | 坐标 东经 | 坐标 北纬 | 至河口距离(km) | 集水面积($km^2$) | 设立日期 年 | 设立日期 月 | 冻结基面与绝对基面高差(m) | 绝对或假定基面名称 | 资料项目 水位 | 流量 | 含沙量 | 颗粒级配 | 水温冰凌 | 降水 | 蒸发 | 附注 |
|---|---|---|---|---|---|---|---|---|---|---|---|---|---|---|---|---|---|---|---|---|---|---|
| 4 | 01202600 | 霍布逊湖 | 奈金河 | 格尔木河 | 纳赤台(二) | 青海省格尔木市纳赤台 | 94°34′ | 35°52′ | 29 | 5973 | 1956 | 8 | 3536.926 | 黄海 | 1 | 1 | 1 | | | 1 | 1 | |
| 5 | 01300300 | 霍布逊湖 | 布哈河 | 青海湖 | 布哈河口 | 青海省刚察县泉吉乡布哈河口 | 99°44′ | 37°02′ | 14 | 14337 | 1957 | 5 | 3192.423 | 黄海 | 1 | 1 | 1 | | 1 | 1 | 1 | |
| 6 | 01301125 | 霍布逊湖 | 依克乌兰河 | 青海湖 | 刚察(二) | 青海省刚察县沙柳河镇 | 100°08′ | 37°19′ | 21 | 1442 | 1976 | 1 | 3277.856 | 85 基准 | 1 | 1 | 1 | | | 1 | 1 | |
| 7 | 40201100 | 黄河干流 | 曲什安河 | 黄河 | 大米滩 | 青海省兴海县曲什安乡大米滩村 | 100°14′ | 35°19′ | 1.3 | 5786 | 1978 | 8 | 0.000 | 假定 | 1 | 1 | 1 | | | 1 | 1 | |
| 8 | 40201500 | 黄河干流 | 大河坝河 | 黄河 | 上村 | 青海省兴海县唐乃亥乡上村 | 100°08′ | 35°30′ | 1.8 | 3977 | 1979 | 8 | 0.000 | 假定 | 1 | 1 | 1 | | 1 | 1 | 1 | |
| 9 | 40202700 | 黄河干流 | 隆务河 | 黄河 | 同仁 | 青海省同仁县隆务镇铁吾村 | 102°01′ | 35°31′ | 44 | 2832 | 1957 | 5 | 2452.236 | 85 基准 | 1 | 1 | 1 | | 1 | 1 | 1 | |
| 10 | 40203000 | 黄河干流 | 巴燕沟 | 黄河 | 化隆 | 青海省化隆县谢家滩乡阴坡村 | 102°15′ | 36°06′ | 29 | 217 | 1979 | 12 | 2766.533 | 85 基准 | 1 | 1 | 1 | | | | | |
| 11 | 40203300 | 黄河干流 | 清水 | 黄河 | 清水 | 青海省循化县清水乡下庄村 | 102°33′ | 35°50′ | 1.2 | 689 | 1979 | 12 | 1854.727 | 86 基准 | 1 | 1 | 1 | | | 1 | 1 | |
| 12 | 40400110 | 黄河干流 | 湟水 | 黄河 | 海晏(三) | 青海省海晏县三角城镇 | 101°01′ | 36°54′ | 296 | 1377 | 2007 | 1 | 0.000 | 黄海 | 1 | 1 | 1 | | 1 | 1 | 1 | |
| 13 | 40400190 | 黄河干流 | 湟水 | 黄河 | 湟源 | 青海湟源县城关镇滨河南路 3 号 | 101°16′ | 36°41′ | 254 | 3027 | 2005 | 8 | 2608.813 | 85 基准 | 1 | 1 | 1 | | | 1 | 1 | |
| 14 | 40400400 | 黄河干流 | 湟水 | 黄河 | 西宁 | 青海省西宁市长江路 1 号 | 101°47′ | 36°38′ | 200 | 9022 | 1951 | 9 | 12.668 | 86 基准 | 1 | 1 | 1 | | 1 | 1 | | |
| 15 | 40400550 | 黄河干流 | 湟水 | 黄河 | 乐都 | 青海省乐都县碾伯镇下教场村 | 102°25′ | 36°29′ | 129 | 13025 | 1988 | 6 | 1960.065 | 87 基准 | 1 | 1 | 1 | 1 | 1 | 1 | 1 | |
| 16 | 40401800 | 黄河干流 | 药水河 | 黄河 | 董家庄(三) | 青海省湟源县城关镇董家庄 | 101°16′ | 36°40′ | 1.6 | 636 | 1958 | 10 | 2626.491 | 88 基准 | 1 | 1 | 1 | | | 1 | 1 | |
| 17 | 40402500 | 黄河干流 | 西纳川 | 黄河 | 西纳川(二) | 青海省湟中县拦隆口镇拦隆口村 | 101°29′ | 36°46′ | 14 | 809 | 1957 | 4 | 12.691 | 89 基准 | 1 | 1 | 1 | | | 1 | 1 | |
| 18 | 40403200 | 黄河干流 | 北川河 | 黄河 | 牛场 | 青海省大通县宝库乡牛场 | 101°21′ | 37°15′ | 98 | 784 | 2001 | 6 | 2977.721 | 85 基准 | 1 | 1 | 1 | | 1 | 1 | 1 | |
| 19 | 40403700 | 黄河干流 | 北川河 | 湟水 | 桥头(五) | 青海省大通县桥头镇沿河路 85 号 | 101°41′ | 36°56′ | 37 | 2774 | 1951 | 10 | 12.593 | 85 基准 | 1 | 1 | 1 | | 1 | 1 | 1 | |
| 20 | 40403900 | 黄河干流 | 北川河 | 湟水 | 朝阳 | 青海省西宁市门源路 38 号 | 101°46′ | 36°39′ | 2.0 | 3365 | 1984 | 7 | 0.000 | 黄海 | 1 | 1 | 1 | | 1 | 1 | 1 | |
| 21 | 40405800 | 黄河干流 | 南川河 | 湟水 | 南川河口(二) | 青海省西宁市南川西路洪水桥 | 101°47′ | 36°38′ | 1.3 | 398 | 1993 | 4 | 0.000 | 假定 | | 1 | 1 | | | | | |
| 22 | 40406200 | 黄河干流 | 沙塘川 | 湟水 | 傅家寨(二) | 青海省西宁市韵家口镇傅家寨村 | 101°52′ | 36°35′ | 1.7 | 1112 | 1958 | 3 | 2185.420 | 85 基准 | 1 | 1 | 1 | | | 1 | | |
| 23 | 40406700 | 黄河干流 | 小南川 | 湟水 | 王家庄 | 青海省平安县小峡镇王家庄村 | 101°56′ | 36°33′ | 0.5 | 370 | 1971 | 1 | 2154.968 | 85 基准 | 1 | 1 | 1 | | | 1 | 1 | |
| 24 | 40407500 | 黄河干流 | 引胜沟 | 湟水 | 八里桥(三) | 青海省乐都县寿乐镇马家湾村 | 102°24′ | 36°31′ | 6.9 | 464 | 2003 | 4 | 2075.680 | 85 基准 | 1 | 1 | 1 | | | 1 | 1 | |
| 25 | 40408900 | 黄河干流 | 巴州沟 | 湟水 | 吉家堡 | 青海省民和县川口镇吉家堡村 | 102°47′ | 36°19′ | 3.6 | 192 | 1958 | 3 | 0.000 | 黄海 | 1 | 1 | 1 | | 1 | 1 | 1 | |

## 续附表 7

| 序号 | 测站编码 | 水系 | 河名 | 流入何处 | 站名 | 断面地点 | 坐标 | | 至河口距离(km) | 集水面积($km^2$) | 设立日期 | | 冻结基面与绝对基面高差(m) | 绝对或假定基面名称 | 资料项目 | | | | | | | 附注 |
|---|---|---|---|---|---|---|---|---|---|---|---|---|---|---|---|---|---|---|---|---|---|---|
| | | | | | | | 东经 | 北纬 | | | 年 | 月 | | | 水位 | 流量 | 含沙量 | 颗粒级配 | 水温冰凌 | 降水 | 蒸发 | |
| 26 | 40410600 | 黄河干流 | 大通河 | 湟水 | 尕日得 | 青海省祁连县默勒镇尕日得 | 100°31′ | 37°45′ | 372 | 4576 | 1973 | 1 | 3429.397 | 85 基准 | 1 | 1 | 1 | | | 1 | 1 | 汛期站 |
| 27 | 40411010 | 黄河干流 | 大通河 | 湟水 | 青石嘴 | 青海省门源县青石嘴镇南街 84 号 | 101°25′ | 37°28′ | 255 | 8011 | 1997 | 7 | 2912.891 | 86 基准 | 1 | 1 | 1 | | 1 | 1 | 1 | |
| 28 | 60100500 | 金沙江上段 | 沱沱河 | 通天河 | 沱沱河 | 青海省格尔木市唐古拉山镇沱沱河大桥 | 92°27′ | 34°13′ | | 15924 | 1958 | 9 | 0.000 | 87 基准 | 1 | 1 | 1 | | 1 | 1 | 1 | 汛期站 |
| 29 | 60100700 | 金沙江上段 | 通天河 | 通天河 | 直门达 | 青海省称多县直门达村 | 97°13′ | 33°02′ | | 137704 | 1956 | 7 | 0.000 | 黄海 | 1 | 1 | 1 | | 1 | 1 | 1 | |
| 30 | 60201500 | 金沙江上段 | 巴塘河 | 通天河 | 新寨 | 青海省玉树县结古镇新寨 | 97°03′ | 33°01′ | 21.5 | 2298 | 1959 | 5 | 0.000 | 黄海 | 1 | 1 | 1 | | | 1 | 1 | |
| 31 | 01210500 | 台吉乃尔湖 | 那棱格勒河 | 台吉乃尔湖 | 那棱格勒 | 青海省格尔木市那棱格勒 | 92°39′ | 36°40′ | | 21898 | 1958 | 8 | | | 1 | 1 | 1 | | | 1 | 1 | |
| 32 | 40100100 | 黄河干流 | 黄河 | 渤海 | 黄河沿(三) | 青海玛多县黄河沿 | 98°10′ | 34°53′ | | 20930 | 1955 | 6 | | | 1 | 1 | 1 | | 1 | 1 | 1 | 黄委 |
| 33 | 40100150 | 黄河干流 | 黄河 | 渤海 | 吉迈(四) | 青海达日县吉迈 | 99°39′ | 33°46′ | | 45019 | 1958 | 6 | | | 1 | 1 | 1 | | 1 | 1 | 1 | 黄委 |
| 34 | 40100300 | 黄河干流 | 黄河 | 渤海 | 军功 | 青海玛沁县军功乡 | 100°39′ | 34°42′ | | 98414 | 1978 | 7 | | | 1 | 1 | 1 | | 1 | 1 | 1 | 黄委 |
| 35 | 40100350 | 黄河干流 | 黄河 | 渤海 | 唐乃亥 | 青海兴海县唐乃亥乡下村 | 100°09′ | 35°30′ | | 121972 | 1955 | 8 | | | 1 | 1 | 1 | 1 | 1 | | 1 | 黄委 |
| 36 | 40100500 | 黄河干流 | 黄河 | 渤海 | 贵德(二) | 青海贵德县河西乡黄河大桥 | 101°24′ | 36°02′ | | 133650 | 1940 | 1 | | | 1 | 1 | 1 | 1 | 1 | 1 | 1 | 黄委 |
| 37 | 40100550 | 黄河干流 | 黄河 | 渤海 | 循化(二) | 青海循化撒拉族自治县积石镇 | 102°30′ | 35°50′ | | 145459 | 1945 | 1 | | | 1 | 1 | 1 | 1 | 1 | | 1 | 黄委 |
| 38 | 40400800 | 湟水 | 湟水 | 黄河 | 民和(三) | 青海省民和县川口镇史那村 | 102°48′ | 36°20′ | | 145342 | 1940 | 1 | | | 1 | 1 | 1 | 1 | 1 | 1 | 1 | 黄委 |
| 39 | 40411600 | 湟水 | 大通河 | 湟水 | 享堂(三) | 青海省民和县享堂 | 102°50′ | 36°21′ | | 15126 | 1939 | 10 | | | 1 | 1 | 1 | | 1 | 1 | 1 | 黄委 |
| 40 | 01501400 | 黑河 | 八宝河 | 黑河 | 祁连 | 青海省祁连县八宝乡祁连 | 100°14′ | 38°12′ | | 2452 | 1967 | 5 | | | 1 | 1 | 1 | | 1 | 1 | 1 | 1988 年撤销,2012 年恢复,甘肃省设 |
| 41 | 01500200 | 黑河 | 八宝河 | 黑河 | 扎马什克(二) | 青海省祁连县八宝乡祁连 | 100°07′ | 38°13′ | | 4986 | 2007 | | | | 1 | 1 | 1 | | 1 | 1 | 1 | 甘肃省设 |

## 附表 8　青海省现状降水量站基本情况一览

| 序号 | 测站编码 | 水系 | 河名 | 站名 | 站别 | 观测场地点 | 坐标 | | 设站年月 | | 设立单位 |
|---|---|---|---|---|---|---|---|---|---|---|---|
| | | | | | | | 东经 | 北纬 | 年 | 月 | |
| 1 | 40434650 | 湟水 | 祁家川 | 石灰窑 | 降水 | 平安县石灰窑乡石灰窑村 | 101°53′34.03″ | 36°23′05.10″ | 2012 | 7 | 青海水文局 |
| 2 | 40436210 | 湟水 | 白沈沟 | 古城 | 降水 | 平安县古城乡古城村 | 102°00′01.34″ | 36°21′17.89″ | 2012 | 7 | 青海水文局 |
| 3 | 40436270 | 湟水 | 白沈沟 | 沙沟 | 降水 | 平安县沙沟乡沙沟村 | 102°26′02.97″ | 36°23′42.49″ | 2012 | 7 | 青海水文局 |
| 4 | 40436630 | 湟水 | 巴藏沟 | 巴藏沟 | 降水 | 平安县巴藏沟乡索家 | 102°06′28.32″ | 36°24′22.7″ | 2012 | 7 | 青海水文局 |
| 5 | 40433730 | 湟水 | 哈拉直沟 | 丹麻 | 降水 | 互助县丹麻镇 | 102°06′41.46″ | 36°48′06.07″ | 2012 | 7 | 青海水文局 |
| 6 | 40433750 | 湟水 | 哈拉直沟 | 尚家 | 降水 | 互助县哈拉直沟乡尚家村 | 102°00′36.21″ | 36°38′36.00″ | 2012 | 7 | 青海水文局 |
| 7 | 40434000 | 湟水 | 哈拉直沟 | 杏园 | 降水 | 互助县哈拉直沟乡杏园村 6 社 168 号 | 101°58′40.00″ | 36°34′12.65″ | 2012 | 7 | 青海水文局 |
| 8 | 40435400 | 湟水 | 红崖子沟 | 五十 | 降水 | 互助县五十乡桑士哥村 1 社 105 号 | 102°07′58.83″ | 36°42′52.85″ | 2012 | 7 | 青海水文局 |
| 9 | 40435500 | 湟水 | 红崖子沟 | 老幼庄 | 降水 | 互助县红崖子沟乡老幼村 2 社 52 号 | 102°06′35.22″ | 36°38′48.67″ | 2012 | 7 | 青海水文局 |
| 10 | 40435700 | 湟水 | 红崖子沟 | 下寨 | 降水 | 互助县红崖子沟乡下寨村 8 社 50 号 | 102°04′59.26″ | 36°34′59.62″ | 2012 | 7 | 青海水文局 |
| 11 | 40436850 | 湟水 | 高店沟 | 下营 | 降水 | 乐都县下营乡下营村 | 102°08′29.42″ | 36°23′12.57″ | 2012 | 7 | 青海水文局 |
| 12 | 40437300 | 湟水 | 湟水 | 高店 | 降水 | 乐都县高店镇东门村 | 102°12′18.24″ | 36°28′51.27″ | 2012 | 7 | 青海水文局 |
| 13 | 40437350 | 湟水 | 迭尔沟 | 裴家 | 降水 | 乐都县雨润镇迭尔沟村 | 102°16′20.65″ | 36°31′03.20″ | 2012 | 7 | 青海水文局 |
| 14 | 40437450 | 湟水 | 马哈拉沟 | 城台 | 降水 | 乐都县城台乡拉甘驿村 167 号 | 102°13′00.58″ | 36°22′34.08″ | 2012 | 7 | 青海水文局 |
| 15 | 40437680 | 湟水 | 共和沟 | 共和 | 降水 | 乐都县共和乡联星村 | 102°19′44.98″ | 36°32′44.79″ | 2012 | 7 | 青海水文局 |
| 16 | 40437800 | 湟水 | 峰堆河 | 峰堆 | 降水 | 乐都县峰堆乡峰堆路 6 号供销社 | 102°15′59.70″ | 36°22′03.00″ | 2012 | 7 | 青海水文局 |
| 17 | 40436700 | 湟水 | 湟水 | 湾子一社 | 降水 | 乐都县高店镇湾子村 3 号 | 102°10′48.69″ | 36°29′14.77″ | 2012 | 7 | 青海水文局 |
| 18 | 40439350 | 湟水 | 岗子沟 | 瞿昙 | 降水 | 乐都县瞿昙镇新联村 | 102°17′32.02″ | 36°21′09.97″ | 2012 | 7 | 青海水文局 |
| 19 | 40440450 | 湟水 | 双塔沟 | 蒲台 | 降水 | 乐都县蒲台乡千户台 67 号 | 102°28′23.70″ | 36°22′01.10″ | 2012 | 7 | 青海水文局 |
| 20 | 40441050 | 湟水 | 虎狼沟 | 洪水 | 降水 | 乐都县洪水镇河西村 | 102°32′52.94″ | 36°25′54.73″ | 2012 | 7 | 青海水文局 |
| 21 | 40441150 | 湟水 | 湟水 | 马趟 | 降水 | 乐都县洪水镇马趟村 | 102°37′55.00″ | 36°24′04.49″ | 2012 | 7 | 青海水文局 |
| 22 | 40442200 | 湟水 | 米拉沟 | 核桃庄 | 降水 | 民和县核桃庄乡核桃庄村 | 102°45′10.00″ | 36°17′59.00″ | 2012 | 7 | 青海水文局 |
| 23 | 40457860 | 湟水 | 隆治沟 | 总堡 | 降水 | 民和县总堡乡三垣村 | 102°51′17.00″ | 36°08′36.00″ | 2012 | 7 | 青海水文局 |
| 24 | 40457920 | 湟水 | 隆治沟 | 马场 | 降水 | 民和县隆治乡桥头村 | 102°54′54.73″ | 36°11′22.00″ | 2012 | 7 | 青海水文局 |
| 25 | 40226775 | 黄河干流 | 曲加沟 | 查甫 | 降水 | 化隆县查甫乡查一村 | 102°53′15.74″ | 36°14′21.55″ | 2012 | 7 | 青海水文局 |
| 26 | 40226800 | 黄河干流 | 黑城沟 | 阿岱 | 降水 | 化隆县扎巴镇阿岱村 | 101°59′47.20″ | 36°12′21.74″ | 2012 | 7 | 青海水文局 |
| 27 | 40226845 | 黄河干流 | 昂思多沟 | 昂思多 | 降水 | 化隆县昂思多镇沙吾村 | 102°03′34.15″ | 36°10′10.89″ | 2012 | 7 | 青海水文局 |
| 28 | 40226850 | 黄河干流 | 昂思多沟 | 群科 | 降水 | 化隆县群科镇文卜具村 | 101°58′29.78″ | 36°02′33.49″ | 2012 | 7 | 青海水文局 |

续附表 8

| 序号 | 测站编码 | 水系 | 河名 | 站名 | 站别 | 观测场地点 | 坐标 | | 设站年月 | | 设立单位 |
|---|---|---|---|---|---|---|---|---|---|---|---|
| | | | | | | | 东经 | 北纬 | 年 | 月 | |
| 29 | 40227000 | 黄河干流 | 乙沙尔沟 | 科木其 | 降水 | 化隆县群科镇科木其村 | 102°00′49.67″ | 36°01′31.71″ | 2012 | 7 | 青海水文局 |
| 30 | 40227700 | 黄河干流 | 巴燕沟 | 三塘 | 降水 | 化隆县二塘乡三塘村 | 102°09′39.34″ | 36°09′52.03″ | 2012 | 7 | 青海水文局 |
| 31 | 40227705 | 黄河干流 | 巴燕沟 | 二塘 | 降水 | 化隆县二塘乡二塘村 | 102°11′35.11″ | 36°08′10.19″ | 2012 | 7 | 青海水文局 |
| 32 | 40227880 | 黄河干流 | 巴燕沟 | 多杰卡拉 | 降水 | 化隆县阿什努乡多杰卡拉村 | 102°12′26.30″ | 36°03′42.28″ | 2012 | 7 | 青海水文局 |
| 33 | 40227725 | 黄河干流 | 巴燕沟 | 地滩 | 降水 | 化隆县巴燕镇下地滩村 | 102°16′46″ | 36°03′54″ | 2012 | 7 | 青海水文局 |
| 34 | 40227830 | 黄河干流 | 巴燕沟 | 石大仓 | 降水 | 化隆县石大仓乡政府 | 102°21′17.6″ | 36°06′0.6″ | 2013 | 7 | 青海水文局 |
| 35 | 40227840 | 黄河干流 | 巴燕沟 | 工什加 | 降水 | 化隆县甘都镇东五村 | 102°18′47.09″ | 35°57′09.76″ | 2012 | 7 | 青海水文局 |
| 36 | 40227955 | 黄河干流 | 红沟 | 主庄 | 降水 | 化隆县初麻乡主庄村 97 号 | 102°26′31.45″ | 36°06′13.57″ | 2012 | 7 | 青海水文局 |
| 37 | 40228540 | 黄河干流 | 金源沟 | 金源 | 降水 | 化隆县金源乡雄哇村 | 102°30′35.25″ | 36°04′10.92″ | 2012 | 7 | 青海水文局 |
| 38 | 40228285 | 黄河干流 | 清水河 | 起台堡 | 降水 | 循化县道帏乡乡政府 | 102°41′46.58″ | 35°36′33.47″ | 2012 | 7 | 青海水文局 |
| 39 | 40228035 | 黄河干流 | 街子河 | 文都 | 降水 | 循化县文都乡拉兄村 | 102°22′51.78″ | 35°46′26.56″ | 2012 | 7 | 青海水文局 |
| 40 | 40228030 | 黄河干流 | 街子河 | 河哇 | 降水 | 循化县文都乡玱麻村 | 102°19′23.31″ | 35°45′01.20″ | 2012 | 7 | 青海水文局 |
| 41 | 40228040 | 黄河干流 | 街子河 | 日茫 | 降水 | 循化县文都乡日茫村 | 102°26′09.50″ | 35°42′47.94″ | 2012 | 7 | 青海水文局 |
| 42 | 40228010 | 黄河干流 | 街子河 | 阿代 | 降水 | 循化县文都乡白草毛村 | 102°21′57.46″ | 35°43′20.89″ | 2012 | 7 | 青海水文局 |
| 43 | 40228220 | 黄河干流 | 街子河 | 西沟 | 降水 | 循化县积石镇西沟村 | 102°22′51.78″ | 35°46′26.56″ | 2012 | 7 | 青海水文局 |
| 44 | 40228150 | 黄河干流 | 街子河 | 加入 | 降水 | 循化县积石镇加入村 | 102°29′13.80″ | 35°51′46.61″ | 2012 | 7 | 青海水文局 |
| 45 | 40228420 | 黄河干流 | 清水河 | 立庄 | 降水 | 循化县白庄镇立庄村 | 102°33′44.55″ | 35°44′24.55″ | 2012 | 7 | 青海水文局 |
| 46 | 40227150 | 黄河干流 | 隆务河 | 曲库乎 | 降水 | 同仁县曲库乎乡瓜什则村 | 101°57′26.67″ | 35°21′27.78″ | 2012 | 7 | 青海水文局 |
| 47 | 40227160 | 黄河干流 | 隆务河 | 江什加 | 降水 | 同仁县曲库乎乡江什加村 | 101°58′11.67″ | 35°27′02.32″ | 2012 | 7 | 青海水文局 |
| 48 | 40227170 | 黄河干流 | 隆务河 | 牙浪 | 降水 | 同仁县牙浪乡牙浪村 | 101°57′08.03″ | 35°29′36.25″ | 2012 | 7 | 青海水文局 |
| 49 | 40227180 | 黄河干流 | 隆务河 | 四合吉 | 降水 | 同仁县隆务镇四合吉村 | 102°00′28.00″ | 35°30′47.00″ | 2012 | 7 | 青海水文局 |
| 50 | 40227220 | 黄河干流 | 曲麻沟 | 夏卜浪 | 降水 | 同仁县年都乎乡夏卜浪村 | 101°56′06.62″ | 35°33′22.30″ | 2012 | 7 | 青海水文局 |
| 51 | 40227250 | 黄河干流 | 隆务河 | 郭麻日 | 降水 | 同仁县年都乎乡郭麻日部队院 | 102°02′27.00″ | 35°34′45.01″ | 2012 | 7 | 青海水文局 |
| 52 | 40227360 | 黄河干流 | 浪加沟 | 瓜什则 | 降水 | 同仁县瓜什则乡西合来村 | 102°16′47.02″ | 35°29′29.08″ | 2012 | 7 | 青海水文局 |
| 53 | 40227370 | 黄河干流 | 浪加沟 | 双朋西 | 降水 | 同仁县双朋西乡政府院内 | 102°11′50.89″ | 35°33′51.92″ | 2012 | 7 | 青海水文局 |
| 54 | 40227380 | 黄河干流 | 浪加沟 | 浪加 | 降水 | 同仁县保安镇浪加日秀么 | 102°07′21.00″ | 35°36′15.00″ | 2012 | 7 | 青海水文局 |
| 55 | 40226765 | 黄河干流 | 马克唐河 | 坎布拉 | 降水 | 尖扎县坎布拉镇尕布村 | 101°51′08.17″ | 36°05′19.95″ | 2012 | 7 | 青海水文局 |
| 56 | 40227033 | 黄河干流 | 马克唐河 | 俄什加 | 降水 | 尖扎县措周乡俄什加村 | 101°55′20.52″ | 35°57′04.03″ | 2012 | 7 | 青海水文局 |

## 续附表 8

| 序号 | 测站编码 | 水系 | 河名 | 站名 | 站别 | 观测场地点 | 坐标 | | 设站年月 | | 设立单位 |
|---|---|---|---|---|---|---|---|---|---|---|---|
| | | | | | | | 东经 | 北纬 | 年 | 月 | |
| 57 | 40227034 | 黄河干流 | 马克唐河 | 加让 | 降水 | 尖扎县马克唐镇加让村 04 号 | 101°58′00.83″ | 35°57′03.54″ | 2012 | 7 | 青海水文局 |
| 58 | 40227059 | 黄河干流 | 马克唐河 | 昂拉 | 降水 | 尖扎县昂拉乡措加村 | 102°03′18.79″ | 35°53′29.15″ | 2012 | 7 | 青海水文局 |
| 59 | 40223698 | 黄河干流 | 宁秀曲 | 宁秀 | 降水 | 泽库县宁秀乡红城村 | 100°51′05.29″ | 35°12′27.29″ | 2012 | 7 | 青海水文局 |
| 60 | 40223666 | 黄河干流 | 次哈吾曲 | 和日 | 降水 | 泽库县和日乡智么日村 | 100°59′38.40″ | 35°14′06.00″ | 2012 | 7 | 青海水文局 |
| 61 | 40227080 | 黄河干流 | 隆务河 | 西卜沙 | 降水 | 泽库县西卜沙乡政府院内 | 101°42′25.68″ | 35°03′07.68″ | 2012 | 7 | 青海水文局 |
| 62 | 40227085 | 黄河干流 | 隆务河 | 多禾茂 | 降水 | 泽库县多禾茂乡政府院内 | 101°48′56.84″ | 35°04′06.77″ | 2012 | 7 | 青海水文局 |
| 63 | 40227101 | 黄河干流 | 隆务河 | 麦秀 | 降水 | 泽库县麦秀镇政府 | 101°47′08.62″ | 35°12′02.59″ | 2012 | 7 | 青海水文局 |
| 64 | 40222725 | 黄河干流 | 泽曲 | 泽曲 | 降水 | 泽库县水利局院内 | 101°27′29.99″ | 35°02′04.55″ | 2012 | 7 | 青海水文局 |
| 65 | 40222910 | 黄河干流 | 泽曲 | 宁木特 | 降水 | 河南县宁木特乡政府院内 | 101°20′03.34″ | 34°35′34.68″ | 2012 | 7 | 青海水文局 |
| 66 | 40222930 | 黄河干流 | 兰木错曲 | 多松 | 降水 | 河南县多松乡拉让村 | 101°19′32.15″ | 34°19′59.31″ | 2012 | 7 | 青海水文局 |
| 67 | 40320010 | 洮河 | 洮河 | 赛尔龙 | 降水 | 河南县赛尔龙乡尕克村 | 102°08′16.46″ | 34°29′14.60″ | 2012 | 7 | 青海水文局 |
| 68 | 40228000 | 黄河干流 | 街子河 | 刚察 | 降水 | 青海省循化县岗察村 | 102°13′45.51″ | 35°41′58.83″ | 2012 | 7 | 青海水文局 |
| 69 | 40202660 | 黄河干流 | 马克唐河 | 马克唐 | 降水 | 尖扎县马克唐镇老酒厂 | 102°01′29.17″ | 35°56′36.19″ | 2012 | 7 | 青海水文局 |
| 70 | 01520600 | 黑河 | 八宝河 | 峨堡 | 降水 | 祁连县峨堡镇峨堡村四村 67 号 | 100°55′57.13″ | 37°58′09.74″ | 2012 | 7 | 青海水文局 |
| 71 | 01520605 | 黑河 | 八宝河 | 峨博收费站 | 降水 | 祁连县峨堡镇峨博收费站 | 100°59′18.32″ | 37°54′55.66″ | 2012 | 7 | 青海水文局 |
| 72 | 01520630 | 黑河 | 八宝河 | 天盆河 | 降水 | 祁连县峨堡镇黄草沟村二社 19 号 | 100°41′30.41″ | 38°00′53.38″ | 2012 | 7 | 青海水文局 |
| 73 | 01520639 | 黑河 | 八宝河 | 骆驼河 | 降水 | 祁连县峨堡镇白石崖村 | 100°33′43.94″ | 38°02′22.96″ | 2012 | 7 | 青海水文局 |
| 74 | 01520680 | 黑河 | 八宝河 | 石棉矿 | 降水 | 祁连县阿柔乡草大坂村三社 27 号 | 100°23′33.67″ | 38°04′09.70″ | 2012 | 7 | 青海水文局 |
| 75 | 01520752 | 黑河 | 八宝河 | 拉洞 | 降水 | 祁连县八宝镇拉洞村 | 100°17′55.21″ | 38°10′25.26″ | 2012 | 7 | 青海水文局 |
| 76 | 01520770 | 黑河 | 八宝河 | 营盘台 | 降水 | 祁连县八宝镇营盘台村 35 号 | 100°12′47.73″ | 38°09′56.56″ | 2012 | 7 | 青海水文局 |
| 77 | 01529700 | 黑河 | 托勒河 | 养鹿场 | 降水 | 祁连县央隆乡曲库村四社 32 号 | 98°34′42.32″ | 38°40′53.05″ | 2012 | 7 | 青海水文局 |
| 78 | 01520300 | 黑河 | 黑河 | 野牛沟 | 降水 | 祁连县野牛沟乡野牛沟村 | 99°32′27.26″ | 38°27′21.05″ | 2012 | 7 | 青海水文局 |
| 79 | 01529750 | 黑河 | 托勒河 | 央隆 | 降水 | 祁连县央隆乡 | 98°24′40.33″ | 38°48′53.19″ | 2012 | 7 | 青海水文局 |
| 80 | 40420110 | 湟水 | 湟水 | 西海 | 降水 | 海晏县西海镇 | 100°54′16.39″ | 36°56′40.79″ | 2012 | 7 | 青海水文局 |
| 81 | 40420220 | 湟水 | 湟水 | 三角城镇 | 降水 | 海晏县三角城镇西海大街 5 号 | 100°59′33.94″ | 36°53′39.03″ | 2012 | 7 | 青海水文局 |
| 82 | 40420400 | 湟水 | 哈利涧河 | 哈利涧 | 降水 | 海晏县哈勒景乡永丰村 D4 号 | 101°03′08.75″ | 36°56′18.24″ | 2012 | 7 | 青海水文局 |

续附表 8

| 序号 | 测站编码 | 水系 | 河名 | 站名 | 站别 | 观测场地点 | 坐标 | | 设站年月 | | 设立单位 |
|---|---|---|---|---|---|---|---|---|---|---|---|
| | | | | | | | 东经 | 北纬 | 年 | 月 | |
| 83 | 40420410 | 湟水 | 哈利涧河 | 哈勒景 | 降水 | 海晏县哈勒景乡哈勒景村 E4 号 | 101°01′21.61″ | 36°56′56.60″ | 2012 | 7 | 青海水文局 |
| 84 | 40420420 | 湟水 | 哈利涧河 | 下塔里 | 降水 | 海晏县哈勒景乡下塔里村 | 100°59′23.49″ | 36°56′39.91″ | 2012 | 7 | 青海水文局 |
| 85 | 40420760 | 湟水 | 寺寨沟 | 大坡根 | 降水 | 青海省湟源县寺寨乡草原村 3 社 162 号 | 100°58′32.73″ | 36°45′56.73″ | 2012 | 7 | 青海水文局 |
| 86 | 40420780 | 湟水 | 寺寨沟 | 百灵嘴 | 降水 | 青海省湟源县寺寨乡上寨村 1 社 23 号 | 101°02′05.46″ | 36°44′56.18″ | 2012 | 7 | 青海水文局 |
| 87 | 40422300 | 湟水 | 白水河 | 白水 | 降水 | 湟源县和平乡白水村 | 101°15′24.08″ | 36°34′24.01″ | 2012 | 7 | 青海水文局 |
| 88 | 40422310 | 湟水 | 药水河 | 加牙麻 | 降水 | 湟源县和平乡加牙麻村 4 社 19－1 号 | 101°10′56.03″ | 36°36′37.82″ | 2012 | 7 | 青海水文局 |
| 89 | 40423320 | 湟水 | 药水河 | 大高陵 | 降水 | 湟源县和平乡大高陵村 | 101°14′50.10″ | 36°37′02.80″ | 2012 | 7 | 青海水文局 |
| 90 | 40423750 | 湟水 | 西纳川 | 邦巴 | 降水 | 湟中县上五庄镇合尔盖村 128 号 | 101°25′24.52″ | 36°49′05.81″ | 2012 | 7 | 青海水文局 |
| 91 | 40424130 | 湟水 | 西纳川 | 前庄 | 降水 | 湟中县拦隆口镇前庄村 143 号 | 101°26′52.26″ | 36°47′19.61″ | 2012 | 7 | 青海水文局 |
| 92 | 40424430 | 湟水 | 西纳川 | 铁家营 | 降水 | 湟中县拦隆口镇铁家营村 52 号 | 101°29′45.40″ | 36°44′28.82″ | 2012 | 7 | 青海水文局 |
| 93 | 40424470 | 湟水 | 西纳川 | 幸福 | 降水 | 湟中县多巴镇幸福村 2 社 24 号 | 101°31′51.70″ | 36°41′45.80″ | 2012 | 7 | 青海水文局 |
| 94 | 40424510 | 湟水 | 西纳川 | 油房台 | 降水 | 湟中县多巴镇油房台村 45 号 | 101°30′42.88″ | 36°40′51.60″ | 2012 | 7 | 青海水文局 |
| 95 | 40424590 | 湟水 | 湟水 | 多巴镇 | 降水 | 湟中县多巴镇 4 村 3 社 154 号 | 101°30′30.61″ | 36°39′34.39″ | 2012 | 7 | 青海水文局 |
| 96 | 40423405 | 湟水 | 湟水 | 国寺营 | 降水 | 湟中县多巴镇国寺营村 7 号 | 101°26′29.86″ | 36°39′19.25″ | 2012 | 7 | 青海水文局 |
| 97 | 40425260 | 湟水 | 甘河沟 | 青石坡 | 降水 | 湟中县鲁沙尔镇青石坡村 1 社 20 号 | 101°27′25.71″ | 36°27′08.80″ | 2012 | 7 | 青海水文局 |
| 98 | 40425265 | 湟水 | 甘河沟 | 甘河沿 | 降水 | 湟中县鲁沙尔镇甘河沿村 1 社 156 号 | 101°29′28.47″ | 36°27′54.89″ | 2012 | 7 | 青海水文局 |
| 99 | 40425300 | 湟水 | 南川河 | 湟中 | 降水 | 湟中县鲁沙尔镇新民巷 114 号 | 101°34′42.58″ | 36°29′42.84″ | 2012 | 7 | 青海水文局 |
| 100 | 40425320 | 湟水 | 石灰沟 | 东堡 | 降水 | 湟中县西堡镇东堡村 1 社 17 号 | 101°36′28.30″ | 36°33′35.67″ | 2012 | 7 | 青海水文局 |
| 101 | 40425340 | 湟水 | 石灰沟 | 羊圈 | 降水 | 湟中县西堡镇羊圈村 5 社 508 号 | 101°37′32.99″ | 36°36′16.97″ | 2012 | 7 | 青海水文局 |
| 102 | 40426010 | 湟水 | 北川河 | 扣亭上滩 | 降水 | 大通县宝库乡扣亭上滩村 | 101°05′54.62″ | 37°18′15.76″ | 2012 | 7 | 青海水文局 |
| 103 | 40426020 | 湟水 | 北川河 | 巴彦 | 降水 | 大通县宝库乡巴彦村 | 101°09′09.29″ | 37°17′12.69″ | 2012 | 7 | 青海水文局 |
| 104 | 40426110 | 湟水 | 北川河 | 纳拉 | 降水 | 大通县宝库乡纳拉村 | 101°27′54.77″ | 37°15′06.85″ | 2012 | 7 | 青海水文局 |
| 105 | 40426210 | 湟水 | 北川河 | 孔家梁 | 降水 | 大通县宝库乡孔家梁村 | 101°27′16.13″ | 37°14′40.11″ | 2012 | 7 | 青海水文局 |
| 106 | 40426250 | 湟水 | 北川河 | 黑泉 | 降水 | 大通县宝库乡黑泉村 | 101°32′13.66″ | 37°11′39.32″ | 2012 | 7 | 青海水文局 |
| 107 | 40427810 | 湟水 | 东峡河 | 麻其 | 降水 | 青海省大通县东峡镇麻其一村 | 101°51′30.18″ | 37°04′53.22″ | 2012 | 7 | 青海水文局 |

## 续附表 8

| 序号 | 测站编码 | 水系 | 河名 | 站名 | 站别 | 观测场地点 | 坐标 | | 设站年月 | | 设立单位 |
|---|---|---|---|---|---|---|---|---|---|---|---|
| | | | | | | | 东经 | 北纬 | 年 | 月 | |
| 108 | 40426460 | 湟水 | 北川河 | 宝库 | 降水 | 大通县宝库乡 | 101°34′01.33″ | 37°06′45.36″ | 2012 | 7 | 青海水文局 |
| 109 | 40426610 | 湟水 | 北川河 | 石路 | 降水 | 大通县新庄镇石路村 | 101°33′59.00″ | 37°05′9.14″ | 2012 | 7 | 青海水文局 |
| 110 | 40426630 | 湟水 | 北川河 | 硖门 | 降水 | 大通县新庄镇硖门村 | 101°34′39.08″ | 37°04′17.78″ | 2012 | 7 | 青海水文局 |
| 111 | 40426620 | 湟水 | 北川河 | 下山 | 降水 | 大通县新庄镇下山村 | 101°35′30.26″ | 37°04′59.56″ | 2012 | 7 | 青海水文局 |
| 112 | 40426640 | 湟水 | 北川河 | 新庄 | 降水 | 大通县新庄镇 | 101°35′23.43″ | 37°03′40.28″ | 2012 | 7 | 青海水文局 |
| 113 | 40426670 | 湟水 | 北川河 | 三岔 | 降水 | 大通县新庄镇三岔村 | 101°35′55.31″ | 37°02′26.61″ | 2012 | 7 | 青海水文局 |
| 114 | 40426680 | 湟水 | 北川河 | 石家庄 | 降水 | 大通县新庄镇石家庄村 | 101°35′50.83″ | 37°01′03.84″ | 2012 | 7 | 青海水文局 |
| 115 | 40427140 | 湟水 | 黑林河 | 雪里合 | 降水 | 大通县青林乡黄家湾村 | 101°22′10.03″ | 37°05′18.35″ | 2012 | 7 | 青海水文局 |
| 116 | 40427185 | 湟水 | 黑林河 | 多林 | 降水 | 大通县多林镇 | 101°27′22.21″ | 37°03′33.38″ | 2012 | 7 | 青海水文局 |
| 117 | 40427200 | 湟水 | 黑林河 | 塘坊 | 降水 | 大通县逊让乡塘坊村 | 101°24′43.05″ | 37°00′51.20″ | 2012 | 7 | 青海水文局 |
| 118 | 40427300 | 湟水 | 黑林河 | 城关 | 降水 | 大通县城关镇 | 101°32′18.75″ | 37°01′53.09″ | 2012 | 7 | 青海水文局 |
| 119 | 40427355 | 湟水 | 北川河 | 桥尔沟 | 降水 | 大通县良教乡桥尔沟村 | 101°38′34.97″ | 36°57′59.15″ | 2012 | 7 | 青海水文局 |
| 120 | 40427400 | 湟水 | 北川河 | 小煤洞 | 降水 | 大通县桥头镇矿山西路 28－17 号 | 101°39′49.97″ | 36°56′35.76″ | 2012 | 7 | 青海水文局 |
| 121 | 40428010 | 湟水 | 北川河 | 东庄 | 降水 | 大通县塔尔镇东庄村 | 101°39′30.52″ | 37°04′05.20″ | 2012 | 7 | 青海水文局 |
| 122 | 40428400 | 湟水 | 北川河 | 下庙沟 | 降水 | 大通县桥头镇下庙村 | 101°41′16.85″ | 36°55′07.35″ | 2012 | 7 | 青海水文局 |
| 123 | 40428450 | 湟水 | 北川河 | 毛家沟 | 降水 | 大通县桥头镇 | 101°44′57.72″ | 36°56′13.99″ | 2012 | 7 | 青海水文局 |
| 124 | 40428520 | 湟水 | 北川河 | 黄家寨 | 降水 | 大通县黄家寨镇黄家寨村 | 101°43′54.82″ | 36°51′31.47″ | 2012 | 7 | 青海水文局 |
| 125 | 40429360 | 湟水 | 南川河 | 黑城 | 降水 | 湟中县上新庄镇黑城 4 号 | 101°35′24.56″ | 36°26′11.55″ | 2012 | 7 | 青海水文局 |
| 126 | 40429870 | 湟水 | 南川河 | 谢家寨 | 降水 | 西宁市城中区谢家寨村 312 号 | 101°41′19.28″ | 36°33′16.01″ | 2012 | 7 | 青海水文局 |
| 127 | 40430550 | 湟水 | 岳木沟 | 岳木沟 | 降水 | 互助县台子乡塘巴村 8 社 397 号 | 101°56′00.75″ | 36°53′19.27″ | 2012 | 7 | 青海水文局 |
| 128 | 40431000 | 湟水 | 沙塘川 | 威远 | 降水 | 互助县威远镇新安路 | 101°57′51.96″ | 36°50′20.70″ | 2012 | 7 | 青海水文局 |
| 129 | 40431100 | 湟水 | 沙塘川 | 胡家庄 | 降水 | 互助县威远镇兰家村 2 社 | 101°57′24.94″ | 36°49′15.51″ | 2012 | 7 | 青海水文局 |
| 130 | 40431300 | 湟水 | 沙塘川 | 董家 | 降水 | 互助县塘川镇董家村 4 社 | 101°56′06.54″ | 36°48′00.15″ | 2012 | 7 | 青海水文局 |
| 131 | 40431400 | 湟水 | 沙塘川 | 雷大庄 | 降水 | 西宁市西山乡和平村 2 社 | 101°50′40.04″ | 36°46′50.02″ | 2012 | 7 | 青海水文局 |
| 132 | 40431450 | 湟水 | 沙塘川 | 高羌 | 降水 | 互助县塘川镇高羌村 7 社 155 号 | 101°55′42.77″ | 36°45′48.24″ | 2012 | 7 | 青海水文局 |

## 续附表 8

| 序号 | 测站编码 | 水系 | 河名 | 站名 | 站别 | 观测场地点 | 坐标 | | 设站年月 | | 设立单位 |
|---|---|---|---|---|---|---|---|---|---|---|---|
| | | | | | | | 东经 | 北纬 | 年 | 月 | |
| 133 | 40431710 | 湟水 | 沙塘川 | 总寨 | 降水 | 互助县塘川镇总寨村 9 社 1 号 | 101°54′29.25″ | 36°43′28.71″ | 2012 | 7 | 青海水文局 |
| 134 | 40431830 | 湟水 | 沙塘川 | 下山城 | 降水 | 互助县塘川镇雷家堡尕山城村 40 附 1 号 | 101°52′44.18″ | 36°41′34.26″ | 2012 | 7 | 青海水文局 |
| 135 | 40432100 | 湟水 | 沙塘川 | 刘家 | 降水 | 互助县塘川镇刘家村 7 社 | 101°52′39.82″ | 36°38′04.31″ | 2012 | 7 | 青海水文局 |
| 136 | 40432150 | 湟水 | 沙塘川 | 三其 | 降水 | 互助县塘川镇三其村 | 101°53′03.28″ | 36°37′01.15″ | 2012 | 7 | 青海水文局 |
| 137 | 40432625 | 湟水 | 小南川 | 下营 | 降水 | 青海省湟中县田家寨镇下营村 10 社 102 号 | 101°45′28.84″ | 36°24′05.20″ | 2012 | 7 | 青海水文局 |
| 138 | 40450700 | 湟水 | 大通河 | 瓦日尕 | 降水 | 祁连县默勒镇瓦日尕村 | 100°28′32.77″ | 37°48′44.59″ | 2012 | 7 | 青海水文局 |
| 139 | 40450810 | 湟水 | 大通河 | 默勒 | 降水 | 祁连县默勒镇畜牧站 | 100°34′37.04″ | 37°43′02.51″ | 2012 | 7 | 青海水文局 |
| 140 | 40453110 | 湟水 | 白水河 | 东滩 | 降水 | 门源县皇城乡东滩村 | 101°26′04.30″ | 37°34′35.41″ | 2012 | 7 | 青海水文局 |
| 141 | 40452560 | 湟水 | 老虎沟 | 苏吉湾 | 降水 | 门源县苏吉滩乡苏吉湾村 | 101°32′43.84″ | 37°27′44.17″ | 2012 | 7 | 青海水文局 |
| 142 | 40453450 | 湟水 | 老虎沟 | 下尖尖 | 降水 | 门源县浩门镇下尖尖村 | 101°32′56.15″ | 37°22′38.75″ | 2012 | 7 | 青海水文局 |
| 143 | 40453440 | 湟水 | 老虎沟 | 浩门 | 降水 | 门源县浩门农场三大队 54 号 | 101°32′07.14″ | 37°25′50.66″ | 2012 | 7 | 青海水文局 |
| 144 | 01325400 | 青海湖 | 吉尔孟河 | 向阳 | 降水 | 刚察县吉尔孟乡向阳村 | 99°36′46.01″ | 37°08′19.98″ | 2012 | 7 | 青海水文局 |
| 145 | 01330900 | 青海湖 | 泉吉河 | 扎苏合 | 降水 | 刚察县泉吉乡扎苏合村 | 99°45′36.82″ | 37°11′28.80″ | 2012 | 7 | 青海水文局 |
| 146 | 01309500 | 青海湖 | 泉吉河 | 沙陀寺 | 降水 | 刚察县泉吉乡红星村 | 99°49′49.8″ | 37°11′53.4″ | 2012 | 7 | 青海水文局 |
| 147 | 01331510 | 青海湖 | 沙柳河 | 新海 | 降水 | 刚察县沙柳河镇新海村 | 100°06′00.23″ | 37°28′43.39″ | 2012 | 7 | 青海水文局 |
| 148 | 01331500 | 青海湖 | 沙柳河 | 恩乃 | 降水 | 刚察县沙柳河镇恩乃村 | 100°05′13.52″ | 37°31′13.65″ | 2012 | 7 | 青海水文局 |
| 149 | 01331530 | 青海湖 | 沙柳河 | 永丰 | 降水 | 刚察县沙柳河镇永丰村 | 100°06′51.3″ | 37°20′03.0″ | 2012 | 7 | 青海水文局 |
| 150 | 01331970 | 青海湖 | 哈尔盖河 | 环仓 | 降水 | 刚察县哈尔盖镇环仓村 | 100°25′01.23″ | 37°20′13.07″ | 2012 | 7 | 青海水文局 |
| 151 | 01331980 | 青海湖 | 哈尔盖河 | 环仓寺 | 降水 | 刚察县哈尔盖镇环仓秀麻寺 | 100°29′59″ | 37°18′29.05″ | 2012 | 7 | 青海水文局 |
| 152 | 01332010 | 青海湖 | 哈尔盖河 | 塘曲 | 降水 | 刚察县哈尔盖镇塘曲村 | 100°24′33.6″ | 37°13′26.8″ | 2012 | 7 | 青海水文局 |
| 153 | 01331700 | 青海湖 | 哈尔盖河 | 三角城 | 降水 | 刚察县三角城种羊场 | 100°12′45.13″ | 37°17′21.272″ | 2012 | 7 | 青海水文局 |
| 154 | 01325500 | 青海湖 | 希格尔河 | 龙门尔 | 降水 | 天峻县龙门乡 | 98°49′24.3″ | 37°52′42.37″ | 2012 | 7 | 青海水文局 |
| 155 | 01325520 | 青海湖 | 希格尔河 | 扎玛尔 | 降水 | 天峻县龙门乡扎玛尔村 | 98°48′11.91″ | 37°50′47.30″ | 2012 | 7 | 青海水文局 |
| 156 | 01325530 | 青海湖 | 希格尔河 | 阳康 | 降水 | 天峻县阳康乡 | 98°37′53.39″ | 37°40′39.45″ | 2012 | 7 | 青海水文局 |
| 157 | 01326200 | 青海湖 | 夏日哈曲 | 智合玛 | 降水 | 天峻县智合玛乡 | 99°08′05.41″ | 37°31′04.65″ | 2012 | 7 | 青海水文局 |

**续附表 8**

| 序号 | 测站编码 | 水系 | 河名 | 站名 | 站别 | 观测场地点 | 坐标 | | 设站年月 | | 设立单位 |
|---|---|---|---|---|---|---|---|---|---|---|---|
| | | | | | | | 东经 | 北纬 | 年 | 月 | |
| 158 | 01326350 | 青海湖 | 峻河 | 织合干木 | 降水 | 天峻县江河镇织合干木村 | 99°12′07.72″ | 37°23′18.28″ | 2012 | 7 | 青海水文局 |
| 159 | 01326400 | 青海湖 | 峻河 | 江河镇 | 降水 | 天峻县江河镇 | 99°19′27.03″ | 37°20′24.46″ | 2012 | 7 | 青海水文局 |
| 160 | 01329600 | 青海湖 | 切吉河 | 肉陇 | 降水 | 共和县石乃亥乡肉陇村 | 99°28′13.35″ | 37°00′54.79″ | 2012 | 7 | 青海水文局 |
| 161 | 01329610 | 青海湖 | 切吉河 | 石乃亥 | 降水 | 共和县石乃亥乡 | 99°35′51.41″ | 36°59′37″ | 2012 | 7 | 青海水文局 |
| 162 | 01329620 | 青海湖 | 切吉河 | 铁卜加 | 降水 | 共和县石乃亥乡铁卜加草改站 | 99°32′46.38″ | 37°03′49.48″ | 2012 | 7 | 青海水文局 |
| 163 | 40226308 | 黄河干流 | 恰卜恰河 | 恰卜恰 | 降水 | 共和县恰卜恰镇 | 100°37′10.2″ | 36°16′37.65″ | 2012 | 7 | 青海水文局 |
| 164 | 40226305 | 黄河干流 | 阿乙亥 | 东巴 | 降水 | 共和县恰不恰镇东巴村 | 100°42′54.99″ | 36°21′19.36″ | 2012 | 7 | 青海水文局 |
| 165 | 40226310 | 黄河干流 | 阿乙亥 | 上塔迈 | 降水 | 共和县恰不恰镇上塔迈村 | 100°37′27.28″ | 36°14′15.94″ | 2012 | 7 | 青海水文局 |
| 166 | 40226315 | 黄河干流 | 阿乙亥 | 下塔迈 | 降水 | 共和县恰不恰镇下塔迈村 | 100°39′57.05″ | 36°13′52.29″ | 2012 | 7 | 青海水文局 |
| 167 | 40226320 | 黄河干流 | 阿乙亥 | 德里吉 | 降水 | 共和县龙羊峡镇德里吉村 | 100°41′28.44″ | 36°12′34.19″ | 2012 | 7 | 青海水文局 |
| 168 | 40226325 | 黄河干流 | 阿乙亥 | 后菊花台 | 降水 | 共和县龙羊峡镇后菊花台村 | 100°44′56.96″ | 36°11′46.07″ | 2012 | 7 | 青海水文局 |
| 169 | 40226330 | 黄河干流 | 阿乙亥 | 龙羊新村 | 降水 | 共和县龙羊峡镇龙羊新村 | 100°53′37.55″ | 36°08′52.99″ | 2012 | 7 | 青海水文局 |
| 170 | 40226595 | 黄河干流 | 高红崖河 | 高红崖 | 降水 | 贵德县常牧镇高红崖村一社 44 号 | 101°29′36.2″ | 35°47′33.5″ | 2012 | 7 | 青海水文局 |
| 171 | 40226579 | 黄河干流 | 高红崖河 | 斜马浪 | 降水 | 贵德县常牧镇斜马浪村社 96 号 | 101°30′11.1″ | 35°50′44.7″ | 2012 | 7 | 青海水文局 |
| 172 | 40226585 | 黄河干流 | 德拉河 | 周屯 | 降水 | 贵德县常牧镇周屯村三社 | 101°30′36.9″ | 35°54′09.4″ | 2012 | 7 | 青海水文局 |
| 173 | 40226605 | 黄河干流 | 东河 | 上兰角 | 降水 | 贵德县常牧镇上兰角村 | 101°30′10.3″ | 35°55′26.5″ | 2012 | 7 | 青海水文局 |
| 174 | 40226606 | 黄河干流 | 东河 | 兰角新村 | 降水 | 贵德县常牧镇兰角新村二社 44 号 | 101°29′28.6″ | 35°56′20.4″ | 2012 | 7 | 青海水文局 |
| 175 | 40226610 | 黄河干流 | 东河 | 下兰角 | 降水 | 贵德县常牧镇下兰角村二社 82 号 | 101°28′48.8″ | 35°56′55.2″ | 2012 | 7 | 青海水文局 |
| 176 | 40226615 | 黄河干流 | 东河 | 王屯 | 降水 | 贵德县河东乡王屯村六社 | 101°28′20.5″ | 35°58′18.4″ | 2012 | 7 | 青海水文局 |
| 177 | 40226618 | 黄河干流 | 东河 | 贡巴 | 降水 | 贵德县河东乡贡巴村六社 | 101°27′41.4″ | 36°00′28.4″ | 2012 | 7 | 青海水文局 |
| 178 | 40226630 | 黄河干流 | 东河 | 杨家 | 降水 | 贵德县河东乡杨家村五社 | 101°27′15.8″ | 36°01′59.6″ | 2012 | 7 | 青海水文局 |
| 179 | 40226640 | 黄河干流 | 东河 | 周家 | 降水 | 贵德县河东乡周家村四社 | 101°27′0.2″ | 36°02′36.3″ | 2012 | 7 | 青海水文局 |
| 180 | 40226635 | 黄河干流 | 东河 | 城东 | 降水 | 贵德县河阴镇迎宾东路 | 101°26′02.6″ | 36°02′37.2″ | 2012 | 7 | 青海水文局 |
| 181 | 40226515 | 黄河干流 | 西河 | 上鱼山 | 降水 | 贵德县新街乡上鱼山村三社 85 号 | 101°22′27.6″ | 35°40′56.9″ | 2012 | 7 | 青海水文局 |
| 182 | 40226525 | 黄河干流 | 西河 | 陆切 | 降水 | 贵德县新街乡陆切村七社 17 号 | 101°22′33.19″ | 35°44′43.41″ | 2012 | 7 | 青海水文局 |

## 续附表 8

| 序号 | 测站编码 | 水系 | 河名 | 站名 | 站别 | 观测场地点 | 坐标 | | 设站年月 | | 设立单位 |
|---|---|---|---|---|---|---|---|---|---|---|---|
| | | | | | | | 东经 | 北纬 | 年 | 月 | |
| 183 | 40226520 | 黄河干流 | 西河 | 新街 | 降水 | 贵德县新街乡新街村二社 52 号 | 101°22′28.4″ | 35°42′44.2″ | 2012 | 7 | 青海水文局 |
| 184 | 40226530 | 黄河干流 | 西河 | 瓦家农场 | 降水 | 贵德县河西镇瓦家农场团结村 42 号 | 101°23′39.1″ | 35°52′37.6″ | 2012 | 7 | 青海水文局 |
| 185 | 40226535 | 黄河干流 | 西河 | 本科 | 降水 | 贵德县河西镇本科村二社 | 101°23′21.5″ | 35°55′22.3″ | 2012 | 7 | 青海水文局 |
| 186 | 40226545 | 黄河干流 | 西河 | 加莫河滩 | 降水 | 贵德县河西镇加莫河滩村一社 13 号 | 101°23′39.2″ | 35°57′50.4″ | 2012 | 7 | 青海水文局 |
| 187 | 40226548 | 黄河干流 | 西河 | 江仓麻 | 降水 | 贵德县河西镇江仓麻村二社 78 号 | 101°24′12.5″ | 35°59′22.6″ | 2012 | 7 | 青海水文局 |
| 188 | 40226550 | 黄河干流 | 西河 | 红岩 | 降水 | 贵德县河西镇红岩村二社 114 号 | 101°23′58.4″ | 36°00′40.4″ | 2012 | 7 | 青海水文局 |
| 189 | 40225200 | 黄河干流 | 芒拉河 | 森多 | 降水 | 贵南县森多乡 | 100°55′24.1″ | 35°01′13″ | 2012 | 7 | 青海水文局 |
| 190 | 40225420 | 黄河干流 | 芒拉河 | 都兰村 | 降水 | 贵南县芒拉乡都兰村一社 | 100°39′36.1″ | 35°38′33.4″ | 2012 | 7 | 青海水文局 |
| 191 | 40201910 | 黄河干流 | 芒拉河 | 上达玉 | 降水 | 贵南县茫曲镇上达玉村 | 100°40′52.1″ | 35°33′13.9″ | 2012 | 7 | 青海水文局 |
| 192 | 40226200 | 黄河干流 | 沙沟 | 查乃亥 | 降水 | 贵南县过马营镇查乃亥村一社 7－159 号 | 101°07′3.7″ | 35°48′33.3″ | 2012 | 7 | 青海水文局 |
| 193 | 40226201 | 黄河干流 | 沙沟 | 过芒 | 降水 | 贵南县过马营镇过芒村一社 3 号 | 101°06′4.9″ | 35°51′48.2″ | 2012 | 7 | 青海水文局 |
| 194 | 40226210 | 黄河干流 | 沙沟 | 东吾羊 | 降水 | 贵南县沙沟乡东吾羊村四社 1－046 号 | 101°02′20.8″ | 35°53′34.3″ | 2012 | 7 | 青海水文局 |
| 195 | 40226220 | 黄河干流 | 沙沟 | 郭仁多 | 降水 | 贵南县沙沟乡郭仁多村四社 4－043 号 | 100°55′59.05″ | 35°55′9.0″ | 2012 | 7 | 青海水文局 |
| 196 | 40226225 | 黄河干流 | 沙沟 | 东让 | 降水 | 贵南县沙沟乡东让村社 16 号 | 100°52′39.1″ | 35°57′24.1″ | 2012 | 7 | 青海水文局 |
| 197 | 40226230 | 黄河干流 | 沙沟 | 加大科 | 降水 | 贵南县沙沟乡加大科村社 182 号 | 100°50′24.9″ | 35°58′48.9″ | 2012 | 7 | 青海水文局 |
| 198 | 40223690 | 黄河干流 | 尕干河 | 南巴滩 | 降水 | 同德县尕巴松多镇南巴滩村 | 100°48′28.3″ | 35°15′24.0″ | 2012 | 7 | 青海水文局 |
| 199 | 40203697 | 黄河干流 | 尕干河 | 尕巴松多 | 降水 | 同德县尕巴松多镇 | 100°34′3.5″ | 35°15′21.0″ | 2012 | 7 | 青海水文局 |
| 200 | 40223740 | 黄河干流 | 尕干河 | 谷芒 | 降水 | 同德县唐谷镇唐谷路 1 号 | 100°29′51.6″ | 35°10′56.3″ | 2012 | 7 | 青海水文局 |
| 201 | 40223694 | 黄河干流 | 尕干河 | 尕强 | 降水 | 泽库县宁秀乡尕强村 | 100°43′26.9″ | 35°08′47.6″ | 2012 | 7 | 青海水文局 |
| 202 | 40223695 | 黄河干流 | 尕干河 | 科加 | 降水 | 同德县尕巴松多镇科加村 | 100°37′16.2″ | 35°14′8.7″ | 2012 | 7 | 青海水文局 |
| 203 | 01042490 | 内陆水系 | 都兰河 | 河北 | 降水 | 乌兰县铜普镇河北村 | 98°35′17″ | 37°00′40″ | 2012 | 7 | 青海水文局 |
| 204 | 01042540 | 内陆水系 | 都兰河 | 察汗河 | 降水 | 乌兰县铜普镇察汗河村 | 98°34′34″ | 37°00′53″ | 2012 | 7 | 青海水文局 |
| 205 | 01042560 | 内陆水系 | 都兰河 | 都兰河 | 降水 | 乌兰县铜普镇都兰河村 | 98°31′29″ | 36°59′08″ | 2012 | 7 | 青海水文局 |
| 206 | 01030560 | 内陆水系 | 巴勒更河 | 巴力沟 | 降水 | 德令哈市怀头他拉镇巴力沟 | 96°50′22″ | 37°30′50″ | 2012 | 7 | 青海水文局 |
| 207 | 01042600 | 内陆水系 | 赛什克河 | 那仁希尔格 | 降水 | 乌兰县赛什克乡那仁希尔格 | 98°23′04″ | 37°03′43″ | 2012 | 7 | 青海水文局 |

续附表 8

| 序号 | 测站编码 | 水系 | 河名 | 站名 | 站别 | 观测场地点 | 坐标 | | 设站年月 | | 设立单位 |
|---|---|---|---|---|---|---|---|---|---|---|---|
| | | | | | | | 东经 | 北纬 | 年 | 月 | |
| 208 | 01042610 | 内陆水系 | 赛什克河 | 纳木哈 | 降水 | 乌兰县赛什克乡纳木哈村 | 98°20′25″ | 36°57′18″ | 2012 | 7 | 青海水文局 |
| 209 | 01142050 | 霍布逊湖 | 大格勒河 | 菊花村 | 降水 | 格尔木市大格勒乡菊花村 | 95°42′53″ | 36°26′37″ | 2012 | 7 | 青海水文局 |
| 210 | 01142060 | 霍布逊湖 | 大格勒河 | 查那村 | 降水 | 格尔木市大格勒查那村 | 95°45′58″ | 36°26′39″ | 2012 | 7 | 青海水文局 |
| 211 | 01128060 | 霍布逊湖 | 夏日哈河 | 夏塔啦二社 | 降水 | 都兰县夏日哈夏塔啦二社 | 98°05′02″ | 36°24′38″ | 2012 | 7 | 青海水文局 |
| 212 | 01224500 | 达布逊湖 | 格尔木河 | 温泉水库 | 降水 | 格尔木市温泉水库管理所大坝启闭闸平台上 | 95°16′56″ | 35°44′44″ | 2012 | 7 | 青海水文局 |
| 213 | 01224700 | 达布逊湖 | 奈金河 | 昆仑桥 | 降水 | 格尔木市昆仑桥一线天水电站办公室房顶上 | 94°44′59″ | 35°54′10″ | 2012 | 7 | 青海水文局 |
| 214 | 01224710 | 达布逊湖 | 格尔木河 | 乃吉里 | 降水 | 乃吉里水电站 | 94°46′18″ | 36°08′43″ | 2012 | 7 | 青海水文局 |
| 215 | 01228450 | 达布逊湖 | 小灶火河 | 幸福村 | 降水 | 格尔木市乌图美仁幸福村 | 93°25′35″ | 36°57′49″ | 2012 | 7 | 青海水文局 |
| 216 | 01234900 | 达布逊湖 | 乌图美仁河 | 乌图美仁 | 降水 | 格尔木市乌图美仁乡 | 93°09′49″ | 36°54′35″ | 2012 | 7 | 青海水文局 |
| 217 | 01230500 | 达布逊湖 | 托拉海河 | 胡杨林 | 降水 | 格尔木市郭勒木德镇胡杨林保护站 | 94°26′31″ | 36°25′56″ | 2012 | 7 | 青海水文局 |
| 218 | 01245000 | 台吉乃尔湖 | 那棱格勒河 | 那棱格勒引水口 | 降水 | 格尔木市乌图美仁乡盐湖集团引水口处 | 92°39′05″ | 36°40′50″ | 2012 | 7 | 青海水文局 |
| 219 | 60220470 | 金沙江上段 | 巴塘河 | 沟群达 | 降水 | 玉树县巴塘乡沟群达村 | 97°11′02.11″ | 32°47′51.48″ | 2012 | 7 | 青海水文局 |
| 220 | 60220475 | 金沙江上段 | 巴塘河 | 巴塘 | 降水 | 玉树县巴塘乡 | 97°09′09.46″ | 32°50′16.83″ | 2012 | 7 | 青海水文局 |
| 221 | 60220480 | 金沙江上段 | 巴塘河 | 上巴塘 | 降水 | 玉树县巴塘乡上巴塘村 | 97°03′51.87″ | 32°51′20.50″ | 2012 | 7 | 青海水文局 |
| 222 | 60220490 | 金沙江上段 | 巴塘河 | 禅古 | 降水 | 玉树县结古镇禅古村一社 2－1 号 | 97°01′44.22″ | 32°57′44.50″ | 2012 | 7 | 青海水文局 |
| 223 | 60220510 | 金沙江上段 | 巴塘河 | 琼龙 | 降水 | 玉树县结古镇琼龙南巷 102 号 | 97°01′26.88″ | 33°00′38.09″ | 2012 | 7 | 青海水文局 |
| 224 | 60220515 | 金沙江上段 | 巴塘河 | 代格 | 降水 | 玉树县结古镇代格村 | 97°07′27.56″ | 33°00′26.26″ | 2012 | 7 | 青海水文局 |
| 225 | 60220520 | 金沙江上段 | 巴塘河 | 卡孜 | 降水 | 玉树县结古镇卡孜村 | 97°10′54.09″ | 32°59′42.36″ | 2012 | 7 | 青海水文局 |
| 226 | 60220425 | 金沙江上段 | 益曲 | 隆宝滩 | 降水 | 玉树县隆宝镇君勤村 | 96°29′17.36″ | 33°13′23.24″ | 2012 | 7 | 青海水文局 |
| 227 | 60220428 | 金沙江上段 | 益曲 | 德勤 | 降水 | 玉树县隆宝镇德勤村 | 96°25′38.89″ | 33°16′32.38″ | 2012 | 7 | 青海水文局 |
| 228 | 60220430 | 金沙江上段 | 益曲 | 哇龙 | 降水 | 玉树县隆宝镇哇龙村 | 96°25′29.42″ | 33°22′52.33″ | 2012 | 7 | 青海水文局 |
| 229 | 60220431 | 金沙江上段 | 益曲 | 结拉 | 降水 | 玉树县安冲乡结拉村 | 96°34′36.88″ | 33°29′28.71″ | 2012 | 7 | 青海水文局 |
| 230 | 60220433 | 金沙江上段 | 益曲 | 安冲 | 降水 | 玉树县安冲乡 | 96°38′15.68″ | 33°27′58.53″ | 2012 | 7 | 青海水文局 |
| 231 | 60220420 | 金沙江上段 | 细曲 | 扎朵 | 降水 | 称多县扎朵镇 | 96°44′26.53″ | 33°46′13.93″ | 2012 | 7 | 青海水文局 |
| 232 | 60220436 | 金沙江上段 | 称文细曲 | 尕藏寺 | 降水 | 称多县称文镇尕藏寺 | 97°04′01.36″ | 33°22′23.52″ | 2012 | 7 | 青海水文局 |

## 续附表 8

| 序号 | 测站编码 | 水系 | 河名 | 站名 | 站别 | 观测场地点 | 坐标 | | 设站年月 | | 设立单位 |
|---|---|---|---|---|---|---|---|---|---|---|---|
| | | | | | | | 东经 | 北纬 | 年 | 月 | |
| 233 | 60220446 | 金沙江上段 | 歇武系曲 | 歇武 | 降水 | 称多县歇武镇 | 97°21′06.12″ | 33°07′54.44″ | 2012 | 7 | 青海水文局 |
| 234 | 60220448 | 金沙江上段 | 歇武系曲 | 当巴 | 降水 | 称多县歇武镇当巴村 | 97°16′59.11″ | 33°03′54.30″ | 2012 | 7 | 青海水文局 |
| 235 | 60220438 | 金沙江上段 | 拉涌 | 吾海 | 降水 | 称多县拉布乡吾海村 | 97°11′12.43″ | 33°15′09.81″ | 2012 | 7 | 青海水文局 |
| 236 | 60220439 | 金沙江上段 | 拉涌 | 拉司通 | 降水 | 称多县拉布乡拉司通村 | 97°08′11.04″ | 33°16′06.54″ | 2012 | 7 | 青海水文局 |
| 237 | 60220445 | 金沙江上段 | 雅砻江 | 松然贡尕 | 降水 | 称多县珍秦镇松然贡尕村 | 97°21′06.17″ | 33°21′17.35″ | 2012 | 7 | 青海水文局 |
| 238 | 60220444 | 金沙江上段 | 雅砻江 | 珍秦 | 降水 | 称多县珍秦镇 | 97°18′13.58″ | 33°24′44.45″ | 2012 | 7 | 青海水文局 |
| 239 | 60220442 | 金沙江上段 | 雅砻江 | 清水河 | 降水 | 称多县清水河镇 | 97°08′22.33″ | 33°48′15.93″ | 2012 | 7 | 青海水文局 |
| 240 | 90220160 | 澜沧江水系 | 香曲 | 东才西 | 降水 | 囊谦县香达镇东才西村 | 96°23′59.08″ | 32°13′07.00″ | 2012 | 7 | 青海水文局 |
| 241 | 90220180 | 澜沧江水系 | 香曲 | 拉宗 | 降水 | 囊谦县香达镇拉宗村 | 96°27′23.39″ | 32°12′21.95″ | 2012 | 7 | 青海水文局 |
| 242 | 60220372 | 金沙江上段 | 聂恰曲 | 贡萨寺 | 降水 | 治多县多彩乡贡萨寺 | 95°29′22.59″ | 33°50′55.60″ | 2012 | 7 | 青海水文局 |
| 243 | 60220375 | 金沙江上段 | 聂恰曲 | 治多 | 降水 | 治多县加吉博洛镇 | 95°36′32.62″ | 33°50′44.58″ | 2012 | 7 | 青海水文局 |
| 244 | 60220370 | 金沙江上段 | 多彩曲 | 多彩 | 降水 | 治多县多彩乡 | 95°25′12.60″ | 33°48′34.13″ | 2012 | 7 | 青海水文局 |
| 245 | 60220396 | 金沙江上段 | 登额曲 | 叶青 | 降水 | 治多县立新乡叶青村 | 95°58′56.50″ | 33°46′02.98″ | 2012 | 7 | 青海水文局 |
| 246 | 60220395 | 金沙江上段 | 登额曲 | 立新 | 降水 | 治多县立新乡 | 96°03′37.71″ | 33°35′58.54″ | 2012 | 7 | 青海水文局 |
| 247 | 60220390 | 金沙江上段 | 登额曲 | 扎西 | 降水 | 治多县立新乡扎西村 | 96°03′30.26″ | 33°36′56.62″ | 2012 | 7 | 青海水文局 |
| 248 | 60220410 | 金沙江上段 | 德曲 | 巴干 | 降水 | 曲麻莱县巴干乡 | 96°31′11.06″ | 33°53′51.56″ | 2012 | 7 | 青海水文局 |
| 249 | 60220360 | 金沙江上段 | 东色吾曲 | 秋智 | 降水 | 曲麻莱县秋智乡 | 95°39′32.93″ | 34°34′05.02″ | 2012 | 7 | 青海水文局 |
| 250 | 40223265 | 黄河干流水系 | 格曲 | 大武 | 降水 | 玛沁县大武镇建材厂 | 100°15′12.226″ | 34°28′29.420″ | 2012 | 7 | 青海水文局 |
| 251 | 40223300 | 黄河干流水系 | 格曲 | 江让多 | 降水 | 玛沁县大武乡哈隆牧委会二大队 | 100°14′20.709″ | 34°42′38.040″ | 2012 | 7 | 青海水文局 |
| 252 | 40223250 | 黄河干流水系 | 格曲 | 大武牧场 | 降水 | 玛沁县大武乡大武牧场 | 100°13′03.279″ | 34°29′36.865″ | 2012 | 7 | 青海水文局 |
| 253 | 40223255 | 黄河干流水系 | 格曲 | 野马滩煤矿 | 降水 | 玛沁县大武乡野马滩煤矿 | 100°26′18.391″ | 34°20′33.472″ | 2012 | 7 | 青海水文局 |
| 254 | 40223240 | 黄河干流水系 | 格曲 | 德尔尼铜矿 | 降水 | 玛沁县大武乡德尔尼铜矿 | 100°07′52.191″ | 34°22′31.434″ | 2012 | 7 | 青海水文局 |
| 255 | 40220800 | 黄河干流水系 | 优尔曲 | 血麻 | 降水 | 玛沁县昌麻河乡血麻村 | 99°13′01.769″ | 34°30′32.436″ | 2012 | 7 | 青海水文局 |
| 256 | 40220885 | 黄河干流水系 | 优尔曲 | 当洛 | 降水 | 玛沁县昌当洛乡政府对面 | 99°27′01.135″ | 33°59′50.648″ | 2012 | 7 | 青海水文局 |
| 257 | 40220805 | 黄河干流水系 | 优尔曲 | 优云乡 | 降水 | 玛沁县优云乡政府院内 | 99°11′34.314″ | 34°16′21.181″ | 2012 | 7 | 青海水文局 |

## 续附表 8

| 序号 | 测站编码 | 水系 | 河名 | 站名 | 站别 | 观测场地点 | 坐标 | | 设站年月 | | 设立单位 |
|---|---|---|---|---|---|---|---|---|---|---|---|
| | | | | | | | 东经 | 北纬 | 年 | 月 | |
| 258 | 40220871 | 黄河干流水系 | 西科曲 | 柯曲镇 | 降水 | 甘德县柯曲镇政府院内 | 99°53′59.200″ | 33°58′20.916″ | 2012 | 7 | 青海水文局 |
| 259 | 40220890 | 黄河干流水系 | 西科曲 | 下贡麻乡 | 降水 | 甘德县下贡麻乡政府院内 | 100°07′03.112″ | 33°51′00.704″ | 2012 | 7 | 青海水文局 |
| 260 | 40220898 | 黄河干流水系 | 西科曲 | 岗龙乡 | 降水 | 甘德县岗龙乡政府院内 | 100°15′29.330″ | 33°45′30.067″ | 2012 | 7 | 青海水文局 |
| 261 | 40220745 | 黄河干流水系 | 吉迈曲(吉曲) | 窝赛 | 降水 | 达日县窝赛乡政府院内 | 99°47′45.365″ | 33°37′30.397″ | 2012 | 7 | 青海水文局 |
| 262 | 40220748 | 黄河干流水系 | 吉迈曲(吉曲) | 依隆 | 降水 | 达日县窝塞乡依隆村 | 99°44′26.612″ | 33°43′03.925″ | 2012 | 7 | 青海水文局 |
| 263 | 40220760 | 黄河干流水系 | 吉迈曲(吉曲) | 普忙 | 降水 | 达日县吉迈镇普忙村 | 99°54′57.983″ | 33°41′41.732″ | 2012 | 7 | 青海水文局 |
| 264 | 40220590 | 黄河干流水系 | 吉迈曲(吉曲) | 特合土 | 降水 | 达日县特合土乡 | 99°08′03.450″ | 33°53′38.310″ | 2012 | 7 | 青海水文局 |
| 265 | 40220790 | 黄河干流水系 | 吉迈曲(吉曲) | 上贡麻 | 降水 | 甘德县上贡麻乡政府院内 | 99°39′02.593″ | 33°51′49.726″ | 2012 | 7 | 青海水文局 |
| 266 | 40220750 | 黄河干流水系 | 吉迈曲(吉曲) | 吉迈镇 | 降水 | 达日县吉迈镇政府院内 | 99°39′01.249″ | 33°45′21.939″ | 2012 | 7 | 青海水文局 |
| 267 | 40220730 | 黄河干流水系 | 柯曲(科曲) | 向阳 | 降水 | 达日县桑日麻乡向阳村 | 98°59′27.750″ | 33°39′54.515″ | 2012 | 7 | 青海水文局 |
| 268 | 40220740 | 黄河干流水系 | 柯曲(科曲) | 岗日巴寺 | 降水 | 达日县建设乡岗日巴寺 | 99°14′05.206″ | 33°43′01.039″ | 2012 | 7 | 青海水文局 |
| 269 | 60620200 | 大渡河水系 | 满掌河 | 满掌乡 | 降水 | 达日县满掌乡派出所 | 100°26′04.379″ | 33°17′21.280″ | 2012 | 7 | 青海水文局 |
| 270 | 60620210 | 大渡河水系 | 泥曲 | 尼勒 | 降水 | 达日县上红科乡尼勒村 | 99°27′40.746″ | 32°52′02.160″ | 2012 | 7 | 青海水文局 |
| 271 | 60620215 | 大渡河水系 | 泥曲 | 上红科 | 降水 | 达日县上红科乡政府院内 | 99°35′00.080″ | 32°53′09.870″ | 2012 | 7 | 青海水文局 |
| 272 | 60620220 | 大渡河水系 | 泥曲 | 达孜 | 降水 | 达日县下红科乡达孜寺院 | 99°38′04.620″ | 32°52′20.833″ | 2012 | 7 | 青海水文局 |
| 273 | 60620230 | 大渡河水系 | 泥曲 | 下红科 | 降水 | 达日县下红科乡政府 | 99°41′33.167″ | 32°47′51.813″ | 2012 | 7 | 青海水文局 |
| 274 | 60620110 | 大渡河水系 | 玛柯河 | 阿十羌 | 降水 | 班玛县江日堂乡阿十羌村 | 100°48′48.599″ | 32°52′51.049″ | 2012 | 7 | 青海水文局 |
| 275 | 60620120 | 大渡河水系 | 玛柯河 | 果芒 | 降水 | 班玛县亚尔堂乡果芒村 | 100°47′04.837″ | 32°49′49.076″ | 2012 | 7 | 青海水文局 |
| 276 | 60620055 | 大渡河水系 | 马尔曲 | 玛格列 | 降水 | 班玛县玛柯河乡政府院内 | 100°28′41.504″ | 33°05′04.259″ | 2012 | 7 | 青海水文局 |
| 277 | 60620080 | 大渡河水系 | 玛柯河 | 热红沟 | 降水 | 班玛县灯塔乡热红沟村 | 100°55′19.100″ | 32°41′37.994″ | 2012 | 7 | 青海水文局 |
| 278 | 60620050 | 大渡河水系 | 马尔曲 | 马武当 | 降水 | 班玛县多贡麻乡马武当寺(村) | 100°23′14.460″ | 33°07′44.076″ | 2012 | 7 | 青海水文局 |
| 279 | 60620140 | 大渡河水系 | 满掌河 | 多贡麻乡 | 降水 | 班玛县多贡麻乡派出所院内 | 100°35′45.905″ | 33°05′48.590″ | 2012 | 7 | 青海水文局 |
| 280 | 60620070 | 大渡河水系 | 满掌河 | 多贡麻村 | 降水 | 班玛县多贡麻乡多贡麻村 | 100°34′48.628″ | 33°06′22.521″ | 2012 | 7 | 青海水文局 |
| 281 | 60620075 | 大渡河水系 | 满掌河 | 满掌 | 降水 | 班玛县多贡麻乡满掌村 | 100°28′59.451″ | 33°13′56.026″ | 2012 | 7 | 青海水文局 |
| 282 | 60620150 | 大渡河水系 | 多柯河(杜柯河) | 达卡 | 降水 | 班玛县达卡乡政府院内 | 100°04′00.320″ | 32°59′40.570″ | 2012 | 7 | 青海水文局 |

**续附表 8**

| 序号 | 测站编码 | 水系 | 河名 | 站名 | 站别 | 观测场地点 | 坐标 | | 设站年月 | | 设立单位 |
|---|---|---|---|---|---|---|---|---|---|---|---|
| | | | | | | | 东经 | 北纬 | 年 | 月 | |
| 283 | 60620152 | 大渡河水系 | 多柯河(杜柯河) | 东中 | 降水 | 班玛县达卡乡东中村 | 100°01′34.473″ | 33°03′19.166″ | 2012 | 7 | 青海水文局 |
| 284 | 60620158 | 大渡河水系 | 多柯河(杜柯河) | 吉卡 | 降水 | 班玛县吉卡乡政府院内 | 100°16′46.123″ | 32°49′03.031″ | 2012 | 7 | 青海水文局 |
| 285 | 60620160 | 大渡河水系 | 多柯河(杜柯河) | 玛尼 | 降水 | 班玛县吉卡乡玛尼村 | 100°11′12.488″ | 32°54′59.289″ | 2012 | 7 | 青海水文局 |
| 286 | 60620165 | 大渡河水系 | 多柯河(杜柯河) | 改勒穷 | 降水 | 班玛县吉卡乡改勒穷寺下游 50 m | 100°16′38.579″ | 32°47′47.108″ | 2012 | 7 | 青海水文局 |
| 287 | 60620170 | 大渡河水系 | 多柯河(杜柯河) | 贡掌 | 降水 | 班玛县吉卡乡贡掌村 | 100°14′01.827″ | 32°50′50.020″ | 2012 | 7 | 青海水文局 |
| 288 | 60620180 | 大渡河水系 | 多柯河(杜柯河) | 知钦 | 降水 | 班玛县知钦乡政府 | 100°29′38.510″ | 32°39′40.869″ | 2012 | 7 | 青海水文局 |
| 289 | 60620190 | 大渡河水系 | 多柯河(杜柯河) | 知钦寺 | 降水 | 班玛县知钦乡知钦寺 | 100°36′05.201″ | 32°33′59.030″ | 2012 | 7 | 青海水文局 |
| 290 | 40220962 | 黄河干流水系 | 沙柯河 | 智青松多 | 降水 | 久治县智青松多镇烈士陵园旁 | 101°28′29.285″ | 33°25′50.655″ | 2012 | 7 | 青海水文局 |
| 291 | 40220964 | 黄河干流水系 | 沙柯河 | 德合龙 | 降水 | 久治县智青松多德合龙科村(寺) | 101°31′38.740″ | 33°24′19.080″ | 2012 | 7 | 青海水文局 |
| 292 | 40220960 | 黄河干流水系 | 沙柯河 | 宁友 | 降水 | 久治县智青松多镇宁友村(寺) | 101°29′45.931″ | 33°22′07.293″ | 2012 | 7 | 青海水文局 |
| 293 | 40220942 | 黄河干流水系 | 折安河 | 折安 | 降水 | 久治县哇塞乡政府院内 | 100°37′23.812″ | 33°43′48.103″ | 2012 | 7 | 青海水文局 |
| 294 | 60620020 | 大渡河水系 | 俄柯河 | 白玉 | 降水 | 久治县白玉乡政府院内 | 100°39′48.589″ | 33°16′42.964″ | 2012 | 7 | 青海水文局 |
| 295 | 60620017 | 大渡河水系 | 俄柯河 | 隆格 | 降水 | 久治县白玉乡隆格村(寺) | 100°50′06.929″ | 33°14′38.370″ | 2012 | 7 | 青海水文局 |
| 296 | 60620015 | 大渡河水系 | 俄柯河 | 台康塘 | 降水 | 久治县白玉乡台康塘村 | 100°44′47.589″ | 33°17′09.723″ | 2012 | 7 | 青海水文局 |
| 297 | 40220250 | 黄河干流水系 | 黑河 | 野牛沟 | 降水 | 玛多县玛查理镇野牛沟村 | 97°58′29.308″ | 34°29′25.975″ | 2012 | 7 | 青海水文局 |
| 298 | 40220400 | 黄河干流水系 | 冬曲 | 花石峡 | 降水 | 玛多县花石峡大桥前 50 m | 98°52′13.627″ | 35°07′33.741″ | 2012 | 7 | 青海水文局 |
| 299 | 40220410 | 黄河干流水系 | 冬曲 | 曲那迈 | 降水 | 玛多县花石峡镇曲那迈寺 | 99°01′04.671″ | 35°10′05.418″ | 2012 | 7 | 青海水文局 |
| 300 | 1325350 | 青海湖 | 吉尔孟河 | 吉尔孟 | 降水 | 刚察县吉尔孟乡 | 99°31′20.20″ | 37°08′58.08″ | 2012 | 7 | 青海水文局 |
| 301 | 40433740 | 湟水 | 哈拉直沟 | 山城 | 水位 | 互助县丹麻镇山城村 49 号 | 102°03′37.33″ | 36°44′24.14″ | 2012 | 7 | 青海水文局 |
| 302 | 40202720 | 黄河干流 | 曲玛沟 | 曲玛 | 水位 | 同仁县年都乎乡曲玛村公路桥下游 70 m 处 | 102°00′26.23″ | 35°32′14.45″ | 2012 | 7 | 青海水文局 |
| 303 | 40202760 | 黄河干流 | 浪加沟 | 麻巴 | 水位 | 同仁县保安镇浪加沟麻巴村公路桥下游 30 m 处 | 102°05′22.55″ | 35°37′00.81″ | 2012 | 7 | 青海水文局 |
| 304 | 40202960 | 黄河干流 | 昂思多沟 | 加鲁乎 | 水位 | 化隆县群科镇加鲁乎村公路桥上游 6 m 处 | 102°00′22.45″ | 36°04′35.54″ | 2012 | 7 | 青海水文局 |
| 305 | 40202930 | 黄河干流 | 黑城沟 | 牙什尕 | 水位 | 化隆县牙什尕镇下多巴村公路桥下游 8 m 处 | 101°56′19.96″ | 36°04′09.13″ | 2012 | 7 | 青海水文局 |
| 306 | 40207150 | 湟水 | 上水磨沟 | 上杨家 | 水位 | 乐都县高店镇上杨家村村口 | 102°11′40.14″ | 36°32′01.79″ | 2012 | 7 | 青海水文局 |
| 307 | 40406800 | 湟水 | 祁家川 | 东崖头 | 水位 | 平安县三合镇东村公路桥下游 8 m 处 | 102°01′12.34″ | 36°27′45.22″ | 2012 | 7 | 青海水文局 |

## 续附表 8

| 序号 | 测站编码 | 水系 | 河名 | 站名 | 站别 | 观测场地点 | 坐标 | | 设站年月 | | 设立单位 |
|---|---|---|---|---|---|---|---|---|---|---|---|
| | | | | | | | 东经 | 北纬 | 年 | 月 | |
| 308 | 40407000 | 湟水 | 白沈家沟 | 沈家 | 水位 | 平安县平安镇沈家村公路桥上游 5 m 处 | 102°04′38.07″ | 36°27′40.85″ | 2012 | 7 | 青海水文局 |
| 309 | 40407600 | 湟水 | 岗子沟 | 崖湾 | 水位 | 乐都县碾伯镇崖湾村公路下游 5 m 处 | 102°24′00.25″ | 36°26′20.06″ | 2012 | 7 | 青海水文局 |
| 310 | 40409000 | 湟水 | 隆治沟 | 甘家 | 水位 | 民和县总堡乡甘家村公路桥下游 5 m 处 | 102°53′25.6″ | 36°10′47.44″ | 2012 | 7 | 青海水文局 |
| 311 | 40400090 | 湟水 | 湟水 | 麻皮寺 | 水位 | 海晏县麻皮寺村 | 100°51′16″ | 37°00′51″ | 2012 | 7 | 青海水文局 |
| 312 | 40401600 | 湟水 | 寺寨沟 | 下寺 | 水位 | 青海省湟源县寺寨乡下莫吉村 | 101°06′35.84″ | 36°45′20.72″ | 2012 | 7 | 青海水文局 |
| 313 | 40202300 | 黄河干流 | 西河 | 浪什干桥 | 水位 | 贵德县新街乡藏盖村 | 101°23′18.13″ | 35°47′41.14″ | 2012 | 7 | 青海水文局 |
| 314 | 40201950 | 黄河干流 | 芒拉河 | 康吾羊 | 水位 | 贵南县芒拉乡康吾羊村 | 100°33′51.55″ | 35°39′41.82″ | 2012 | 7 | 青海水文局 |
| 315 | 40201700 | 黄河干流 | 芒拉河 | 黄沙头 | 水位 | 贵南县森多乡黄沙头 | 101°06′22.21″ | 35°30′19.76″ | 2012 | 7 | 青海水文局 |
| 316 | 40200800 | 黄河干流 | 尕干河 | 德什端 | 水位 | 同德县尕巴松多镇德什端 | 100°40′49.81″ | 36°10′14.17″ | 2012 | 7 | 青海水文局 |
| 317 | 1301100 | 青海湖 | 沙柳河 | 刚察小寺 | 水位 | 刚察县沙柳河镇刚察小寺 | 100°06′23.84″ | 37°25′39.4″ | 2012 | 7 | 青海水文局 |
| 318 | 1304000 | 青海湖 | 切吉河 | 铁卜加(桥) | 水位 | 共和县石乃亥乡铁卜加草改站 | 99°32′46.38″ | 37°03′49.48″ | 2012 | 7 | 青海水文局 |
| 319 | 1301300 | 青海湖 | 哈尔盖河 | 热水 | 水位 | 刚察县哈尔盖镇切察村二社 2 附 13 号 | 100°25′3.39″ | 37°13′50.86″ | 2012 | 7 | 青海水文局 |
| 320 | 1100600 | 霍布逊湖 | 卡克特尔河 | 清水河站 | 水位 | 都兰县沟里乡三叉口处 | 98°09′33″ | 35°52′27″ | 2012 | 7 | 青海水文局 |
| 321 | 1102400 | 霍布逊湖 | 宜克光河 | 巴隆站 | 水位 | 都兰县巴隆乡清泉村 | 97°29′09″ | 35°56′33″ | 2012 | 7 | 青海水文局 |
| 322 | 40201900 | 芒拉河 | 黄河 | 拉曲(三) | 水文 | 青海省海南藏族自治州贵南县芒拉镇 | 100°44′36.5″ | 35°35′21.56″ | 2012 | 7 | 青海水文局 |
| 323 | 40203250 | 街子河 | 黄河 | 三兰巴海 | 水文 | 青海省循化撒拉族自治县街子镇三兰巴海村 | 102°25′28.5″ | 35°51′19.6″ | 2012 | 7 | 青海水文局 |
| 324 | 40403650 | 东峡 | 北川河 | 东峡 | 水文 | 青海省西宁市大通回族土族<br>自治县朔北藏族乡下吉哇村 | 101°42′32.14″ | 36°57′19.6″ | 2012 | 7 | 青海水文局 |
| 325 | 40406850 | 红崖子沟 | 湟水 | 白马 | 水文 | 青海省互助县红崖子沟乡所仲家庄村 | 102°5′11.94″ | 36°36′56.75″ | 2012 | 7 | 青海水文局 |
| 326 | 40402550 | 云谷川 | 湟水 | 峡口 | 水文 | 青海省湟中县李家山镇峡口村 | 101°31′25.42″ | 36°50′33.50″ | 2012 | 7 | 青海水文局 |
| 327 | 40401700 | 拉拉河 | 湟水 | 大华 | 水文 | 湟源县大华镇青海湖水泥厂 | 101°12′25.40″ | 36°41′53.30″ | 2012 | 7 | 青海水文局 |
| 328 | 40411100 | 白水河 | 大通河 | 白坡 | 水文 | 门源回族自治县青石嘴镇白坡村 | 101°25′35.71″ | 37°28′29.68″ | 2012 | 7 | 青海水文局 |
| 329 | 40411200 | 讨拉沟 | 大通河 | 仙米 | 水文 | 门源回族自治县仙米乡尕德拉村 | 102°00′25.07″ | 37°18′01.53″ | 2012 | 7 | 青海水文局 |
| 330 | 40200850 | 泽曲 | 黄河 | 优干宁 | 水文 | 青海省河南县优干宁镇泽曲 1 号桥上游 35 m | 101°37′56.1″ | 34°43′52.6″ | 2012 | 7 | 青海水文局 |
| 331 | 1300700 | 吉尔孟 | 布哈河 | 吉尔孟 | 水文 | 青海省海北藏族自治州刚察县吉尔孟乡 | 99°32′50.13″ | 37°08′42.54″ | 2012 | 7 | 青海水文局 |
| 332 | 1300310 | 中河 | | 向公 | 水文 | 青海省海南藏族自治州共和县石乃亥乡向公村 | 99°42′58.7″ | 37°01′30.2″ | 2012 | 7 | 青海水文局 |

## 续附表 8

| 序号 | 测站编码 | 水系 | 河名 | 站名 | 站别 | 观测场地点 | 坐标 |  | 设站年月 |  | 设立单位 |
|---|---|---|---|---|---|---|---|---|---|---|---|
|  |  |  |  |  |  |  | 东经 | 北纬 | 年 | 月 |  |
| 333 | 1006100 | 赛什克河 |  | 南沙 | 水文 | 青海省乌兰县赛什克河镇南沙沟村 | 98°22′59″ | 37°00′11″ | 2012 | 7 | 青海水文局 |
| 334 | 1101800 | 夏日哈 | 江河 | 夏日哈 | 水文 | 青海省都兰县夏日哈河上 | 98°09′17″ | 36°25′40″ | 2012 | 7 | 青海水文局 |
| 335 | 1105515 | 五龙沟 |  | 五龙沟 | 水文 | 青海省格尔木市大格勒镇 | 95°52′47″ | 36°12′04″ | 2012 | 7 | 青海水文局 |
| 336 | 1030550 | 库尔雷克湖 | 巴勒更河 | 怀头他拉 | 雨量 | 青海省德令哈市怀头他拉镇 | 96°44′ | 37°21′ | 1985 |  | 青海水文局 |
| 337 | 1035000 | 库尔雷克湖 | 巴音河 | 尕海 | 雨量 | 青海省德令哈市尕海镇 | 97°26′ | 37°14′ | 1983 | 8 | 青海水文局 |
| 338 | 1042000 | 都兰湖 | 察汗河 | 察汗河 | 雨量 | 青海省乌兰县铜普镇察汗河村 | 98°34′ | 37°03′ | 1978 | 6 | 青海水文局 |
| 339 | 1125000 | 霍布逊湖 | 柯尔河 | 柯尔 | 雨量 | 青海省都兰县香加乡柯尔村 | 97°42′ | 35°57′ | 1984 | 1 | 青海水文局 |
| 340 | 1128050 | 霍布逊湖 | 夏日哈河 | 夏日哈 | 雨量 | 青海省都兰县夏日哈镇河南村 | 98°09′ | 36°25′ | 1978 | 6 | 青海水文局 |
| 341 | 1141060 | 霍布逊湖 | 诺木洪河 | 诺木洪 | 雨量 | 青海省都兰县诺木洪农场 | 96°23′ | 36°12′ | 1956 | 5 | 青海水文局 |
| 342 | 1142040 | 霍布逊湖 | 大格勒河 | 大格勒(二) | 雨量 | 青海省格尔木市大格勒乡 | 95°43′ | 36°28′ | 1984 | 6 | 青海水文局 |
| 343 | 1153000 | 霍布逊湖 | 全集河 | 锡铁山 | 雨量 | 青海省大柴旦行政委员会锡铁山镇 | 95°34′ | 37°20′ | 1986 | 1 | 青海水文局 |
| 344 | 1228300 | 达布逊湖 | 全集河 | 河西 | 雨量 | 青海省格尔木市河西农场场部 | 94°36′ | 36°23′ | 1986 | 1 | 青海水文局 |
| 345 | 1228400 | 达布逊湖 | 小灶火河 | 小灶火 | 雨量 | 青海省格尔木市乌图美仁乡祥和村 | 93°34′ | 36°43′ | 2010 | 1 | 青海水文局 |
| 346 | 1331000 | 青海湖 | 泉吉河 | 泉吉 | 雨量 | 青海省刚察县泉吉乡 | 99°53′ | 37°16′ | 1993 | 5 | 青海水文局 |
| 347 | 1332000 | 青海湖 | 塘曲 | 哈尔盖 | 雨量 | 青海省刚察县哈尔盖乡 | 100°25′ | 37°14′ | 1979 | 5 | 青海水文局 |
| 348 | 1336500 | 青海湖 | 青海湖 | 湖东 | 雨量 | 青海省共和县倒淌河镇湖东种羊场 | 100°49′ | 36°38′ | 1984 | 8 | 青海水文局 |
| 349 | 1337500 | 青海湖 | 倒淌河 | 倒淌河 | 雨量 | 青海省共和县倒淌河镇 | 100°58′ | 36°24′ | 1958 | 7 | 青海水文局 |
| 350 | 40226795 | 黄河 | 浪龙河 | 双格达 | 雨量 | 青海省化隆县扎巴镇双格达村 | 101°57′ | 36°14′ | 1986 | 7 | 青海水文局 |
| 351 | 40227100 | 黄河 | 麦秀沟 | 麦秀 | 雨量 | 青海省泽库县麦秀林场 | 101°56′ | 35°16′ | 1966 | 5 | 青海水文局 |
| 352 | 40227350 | 黄河 | 尕木宰曲 | 保安 | 雨量 | 青海省同仁县保安镇城内村 | 102°04′ | 35°37′ | 1986 | 3 | 青海水文局 |
| 353 | 40227900 | 黄河 | 尕木宰曲 | 甘都 | 雨量 | 青海省化隆县甘都镇牙路乎村 | 102°19′ | 35°53′ | 1985 |  | 青海水文局 |
| 354 | 40228300 | 黄河 | 清水 | 道帏 | 雨量 | 青海省循化县道帏乡多哇村 | 102°39′ | 35°39′ | 1985 | 1 | 青海水文局 |
| 355 | 40228400 | 黄河 | 清水 | 白庄 | 雨量 | 青海省循化县白庄镇塘洛尕村 | 102°35′ | 35°43′ | 1985 | 1 | 青海水文局 |
| 356 | 40228600 | 黄河 | 黄河 | 孟达天池 | 雨量 | 青海省循化县清水乡木厂村 | 102°40′ | 35°47′ | 2003 | 6 | 青海水文局 |
| 357 | 40228700 | 黄河 | 黄河 | 喇家 | 雨量 | 青海省民和县官亭镇喇家村 | 102°48′ | 35°52′ | 1979 | 5 | 青海水文局 |
| 358 | 40228800 | 黄河 | 黄河 | 满坪 | 雨量 | 青海省民和县满坪镇满坪村 | 102°46′ | 36°02′ | 1979 | 5 | 青海水文局 |
| 359 | 40420600 | 湟水 | 黄河 | 哈藏滩 | 雨量 | 青海省海晏县金滩乡海东村 | 101°04′ | 36°50′ | 1975 | 6 | 青海水文局 |
| 360 | 40420700 | 湟水 | 湟水 | 巴燕峡 | 雨量 | 青海省湟源县巴燕乡巴燕峡村 | 101°06′ | 36°48′ | 1970 | 5 | 青海水文局 |

续附表 8

| 序号 | 测站编码 | 水系 | 河名 | 站名 | 站别 | 观测场地点 | 坐标 | | 设站年月 | | 设立单位 |
|---|---|---|---|---|---|---|---|---|---|---|---|
| | | | | | | | 东经 | 北纬 | 年 | 月 | |
| 361 | 40420900 | 湟水 | 后沟 | 后沟 | 雨量 | 青海湟源县申中乡后沟村 | 101°13′ | 36°48′ | 1967 | 6 | 青海水文局 |
| 362 | 40421100 | 湟水 | 拉拉河 | 巴汉 | 雨量 | 青海省湟源县大华镇巴汉村 | 101°05′ | 36°40′ | 1966 | 6 | 青海水文局 |
| 363 | 40421300 | 湟水 | 波航河 | 南岔 | 雨量 | 青海省湟源县波航乡南岔村 | 101°11′ | 36°39′ | 1976 | 1 | 青海水文局 |
| 364 | 40421700 | 湟水 | 南响河 | 哈城 | 雨量 | 青海省湟源县日月乡哈城村 | 101°09′ | 36°27′ | 1965 | 7 | 青海水文局 |
| 365 | 40421900 | 湟水 | 药水河 | 兔尔干 | 雨量 | 青海省湟源县日月乡兔尔干村 | 101°09′ | 36°31′ | 1965 | 8 | 青海水文局 |
| 366 | 40421950 | 湟水 | 小茶石浪沟 | 小茶石浪 | 雨量 | 青海省湟源县日月乡小茶石浪村 | 101°12′ | 36°31′ | 1979 | 5 | 青海水文局 |
| 367 | 40422150 | 湟水 | 药水河 | 山根 | 雨量 | 青海省湟源县日月乡山根村 | 101°13′ | 36°34′ | 1979 | | 青海水文局 |
| 368 | 40422550 | 湟水 | 曹家沟 | 董家脑 | 雨量 | 青海省湟源县和平乡曲步滩村 | 101°17′ | 36°36′ | 1978 | 6 | 青海水文局 |
| 369 | 40423300 | 湟水 | 曹家沟 | 苏尔吉 | 雨量 | 青海省湟中县共和镇苏尔吉村 | 101°25′ | 36°37′ | 2005 | | 青海水文局 |
| 370 | 40423800 | 湟水 | 西纳川 | 安卜庄 | 雨量 | 青海省湟中县上五庄镇安卜庄村 | 101°23′ | 36°51′ | 1958 | 6 | 青海水文局 |
| 371 | 40424000 | 湟水 | 大寺沟 | 大寺沟 | 雨量 | 青海省湟中县上五庄镇大寺沟村 | 101°23′ | 36°48′ | 1979 | 4 | 青海水文局 |
| 372 | 40424200 | 湟水 | 白杨沟 | 后河 | 雨量 | 青海省湟中县拦隆口镇后河村 | 101°29′ | 36°50′ | 1978 | 6 | 青海水文局 |
| 373 | 40424600 | 湟水 | 白花沟 | 拉尔贯 | 雨量 | 青海省湟源县东峡乡拉尔贯村 | 101°23′ | 36°45′ | 1978 | 6 | 青海水文局 |
| 374 | 40424800 | 湟水 | 湟水 | 黑嘴 | 雨量 | 青海省湟中县多巴镇黑嘴村 | 101°34′ | 36°39′ | 1967 | 5 | 青海水文局 |
| 375 | 40425100 | 湟水 | 甘河沟 | 黄鼠湾 | 雨量 | 青海省湟中县甘河滩镇黄一村 | 101°31′ | 36°31′ | 1975 | 10 | 青海水文局 |
| 376 | 40425700 | 湟水 | 云谷川 | 贾尔基 | 雨量 | 青海省湟中县李家山镇阳坡村 | 101°33′ | 36°49′ | 1979 | 5 | 青海水文局 |
| 377 | 40425900 | 湟水 | 海子沟 | 景家庄 | 雨量 | 青海省湟中县海子沟乡景家庄村 | 101°38′ | 36°44′ | 1979 | 6 | 青海水文局 |
| 378 | 40426400 | 湟水 | 北川河 | 阳坡庄 | 雨量 | 青海省大通县宝库乡五间房村 | 101°34′ | 37°09′ | 1978 | 7 | 青海水文局 |
| 379 | 40427000 | 湟水 | 黑林河 | 他哇 | 雨量 | 青海省大通县青林乡柳林滩村 | 101°17′ | 37°08′ | 1967 | 5 | 青海水文局 |
| 380 | 40427050 | 湟水 | 黑林河 | 泉家湾 | 雨量 | 青海省大通县青林乡泉家湾村 | 101°20′ | 37°06′ | 1978 | 7 | 青海水文局 |
| 381 | 40427750 | 湟水 | 东峡河 | 三角城 | 雨量 | 青海省大通县向化乡三角城 | 101°47′ | 37°08′ | 1975 | 10 | 青海水文局 |
| 382 | 40427950 | 湟水 | 东峡河 | 衙门庄 | 雨量 | 青海省大通县东峡镇衙门庄村 | 101°48′ | 37°02′ | 1957 | 1 | 青海水文局 |
| 383 | 40428150 | 湟水 | 瓜拉河 | 月茂庄 | 雨量 | 青海省大通县桦林乡月茂庄村 | 101°44′ | 37°02′ | 1983 | 6 | 青海水文局 |
| 384 | 40428950 | 湟水 | 北川河 | 陈家庄 | 雨量 | 青海省大通长宁镇陈家庄村 | 101°46′ | 36°48′ | 1938 | 3 | 青海水文局 |
| 385 | 40429350 | 湟水 | 南川河 | 华山村 | 雨量 | 青海省湟中县上新庄乡华山村 | 101°34′ | 36°23′ | 1958 | 3 | 青海水文局 |
| 386 | 40429550 | 湟水 | 南川河 | 祁家庄 | 雨量 | 青海省湟中县鲁沙尔镇老幼堡村 | 101°37′ | 36°29′ | 1965 | 8 | 青海水文局 |
| 387 | 40430200 | 湟水 | 下野牛沟 | 下野牛沟 | 雨量 | 青海省西宁市总寨镇下野牛沟小平村 | 101°45′ | 36°31′ | 1977 | 5 | 青海水文局 |
| 388 | 40430400 | 湟水 | 七塔河 | 七塔尔 | 雨量 | 青海省互助县南门峡镇七塔尔村 | 101°54′ | 37°04′ | 1965 | 7 | 青海水文局 |

## 续附表 8

| 序号 | 测站编码 | 水系 | 河名 | 站名 | 站别 | 观测场地点 | 坐标 | | 设站年月 | | 设立单位 |
|---|---|---|---|---|---|---|---|---|---|---|---|
| | | | | | | | 东经 | 北纬 | 年 | 月 | |
| 389 | 40430800 | 湟水 | 巴扎河 | 保家庄 | 雨量 | 青海省互助县林川乡仓家村 | 102°00′ | 36°59′ | 1966 | 5 | 青海水文局 |
| 390 | 40431200 | 湟水 | 柏木峡河 | 大寺滩 | 雨量 | 青海省互助县东河乡宋家庄村 | 102°03′ | 36°54′ | 1966 | 5 | 青海水文局 |
| 391 | 40431800 | 湟水 | 包家沙沟 | 包家口 | 雨量 | 青海省互助县西山乡王家庄村 | 101°52′ | 36°44′ | 1978 | 5 | 青海水文局 |
| 392 | 40432400 | 湟水 | 小南川 | 红岭 | 雨量 | 青海省湟中县土门关乡土门关村 | 101°42′ | 36°27′ | 1979 | 5 | 青海水文局 |
| 393 | 40432600 | 湟水 | 什张伽河 | 拉尕 | 雨量 | 青海省湟中县田家寨镇拉尕村 | 101°45′ | 36°22′ | 1966 | 6 | 青海水文局 |
| 394 | 40432800 | 湟水 | 小南川 | 田家寨 | 雨量 | 青海省湟中县田家寨镇田家寨村 | 101°47′ | 36°27′ | 1965 | 6 | 青海水文局 |
| 395 | 40434200 | 湟水 | 韭菜沟 | 洪水泉 | 雨量 | 青海省平安县洪水泉乡井尔沟村 | 101°54′ | 36°29′ | 1978 | 5 | 青海水文局 |
| 396 | 40434600 | 湟水 | 西沟 | 下河滩 | 雨量 | 青海省平安县石灰窑乡下河滩村 | 101°52′ | 36°21′ | 1973 | 1 | 青海水文局 |
| 397 | 40435000 | 湟水 | 天重河 | 湾子 | 雨量 | 青海省平安县寺台乡湾子村 | 101°57′ | 36°23′ | 1979 | 1 | 青海水文局 |
| 398 | 40435200 | 湟水 | 祁家川 | 三合 | 雨量 | 青海省平安县三合镇三合村 | 101°57′ | 36°26′ | 1977 | 1 | 青海水文局 |
| 399 | 40436400 | 湟水 | 湟水 | 平安镇 | 雨量 | 青海省平安县平安镇南村 | 102°07′ | 36°30′ | 1958 | 5 | 青海水文局 |
| 400 | 40436600 | 湟水 | 水磨沟 | 大庄子 | 雨量 | 青海省乐都县达拉乡大庄村 | 102°12′ | 36°36′ | 1967 | 7 | 青海水文局 |
| 401 | 40437000 | 湟水 | 高店沟 | 卡金门 | 雨量 | 青海省乐都县下营乡卡金门村 | 102°09′ | 36°24′ | 1978 | 8 | 青海水文局 |
| 402 | 40438000 | 湟水 | 引胜沟 | 林场 | 雨量 | 青海省乐都县寿乐镇上衙门村 | 102°23′ | 36°39′ | 1967 | 4 | 青海水文局 |
| 403 | 40438200 | 湟水 | 上李家沟 | 祁家山 | 雨量 | 青海省乐都县寿乐镇祁家山村 | 102°22′ | 36°36′ | 1979 | 5 | 青海水文局 |
| 404 | 40438400 | 湟水 | 引胜沟 | 杨家岗 | 雨量 | 青海省乐都县寿乐镇杨家岗村 | 102°24′ | 36°34′ | 1979 | 5 | 青海水文局 |
| 405 | 40439200 | 湟水 | 石坡沟 | 狼营 | 雨量 | 青海省乐都县曲坛镇狼营村 | 102°16′ | 36°19′ | 1967 | 1 | 青海水文局 |
| 406 | 40439400 | 湟水 | 洛巴沟 | 阴坡 | 雨量 | 青海省乐都县曲坛镇阴坡村 | 102°25′ | 36°17′ | 2006 | 1 | 青海水文局 |
| 407 | 40439600 | 湟水 | 亲仁沟 | 红庄 | 雨量 | 青海省乐都县曲坛镇红庄村 | 102°20′ | 36°22′ | 1975 | | 青海水文局 |
| 408 | 40440200 | 湟水 | 阳关沟 | 阳关寺 | 雨量 | 青海省乐都县寿乐镇阳关沟村 | 102°30′ | 36°35′ | 1979 | 5 | 青海水文局 |
| 409 | 40440800 | 湟水 | 湟水 | 高庙 | 雨量 | 青海省乐都县高庙镇旱地湾村 | 102°33′ | 36°27′ | 1979 | 5 | 青海水文局 |
| 410 | 40441000 | 湟水 | 虎狼沟 | 中坝 | 雨量 | 青海省乐都县中坝藏族乡确石湾村 | 102°30′ | 36°17′ | 1967 | | 青海水文局 |
| 411 | 40441200 | 湟水 | 陈家沟 | 龙王岗 | 雨量 | 青海省乐都县马营乡龙王岗村 | 102°36′ | 36°31′ | 1966 | 5 | 青海水文局 |
| 412 | 40441600 | 湟水 | 湟水 | 胡拉海 | 雨量 | 青海省民和县松树乡胡拉海村 | 102°42′ | 36°21′ | 1977 | 1 | 青海水文局 |
| 413 | 40441800 | 湟水 | 松树沟 | 中巷道 | 雨量 | 青海省民和县峡门镇孙家庄村 | 102°34′ | 36°15′ | 1975 | 10 | 青海水文局 |
| 414 | 40442600 | 湟水 | 西沟 | 凉坪 | 雨量 | 青海省民和县西沟乡凉坪村 | 102°39′ | 36°11′ | 1964 | 1 | 青海水文局 |
| 415 | 40442800 | 湟水 | 西沟 | 官地 | 雨量 | 青海省民和县西沟乡官地村 | 102°42′ | 36°11′ | 1982 | 1 | 青海水文局 |
| 416 | 40443100 | 湟水 | 东沟 | 白家山庄 | 雨量 | 青海省民和县西沟乡白家山村 | 102°41′ | 36°09′ | 1967 | | 青海水文局 |

## 续附表 8

| 序号 | 测站编码 | 水系 | 河名 | 站名 | 站别 | 观测场地点 | 坐标 | | 设站年月 | | 设立单位 |
|---|---|---|---|---|---|---|---|---|---|---|---|
| | | | | | | | 东经 | 北纬 | 年 | 月 | |
| 417 | 40443600 | 湟水 | 巴州沟 | 巴州 | 雨量 | 青海省民和县巴州镇巴州一村 | 102°46′ | 36°13′ | 1964 | | 青海水文局 |
| 418 | 40443700 | 湟水 | 巴州沟 | 老观坪 | 雨量 | 青海省民和县巴州镇老观坪村 | 102°43′ | 36°14′ | 1964 | 1 | 青海水文局 |
| 419 | 40443800 | 湟水 | 巴州沟 | 包家 | 雨量 | 青海省民和县巴州镇上马家村 | 102°46′ | 36°15′ | 1983 | 7 | 青海水文局 |
| 420 | 40457600 | 湟水 | 汉水沟 | 什毛阳山 | 雨量 | 青海省民和县川口镇寺牙合村 | 102°48′ | 36°15′ | 1983 | | 青海水文局 |
| 421 | 40457800 | 湟水 | 隆治沟 | 古鄯 | 雨量 | 青海省民和县古鄯镇古鄯村 | 102°47′ | 36°07′ | 1958 | | 青海水文局 |
| 422 | 1031655 | 可鲁克湖 | 巴音河 | 德令哈(三) | 水文 | 青海省德令哈市柴达木路东 | 97°27′ | 37°23′ | 1973 | 1 | 青海水文局 |
| 423 | 1042500 | 都兰湖 | 都兰河 | 上尕巴 | 水文 | 青海省乌兰县铜普镇上尕巴村 | 98°35′ | 37°00′ | 1978 | 7 | 青海水文局 |
| 424 | 1100500 | 霍布逊湖 | 托索河 | 千瓦鄂博(二) | 水文 | 青海省都兰县沟里乡千瓦鄂博 | 98°08′ | 35°45′ | 1959 | 8 | 青海水文局 |
| 425 | 1127050 | 霍布逊湖 | 察汗乌苏河 | 察汗乌苏(二) | 水文 | 青海省都兰县察汗乌苏镇上庄村 | 98°07′ | 36°14′ | 1955 | 8 | 青海水文局 |
| 426 | 1224000 | 达布逊湖 | 奈金河 | 纳赤台 | 水文 | 青海省格尔木市纳赤台 | 94°34′ | 35°52′ | 1956 | 8 | 青海水文局 |
| 427 | 1228220 | 达布逊湖 | 格尔木河 | 格尔木(四) | 水文 | 青海省格尔木市东西干渠进水口 | 94°47′ | 36°18′ | 1990 | 9 | 青海水文局 |
| 428 | 1329500 | 青海湖 | 布哈河 | 布哈河口 | 水文 | 青海省刚察县泉吉乡布哈河口 | 99°44′ | 37°03′ | 1957 | 5 | 青海水文局 |
| 429 | 1331550 | 青海湖 | 依克乌兰河 | 刚察(二) | 水文 | 青海省刚察县沙柳河镇 | 100°07′ | 37°19′ | 1976 | 1 | 青海水文局 |
| 430 | 40224100 | 黄河 | 曲什安河 | 大米滩 | 水文 | 青海省兴海县曲什安乡大米滩村 | 100°14′ | 35°19′ | 1978 | 9 | 青海水文局 |
| 431 | 40224700 | 黄河 | 大河坝河 | 上村 | 水文 | 青海省兴海县唐乃亥乡上村 | 100°08′ | 35°30′ | 1980 | 1 | 青海水文局 |
| 432 | 40227200 | 黄河 | 隆务河 | 同仁 | 水文 | 青海省同仁县隆务镇铁吾村 | 102°01′ | 35°31′ | 1957 | 5 | 青海水文局 |
| 433 | 40227800 | 黄河 | 巴燕沟 | 化隆 | 水文 | 青海省化隆县谢家滩乡阴坡村 | 102°15′ | 36°06′ | 1979 | 12 | 青海水文局 |
| 434 | 40228500 | 黄河 | 清水 | 清水 | 水文 | 青海省循化县清水乡下庄村 | 102°33′ | 35°50′ | 1979 | 12 | 青海水文局 |
| 435 | 40420200 | 湟水 | 湟水 | 海晏 | 水文 | 青海省海晏县三角城镇 | 101°01′ | 36°54′ | 1954 | 6 | 青海水文局 |
| 436 | 40422750 | 湟水 | 药水河 | 董家庄 | 水文 | 青海省湟源县城关镇董家庄 | 101°16′ | 36°40′ | 1958 | 10 | 青海水文局 |
| 437 | 40422950 | 湟水 | 湟水 | 湟源 | 水文 | 青海省湟源县城关镇滨河南路 3 号 | 101°16′ | 36°41′ | 2005 | | 青海水文局 |
| 438 | 40424400 | 湟水 | 西纳川 | 西纳川 | 水文 | 青海省湟中县拦隆口镇拦隆口村 | 101°29′ | 36°46′ | 1957 | 3 | 青海水文局 |
| 439 | 40426100 | 湟水 | 北川河 | 牛场 | 水文 | 青海省大通县宝库乡牛场 | 101°21′ | 37°15′ | 1958 | | 青海水文局 |
| 440 | 40427150 | 湟水 | 黑林河 | 黑林 | 水文 | 青海省大通县青林乡上阳山村 | 101°24′ | 37°05′ | 1958 | 11 | 青海水文局 |
| 441 | 40428350 | 湟水 | 北川河 | 桥头 | 水文 | 青海省大通县桥头镇沿河路 85 号 | 101°41′ | 36°56′ | 1951 | | 青海水文局 |
| 442 | 40429150 | 湟水 | 北川河 | 朝阳 | 水文 | 青海省西宁市门源路 38 号 | 101°46′ | 36°39′ | 1984 | | 青海水文局 |
| 443 | 40429950 | 湟水 | 湟水 | 西宁 | 水文 | 青海省西宁市长江路 1 号 | 101°47′ | 36°38′ | 1951 | 5 | 青海水文局 |
| 444 | 40432200 | 湟水 | 沙塘川 | 傅家寨 | 水文 | 青海省西宁市韵家口镇傅家寨村 | 101°52′ | 36°35′ | 1958 | 3 | 青海水文局 |

## 续附表 8

| 序号 | 测站编码 | 水系 | 河名 | 站名 | 站别 | 观测场地点 | 坐标 | | 设站年月 | | 设立单位 |
|---|---|---|---|---|---|---|---|---|---|---|---|
| | | | | | | | 东经 | 北纬 | 年 | 月 | |
| 445 | 40433600 | 湟水 | 小南川 | 王家庄 | 水文 | 青海省平安县小峡镇王家庄村 | 101°56′ | 36°33′ | 1971 | 1 | 青海水文局 |
| 446 | 40437900 | 湟水 | 湟水 | 乐都 | 水文 | 青海省乐都县碾伯镇下教场村 | 102°25′ | 36°29′ | 1988 | 6 | 青海水文局 |
| 447 | 40438800 | 湟水 | 引胜沟 | 八里桥 | 水文 | 青海省乐都县寿乐镇马家湾村 | 102°24′ | 36°31′ | 1966 | 8 | 青海水文局 |
| 448 | 40444000 | 湟水 | 巴州沟 | 吉家堡 | 水文 | 青海省民和县川口镇吉家堡村 | 102°47′ | 36°19′ | 1958 | 3 | 青海水文局 |
| 449 | 40450800 | 湟水 | 大通河 | 尕日得 | 水文 | 青海省祁连县默勒镇尕日得 | 100°31′ | 37°45′ | 1973 | 1 | 青海水文局 |
| 450 | 40453200 | 湟水 | 大通河 | 青石嘴 | 水文 | 青海省门源县青石嘴镇南街 84 号 | 101°25′ | 37°28′ | 1978 | 6 | 青海水文局 |
| 451 | 60220050 | 金沙江上段 | 沱沱河 | 沱沱河 | 水文 | 青海格尔木市唐古拉山镇沱沱河大桥 | 92°27′ | 34°13′ | 1958 | 7 | 青海水文局 |
| 452 | 60220450 | 金沙江上段 | 通天河 | 直门达 | 水文 | 青海省称多县歇武镇直门达村 | 97°13′ | 33°02′ | 1956 | 7 | 青海水文局 |
| 453 | 60220500 | 金沙江上段 | 巴塘河 | 新寨 | 水文 | 青海省玉树县结古镇新寨村 | 97°03′ | 33°01′ | 1959 | 5 | 青海水文局 |
| 454 | 60620100 | 大渡河 | 玛柯河 | 班玛 | 水文 | 青海省班玛县赛来堂镇 | 100°45′ | 32°56′ | 1999 | 5 | 青海水文局 |
| 455 | | 台吉乃尔湖 | 那棱格勒河 | 那棱格勒 | 水文 | 海西州格尔木市 | 92°39′ | 36°40′ | | | 青海水文局 |
| 456 | 1302700 | 青海湖 | 青海湖 | 下社 | 水位 | 青海省共和县江西沟乡下社 | 100°29′ | 36°35′ | | | |
| 457 | 40100050 | 黄河 | 黄河 | 鄂陵湖(黄) | 水文 | 青海玛多县鄂陵湖 | 97°27′ | 35°03′ | | | 黄委水文局 |
| 458 | 40100100 | 黄河 | 黄河 | 黄河沿(三) | 水文 | 青海玛多县黄河沿 | 98°06′ | 34°31′ | | | 黄委水文局 |
| 459 | 40100150 | 黄河 | 黄河 | 吉迈(四) | 水文 | 青海达日县吉迈 | 99°23′ | 33°27′ | | | 黄委水文局 |
| 460 | 40100180 | 黄河 | 黄河 | 门堂 | 水文 | 青海久治县门堂乡 | 101°03′ | 33°46′ | | | 黄委水文局 |
| 461 | 40100300 | 黄河 | 黄河 | 军功 | 水文 | 青海玛沁县军功乡 | 100°39′ | 34°42′ | | | 黄委水文局 |
| 462 | 40100350 | 黄河 | 黄河 | 唐乃亥 | 水文 | 青海兴海县唐乃亥乡下村 | 100°09′ | 35°30′ | | | 黄委水文局 |
| 463 | 40100500 | 黄河 | 黄河 | 贵德(二) | 水文 | 青海贵德县河西乡黄河大桥 | 101°24′ | 36°01′ | | | 黄委水文局 |
| 464 | 40100550 | 黄河 | 黄河 | 循化(二) | 水文 | 青海循化撒拉族自治县积石镇 | 102°30′ | 35°49′ | | | 黄委水文局 |
| 465 | 40200100 | 黄河 | 热曲 | 黄河 | 水文 | 青海玛多县黄河乡 | 98°16′ | 34°36′ | | | 黄委水文局 |
| 466 | 40200400 | 黄河 | 沙柯曲 | 久治 | 水文 | 青海久治县 | 101°30′ | 33°25′ | | | 黄委水文局 |
| 467 | 40400800 | 黄河 | 湟水 | 民和(三) | 水文 | 青海省民和县川口镇史那村 | 102°48′ | 36°19′ | | | 黄委水文局 |
| 468 | 40411600 | 黄河 | 大通河 | 享堂(三) | 水文 | 青海省民和县享堂 | 102°30′ | 36°12′ | | | 黄委水文局 |
| 469 | 1501400 | 黑河 | 八宝河 | 祁连 | 水文 | 青海祁连县八宝镇 | 100°08′ | 38°07′ | | | 甘肃水文局 |
| 470 | 1500200 | 黑河 | 黑河 | 扎马什克(二) | 水文 | 青海祁连县 | 100°04′ | 38°07′ | | | 甘肃水文局 |

注:1 ~335 为中小河流项目建设雨量站;336 ~421 为青海省独立雨量站。

## 附表 9　青海省现状水面蒸发量站基本情况一览

| 站次 | 测站编码 | 水系 | 河名 | 站名 | 站别 | 观测场地点 | 坐标 | | 采用蒸发器 | 附注 |
|---|---|---|---|---|---|---|---|---|---|---|
| | | | | | | | 东经 | 北纬 | | |
| 1 | 01031655 | 可鲁克湖 | 巴音河 | 德令哈(三) | 水文 | 德令哈市柴达木路东 | 97°27′ | 37°23′ | E601 | |
| 2 | 01035000 | 可鲁克湖 | 巴音河 | 尕海 | 雨量 | 德令哈市尕海镇 | 97°26′ | 37°14′ | 20 cm 蒸发器 | |
| 3 | 01042500 | 都兰湖 | 都兰河 | 上尕巴 | 水文 | 乌兰县铜普镇上尕巴村 | 98°35′ | 37°00′ | E601 | |
| 4 | 01124000 | 霍布逊湖 | 柴达木河 | 香日德(二) | 雨量 | 都兰县香日德镇全杰村 | 97°59′ | 35°55′ | E601 | |
| 5 | 01127100 | 霍布逊湖 | 察汗乌苏河 | 都兰 | 雨量 | 都兰县察汗乌苏镇 | 98°06′ | 36°18′ | E601 | |
| 6 | 01153000 | 霍布逊湖 | 全集河 | 锡铁山 | 雨量 | 大柴旦行政委员会锡铁山镇 | 95°34′ | 37°20′ | 20 cm 蒸发器 | |
| 7 | 01224000 | 达布逊湖 | 奈金河 | 纳赤台 | 水文 | 格尔木市纳赤台 | 94°34′ | 35°52′ | E601 | |
| 8 | 01228220 | 达布逊湖 | 格尔木河 | 格尔木(四) | 水文 | 格尔木市东西干渠进水口 | 94°47′ | 36°18′ | E601 | |
| 9 | 01329500 | 青海湖 | 布哈河 | 布哈河口 | 水文 | 刚察县泉吉乡布哈河口 | 99°44′ | 37°03′ | E601 | |
| 10 | 01331550 | 青海湖 | 依克乌兰河 | 刚察(二) | 水文 | 刚察县沙柳河镇 | 100°07′ | 37°19′ | E601 | |
| 11 | 01338100 | 青海湖 | 青海湖 | 下社 | 水位 | 共和县江西沟乡下社 | 100°29′ | 36°35′ | E601 | |
| 12 | 40224100 | 黄河 | 曲什安河 | 大米滩 | 水文 | 兴海县曲什安乡大米滩村 | 100°14′ | 35°19′ | E601 | |
| 13 | 40224700 | 黄河 | 大河坝河 | 上村 | 水文 | 兴海县唐乃亥乡上村 | 100°08′ | 35°30′ | E601 | |
| 14 | 40227200 | 黄河 | 隆务河 | 同仁 | 水文 | 同仁县隆务镇铁吾村 | 102°01′ | 35°31′ | E601 | |
| 15 | 40227800 | 黄河 | 巴燕沟 | 化隆 | 水文 | 化隆县谢家滩乡阴坡村 | 102°15′ | 36°06′ | E601 | |
| 16 | 40228500 | 黄河 | 清水 | 清水 | 水文 | 循化县清水乡下庄村 | 102°33′ | 35°50′ | E601 | |
| 17 | 40420200 | 湟水 | 湟水 | 海晏 | 水文 | 海晏县三角城镇 | 101°01′ | 36°54′ | E601 | |
| 18 | 40421700 | 湟水 | 南响河 | 哈城 | 降水 | 湟源县日月乡哈城村 | 101°09′ | 36°27′ | 20 cm 蒸发器 | |
| 19 | 40422750 | 湟水 | 药水河 | 董家庄 | 水文 | 湟源县城关镇董家庄 | 101°16′ | 36°40′ | E601 | |
| 20 | 40422950 | 湟水 | 湟水 | 湟源 | 水文 | 湟源县城关镇滨河南路 3 号 | 101°16′ | 36°41′ | E601 | |
| 21 | 40424400 | 湟水 | 西纳川 | 西纳川 | 水文 | 湟中县拦隆口镇拦隆口村 | 101°29′ | 36°46′ | E601 | |
| 22 | 40426100 | 湟水 | 北川河 | 牛场 | 水文 | 大通县宝库乡牛场 | 101°21′ | 37°15′ | E601 | |
| 23 | 40428350 | 湟水 | 北川河 | 桥头 | 水文 | 大通县桥头镇沿河路 85 号 | 101°41′ | 36°56′ | E601 | |
| 24 | 40427150 | 湟水 | 北川河 | 黑林 | 水文 | 大通县青林乡上阳山村 | 101°24′ | 37°05′ | E601 | |
| 25 | 40427750 | 湟水 | 东峡河 | 三角城 | 雨量 | 大通县向化乡三角城 | 101°47′ | 37°08′ | 20 cm 蒸发器 | |
| 26 | 40429150 | 湟水 | 北川河 | 朝阳 | 水文 | 西宁市门源路 38 号 | 101°46′ | 36°39′ | 20 cm 蒸发器 | |
| 27 | 40433600 | 湟水 | 小南川 | 王家庄 | 水文 | 平安县小峡镇王家庄村 | 101°56′ | 36°33′ | E601 | |
| 28 | 40437900 | 湟水 | 湟水 | 乐都 | 水文 | 乐都县碾伯镇下教场村 | 102°25′ | 36°29′ | E601 | |

续附表 9

| 站次 | 测站编码 | 水系 | 河名 | 站名 | 站别 | 观测场地点 | 坐标 | | 采用蒸发器 | 附注 |
|---|---|---|---|---|---|---|---|---|---|---|
| | | | | | | | 东经 | 北纬 | | |
| 29 | 40438800 | 湟水 | 引胜沟 | 八里桥 | 水文 | 乐都县寿乐镇马家湾村 | 102°24′ | 36°31′ | E601 | |
| 30 | 40443100 | 湟水 | 东沟 | 白家山庄 | 雨量 | 民和县西沟乡白家山村 | 102°41′ | 36°09′ | 20 cm 蒸发器 | |
| 31 | 40444000 | 湟水 | 巴燕沟 | 吉家堡 | 水文 | 民和县川口镇吉家堡村 | 102°47′ | 36°19′ | E601 | |
| 32 | 40450800 | 湟水 | 大通河 | 尕日得 | 水文 | 祁连县默勒镇尕日得 | 100°31′ | 37°45′ | E601 | 汛期站 |
| 33 | 40453200 | 湟水 | 大通河 | 青石嘴 | 水文 | 门源县青石嘴镇南街 84 号 | 101°25′ | 37°28′ | E601 | |
| 34 | 60220050 | 金沙江上段 | 沱沱河 | 沱沱河 | 水文 | 格尔木市唐古拉山镇沱沱河大桥 | 92°27′ | 34°13′ | E601 | 汛期站 |
| 35 | 60220450 | 金沙江上段 | 通天河 | 直门达 | 水文 | 称多县歇武镇直门达村 | 97°13′ | 33°02′ | E601 | |
| 36 | 60220500 | 金沙江上段 | 巴塘河 | 新寨 | 水文 | 玉树县结古镇新寨村 | 97°03′ | 33°01′ | E601 | |
| 37 | 60620100 | 大渡河 | 玛柯河 | 班玛 | 水文 | 班玛县赛来堂镇 | 100°45′ | 32°56′ | 20 cm 蒸发器 | 专用站 |
| 38 | 40100050 | 黄河 | 黄河 | 鄂陵湖(黄) | 水文 | 玛多县鄂陵湖 | 97°27′ | 35°03′ | E601 | 黄委 |
| 39 | 40100100 | 黄河 | 黄河 | 黄河沿(三) | 水文 | 玛多县黄河沿 | 98°06′ | 34°31′ | E601 | 黄委 |
| 40 | 40100150 | 黄河 | 黄河 | 吉迈(四) | 水文 | 达日县吉迈 | 99°23′ | 33°27′ | E601 | 黄委 |
| 41 | 40100300 | 黄河 | 黄河 | 军功 | 水文 | 玛沁县军功乡 | 100°23′ | 34°25′ | E601 | 黄委 |
| 42 | 40100500 | 黄河 | 黄河 | 贵德(二) | 水文 | 贵德县河西乡黄河大桥 | 101°14′ | 36°01′ | E601 | 黄委 |
| 43 | 40400800 | 黄河 | 湟水 | 民和(三) | 水文 | 民和县川口镇史那村 | 102°28′ | 36°12′ | E601 | 黄委 |
| 44 | 40411600 | 黄河 | 大通河 | 享堂(三) | 水文 | 民和县享堂 | 102°30′ | 36°12′ | E601 | 黄委 |
| 45 | 01501400 | 黑河 | 八宝河 | 祁连 | 水文 | 祁连县八宝乡祁连 | 100°08′ | 38°07′ | E601 | 甘肃 |
| 46 | 01500200 | 黑河 | 八宝河 | 扎马什克(二) | 水文 | 祁连县八宝乡祁连 | 100°04′ | 38°07′ | E601 | 甘肃 |

## 附表 10-1　青海省水功能区水质监测站基本情况一览

| 序号 | 测站名称 | 东经 | 北纬 | 站址 | 所在水功能区名称 | 流域名称 | 水系名称 | 河流名称 |
|---|---|---|---|---|---|---|---|---|
| 1 | 麻皮寺 | 100°50′ | 36°58′ | 青海省海北州海晏县麻皮寺 | 湟水海晏源头水保护区 | 黄河 | 湟水 | 湟水 |
| 2 | 海晏 | 101°01′ | 36°53′ | 青海省海北州海晏县红山村 | 湟水海晏农业用水区 | 黄河 | 湟水 | 湟水 |
| 3 | 东大滩水库(出口) | 101°03′ | 36°52′ | 青海省海北州海晏县银滩乡 | | 黄河 | 湟水 | 湟水 |
| 4 | 石崖庄 | 101°20′ | 36°40′ | 青海省湟源县东峡乡 | 湟水湟源过渡区 | 黄河 | 湟水 | 湟水 |
| 5 | 扎马隆 | 101°27′ | 36°40′ | 青海省湟中县扎马隆乡 | 湟水西宁饮用水水源区 | 黄河 | 湟水 | 湟水 |
| 6 | 新宁桥 | 101°45′ | 36°37′ | 青海省西宁市新宁路新宁桥 | 湟水西宁城西工业用水区 | 黄河 | 湟水 | 湟水 |

续附表 10-1

| 序号 | 测站名称 | 东经 | 北纬 | 站址 | 所在水功能区名称 | 流域名称 | 水系名称 | 河流名称 |
|---|---|---|---|---|---|---|---|---|
| 7 | 西宁 | 101°46′ | 36°37′ | 青海省西宁市长江路报社桥 | 湟水西宁景观娱乐用水区 | 黄河 | 湟水 | 湟水 |
| 8 | 团结桥 | 101°51′ | 36°36′ | 青海省西宁市中庄乡团结桥 | 湟水西宁城东工业用水区 | 黄河 | 湟水 | 湟水 |
| 9 | 小峡桥 | 101°55′ | 36°32′ | 青海省平安县小峡镇小峡村 | 湟水西宁排污控制区 | 黄河 | 湟水 | 湟水 |
| 10 | 平安 | 102°07′ | 36°31′ | 青海省平安县上滩湟水桥 | 湟水平安过渡区 | 黄河 | 湟水 | 湟水 |
| 11 | 大峡桥 | 102°15′ | 36°28′ | 青海省乐都县高店镇柳树村大峡桥 | 湟水乐都农业用水区 | 黄河 | 湟水 | 湟水 |
| 12 | 乐都 | 102°25′ | 36°28′ | 青海省乐都县岗沟镇下教场 | | 黄河 | 湟水 | 湟水 |
| 13 | 老鸦峡 | 102°40′ | 36°23′ | 青海省乐都县高店镇老鸦村鲁班桥 | 湟水民和农业用水区 | 黄河 | 湟水 | 湟水 |
| 14 | 民和 | 102°47′ | 36°19′ | 青海省民和县川口镇红卫村公路桥 | | 黄河 | 湟水 | 湟水 |
| 15 | 马场垣 | 102°55′ | 36°18′ | 青海省民和县马场垣湟水桥 | 湟水青甘缓冲区 | 黄河 | 湟水 | 湟水 |
| 16 | 董家庄 | 101°16′ | 36°40′ | 青海省湟源县城郊乡董家庄 | 药水河湟源农业用水区 | 黄河 | 湟水 | 药水河 |
| 17 | 西纳川 | 101°28′ | 36°46′ | 青海省湟中县拦隆口乡拦隆口村 | 西纳川湟中饮用水水源区 | 黄河 | 湟水 | 水峡河 |
| 18 | 纳拉大桥 | 101°24′ | 37°15′ | 青海省大通县宝库乡纳拉桥 | 北川大通源头水保护区 | 黄河 | 湟水 | 北川 |
| 19 | 黑泉水库(出口) | 101°31′ | 37°12′ | 青海省大通县宝库乡黑泉水库出口 | 北川大通饮用水水源区 | 黄河 | 湟水 | 北川 |
| 20 | 桥头 | 101°40′ | 36°55′ | 青海省大通县桥头镇 | 北川大通工业用水区 | 黄河 | 湟水 | 北川 |
| 21 | 长宁桥 | 101°45′ | 36°49′ | 青海省大通县长宁镇长宁桥 | 北川大通工业用水区 | 黄河 | 湟水 | 北川 |
| 22 | 朝阳桥 | 101°46′ | 36°38′ | 青海省西宁市门源路朝阳水文站 | 北川西宁景观娱乐用水区 | 黄河 | 湟水 | 北川 |
| 23 | 黑林 | 101°24′ | 37°04′ | 青海省大通县青林乡上阳山村 | 黑林河大通农业用水区 | 黄河 | 湟水 | 黑林河 |
| 24 | 大南川水库(出口) | 101°37′ | 36°31′ | 青海省湟中县总寨乡 | 南川湟中农业用水区 | 黄河 | 湟水 | 南川 |
| 25 | 老幼堡 | 101°37′ | 36°30′ | 青海省湟中县老幼堡村 | | 黄河 | 湟水 | 南川 |
| 26 | 六一桥 | 101°45′ | 36°40′ | 青海省西宁市南川西路六一桥 | 南川西宁工业用水区 | 黄河 | 湟水 | 南川 |
| 27 | 南川河口 | 101°46′ | 36°37′ | 青海省西宁市南川西路洪水桥 | 南川西宁景观娱乐用水区 | 黄河 | 湟水 | 南川 |
| 28 | 南门峡水库(出口) | 101°54′ | 36°52′ | 青海省互助县南门峡乡 | 沙塘川互助饮用水源区 | 黄河 | 湟水 | 沙塘川 |
| 29 | 互助八一桥 | 101°55′ | 36°31′ | 青海省互助县台子乡八一桥 | 沙塘川互助农业用水区 | 黄河 | 湟水 | 沙塘川 |
| 30 | 沙塘川桥 | 101°52′ | 36°34′ | 青海省西宁市韵家口镇傅家寨村 | 沙塘川互助工业用水区 | 黄河 | 湟水 | 沙塘川 |
| 31 | 公路桥 | 102°46′ | 36°28′ | 青海省乐都县引胜乡王家庄村 | 引胜沟乐都源头水保护区 | 黄河 | 湟水 | 引胜沟 |
| 32 | 八里桥 | 102°24′ | 36°31′ | 青海省乐都县寿乐镇马家湾村 | 引胜沟乐都农业用水区 | 黄河 | 湟水 | 引胜沟 |
| 33 | 吉家堡 | 102°46′ | 36°19′ | 青海省民和县川口镇吉家堡村 | 巴州沟民和农业用水区 | 黄河 | 湟水 | 巴州沟 |
| 34 | 石头峡水库 | 101°28′ | 37°01′ | 青海省门源县苏吉滩乡 | 大通河门源保留区 | 黄河 | 湟水 | 大通河 |
| 35 | 青石嘴 | 101°25′ | 37°28′ | 青海省门源县青石嘴镇 | 大通河门源农业用水区 | 黄河 | 湟水 | 大通河 |
| 36 | 甘禅口 | 102°24′ | 37°01′ | 青海省互助县巴扎乡 | 大通河青甘缓冲区 | 黄河 | 湟水 | 大通河 |
| 37 | 享堂 | 102°49′ | 36°21′ | 青海省民和县川口镇享堂村 | 大通河甘青缓冲区 | 黄河 | 湟水 | 大通河 |
| 38 | 化隆 | 102°15′ | 36°06′ | 青海省化隆县谢家滩乡阴坡村 | 巴燕沟化隆农业用水区 | 黄河 | 黄河 | 巴燕沟 |

续附表 10-1

| 序号 | 测站名称 | 东经 | 北纬 | 站址 | 所在水功能区名称 | 流域名称 | 水系名称 | 河流名称 |
|---|---|---|---|---|---|---|---|---|
| 39 | 街子 | 102°25′ | 35°52′ | 青海省循化县街子镇街子桥 | 街子河循化农业用水区 | 黄河 | 黄河 | 街子河 |
| 40 | 清水 | 102°32′ | 35°49′ | 青海省循化县清水乡下庄村 | 清水河循化农业用水区 | 黄河 | 黄河 | 清水河 |
| 41 | 玛多 | 98°10′ | 34°52′ | 青海省玛多县玛查理镇 | 黄河玛多源头水保护区 | 黄河 | 黄河 | 黄河 |
| 42 | 唐乃亥 | 100°09′ | 35°28′ | 青海省兴海县唐乃亥乡 | 黄河青甘川保留区 | 黄河 | 黄河 | 黄河 |
| 43 | 贵德 | 101°24′ | 36°01′ | 青海省贵德县河西乡浮桥村 | 黄河李家峡农业用水区 | 黄河 | 黄河 | 黄河 |
| 44 | 循化 | 102°30′ | 35°51′ | 青海省循化县积石镇东街村 | 黄河尖扎循化农业用水区 | 黄河 | 黄河 | 黄河 |
| 45 | 大河家 | 102°45′ | 35°49′ | 甘肃省积石县大河家镇 | 黄河青甘缓冲区 | 黄河 | 黄河 | 黄河 |
| 46 | 同仁 | 102°01′ | 35°31′ | 青海省同仁县隆务镇铁吾村 | 隆务河同仁农业用水区 | 黄河 | 黄河 | 隆务河 |
| 47 | 上村 | 100°07′ | 35°30′ | 青海省兴海县唐乃亥乡上村 | 大河坝河兴海保留区 | 黄河 | 黄河 | 大河坝河 |
| 48 | 大米滩 | 100°13′ | 35°19′ | 青海省兴海县曲什安乡大米滩村 | 曲什安河兴海保留区 | 黄河 | 黄河 | 曲什安河 |
| 49 | 布哈河 | 99°43′ | 37°01′ | 青海省刚察县泉吉乡布哈河口 | 布哈河刚察共和水产保护区 | 西北诸河 | 青海湖 | 布哈河 |
| 50 | 刚察 | 100°07′ | 37°19′ | 青海省刚察县沙柳河镇 | 沙柳河刚察农业用水区 | 西北诸河 | 青海湖 | 沙柳河 |
| 51 | 哈尔盖 | 100°30′ | 37°15′ | 青海省刚察县哈尔盖乡 | 哈尔盖河刚察农业用水区 | 西北诸河 | 青海湖 | 哈尔盖河 |
| 52 | 泉吉河 | 99°55′ | 37°17′ | 青海省刚察县泉吉乡 | 泉吉河刚察保留区 | 西北诸河 | 青海湖 | 泉吉河 |
| 53 | 下社 | 100°28′ | 36°34′ | 青海省共和县江西沟乡下社湖区 | 青海湖自然保护区 | 西北诸河 | 青海湖 | 青海湖 |
| 54 | 沙岛 | 100°24′ | 36°55′ | 青海省海晏县青海湖乡沙岛湖区 | | 西北诸河 | 青海湖 | 青海湖 |
| 55 | 鸟岛 | 99°54′ | 36°58′ | 青海省共和县石乃亥乡鸟岛湖区 | | 西北诸河 | 青海湖 | 青海湖 |
| 56 | 青海湖农场 | 100°01′ | 37°07′ | 青海省刚察县青海湖农场湖区 | | 西北诸河 | 青海湖 | 青海湖 |
| 57 | 沙珠玉 | 99°50′ | 36°21′ | 青海省共和县沙珠玉 | 沙珠玉河共和农业用水区 | 西北诸河 | 大连湖 | 沙珠玉河 |
| 58 | 西大滩 | 94°19′ | 35°45′ | 青海省格尔木市西大滩 | 奈金河格尔木源头水保护区 | 西北诸河 | 达布逊湖 | 奈金河 |
| 59 | 纳赤台 | 94°34′ | 35°52′ | 青海省格尔木市纳赤台(二)水文站 | 奈金河格尔木饮用水源区 | 西北诸河 | 达布逊湖 | 奈金河 |
| 60 | 舒尔干 | 94°49′ | 35°55′ | 青海省格尔木市舒尔干 | 格尔木河格尔木市保留区 | 西北诸河 | 达布逊湖 | 格尔木河 |
| 61 | 大干沟坝上 | 94°52′ | 36°22′ | 青海省格尔木市大干沟水库坝上 | | 西北诸河 | 达布逊湖 | 格尔木河 |
| 62 | 格尔木站 | 94°46′ | 36°17′ | 青海省格尔木(四)水文站 | 格尔木河格尔木市农业用水区 | 西北诸河 | 达布逊湖 | 格尔木河 |
| 63 | 白云桥 | 94°54′ | 36°28′ | 青海省格尔木市白云桥 | 格尔木河格尔木市饮用水水源区 | 西北诸河 | 达布逊湖 | 格尔木河 |
| 64 | 新华村 | 94°55′ | 36°55′ | 青海省格尔木市新华村 | 格尔木河格尔木市排污控制区 | 西北诸河 | 达布逊湖 | 格尔木河 |
| 65 | 鱼水河站 | 94°57′ | 36°28′ | 青海省格尔木市鱼水河火车站向南 10 km | 格尔木东河格尔木工业用水区 | 西北诸河 | 达布逊湖 | 鱼水河 |
| 66 | 乌图美仁 | 93°09′ | 36°54′ | 青海省格尔木市乌图美仁乡 | 乌图美仁河格尔木市保留区 | 西北诸河 | 达布逊湖 | 乌图美仁河 |
| 67 | 格茫公路桥 | 94°57′ | 36°28′ | 青海省格尔木市乌图美仁乡 | 那棱格勒河格尔木工业用水区 | 西北诸河 | 达布逊湖 | 那棱格勒河 |
| 68 | 察汗哈达 | 97°44′ | 37°26′ | 青海省德令哈市蓄积乡蓄集峡大桥 | 巴音河德令哈源头水保护区 | 西北诸河 | 可鲁克湖 | 巴音河 |
| 69 | 德令哈 | 97°27′ | 37°22′ | 青海省德令哈市柴达木路东 | 巴音河德令哈饮用水水源区 | 西北诸河 | 可鲁克湖 | 巴音河 |
| 70 | 桃哈 | 97°16′ | 37°08′ | 青海省德令哈市桃哈 | 巴音河德令哈农业用水区 | 西北诸河 | 可鲁克湖 | 巴音河 |

### 续附表 10-1

| 序号 | 测站名称 | 东经 | 北纬 | 站址 | 所在水功能区名称 | 流域名称 | 水系名称 | 河流名称 |
|---|---|---|---|---|---|---|---|---|
| 71 | 可鲁克湖入口 | 96°49′ | 37°13′ | 青海省德令哈市可鲁克湖入口 | 巴音河德令哈市过渡区 | 西北诸河 | 可鲁克湖 | 巴音河 |
| 72 | 可鲁克湖湖中 | 96°54′ | 37°16′ | 青海省德令哈市可鲁克湖 | 可鲁克湖德令哈渔业用水区 | 西北诸河 | 可鲁克湖 | 巴音河 |
| 73 | 千瓦 | 98°07′ | 35°49′ | 青海省都兰县香日德镇 | 香日德河都兰保留区 | 西北诸河 | 霍布逊湖 | 香日德河 |
| 74 | 香日德 | 97°52′ | 35°58′ | 青海省都兰县香日德镇大桥 | 香日德河巴隆农业用水区 | 西北诸河 | 霍布逊湖 | 香日德河 |
| 75 | 察汗乌苏 | 98°07′ | 36°13′ | 青海省都兰县察汗乌苏镇上庄村 | 察汗乌苏河都兰农业用水区 | 西北诸河 | 霍布逊湖 | 察汗乌苏河 |
| 76 | 野牛沟 | 99°32′ | 38°27′ | 青海省祁连县野牛沟乡 | 黑河祁连源头水保护区 | 西北诸河 | 黑河 | 黑河 |
| 77 | 扎麻什克 | 99°53′ | 38°16′ | 青海省祁连县扎麻什乡 | 黑河青海保留区 | 西北诸河 | 黑河 | 黑河 |
| 78 | 黄藏寺 | 100°07′ | 38°12′ | 青海省祁连县扎麻什乡地盘子水电站 | 黑河青甘农业用水区 | 西北诸河 | 黑河 | 黑河 |
| 79 | 八宝镇 | 100°14′ | 38°11′ | 青海省祁连县八宝镇八宝河桥 | 八宝河祁连饮用水源区 | 西北诸河 | 黑河 | 八宝河 |
| 80 | 通天河沿 | 92°20′ | 33°51′ | 青海省唐古拉山乡通天河桥 | 长江三江源自然保护区 | 长江 | 金沙江 | 尕日曲 |
| 81 | 雁石坪 | 92°04′ | 33°36′ | 青海省唐古拉山乡雁石坪镇 | 布曲格尔木保留区 | 长江 | 金沙江 | 布曲 |
| 82 | 沱沱河 | 92°27′ | 34°13′ | 青海省格尔木市唐古拉乡沱沱河大桥 | 长江三江源自然保护区 | 长江 | 金沙江 | 沱沱河 |
| 83 | 北麓河 | 92°55′ | 34°52′ | 青海省治多县北麓河大桥 | 北麓河曲麻莱保留区 | 长江 | 金沙江 | 日阿池曲 |
| 84 | 楚玛尔 | 93°17′ | 35°17′ | 青海省曲麻莱县五道梁楚玛尔大桥 | 长江三江源自然保护区 | 长江 | 金沙江 | 楚玛尔河 |
| 85 | 二道沟 | 92°45′ | 34°31′ | 青海省治多县二道沟镇公路下 | 未划分水功能区 | 长江 | 金沙江 | 然池曲 |
| 86 | 直门达 | 97°13′ | 33°01′ | 青海省称多县歇武乡直门达村 | 长江三江源自然保护区 | 长江 | 金沙江 | 通天河 |
| 87 | 新寨 | 97°02′ | 33°01′ | 青海省玉树州结古镇新寨 | 巴塘河玉树保留区 | 长江 | 金沙江 | 巴塘河 |
| 88 | 隆宝滩 | 96°25′ | 32°16′ | 青海省玉树州玉树县隆宝镇 | 未划分水功能区 | 长江 | 金沙江 | 益曲 |
| 89 | 竹节寺 | 97°16′ | 33°27′ | 青海省称多县珍秦乡竹节寺 | 雅砻江称多石渠源头水保护区 | 长江 | 金沙江 | 雅砻江 |
| 90 | 班玛 | 100°45′ | 32°55′ | 青海省班玛县赛来堂镇 | 大渡河班玛保留区 | 长江 | 岷沱江 | 大渡河 |
| 91 | 香达 | 96°27′ | 32°27′ | 青海省囊谦县香达镇香达大桥 | 澜沧江三江源保护区 | 西南诸河 | 澜沧江 | 澜沧江 |
| 92 | 下拉秀 | 96°32′ | 32°37′ | 青海省玉树县下拉秀乡 | 子曲囊谦保留区 | 西南诸河 | 澜沧江 | 澜沧江 |

### 附表 10-2 青海省现状跨省、市界水质监测站基本情况一览

| 序号 | 流域名称 | 水系名称 | 河流名称 | 断面名称 | 断面编码 | 东经 | 北纬 | 省(市)界流向 | 水功能区名称 | 水功能区编码 | 水功能区长度(km) | 水质目标 | 备注 |
|---|---|---|---|---|---|---|---|---|---|---|---|---|---|
| 1 | 长江 | 金沙江上段 | 通天河 | 直门达 | 60100700 | 97°13′ | 33°01′ | 青海流向四川 | 长江三江源自然保护区 | F0101000111000 | 1125.1 | Ⅱ | 省界 |
| 2 | 长江 | 雅砻江 | 雅砻江 | 竹节寺 | 60380100 | 97°16′ | 33°27′ | 青海流向四川 | 雅砻江称多、石渠源头水保护区 | F0201000101000 | 188.0 | Ⅱ | 省界 |
| 3 | 澜沧江 | 澜沧江 | 扎曲 | 香达 | 9120010101000 | 96°27′ | 32°27′ | 青海流向西藏 | 澜沧江三江源自然保护区 | I120010101000 | 411 | Ⅱ | 省界 |
| 4 | 澜沧江 | 澜沧江 | 子曲 | 下拉秀 | 9120010101000 | 96°32′ | 32°37′ | 青海流向西藏 | 子曲囊谦保留区 | I120010101000 | 276 | Ⅱ | 省界 |

续附表 10-2

| 序号 | 流域名称 | 水系名称 | 河流名称 | 断面名称 | 断面编码 | 东经 | 北纬 | 省(市)界流向 | 水功能区名称 | 水功能区编码 | 水功能区长度(km) | 水质目标 | 备注 |
|---|---|---|---|---|---|---|---|---|---|---|---|---|---|
| 5 | 黄河 | 黄河 | 黄河 | 大河家 | 40281600 | 102°45′ | 35°49′ | 青海流向甘肃 | 黄河青甘缓冲区 | D0204200214000 | 41.5 | Ⅱ | 省界 |
| 6 | 黄河 | 湟水 | 湟水 | 民和 | 40481600 | 102°47′ | 36°19′ | 青海流向甘肃 | 湟水青甘缓冲区 | D0202000314000 | 74.3 | Ⅳ | 省界 |
| 7 | 黄河 | 湟水 | 大通河 | 享堂 | 40489900 | 102°49′ | 36°21′ | 甘肃流向青海 | 大通河甘青缓冲区 | D0201000514000 | 14.6 | Ⅲ | 省界 |
| 8 | 黄河 | 湟水 | 湟水 | 东大滩水库 | 40481150 | 101°04′ | 36°58′ | 海北流向西宁 | 湟水海晏农业用水区 | D0202000213013 | 43.3 | Ⅱ | 市界 |
| 9 | 黄河 | 湟水 | 湟水 | 小峡桥 | 40400450 | 101°55′ | 36°32′ | 西宁流向海东 | 湟水西宁排污控制区 | D0202000213077 | 10.2 | Ⅳ | 市界 |

## 附表 10-3 青海省现状地下水水质监测站基本情况一览

| 序号 | 测站编码 | 测站名称 | 东经 | 北纬 | 站址 | 监测单位 | 监测频次 |
|---|---|---|---|---|---|---|---|
| 1 | 40264400 | 八里桥地下水 | 102°24′ | 36°31′ | 青海省乐都县八里桥水文站 | 海东分中心 | 2 次/年 |
| 2 | 40263800 | 化隆地下水 | 102°15′ | 36°06′ | 青海省化隆县谢家滩乡阴坡村 | 海东分中心 | |
| 3 | 40264200 | 清水地下水 | 102°32′ | 35°49′ | 青海省循化县清水乡下庄村 | 海东分中心 | |
| 4 | 40463700 | 平安地下水 | 102°07′ | 36°31′ | 青海省平安县上滩 | 海东分中心 | |
| 5 | 40464200 | 乐都地下水 | 102°25′ | 36°28′ | 青海省乐都县岗沟镇下教场村 | 海东分中心 | |
| 6 | 40464850 | 吉家堡地下水 | 102°47′ | 36°18′ | 青海省民和县川口镇红卫村 | 海东分中心 | |
| 7 | 01288350 | 石油社区 | 94°55′ | 36°22′ | 青海省石油管理局生活区 | 格尔木分中心 | |
| 8 | 01288300 | 东油库 | 94°55′ | 36°25′ | 青海省西藏石油公司东油库 | 格尔木分中心 | |
| 9 | 01269260 | 西格办招待所 | 94°52′ | 36°22′ | 格尔木市西藏驻格尔木市办事处招待所 | 格尔木分中心 | |
| 10 | 01269350 | 供管站 | 94°52′ | 36°22′ | 格尔木市供管站 | 格尔木分中心 | |
| 11 | 01288250 | 科技中心 | 94°54′ | 36°25′ | 格尔木市科技中心 | 格尔木分中心 | |
| 12 | 01288200 | 城北村 | 94°54′ | 36°27′ | 格尔木市郭勒木德乡城北村 | 格尔木分中心 | |

## 附表 10-4 青海省现状饮用水水源地水质监测站基本情况一览

| 序号 | 测站名称 | 东经 | 北纬 | 水源地名称 | 供水城市 |
|---|---|---|---|---|---|
| 1 | 四水厂 | 101°37′ | 36°58′ | 西宁北川塔尔水源地 | 西宁市 |
| 2 | 五水厂 | 101°37′ | 36°40′ | 西宁西纳川丹麻寺水源地 | 西宁市 |
| 3 | 六水厂 | 101°34′ | 36°58′ | 西宁北川石家庄水源地 | 西宁市 |
| 4 | 多巴水厂 | 101°28′ | 36°43′ | 西宁西川多巴水源地 | 西宁市 |
| 5 | 七水厂 | | | 西宁黑泉水库水源地 | 西宁市 |

续附表 10-4

| 序号 | 测站名称 | 东经 | 北纬 | 水源地名称 | 供水城市 |
|---|---|---|---|---|---|
| 6 | 格尔木市二水厂 | 94°49′ | 36°28′ | 格尔木市西水源 | 格尔木市 |
| 7 | 纳拉大桥 | 101°24′ | 37°15′ | 西宁黑泉水库水源地 | 西宁市 |
| 8 | 孔家梁公路桥 | 101°27′ | 37°14′ | 西宁黑泉水库水源地 | 西宁市 |
| 9 | 察汗河小桥 | 101°29′ | 37°14′ | 西宁黑泉水库水源地 | 西宁市 |
| 10 | 黑泉水库(库尾) | 101°29′ | 37°14′ | 西宁黑泉水库水源地 | 西宁市 |
| 11 | 黑泉水库(库中) | 101°31′ | 37°13′ | 西宁黑泉水库水源地 | 西宁市 |
| 12 | 黑泉水库(坝前) | 101°32′ | 37°12′ | 西宁黑泉水库水源地 | 西宁市 |

## 附表 11　青海省国控点监控单位及监测点基本情况一览

| 序号 | 国控点监控单位 | 取水许可证发证机关 | 所在河流 | 已建在线监测点数 | 本项目监测点数 | | |
|---|---|---|---|---|---|---|---|
| | | | | | 拟建(含改造)在线监测点数 | 河道型 | 管道型 |
| 1 | 金昌市引硫济金工程管理局 | 青海省水利厅 | 硫磺沟 | 1 | | | |
| 2 | 青海碱业有限公司 | 青海省水利厅 | | 2 | | | |
| 3 | 格尔木市自来水公司 | 青海省水利厅 | | 2 | | | |
| 4 | 青海盐湖工业集团股份有限公司 | 青海省水利厅 | | 1 | | | |
| 5 | 青海盐湖工业集团股份有限公司 | 青海省水利厅 | | 1 | | | |
| 6 | 西部矿业股份有限公司锡铁山分公司 | 青海省水利厅 | 小柴旦湖 | 1 | | | |
| 7 | 青海省桥头铝电有限公司 | 青海省水利厅 | | 2 | | | |
| 8 | 青海甘河有限责任公司 | 青海省水利厅 | | 1 | | | |
| 9 | 西宁特殊钢股份有限公司 | 青海省水利厅 | | 1 | | | |
| 10 | 青海黎明化工有限责任公司 | 青海省水利厅 | | 2 | | | |
| 11 | 西部矿业西海电厂(唐湖电力分公司) | 青海省水利厅 | | 2 | | | |
| 12 | 青藏铁路供水服务有限公司 | 青海省水利厅 | | 1 | | | |
| 13 | 中国石油天然气集团公司青海分公司 | 青海省水利厅 | | 1 | | | |
| | | | | 1 | | | |
| 14 | 中国石油天然气集团公司青海分公司 | 青海省水利厅 | | 1 | | | |
| 15 | 中国铝业股份有限公司青海分公司 | 青海省水利厅 | | 4 | | | |

## 续附表 11

| 序号 | 国控点监控单位 | 取水许可证发证机关 | 所在河流 | 已建在线监测点数 | 本项目监测点数 | | |
|---|---|---|---|---|---|---|---|
| | | | | | 拟建(含改造)在线监测点数 | 河道型 | 管道型 |
| 16 | 西宁市解放渠管理所 | 青海省水利厅 | 湟水河 | | 1 | 1 | |
| 17 | 大通县北川渠管理所 | 青海省水利厅 | 北川河 | | 1 | 1 | |
| 18 | 青海盐湖工业股份有限公司 | 青海省水利厅 | 那棱格勒河 | | 1 | 1 | |
| 19 | 德令哈市水气总公司 | 青海省水利厅 | | 5 | | | |
| | | | | | 1 | | 1 |
| | | | | | 1 | | 1 |
| 20 | 湟中县润欣供水有限公司 | 青海省水利厅 | | | 1 | | 1 |
| 21 | 青海引大济湟工程综合开发中心 | 青海省水利厅 | 宝库河 | | 1 | 1 | |
| 22 | 青海桥头铝电股份有限公司 | 青海省水利厅 | | | 1 | | 1 |
| 23 | 西宁水务燃气发展(集团)有限责任公司 | 青海省水利厅 | | | 2 | | 2 |
| 24 | 西宁水务燃气发展(集团)有限责任公司 | 青海省水利厅 | | | 2 | | 2 |
| 25 | 西宁水务燃气发展(集团)有限责任公司 | 青海省水利厅 | | | 2 | | 2 |
| 26 | 西宁水务燃气发展(集团)有限责任公司 | 青海省水利厅 | | | 2 | | 2 |
| 27 | 西宁水务燃气发展(集团)有限责任公司 | 青海省水利厅 | | | 1 | | 1 |
| 28 | 青海盐湖集团发展公司 | 格尔木市水利局 | 格尔木东河 | 1 | | | |
| 29 | 宏兴水资源开发有限公司 | 格尔木市水利局 | | 1 | | | |
| | | | | 1 | | | |
| 30 | 中石油青海油田天然气电力公司 | 格尔木市水利局 | | 2 | | | |
| 31 | 中信国安科技发展有限公司 | 格尔木市水利局 | 台吉乃尔河 | 1 | | | |
| 32 | 藏格钾肥有限公司 | 格尔木市水利局 | 格尔木河 | 1 | | | |
| | | | | 1 | | | |
| | | | | 1 | | | |
| 33 | 藏格钾肥有限公司 | 格尔木市水利局 | | 1 | | | |
| 34 | 藏格钾肥有限公司 | 格尔木市水利局 | | 1 | | | |

## 续附表 11

| 序号 | 国控点监控单位 | 取水许可证发证机关 | 所在河流 | 已建在线监测点数 | 本项目监测点数 | | |
|---|---|---|---|---|---|---|---|
| | | | | | 拟建(含改造)在线监测点数 | 河道型 | 管道型 |
| 35 | 中信国安联宇钾肥有限公司 | 格尔木市水利局 | 乌图美仁河 | 1 | | | |
| 36 | 青海盐湖集团综开公司 | 格尔木市水利局 | | 1 | | | |
| 37 | 柴达木盐湖化工有限公司 | 格尔木市水利局 | 格尔木河 | 2 | | | |
| 38 | 格尔木永玮工贸有限公司 | 格尔木市水利局 | 格尔木河 | 1 | | | |
| 39 | 格尔木市蓝天钾镁有限公司 | 格尔木市水利局 | 格尔木东河 | 1 | | | |
| 40 | 格尔木市金丰公司 | 格尔木市水利局 | | 1 | | | |
| 41 | 青海玉珠峰矿泉水有限公司 | 格尔木市水利局 | | 1 | | | |
| 42 | 青海玉珠峰矿泉水有限公司 | 格尔木市水利局 | | | | | |
| 43 | 格尔木豫源有限责任公司 | 格尔木市水利局 | | 1 | | | |
| 44 | 青海盐湖元通钾肥有限公司 | 格尔木市水利局 | 格尔木河 | 2 | | | |
| 45 | 青海甘河水务有限责任公司 | 西宁市水利局 | 大石门水库 | 1 | | | |
| 46 | 西宁市礼让渠管理所 | 西宁市水利局 | 湟水河 | | 1 | 1 | |
| 47 | 西宁市中庄渠管理所 | 西宁市水利局 | 北川河 | | 1 | 1 | |
| 48 | 青海省人民医院 | 西宁市水利局 | | | 1 | | 1 |
| 49 | 青海黄河嘉酿啤酒有限公司 | 西宁市水利局 | | | 1 | | 1 |
| 50 | 西宁特殊钢股份有限公司 | 西宁市水利局 | | | 1 | | 1 |
| 51 | 青海民族大学 | 西宁市水利局 | | | 1 | | 1 |
| 52 | 湟源县中浩供排水有限责任公司 | 湟源县水务局 | | | 1 | | 1 |
| 53 | 青海华晟铁合金冶炼有限责任公司 | 湟源县水务局 | 湟水河 | | 2 | | 2 |
| 54 | 湟源县水利管理站 | 湟源县水务局 | 药水河 | | 1 | 1 | |
| | | | 药水河 | | 1 | 1 | |
| | | | 湟水河 | | 1 | 1 | |
| 55 | 青海华铁金属有限公司 | 湟源县水务局 | | | 1 | | 1 |
| 56 | 青海省湟中县大南川水库管理所 | 湟中县水务局 | 大南川水库 | | 1 | 1 | |

**续附表 11**

| 序号 | 国控点监控单位 | 取水许可证发证机关 | 所在河流 | 已建在线监测点数 | 本项目监测点数 | | |
|---|---|---|---|---|---|---|---|
| | | | | | 拟建(含改造)在线监测点数 | 河道型 | 管道型 |
| 57 | 青海省湟中县大石门水库管理所 | 湟中县水务局 | 大石门水库 | | 1 | 1 | |
| 58 | 青海省湟中县小南川水库管理所 | 湟中县水务局 | 小南川水库 | | 1 | 1 | |
| | | | | | 1 | 1 | |
| 59 | 青海西部矿业百河铝业有限公司 | 湟中县水务局 | | | 1 | | 1 |
| 60 | 黄河鑫业有限公司 | 湟中县水务局 | 水库 | | 1 | | 1 |
| 61 | 青海省湟中县云谷川水库管理所 | 湟中县水务局 | 云谷川水库 | | 3 | 3 | |
| 62 | 青海省湟中县国寺营渠管理所 | 湟中县水务局 | 湟水河 | | 1 | 1 | |
| 63 | 青海省湟中县团结渠管理所 | 湟中县水务局 | 湟水河 | | 1 | 1 | |
| 64 | 湟中县拦隆口渠管理所 | 湟中县水务局 | 西纳川河 | | 2 | 2 | |
| 65 | 湟中县西堡渠管理所 | 湟中县水务局 | 石灰沟 | | 1 | 1 | |
| 66 | 盘道水库管理所 | 湟中县水务局 | 胜利水库 | | 1 | 1 | |
| 67 | 湟中县乡镇供水工程建设管理所 | 湟中县水务局 | | | 1 | | 1 |
| 68 | 青海祁连山水泥有限公司 | 湟中县水务局 | | | 1 | | 1 |
| 69 | 湟中县江源给排水有限责任公司 | 湟中县水务局 | | | 1 | | 1 |
| 70 | 大通县宝库渠管理所 | 大通县水务局 | 宝库河 | | 1 | 1 | |
| 71 | 青海重型机床有限责任公司 | 大通县水务局 | 北川河 | | 1 | | 1 |
| 72 | 青海水泥股份有限公司 | 大通县水务局 | 北川河 | | 1 | | 1 |
| 73 | 大通县石山泵站管理所 | 大通县水务局 | 北川河 | | 1 | 1 | |
| 74 | 大通县景阳水库管理所 | 大通县水务局 | 中岭水库 | | 1 | 1 | |
| 75 | 大通县自来水公司 | 大通县水务局 | 北川河 | | 1 | | 1 |
| 76 | 青海平煤中鑫太阳能新材料科技有限公司 | 大通县水务局 | 北川河 | | 2 | | 2 |
| 77 | 青海省能发有限责任公司水电分公司 | 大通县水务局 | 北川河 | | 1 | | 1 |
| 78 | 大通县城关镇区供水管理协会 | 大通县水务局 | 黑林河 | | 1 | | 1 |
| 79 | 民和县东垣渠管理所 | 海东市水利局 | 湟水河 | | 1 | 1 | |
| 80 | 平安渠管理所 | 平安县水利局 | 湟水河 | | 1 | 1 | |
| 81 | 小峡渠管理所 | 平安县水利局 | 湟水河 | | 1 | 1 | |

## 续附表 11

| 序号 | 国控点监控单位 | 取水许可证发证机关 | 所在河流 | 已建在线监测点数 | 本项目监测点数 | | |
|---|---|---|---|---|---|---|---|
| | | | | | 拟建(含改造)在线监测点数 | 河道型 | 管道型 |
| 82 | 乐都县大峡渠管理局 | 乐都县水利局 | 湟水河 | | 1 | 1 | |
| | | | | | 1 | 1 | |
| 83 | 乐都县大石滩水库管理局 | 乐都县水利局 | 洛巴沟 | | 1 | 1 | |
| 84 | 乐都县自来水公司 | 乐都县水利局 | | | 1 | | 1 |
| 85 | 青海康泰铸锻机械有限责任公司 | 乐都县水利局 | 引胜沟 | | 2 | | 2 |
| 86 | 乐都县城东自来水有限公司 | 乐都县水利局 | 羊官沟 | | 1 | | 1 |
| 87 | 青海金鼎水泥有限公司 | 乐都县水利局 | | | 1 | | 1 |
| 88 | 青海耀华金鼎玻璃股份有限公司 | 乐都县水利局 | 湟水河 | | 1 | | 1 |
| 89 | 民和回族土族自治县城乡供水有限公司 | 民和县水利局 | 巴州河 | | 1 | | 1 |
| | | | 西沟河 | | 1 | | 1 |
| | | | 峡门水库 | | 1 | | 1 |
| 90 | 民和回族土族自治县古鄯水库管理所 | 民和县水利局 | 西沟河 | | 1 | 1 | |
| 91 | 民和回族土族自治县马家河水库管理所 | 民和县水利局 | 西沟河 | | 1 | 1 | |
| 92 | 民和回族土族自治县松树沟灌区管理所 | 民和县水利局 | 松树沟 | | 1 | 1 | |
| 93 | 民和回族土族自治县张铁水库管理所 | 民和县水利局 | 马营沟 | | 1 | 1 | |
| 94 | 青海西部水电有限公司 | 民和县水利局 | 湟水河 | | 2 | | 2 |
| 95 | 民和回族土族自治县官亭自来水供应站 | 民和县水利局 | 黄河 | | 1 | | 1 |
| 96 | 民和祁连山水泥有限公司 | 民和县水利局 | 大通河 | | 1 | | 1 |
| 97 | 青海互助青稞酒股份有限公司 | 互助县水利局 | | | 3 | | 3 |
| 98 | 互助土族自治县自来水公司 | 互助县水利局 | 南门峡河 | | 1 | | 1 |
| 99 | 互助县自来水公司 | 互助县水利局 | | | 1 | | 1 |
| 100 | 互助县自来水公司 | 互助县水利局 | 柏木峡河 | | | | |
| 101 | 青海互助金圆水泥有限公司 | 互助县水利局 | | | 2 | | 2 |
| 102 | 互助县哈拉直沟流域水利管理所 | 互助县水利局 | 哈拉直沟河 | | 2 | | 2 |
| 103 | 互助县南门峡水库灌溉工程管理所 | 互助县水利局 | 沙塘川河 | | 1 | | 1 |
| 104 | 互助县塘川流域水利管理所 | 互助县水利局 | 沙塘川河 | | 1 | 1 | |
| 105 | 互助县塘川流域水利管理所 | 互助县水利局 | 沙塘川河 | | 1 | | 1 |

## 续附表 11

| 序号 | 国控点监控单位 | 取水许可证发证机关 | 所在河流 | 已建在线监测点数 | 本项目监测点数 | | |
|---|---|---|---|---|---|---|---|
| | | | | | 拟建(含改造)在线监测点数 | 河道型 | 管道型 |
| 106 | 循化县水利局(循化县35村人饮) | 循化县水利局 | 公伯峡水库 | | 1 | | 1 |
| 107 | 循化县自来水公司 | 循化县水利局 | 黄河 | | 1 | | 1 |
| 108 | 群科乙沙滩一级站 | 化隆县水利局 | 黄河 | | 1 | | 1 |
| 109 | 群科向东村一级站 | 化隆县水利局 | 黄河 | | 1 | | 1 |
| 110 | 冷湖滨地钾肥有限责任公司 | 海西州水利局 | | 1 | | | |
| 111 | 马海灌区 | 海西州水利局 | 鱼卡河 | | 1 | 1 | |
| 112 | 青海庆华矿业有限责任公司 | 海西州水利局 | | | 1 | | 1 |
| 113 | 青海庆华矿业有限责任公司 | 海西州水利局 | 巴音郭勒河 | | 1 | | 1 |
| 114 | 青海中浩60万吨天然气甲醇 | 海西州水利局 | | | 1 | | 1 |
| 115 | 大柴旦马海供水有限责任公司 | 海西州水利局 | | | 1 | | 1 |
| 116 | 冷湖滨地钾肥有限责任公司 | 海西州水利局 | | | 1 | | 1 |
| 117 | 冷湖滨地钾肥有限责任公司 | 海西州水利局 | | | 1 | | 1 |
| 118 | 青海大柴旦矿业有限公司 | 海西州水利局 | 嗷唠河 | | 1 | | 1 |
| 119 | 格尔木藏格钾肥有限公司 | 海西州水利局 | | | 1 | | 1 |
| 120 | 青海五彩碱业有限公司柴旦分公司 | 海西州水利局 | 塔塔棱河 | | 1 | | 1 |
| 121 | 青海创新矿业开发有限公司 | 海西州水利局 | 塔塔棱河 | | 1 | | 1 |
| 122 | 大柴旦行委自来水公司 | 海西州水利局 | 八里沟 | | 2 | | 2 |
| 123 | 青海柴达木硼业化工有限公司 | 海西州水利局 | | | 1 | | 1 |
| 124 | 大柴旦中远矿业开发有限公司 | 海西州水利局 | | | 1 | | 1 |
| 125 | 青海晶鑫钾肥有限公司 | 海西州水利局 | | | 1 | | 1 |
| 126 | 青海煤业鱼卡有限责任公司 | 海西州水利局 | 鱼卡河 | | 1 | | 1 |
| 127 | 青海省海西州德令哈市灌区管理所 | 德令哈市水利局 | 巴音河 | | 1 | 1 | |
| | | | | | 1 | 1 | |
| | | | | | 1 | 1 | |
| 128 | 宗务隆乡白水河干渠进水口 | 德令哈市水利局 | 白水河 | | 1 | 1 | |
| 129 | 蓄集乡草灌北干渠进水口 | 德令哈市水利局 | 巴音河 | | 1 | 1 | |
| 130 | 德令哈市怀头他拉水库管理站 | 德令哈市水利局 | 巴勒更河 | | 1 | 1 | |

## 续附表 11

| 序号 | 国控点监控单位 | 取水许可证发证机关 | 所在河流 | 已建在线监测点数 | 本项目监测点数：拟建(含改造)在线监测点数 | 本项目监测点数：河道型 | 本项目监测点数：管道型 |
|---|---|---|---|---|---|---|---|
| 131 | 青海昆仑碱业有限公司 | 德令哈市水利局 | 巴音河 | | 1 | | 1 |
| 132 | 格尔木灌区 | 格尔木市水利局 | 格尔木河 | | 1 | 1 | |
| | | | | | 1 | 1 | |
| 133 | 城北村灌区 | 格尔木市水利局 | 格尔木河 | | 1 | 1 | |
| 134 | 都兰县察汗乌苏水务管理所 | 都兰县水利局 | 察汗乌苏河 | | 1 | 1 | |
| 135 | 察苏灌区 | 都兰县水利局 | 察苏河 | | 1 | 1 | |
| | | | 察苏河 | | 1 | 1 | |
| 136 | 香日德水务管理所 | 都兰县水利局 | 香日德河 | | 1 | 1 | |
| 137 | 香日德水务管理所 | 都兰县水利局 | 香日德河 | | 1 | 1 | |
| 138 | 青海诺木洪农场 | 都兰县水利局 | 诺木洪河 | | 1 | 1 | |
| 139 | 都兰县自来水公司 | 都兰县水利局 | 察汗乌苏河 | | 1 | | 1 |
| 140 | 查查香卡众旺农牧有限公司 | 都兰县水利局 | 沙柳河 | | 1 | 1 | |
| 141 | 夏日哈灌区管理所 | 都兰县水利局 | 夏日哈河 | | 1 | 1 | |
| 142 | 夏日哈灌区管理所 | 都兰县水利局 | 夏日哈河 | | 1 | 1 | |
| 143 | 夏日哈灌区管理所 | 都兰县水利局 | 夏日哈河 | | 1 | 1 | |
| 144 | 香日德水务管理所 | 都兰县水利局 | 小诺木洪河 | | 1 | 1 | |
| 145 | 香日德水务管理所 | 都兰县水利局 | 伊克高河 | | 1 | 1 | |
| 146 | 青海西钢矿业开发有限责任公司都兰县分公司 | 都兰县水利局 | | | 1 | | 1 |
| 147 | 北京昆龙伟业格尔木有限公司 | 都兰县水利局 | | | 1 | | 1 |
| 148 | 青海庆华煤化有限公司 | 乌兰县水利局 | | 1 | | | |
| | | | | | 1 | | 1 |
| 149 | 乌兰县城关供水站 | 乌兰县水利局 | 都兰河 | | 1 | | 1 |
| 150 | 乌兰县希赛灌区管理处 | 乌兰县水利局 | 都兰河 | | 1 | 1 | |
| | | | 都兰河 | | 2 | 2 | |
| | | | 赛什克郭勒 | | 1 | 1 | |
| | | | 赛什克郭勒 | | 1 | 1 | |
| | | | 赛什克郭勒 | | 1 | 1 | |
| 151 | 乌兰县呼德格劳农业综合开发有限公司 | 乌兰县水利局 | 大沙沟 | | 1 | | 1 |

续附表 11

| 序号 | 国控点监控单位 | 取水许可证发证机关 | 所在河流 | 已建在线监测点数 | 本项目监测点数 | | |
|---|---|---|---|---|---|---|---|
| | | | | | 拟建(含改造)在线监测点数 | 河道型 | 管道型 |
| 152 | 海北藏族自治州供水站 | 海北州水利局 | | | 1 | | 1 |
| 153 | 湟源县南山渠管理所 | 海晏县水利局 | 湟水河 | | 1 | 1 | |
| 154 | 湟源县湟海渠管理所 | 海晏县水利局 | 哈勒景河 | | 1 | 1 | |
| 155 | 海晏县市政服务有限责任公司 | 海晏县水利局 | | | 1 | | 1 |
| 156 | 门源县自来水公司 | 门源回族自治县农牧水利和扶贫开发局 | 老虎沟 | | 1 | | 1 |
| 157 | 祁连县饮用水安全管理站 | 祁连县水利局 | | | 1 | | 1 |
| 158 | 海南州正源供水有限责任公司 | 共和县水利局 | | | 1 | | 1 |
| | | | | | 1 | | 1 |
| | | | | | 1 | | 1 |
| | | | | | 1 | | 1 |
| | | | | | 1 | | 1 |
| | | | | | 1 | | 1 |
| 159 | 贵德县自来水公司 | 贵德县水利局 | 黄河,西河 | | 1 | | 1 |
| 160 | 贵南县自来水公司 | 贵南县水利局 | | | 2 | | 2 |
| 161 | 兴海县自来水公司 | 兴海县水利局 | | | 1 | | 1 |
| 162 | 河卡镇草原水利管理所 | 兴海县水利局 | | | 2 | | 2 |
| 163 | 同德县美丽滩水管所 | 同德县水利局 | 尕干河 | | 3 | | 3 |
| 164 | 河南县自来水站 | 河南蒙古族自治县水利局 | 参美河 | | 1 | | 1 |
| 165 | 黄南州自来水公司水源 | 同仁县水利局 | 隆务河 | | 2 | | 2 |
| 166 | 果洛州自来水公司 | 果洛藏族自治州环境保护和水利局 | 格曲河 | | 2 | | 2 |
| 167 | 囊谦县自来水公司 | 囊谦县水务局 | 香曲 | | 1 | | 1 |
| 168 | 玉树州自来水公司(结古供水厂) | 玉树州水务局 | | | 2 | | 2 |
| 总计 | | | | 54 | 176 | 66 | 110 |

## 附表 12-1 青海省水利部门现状地下水监测站基本情况一览

年份:2013

| 序号 | 监测井编号 | 监测井名称 | 监测井位置 | 坐标 东经 | 坐标 北纬 | 所属类型区代号 | 起始监测日期 年 | 起始监测日期 月 | 监测井类别 | 地下水埋藏条件 | 井深(m) 原井深 | 井深(m) 现井深 | 高程(m) 井口固定点 | 高程(m) 地面 | 高程(m) 基面 | 监测项目 水位 5日 | 监测项目 水位 10日 | 监测项目 水量 | 监测项目 水质 | 监测项目 水温 | 备注 |
|---|---|---|---|---|---|---|---|---|---|---|---|---|---|---|---|---|---|---|---|---|---|
| 1 | 水文 | 德令哈水文站 | 德令哈市水厂 | 97°27′ | 37°23′ | | 2002 | 1 | 普通 | 潜水 | | | 5.53 | 5.01 | 假定 | √ | | | | √ | |
| 2 | 地下水 | 尕海 1~1 号井 | 德令哈市尕海农场一大队 | 97°26′ | 37°12′ | | 1980 | 8 | 普通 | 潜水 | 27.1 | 11.2 | 99.76 | 99.76 | 假定 | √ | | | | √ | |
| 3 | 地下水 | 尕海 1~3 号井 | 德令哈市尕海农场一大队 | 97°27′ | 37°12′ | | 1981 | 1 | 普通 | 潜水 | 26.2 | 21.3 | 100.29 | 100.00 | 假定 | √ | | | | √ | |
| 4 | 地下水 | 尕海 1~13 号井 | 德令哈市尕海农场一大队 | 97°26′ | 37°12′ | | 1980 | 1 | 普通 | 潜水 | 33.1 | 22.9 | 100.61 | 100.62 | 假定 | √ | | | | √ | |
| 5 | 地下水 | 尕海 3~1 号井 | 德令哈市尕海农场一大队 | 97°28′ | 37°12′ | | 1981 | 1 | 普通 | 潜水 | 26.1 | 22.5 | 100.28 | 100.29 | 假定 | √ | | | | √ | |
| 6 | 地下水 | 尕海 3~9 号井 | 德令哈市尕海农场一大队 | 97°29′ | 37°12′ | | 1981 | 1 | 普通 | 潜水 | 20.4 | 17.5 | 98.57 | 98.58 | 假定 | √ | | | | √ | |
| 7 | 地下水 | 诺木洪 1 号井 | 都兰县诺木洪农场 | 96°30′ | 36°26′ | | 1987 | 7 | 普通 | 潜水 | 68.9 | | 2773.88 | 2758.00 | 黄海 | √ | | | | | |
| 8 | 地下水 | 诺木洪 9 号井 | 都兰县诺木洪农场 | 96°23′ | 36°27′ | | 1987 | 7 | 普通 | 潜水 | 108.0 | | 2791.65 | 2771.00 | 黄海 | √ | | | | | |
| 9 | 地下水 | 诺木洪四大队新机井 | 都兰县诺木洪农场 | 96°18′ | 36°25′ | | 200 | 1 | 普通 | 潜水 | | | | | 黄海 | √ | | | | | |
| 10 | 地下水 | 诺木洪五大队中心井 | 都兰县诺木洪农场 | 96°25′ | 36°27′ | | 200 | 1 | 普通 | 潜水 | | | | | 黄海 | √ | | | | | |
| 11 | 地下水 | 乃吉里水电厂 | 格尔木市乃吉里水电厂 | 94°46′ | 36°09′ | | 1983 | 3 | 普通 | 潜水 | | | 3123.48 | | 黄海 | | √ | | | | |
| 12 | 地下水 | 西格办供管站 | 格尔木市西格办供管站 | 94°53′ | 36°24′ | | 1994 | 1 | 普通 | 潜水 | | | 2829.53 | | 黄海 | √ | | | | | |
| 13 | 地下水 | 西格办医院招待所 | 格尔木西格办医院招待所 | 94°53′ | 36°24′ | | 1994 | 1 | 普通 | 潜水 | | | 2810.31 | | 黄海 | √ | | | | | |
| 14 | 地下水 | 格尔木市郭乡乡政府 | 格尔木郭乡乡政府 | 94°53′ | 36°24′ | | 1994 | 1 | 普通 | 潜水 | | | 2809.20 | | 黄海 | | √ | | | | |
| 15 | 地下水 | 格尔木冷库 | 格尔木冷库 | 94°53′ | 36°24′ | | 1994 | 1 | 普通 | 潜水 | | | 2812.59 | | 黄海 | √ | | | | | |
| 16 | 水文 | 化隆水文站 | 化隆县化隆水文站 | 102°15′ | 36°06′ | | 1985 | 1 | 普通 | 潜水 | 8.0 | 7.68 | 10.02 | 10.01 | 假定 | √ | | | | √ | |
| 17 | 水文 | 清水水文站 | 循化县清水乡清水水文站 | 102°33′ | 35°50′ | | 1985 | 1 | 普通 | 潜水 | | 5.53 | 10.19 | 10.08 | 假定 | √ | | | | √ | |
| 18 | 水文 | 海晏水文站 | 海晏县海晏水文站 | 101°01′ | 36°54′ | | 1985 | 1 | 普通 | 潜水 | | | 2946.75 | 2947.97 | 黄海 | √ | | | | √ | |
| 19 | 水文 | 湟源水文站 | 湟源县城郊乡万丰村湟源水文站 | 101°21′ | 36°40′ | | 1985 | 1 | 普通 | 潜水 | | | 2580.42 | 2580.24 | 大沽 | √ | | | | √ | |
| 20 | 水文 | 乐都水文站 | 乐都县岗沟乡乐都水文站 | 102°25′ | 36°29′ | | 1989 | 9 | 普通 | 潜水 | | | 10.87 | 10.60 | 假定 | √ | | | | √ | |
| 21 | 水文 | 董家庄水文站 | 湟源县董家庄水文站 | 101°16′ | 36°40′ | | 1985 | 1 | 普通 | 潜水 | | | 10.29 | 9.60 | 假定 | √ | | | | √ | |
| 22 | 水文 | 西纳川水文站 | 湟中县拦隆口西纳川水文站 | 101°29′ | 36°46′ | | 1974 | 1 | 普通 | 潜水 | | | 2465.83 | 2466.03 | 假定 | √ | | | | √ | |
| 23 | 水文 | 牛场水文站 | 大通县宝库乡牛场水文站 | 101°24′ | 37°14′ | | 2002 | 1 | 普通 | 潜水 | | | 18.84 | | 假定 | √ | | | | √ | |
| 24 | 水文 | 黑林水文站 | 大通县青林乡黑林水文站 | 101°24′ | 37°05′ | | 1985 | 1 | 普通 | 潜水 | | | 9.15 | 8.96 | 假定 | √ | | | | √ | |

**续附表 12-1**

| 序号 | 监测井编号 | 监测井名称 | 监测井位置 | 坐标 | | 所属类型区代号 | 起始监测日期 | | 监测井类别 | 地下水埋藏条件 | 井深(m) | | 高程(m) | | | 监测项目 | | | | | 备注 |
|---|---|---|---|---|---|---|---|---|---|---|---|---|---|---|---|---|---|---|---|---|---|
| | | | | 东经 | 北纬 | | 年 | 月 | | | 原井深 | 现井深 | 井口固定点 | 地面 | 基面 | 水位 5日 | 水位 10日 | 水量 | 水质 | 水温 | |
| 25 | 水文 | 八里桥(三)水文站 | 乐都县碾伯镇八里桥水文站 | 102°24′ | 36°31′ | | 2004 | 1 | 普通 | 潜水 | | 8.15 | | 13.53 | 冻结 | √ | | | | √ | |
| 26 | 水文 | 青石嘴水文站 | 门源县青石嘴镇水文站 | 101°25′ | 37°28′ | | 1998 | 1 | 普通 | 潜水 | | | 18.21 | 17.99 | 假定 | √ | | | | √ | |
| 27 | 地下水 | 互助(拉尔滩)2 号井 | 互助县拉尔滩养猪厂 | 102°01′ | 36°52′ | | 1980 | 4 | 普通 | 潜水 | 23.0 | | 2617.13 | 2616.73 | 黄海 | | √ | | | | |
| 28 | 地下水 | 互助(西下)4 号井 | 互助县西下街医院东 60 m | 101°58′ | 36°50′ | | 1980 | 4 | 普通 | 潜水 | 32.5 | | 2506.51 | 2506.17 | 黄海 | | √ | | | | |
| 29 | 地下水 | 互助(兰家)5 号井 | 互助县兰家村 | 101°58′ | 36°49′ | | 1980 | 4 | 普通 | 潜水 | 33.2 | | 2511.28 | 2510.73 | 黄海 | | √ | | | | |
| 30 | 地下水 | 互助(周家)7 号井 | 互助县周家村 | 101°57′ | 36°49′ | | 1980 | 4 | 普通 | 潜水 | 35.9 | | 2475.03 | 2474.77 | 黄海 | | √ | | | | |
| 31 | 水文 | 沱沱河水文站 | 格尔木市沱沱河水文站 | 92°27′ | 34°13′ | | 1985 | 1 | 普通 | 潜水 | | | 4702.84 | | 黄海 | √ | | | | √ | |
| 32 | 水文 | 直门达水文站 | 玉树州称多县直门达水文站 | 97°13′ | 33°02′ | | 1986 | 1 | 普通 | 潜水 | | | 3598.36 | 3598.08 | 黄海 | √ | | | | √ | |

**附表 12-2　青海省国土部门现状地下水监测站基本情况一览**

| 序号 | 原编号 | 监测点级别 | 监测点位置 | 所属水文地质单元 | | 坐标 | | 监测点类型 | | | | 地下水类型 | | | 监测层位 | | | 监测项目 | | | | | 监测方法 | | 监测孔淤堵情况 | | | 监测井管破损程度 | | | 监测频率 | | 监测起始时间(年-月-日) | 是否作为修复井 |
|---|---|---|---|---|---|---|---|---|---|---|---|---|---|---|---|---|---|---|---|---|---|---|---|---|---|---|---|---|---|---|---|---|---|---|
| | | | | 一级单元 | 二级单元 | 东经 | 北纬 | 专门孔 | 机民井 | 泉或地下暗河 | 其他 | 孔隙水 | 岩溶水 | 裂隙水 | 潜水 | 承压水 | 多层监测 | 水位水质共用 | 流量水质共用 | 单测水位 | 单测水质 | 单测流量 | 人工 | 自动 | 严重 | 轻微 | 未淤堵 | 严重 | 轻微 | 完好 | 长测点 | 统测点 | | |
| 1 | G1 | 省级 | 西宁市沈家寨乡沈家寨村 | 三江源 | 湟水谷地 | 101°26′ | 36°21′ | √ | | | | √ | | | √ | | | | | √ | | | √ | | | √ | | | √ | | | √ | 1973-01-05 | |
| 2 | G3 | 省级 | 西宁市沈家寨乡马府南 | 三江源 | 湟水谷地 | 101°26′ | 36°20′ | √ | | | | √ | | | √ | | | | | √ | | | √ | | | √ | | | √ | | | √ | 1973-01-05 | |
| 3 | G7 | 省级 | 湟中县总寨乡新庄村 | 三江源 | 湟水谷地 | 101°25′ | 36°19′ | √ | | | | √ | | | √ | | | | | √ | | | √ | | | √ | | | √ | | | √ | 1973-01-05 | |
| 4 | G13 | 国家级 | 湟中县总寨乡新安庄西南 300 m | 三江源 | 湟水谷地 | 101°26′ | 36°20′ | √ | | | | √ | | | √ | | | | | √ | | | | √ | | √ | | | √ | | √ | | 1973-01-05 | |
| 5 | G17 | 省级 | 湟中县总寨乡元堡子村东约 150 m | 三江源 | 湟水谷地 | 101°25′ | 36°20′ | √ | | | | √ | | | √ | | | | | √ | | | √ | | | √ | | | √ | | | √ | 1973-01-07 | |
| 6 | G25 | 国家级 | 湟中县总寨乡宁贵公路 13.05 km 处 | 三江源 | 湟水谷地 | 101°24′ | 36°19′ | √ | | | | √ | | | √ | | | | | √ | | | | √ | | √ | | | √ | | √ | | 1977-03-15 | √ |

## 续附表 12-2

| 序号 | 原编号 | 监测点级别 | 监测点位置 | 所属水文地质单元 | | 坐标 | | 监测点类型 | | | | 地下水类型 | | | 监测层位 | | | 监测项目 | | | | | 监测方法 | | 监测孔淤堵情况 | | | 监测井管破损程度 | | | 监测频率 | | 监测起始时间（年-月-日） | 是否作为修复井 |
|---|---|---|---|---|---|---|---|---|---|---|---|---|---|---|---|---|---|---|---|---|---|---|---|---|---|---|---|---|---|---|---|---|---|---|
| | | | | 一级单元 | 二级单元 | 东经 | 北纬 | 专门孔 | 机民井 | 泉或地下暗河 | 其他 | 孔隙水 | 岩溶水 | 裂隙水 | 潜水 | 承压水 | 多层监测 | 水位水质共用 | 流量水质共用 | 单测水位 | 单测水质 | 单测流量 | 人工 | 自动 | 严重 | 轻微 | 未淤堵 | 严重 | 轻微 | 完好 | 长测点 | 统测点 | | |
| 7 | G30 | 省级 | 湟中县总寨乡杜家庄 | 三江源 | 湟水谷地 | 101°25′ | 36°19′ | √ | | | | √ | | | √ | | | | | √ | | | √ | | | √ | | | √ | | | √ | 1976-01-05 | |
| 8 | G31 | 国家级 | 湟中县总寨乡泉尔湾西300余m | 三江源 | 湟水谷地 | 101°25′ | 36°19′ | √ | | | | √ | | | √ | | | | | √ | | | | √ | | √ | | | √ | | √ | | 1976-01-05 | √ |
| 9 | G35 | 省级 | 湟中县总寨乡新安庄 | 三江源 | 湟水谷地 | 101°26′ | 36°20′ | √ | | | | √ | | | √ | | | | | √ | | | √ | | | √ | | | √ | | | √ | 1975-07-05 | |
| 10 | G36 | 国家级 | 西宁市沈家寨乡沈家寨西南 | 三江源 | 湟水谷地 | 101°26′ | 36°21′ | √ | | | | √ | | | √ | | | | | √ | | | | √ | | √ | | | √ | | √ | | 1975-07-06 | √ |
| 11 | G8804 | 省级 | 湟中县总寨乡王斌堡村西 | 三江源 | 湟水谷地 | 101°22′ | 36°18′ | √ | | | | √ | | | √ | | | | | √ | | | √ | | | √ | | | √ | | | √ | 1988-07-27 | |
| 12 | G8805 | 省级 | 湟中县总寨乡王斌堡村东河边 | 三江源 | 湟水谷地 | 101°22′ | 36°18′ | √ | | | | √ | | | √ | | | | | √ | | | √ | | | √ | | | √ | | | √ | 1988-07-27 | |
| 13 | G8806 | 省级 | 湟中县总寨乡徐家寨村西 | 三江源 | 湟水谷地 | 101°22′ | 36°18′ | √ | | | | √ | | | √ | | | | | √ | | | √ | | | √ | | | √ | | | √ | 1988-07-27 | |
| 14 | G8808 | 省级 | 湟中县上新庄乡申中西500 m | 三江源 | 湟水谷地 | 101°21′ | 36°16′ | √ | | | | √ | | | √ | | | | | √ | | | √ | | √ | | | | √ | | | √ | 1988-07-27 | |
| 15 | G8809 | 省级 | 湟中县上新庄乡申中村东 | 三江源 | 湟水谷地 | 101°21′ | 36°16′ | √ | | | | √ | | | √ | | | | | √ | | | √ | | | √ | | | √ | | | √ | 1988-07-27 | |
| 16 | G8810 | 省级 | 湟中县上新庄刘小庄东 | 三江源 | 湟水谷地 | 101°22′ | 36°17′ | √ | | | | √ | | | √ | | | | | √ | | | √ | | | √ | | | √ | | | √ | 1988-07-27 | |
| 17 | G8812 | 省级 | 湟中县上新庄乡申中村西2 km | 三江源 | 湟水谷地 | 101°21′ | 36°16′ | √ | | | | √ | | | √ | | | | | √ | | | √ | | √ | | | | √ | | | √ | 1988-07-27 | |
| 18 | BY1 | 省级 | 湟中县总寨乡杜家庄北约500 m | 三江源 | 湟水谷地 | 101°25′ | 36°19′ | | √ | | | √ | | | √ | | | | | √ | | | √ | | | √ | | | √ | | | √ | | |
| 19 | G101 | 国家级 | 大通县塔尔乡塔尔村北西0.8 km | 三江源 | 湟水谷地 | 101°22′ | 37°00′ | √ | | | | √ | | | √ | | | | | √ | | | | √ | | √ | | | √ | | √ | | 1982-06-05 | √ |
| 20 | G102 | 省级 | 大通县塔尔乡政府西南400 m | 三江源 | 湟水谷地 | 101°22′ | 36°35′ | √ | | | | √ | | | √ | | | | | √ | | | √ | | | √ | | | √ | | | √ | 1983-08-25 | |
| 21 | G107 | 省级 | 大通县良教乡上乱泉村东100 m | 三江源 | 湟水谷地 | 101°22′ | 36°35′ | √ | | | | | | | | | | | | | | | | | | | | | | | | | | |

## 续附表 12-2

| 序号 | 原编号 | 监测点级别 | 监测点位置 | 所属水文地质单元 | | 坐标 | | 监测点类型 | | | | 地下水类型 | | | 监测层位 | | | 监测项目 | | | | | 监测方法 | | 监测孔淤堵情况 | | | 监测井管破损程度 | | | 监测频率 | | 监测起始时间（年-月-日） | 是否作为修复井 |
|---|---|---|---|---|---|---|---|---|---|---|---|---|---|---|---|---|---|---|---|---|---|---|---|---|---|---|---|---|---|---|---|---|---|---|
| | | | | 一级单元 | 二级单元 | 东经 | 北纬 | 专门孔 | 机民井 | 泉或地下暗河 | 其他 | 孔隙水 | 岩溶水 | 裂隙水 | 潜水 | 承压水 | 多层监测 | 水位水质共用 | 流量水质共用 | 单测水位 | 单测水质 | 单测流量 | 人工 | 自动 | 严重 | 轻微 | 未淤堵 | 严重 | 轻微 | 完好 | 长测点 | 统测点 | | |
| 22 | G108 | 省级 | 大通县塔尔乡政府南 1 km | 三江源 | 湟水谷地 | 101°23′ | 36°35′ | √ | | | | √ | | | √ | | | | | √ | | | √ | | | √ | | | √ | | | √ | 1983-05-25 | |
| 23 | G111 | 省级 | 大通县塔尔乡凉州庄西 | 三江源 | 湟水谷地 | 101°23′ | 36°35′ | √ | | | | √ | | | √ | | | | | √ | | | √ | | | √ | | | √ | | | √ | 1983-09-20 | √ |
| 24 | G115 | 国家级 | 大通县塔尔乡河州庄西 750 m | 三江源 | 湟水谷地 | 101°23′ | 36°34′ | √ | | | | √ | | | √ | | | | | √ | | | | √ | | √ | | | √ | | √ | | 1983-10-15 | |
| 25 | G118 | 省级 | 大通县塔尔乡河州庄北 700 m | 三江源 | 湟水谷地 | 101°23′ | 36°35′ | √ | | | | √ | | | √ | | | | | √ | | | √ | | | √ | | | √ | | | √ | 1982-06-15 | |
| 26 | G122 | 省级 | 大通县良教乡口子庄西北 1 km | 三江源 | 湟水谷地 | 101°23′ | 36°34′ | √ | | | | √ | | | √ | | | | | √ | | | √ | | | √ | | | √ | | | √ | 1983-07-20 | √ |
| 27 | G124 | 省级 | 大通县塔尔乡互助庄南偏东 | 三江源 | 湟水谷地 | 101°24′ | 36°34′ | √ | | | | √ | | | √ | | | | | √ | | | √ | | | √ | | | √ | | | √ | 1982-11-20 | |
| 28 | G125 | 省级 | 大通县桥头镇向阳堡北西 | 三江源 | 湟水谷地 | 101°24′ | 36°34′ | √ | | | | √ | | | √ | | | | | √ | | | √ | | | √ | | | √ | | | √ | 1982-07-30 | |
| 29 | G126 | 国家级 | 大通县桥头镇堡子南东 250 m | 三江源 | 湟水谷地 | 101°24′ | 36°34′ | √ | | | | √ | | | √ | | | | | √ | | | | √ | | √ | | | √ | | | √ | 1982-07-15 | √ |
| 30 | K12 | 国家级 | 大通县塔尔乡下旧庄村 NW70° | 三江源 | 湟水谷地 | 101°22′ | 37°00′ | √ | | | | √ | | | √ | | | | | √ | | | | √ | | √ | | | √ | | | √ | 1984-06-30 | |
| 31 | 80# | 省级 | 大通县新庄乡唐家村 | 三江源 | 湟水谷地 | 101°21′ | 37°00′ | | √ | | | √ | | | √ | | | | | √ | | | √ | | | √ | | | √ | | | √ | 1984-06-29 | |
| 32 | 109# | 省级 | 大通县城关乡上柳树庄 | 三江源 | 湟水谷地 | 101°19′ | 37°01′ | | √ | | | √ | | | √ | | | | | √ | | | √ | | | √ | | | √ | | | √ | 1984-06-30 | |
| 33 | 111# | 省级 | 大通县城关乡桥北气象站院内 | 三江源 | 湟水谷地 | 101°19′ | 33°43′ | | √ | | | √ | | | √ | | | | | √ | | | √ | | | √ | | | √ | | | √ | 1984-05-20 | |
| 34 | 林家台井 | 省级 | 大通县城关林家台 | 三江源 | 湟水谷地 | 101°20′ | 37°00′ | | √ | | | √ | | | √ | | | | | √ | | | √ | | | √ | | | √ | | | √ | | |
| 35 | G31 | 省级 | 湟中县多巴镇双城寨村北 | 三江源 | 湟水谷地 | 101°18′ | 36°22′ | √ | | | | √ | | | √ | | | | | √ | | | √ | | | √ | | | √ | | | √ | 1985-08-30 | |
| 36 | G32 | 国家级 | 湟中县多巴镇苗葡门前 | 三江源 | 湟水谷地 | 101°18′ | 36°23′ | √ | | | | √ | | | √ | | | | | √ | | | | √ | | √ | | | √ | | √ | | 1985-09-15 | √ |

## 续附表 12-2

| 序号 | 原编号 | 监测点级别 | 监测点位置 | 所属水文地质单元 | | 坐标 | | 监测点类型 | | | | 地下水类型 | | | 监测层位 | | | 监测项目 | | | | | 监测方法 | | 监测孔淤堵情况 | | | 监测井管破损程度 | | | 监测频率 | | 监测起始时间（年-月-日） | 是否作为修复井 |
|---|---|---|---|---|---|---|---|---|---|---|---|---|---|---|---|---|---|---|---|---|---|---|---|---|---|---|---|---|---|---|---|---|---|---|
| | | | | 一级单元 | 二级单元 | 东经 | 北纬 | 专门孔 | 机民井 | 泉或地下暗河 | 其他 | 孔隙水 | 岩溶水 | 裂隙水 | 潜水 | 承压水 | 多层监测 | 水位水质共用 | 流量水质共用 | 单测水位 | 单测水质 | 单测流量 | 人工 | 自动 | 严重 | 轻微 | 未淤堵 | 严重 | 轻微 | 完好 | 长测点 | 统测点 | | |
| 37 | X17 | 省级 | 湟中县多巴镇扎麻隆 | 三江源 | 湟水谷地 | 101°15′ | 36°23′ | √ | | | | √ | | | √ | | | | | √ | | | √ | | | √ | | | √ | | | √ | 1986-10-15 | |
| 38 | 408# | 省级 | 湟中县多巴镇王家庄村内 | 三江源 | 湟水谷地 | 101°17′ | 36°23′ | √ | | | | √ | | | √ | | | | | √ | | | √ | | | √ | | | √ | | | √ | 1986-10-15 | |
| 39 | 647# | 省级 | 湟中县多巴镇国寺营 | 三江源 | 湟水谷地 | 101°15′ | 36°23′ | √ | | | | √ | | | √ | | | | | √ | | | √ | | | √ | | | √ | | | √ | 1986-10-15 | |
| 40 | 油泵厂井 | 省级 | 西宁市大堡子乡油泵油嘴厂 | 三江源 | 湟水谷地 | 101°21′ | 36°23′ | | √ | | | √ | | | √ | | | | | √ | | | √ | | | √ | | | √ | | | √ | | |
| 41 | 大堡子井 | 省级 | 西宁市大堡子乡大堡子村 | 三江源 | 湟水谷地 | 101°23′ | 36°24′ | | √ | | | √ | | | √ | | | | | √ | | | √ | | | √ | | | √ | | | √ | | |
| 42 | 西 12 | 省级 | 湟中县多巴镇（西钢水源地生产井） | 三江源 | 湟水谷地 | 101°19′ | 36°23′ | | √ | | | √ | | | √ | | | | | √ | | | √ | | | √ | | | √ | | | √ | 1988-02-09 | |
| 43 | 西 21 | 省级 | 湟中县多巴镇（西钢水源地生产井） | 三江源 | 湟水谷地 | 101°18′ | 36°24′ | | √ | | | √ | | | √ | | | | | √ | | | √ | | | √ | | | √ | | | √ | 1988-02-09 | |
| 44 | G2 | 省级 | 湟中县拦隆口乡吉苍村 | 三江源 | 湟水谷地 | 101°18′ | 36°25′ | √ | | | | √ | | | √ | | | | | √ | | | √ | | | √ | | | √ | | | √ | 1984-07-25 | |
| 45 | G16 | 省级 | 湟中县拦隆口乡初哇村北 20 m 处 | 三江源 | 湟水谷地 | 101°18′ | 36°24′ | √ | | | | √ | | | √ | | | | | √ | | | √ | | | √ | | | √ | | | √ | 1985-01-10 | |
| 46 | G18 | 省级 | 湟中县拦隆口乡玉拉小学南西约 60 m 处 | 三江源 | 湟水谷地 | 101°18′ | 36°25′ | √ | | | | √ | | | √ | | | | | √ | | | √ | | | √ | | | √ | | | √ | 1984-07-25 | |
| 47 | G23 | 国家级 | 湟中县拦隆口乡上寺村南 | 三江源 | 湟水谷地 | 101°18′ | 36°25′ | √ | | | | √ | | | √ | | | | | √ | | | | √ | | √ | | | √ | | √ | | 1985-08-05 | √ |
| 48 | G26 | 省级 | 湟中县 $D_9$ 孔东相距 10 m | 三江源 | 湟水谷地 | 101°17′ | 36°27′ | √ | | | | √ | | | √ | | | | | √ | | | √ | | | √ | | | √ | | | √ | 1985-05-05 | |
| 49 | G27 | 省级 | 湟中县拦隆口乡拉沙沟口 | 三江源 | 湟水谷地 | 101°17′ | 36°27′ | √ | | | | √ | | | √ | | | | | √ | | | √ | | | √ | | | √ | | | √ | 1985-05-10 | |
| 50 | G30 | 省级 | 湟中县拦隆口乡中学东南角 | 三江源 | 湟水谷地 | 101°17′ | 36°27′ | √ | | | | √ | | | √ | | | | | √ | | | √ | | | √ | | | √ | | | √ | 1985-07-10 | √ |
| 51 | G31 | 省级 | 湟中县拦隆口乡指挥庄 | 三江源 | 湟水谷地 | 101°18′ | 36°24′ | √ | | | | √ | | | √ | | | | | √ | | | √ | | | √ | | | √ | | √ | | 1988-10-16 | |

## 续附表 12-2

| 序号 | 原编号 | 监测点级别 | 监测点位置 | 所属水文地质单元 | | 坐标 | | 监测点类型 | | | | 地下水类型 | | | 监测层位 | | | 监测项目 | | | | | 监测方法 | | 监测孔淤堵情况 | | | 监测井管破损程度 | | | 监测频率 | | 监测起始时间（年-月-日） | 是否作为修复井 |
|---|---|---|---|---|---|---|---|---|---|---|---|---|---|---|---|---|---|---|---|---|---|---|---|---|---|---|---|---|---|---|---|---|---|---|
| | | | | 一级单元 | 二级单元 | 东经 | 北纬 | 专门孔 | 机民井 | 泉或地下暗河 | 其他 | 孔隙水 | 岩溶水 | 裂隙水 | 潜水 | 承压水 | 多层监测 | 水位水质共用 | 流量水质共用 | 单测水位 | 单测水质 | 单测流量 | 人工 | 自动 | 严重 | 轻微 | 未淤堵 | 严重 | 轻微 | 完好 | 长测点 | 统测点 | | |
| 52 | K3 | 省级 | 湟中县拦隆口乡丹麻寺村西 | 三江源 | 湟水谷地 | 101°18′ | 36°24′ | √ | | | | √ | | | √ | | | | | √ | | | √ | | | √ | | | √ | | | √ | 1984-07-25 | |
| 53 | G34 | 省级 | 湟中县拦隆口乡丹麻寺五水厂西北 500 m | 三江源 | 湟水谷地 | 101°18′ | 36°24′ | √ | | | | √ | | | √ | | | | | √ | | | √ | | | √ | | | √ | | | √ | 1989-10-26 | |
| 54 | G9105 | 国家级 | 湟中县拦隆口乡丹麻寺五水厂 11 号生产井南 | 三江源 | 湟水谷地 | 101°18′ | 36°24′ | √ | | | | √ | | | √ | | | | | √ | | | | √ | | √ | | | √ | | √ | | 1991-10-18 | √ |
| 55 | G9103 | 省级 | 湟中县拦隆口乡铁家营村东 | 三江源 | 湟水谷地 | 101°17′ | 36°26′ | √ | | | | √ | | | √ | | | | | √ | | | √ | | | √ | | | √ | | | √ | 1991-10-29 | |
| 56 | G9103 | 省级 | 湟中县拦隆口乡合尔营 | 三江源 | 湟水谷地 | 101°18′ | 36°25′ | √ | | | | √ | | | √ | | | | | √ | | | √ | | | √ | | | √ | | | √ | 1991-08-09 | |
| 57 | K9103 | 省级 | 湟中县拦隆口乡铁家营村西 | 三江源 | 湟水谷地 | 101°17′ | 36°26′ | √ | | | | √ | | | √ | | | | | √ | | | √ | | √ | | | | | | | √ | 1991-09-09 | |
| 58 | N16 | 国家级 | 平安县古城乡农科站 | 三江源 | 湟水谷地 | 102°00′ | 36°14′ | | √ | | | √ | | | √ | | | | | √ | | | | √ | | √ | | | √ | | √ | | 1984-05-30 | |
| 59 | N34 | 国家级 | 平安县沙沟乡大寨子村 | 三江源 | 湟水谷地 | 102°00′ | 36°15′ | | √ | | | √ | | | √ | | | | | √ | | | | √ | | √ | | | √ | | √ | | 1984-05-30 | |
| 60 | N46 | 省级 | 平安县沙沟乡石沟沿村 | 三江源 | 湟水谷地 | 102°01′ | 36°15′ | | √ | | | √ | | | √ | | | | | √ | | | √ | | | √ | | | √ | | | √ | 1984-05-25 | |
| 61 | N251 | 省级 | 平安县沙沟乡树儿湾村北 | 三江源 | 湟水谷地 | 101°01′ | 36°14′ | | √ | | | √ | | | √ | | | | | √ | | | √ | | | √ | | | √ | | | √ | 1984-05-30 | |
| 62 | 青 2 | 省级 | 刚察县三角城种羊场 | 柴达木盆地 | 柴达木盆地 | 100°07′ | 37°10′ | | √ | | | √ | | | √ | | | | | √ | | | √ | | | √ | | | √ | | | √ | 1988 | |
| 63 | 青 3 | 省级 | 刚察县青海湖农场 | 柴达木盆地 | 柴达木盆地 | 100°02′ | 37°08′ | | √ | | | √ | | | √ | | | | | √ | | | √ | | | √ | | | √ | | | √ | 1988 | |
| 64 | 青 4 | 省级 | 刚察县泉吉乡兽医站 | 柴达木盆地 | 柴达木盆地 | 99°31′ | 37°09′ | | √ | | | √ | | | √ | | | | | √ | | | √ | | | √ | | | √ | | | √ | 1988 | |
| 65 | 青 5 | 省级 | 刚察县吉尔孟农行 | 柴达木盆地 | 柴达木盆地 | 99°22′ | 37°05′ | | √ | | | √ | | | √ | | | | | √ | | | √ | | | √ | | | √ | | | √ | 1988 | |
| 66 | 青 6 | 省级 | 共和县石乃亥 | 柴达木盆地 | 柴达木盆地 | 99°21′ | 36°35′ | | √ | | | √ | | | √ | | | | | √ | | | √ | | | √ | | | √ | | | √ | 1988 | |

## 续附表 12-2

| 序号 | 原编号 | 监测点级别 | 监测点位置 | 所属水文地质单元 | | 坐标 | | 监测点类型 | | | | 地下水类型 | | | 监测层位 | | | 监测项目 | | | | | 监测方法 | | 监测孔淤堵情况 | | | 监测井管破损程度 | | | 监测频率 | | 监测起始时间（年-月-日） | 是否作为修复井 |
|---|---|---|---|---|---|---|---|---|---|---|---|---|---|---|---|---|---|---|---|---|---|---|---|---|---|---|---|---|---|---|---|---|---|---|
| | | | | 一级单元 | 二级单元 | 东经 | 北纬 | 专门孔 | 机民井 | 泉或地下暗河 | 其他 | 孔隙水 | 岩溶水 | 裂隙水 | 潜水 | 承压水 | 多层监测 | 水位水质共用 | 流量水质共用 | 单测水位 | 单测水质 | 单测流量 | 人工 | 自动 | 严重 | 轻微 | 未淤堵 | 严重 | 轻微 | 完好 | 长测点 | 统测点 | | |
| 67 | 青 7 | 省级 | 共和县黑马河 | 柴达木盆地 | 柴达木盆地 | 99°28′ | 36°25′ | | √ | | | √ | | | √ | | | | | √ | | | √ | | | √ | | | √ | | | √ | 1988 | |
| 68 | 青 8 | 省级 | 共和县江西沟 | 柴达木盆地 | 柴达木盆地 | 100°09′ | 36°22′ | | √ | | | √ | | | √ | | | | | √ | | | √ | | | √ | | | √ | | | √ | 1988 | |
| 69 | 青 9 | 省级 | 共和县倒淌河 | 柴达木盆地 | 柴达木盆地 | 100°34′ | 36°14′ | | √ | | | √ | | | √ | | | | | √ | | | √ | | | √ | | | √ | | | √ | 1988 | |
| 70 | 观 1 | 省级 | 格尔木飞机场西约 8 km | 柴达木盆地 | 柴达木盆地 | 94°24′ | 36°14′ | | √ | | | √ | | | √ | | | | | √ | | | √ | | | √ | | | √ | | | √ | 1978-05 | √ |
| 71 | 观 2 | 省级 | 格尔木飞机场西约 4 km | 柴达木盆地 | 柴达木盆地 | 94°25′ | 36°14′ | | √ | | | √ | | | √ | | | | | √ | | | √ | | | √ | | | √ | | | √ | 1978-05 | √ |
| 72 | 观 4 | 国家级 | 格尔木飞机场东南 4 km | 柴达木盆地 | 柴达木盆地 | 94°29′ | 36°14′ | | √ | | | √ | | | √ | | | | | √ | | | | √ | | √ | | | √ | | √ | | 1978-05 | √ |
| 73 | 观 52 | 省级 | 格尔木<br>东水源 | 柴达木盆地 | 柴达木盆地 | 94°31′ | 36°13′ | | √ | | | √ | | | | √ | | | | √ | | | √ | | | √ | | | √ | | | √ | 1978-05 | |
| 74 | 观 7 | 省级 | 格尔木河<br>西农场 | 柴达木盆地 | 柴达木盆地 | 94°24′ | 36°15′ | | √ | | | √ | | | | √ | | | | √ | | | √ | | | √ | | | √ | | | √ | 1978-01 | √ |
| 75 | 观 8 | 省级 | 格尔木市<br>西农场 | 柴达木盆地 | 柴达木盆地 | 94°25′ | 36°15′ | | √ | | | √ | | | | √ | | | | √ | | | √ | | | √ | | | √ | | | √ | 1978-05 | √ |
| 76 | 观 9 | 省级 | 格尔木西<br>农场二队北 | 柴达木盆地 | 柴达木盆地 | 94°27′ | 36°15′ | | √ | | | √ | | | | √ | | | | √ | | | √ | | | √ | | | √ | | | √ | 1978-07 | √ |
| 77 | 观 91 | 省级 | 格尔木西<br>农场二队北 | 柴达木盆地 | 柴达木盆地 | 94°27′ | 36°15′ | | √ | | | √ | | | √ | | | | | √ | | | √ | | | √ | | | √ | | | √ | 1980-01 | |
| 78 | 观 10 | 省级 | 格尔木西<br>农场一队北 | 柴达木盆地 | 柴达木盆地 | 94°28′ | 36°15′ | | √ | | | √ | | | | √ | | | | √ | | | √ | | | √ | | | √ | | | √ | 1978-05 | |
| 79 | 观 11 | 省级 | 格尔木市郭勒木德乡<br>北约 1.5 km | 柴达木盆地 | 柴达木盆地 | 94°29′ | 36°15′ | | √ | | | √ | | | | √ | | | | √ | | | √ | | | √ | | | √ | | | √ | 1978-07 | √ |
| 80 | 观 111 | 省级 | 格尔木市郭勒木德乡<br>北约 1.5 km | 柴达木盆地 | 柴达木盆地 | 94°29′ | 36°15′ | | √ | | | √ | | | √ | | | | | √ | | | √ | | | √ | | | √ | | | √ | 1980-01 | |
| 81 | 观 14 | 省级 | 格尔木市东郊原油库 | 柴达木盆地 | 柴达木盆地 | 94°33′ | 36°14′ | | √ | | | √ | | | | √ | | | | √ | | | √ | | | √ | | | √ | | | √ | 1978-09 | |

## 续附表 12-2

| 序号 | 原编号 | 监测点级别 | 监测点位置 | 所属水文地质单元 | | 坐标 | | 监测点类型 | | | | 地下水类型 | | | 监测层位 | | | 监测项目 | | | | | 监测方法 | | 监测孔淤堵情况 | | | 监测井管破损程度 | | | 监测频率 | | 监测起始时间（年-月-日） | 是否作为修复井 |
|---|---|---|---|---|---|---|---|---|---|---|---|---|---|---|---|---|---|---|---|---|---|---|---|---|---|---|---|---|---|---|---|---|---|---|
| | | | | 一级单元 | 二级单元 | 东经 | 北纬 | 专门孔 | 机民井 | 泉或地下暗河 | 其他 | 孔隙水 | 岩溶水 | 裂隙水 | 潜水 | 承压水 | 多层监测 | 水位水质共用 | 流量水质共用 | 单测水位 | 单测水质 | 单测流量 | 人工 | 自动 | 严重 | 轻微 | 未淤堵 | 严重 | 轻微 | 完好 | 长测点 | 统测点 | | |
| 82 | 观 141 | 省级 | 格尔木市东郊原油库 | 柴达木盆地 | 柴达木盆地 | 94°33′ | 36°14′ | | √ | | | √ | | | √ | | | | | √ | | | √ | | | √ | | | √ | | | √ | 1980-11 | |
| 83 | 观 15 | 省级 | 格尔木市飞机场北约 4 km | 柴达木盆地 | 柴达木盆地 | 94°27′ | 36°16′ | | √ | | | √ | | | | √ | | | | √ | | | √ | | | √ | | | √ | | | √ | 1978-07 | |
| 84 | 观 16 | 省级 | 格尔木市北沿敦格公路 13.5 km | 柴达木盆地 | 柴达木盆地 | 94°34′ | 36°19′ | | √ | | | √ | | | | √ | | | | √ | | | √ | | | √ | | | √ | | | √ | 1978-08 | √ |
| 85 | 观 161 | 省级 | 格尔木市北沿敦格公路 13.5 km | 柴达木盆地 | 柴达木盆地 | 94°34′ | 36°19′ | | √ | | | √ | | | √ | | | | | √ | | | √ | | | √ | | | √ | | | √ | 1980-01 | |
| 86 | 观 17 | 国家级 | 格尔木市北沿敦格公路 10 km | 柴达木盆地 | 柴达木盆地 | 94°33′ | 36°17′ | | √ | | | √ | | | | √ | | | | √ | | | √ | | | √ | | | √ | | √ | | 1979-04 | √ |
| 87 | 观 171 | 省级 | 格尔木市北沿敦格公路 10 km | 柴达木盆地 | 柴达木盆地 | 94°33′ | 36°17′ | | √ | | | √ | | | √ | | | | | √ | | | √ | | | √ | | | √ | | | √ | 1980-01 | |
| 88 | 观 181 | 省级 | 格尔木公墓北 | 柴达木盆地 | 柴达木盆地 | 94°33′ | 36°16′ | | √ | | | √ | | | √ | | | | | √ | | | √ | | | √ | | | √ | | | √ | | |
| 89 | 观 182 | 省级 | 格尔木公墓北 | 柴达木盆地 | 柴达木盆地 | 94°33′ | 36°16′ | | √ | | | √ | | | √ | | | | | √ | | | √ | | | √ | | | √ | | | √ | | √ |
| 90 | 观 23 | 国家级 | 格尔木市原探矿队院内 | 柴达木盆地 | 柴达木盆地 | 94°32′ | 36°14′ | | √ | | | √ | | | | √ | | | | √ | | | | √ | | √ | | | √ | | √ | | 1975-11 | √ |
| 91 | 观 26 | 省级 | 格尔木市地震台院内 | 柴达木盆地 | 柴达木盆地 | 94°31′ | 36°15′ | | √ | | | √ | | | | √ | | | | √ | | | √ | | | √ | | | √ | | | √ | 1979-06 | √ |
| 92 | 观 261 | 省级 | 格尔木市地震台院内 | 柴达木盆地 | 柴达木盆地 | 94°31′ | 36°15′ | | √ | | | √ | | | √ | | | | | √ | | | √ | | | √ | | | √ | | | √ | | |
| 93 | 观 27 | 省级 | 格尔木市东南沿铁路 5 km | 柴达木盆地 | 柴达木盆地 | 94°33′ | 36°13′ | | √ | | | √ | | | √ | | | | | √ | | | √ | | | √ | | | √ | | | √ | 1978-08 | |
| 94 | 观 28 | 省级 | 格尔木市东农场三队北面 | 柴达木盆地 | 柴达木盆地 | 94°35′ | 36°14′ | | √ | | | √ | | | | √ | | | | √ | | | √ | | | √ | | | √ | | | √ | 1978-08 | |
| 95 | 观 282 | 省级 | 格尔木市东农场三队北面 | 柴达木盆地 | 柴达木盆地 | 94°35′ | 36°14′ | | √ | | | √ | | | √ | | | | | √ | | | √ | | | √ | | | √ | | | √ | 1983-01 | |
| 96 | 观 32 | 省级 | 格尔木市大站混合库院东 | 柴达木盆地 | 柴达木盆地 | 94°31′ | 36°14′ | | √ | | | √ | | | √ | | | | | √ | | | √ | | | √ | | | √ | | | √ | 1980-09 | |

续附表 12-2

| 序号 | 原编号 | 监测点级别 | 监测点位置 | 所属水文地质单元 | | 坐标 | | 监测点类型 | | | | 地下水类型 | | | 监测层位 | | | 监测项目 | | | | | 监测方法 | | 监测孔淤堵情况 | | | 监测井管破损程度 | | | 监测频率 | | 监测起始时间（年-月-日） | 是否作为修复井 |
|---|---|---|---|---|---|---|---|---|---|---|---|---|---|---|---|---|---|---|---|---|---|---|---|---|---|---|---|---|---|---|---|---|---|---|
| | | | | 一级单元 | 二级单元 | 东经 | 北纬 | 专门孔 | 机民井 | 泉或地下暗河 | 其他 | 孔隙水 | 岩溶水 | 裂隙水 | 潜水 | 承压水 | 多层监测 | 水位水质共用 | 流量水质共用 | 单测水位 | 单测水质 | 单测流量 | 人工 | 自动 | 严重 | 轻微 | 未淤堵 | 严重 | 轻微 | 完好 | 长测点 | 统测点 | | |
| 97 | 观 321 | 省级 | 格尔木市大站混合库院东 | 柴达木盆地 | 柴达木盆地 | 94°31′ | 36°14′ | | √ | | | √ | | | √ | | | | | √ | | | √ | | | √ | | | √ | | | √ | 1980-09 | |
| 98 | 观 33 | 省级 | 格尔木市飞机场西南观 1 南 4.5 km | 柴达木盆地 | 柴达木盆地 | 94°24′ | 36°12′ | | √ | | | √ | | | √ | | | | | √ | | | √ | | | √ | | | √ | | | √ | 1980-10 | √ |
| 99 | 观 36 | 省级 | 格尔木市西农场场部 | 柴达木盆地 | 柴达木盆地 | 94°21′ | 36°14′ | | √ | | | √ | | | | √ | | | | √ | | | | √ | | √ | | | √ | | | √ | 1985-03 | √ |
| 100 | 观 361 | 省级 | 格尔木市西农场场部 | 柴达木盆地 | 柴达木盆地 | 94°21′ | 36°14′ | | √ | | | √ | | | √ | | | | | √ | | | √ | | | √ | | | √ | | | √ | 1985-03 | |
| 101 | 观 37 | 省级 | 格尔木市东农场场部 | 柴达木盆地 | 柴达木盆地 | 95°25′ | 36°14′ | | √ | | | √ | | | | √ | | | | √ | | | √ | | | √ | | | √ | | | √ | 1985-04 | √ |
| 102 | 观 371 | 省级 | 格尔木市东农场场部 | 柴达木盆地 | 柴达木盆地 | 95°25′ | 36°14′ | | √ | | | √ | | | √ | | | | | √ | | | √ | | | √ | | | √ | | | √ | 1985-04 | |
| 103 | 观 38 | 省级 | 格尔木市飞机场南 8 km 西干渠西岸 | 柴达木盆地 | 柴达木盆地 | 94°27′ | 36°12′ | | √ | | | √ | | | √ | | | | | √ | | | √ | | | √ | | | √ | | | √ | 1985-03 | √ |
| 104 | 观 39 | 省级 | 格尔木市南沿青藏公路 22 km | 柴达木盆地 | 柴达木盆地 | 94°27′ | 36°08′ | | √ | | | √ | | | √ | | | | | √ | | | √ | | | √ | | | √ | | √ | | 1985-07 | |
| 105 | 观 42 | 省级 | 格尔木市人民医院内 | 柴达木盆地 | 柴达木盆地 | 94°32′ | 36°25′ | | √ | | | √ | | | √ | | | | | √ | | | √ | | | √ | | | √ | | | √ | 1985-09 | |
| 106 | 观 44 | 省级 | 格尔木市园艺场铁路桥 100 m | 柴达木盆地 | 柴达木盆地 | 94°33′ | 36°14′ | | √ | | | √ | | | √ | | | | | √ | | | √ | | | √ | | | √ | | | √ | 1985-01 | |
| 107 | 观 45 | 省级 | 格尔木原屠宰场院内 | 柴达木盆地 | 柴达木盆地 | 94°32′ | 36°15′ | | √ | | | √ | | | √ | | | | | √ | | | √ | | | √ | | | √ | | | √ | 1985-01 | |
| 108 | 观 46 | 省级 | 格尔木市青藏公路里程碑 808.5 km 西 | 柴达木盆地 | 柴达木盆地 | 94°27′ | 36°06′ | | √ | | | √ | | | √ | | | | | √ | | | √ | | | √ | | | √ | | | √ | 1990-03 | √ |
| 109 | 观 47 | 省级 | 格尔木市南青藏公路 16.5 km | 柴达木盆地 | 柴达木盆地 | 94°28′ | 36°10′ | | √ | | | √ | | | √ | | | | | √ | | | √ | | | √ | | | √ | | | √ | 1992-01 | √ |
| 110 | 观 49 | 国家级 | 格尔木市南约 30 km | 柴达木盆地 | 柴达木盆地 | 94°28′ | 36°08′ | | √ | | | √ | | | | √ | | | | √ | | | √ | | | √ | | | √ | | | √ | 1992-03 | √ |
| 111 | 观 51 | 省级 | 格尔木市南基准点 2 924.9 东 4 km | 柴达木盆地 | 柴达木盆地 | 94°30′ | 36°10′ | | √ | | | √ | | | | √ | | | | √ | | | √ | | | √ | | | √ | | | √ | 1990-03 | √ |

**续附表 12-2**

| 序号 | 原编号 | 监测点级别 | 监测点位置 | 所属水文地质单元 | | 坐标 | | 监测点类型 | | | | 地下水类型 | | | 监测层位 | | | 监测项目 | | | | | 监测方法 | | 监测孔淤堵情况 | | | 监测井管破损程度 | | | 监测频率 | | 监测起始时间（年-月-日） | 是否作为修复井 |
|---|---|---|---|---|---|---|---|---|---|---|---|---|---|---|---|---|---|---|---|---|---|---|---|---|---|---|---|---|---|---|---|---|---|---|
| | | | | 一级单元 | 二级单元 | 东经 | 北纬 | 专门孔 | 机民井 | 泉或地下暗河 | 其他 | 孔隙水 | 岩溶水 | 裂隙水 | 潜水 | 承压水 | 多层监测 | 水位水质共用 | 流量水质共用 | 单测水位 | 单测水质 | 单测流量 | 人工 | 自动 | 严重 | 轻微 | 未淤堵 | 严重 | 轻微 | 完好 | 长测点 | 统测点 | | |
| 112 | 观 52 | 省级 | 格尔木市飞机场西南 | 柴达木盆地 | 柴达木盆地 | 94°24′ | 36°11′ | | √ | | | √ | | | √ | | | | | √ | | | √ | | | √ | | | √ | | | √ | 1990-03 | √ |
| 113 | 观 531 | 省级 | 格尔木市敦格公路 25 km | 柴达木盆地 | 柴达木盆地 | 95°00′ | 36°20′ | | √ | | | √ | | | √ | | | | | √ | | | √ | | | √ | | | √ | | | √ | 1989-08 | |
| 114 | 观 59 | 省级 | 格尔木市八一中学运动场西南角 | 柴达木盆地 | 柴达木盆地 | 94°31′ | 36°14′ | | √ | | | √ | | | √ | | | | | √ | | | √ | | | √ | | | √ | | | √ | 1990-09 | |
| 115 | 观 60 | 省级 | 格尔木市一中体育场东南角 | 柴达木盆地 | 柴达木盆地 | 94°32′ | 36°14′ | | √ | | | √ | | | √ | | | | | √ | | | √ | | | √ | | | √ | | | √ | 1990-09 | |
| 116 | 观 61 | 省级 | 格尔木市西藏军区招待所院内 | 柴达木盆地 | 柴达木盆地 | 94°33′ | 36°13′ | | √ | | | √ | | | √ | | | | | √ | | | √ | | | √ | | | √ | | | √ | 1990-09 | |
| 117 | 观 65 | 省级 | 格尔木西南戈壁滩 | 柴达木盆地 | 柴达木盆地 | 94°33′ | 36°13′ | | √ | | | √ | | | √ | | | | | √ | | | √ | | | √ | | | √ | | | √ | | √ |
| 118 | 钾观 1 | 省级 | 格尔木青钾水源地水厂院内 | 柴达木盆地 | 柴达木盆地 | 94°30′ | 36°14′ | | √ | | | √ | | | √ | | | | | √ | | | √ | | | √ | | | √ | | | √ | | √ |
| 119 | 钾观 5 | 省级 | 格尔木市西水源地 | 柴达木盆地 | 柴达木盆地 | 94°30′ | 36°14′ | | √ | | | √ | | | √ | | | | | √ | | | √ | | | √ | | | √ | | | √ | | √ |
| 120 | 电渗 4 | 省级 | 格尔木市乃吉里水电站路东约 50 m | 柴达木盆地 | 柴达木盆地 | 94°27′ | 36°05′ | | √ | | | √ | | | √ | | | | | √ | | | √ | | | √ | | | √ | | | √ | | |
| 121 | zh21 | 省级 | 格尔木炼油厂氧化塘东南角 | 柴达木盆地 | 柴达木盆地 | 99°31′ | 36°15′ | | √ | | | √ | | | √ | | | | | √ | | | √ | | | √ | | | √ | | | √ | | |
| 122 | zh22 | 省级 | 格尔木炼油厂氧化塘东南角 | 柴达木盆地 | 柴达木盆地 | 99°31′ | 36°15′ | | √ | | | √ | | | √ | | | | | √ | | | √ | | | √ | | | √ | | | √ | | |
| 123 | zh23 | 省级 | 格尔木炼油厂氧化塘东南角 | 柴达木盆地 | 柴达木盆地 | 99°31′ | 36°15′ | | √ | | | √ | | | √ | | | | | √ | | | √ | | | √ | | | √ | | | | | |
| 124 | zh27 | 省级 | 格尔木炼油厂氧化塘东南角 | 柴达木盆地 | 柴达木盆地 | 99°31′ | 36°15′ | | √ | | | √ | | | √ | | | | | √ | | | √ | | | √ | | | √ | | | √ | | |
| 125 | zh28 | 省级 | 格尔木炼油厂氧化塘东南角 | 柴达木盆地 | 柴达木盆地 | 99°31′ | 36°15′ | | √ | | | √ | | | √ | | | | | √ | | | √ | | | √ | | | √ | | | √ | | |
| 126 | 47 | 省级 | 格尔木察尔汗地区 | 柴达木盆地 | 柴达木盆地 | 95°11′ | 36°33′ | | √ | | | √ | | | √ | | | | | √ | | | √ | | | √ | | | √ | | | √ | 1990-09 | |

**续附表 12-2**

| 序号 | 原编号 | 监测点级别 | 监测点位置 | 所属水文地质单元 | | 坐标 | | 监测点类型 | | | | 地下水类型 | | | 监测层位 | | | 监测项目 | | | | | 监测方法 | | 监测孔淤堵情况 | | | 监测井管破损程度 | | | 监测频率 | | 监测起始时间（年-月-日） | 是否作为修复井 |
|---|---|---|---|---|---|---|---|---|---|---|---|---|---|---|---|---|---|---|---|---|---|---|---|---|---|---|---|---|---|---|---|---|---|---|
| | | | | 一级单元 | 二级单元 | 东经 | 北纬 | 专门孔 | 机民井 | 泉或地下暗河 | 其他 | 孔隙水 | 岩溶水 | 裂隙水 | 潜水 | 承压水 | 多层监测 | 水位水质共用 | 流量水质共用 | 单测水位 | 单测水质 | 单测流量 | 人工 | 自动 | 严重 | 轻微 | 未淤堵 | 严重 | 轻微 | 完好 | 长测点 | 统测点 | | |
| 127 | 54 | 省级 | 格尔木察尔汗地区 | 柴达木盆地 | 柴达木盆地 | 95°00′ | 36°22′ | | √ | | | √ | | | √ | | | | | √ | | | √ | | | √ | | | √ | | | √ | 1991-04 | |
| 128 | 55 | 省级 | 格尔木察尔汗地区 | 柴达木盆地 | 柴达木盆地 | 95°02′ | 36°24′ | | √ | | | √ | | | √ | | | | | √ | | | √ | | | √ | | | √ | | | √ | 1991-05 | |
| 129 | 59 | 省级 | 格尔木察尔汗地区 | 柴达木盆地 | 柴达木盆地 | 95°11′ | 36°32′ | | √ | | | √ | | | √ | | | | | √ | | | √ | | | √ | | | √ | | | √ | 1990-09 | |
| 130 | 72 | 省级 | 格尔木察尔汗地区 | 柴达木盆地 | 柴达木盆地 | 95°14′ | 36°30′ | | √ | | | √ | | | √ | | | | | √ | | | √ | | | √ | | | √ | | | √ | 1997 | |
| 131 | 130 | 省级 | 格尔木察尔汗地区 | 柴达木盆地 | 柴达木盆地 | 95°12′ | 36°31′ | | √ | | | √ | | | √ | | | | | √ | | | √ | | | √ | | | √ | | | √ | 1990-09 | |
| 132 | 1301 | 省级 | 格尔木察尔汗地区 | 柴达木盆地 | 柴达木盆地 | 95°12′ | 36°31′ | | √ | | | √ | | | √ | | | | | √ | | | √ | | | √ | | | √ | | | √ | | |
| 133 | 133 | 省级 | 格尔木察尔汗地区 | 柴达木盆地 | 柴达木盆地 | 95°14′ | 36°32′ | | √ | | | √ | | | √ | | | | | √ | | | √ | | | √ | | | √ | | | √ | 1997 | |
| 134 | 135 | 省级 | 格尔木察尔汗地区 | 柴达木盆地 | 柴达木盆地 | 95°14′ | 36°31′ | | √ | | | √ | | | √ | | | | | √ | | | √ | | | √ | | | √ | | | √ | 1997 | |
| 135 | 141 | 省级 | 格尔木察尔汗地区 | 柴达木盆地 | 柴达木盆地 | 95°16′ | 36°31′ | | √ | | | √ | | | √ | | | | | √ | | | √ | | | √ | | | √ | | | √ | 2001-08 | |
| 136 | 145 | 省级 | 格尔木察尔汗地区 | 柴达木盆地 | 柴达木盆地 | 95°16′ | 36°28′ | | √ | | | √ | | | √ | | | | | √ | | | √ | | | √ | | | √ | | | √ | 2001-08 | |
| 137 | 148 | 省级 | 格尔木察尔汗地区 | 柴达木盆地 | 柴达木盆地 | 95°16′ | 36°27′ | | √ | | | √ | | | √ | | | | | √ | | | √ | | | √ | | | √ | | | √ | 2001-08 | |
| 138 | 154 | 省级 | 格尔木察尔汗地区 | 柴达木盆地 | 柴达木盆地 | 95°17′ | 36°31′ | | √ | | | √ | | | √ | | | | | √ | | | √ | | | √ | | | √ | | | √ | 2001-08 | |
| 139 | 158 | 省级 | 格尔木察尔汗地区 | 柴达木盆地 | 柴达木盆地 | 95°17′ | 36°28′ | | √ | | | √ | | | √ | | | | | √ | | | √ | | | √ | | | √ | | | √ | 2001-08 | |
| 140 | 160 | 省级 | 格尔木察尔汗地区 | 柴达木盆地 | 柴达木盆地 | 95°12′ | 36°31′ | | √ | | | √ | | | √ | | | | | √ | | | √ | | | √ | | | √ | | | √ | 1990-09 | |
| 141 | 167 | 省级 | 格尔木察尔汗地区 | 柴达木盆地 | 柴达木盆地 | 95°19′ | 36°31′ | | √ | | | √ | | | √ | | | | | √ | | | √ | | | √ | | | √ | | | √ | 2001-08 | |

续附表 12-2

| 序号 | 原编号 | 监测点级别 | 监测点位置 | 所属水文地质单元 | | 坐标 | | 监测点类型 | | | | 地下水类型 | | | 监测层位 | | | 监测项目 | | | | | 监测方法 | | 监测孔淤堵情况 | | | 监测井管破损程度 | | | 监测频率 | | 监测起始时间（年-月-日） | 是否作为修复井 |
|---|---|---|---|---|---|---|---|---|---|---|---|---|---|---|---|---|---|---|---|---|---|---|---|---|---|---|---|---|---|---|---|---|---|---|
| | | | | 一级单元 | 二级单元 | 东经 | 北纬 | 专门孔 | 机民井 | 泉或地下暗河 | 其他 | 孔隙水 | 岩溶水 | 裂隙水 | 潜水 | 承压水 | 多层监测 | 水位水质共用 | 流量水质共用 | 单测水位 | 单测水质 | 单测流量 | 人工 | 自动 | 严重 | 轻微 | 未淤堵 | 严重 | 轻微 | 完好 | 长测点 | 统测点 | | |
| 142 | 169 | 省级 | 格尔木察尔汗地区 | 柴达木盆地 | 柴达木盆地 | 95°18′ | 36°30′ | | √ | | | √ | | | √ | | | | | √ | | | √ | | | √ | | | √ | | | √ | 2001-08 | |
| 143 | 174 | 省级 | 格尔木察尔汗地区 | 柴达木盆地 | 柴达木盆地 | 95°19′ | 36°26′ | | √ | | | √ | | | | √ | | | | √ | | | √ | | | √ | | | √ | | | √ | 2001-08 | |
| 144 | 226 | 省级 | 格尔木察尔汗地区 | 柴达木盆地 | 柴达木盆地 | 95°14′ | 36°33′ | | √ | | | √ | | | √ | | | | | √ | | | √ | | | √ | | | √ | | | √ | 1997 | |
| 145 | 571 | 省级 | 格尔木察尔汗地区 | 柴达木盆地 | 柴达木盆地 | 95°13′ | 36°31′ | | √ | | | √ | | | √ | | | | | √ | | | √ | | | √ | | | √ | | | √ | 1997 | |
| 146 | 809 | 省级 | 格尔木察尔汗地区 | 柴达木盆地 | 柴达木盆地 | 95°10′ | 36°34′ | | √ | | | √ | | | √ | | | | | √ | | | √ | | | √ | | | √ | | | √ | 1997 | |
| 147 | 820 | 省级 | 格尔木察尔汗地区 | 柴达木盆地 | 柴达木盆地 | 95°11′ | 36°34′ | | √ | | | √ | | | √ | | | | | √ | | | √ | | | √ | | | √ | | | √ | 1997 | |
| 148 | 823 | 省级 | 格尔木察尔汗地区 | 柴达木盆地 | 柴达木盆地 | 95°11′ | 36°32′ | | √ | | | √ | | | √ | | | | | √ | | | √ | | | √ | | | √ | | | √ | 1990-09 | |
| 149 | 826主 | 省级 | 格尔木察尔汗地区 | 柴达木盆地 | 柴达木盆地 | 95°11′ | 36°31′ | | √ | | | √ | | | √ | | | | | √ | | | √ | | | √ | | | √ | | | √ | 1990-09 | |
| 150 | 8261 | 省级 | 格尔木察尔汗地区 | 柴达木盆地 | 柴达木盆地 | 95°11′ | 36°31′ | | √ | | | √ | | | √ | | | | | √ | | | √ | | | √ | | | √ | | | √ | 1990-09 | |
| 151 | 8262 | 省级 | 格尔木察尔汗地区 | 柴达木盆地 | 柴达木盆地 | 95°11′ | 36°31′ | | √ | | | √ | | | √ | | | | | √ | | | √ | | | √ | | | √ | | | √ | 1990-09 | |
| 152 | 8263 | 省级 | 格尔木察尔汗地区 | 柴达木盆地 | 柴达木盆地 | 95°11′ | 36°31′ | | √ | | | √ | | | √ | | | | | √ | | | √ | | | √ | | | √ | | | √ | 1990-09 | |
| 153 | 8264 | 省级 | 格尔木察尔汗地区 | 柴达木盆地 | 柴达木盆地 | 95°11′ | 36°31′ | | √ | | | √ | | | √ | | | | | √ | | | √ | | | √ | | | √ | | | √ | 1990-09 | |
| 154 | 839 | 省级 | 格尔木察尔汗地区 | 柴达木盆地 | 柴达木盆地 | 95°12′ | 36°32′ | | √ | | | √ | | | √ | | | | | √ | | | √ | | | √ | | | √ | | | √ | 1990-09 | |
| 155 | 851 | 省级 | 格尔木察尔汗地区 | 柴达木盆地 | 柴达木盆地 | 95°13′ | 36°33′ | | √ | | | √ | | | √ | | | | | √ | | | √ | | | √ | | | √ | | | √ | 1997 | |
| 156 | 8511 | 省级 | 格尔木察尔汗地区 | 柴达木盆地 | 柴达木盆地 | 95°13′ | 36°33′ | | √ | | | √ | | | √ | | | | | √ | | | √ | | | √ | | | √ | | | √ | 1997 | |

## 续附表 12-2

| 序号 | 原编号 | 监测点级别 | 监测点位置 | 所属水文地质单元 | | 坐标 | | 监测点类型 | | | | 地下水类型 | | | 监测层位 | | | 监测项目 | | | | | 监测方法 | | 监测孔淤堵情况 | | | 监测井管破损程度 | | | 监测频率 | | 监测起始时间（年-月-日） | 是否作为修复井 |
|---|---|---|---|---|---|---|---|---|---|---|---|---|---|---|---|---|---|---|---|---|---|---|---|---|---|---|---|---|---|---|---|---|---|---|
| | | | | 一级单元 | 二级单元 | 东经 | 北纬 | 专门孔 | 机民井 | 泉或地下暗河 | 其他 | 孔隙水 | 岩溶水 | 裂隙水 | 潜水 | 承压水 | 多层监测 | 水位水质共用 | 流量水质共用 | 单测水位 | 单测水质 | 单测流量 | 人工 | 自动 | 严重 | 轻微 | 未淤堵 | 严重 | 轻微 | 完好 | 长测点 | 统测点 | | |
| 157 | sk2 | 省级 | 格尔木察尔汗地区 | 柴达木盆地 | 柴达木盆地 | 95°12′ | 36°33′ | | √ | | | √ | | | √ | | | | | √ | | | √ | | | √ | | | √ | | | √ | 1997 | |
| 158 | zh1 | 省级 | 格尔木察尔汗地区 | 柴达木盆地 | 柴达木盆地 | 95°10′ | 36°28′ | | √ | | | √ | | | | √ | | | | √ | | | √ | | | √ | | | √ | | | √ | 1992-09 | |
| 159 | zh3 | 省级 | 格尔木察尔汗地区 | 柴达木盆地 | 柴达木盆地 | 95°11′ | 36°28′ | | √ | | | √ | | | √ | | | | | √ | | | √ | | | √ | | | √ | | | √ | 2001-08 | |
| 160 | zh4 | 省级 | 格尔木察尔汗地区 | 柴达木盆地 | 柴达木盆地 | 95°12′ | 36°28′ | | √ | | | √ | | | √ | | | | | √ | | | √ | | | √ | | | √ | | | √ | 1992-09 | |
| 161 | zh8 | 省级 | 格尔木察尔汗地区 | 柴达木盆地 | 柴达木盆地 | 95°12′ | 36°30′ | | √ | | | √ | | | √ | | | | | √ | | | √ | | | √ | | | √ | | | √ | 1992-09 | |
| 162 | 观 21 | 省级 | 格尔木察尔汗地区 | 柴达木盆地 | 柴达木盆地 | 95°11′ | 36°30′ | | √ | | | √ | | | | √ | | | | √ | | | √ | | | √ | | | √ | | | √ | 1990-09 | |
| 163 | 达布逊湖 | 省级 | 格尔木察尔汗地区 | 柴达木盆地 | 柴达木盆地 | 95°08′ | 36°35′ | | √ | | | √ | | | √ | | | | | √ | | | √ | | | √ | | | √ | | | √ | | |
| 164 | 东北角采卤渠 | 省级 | 格尔木察尔汗地区 | 柴达木盆地 | 柴达木盆地 | 95°18′ | 36°33′ | | √ | | | √ | | | √ | | | | | √ | | | √ | | | √ | | | √ | | | √ | | |

## 附表 13　青海省水文站网受水利工程影响分析一览

| 序号 | 测站编码 | 水系 | 河名 | 流入何处 | 站名 | 流域面积 $F$ ($km^2$) | 1956～2000 年实测径流量多年均值 $W$(亿 $m^3$) | 水资源开发利用耗水量(亿 $m^3$) | | | | 还原径流量（亿 $m^3$） | 耗水量占还原径流量比重（%） | 水库集水面积统计 $\Sigma f$ （$km^2$） | 有效库容 $\Sigma V$ （万 $m^3$） | $\Sigma f/F$（%）($k_2$) | $\Sigma V/W$（%）($k_3$) | 影响率（%） | 影响程度判断 |
|---|---|---|---|---|---|---|---|---|---|---|---|---|---|---|---|---|---|---|---|
| | | | | | | | | 取水口规模以上 | 取水口规模以下 | 规模以上机电井 | 合计 | | | | | | | | |
| 1 | 1004500 | 库尔雷克湖 | 巴音河 | 库尔雷克湖 | 德令哈(三) | 7281 | 3.1967 | 0.375 | 0.0001 | 0.0003 | 0.3754 | 3.5721 | 10.51 | — | — | — | — | 11 | 中等影响 |
| 2 | 1005410 | 都兰湖 | 都兰河 | 库尔雷克湖 | 上尕巴 | 1107 | 0.4326 | 0.0696 | 0.004 | 0.016 | 0.0896 | 0.5222 | 17.16 | — | — | — | — | 17 | 中等影响 |
| 3 | 1006100 | 都兰湖 | 赛什克河 | 都兰湖 | 南沙 | 987 | 0.2808 | 0.0024 | 0.0071 | 0 | 0.0095 | 0.2902 | 3.27 | — | — | — | — | 3 | 轻微影响 |
| 4 | 1100500 | 霍布逊湖 | 托索河 | 香日德河 | 千瓦鄂博(二) | 9878 | 4.268 | 0 | 0.00008 | 0.001 | 0.00108 | 4.2691 | 0.03 | — | — | — | — | 0 | 轻微影响 |
| 5 | 1101400 | 霍布逊湖 | 察汗乌苏河 | 北霍布逊湖 | 察汗乌苏(二) | 4434 | 1.526 | 0.0173 | 0.0039 | 0 | 0.0212 | 1.5472 | 1.37 | — | — | — | — | 1 | 轻微影响 |

## 续附表 13

| 序号 | 测站编码 | 水系 | 河名 | 流入何处 | 站名 | 流域面积 $F$ ($km^2$) | 1956~2000年实测径流量多年均值 $W$(亿 $m^3$) | 水资源开发利用耗水量(亿 $m^3$) 取水口 规模以上 | 取水口 规模以下 | 规模以上机电井 | 合计 | 还原径流量(亿 $m^3$) | 耗水量占还原径流量比重(%) | 水库集水面积统计 $\sum f$ ($km^2$) | 有效库容 $\sum V$ (万 $m^3$) | $\sum f/F$ (%) ($k_2$) | $\sum V/W$ (%) ($k_3$) | 影响率(%) | 影响程度判断 |
|---|---|---|---|---|---|---|---|---|---|---|---|---|---|---|---|---|---|---|---|
| 6 | 1101800 | 霍布逊湖 | 夏日哈 | 江河 | 夏日哈 | 936 | 0.4121 | 0.1409 | 0.0006 | 0 | 0.1415 | 0.5536 | 25.56 | — | — | — | — | 26 | 中等影响 |
| 7 | 1105515 | 霍布逊湖 | 五龙沟 | 江河 | 五龙沟 | 983 | 0.274 | 0 | 0 | 0 | 0 | 0.274 | 0 | — | — | — | — | 0 | 轻微影响 |
| 8 | 1200640 | 达布逊湖 | 格尔木河 | 东达布逊湖 | 格尔木(四) | 19621 | 7.657 | 0 | 0 | 0.0013 | 0.0013 | 7.6583 | 0.02 | 19614 | 27546 | 99.96 | 36 | 36 | 中等影响 |
| 9 | 1202600 | 达布逊湖 | 奈金河 | 格尔木河 | 纳赤台(二) | 5973 | 3.821 | 0 | 0 | 0.0011 | 0.0011 | 3.8221 | 0.03 | — | — | — | — | 0 | 轻微影响 |
| 10 | 1300300 | 达布逊湖 | 布哈河 | 青海湖 | 布哈河口 | 14337 | 7.76 | 0.013 | 0.0012 | 0.0032 | 0.0174 | 7.7773 | 0.22 | — | — | — | — | 0 | 轻微影响 |
| 11 | 1300700 | 达布逊湖 | 吉尔孟 | 布哈河 | 吉尔孟 | 824 | 0.5411 | 0 | 0.0014 | 0 | 0.0014 | 0.5421 | 0.26 | — | — | — | — | 0 | 轻微影响 |
| 12 | 1300950 | 达布逊湖 | 泉吉河 | 布哈河 | 泉吉 | 585 | 0.4895 | 0 | 0.006 | 0 | 0.006 | 0.4954 | 1.21 | — | — | — | — | 1 | 轻微影响 |
| 13 | 1301125 | 达布逊湖 | 依克乌兰河 | 布哈河 | 刚察(二) | 1442 | 2.507 | 0.0904 | 0.0147 | 0.001 | 0.1061 | 2.6131 | 4.06 | — | — | — | — | 4 | 轻微影响 |
| 14 | 40200850 | 黄河 | 泽曲 | 黄河 | 优干宁 | 2799 | 4.674 | 0 | 0.009 | 0 | 0.009 | 4.683 | 0.19 | — | — | — | — | 0 | 轻微影响 |
| 15 | 40201100 | 黄河 | 曲什安河 | 黄河 | 大米滩 | 5786 | 7.896 | 0.0031 | 0.0112 | 0 | 0.0143 | 7.9103 | 0.18 | 5762 | 11365 | 99.59 | 15 | 15 | 显著影响 |
| 16 | 40201500 | 黄河 | 大河坝河 | 黄河 | 上村 | 3977 | 3.234 | 0.0046 | 0.0146 | 0 | 0.0192 | 3.2532 | 0.59 | — | — | — | — | 1 | 严重影响 |
| 17 | 40201900 | 黄河 | 大河坝河 | 黄河 | 拉曲(三) | 1664 | 1.3025 | 0.0756 | 0.000017 | 0.0004 | 0.076017 | 1.3785 | 5.51 | — | — | — | — | 6 | 轻微影响 |
| 18 | 40202700 | 黄河 | 隆务河 | 黄河 | 同仁 | 2832 | 4.44 | 0.0065 | 0.0321 | 0 | 0.0386 | 4.4786 | 0.86 | 800 | 3420 | 28 | 8 | 9 | 轻微影响 |
| 19 | 40203250 | 黄河 | 街子河 | 黄河 | 三兰巴海 | 255 | 0.2618 | 0 | 0.0318 | 0 | 0.0318 | 0.2936 | 10.83 | 37.97 | 230.3 | 15 | 9 | 20 | 中等影响 |
| 20 | 40203000 | 黄河 | 巴燕沟 | 黄河 | 化隆 | 217 | 0.102 | 0.011 | 0.0054 | 0 | 0.0164 | 0.1184 | 13.85 | 0 | 209.8 | 0 | 21 | 34 | 中等影响 |
| 21 | 40203300 | 黄河 | 清水 | 黄河 | 清水 | 689 | 0.5487 | 0.0506 | 0.1011 | 0 | 0.1517 | 0.7003 | 21.66 | 20.5 | 83 | 3 | 2 | 23 | 中等影响 |
| 22 | 40400110 | 湟水 | 湟水 | 黄河 | 海晏(三) | 1377 | 1.2185 | 0.2957 | 0.0005 | 0.0185 | 0.3147 | 1.5331 | 20.53 | — | — | — | — | 21 | 中等影响 |
| 23 | 40400190 | 湟水 | 湟水 | 黄河 | 湟源 | 3027 | 2.898 | 0.3318 | 0.0457 | 0.0233 | 0.4008 | 3.2988 | 12.15 | 1536 | 2660 | 51 | 9 | 21 | 中等影响 |
| 24 | 40400400 | 湟水 | 湟水 | 黄河 | 西宁 | 9022 | 9.364 | 1.9674 | 0.1638 | 0.4256 | 2.5568 | 11.9208 | 21.45 | 2901 | 23936 | 32 | 26 | 47 | 中等影响 |
| 25 | 40400550 | 湟水 | 湟水 | 黄河 | 乐都 | 13025 | 13.24 | 3.2137 | 0.3748 | 0.4794 | 4.0679 | 17.3079 | 23.5 | 3159 | 26514 | 24 | 20 | 44 | 中等影响 |
| 26 | 40401700 | 湟水 | 拉拉沟 | 黄河 | 大华 | 155.8 | 0.1432 | 0.0063 | 0.0095 | 0.0033 | 0.0191 | 0.1623 | 11.77 | — | — | — | — | 12 | 中等影响 |
| 27 | 40401800 | 湟水 | 药水河 | 黄河 | 董家庄(三) | 636 | 0.793 | 0.0151 | 0.0301 | 0.0001 | 0.0453 | 0.8383 | 5.4 | — | — | — | — | 5 | 轻微影响 |
| 28 | 40402500 | 湟水 | 西纳川 | 黄河 | 西纳川(二) | 809 | 1.444 | 0.1464 | 0.0005 | 0 | 0.1469 | 1.591 | 9.23 | — | — | — | — | 9 | 轻微影响 |
| 29 | 40402550 | 湟水 | 云谷川 | 黄河 | 峡口 | 56.8 | 0.0848 | 0 | 0 | 0 | 0 | 0.0848 | 0 | — | — | — | — | 0 | 轻微影响 |
| 30 | 40403200 | 湟水 | 北川河 | 黄河 | 牛场 | 784 | 2.327 | 0 | 0 | 0 | 0 | 2.327 | 0 | — | — | — | — | 0 | 轻微影响 |
| 31 | 40403650 | 湟水 | 东峡 | 北川河 | 东峡 | 547 | 1.2537 | 0.019 | 0.011 | 0.0004 | 0.0304 | 1.2841 | 2.37 | — | — | — | — | 2 | 轻微影响 |

**续附表 13**

| 序号 | 测站编码 | 水系 | 河名 | 流入何处 | 站名 | 流域面积 F (km²) | 1956~2000年实测径流量多年均值 W(亿 m³) | 水资源开发利用耗水量(亿 m³) 取水口 规模以上 | 取水口 规模以下 | 规模以上机电井 | 合计 | 还原径流量(亿 m³) | 耗水量占还原径流量比重(%) | 水库集水面积统计 Σf (km²) | 有效库容 ΣV (万 m³) | Σf/F (%) ($k_2$) | ΣV/W (%) ($k_3$) | 影响率(%) | 影响程度判断 |
|---|---|---|---|---|---|---|---|---|---|---|---|---|---|---|---|---|---|---|---|
| 32 | 40403700 | 湟水 | 东峡 | 湟水 | 桥头(五) | 2774 | 6.09 | 0.2222 | 0.0583 | 0.6145 | 0.895 | 6.985 | 12.81 | 1043 | 16500 | 38 | 27 | 40 | 中等影响 |
| 33 | 40403900 | 湟水 | 东峡 | 湟水 | 朝阳 | 3365 | 5.725 | 0.5027 | 0.0781 | 0.6518 | 1.2326 | 6.9575 | 17.72 | 1043 | 16500 | 31 | 29 | 29 | 中等影响 |
| 34 | 40404400 | 湟水 | 黑林河 | 北川河 | 黑林(二) | 281 | 0.7852 | 0.0016 | 0.0029 | 0 | 0.0045 | 0.7897 | 0.57 | — | — | — | — | 1 | 轻微影响 |
| 35 | 40405800 | 湟水 | 南川河 | 湟水 | 南川河口(二) | 398 | 0.3944 | 0.0784 | 0.0194 | 0.0444 | 0.1422 | 0.5244 | 27.12 | 89.3 | 1347 | 22 | 35 | 61 | 显著影响 |
| 36 | 40406200 | 湟水 | 沙塘川 | 湟水 | 傅家寨(二) | 1112 | 1.102 | 0.271 | 0.0229 | 0.0361 | 0.33 | 1.432 | 23.04 | 218 | 1830 | 20 | 17 | 40 | 中等影响 |
| 37 | 40406700 | 湟水 | 小南川 | 湟水 | 王家庄 | 370 | 0.343 | 0.0862 | 0.0087 | 0 | 0.0949 | 0.4379 | 21.67 | 50 | 824.4 | 14 | 24 | 46 | 中等影响 |
| 38 | 40406850 | 湟水 | 红崖子沟 | 湟水 | 白马 | 256 | 0.3803 | 0.1415 | 0.0252 | 0 | 0.1667 | 0.547 | 30.48 | 21 | 357 | 8 | 9 | 40 | 中等影响 |
| 39 | 40407500 | 湟水 | 引胜沟 | 湟水 | 八里桥(三) | 464 | 0.8846 | 0.0191 | 0.0149 | 0.0062 | 0.0402 | 0.9248 | 4.35 | — | — | — | — | 4 | 轻微影响 |
| 40 | 40408900 | 湟水 | 巴州沟 | 湟水 | 吉家堡 | 192 | 0.28 | 0.0742 | 0.0043 | 0 | 0.0785 | 0.3585 | 21.9 | 17.24 | 166.3 | 9 | 6 | 28 | 中等影响 |
| 41 | 40410600 | 湟水 | 大通河 | 湟水 | 尕日得 | 4576 | 8.374 | 0 | 0 | 0.0001 | 0.0001 | 8.3741 | 0 | — | — | — | — | 0 | 轻微影响 |
| 42 | 40411100 | 湟水 | 白水河 | 药水河 | 白坡 | 221 | 0.7436 | 0.0011 | 0 | 0 | 0.0011 | 0.7447 | 0.15 | — | — | — | — | 0 | 轻微影响 |
| 43 | 40411010 | 湟水 | 大通河 | 湟水 | 青石嘴 | 8011 | 15.8364 | 0.3381 | 0.0005 | 0.0003 | 0.3389 | 16.1753 | 2.1 | 7893 | 74504 | 99 | 47 | 49 | 显著影响 |
| 44 | 40411200 | 湟水 | 讨拉沟 | 大通河 | 仙米 | 241 | 0.7524 | 0 | 0.0063 | 0 | 0.0063 | 0.7587 | 0.83 | — | — | — | — | 1 | 轻微影响 |
| 45 | 60100500 | 金沙江上段 | 沱沱河 | 通天河 | 沱沱河 | 15924 | 7.98 | 0 | 0 | 0 | 0 | 7.98 | 0 | — | — | — | — | 0 | 轻微影响 |
| 46 | 60100700 | 金沙江上段 | 通天河 | 通天河 | 直门达 | 137704 | 122 | 0.0004 | 0 | 0 | 0.0004 | 122.0004 | 0 | 5282 | 428 | 4 | 0 | 0 | 轻微影响 |
| 47 | 60201000 | 金沙江上段 | 布曲 | 通天河 | 雁石坪 | 4538 | 7.856 | 0 | 0 | 0 | 0 | 7.856 | 0 | — | — | — | — | 0 | 轻微影响 |
| 48 | 60201470 | 金沙江上段 | 益曲 | 通天河 | 隆宝滩 | 452 | 1.2504 | 0 | 0 | 0 | 0 | 1.2504 | 0 | — | — | — | — | 0 | 轻微影响 |
| 49 | 60201500 | 金沙江上段 | 巴塘河 | 通天河 | 新寨 | 2298 | 7.888 | 0 | 0.0007 | 0.0007 | 0.0014 | 7.8894 | 0.02 | 1930 | 435 | 84 | 1 | 1 | 轻微影响 |
| 50 | 60607550 | 大渡河 | 玛柯河 | 大渡河 | 班玛 | 4326 | 10.36 | 0.0006 | 0.0006 | 0 | 0.0012 | 10.3612 | 0.01 | — | — | — | — | 0 | 轻微影响 |
| 51 | 90202050 | 澜沧江 | 扎曲 | 澜沧江 | 香达(四) | 16959 | 43.51 | 0 | 0.0069 | 0 | 0.0069 | 43.5169 | 0.02 | 10764 | 665 | 63 | 0 | 0 | 轻微影响 |
| 52 | 90202800 | 澜沧江 | 子曲 | 澜沧江 | 下拉秀 | 4125 | 13.3807 | 0 | 0 | 0 | 0 | 13.3807 | 0 | — | — | — | — | 0 | 轻微影响 |

注：中小河流站网规划中提供的吉尔孟、拉曲、峡口、白马、仙米控制流域面积与使用等高线勾绘的流域面积差别较大，其中白马、仙米站控制流域面积超过河湖普查所在河流的流域面积；本次评价中这五个站流域面积由数字等高线勾绘量算；牛场站年均径流量采用 2002~2011 年系列；班玛年均径流量采用 2000~2012 年系列；朝阳站年均径流量采用 1996~2011 年系列，南川河口站年均径流量采用 1994~1999 年、2000~2011 年系列。

## 附表 14　青海省规划建设水文站基本情况一览

| 序号 | 流域 | 水系 | 河名 | 流入何处 | 站名 | 站类 | 站/断面地址 | 三级区 | 坐标 | | 海拔(m) | 集水面积($km^2$) | 资料项目 | | | | | 设站期限 | 附注 |
|---|---|---|---|---|---|---|---|---|---|---|---|---|---|---|---|---|---|---|---|
| | | | | | | | | | 东经 | 北纬 | | | 水位 | 流量 | 含沙量 | 降水 | 蒸发 | | |
| 1 | 内陆 | 达布逊湖 | 格尔木河 | 东达布逊湖 | 舒尔干 | 大河控制站 | 青海省格尔木市青藏公路53道班 | 昆仑山柴达木盆地过渡地带丘塬干旱区 | 94°47′ | 35°57′ | 3191 | 6800 | 1 | 1 | | 1 | | 近期 | 恢复 |
| 2 | 内陆 | 疏勒河 | 疏勒河 | — | 苏里 | 大河控制站 | 青海省天峻县苏里乡农业队 | 哈拉湖高山湖盆冻融侵蚀半干旱区 | 98°01′ | 38°40′ | 3687 | 6700 | 1 | 1 | | 1 | | 近期 | |
| 3 | 长江 | 金沙江上段 | 楚玛尔河 | 长江 | 曲麻河 | 大河控制站 | 青海省曲麻莱县曲麻河乡 | 长江源头高山冻融半干旱区 | 94°56′ | 34°51′ | 4669 | 21100 | 1 | 1 | | 1 | | 近期 | |
| 4 | 黄河 | 黄河 | 切木曲 | 黄河 | 玛沁 | 大河控制站 | 玛沁县切木曲桥 | 黄河峡谷段山地丘陵水力侵蚀半干旱区 | 100°08′ | 34°49′ | 3305 | 5550 | 1 | 1 | | 1 | | 远期 | |
| 5 | 长江 | 金沙江上段 | 长江 | — | 囊极巴陇 | 大河控制站 | 青海省治多县囊极巴陇公路桥处 | 长江源头高山冻融半干旱区 | 93°01′ | 34°09′ | 4463 | 50336 | 1 | 1 | | 1 | | 近期 | |
| 6 | 长江 | 金沙江上段 | 当曲 | 长江 | 当曲 | 大河控制站 | 青海省格尔木市唐古拉山乡 | 长江源头高山冻融半干旱区 | 92°46′ | 33°43′ | 4546 | | 1 | 1 | | | | 近期 | |
| 7 | 长江 | 金沙江上段 | 色吾曲 | 长江 | 色吾桥 | 大河控制站 | 青海省曲麻莱县色吾河大桥 | 长江源头高山冻融半干旱区 | 95°22′ | 34°32′ | 4183 | 6699 | 1 | 1 | | 1 | | 远期 | |
| 8 | 黄河 | 黄河 | 多曲 | 黄河 | 玛多 | 大河控制站 | 玛多县入湖口 | 黄河源头山丘冻融半干旱区 | 97°22′ | 34°48′ | 4294 | 5706 | 1 | 1 | | 1 | | 远期 | |
| 9 | 长江 | 金沙江上段 | 聂恰曲 | 长江 | 治多 | 大河控制站 | 青海省治多县县城 | 黄河源头山丘冻融半干旱区 | 95°36′ | 33°51′ | 4191 | 5721 | 1 | 1 | | 1 | | 近期 | |
| 10 | 内陆 | 黑河 | 黑河 | 居延海 | 黄藏寺 | 大河控制站 | | 祁连山北部冻融侵蚀半湿润区 | 100°10′ | 38°14′ | 2608 | | 1 | 1 | | 1 | 1 | 近期 | |
| 11 | 长江 | 金沙江上段 | 雅砻江 | 长江 | 珍秦 | 大河控制站 | 青海省称多县珍秦十村 | 青南高山草原冻融侵蚀半湿润区 | 97°41′ | 33°21′ | 4121 | 6671 | 1 | 1 | | 1 | | 远期 | |
| 12 | 澜沧江 | 澜沧江 | 扎曲 | 澜沧江 | 杂多 | 大河控制站 | 青海省杂多县城附近 | 青南高山林地水力侵蚀半湿润区 | 95°17′ | 32°53′ | | | 1 | 1 | | | | 近期 | |
| 13 | 澜沧江 | 澜沧江 | 昂曲 | 澜沧江 | 囊谦 | 大河控制站 | 青海省囊谦县吉曲乡沙岗 | 青南高山林地水力侵蚀半湿润区 | 96°02′ | 31°57′ | 3965 | 7100 | 1 | 1 | | 1 | | 远期 | |
| 14 | 内陆 | 巴戛柴达木湖 | 塔塔棱河 | | 卡克土 | 区域代表站 | 青海省大柴旦镇卡克土 | 祁连山柴达木盆地过渡地带山丘干旱区 | 96°13′ | 37°49′ | | 2076 | 1 | 1 | | 1 | | 远期 | |
| 15 | 霍布逊湖 | 霍布逊湖 | 卡克特尔河 | 柴达木河 | 卡克特儿 | 区域代表站 | | 沙珠玉河流域干旱区 | 98°10′ | 35°52′ | 3900 | 1991 | 1 | 1 | | 1 | | 近期 | 中小河流转变管理方式 |

**续附表 14**

| 序号 | 流域 | 水系 | 河名 | 流入何处 | 站名 | 站类 | 站/断面地址 | 三级区 | 坐标 |  | 海拔(m) | 集水面积($km^2$) | 资料项目 |  |  |  |  | 设站期限 | 附注 |
|---|---|---|---|---|---|---|---|---|---|---|---|---|---|---|---|---|---|---|---|
|  |  |  |  |  |  |  |  |  | 东经 | 北纬 |  |  | 水位 | 流量 | 含沙量 | 降水 | 蒸发 |  |  |
| 16 | 黄河 | 黄河 | 多钦安科郎 | 黄河 | 多钦 | 区域代表站 | 玛多县汇口处 | 黄河源头山丘冻融半干旱区 | 98°23′ | 34°43′ | 4225 | 1101 | 1 | 1 |  | 1 |  | 远期 |  |
| 17 | 黄河 | 黄河 | 黑河 | 热曲 | 江措 | 区域代表站 |  | 黄河源头山丘冻融半干旱区 | 98°02′ | 34°40′ | 1581 |  | 1 | 1 |  | 1 |  | 远期 |  |
| 18 | 长江 | 金沙江上段 | 东色吾曲 | 色吾曲 | 秋智 | 区域代表站 | 青海省曲麻莱县秋智乡 | 长江源头高山冻融半干旱区 | 95°39′ | 34°34′ | 4406 | 1010 | 1 | 1 |  | 1 |  | 远期 |  |
| 19 | 长江 | 金沙江上段 | 德曲 | 长江 | 巴干 | 区域代表站 | 青海省曲麻莱县巴干乡 | 长江源头高山冻融半干旱区 | 96°31′ | 33°53′ | 4131 |  | 1 | 1 |  | 1 |  | 远期 |  |
| 20 | 黄河 | 黄河上游区 | 大河坝河 | 黄河 | 纳亥雪 | 区域代表站 | 青海兴海县大河坝乡 | 共和—兴海荒漠草原风力侵蚀半干旱区 | 99°34′ | 35°46′ |  | 2676 | 1 | 1 |  | 1 |  | 远期 |  |
| 21 | 黄河 | 湟水 | 咸水沟 | 湟水 | 马场垣 | 小河站 | 民和县马场垣乡 | 湟水谷地浅山带强侵蚀半干旱区 | 102°54′ | 36°16′ | 1720 | 113 | 1 | 1 |  | 1 |  | 远期 | 兼区域代表站 |
| 22 | 黄河 | 湟水 | 隆治沟 | 湟水 | 隆治 | 小河站 | 民和县马场垣乡 | 湟水谷地脑山带强侵蚀半干旱区 | 102°49′ | 36°07′ | 1705 | 322 | 1 | 1 |  | 1 |  | 远期 | 兼区域代表站 |
| 23 | 黄河 | 黄河 | 西河 | 黄河 | 大史家 | 区域代表站 | 青海省贵德县大史家村 | 黄河干流黄土丘陵半干旱区 | 101°24′ | 36°01′ | 2232 | 862 | 1 | 1 | 1 | 1 | 1 | 近期 |  |
| 24 | 黄河 | 黄河 | 德拉河 | 黄河 | 上兰角 | 区域代表站 | 贵德县河东乡 | 黄河干流黄土丘陵半干旱区 | 101°28′ | 35°55′ | 2236 | 1105 | 1 | 1 |  | 1 |  | 远期 |  |
| 25 | 内陆 | 讨赖河 | 讨赖河 | 黑河 | 央龙 | 区域代表站 | 祁连县央龙乡托勒牧场 | 哈拉湖高山湖盆冻融侵蚀半干旱区 | 97°02′ | 39°06′ | 3043 | 2691 | 1 | 1 |  | 1 |  | 远期 |  |
| 26 | 内陆 | 青海湖 | 黑马河 | 青海湖 | 黑马河 | 小河站 | 共和县黑马河乡 | 青海湖山丘湖盆水力侵蚀半干旱区 | 99°46′ | 36°43′ | 4261 | 107 | 1 | 1 | 1 | 1 | 1 | 近期 | 兼区域代表站 |
| 27 | 澜沧江 | 澜沧江 | 隆曲 | 子曲 | 钢通隆 | 区域代表站 | 玉树县下拉秀镇 | 青南高山林地水力侵蚀半湿润区 | 96°36′ | 32°39′ | 3983 |  | 1 | 1 |  | 1 |  | 远期 |  |
| 28 | 黄河 | 黄河 | 芒拉河 | 黄河 | 拉曲(三) | 区域代表站 | 青海省海南藏族自治州贵南县芒拉镇 | 黄河峡谷段山地丘陵水力侵蚀半干旱区 | 100°44′ | 35°35′ | 3109 | 1664 | 1 | 1 | 1 | 1 | 1 | 近期 | 中小河流转变管理方式 |
| 29 | 黄河 | 黄河 | 泽曲 | 黄河 | 优干宁 | 区域代表站 | 青海省河南县优干宁镇泽曲1号桥上游35 m | 青南高山草原冻融侵蚀半湿润区 | 101°37′ | 34°43′ | 3525 | 2807 | 1 | 1 | 1 | 1 |  | 近期 | 中小河流转变管理方式 |

## 续附表 14

| 序号 | 流域 | 水系 | 河名 | 流入何处 | 站名 | 站类 | 站/断面地址 | 三级区 | 坐标 |  | 海拔(m) | 集水面积($km^2$) | 资料项目 |  |  |  |  | 设站期限 | 附注 |
|---|---|---|---|---|---|---|---|---|---|---|---|---|---|---|---|---|---|---|---|
|  |  |  |  |  |  |  |  |  | 东经 | 北纬 |  |  | 水位 | 流量 | 含沙量 | 降水 | 蒸发 |  |  |
| 30 | 黄河 | 黄河 | 街子河 | 黄河 | 三兰巴海 | 小河站 | 青海省循化撒拉族自治县街子镇三兰巴海村 | 黄河干流黄土丘陵半干旱区 | 102°25′ | 35°51′ | 1968 | 255 | 1 | 1 | 1 | 1 | 1 | 近期 | 中小河流转变管理方式 |
| 31 | 黄河 | 湟水水系 | 讨拉沟 | 大通河 | 仙米 | 小河站 | 门源回族自治县仙米乡尕德拉村 | 大通河流域高山盆地水力侵蚀半湿润区 | 102°00′ | 37°18′ | 2790 | 309 | 1 | 1 | 1 | 1 |  | 近期 | 中小河流转变管理方式 |
| 32 | 黄河 | 黄河 | 加让沟 | 黄河 | 马克堂 | 小河站 | 尖扎县马克堂镇 | 黄河干流黄土丘陵半干旱区 | 102°01′ | 35°56′ | 2070 | 254 | 1 | 1 |  | 1 |  | 近期 |  |
| 33 | 长江 | 金沙江上段 | 达考 | 聂恰曲 | 达考站 | 小河站 |  | 长江源头高山冻融半干旱区 | 95°43′ | 33°59′ | 4124 | 323 | 1 | 1 |  | 1 |  | 近期 |  |
| 34 | 黄河 | 湟水水系 | 永安河 | 湟水 | 皇城 | 小河站 | 青海省门源县皇城乡 | 大通河流域高山盆地水力侵蚀半湿润区 | 101°12′ | 37°35′ | 3100 | 358 | 1 | 1 |  | 1 |  | 远期 |  |
| 35 | 黄河 | 湟水水系 | 老虎沟 | 湟水 | 浩门 | 小河站 | 青海省门源县老虎沟浩门农场五大队 | 大通河流域高山盆地水力侵蚀半湿润区 | 101°34′ | 37°23′ | 2503 | 276 | 1 | 1 |  | 1 |  | 远期 |  |

## 附表 15　青海省规划新建独立降水量站基本情况一览

| 序号 | 流域 | 站名 | 地理位置 | 坐标 |  | 海拔(m) | 建设性质 | 所属单位 | 功能分类 | 规划时期 |
|---|---|---|---|---|---|---|---|---|---|---|
|  |  |  |  | 东经 | 北纬 |  |  |  |  |  |
| 1 | 内陆流域 | 花土沟镇中 | 茫崖行政委员会花土沟镇 | 90°52′ | 38°15′ | 2992 | 新建 | 格尔木分局 | 面雨量站 | 远期 |
| 2 | 内陆流域 | 冷湖镇 | 冷湖行政委员会冷湖镇 | 93°19′ | 38°44′ | 2786 | 新建 | 德令哈分局 | 面雨量站 | 远期 |
| 3 | 内陆流域 | 马海 | 大柴旦行政委员会马海 | 94°29′ | 38°03′ | 2832 | 新建 | 德令哈分局 | 面雨量站 | 远期 |
| 4 | 内陆流域 | 鱼卡乡 | 大柴旦行政委员会鱼卡乡 | 94°57′ | 38°01′ | 3213 | 新建 | 德令哈分局 | 面雨量站 | 远期 |
| 5 | 内陆流域 | 柴旦镇 | 大柴旦行政委员会柴旦镇 | 95°21′ | 37°51′ | 3193 | 新建 | 德令哈分局 | 面雨量站 | 远期 |
| 6 | 内陆流域 | 小柴旦 | 大柴旦行政委员会小柴旦 | 95°27′ | 37°32′ | 3181 | 新建 | 德令哈分局 | 面雨量站 | 远期 |
| 7 | 内陆流域 | 蓄集乡 | 德令哈市蓄集乡 | 97°48′ | 37°20′ | 3183 | 新建 | 德令哈分局 | 面雨量站 | 远期 |
| 8 | 内陆流域 | 尕河乡 | 天峻县尕河乡 | 97°43′ | 38°50′ | 3436 | 新建 | 青海湖分局 | 面雨量站 | 远期 |
| 9 | 内陆流域 | 苏里乡 | 天峻县苏里乡 | 98°01′ | 38°42′ | 3708 | 新建 | 青海湖分局 | 面雨量站 | 远期 |
| 10 | 内陆流域 | 木里乡 | 天峻县木里乡 | 99°06′ | 38°08′ | 4088 | 新建 | 青海湖分局 | 面雨量站 | 远期 |
| 11 | 黄河流域 | 苏青村 | 河南县宁木特乡苏青村 | 101°06′ | 34°39′ | 3671 | 新建 | 海东分局 | 面雨量站 | 远期 |

续附表 15

| 序号 | 流域 | 站名 | 地理位置 | 坐标 | | 海拔（m） | 建设性质 | 所属单位 | 功能分类 | 规划时期 |
|---|---|---|---|---|---|---|---|---|---|---|
| | | | | 东经 | 北纬 | | | | | |
| 12 | 黄河流域 | 秀甲村 | 河南县优干宁镇秀甲村 | 101°38′ | 34°52′ | 3584 | 新建 | 海东分局 | 面雨量站 | 远期 |
| 13 | 黄河流域 | 赛尔永村 | 河南县赛尔龙乡赛尔永村 | 101°10′ | 34°32′ | 3532 | 新建 | 海东分局 | 面雨量站 | 远期 |
| 14 | 黄河流域 | 柯生乡 | 河南县柯生乡 | 101°33′ | 34°12′ | 3413 | 新建 | 海东分局 | 面雨量站 | 远期 |
| 15 | 黄河流域 | 参美 | 河南县优干宁镇参美 | 101°47′ | 34°45′ | 3660 | 新建 | 海东分局 | 面雨量站 | 远期 |
| 16 | 黄河流域 | 宁赛 | 河南县多松乡宁塞 | 101°29′ | 34°31′ | 3706 | 新建 | 海东分局 | 面雨量站 | 远期 |
| 17 | 黄河流域 | 曲龙村 | 河南县赛尔龙乡曲龙村 | 101°47′ | 34°24′ | 3718 | 新建 | 海东分局 | 面雨量站 | 远期 |
| 18 | 黄河流域 | 尖克日村 | 河南县赛尔龙乡尖克日村 | 101°56′ | 34°32′ | 3452 | 新建 | 海东分局 | 面雨量站 | 远期 |
| 19 | 黄河流域 | 莫坝乡 | 达日县莫坝乡 | 99°38′ | 33°15′ | 4262 | 新建 | 玉树分局 | 面雨量站 | 远期 |
| 20 | 黄河流域 | 德昂乡 | 达日县德昂乡 | 100°07′ | 33°25′ | 4178 | 新建 | 玉树分局 | 面雨量站 | 远期 |
| 21 | 内陆流域 | 察汗 | 青海省格尔木市察汗盐湖万丈盐桥 | 95°15′ | 36°47′ | 2688 | 新建 | 格尔木分局 | 面雨量站 | 远期 |
| 22 | 内陆流域 | 东台吉乃尔 | 青海省格尔木市东台吉乃尔盐场入湖口公路旁 | 95°21′ | 36°55′ | 2683 | 新建 | 格尔木分局 | 面雨量站 | 远期 |
| 23 | 内陆流域 | 西大滩 | 青海省格尔木市西大滩 | 94°18′ | 35°44′ | 4165 | 新建 | 格尔木分局 | 面雨量站 | 远期 |
| 24 | 内陆流域 | 下大武 | 青海省玛沁县下大武乡 | 99°16′ | 34°59′ | 3980 | 新建 | 玉树分局 | 面雨量站 | 远期 |
| 25 | 内陆流域 | 雪山 | 青海省玛沁县雪山乡 | 99°43′ | 34°47′ | 3703 | 新建 | 玉树分局 | 面雨量站 | 远期 |
| 26 | 长江流域 | 曲麻河 | 曲麻莱县曲麻河乡 | 94°56′ | 34°51′ | 4286 | 新建 | 玉树分局 | 面雨量站 | 远期 |
| 27 | 长江流域 | 叶格 | 曲麻莱县叶格乡 | 95°20′ | 34°34′ | 4249 | 新建 | 玉树分局 | 面雨量站 | 远期 |
| 28 | 长江流域 | 曲麻莱县 | 曲麻莱县城东 | 95°47′ | 34°07′ | 4198 | 新建 | 玉树分局 | 面雨量站 | 远期 |
| 29 | 长江流域 | 东风 | 曲麻莱县东风乡 | 96°13′ | 34°05′ | 4353 | 新建 | 玉树分局 | 面雨量站 | 远期 |
| 30 | 长江流域 | 巴窝 | 曲麻莱县巴窝 | 96°22′ | 33°45′ | 3937 | 新建 | 玉树分局 | 面雨量站 | 远期 |
| 31 | 长江流域 | 同卡 | 治多县同卡村 | 95°44′ | 33°59′ | 4118 | 新建 | 玉树分局 | 面雨量站 | 远期 |
| 32 | 长江流域 | 扎河 | 治多县扎河乡 | 94°54′ | 34°15′ | 4560 | 新建 | 玉树分局 | 面雨量站 | 远期 |
| 33 | 长江流域 | 索加 | 治多县索加乡 | 93°41′ | 33°53′ | 4492 | 新建 | 玉树分局 | 面雨量站 | 远期 |
| 34 | 长江流域 | 日青 | 治多县日青村 | 95°52′ | 33°39′ | 4160 | 新建 | 玉树分局 | 面雨量站 | 远期 |
| 35 | 长江流域 | 日阿尺曲站 | 治多县日阿尺曲站 | 92°43′ | 34°28′ | 4578 | 新建 | 玉树分局 | 面雨量站 | 远期 |
| 36 | 澜沧江流域 | 食宿站 | 杂多县食宿站 | 95°54′ | 32°58′ | 4302 | 新建 | 玉树分局 | 面雨量站 | 远期 |
| 37 | 澜沧江流域 | 多那 | 杂多县多那村 | 95°33′ | 32°52′ | 4018 | 新建 | 玉树分局 | 面雨量站 | 远期 |
| 38 | 澜沧江流域 | 昂赛乡 | 杂多县昂赛乡 | 95°36′ | 32°46′ | 3964 | 新建 | 玉树分局 | 面雨量站 | 远期 |
| 39 | 澜沧江流域 | 扎青 | 杂多县扎青乡 | 95°10′ | 33°03′ | 4259 | 新建 | 玉树分局 | 面雨量站 | 远期 |

## 续附表 15

| 序号 | 流域 | 站名 | 地理位置 | 坐标 | | 海拔（m） | 建设性质 | 所属单位 | 功能分类 | 规划时期 |
|---|---|---|---|---|---|---|---|---|---|---|
| | | | | 东经 | 北纬 | | | | | |
| 40 | 澜沧江流域 | 结多 | 杂多县结多乡 | 95°18′ | 32°35′ | 4243 | 新建 | 玉树分局 | 面雨量站 | 远期 |
| 41 | 澜沧江流域 | 苏鲁 | 杂多县苏鲁乡 | 95°17′ | 32°29′ | 4422 | 新建 | 玉树分局 | 面雨量站 | 远期 |
| 42 | 澜沧江流域 | 阿多 | 杂多县阿多乡 | 95°03′ | 32°56′ | 4276 | 新建 | 玉树分局 | 面雨量站 | 远期 |
| 43 | 澜沧江流域 | 莫云 | 杂多县莫云乡 | 94°16′ | 33°09′ | 4542 | 新建 | 玉树分局 | 面雨量站 | 远期 |
| 44 | 长江流域 | 尕朵 | 称多县尕朵乡 | 96°41′ | 33°40′ | 3953 | 新建 | 玉树分局 | 面雨量站 | 远期 |
| 45 | 长江流域 | 岗钦 | 称多县岗钦 | 96°39′ | 34°12′ | 4517 | 新建 | 玉树分局 | 面雨量站 | 远期 |
| 46 | 长江流域 | 沙托牙格 | 称多县沙托牙格 | 97°20′ | 33°57′ | 4513 | 新建 | 玉树分局 | 面雨量站 | 远期 |
| 47 | 长江流域 | 隆仁达 | 称多县隆仁达 | 97°12′ | 33°35′ | 4378 | 新建 | 玉树分局 | 面雨量站 | 远期 |
| 48 | 长江流域 | 美苦 | 称多县美苦 | 96°46′ | 33°21′ | 3716 | 新建 | 玉树分局 | 面雨量站 | 远期 |
| 49 | 黄河流域 | 上店村 | 平安县小峡镇 | 96°00′ | 33°18′ | 2202 | 新建 | 海东分局 | 面雨量站 | 远期 |
| 50 | 澜沧江流域 | 香达站 | 囊谦县香达镇香达村 | 96°00′ | 33°18′ | 3651 | 新建 | 玉树分局 | 面雨量站 | 远期 |
| 51 | 澜沧江流域 | 东坝乡 | 囊谦县东坝镇 | 96°08′ | 31°53′ | 4050 | 新建 | 玉树分局 | 面雨量站 | 远期 |
| 52 | 澜沧江流域 | 杂多县 | 杂多县萨乎腾镇 | 95°18′ | 32°53′ | 4077 | 新建 | 玉树分局 | 面雨量站 | 远期 |
| 53 | 澜沧江流域 | 下拉秀 | 青海省玉树县下拉秀村 | 96°32′ | 32°37′ | 3970 | 新建 | 玉树分局 | 面雨量站 | 远期 |
| 54 | 长江流域 | 雁石坪 | 青海省格尔木市唐古拉山镇雁石坪 | 92°03′ | 33°37′ | 4711 | 新建 | 玉树分局 | 面雨量站 | 远期 |
| 55 | 澜沧江流域 | 吉曲 | 青海省囊谦县吉曲乡 | 96°07′ | 31°53′ | 3790 | 新建 | 玉树分局 | 面雨量站 | 远期 |
| 56 | 澜沧江流域 | 上拉秀 | 青海省玉树县上拉秀乡 | 96°35′ | 32°51′ | 4236 | 新建 | 玉树分局 | 面雨量站 | 远期 |
| 57 | 澜沧江流域 | 小苏莽 | 青海省玉树县小苏莽乡 | 97°15′ | 32°21′ | 4012 | 新建 | 玉树分局 | 面雨量站 | 远期 |
| 58 | 澜沧江流域 | 觉拉 | 青海省囊谦县觉拉乡 | 96°09′ | 32°33′ | 3826 | 新建 | 玉树分局 | 面雨量站 | 远期 |
| 59 | 青海湖 | 吉尔孟中游 | 吉尔孟河口上游 36 km | 99°31′ | 37°22′ | 3524 | 新建 | 青海湖分局 | 面雨量站 | 远期 |
| 60 | 青海湖 | 泉吉河中游 | 刚察县泉吉乡泉吉河上游 21 km | 99°53′ | 37°24′ | 3480 | 新建 | 青海湖分局 | 面雨量站 | 远期 |
| 61 | 青海湖 | 泉吉河左支 | 刚察县泉吉乡泉吉河左支环湖公路上游 7 km | 99°05′ | 37°19′ | 3360 | 新建 | 青海湖分局 | 面雨量站 | 远期 |
| 62 | 青海湖 | 沙珠玉 | 共和县沙珠玉乡 | 100°18′ | 36°15′ | 2884 | 新建 | 青海湖分局 | 面雨量站 | 远期 |
| 63 | 湟水 | 加仑滩 | 门源县讨拉沟加仑滩村 | 102°00′ | 37°20′ | 2984 | 新建 | 西宁分局 | 小河配套雨量站 | 近期 |
| 64 | 湟水 | 讨拉沟铜矿 | 门源县讨拉沟上游铜矿 | 101°54′ | 37°30′ | 3597 | 新建 | 西宁分局 | 小河配套雨量站 | 近期 |
| 65 | 湟水 | 讨拉沟中游 | 门源县讨拉沟中游 | 101°57′ | 37°24′ | 3143 | 新建 | 西宁分局 | 小河配套雨量站 | 近期 |
| 66 | 长江 | 达考中游 | 治多县达考河中游 | 95°40′ | 34°02′ | 4241 | 新建 | 玉树分局 | 小河配套雨量站 | 近期 |
| 67 | 湟水 | 老虎沟出山口 | 门源县老虎沟出山口 | 101°34′ | 37°29′ | 3204 | 新建 | 西宁分局 | 小河配套雨量站 | 近期 |

**续附表 15**

| 序号 | 流域 | 站名 | 地理位置 | 坐标 | | 海拔（m） | 建设性质 | 所属单位 | 功能分类 | 规划时期 |
|---|---|---|---|---|---|---|---|---|---|---|
| | | | | 东经 | 北纬 | | | | | |
| 68 | 湟水 | 西滩村 | 门源县皇城乡西滩村 | 101°12′ | 37°38′ | 3190 | 新建 | 西宁分局 | 小河配套雨量站 | 近期 |
| 69 | 湟水 | 永安河左支 | 门源县皇城乡永安河左支河口 | 101°18′ | 37°42′ | 3507 | 新建 | 西宁分局 | 小河配套雨量站 | 近期 |
| 70 | 湟水 | 硫磺沟口 | 门源县皇城乡硫磺沟沟口 | 101°14′ | 37°45′ | 3478 | 新建 | 西宁分局 | 小河配套雨量站 | 近期 |
| 71 | 湟水 | 柏木峡 | 互助县巴扎乡柏木峡村 | 102°07′ | 37°00′ | | 新建 | 西宁分局 | 面雨量站 | 近期 |
| 72 | 湟水 | 北山林场 | 互助县北山林场 | 102°28′ | 36°57′ | | 新建 | 西宁分局 | 面雨量站 | 近期 |
| 73 | 湟水 | 玉龙滩 | 门源县珠固乡玉龙滩村 | 102°13′ | 37°09′ | | 新建 | 西宁分局 | 面雨量站 | 近期 |
| 74 | 湟水 | 卡子沟 | 门源县东川镇卡子沟村 | 101°48′ | 37°18′ | | 新建 | 西宁分局 | 面雨量站 | 近期 |
| 75 | 湟水 | 寺堂 | 大通县宝库乡寺堂村 | 101°30′ | 37°14′ | | 新建 | 西宁分局 | 面雨量站 | 近期 |
| 76 | 青海湖 | 哈里哈图 | 乌兰县铜普镇察汗河村哈里哈图森林地质公园管理处 | 98°39′ | 37°01′ | | 新建 | 青海湖分局 | 面雨量站 | 近期 |

**附表 16　青海省规划新建水面蒸发量站基本情况一览**

| 序号 | 水系 | 河名 | 站名 | 站别 | 观测场地点 | 坐标 | | 规划分期 |
|---|---|---|---|---|---|---|---|---|
| | | | | | | 东经 | 北纬 | |
| 1 | 黄河 | 芒拉河 | 拉曲(三) | 水文 | 海南藏族自治州贵南县芒拉镇 | 100°44′ | 35°35′ | 近期 |
| 2 | 内陆 | 黑马河 | 黑马河 | 水文 | 共和县黑马河乡 | 99°46′ | 36°43′ | 中期 |
| 3 | 黄河 | 西河 | 大史家 | 水文 | 贵德县大史家村 | 101°24′ | 36°01′ | 近期 |
| 4 | 黄河 | 街子河 | 三兰巴海 | 水文 | 循化撒拉族自治县街子镇三兰巴海村 | 102°25′ | 35°51′ | 近期 |
| 5 | 黑河 | 黑河 | 黄藏寺 | 水文 | 祁连县城 | 100°10′ | 38°14′ | 中期 |
| 6 | 可鲁克湖 | 可鲁克湖 | 可鲁克湖 | 水位 | 海西州德令哈市 | 96°54′ | 37°18′ | 近期 |
| 7 | 尕斯库勒湖 | 尕斯库勒湖 | 茫崖 | 降水 | 海西州茫崖镇 | 90°52′ | 38°15′ | 远期 |
| 8 | 德宗马海湖 | 鱼卡河 | 大柴旦 | 降水 | 海西州柴旦镇 | 95°21′ | 37°51′ | 远期 |
| 9 | 霍布逊湖 | 诺木洪河 | 诺木洪 | 降水 | 海西州都兰县 | 98°05′ | 36°18′ | 远期 |
| 10 | 大连湖 | 沙珠玉 | 沙珠玉 | 降水 | 海南州共和县 | 100°18′ | 36°15′ | 远期 |
| 11 | 黄河 | 泽曲 | 优干宁 | 降水 | 黄南州河南县优干宁镇 | 101°37′ | 34°43′ | 远期 |
| 12 | 黄河 | 格曲 | 玛沁 | 降水 | 果洛州玛沁县大武镇 | 100°15′ | 34°27′ | 远期 |

附表 17-1　青海省水利部门规划新建国家地下水监测站基本情况一览

| 序号 | 监测站名称 | 监测站位置 | 东经 | 北纬 | 建设类型 | 站点类型 | 所在行政区 | | | 所在水资源分区 | | 所属流域片 | 所属16个水文地质单元名称 | 地貌类型 | 水质监测 |
|---|---|---|---|---|---|---|---|---|---|---|---|---|---|---|---|
| | | | | | | | 省级 | 地级 | 县级 | 一级区 | 二级区 | | | | |
| 1 | 阿拉尔水源地 | 茫崖行委花土沟镇阿拉尔水源地 | 90°36′ | 38°11′ | 新建 | 水位 | 青海省 | 海西州 | 茫崖行委 | 西北诸河区 | 柴达木盆地 | 黄河片 | 柴达木盆地 | 平原区 | |
| 2 | 切克里克水源地 | 茫崖行委花土沟镇切克里克水源地 | 90°47′ | 38°00′ | 新建 | 水位 | 青海省 | 海西州 | 茫崖行委 | 西北诸河区 | 柴达木盆地 | 黄河片 | 柴达木盆地 | 平原区 | |
| 3 | 冷湖镇水源地 | 冷湖行委冷湖镇 | 93°22′ | 38°52′ | 新建 | 水位 | 青海省 | 海西州 | 冷湖行委 | 西北诸河区 | 柴达木盆地 | 黄河片 | 柴达木盆地 | 平原区 | |
| 4 | 鱼卡煤矿水源地 | 大柴旦行委青海煤业鱼卡煤矿水源地 | 94°57′ | 38°00′ | 新建 | 水位 | 青海省 | 海西州 | 大柴旦行委 | 西北诸河区 | 柴达木盆地 | 黄河片 | 柴达木盆地 | 平原区 | |
| 5 | 马海村水源地 | 大柴旦行委 | 94°32′ | 38°02′ | 新建 | 水位 | 青海省 | 海西州 | 大柴旦行委 | 西北诸河区 | 柴达木盆地 | 黄河片 | 柴达木盆地 | 平原区 | |
| 6 | 大柴旦镇水源地(新址) | 大柴旦行委大柴旦镇 | 95°21′ | 37°51′ | 新建 | 水位 | 青海省 | 海西州 | 大柴旦行委 | 西北诸河区 | 柴达木盆地 | 黄河片 | 柴达木盆地 | 平原区 | |
| 7 | 锡铁山水源地 | 大柴旦行委锡铁山镇小柴旦湖新水源地 | 95°25′ | 37°31′ | 新建 | 水位 | 青海省 | 海西州 | 大柴旦行委 | 西北诸河区 | 柴达木盆地 | 黄河片 | 柴达木盆地 | 平原区 | |
| 8 | 蓄集乡水源地 | 德令哈市蓄集乡 | 97°48′ | 37°20′ | 新建 | 水位 | 青海省 | 海西州 | 德令哈市 | 西北诸河区 | 柴达木盆地 | 黄河片 | 柴达木盆地 | 平原区 | 近期 |
| 9 | 德令哈水厂 | 德令哈水厂 | 97°25′ | 37°22′ | 新建 | 水位 | 青海省 | 海西州 | 德令哈市 | 西北诸河区 | 柴达木盆地 | 黄河片 | 柴达木盆地 | 平原区 | 近期 |
| 10 | 德令哈工业园水源地 | 德令哈工业园供水有限公司 | 97°23′ | 37°13′ | 新建 | 水位 | 青海省 | 海西州 | 德令哈市 | 西北诸河区 | 柴达木盆地 | 黄河片 | 柴达木盆地 | 平原区 | |
| 11 | 平原村 | 德令哈市柯鲁柯镇平原村 | 97°20′ | 37°18′ | 新建 | 水位 | 青海省 | 海西州 | 德令哈市 | 西北诸河区 | 柴达木盆地 | 黄河片 | 柴达木盆地 | 平原区 | |
| 12 | 德令哈村 | 德令哈市克鲁可柯鲁柯镇德令哈村（柯鲁柯镇供水井） | 97°12′ | 37°19′ | 新建 | 水位 | 青海省 | 海西州 | 德令哈市 | 西北诸河区 | 柴达木盆地 | 黄河片 | 柴达木盆地 | 平原区 | |
| 13 | 新秀村 | 德令哈市柯鲁柯镇新秀村 | 97°07′ | 37°19′ | 新建 | 水位 | 青海省 | 海西州 | 德令哈市 | 西北诸河区 | 柴达木盆地 | 黄河片 | 柴达木盆地 | 平原区 | |
| 14 | 柯鲁柯湖 | 德令哈市柯鲁柯镇柯鲁柯湖 | 96°54′ | 37°18′ | 新建 | 水位 | 青海省 | 海西州 | 德令哈市 | 西北诸河区 | 柴达木盆地 | 黄河片 | 柴达木盆地 | 平原区 | 近期 |
| 15 | 怀头他拉镇 | 德令哈市怀头他拉镇供水水源处 | 96°45′ | 37°20′ | 新建 | 水位 | 青海省 | 海西州 | 德令哈市 | 西北诸河区 | 柴达木盆地 | 黄河片 | 柴达木盆地 | 平原区 | 近期 |
| 16 | 富源村1号测井 | 德令哈市尕海镇富源村 | 97°26′ | 37°12′ | 新建 | 水位 | 青海省 | 海西州 | 德令哈市 | 西北诸河区 | 柴达木盆地 | 黄河片 | 柴达木盆地 | 平原区 | |
| 17 | 富源村2号测井 | 德令哈市尕海镇富源村 | 97°27′ | 37°12′ | 新建 | 水位 | 青海省 | 海西州 | 德令哈市 | 西北诸河区 | 柴达木盆地 | 黄河片 | 柴达木盆地 | 平原区 | |
| 18 | 富源村3号测井 | 德令哈市尕海镇富源村 | 97°28′ | 37°12′ | 新建 | 水位 | 青海省 | 海西州 | 德令哈市 | 西北诸河区 | 柴达木盆地 | 黄河片 | 柴达木盆地 | 山丘区 | |
| 19 | 郭里木新村 | 德令哈市尕海镇郭里木新村 | 97°23′ | 37°13′ | 新建 | 水位 | 青海省 | 海西州 | 德令哈市 | 西北诸河区 | 柴达木盆地 | 黄河片 | 柴达木盆地 | 平原区 | |
| 20 | 泉水村 | 德令哈市尕海镇泉水村 | 97°26′ | 37°14′ | 新建 | 水位 | 青海省 | 海西州 | 德令哈市 | 西北诸河区 | 柴达木盆地 | 黄河片 | 柴达木盆地 | 平原区 | |
| 21 | 富康村 | 德令哈市尕海镇富康村 | 97°29′ | 37°15′ | 新建 | 水位 | 青海省 | 海西州 | 德令哈市 | 西北诸河区 | 柴达木盆地 | 黄河片 | 柴达木盆地 | 平原区 | |
| 22 | 尕海镇 | 德令哈市尕海镇 | 97°25′ | 37°12′ | 新建 | 水位 | 青海省 | 海西州 | 德令哈市 | 西北诸河区 | 柴达木盆地 | 黄河片 | 柴达木盆地 | 平原区 | |
| 23 | 上尕巴水源地 | 乌兰县铜普镇上尕巴村 | 98°33′ | 37°00′ | 新建 | 水位 | 青海省 | 海西州 | 乌兰县 | 西北诸河区 | 柴达木盆地 | 黄河片 | 柴达木盆地 | 平原区 | |
| 24 | 柯柯镇水源地 | 乌兰县柯柯镇 | 98°15′ | 36°58′ | 新建 | 水位 | 青海省 | 海西州 | 乌兰县 | 西北诸河区 | 柴达木盆地 | 黄河片 | 柴达木盆地 | 平原区 | |
| 25 | 赛什克 | 乌兰县赛什克乡水管站 | 98°22′ | 36°56′ | 新建 | 水位 | 青海省 | 海西州 | 乌兰县 | 西北诸河区 | 柴达木盆地 | 黄河片 | 柴达木盆地 | 平原区 | |
| 26 | 都兰县城 | 都兰县察汗乌苏镇和平街1号都兰大队 | 98°05′ | 36°17′ | 新建 | 水位 | 青海省 | 海西州 | 都兰县 | 西北诸河区 | 柴达木盆地 | 黄河片 | 柴达木盆地 | 平原区 | 远期 |

**续附表 17-1**

| 序号 | 监测站名称 | 监测站位置 | 东经 | 北纬 | 建设类型 | 站点类型 | 所在行政区 | | | 所在水资源分区 | | 所属流域片 | 所属16个水文地质单元名称 | 地貌类型 | 水质监测 |
|---|---|---|---|---|---|---|---|---|---|---|---|---|---|---|---|
| | | | | | | | 省级 | 地级 | 县级 | 一级区 | 二级区 | | | | |
| 27 | 查查香卡农场 | 都兰县夏日哈镇沙柳河村 | 98°14′ | 36°37′ | 新建 | 水位 | 青海省 | 海西州 | 都兰县 | 西北诸河区 | 柴达木盆地 | 黄河片 | 柴达木盆地 | 平原区 | |
| 28 | 夏日哈镇 | 都兰县夏日哈镇灌区管理所 | 98°08′ | 36°25′ | 新建 | 水位 | 青海省 | 海西州 | 都兰县 | 西北诸河区 | 柴达木盆地 | 黄河片 | 柴达木盆地 | 平原区 | |
| 29 | 热水乡 | 都兰县热水乡政府 | 98°10′ | 36°13′ | 新建 | 水位 | 青海省 | 海西州 | 都兰县 | 西北诸河区 | 柴达木盆地 | 黄河片 | 柴达木盆地 | 平原区 | |
| 30 | 香加乡 | 都兰县香加乡 | 97°55′ | 35°56′ | 新建 | 水位 | 青海省 | 海西州 | 都兰县 | 西北诸河区 | 柴达木盆地 | 黄河片 | 柴达木盆地 | 平原区 | |
| 31 | 宗加镇 | 都兰县宗加镇 | 96°27′ | 36°26′ | 新建 | 水位 | 青海省 | 海西州 | 都兰县 | 西北诸河区 | 柴达木盆地 | 黄河片 | 柴达木盆地 | 平原区 | |
| 32 | 宗加村 | 都兰县宗加镇宗加农业村 | 96°59′ | 36°15′ | 新建 | 水位 | 青海省 | 海西州 | 都兰县 | 西北诸河区 | 柴达木盆地 | 黄河片 | 柴达木盆地 | 平原区 | |
| 33 | 香日德镇 | 都兰县香加乡全杰村(香日德水文基地) | 97°52′ | 35°58′ | 新建 | 水位 | 青海省 | 海西州 | 都兰县 | 西北诸河区 | 柴达木盆地 | 黄河片 | 柴达木盆地 | 平原区 | 远期 |
| 34 | 香日德农场 | 都兰县香日德农场 | 97°47′ | 36°03′ | 新建 | 水位 | 青海省 | 海西州 | 都兰县 | 西北诸河区 | 柴达木盆地 | 黄河片 | 柴达木盆地 | 平原区 | |
| 35 | 香日德地震台 | 都兰县香日德镇农场东山村三社 | 97°51′ | 36°02′ | 新建 | 水位 | 青海省 | 海西州 | 都兰县 | 西北诸河区 | 柴达木盆地 | 黄河片 | 柴达木盆地 | 平原区 | |
| 36 | 巴隆乡 | 都兰县巴隆乡铁丝盖地区(金泰公司) | 97°31′ | 36°07′ | 新建 | 水位 | 青海省 | 海西州 | 都兰县 | 西北诸河区 | 柴达木盆地 | 黄河片 | 柴达木盆地 | 平原区 | |
| 37 | 诺木洪工区 | 都兰县诺木洪镇(格尔木公路总段诺木洪工区) | 96°26′ | 36°22′ | 新建 | 水位 | 青海省 | 海西州 | 都兰县 | 西北诸河区 | 柴达木盆地 | 黄河片 | 柴达木盆地 | 平原区 | |
| 38 | 诺木洪一大队 | 都兰县诺木洪农场一大队(青年队) | 96°31′ | 36°26′ | 新建 | 水位 | 青海省 | 海西州 | 都兰县 | 西北诸河区 | 柴达木盆地 | 黄河片 | 柴达木盆地 | 平原区 | |
| 39 | 诺木洪三大队测井 | 都兰县诺木洪农场三大队 | 96°21′ | 36°26′ | 新建 | 水位 | 青海省 | 海西州 | 都兰县 | 西北诸河区 | 柴达木盆地 | 黄河片 | 柴达木盆地 | 平原区 | |
| 40 | 诺木洪四大队 | 都兰县诺木洪农场四大队 | 96°18′ | 36°25′ | 新建 | 水位 | 青海省 | 海西州 | 都兰县 | 西北诸河区 | 柴达木盆地 | 黄河片 | 柴达木盆地 | 平原区 | |
| 41 | 诺木洪五大队 | 都兰县诺木洪农场五大队 | 96°15′ | 36°24′ | 新建 | 水位 | 青海省 | 海西州 | 都兰县 | 西北诸河区 | 柴达木盆地 | 黄河片 | 柴达木盆地 | 平原区 | |
| 42 | 诺木洪七大队 | 都兰县诺木洪农场七大队 | 96°22′ | 36°26′ | 新建 | 水位 | 青海省 | 海西州 | 都兰县 | 西北诸河区 | 柴达木盆地 | 黄河片 | 柴达木盆地 | 平原区 | |
| 43 | 大格勒乡 | 格尔木市大格勒乡新庄村 | 95°43′ | 36°26′ | 新建 | 水位 | 青海省 | 海西州 | 格尔木市 | 西北诸河区 | 柴达木盆地 | 黄河片 | 柴达木盆地 | 平原区 | |
| 44 | 格尔木河东农场 | 格尔木市西城区格尔木市农垦(集团)河东公司(原河东农场场部) | 95°04′ | 36°24′ | 新建 | 水位 | 青海省 | 海西州 | 格尔木市 | 西北诸河区 | 柴达木盆地 | 黄河片 | 柴达木盆地 | 平原区 | |
| 45 | 格尔木河西农场 | 格尔木市西城区河西农场 | 94°36′ | 36°23′ | 新建 | 水位 | 青海省 | 海西州 | 格尔木市 | 西北诸河区 | 柴达木盆地 | 黄河片 | 柴达木盆地 | 平原区 | |
| 46 | 格尔木乃吉里水电厂测井 | 格尔木市乃吉里水电厂 | 94°46′ | 36°08′ | 新建 | 水位 | 青海省 | 海西州 | 格尔木市 | 西北诸河区 | 柴达木盆地 | 黄河片 | 柴达木盆地 | 平原区 | |
| 47 | 西藏驻格尔木市办事处招待所 | 格尔木市西城区盐城北路 78 号 | 94°53′ | 36°25′ | 新建 | 水位 | 青海省 | 海西州 | 格尔木市 | 西北诸河区 | 柴达木盆地 | 黄河片 | 柴达木盆地 | 平原区 | 现有 |
| 48 | 西格办供管站 | 格尔木市南郊盐桥南路 48 号 | 94°52′ | 36°23′ | 新建 | 水位 | 青海省 | 海西州 | 格尔木市 | 西北诸河区 | 柴达木盆地 | 黄河片 | 柴达木盆地 | 平原区 | |
| 49 | 郭勒木德镇政府 | 格尔木市西城区郭勒木德镇 | 94°49′ | 36°25′ | 新建 | 水位 | 青海省 | 海西州 | 格尔木市 | 西北诸河区 | 柴达木盆地 | 黄河片 | 柴达木盆地 | 平原区 | 现有 |
| 50 | 科技中心 | 格尔木市东村 | 94°54′ | 36°25′ | 新建 | 水位 | 青海省 | 海西州 | 格尔木市 | 西北诸河区 | 柴达木盆地 | 黄河片 | 柴达木盆地 | 平原区 | 现有 |

续附表 17-1

| 序号 | 监测站名称 | 监测站位置 | 东经 | 北纬 | 建设类型 | 站点类型 | 所在行政区 | | | 所在水资源分区 | | 所属流域片 | 所属16个水文地质单元名称 | 地貌类型 | 水质监测 |
|---|---|---|---|---|---|---|---|---|---|---|---|---|---|---|---|
| | | | | | | | 省级 | 地级 | 县级 | 一级区 | 二级区 | | | | |
| 51 | 冷库 | 格尔木市柴达木路46号 | 94°55′ | 36°23′ | 新建 | 水位 | 青海省 | 海西州 | 格尔木市 | 西北诸河区 | 柴达木盆地 | 黄河片 | 柴达木盆地 | 平原区 | |
| 52 | 东油库 | 格尔木市西城区农垦集团园艺场 | 94°56′ | 36°24′ | 新建 | 水位 | 青海省 | 海西州 | 格尔木市 | 西北诸河区 | 柴达木盆地 | 黄河片 | 柴达木盆地 | 平原区 | |
| 53 | 城北村 | 格尔木西城区 | 94°53′ | 36°26′ | 新建 | 水位 | 青海省 | 海西州 | 格尔木市 | 西北诸河区 | 柴达木盆地 | 黄河片 | 柴达木盆地 | 平原区 | 现有 |
| 54 | 盐湖集团东水源地1号井 | 格尔木市青海盐湖集团综开公司院内水源地 | 94°51′ | 36°22′ | 新建 | 水位 | 青海省 | 海西州 | 格尔木市 | 西北诸河区 | 柴达木盆地 | 黄河片 | 柴达木盆地 | 平原区 | |
| 55 | 盐湖集团东水源地2号井 | 格尔木市青海盐湖集团综开公司院外水源地 | 94°52′ | 36°22′ | 新建 | 水位 | 青海省 | 海西州 | 格尔木市 | 西北诸河区 | 柴达木盆地 | 黄河片 | 柴达木盆地 | 平原区 | |
| 56 | 盐湖集团西水源 | 格尔木市郭勒木德镇 | 94°50′ | 36°24′ | 新建 | 水位 | 青海省 | 海西州 | 格尔木市 | 西北诸河区 | 柴达木盆地 | 黄河片 | 柴达木盆地 | 平原区 | |
| 57 | 格尔木二水厂 | 格尔木市郭勒木德镇 | 94°49′ | 36°23′ | 新建 | 水位 | 青海省 | 海西州 | 格尔木市 | 西北诸河区 | 柴达木盆地 | 黄河片 | 柴达木盆地 | 平原区 | 现有 |
| 58 | 铁路水电段测井 | 格尔木市迎宾路 | 94°54′ | 36°22′ | 新建 | 水位 | 青海省 | 海西州 | 格尔木市 | 西北诸河区 | 柴达木盆地 | 黄河片 | 柴达木盆地 | 平原区 | |
| 59 | 石油社区水源地 | 格尔木市西城区 | 94°55′ | 36°23′ | 新建 | 水位 | 青海省 | 海西州 | 格尔木市 | 西北诸河区 | 柴达木盆地 | 黄河片 | 柴达木盆地 | 平原区 | 现有 |
| 60 | 小灶火 | 格尔木市小灶火水管站 | 93°36′ | 36°45′ | 新建 | 水位 | 青海省 | 海西州 | 格尔木市 | 西北诸河区 | 柴达木盆地 | 黄河片 | 柴达木盆地 | 平原区 | |
| 61 | 托拉海 | 格尔木市托拉海 | 94°19′ | 36°30′ | 新建 | 水位 | 青海省 | 海西州 | 格尔木市 | 西北诸河区 | 柴达木盆地 | 黄河片 | 柴达木盆地 | 平原区 | |
| 62 | 乌图美仁 | 格尔木市乌图美仁乡 | 93°09′ | 36°54′ | 新建 | 水位 | 青海省 | 海西州 | 格尔木市 | 西北诸河区 | 柴达木盆地 | 黄河片 | 柴达木盆地 | 平原区 | |
| 63 | 青海盐湖采矿公司 | 格尔木市察尔汗区青海盐湖采矿公司 | 95°15′ | 36°46′ | 新建 | 水位 | 青海省 | 海西州 | 格尔木市 | 西北诸河区 | 柴达木盆地 | 黄河片 | 柴达木盆地 | 平原区 | |
| 64 | 盐化公司 | 格尔木市察尔汗区青海柴达木盐化有限公司 | 95°18′ | 36°49′ | 新建 | 水位 | 青海省 | 海西州 | 格尔木市 | 西北诸河区 | 柴达木盆地 | 黄河片 | 柴达木盆地 | 平原区 | |
| 65 | 格尔木原盐场 | 格尔木市格尔木原盐场 | 95°25′ | 37°02′ | 新建 | 水位 | 青海省 | 海西州 | 格尔木市 | 西北诸河区 | 柴达木盆地 | 黄河片 | 柴达木盆地 | 平原区 | |
| 66 | 沱沱河水文站 | 格尔木市唐古拉山乡沱沱河水文站院内 | 92°46′ | 34°13′ | 新建 | 水位 | 青海省 | 海西州 | 格尔木市 | 长江区 | 金沙江石鼓以上 | 长江片 | 其他 | 山丘区 | 远期 |
| 67 | 茶卡盐场水源地 | 乌兰县茶卡镇交通街2号 | 99°05′ | 36°47′ | 新建 | 水位 | 青海省 | 海西州 | 乌兰县 | 西北诸河区 | 青海湖水系 | 黄河片 | 其他 | 平原区 | |
| 68 | 茶卡镇水源地 | 乌兰县茶卡镇 | 99°05′ | 36°49′ | 新建 | 水位 | 青海省 | 海西州 | 乌兰县 | 西北诸河区 | 青海湖水系 | 黄河片 | 其他 | 平原区 | |
| 69 | 莫河骆驼场 | 乌兰县海西州莫河骆驼场 | 98°54′ | 36°50′ | 新建 | 水位 | 青海省 | 海西州 | 乌兰县 | 西北诸河区 | 柴达木盆地 | 黄河片 | 柴达木盆地 | 平原区 | |
| 70 | 天峻县1#井 | 天峻县新源镇草原路 | 99°00′ | 37°17′ | 新建 | 水位 | 青海省 | 海西州 | 天峻县 | 西北诸河区 | 青海湖水系 | 黄河片 | 其他 | 平原区 | |
| 71 | 新源镇水源地 | 天峻县新源镇 | 98°59′ | 37°16′ | 新建 | 水位 | 青海省 | 海西州 | 天峻县 | 西北诸河区 | 青海湖水系 | 黄河片 | 其他 | 平原区 | |
| 72 | 哈尔盖 | 刚察县哈尔盖镇塘渠村 | 100°25′ | 37°12′ | 新建 | 水位 | 青海省 | 海北州 | 刚察县 | 西北诸河区 | 青海湖水系 | 黄河片 | 其他 | 平原区 | 近期 |
| 73 | 刚察县水源地 | 刚察县沙柳河镇 | 100°07′ | 37°20′ | 新建 | 水位 | 青海省 | 海北州 | 刚察县 | 西北诸河区 | 青海湖水系 | 黄河片 | 其他 | 平原区 | 近期 |
| 74 | 青海湖农场 | 刚察县青海湖农场 | 100°06′ | 37°14′ | 新建 | 水位 | 青海省 | 海北州 | 刚察县 | 西北诸河区 | 青海湖水系 | 黄河片 | 其他 | 平原区 | 近期 |
| 75 | 泉吉乡 | 刚察县泉吉乡 | 99°53′ | 37°16′ | 新建 | 水位 | 青海省 | 海北州 | 刚察县 | 西北诸河区 | 青海湖水系 | 黄河片 | 其他 | 平原区 | 近期 |

**续附表 17-1**

| 序号 | 监测站名称 | 监测站位置 | 东经 | 北纬 | 建设类型 | 站点类型 | 所在行政区 | | | 所在水资源分区 | | 所属流域片 | 所属16个水文地质单元名称 | 地貌类型 | 水质监测 |
|---|---|---|---|---|---|---|---|---|---|---|---|---|---|---|---|
| | | | | | | | 省级 | 地级 | 县级 | 一级区 | 二级区 | | | | |
| 76 | 吉尔孟乡 | 刚察县吉尔孟乡政府院内 | 99°34′ | 37°08′ | 新建 | 水位 | 青海省 | 海北州 | 刚察县 | 西北诸河区 | 青海湖水系 | 黄河片 | 其他 | 平原区 | |
| 77 | 倒淌河 | 共和县倒淌河镇 | 100°58′ | 36°23′ | 新建 | 水位 | 青海省 | 海南州 | 共和县 | 西北诸河区 | 青海湖水系 | 黄河片 | 其他 | 平原区 | 近期 |
| 78 | 湖东 | 共和县倒淌河乡湖东种羊场 | 100°48′ | 36°37′ | 新建 | 水位 | 青海省 | 海南州 | 共和县 | 西北诸河区 | 青海湖水系 | 黄河片 | 其他 | 平原区 | |
| 79 | 下社 | 共和县江西沟镇下社 | 100°29′ | 36°35′ | 新建 | 水位 | 青海省 | 海南州 | 共和县 | 西北诸河区 | 青海湖水系 | 黄河片 | 其他 | 平原区 | 近期 |
| 80 | 江西沟镇 | 共和县江西沟镇 | 100°16′ | 36°37′ | 新建 | 水位 | 青海省 | 海南州 | 共和县 | 西北诸河区 | 青海湖水系 | 黄河片 | 其他 | 平原区 | 近期 |
| 81 | 黑马河镇 | 共和县黑马河镇 | 99°46′ | 36°43′ | 新建 | 水位 | 青海省 | 海南州 | 共和县 | 西北诸河区 | 青海湖水系 | 黄河片 | 其他 | 平原区 | 近期 |
| 82 | 石乃亥乡 | 共和县石乃亥乡 | 99°35′ | 36°59′ | 新建 | 水位 | 青海省 | 海南州 | 共和县 | 西北诸河区 | 青海湖水系 | 黄河片 | 其他 | 平原区 | |
| 83 | 乙浪堂村 | 共和县恰不恰镇乙浪堂村 | 100°41′ | 36°20′ | 新建 | 水位 | 青海省 | 海南州 | 共和县 | 黄河区 | 龙羊峡以上 | 黄河片 | 其他 | 山丘区 | |
| 84 | 共和县老水厂 | 共和县恰不恰镇 | 100°36′ | 36°15′ | 新建 | 水位 | 青海省 | 海南州 | 共和县 | 黄河区 | 龙羊峡以上 | 黄河片 | 其他 | 平原区 | 远期 |
| 85 | 塘格木镇 | 共和县塘格木镇水管所英德尔分站 | 100°10′ | 36°21′ | 新建 | 水位 | 青海省 | 海南州 | 共和县 | 西北诸河区 | 青海湖水系 | 黄河片 | 其他 | 平原区 | |
| 86 | 廿地乡 | 共和县廿地乡乡镇府 | 100°23′ | 36°22′ | 新建 | 水位 | 青海省 | 海南州 | 共和县 | 西北诸河区 | 青海湖水系 | 黄河片 | 其他 | 山丘区 | |
| 87 | 哇玉香卡1#井 | 共和县切吉乡哇玉村 | 99°17′ | 36°27′ | 新建 | 水位 | 青海省 | 海南州 | 共和县 | 西北诸河区 | 青海湖水系 | 黄河片 | 其他 | 平原区 | |
| 88 | 切吉乡 | 共和县切吉乡 | 99°40′ | 36°18′ | 新建 | 水位 | 青海省 | 海南州 | 共和县 | 西北诸河区 | 青海湖水系 | 黄河片 | 其他 | 平原区 | |
| 89 | 沙珠玉 | 共和县沙珠玉乡水管所 | 100°15′ | 36°15′ | 新建 | 水位 | 青海省 | 海南州 | 共和县 | 西北诸河区 | 青海湖水系 | 黄河片 | 其他 | 平原区 | |
| 90 | 贵南县城1#井 | 贵南县茫曲镇 | 100°44′ | 35°34′ | 新建 | 水位 | 青海省 | 海南州 | 贵南县 | 黄河区 | 龙羊峡至兰州 | 黄河片 | 其他 | 平原区 | |
| 91 | 化隆水文站 | 化隆县解家滩乡阴坡村 | 102°15′ | 36°05′ | 改建 | 水位 | 青海省 | 海东市 | 化隆县 | 黄河区 | 龙羊峡至兰州 | 黄河片 | 其他 | 山丘区 | 现有 |
| 92 | 清水水文站 | 循化县清水乡河东大庄 | 102°33′ | 35°50′ | 改建 | 水位 | 青海省 | 海东市 | 循化县 | 黄河区 | 龙羊峡至兰州 | 黄河片 | 其他 | 山丘区 | 现有 |
| 93 | 海晏水文站 | 海晏县红山村 | 101°00′ | 36°54′ | 新建 | 水位 | 青海省 | 海北州 | 海晏县 | 黄河区 | 龙羊峡至兰州 | 黄河片 | 其他 | 山丘区 | 近期 |
| 94 | 三角城水源地 | 海晏县三角城大街290号 | 100°59′ | 36°54′ | 新建 | 水位 | 青海省 | 海北州 | 海晏县 | 黄河区 | 龙羊峡至兰州 | 黄河片 | 其他 | 山丘区 | |
| 95 | 麻秀寺水源地 | 海晏县西海镇麻秀寺饮用水水源地 | 100°52′ | 37°00′ | 新建 | 水位 | 青海省 | 海北州 | 海晏县 | 黄河区 | 龙羊峡至兰州 | 黄河片 | 其他 | 山丘区 | 近期 |
| 96 | 湟源水文站 | 湟源县滨河南路3号 | 101°16′ | 36°40′ | 新建 | 水位 | 青海省 | 西宁市 | 湟源县 | 黄河区 | 龙羊峡至兰州 | 黄河片 | 其他 | 山丘区 | 近期 |
| 97 | 董家庄(三)水文站 | 湟源县城郊乡董家庄 | 101°16′ | 36°40′ | 新建 | 水位 | 青海省 | 西宁市 | 湟源县 | 黄河区 | 龙羊峡至兰州 | 黄河片 | 其他 | 山丘区 | 近期 |
| 98 | 新安庄水源地 | 西宁市沈家寨乡新安庄 | 101°44′ | 36°34′ | 新建 | 水位 | 青海省 | 西宁市 | 城中区 | 黄河区 | 龙羊峡至兰州 | 黄河片 | 其他 | 平原区 | |
| 99 | 西宁朝阳公园 | 西宁市小桥 | 101°45′ | 36°38′ | 新建 | 水位 | 青海省 | 西宁市 | 城北区 | 黄河区 | 龙羊峡至兰州 | 黄河片 | 其他 | 平原区 | |
| 100 | 刘小庄水源地 | 湟中县刘小庄 | 101°38′ | 36°30′ | 新建 | 水位 | 青海省 | 西宁市 | 湟中县 | 黄河区 | 龙羊峡至兰州 | 黄河片 | 其他 | 平原区 | |
| 101 | 多巴三水源 | 湟中县总寨乡杜家庄村 | 101°42′ | 36°32′ | 新建 | 水位 | 青海省 | 西宁市 | 湟中县 | 黄河区 | 龙羊峡至兰州 | 黄河片 | 其他 | 平原区 | |
| 102 | 田家寨镇 | 湟中县小南川水库管理所院内 | 101°46′ | 36°26′ | 新建 | 水位 | 青海省 | 西宁市 | 湟中县 | 黄河区 | 龙羊峡至兰州 | 黄河片 | 其他 | 山丘区 | |

续附表 17-1

| 序号 | 监测站名称 | 监测站位置 | 东经 | 北纬 | 建设类型 | 站点类型 | 所在行政区 | | | 所在水资源分区 | | 所属流域片 | 所属16个水文地质单元名称 | 地貌类型 | 水质监测 |
|---|---|---|---|---|---|---|---|---|---|---|---|---|---|---|---|
| | | | | | | | 省级 | 地级 | 县级 | 一级区 | 二级区 | | | | |
| 103 | 西钢水源地 | 湟中县多巴镇高楞坎村 | 101°32′ | 36°39′ | 新建 | 水位 | 青海省 | 西宁市 | 湟中县 | 黄河区 | 龙羊峡至兰州 | 黄河片 | 其他 | 平原区 | |
| 104 | 多巴水源地 | 湟中县多巴镇南街2号 | 101°31′ | 36°39′ | 新建 | 水位 | 青海省 | 西宁市 | 湟中县 | 黄河区 | 龙羊峡至兰州 | 黄河片 | 其他 | 平原区 | 近期 |
| 105 | 多巴五水厂 | 湟中县多巴镇油坊台村 | 101°30′ | 36°41′ | 新建 | 水位 | 青海省 | 西宁市 | 湟中县 | 黄河区 | 龙羊峡至兰州 | 黄河片 | 其他 | 平原区 | 近期 |
| 106 | 西纳川(二)水文站 | 湟中县拦隆口乡拦隆口 | 101°29′ | 36°45′ | 改建 | 水位 | 青海省 | 西宁市 | 湟中县 | 黄河区 | 龙羊峡至兰州 | 黄河片 | 其他 | 平原区 | 近期 |
| 107 | 上五庄镇 | 湟中县上五庄镇华科村502炮点 | 101°24′ | 36°49′ | 新建 | 水位 | 青海省 | 西宁市 | 湟中县 | 黄河区 | 龙羊峡至兰州 | 黄河片 | 其他 | 山丘区 | |
| 108 | 甘河滩镇水源地 | 湟中县甘河滩镇上营村 | 101°32′ | 36°30′ | 新建 | 水位 | 青海省 | 西宁市 | 湟中县 | 黄河区 | 龙羊峡至兰州 | 黄河片 | 其他 | 山丘区 | 近期 |
| 109 | 下营村 | 湟中县甘河滩镇下营村 | 101°32′ | 36°31′ | 新建 | 水位 | 青海省 | 西宁市 | 湟中县 | 黄河区 | 龙羊峡至兰州 | 黄河片 | 其他 | 山丘区 | 近期 |
| 110 | 青石坡水源地 | 湟中县大源乡青石坡 | 101°26′ | 36°27′ | 新建 | 水位 | 青海省 | 西宁市 | 湟中县 | 黄河区 | 龙羊峡至兰州 | 黄河片 | 其他 | 山丘区 | 近期 |
| 111 | 牛场水文站 | 大通县宝库乡牛场 | 101°21′ | 37°15′ | 新建 | 水位 | 青海省 | 西宁市 | 大通县 | 黄河区 | 龙羊峡至兰州 | 黄河片 | 其他 | 山丘区 | 远期 |
| 112 | 寺堂村 | 大通县宝库乡寺堂村 | 101°30′ | 37°12′ | 新建 | 水位 | 青海省 | 西宁市 | 大通县 | 黄河区 | 龙羊峡至兰州 | 黄河片 | 其他 | 山丘区 | |
| 113 | 石家庄水厂 | 大通县城关乡石家庄 | 101°34′ | 37°06′ | 新建 | 水位 | 青海省 | 西宁市 | 大通县 | 黄河区 | 龙羊峡至兰州 | 黄河片 | 其他 | 山丘区 | 近期 |
| 114 | 西宁市第四水厂 | 大通县塔尔镇河州庄村 | 101°39′ | 36°58′ | 新建 | 水位 | 青海省 | 西宁市 | 大通县 | 黄河区 | 龙羊峡至兰州 | 黄河片 | 其他 | 平原区 | 近期 |
| 115 | 大通水源地 | 大通县桥头镇自来水公司院内 | 101°40′ | 36°56′ | 新建 | 水位 | 青海省 | 西宁市 | 大通县 | 黄河区 | 龙羊峡至兰州 | 黄河片 | 其他 | 平原区 | 近期 |
| 116 | 长宁镇 | 大通县长宁镇 | 101°45′ | 36°49′ | 新建 | 水位 | 青海省 | 西宁市 | 大通县 | 黄河区 | 龙羊峡至兰州 | 黄河片 | 其他 | 平原区 | |
| 117 | 黑林(二)水文站 | 大通县青林乡 | 101°23′ | 37°05′ | 新建 | 水位 | 青海省 | 西宁市 | 大通县 | 黄河区 | 龙羊峡至兰州 | 黄河片 | 其他 | 山丘区 | 近期 |
| 118 | 三角城 | 大通县向化乡三角城 | 101°47′ | 37°08′ | 新建 | 水位 | 青海省 | 西宁市 | 大通县 | 黄河区 | 龙羊峡至兰州 | 黄河片 | 其他 | 山丘区 | |
| 119 | 东峡镇 | 大通县东峡镇 | 101°48′ | 37°02′ | 新建 | 水位 | 青海省 | 西宁市 | 大通县 | 黄河区 | 龙羊峡至兰州 | 黄河片 | 其他 | 山丘区 | |
| 120 | 平安县水务局 | 平安县平安镇县水务局院内 | 102°05′ | 36°30′ | 新建 | 水位 | 青海省 | 海东市 | 平安县 | 黄河区 | 龙羊峡至兰州 | 黄河片 | 其他 | 山丘区 | 现有 |
| 121 | 白沈家沟水源地 | 平安县白沈家沟自来水公司水厂 | 102°02′ | 36°26′ | 新建 | 水位 | 青海省 | 海东市 | 平安县 | 黄河区 | 龙羊峡至兰州 | 黄河片 | 其他 | 山丘区 | 近期 |
| 122 | 小峡镇 | 平安县小峡镇 | 101°58′ | 36°31′ | 新建 | 水位 | 青海省 | 海东市 | 平安县 | 黄河区 | 龙羊峡至兰州 | 黄河片 | 其他 | 平原区 | |
| 123 | 平安镇 | 平安县平安镇 | 102°07′ | 36°31′ | 新建 | 水位 | 青海省 | 海东市 | 平安县 | 黄河区 | 龙羊峡至兰州 | 黄河片 | 其他 | 平原区 | |
| 124 | 三合 | 青海省平安县三合镇三合村 | 101°56′ | 36°25′ | 新建 | 水位 | 青海省 | 海东市 | 平安县 | 黄河区 | 龙羊峡至兰州 | 黄河片 | 其他 | 山丘区 | |
| 125 | 乐都水文站 | 乐都区碾伯镇下教场 | 102°24′ | 36°28′ | 改建 | 水位 | 青海省 | 海东市 | 乐都区 | 黄河区 | 龙羊峡至兰州 | 黄河片 | 其他 | 山丘区 | 现有 |
| 126 | 旱地湾村 | 乐都区高庙镇旱地湾村 | 102°35′ | 36°26′ | 新建 | 水位 | 青海省 | 海东市 | 乐都区 | 黄河区 | 龙羊峡至兰州 | 黄河片 | 其他 | 山丘区 | |
| 127 | 八里桥(三)水文站 | 乐都区寿乐镇镇马家湾村 | 102°24′ | 36°31′ | 改建 | 水位 | 青海省 | 海东市 | 乐都区 | 黄河区 | 龙羊峡至兰州 | 黄河片 | 其他 | 山丘区 | 现有 |
| 128 | 引胜沟水源地 | 乐都区寿乐镇王家庄村 | 102°24′ | 36°33′ | 新建 | 水位 | 青海省 | 海东市 | 乐都区 | 黄河区 | 龙羊峡至兰州 | 黄河片 | 其他 | 山丘区 | 近期 |
| 129 | 吉家堡水文站 | 民和县川口镇吉家堡 | 102°47′ | 36°18′ | 新建 | 水位 | 青海省 | 海东市 | 民和县 | 黄河区 | 龙羊峡至兰州 | 黄河片 | 其他 | 山丘区 | 现有 |

**续附表 17-1**

| 序号 | 监测站名称 | 监测站位置 | 东经 | 北纬 | 建设类型 | 站点类型 | 所在行政区 | | | 所在水资源分区 | | 所属流域片 | 所属16个水文地质单元名称 | 地貌类型 | 水质监测 |
|---|---|---|---|---|---|---|---|---|---|---|---|---|---|---|---|
| | | | | | | | 省级 | 地级 | 县级 | 一级区 | 二级区 | | | | |
| 130 | 互助县西坡水源地 | 互助县威远镇西坡村 | 101°59′ | 36°51′ | 新建 | 水位 | 青海省 | 海东市 | 互助县 | 黄河区 | 龙羊峡至兰州 | 黄河片 | 其他 | 山丘区 | 近期 |
| 131 | 互助县卓扎滩 | 互助县威远镇卓扎滩村 | 102°01′ | 36°51′ | 新建 | 水位 | 青海省 | 海东市 | 互助县 | 黄河区 | 龙羊峡至兰州 | 黄河片 | 其他 | 山丘区 | |
| 132 | 互助县周家村 | 互助县双树乡周家村 | 101°56′ | 36°49′ | 新建 | 水位 | 青海省 | 海东市 | 互助县 | 黄河区 | 龙羊峡至兰州 | 黄河片 | 其他 | 山丘区 | |
| 133 | 互助县兰家村 | 互助县威远镇佑宁路吐谷浑广场 | 101°58′ | 36°49′ | 新建 | 水位 | 青海省 | 海东市 | 互助县 | 黄河区 | 龙羊峡至兰州 | 黄河片 | 其他 | 山丘区 | |
| 134 | 南门峡镇 | 互助县南门峡镇国家农村空气监测站青海互助站 | 101°56′ | 36°59′ | 新建 | 水位 | 青海省 | 海东市 | 互助县 | 黄河区 | 龙羊峡至兰州 | 黄河片 | 其他 | 山丘区 | |
| 135 | 青石嘴水文站 | 青海省门源县青石嘴镇 | 101°25′ | 37°28′ | 改建 | 水位 | 青海省 | 海北州 | 门源县 | 黄河区 | 龙羊峡至兰州 | 黄河片 | 其他 | 山丘区 | 近期 |
| 136 | 浩门农场二大队 | 青海省海北州门源县 | 101°32′ | 37°23′ | 新建 | 水位 | 青海省 | 海北州 | 门源县 | 黄河区 | 龙羊峡至兰州 | 黄河片 | 其他 | 山丘区 | |
| 137 | 苏吉湾 | 门源县苏吉滩乡苏吉湾村 | 101°32′ | 37°27′ | 新建 | 水位 | 青海省 | 海北州 | 门源县 | 黄河区 | 龙羊峡至兰州 | 黄河片 | 其他 | 山丘区 | |
| 138 | 浩门镇水源地 | 门源县自来水公司 | 101°34′ | 37°23′ | 新建 | 水位 | 青海省 | 海北州 | 门源县 | 黄河区 | 龙羊峡至兰州 | 黄河片 | 其他 | 山丘区 | |
| 139 | 仙米 | 门源县仙米乡 | 102°00′ | 37°19′ | 新建 | 水位 | 青海省 | 海北州 | 门源县 | 黄河区 | 龙羊峡至兰州 | 黄河片 | 其他 | 山丘区 | |
| 140 | 直门达水文站 | 青海省称多县歇武乡直门达村 | 97°14′ | 33°00′ | 新建 | 水位 | 青海省 | 玉树州 | 称多县 | 长江区 | 金沙江石鼓以上 | 长江片 | 其他 | 山丘区 | 近期 |

**附表 17-2　青海省国土部门规划新建国家地下水监测站基本情况一览**

| 序号 | 编号 | 原编号 | 监测点位置 | 所属水文地质单元 | | 监测目的 | 坐标 | | 监测点类型 | | | | 地下水类型 | | | 监测层位 | | | 监测项目 | | | | | 监测方法 | 监测孔保护设施 | | 备注 |
|---|---|---|---|---|---|---|---|---|---|---|---|---|---|---|---|---|---|---|---|---|---|---|---|---|---|---|---|
| | | | | 一级单元 | 二级单元 | | 东经 | 北纬 | 专门孔 | 机民井 | 泉或地下暗河 | 其他 | 孔隙水 | 裂隙水 | 岩溶水 | 潜水 | 承压水 | 多层监测 | 水位水质共用 | 流量水质共用 | 单测水位 | 单测水质 | 单测流量 | 自动监测自动传输 | 孔口保护设施 | 井房保护 | |
| 1 | 6328021001 | 30-001 | 冷湖行政委员会 | 柴达木盆地 | 柴达木盆地 | 水位 | 93°15′ | 38°33′ | √ | | | | √ | | | √ | | | | | √ | | | √ | √ | | |
| 2 | 6328021002 | 30-002 | 冷湖行政委员会 | 柴达木盆地 | 柴达木盆地 | 水位、水质 | 93°15′ | 38°29′ | √ | | | | √ | | | √ | | | √ | | | | | √ | √ | | |
| 3 | 6328021003 | 30-003 | 冷湖行政委员会 | 柴达木盆地 | 柴达木盆地 | 水位 | 93°15′ | 38°26′ | √ | | | | √ | | | √ | | | | | √ | | | √ | √ | | |
| 4 | 6328021004 | 30-004 | 茫崖行政委员会 | 柴达木盆地 | 柴达木盆地 | 水位 | 90°27′ | 38°00′ | √ | | | | √ | | | √ | | | | | √ | | | √ | √ | | |
| 5 | 6328021005 | 30-005 | 茫崖行政委员会 | 柴达木盆地 | 柴达木盆地 | 水位 | 90°29′ | 38°00′ | √ | | | | √ | | | √ | | | | | √ | | | √ | √ | | |
| 6 | 6328021006 | 30-006 | 茫崖行政委员会 | 柴达木盆地 | 柴达木盆地 | 水量 | 91°27′ | 37°32′ | √ | | | | √ | | | | √ | | | | | | √ | | | | |
| 7 | 6328021007 | 30-007 | 大柴旦行政委员会 | 柴达木盆地 | 柴达木盆地 | 水位、水质 | 94°16′ | 38°01′ | √ | | | | √ | | | √ | | | √ | | | | | √ | √ | | |

## 续附表 17-2

| 序号 | 编号 | 原编号 | 监测点位置 | 所属水文地质单元 | | 监测目的 | 坐标 | | 监测点类型 | | | | 地下水类型 | | | 监测层位 | | | 监测项目 | | | | | 监测方法 | 监测孔保护设施 | | 备注 |
|---|---|---|---|---|---|---|---|---|---|---|---|---|---|---|---|---|---|---|---|---|---|---|---|---|---|---|---|
| | | | | 一级单元 | 二级单元 | | 东经 | 北纬 | 专门孔 | 机民井 | 泉或地下暗河 | 其他 | 孔隙水 | 裂隙水 | 岩溶水 | 潜水 | 承压水 | 多层监测 | 水位水质共用 | 流量水质共用 | 单测水位 | 单测水质 | 单测流量 | 自动监测自动传输 | 孔口保护设施 | 井房保护 | |
| 8 | 6328021008 | 30-008 | 大柴旦行政委员会 | 柴达木盆地 | 柴达木盆地 | 水位 | 94°35′ | 38°01′ | √ | | | | √ | | | √ | | | | | √ | | | √ | √ | | |
| 9 | 6328021009 | 30-009 | 大柴旦行政委员会 | 柴达木盆地 | 柴达木盆地 | 水位 | 94°35′ | 38°00′ | √ | | | | √ | | | √ | | | | | √ | | | √ | √ | | |
| 10 | 6328021010 | 30-010 | 大柴旦行政委员会 | 柴达木盆地 | 柴达木盆地 | 水位 | 95°14′ | 37°16′ | √ | | | | √ | | | √ | | | | | √ | | | √ | √ | | |
| 11 | 6328011011 | 30-011 | 格尔木市乌图美仁乡 | 柴达木盆地 | 柴达木盆地 | 水位 | 92°34′ | 36°34′ | √ | | | | √ | | | √ | | | | | √ | | | √ | √ | | |
| 12 | 6328011012 | 30-012 | 格尔木市乌图美仁乡 | 柴达木盆地 | 柴达木盆地 | 水位、水质 | 93°00′ | 36°34′ | √ | | | | √ | | | √ | | | √ | | | | | √ | √ | | |
| 13 | 6328011013 | 30-013 | 格尔木市乌图美仁乡 | 柴达木盆地 | 柴达木盆地 | 水位、水质 | 93°27′ | 36°24′ | √ | | | | √ | | | √ | | | √ | | | | | √ | √ | | |
| 14 | 6328011014 | 30-014 | 格尔木市郭勒木德乡 | 柴达木盆地 | 柴达木盆地 | 水位、水质 | 94°14′ | 36°16′ | √ | | | | √ | | | √ | | | √ | | | | | √ | √ | | |
| 15 | 6328012015 | 观 55 | 格尔木市 | 柴达木盆地 | 柴达木盆地 | 水位 | 95°02′ | 36°24′ | √ | | | | √ | | | √ | | | | | √ | | | √ | √ | | |
| 16 | 6328012016 | 观 54 | 格尔木市 | 柴达木盆地 | 柴达木盆地 | 水位 | 95°00′ | 36°22′ | √ | | | | √ | | | √ | | | | | √ | | | √ | √ | | |
| 17 | 6328012017 | 观 53 | 格尔木市 | 柴达木盆地 | 柴达木盆地 | 水位 | 95°00′ | 36°20′ | √ | | | | √ | | | | √ | | | | √ | | | √ | √ | | |
| 18 | 6328012018 | 观 16 | 格尔木市 | 柴达木盆地 | 柴达木盆地 | 水位 | 94°34′ | 36°19′ | √ | | | | √ | | | √ | | | | | √ | | | √ | √ | | |
| 19 | 6328012019 | 观 17 | 格尔木市 | 柴达木盆地 | 柴达木盆地 | 水位、水量 | 94°33′ | 36°17′ | √ | | | | √ | | | √ | | | | | √ | | | √ | √ | | |
| 20 | 6328012020 | 观 18 | 格尔木市 | 柴达木盆地 | 柴达木盆地 | 水位 | 94°33′ | 36°16′ | √ | | | | √ | | | √ | | | | | √ | | | √ | √ | | |
| 21 | 6328012021 | 观 7 | 格尔木市 | 柴达木盆地 | 柴达木盆地 | 水位 | 94°24′ | 36°15′ | √ | | | | √ | | | √ | | | | | √ | | | √ | √ | | |
| 22 | 6328012022 | 观 36 | 格尔木市 | 柴达木盆地 | 柴达木盆地 | 水位 | 94°21′ | 36°14′ | √ | | | | √ | | | √ | | | | | √ | | | √ | √ | | |
| 23 | 6328012023 | 观 8 | 格尔木市 | 柴达木盆地 | 柴达木盆地 | 水位 | 94°25′ | 36°15′ | √ | | | | √ | | | √ | | | | | √ | | | √ | √ | | |
| 24 | 6328012024 | 观 9 | 格尔木市 | 柴达木盆地 | 柴达木盆地 | 水位 | 94°27′ | 36°15′ | √ | | | | √ | | | √ | | | | | √ | | | √ | √ | | |
| 25 | 6328012025 | 观 11 | 格尔木市 | 柴达木盆地 | 柴达木盆地 | 水位 | 94°29′ | 36°15′ | √ | | | | √ | | | √ | | | | | √ | | | √ | √ | | |
| 26 | 6328012026 | 观 26 | 格尔木市 | 柴达木盆地 | 柴达木盆地 | 水位 | 94°31′ | 36°15′ | √ | | | | √ | | | √ | | | | | √ | | | √ | √ | | |
| 27 | 6328012027 | 观 23 | 格尔木市 | 柴达木盆地 | 柴达木盆地 | 水位 | 94°32′ | 36°14′ | √ | | | | √ | | | √ | √ | | | | √ | | | √ | √ | | |
| 28 | 6328012028 | 30-015 | 格尔木市 | 柴达木盆地 | 柴达木盆地 | 水位、水质 | 94°33′ | 36°14′ | √ | | | | √ | | | √ | | | √ | | | | | √ | √ | | |
| 29 | 6328011029 | 30-016 | 格尔木市 | 柴达木盆地 | 柴达木盆地 | 水位 | 94°35′ | 36°14′ | √ | | | | √ | | | √ | | | | | √ | | | √ | √ | | |
| 30 | 6328012030 | 观 37 | 格尔木市 | 柴达木盆地 | 柴达木盆地 | 水位 | 95°01′ | 36°14′ | √ | | | | √ | | | √ | | | | | √ | | | √ | √ | | |
| 31 | 6328012031 | 30-017 | 格尔木市 | 柴达木盆地 | 柴达木盆地 | 水位、水质 | 95°00′ | 36°15′ | √ | | | | √ | | | √ | | | √ | | | | | √ | √ | | |

## 续附表 17-2

| 序号 | 编号 | 原编号 | 监测点位置 | 所属水文地质单元 | | 监测目的 | 坐标 | | 监测点类型 | | | | 地下水类型 | | | 监测层位 | | | 监测项目 | | | | | 监测方法 | 监测孔保护设施 | | 备注 |
|---|---|---|---|---|---|---|---|---|---|---|---|---|---|---|---|---|---|---|---|---|---|---|---|---|---|---|---|
| | | | | 一级单元 | 二级单元 | | 东经 | 北纬 | 专门孔 | 机民井 | 泉或地下暗河 | 其他 | 孔隙水 | 裂隙水 | 岩溶水 | 潜水 | 承压水 | 多层监测 | 水位水质共用 | 流量水质共用 | 单测水位 | 单测水质 | 单测流量 | 自动监测自动传输 | 孔口保护设施 | 井房保护 | |
| 32 | 6328011032 | 30-018 | 格尔木市 | 柴达木盆地 | 柴达木盆地 | 水位、水质 | 95°00′ | 36°15′ | √ | | | | √ | | | √ | | | √ | | | | | √ | √ | | |
| 33 | 6328012033 | 观 1 | 格尔木市 | 柴达木盆地 | 柴达木盆地 | 水位 | 94°24′ | 36°14′ | √ | | | | √ | | | √ | | | | | √ | | | √ | √ | | |
| 34 | 6328012034 | 观 2 | 格尔木市 | 柴达木盆地 | 柴达木盆地 | 水位 | 94°25′ | 36°14′ | √ | | | | √ | | | √ | | | | | √ | | | √ | √ | | |
| 35 | 6328012035 | 观 3 | 格尔木市 | 柴达木盆地 | 柴达木盆地 | 水位 | 94°27′ | 36°14′ | √ | | | | √ | | | √ | | | | | √ | | | √ | √ | | |
| 36 | 6328012036 | 观 4 | 格尔木市 | 柴达木盆地 | 柴达木盆地 | 水位 | 94°29′ | 36°14′ | √ | | | | √ | | | √ | | | | | √ | | | √ | √ | | |
| 37 | 6328012037 | 钾观 5 | 格尔木市 | 柴达木盆地 | 柴达木盆地 | 水位、水质 | 94°30′ | 36°14′ | √ | | | | √ | | | √ | | | √ | | | | | √ | √ | | |
| 38 | 6328012038 | 钾观 1 | 格尔木市 | 柴达木盆地 | 柴达木盆地 | 水位 | 94°30′ | 36°14′ | √ | | | | √ | | | √ | | | | | √ | | | √ | √ | | |
| 39 | 6328012039 | 观 33 | 格尔木市 | 柴达木盆地 | 柴达木盆地 | 水位 | 94°24′ | 36°12′ | √ | | | | √ | | | √ | | | | | √ | | | √ | √ | | |
| 40 | 6328012040 | 观 38 | 格尔木市 | 柴达木盆地 | 柴达木盆地 | 水位 | 94°27′ | 36°11′ | √ | | | | √ | | | √ | | | | | √ | | | √ | √ | | |
| 41 | 6328012041 | 观 52 | 格尔木市 | 柴达木盆地 | 柴达木盆地 | 水位 | 94°24′ | 36°11′ | √ | | | | √ | | | √ | | | | | √ | | | √ | √ | | |
| 42 | 6328012042 | 观 5 | 格尔木市 | 柴达木盆地 | 柴达木盆地 | 水位、水质 | 94°31′ | 36°13′ | √ | | | | √ | | | √ | | | √ | | | | | √ | √ | | |
| 43 | 6328012043 | 观 65 | 格尔木市 | 柴达木盆地 | 柴达木盆地 | 水位 | 94°33′ | 36°13′ | √ | | | | √ | | | √ | | | | | √ | | | √ | √ | | |
| 44 | 6328011044 | 30-019 | 格尔木市 | 柴达木盆地 | 柴达木盆地 | 水位、水质 | 94°33′ | 36°13′ | √ | | | | √ | | | √ | | | √ | | | | | √ | √ | | |
| 45 | 6328012045 | 东水源井 | 格尔木市 | 柴达木盆地 | 柴达木盆地 | 水质 | 94°30′ | 36°13′ | √ | | | | √ | | | √ | | | | | | √ | | √ | √ | | |
| 46 | 6328011046 | 30-020 | 格尔木市 | 柴达木盆地 | 柴达木盆地 | 水位、水质 | 94°31′ | 36°12′ | √ | | | | √ | | | √ | | | √ | | | | | √ | √ | | |
| 47 | 6328011047 | 30-021 | 格尔木市 | 柴达木盆地 | 柴达木盆地 | 水位、水质 | 94°29′ | 36°11′ | √ | | | | √ | | | √ | | | √ | | | | | √ | √ | | |
| 48 | 6328012048 | 30-022 | 格尔木市 | 柴达木盆地 | 柴达木盆地 | 水位 | 94°32′ | 36°11′ | √ | | | | √ | | | √ | | | | | √ | | | √ | √ | | |
| 49 | 6328012049 | 观 51 | 格尔木市 | 柴达木盆地 | 柴达木盆地 | 水位 | 94°30′ | 36°10′ | √ | | | | √ | | | √ | | | | | √ | | | √ | √ | | |
| 50 | 6328012050 | 30-023 | 格尔木市 | 柴达木盆地 | 柴达木盆地 | 水位 | 94°33′ | 36°10′ | √ | | | | √ | | | √ | | | | | √ | | | √ | √ | | |
| 51 | 6328012051 | 观 47 | 格尔木市 | 柴达木盆地 | 柴达木盆地 | 水位、水质 | 94°28′ | 36°10′ | √ | | | | √ | | | √ | | | √ | | | | | √ | √ | | |
| 52 | 6328012052 | 观 54 | 格尔木市 | 柴达木盆地 | 柴达木盆地 | 水位 | 94°26′ | 36°09′ | √ | | | | √ | | | √ | | | | | √ | | | √ | √ | | |
| 53 | 6328012053 | 观 29 | 格尔木市 | 柴达木盆地 | 柴达木盆地 | 水位 | 94°27′ | 36°08′ | √ | | | | √ | | | √ | | | | | √ | | | √ | √ | | |
| 54 | 6328012054 | 观 49 | 格尔木市 | 柴达木盆地 | 柴达木盆地 | 水位 | 94°28′ | 36°08′ | √ | | | | | √ | | √ | | | | | √ | | | √ | √ | | |

## 续附表 17-2

| 序号 | 编号 | 原编号 | 监测点位置 | 所属水文地质单元 | | 监测目的 | 坐标 | | 监测点类型 | | | | 地下水类型 | | | 监测层位 | | | 监测项目 | | | | | 监测方法 | 监测孔保护设施 | | 备注 |
|---|---|---|---|---|---|---|---|---|---|---|---|---|---|---|---|---|---|---|---|---|---|---|---|---|---|---|---|
| | | | | 一级单元 | 二级单元 | | 东经 | 北纬 | 专门孔 | 机民井 | 泉或地下暗河 | 其他 | 孔隙水 | 裂隙水 | 岩溶水 | 潜水 | 承压水 | 多层监测 | 水位水质共用 | 流量水质共用 | 单测水位 | 单测水质 | 单测流量 | 自动监测自动传输 | 孔口保护设施 | 井房保护 | |
| 55 | 6328012055 | 观 46 | 格尔木市 | 柴达木盆地 | 柴达木盆地 | 水位 | 94°27′ | 36°06′ | √ | | | | √ | | | √ | | | | | √ | | | √ | √ | | |
| 56 | 6328012056 | 30-024 | 格尔木市 | 柴达木盆地 | 柴达木盆地 | 水质 | 94°28′ | 36°06′ | √ | | | | √ | | | √ | | | | | | √ | | √ | √ | | |
| 57 | 6328011057 | 30-025 | 格尔木市 | 柴达木盆地 | 柴达木盆地 | 水位、水质 | 94°28′ | 36°06′ | √ | | | | √ | | | √ | | | √ | | | | | √ | √ | | |
| 58 | 6328011058 | 30-026 | 格尔木市 | 柴达木盆地 | 柴达木盆地 | 水质 | 94°28′ | 36°06′ | √ | | | | √ | | | √ | | | | | | √ | | √ | √ | | |
| 59 | 6328011059 | 30-027 | 格尔木市 | 柴达木盆地 | 柴达木盆地 | 水质 | 94°27′ | 36°06′ | √ | | | | √ | | | √ | | | | | | √ | | √ | √ | | |
| 60 | 6328011060 | 30-028 | 格尔木市 | 柴达木盆地 | 柴达木盆地 | 水质 | 94°28′ | 36°06′ | √ | | | | √ | | | √ | | | | | | √ | | √ | √ | | |
| 61 | 6328011061 | 30-029 | 格尔木市 | 柴达木盆地 | 柴达木盆地 | 水位、水质 | 94°27′ | 36°05′ | √ | | | | √ | | | √ | | | √ | | | | | √ | √ | | |
| 62 | 6328011062 | 30-030 | 格尔木市 | 柴达木盆地 | 柴达木盆地 | 水量 | 94°07′ | 35°33′ | | | √ | | | √ | | | √ | | | | | | √ | | | | |
| 63 | 6328011063 | 30-031 | 格尔木市 | 柴达木盆地 | 柴达木盆地 | 水质 | 94°07′ | 35°33′ | √ | | | | √ | | | √ | | | | | | √ | | √ | √ | | |
| 64 | 6328011064 | 30-032 | 格尔木市 | 柴达木盆地 | 柴达木盆地 | 水质 | 94°04′ | 35°26′ | √ | | | | √ | | | √ | | | | | | √ | | √ | √ | | |
| 65 | 6328022065 | 30-033 | 德令哈市 | 柴达木盆地 | 柴达木盆地 | 水位 | 97°15′ | 37°13′ | √ | | | | √ | | | √ | | | | | √ | | | √ | √ | | |
| 66 | 6328021066 | 30-034 | 德令哈市 | 柴达木盆地 | 柴达木盆地 | 水质 | 97°12′ | 37°12′ | √ | | | | √ | | | √ | | | | | | √ | | √ | √ | | |
| 67 | 6328022067 | 30-035 | 德令哈市 | 柴达木盆地 | 柴达木盆地 | 水质 | 97°14′ | 37°12′ | √ | | | | √ | | | √ | | | | | | √ | | √ | √ | | |
| 68 | 6328021068 | 30-036 | 德令哈市 | 柴达木盆地 | 柴达木盆地 | 水质 | 97°12′ | 37°10′ | √ | | | | √ | | | √ | | | | | | √ | | √ | √ | | |
| 69 | 6328021069 | 30-037 | 德令哈市 | 柴达木盆地 | 柴达木盆地 | 水质 | 97°14′ | 37°10′ | √ | | | | √ | | | √ | | | | | | √ | | √ | √ | | |
| 70 | 6328021070 | 30-038 | 德令哈市 | 柴达木盆地 | 柴达木盆地 | 水质 | 97°12′ | 37°09′ | √ | | | | √ | | | √ | | | | | | √ | | √ | √ | | |
| 71 | 6328021071 | 30-039 | 德令哈市 | 柴达木盆地 | 柴达木盆地 | 水质 | 97°14′ | 37°09′ | √ | | | | √ | | | √ | | | | | | √ | | √ | √ | | |
| 72 | 6328021072 | 30-040 | 德令哈市 | 柴达木盆地 | 柴达木盆地 | 水位、水质 | 97°02′ | 37°07′ | √ | | | | √ | | | √ | | | √ | | | | | √ | √ | | |
| 73 | 6328021073 | 30-041 | 德令哈市 | 柴达木盆地 | 柴达木盆地 | 水质 | 97°04′ | 37°07′ | √ | | | | √ | | | √ | | | | | | √ | | √ | √ | | |
| 74 | 6328021074 | 30-042 | 德令哈市 | 柴达木盆地 | 柴达木盆地 | 水质 | 97°06′ | 37°07′ | √ | | | | √ | | | √ | | | | | | √ | | √ | √ | | |
| 75 | 6328021075 | 30-043 | 德令哈市 | 柴达木盆地 | 柴达木盆地 | 水质 | 97°07′ | 37°07′ | √ | | | | √ | | | √ | | | | | | √ | | √ | √ | | |
| 76 | 6328021076 | 30-044 | 德令哈市 | 柴达木盆地 | 柴达木盆地 | 水质 | 97°09′ | 37°07′ | √ | | | | √ | | | √ | | | | | | √ | | √ | √ | | |
| 77 | 6328021077 | 30-045 | 德令哈市 | 柴达木盆地 | 柴达木盆地 | 水质 | 97°11′ | 37°07′ | √ | | | | √ | | | √ | | | | | | √ | | √ | √ | | |
| 78 | 6328021078 | 30-046 | 德令哈市 | 柴达木盆地 | 柴达木盆地 | 水位、水质 | 97°12′ | 37°07′ | √ | | | | √ | | | √ | | | √ | | | | | √ | √ | | |
| 79 | 6328022079 | 30-047 | 德令哈市 | 柴达木盆地 | 柴达木盆地 | 水质 | 97°14′ | 37°07′ | √ | | | | √ | | | √ | | | | | | √ | | √ | √ | | |

## 续附表 17-2

| 序号 | 编号 | 原编号 | 监测点位置 | 所属水文地质单元 | | 监测目的 | 坐标 | | 监测点类型 | | | | 地下水类型 | | | 监测层位 | | | 监测项目 | | | | | 监测方法 | 监测孔保护设施 | | 备注 |
|---|---|---|---|---|---|---|---|---|---|---|---|---|---|---|---|---|---|---|---|---|---|---|---|---|---|---|---|
| | | | | 一级单元 | 二级单元 | | 东经 | 北纬 | 专门孔 | 机民井 | 泉或地下暗河 | 其他 | 孔隙水 | 裂隙水 | 岩溶水 | 潜水 | 承压水 | 多层监测 | 水位水质共用 | 流量水质共用 | 单测水位 | 单测水质 | 单测流量 | 自动监测自动传输 | 孔口保护设施 | 井房保护 | |
| 80 | 6328022080 | 30-048 | 德令哈市 | 柴达木盆地 | 柴达木盆地 | 水质 | 97°17′ | 37°07′ | √ | | | | √ | | | √ | | | | | | √ | | √ | √ | | |
| 81 | 6328021081 | 30-049 | 德令哈市 | 柴达木盆地 | 柴达木盆地 | 水位、水质 | 97°18′ | 37°07′ | √ | | | | √ | | | √ | | | √ | | | | | √ | √ | | |
| 82 | 6328211082 | 30-050 | 乌兰县希里沟镇 | 柴达木盆地 | 柴达木盆地 | 水位、水质 | 98°17′ | 36°33′ | √ | | | | √ | | | √ | | | √ | | | | | √ | √ | | |
| 83 | 6328221083 | 30-055 | 都兰县诺木洪乡 | 柴达木盆地 | 柴达木盆地 | 水位 | 96°21′ | 36°15′ | √ | | | | √ | | | √ | | | | | √ | | | √ | √ | | |
| 84 | 6328221084 | 30-058 | 都兰县诺木洪乡 | 柴达木盆地 | 柴达木盆地 | 水位 | 96°21′ | 36°13′ | √ | | | | √ | | | √ | | | | | √ | | | √ | √ | | |
| 85 | 6328221085 | 30-068 | 都兰县宗加乡 | 柴达木盆地 | 柴达木盆地 | 水位 | 97°01′ | 36°09′ | √ | | | | √ | | | √ | | | | | √ | | | √ | √ | | |
| 86 | 6328221086 | 30-073 | 都兰县香日德镇 | 柴达木盆地 | 柴达木盆地 | 水位、水质 | 97°21′ | 36°09′ | √ | | | | √ | | | √ | | | √ | | | | | √ | √ | | |
| 87 | 6328221087 | 30-075 | 都兰县香日德镇 | 柴达木盆地 | 柴达木盆地 | 水位、水质 | 97°23′ | 36°09′ | √ | | | | √ | | | √ | | | √ | | | | | √ | √ | | |
| 88 | 6328221088 | 30-081 | 都兰县察汗乌苏镇 | 柴达木盆地 | 柴达木盆地 | 水位 | 98°03′ | 36°14′ | √ | | | | √ | | | √ | | | | | √ | | | √ | √ | | |
| 89 | 6325211089 | 30-082 | 共和县石乃亥乡 | 三江源 | 青海湖盆地 | 水位 | 99°17′ | 37°04′ | √ | | | | √ | | | √ | | | | | √ | | | √ | √ | | |
| 90 | 6322242090 | 30-083 | 刚察县吉尔孟乡 | 三江源 | 青海湖盆地 | 水位 | 99°22′ | 37°04′ | √ | | | | √ | | | √ | | | | | √ | | | √ | √ | | |
| 91 | 6325212091 | 30-084 | 共和县石乃亥乡 | 三江源 | 青海湖盆地 | 水位 | 99°22′ | 37°02′ | √ | | | | √ | | | √ | | | | | √ | | | √ | √ | | |
| 92 | 6325211092 | 30-085 | 共和县石乃亥乡 | 三江源 | 青海湖盆地 | 水位 | 99°27′ | 37°00′ | √ | | | | √ | | | √ | | | | | √ | | | √ | √ | | |
| 93 | 6325212093 | 30-086 | 共和县石乃亥乡 | 三江源 | 青海湖盆地 | 水位 | 99°21′ | 37°00′ | √ | | | | √ | | | √ | | | | | √ | | | √ | √ | | |
| 94 | 6325211094 | 30-087 | 共和县黑马河乡 | 三江源 | 青海湖盆地 | 水位 | 99°29′ | 36°26′ | √ | | | | √ | | | √ | | | | | √ | | | √ | √ | | |
| 95 | 6325211095 | 30-088 | 共和县江西沟镇 | 三江源 | 青海湖盆地 | 水位 | 100°10′ | 36°22′ | √ | | | | √ | | | √ | | | | | √ | | | √ | √ | | |
| 96 | 6325211096 | 30-089 | 共和县倒淌河镇 | 三江源 | 青海湖盆地 | 水位 | 100°27′ | 36°18′ | √ | | | | √ | | | √ | | | | | √ | | | √ | √ | | |
| 97 | 6325211097 | 30-090 | 共和县倒淌河镇 | 三江源 | 青海湖盆地 | 水位 | 100°29′ | 36°23′ | √ | | | | √ | | | √ | | | | | √ | | | √ | √ | | |
| 98 | 6322241098 | 30-091 | 刚察县哈尔盖乡 | 三江源 | 青海湖盆地 | 水位 | 100°18′ | 37°09′ | √ | | | | √ | | | √ | | | | | √ | | | √ | √ | | |
| 99 | 6322242099 | 30-092 | 刚察县哈尔盖乡 | 三江源 | 青海湖盆地 | 水位 | 100°15′ | 37°07′ | √ | | | | √ | | | √ | | | | | √ | | | √ | √ | | |
| 100 | 6322242100 | 30-093 | 刚察县哈尔盖乡 | 三江源 | 青海湖盆地 | 水位 | 100°17′ | 37°07′ | √ | | | | √ | | | √ | | | | | √ | | | √ | √ | | |
| 101 | 6322242101 | 30-094 | 刚察县哈尔盖乡 | 三江源 | 青海湖盆地 | 水位 | 100°19′ | 37°06′ | √ | | | | √ | | | √ | | | | | √ | | | √ | √ | | |
| 102 | 6322241102 | 30-095 | 刚察县哈尔盖乡 | 三江源 | 青海湖盆地 | 水位 | 100°15′ | 37°10′ | √ | | | | √ | | | √ | | | | | √ | | | √ | √ | | |
| 103 | 6322242103 | 30-096 | 刚察县沙柳河镇 | 三江源 | 青海湖盆地 | 水位 | 100°04′ | 37°14′ | √ | | | | √ | | | √ | | | | | √ | | | √ | √ | | |
| 104 | 6322242104 | 30-097 | 刚察县沙柳河镇 | 三江源 | 青海湖盆地 | 水位 | 100°03′ | 37°12′ | √ | | | | √ | | | √ | | | | | √ | | | √ | √ | | |

## 续附表 17-2

| 序号 | 编号 | 原编号 | 监测点位置 | 所属水文地质单元 | | 监测目的 | 坐标 | | 监测点类型 | | | | 地下水类型 | | | 监测层位 | | | 监测项目 | | | | | 监测方法 | 监测孔保护设施 | | 备注 |
|---|---|---|---|---|---|---|---|---|---|---|---|---|---|---|---|---|---|---|---|---|---|---|---|---|---|---|---|
| | | | | 一级单元 | 二级单元 | | 东经 | 北纬 | 专门孔 | 机民井 | 泉或地下暗河 | 其他 | 孔隙水 | 裂隙水 | 岩溶水 | 潜水 | 承压水 | 多层监测 | 水位水质共用 | 流量水质共用 | 单测水位 | 单测水质 | 单测流量 | 自动监测自动传输 | 孔口保护设施 | 井房保护 | |
| 105 | 6322241105 | 30-098 | 刚察县沙柳河镇 | 三江源 | 青海湖盆地 | 水位 | 100°03′ | 37°12′ | √ | | | | √ | | | √ | | | | | √ | | | √ | √ | | |
| 106 | 6322242106 | 30-099 | 刚察县沙柳河镇 | 三江源 | 青海湖盆地 | 水位 | 100°06′ | 37°12′ | √ | | | | √ | | | √ | | | | | √ | | | √ | √ | | |
| 107 | 6327261107 | 30-100 | 曲麻莱县曲麻莱乡 | 三江源 | 长江源 | 水位 | 93°33′ | 35°19′ | √ | | | | √ | | | √ | | | | | √ | | | √ | √ | | |
| 108 | 6328231108 | 30-101 | 天峻县新源镇 | 三江源 | 青海湖盆地 | 水位 | 98°35′ | 37°11′ | √ | | | | √ | | | √ | | | | | √ | | | √ | √ | | |
| 109 | 6322231109 | 30-102 | 海晏县西海镇 | 三江源 | 湟水谷地 | 水位、水质 | 100°30′ | 37°00′ | √ | | | | √ | | | √ | | | √ | | | | | √ | √ | | |
| 110 | 6322231110 | 30-103 | 海晏县西海镇 | 三江源 | 湟水谷地 | 水位、水质 | 101°00′ | 36°33′ | √ | | | | √ | | | √ | | | √ | | | | | √ | √ | | |
| 111 | 6322231111 | 30-104 | 海晏县哈勒景乡 | 三江源 | 湟水谷地 | 水质 | 101°01′ | 37°01′ | √ | | | | √ | | | √ | | | | | | √ | | √ | √ | | |
| 112 | 6322231112 | 30-105 | 海晏县哈勒景乡 | 三江源 | 湟水谷地 | 水质 | 101°01′ | 37°01′ | √ | | | | √ | | | √ | | | | | | √ | | √ | √ | | |
| 113 | 6322231113 | 30-106 | 海晏县哈勒景乡 | 三江源 | 湟水谷地 | 水质 | 101°01′ | 37°01′ | √ | | | | √ | | | √ | | | | | | √ | | √ | √ | | |
| 114 | 6322231114 | 30-107 | 海晏县哈勒景乡 | 三江源 | 湟水谷地 | 水质 | 101°01′ | 37°01′ | √ | | | | √ | | | √ | | | | | | √ | | √ | √ | | |
| 115 | 6322231115 | 30-108 | 海晏县哈勒景乡 | 三江源 | 湟水谷地 | 水质 | 101°01′ | 37°01′ | √ | | | | √ | | | √ | | | | | | √ | | √ | √ | | |
| 116 | 6322231116 | 30-109 | 海晏县哈勒景乡 | 三江源 | 湟水谷地 | 水质 | 101°01′ | 37°01′ | √ | | | | √ | | | √ | | | | | | √ | | √ | √ | | |
| 117 | 6322231117 | 30-110 | 海晏县哈勒景乡 | 三江源 | 湟水谷地 | 水质 | 101°01′ | 37°01′ | √ | | | | √ | | | √ | | | | | | √ | | √ | √ | | |
| 118 | 6322231118 | 30-111 | 海晏县哈勒景乡 | 三江源 | 湟水谷地 | 水质 | 101°01′ | 37°01′ | √ | | | | √ | | | √ | | | | | | √ | | √ | √ | | |
| 119 | 6322231119 | 30-112 | 海晏县哈勒景乡 | 三江源 | 湟水谷地 | 水质 | 101°01′ | 37°02′ | √ | | | | √ | | | √ | | | | | | √ | | √ | √ | | |
| 120 | 6322231120 | 30-113 | 海晏县哈勒景乡 | 三江源 | 湟水谷地 | 水质 | 101°01′ | 37°02′ | √ | | | | √ | | | √ | | | | | | √ | | √ | √ | | |
| 121 | 6322231121 | 30-114 | 海晏县哈勒景乡 | 三江源 | 湟水谷地 | 水质 | 101°01′ | 37°01′ | √ | | | | √ | | | √ | | | | | | √ | | √ | √ | | |
| 122 | 6322231122 | 30-115 | 海晏县哈勒景乡 | 三江源 | 湟水谷地 | 水质 | 101°01′ | 37°01′ | √ | | | | √ | | | √ | | | | | | √ | | √ | √ | | |
| 123 | 6322231123 | 30-116 | 海晏县哈勒景乡 | 三江源 | 湟水谷地 | 水质 | 101°01′ | 37°01′ | √ | | | | √ | | | √ | | | | | | √ | | √ | √ | | |
| 124 | 6322231124 | 30-117 | 海晏县哈勒景乡 | 三江源 | 湟水谷地 | 水质 | 101°01′ | 37°01′ | √ | | | | √ | | | √ | | | | | | √ | | √ | √ | | |
| 125 | 6325241125 | 30-118 | 兴海县唐乃亥乡 | 三江源 | 黄河谷地 | 水位 | 100°04′ | 35°18′ | √ | | | | √ | | | √ | | | | | √ | | | √ | √ | | |
| 126 | 6325211126 | 30-119 | 共和县龙羊峡镇 | 三江源 | 黄河谷地 | 水位、水质 | 101°00′ | 36°05′ | √ | | | | √ | | | √ | | | √ | | | | | √ | √ | | |
| 127 | 6301212127 | 30-120 | 大通县城关镇 | 三江源 | 湟水谷地 | 水位 | 101°19′ | 37°01′ | √ | | | | √ | | | √ | | | | | √ | | | √ | √ | | |
| 128 | 6301212128 | 30-121 | 大通县城关镇 | 三江源 | 湟水谷地 | 水位 | 101°19′ | 37°01′ | √ | | | | √ | | | √ | | | | | √ | | | √ | √ | | |
| 129 | 6301211129 | 30-122 | 大通县城关镇 | 三江源 | 湟水谷地 | 水位 | 101°19′ | 37°01′ | √ | | | | √ | | | √ | | | | | √ | | | √ | √ | | |
| 130 | 6301212130 | 30-123 | 大通县城关镇 | 三江源 | 湟水谷地 | 水位 | 101°18′ | 37°00′ | √ | | | | √ | | | √ | | | | | √ | | | √ | √ | | |

## 续附表 17-2

| 序号 | 编号 | 原编号 | 监测点位置 | 所属水文地质单元 | | 监测目的 | 坐标 | | 监测点类型 | | | | 地下水类型 | | | 监测层位 | | | 监测项目 | | | | | 监测方法 | 监测孔保护设施 | | 备注 |
|---|---|---|---|---|---|---|---|---|---|---|---|---|---|---|---|---|---|---|---|---|---|---|---|---|---|---|---|
| | | | | 一级单元 | 二级单元 | | 东经 | 北纬 | 专门孔 | 机民井 | 泉或地下暗河 | 其他 | 孔隙水 | 裂隙水 | 岩溶水 | 潜水 | 承压水 | 多层监测 | 水位水质共用 | 流量水质共用 | 单测水位 | 单测水质 | 单测流量 | 自动监测自动传输 | 孔口保护设施 | 井房保护 | |
| 131 | 6301212131 | 30-124 | 大通县城关镇 | 三江源 | 湟水谷地 | 水位 | 101°20′ | 37°01′ | √ | | | | √ | | | √ | | | | | √ | | | √ | √ | | |
| 132 | 6301211132 | 30-125 | 大通县城关镇 | 三江源 | 湟水谷地 | 水位 | 101°20′ | 37°01′ | √ | | | | √ | | | √ | | | | | √ | | | √ | √ | | |
| 133 | 6301212133 | 30-126 | 大通县新庄镇 | 三江源 | 湟水谷地 | 水位 | 101°21′ | 37°01′ | √ | | | | √ | | | √ | | | | | √ | | | √ | √ | | |
| 134 | 6301212134 | 30-127 | 大通县新庄镇 | 三江源 | 湟水谷地 | 水位 | 101°21′ | 37°01′ | √ | | | | √ | | | √ | | | | | √ | | | √ | √ | | |
| 135 | 6301212135 | 30-128 | 大通县城关镇 | 三江源 | 湟水谷地 | 水位 | 101°20′ | 37°00′ | √ | | | | √ | | | √ | | | | | √ | | | √ | √ | | |
| 136 | 6301211136 | 30-129 | 大通县新庄镇 | 三江源 | 湟水谷地 | 水位、水质 | 101°21′ | 37°00′ | √ | | | | √ | | | √ | | | √ | | | | | √ | √ | | |
| 137 | 6301212137 | 30-130 | 大通县塔尔乡 | 三江源 | 湟水谷地 | 水位 | 101°21′ | 37°00′ | √ | | | | √ | | | √ | | | | | √ | | | √ | √ | | |
| 138 | 6301211138 | 30-131 | 大通县塔尔乡 | 三江源 | 湟水谷地 | 水位 | 101°21′ | 37°00′ | √ | | | | √ | | | √ | | | | | √ | | | √ | √ | | |
| 139 | 6301212139 | 30-132 | 大通县塔尔乡 | 三江源 | 湟水谷地 | 水位 | 101°22′ | 37°00′ | √ | | | | √ | | | √ | | | | | √ | | | √ | √ | | |
| 140 | 6301212140 | G101 | 大通县塔尔乡 | 三江源 | 湟水谷地 | 水位 | 101°22′ | 37°00′ | √ | | | | √ | | | √ | | | | | √ | | | √ | √ | | |
| 141 | 6301212141 | G107 | 大通县良教乡 | 三江源 | 湟水谷地 | 水位 | 101°22′ | 36°35′ | √ | | | | √ | | | √ | | | | | √ | | | √ | √ | | |
| 142 | 6301212142 | G111 | 大通县塔尔乡 | 三江源 | 湟水谷地 | 水位、水质 | 101°23′ | 36°35′ | √ | | | | √ | | | √ | | | √ | | | | | √ | √ | | |
| 143 | 6301212143 | G118 | 大通县塔尔乡 | 三江源 | 湟水谷地 | 水位 | 101°23′ | 36°35′ | √ | | | | √ | | | √ | | | | | √ | | | √ | √ | | |
| 144 | 6301212144 | G122 | 大通县桥头镇 | 三江源 | 湟水谷地 | 水位 | 101°23′ | 36°34′ | √ | | | | √ | | | √ | | | | | √ | | | √ | √ | | |
| 145 | 6301212145 | G126 | 大通县桥头镇 | 三江源 | 湟水谷地 | 水位 | 101°24′ | 36°34′ | √ | | | | √ | | | √ | | | | | √ | | | √ | √ | | |
| 146 | 6301212146 | 30-133 | 大通县城关镇 | 三江源 | 湟水谷地 | 水位 | 101°23′ | 36°33′ | √ | | | | √ | | | √ | | | | | √ | | | √ | √ | | |
| 147 | 6301211147 | 30-134 | 大通县桥头镇 | 三江源 | 湟水谷地 | 水位 | 101°24′ | 36°34′ | √ | | | | √ | | | √ | | | | | √ | | | √ | √ | | |
| 148 | 6301212148 | 30-135 | 大通县桥头镇 | 三江源 | 湟水谷地 | 水位 | 101°24′ | 36°34′ | √ | | | | √ | | | √ | | | | | √ | | | √ | √ | | |
| 149 | 6301212149 | 30-136 | 大通县桥头镇 | 三江源 | 湟水谷地 | 水位 | 101°24′ | 36°34′ | √ | | | | √ | | | √ | | | | | √ | | | √ | √ | | |
| 150 | 6301212150 | 30-137 | 大通县桥头镇 | 三江源 | 湟水谷地 | 水质 | 101°25′ | 36°32′ | √ | | | | √ | | | √ | | | | | | √ | | √ | √ | | |
| 151 | 6301212151 | 30-138 | 大通县桥头镇 | 三江源 | 湟水谷地 | 水质 | 101°25′ | 36°32′ | √ | | | | √ | | | √ | | | | | | √ | | √ | √ | | |
| 152 | 6301212152 | 30-139 | 大通县桥头镇 | 三江源 | 湟水谷地 | 水位、水质 | 101°25′ | 36°32′ | √ | | | | √ | | | √ | | | √ | | | | | √ | √ | | |
| 153 | 6301212153 | 30-140 | 大通县桥头镇 | 三江源 | 湟水谷地 | 水位 | 101°25′ | 36°32′ | √ | | | | √ | | | √ | | | | | √ | | | √ | √ | | |
| 154 | 6301212154 | 30-141 | 大通县桥头镇 | 三江源 | 湟水谷地 | 水位 | 101°25′ | 36°32′ | √ | | | | √ | | | √ | | | | | √ | | | √ | √ | | |
| 155 | 6301212155 | 30-142 | 大通县桥头镇 | 三江源 | 湟水谷地 | 水位 | 101°26′ | 36°32′ | √ | | | | √ | | | √ | | | | | √ | | | √ | √ | | |
| 156 | 6301212156 | 30-143 | 大通县桥头镇 | 三江源 | 湟水谷地 | 水位 | 101°26′ | 36°32′ | √ | | | | √ | | | √ | | | | | √ | | | √ | √ | | |

**续附表 17-2**

| 序号 | 编号 | 原编号 | 监测点位置 | 所属水文地质单元 | | 监测目的 | 坐标 | | 监测点类型 | | | | 地下水类型 | | | 监测层位 | | | 监测项目 | | | | | 监测方法 | 监测孔保护设施 | | 备注 |
|---|---|---|---|---|---|---|---|---|---|---|---|---|---|---|---|---|---|---|---|---|---|---|---|---|---|---|---|
| | | | | 一级单元 | 二级单元 | | 东经 | 北纬 | 专门孔 | 机民井 | 泉或地下暗河 | 其他 | 孔隙水 | 裂隙水 | 岩溶水 | 潜水 | 承压水 | 多层监测 | 水位水质共用 | 流量水质共用 | 单测水位 | 单测水质 | 单测流量 | 自动监测自动传输 | 孔口保护设施 | 井房保护 | |
| 157 | 6301212157 | 30-144 | 大通县黄家寨镇 | 三江源 | 湟水谷地 | 水质 | 101°26′ | 36°32′ | √ | | | | √ | | | √ | | | | | | √ | | √ | √ | | |
| 158 | 6301211158 | 30-145 | 大通县黄家寨镇 | 三江源 | 湟水谷地 | 水质 | 101°27′ | 36°32′ | √ | | | | √ | | | √ | | | | | | √ | | √ | √ | | |
| 159 | 6301212159 | 30-146 | 大通县黄家寨镇 | 三江源 | 湟水谷地 | 水质 | 101°27′ | 36°32′ | √ | | | | √ | | | √ | | | | | | √ | | √ | √ | | |
| 160 | 6321231160 | 30-147 | 乐都县七里店镇 | 三江源 | 湟水谷地 | 水位、水质 | 102°11′ | 36°16′ | √ | | | | √ | | | √ | | | √ | | | | | √ | √ | | |
| 161 | 6321232161 | 30-148 | 乐都县七里店镇 | 三江源 | 湟水谷地 | 水质 | 102°10′ | 36°16′ | √ | | | | √ | | | √ | | | | | | √ | | √ | √ | | |
| 162 | 6301211162 | 30-149 | 大通县黄家寨镇 | 三江源 | 湟水谷地 | 水位、水质 | 101°27′ | 36°31′ | √ | | | | √ | | | √ | | | √ | | | | | √ | √ | | |
| 163 | 6301211163 | 30-150 | 大通县黄家寨镇 | 三江源 | 湟水谷地 | 水质 | 101°27′ | 36°31′ | √ | | | | √ | | | √ | | | | | | √ | | √ | √ | | |
| 164 | 6301211164 | 30-151 | 大通县黄家寨镇 | 三江源 | 湟水谷地 | 水质 | 101°27′ | 36°31′ | √ | | | | √ | | | √ | | | | | | √ | | √ | √ | | |
| 165 | 6301211165 | 30-152 | 大通县黄家寨镇 | 三江源 | 湟水谷地 | 水质 | 101°27′ | 36°31′ | √ | | | | √ | | | √ | | | | | | √ | | √ | √ | | |
| 166 | 6301212166 | 30-153 | 大通县黄家寨镇 | 三江源 | 湟水谷地 | 水位 | 101°25′ | 36°31′ | √ | | | | √ | | | √ | | | | | √ | | | √ | √ | | |
| 167 | 6301212167 | 30-154 | 大通县黄家寨镇 | 三江源 | 湟水谷地 | 水位 | 101°25′ | 36°30′ | √ | | | | √ | | | √ | | | | | √ | | | √ | √ | | |
| 168 | 6301211168 | 30-155 | 大通县黄家寨镇 | 三江源 | 湟水谷地 | 水位 | 101°26′ | 36°30′ | √ | | | | √ | | | √ | | | | | √ | | | √ | √ | | |
| 169 | 6301211169 | 30-156 | 大通县黄家寨镇 | 三江源 | 湟水谷地 | 水位、水质 | 101°26′ | 36°30′ | √ | | | | √ | | | √ | | | √ | | | | | √ | √ | | |
| 170 | 6321232170 | 30-157 | 乐都县七里店镇 | 三江源 | 湟水谷地 | 水质 | 102°10′ | 36°16′ | √ | | | | √ | | | √ | | | | | | √ | | √ | √ | | |
| 171 | 6301211171 | 30-158 | 大通县黄家寨镇 | 三江源 | 湟水谷地 | 水质 | 101°27′ | 36°30′ | √ | | | | √ | | | √ | | | | | | √ | | √ | √ | | |
| 172 | 6301212172 | 30-159 | 大通县黄家寨镇 | 三江源 | 湟水谷地 | 水位、水质 | 101°27′ | 36°30′ | √ | | | | √ | | | √ | | | √ | | | | | √ | √ | | |
| 173 | 6321232173 | 30-160 | 乐都县七里店镇 | 三江源 | 湟水谷地 | 水质 | 102°10′ | 36°16′ | √ | | | | √ | | | √ | | | | | | √ | | √ | √ | | |
| 174 | 6301211174 | 30-161 | 大通县黄家寨镇 | 三江源 | 湟水谷地 | 水质 | 101°27′ | 36°30′ | √ | | | | √ | | | √ | | | | | | √ | | √ | √ | | |
| 175 | 6301212175 | 30-162 | 大通县黄家寨镇 | 三江源 | 湟水谷地 | 水质 | 101°27′ | 36°30′ | √ | | | | √ | | | √ | | | | | | √ | | √ | √ | | |
| 176 | 6301212176 | 30-163 | 大通县长宁镇 | 三江源 | 湟水谷地 | 水位、水质 | 101°26′ | 36°30′ | √ | | | | √ | | | √ | | | √ | | | | | √ | √ | | |
| 177 | 6301212177 | 30-164 | 大通县长宁镇 | 三江源 | 湟水谷地 | 水位 | 101°26′ | 36°29′ | √ | | | | √ | | | √ | | | | | √ | | | √ | √ | | |
| 178 | 6301212178 | 30-165 | 大通县长宁镇 | 三江源 | 湟水谷地 | 水位 | 101°26′ | 36°30′ | √ | | | | √ | | | √ | | | | | √ | | | √ | √ | | |
| 179 | 6301212179 | 30-166 | 大通县长宁镇 | 三江源 | 湟水谷地 | 水位 | 101°27′ | 36°30′ | √ | | | | √ | | | √ | | | | | √ | | | √ | √ | | |
| 180 | 6301212180 | 30-167 | 大通县长宁镇 | 三江源 | 湟水谷地 | 水位、水质 | 101°27′ | 36°30′ | √ | | | | √ | | | √ | | | √ | | | | | √ | √ | | |

## 续附表 17-2

| 序号 | 编号 | 原编号 | 监测点位置 | 所属水文地质单元 | | 监测目的 | 坐标 | | 监测点类型 | | | | 地下水类型 | | | 监测层位 | | | 监测项目 | | | | | 监测方法 | 监测孔保护设施 | | 备注 |
|---|---|---|---|---|---|---|---|---|---|---|---|---|---|---|---|---|---|---|---|---|---|---|---|---|---|---|---|
| | | | | 一级单元 | 二级单元 | | 东经 | 北纬 | 专门孔 | 机民井 | 泉或地下暗河 | 其他 | 孔隙水 | 裂隙水 | 岩溶水 | 潜水 | 承压水 | 多层监测 | 水位水质共用 | 流量水质共用 | 单测水位 | 单测水质 | 单测流量 | 自动监测自动传输 | 孔口保护设施 | 井房保护 | |
| 181 | 6301212181 | 30-168 | 大通县长宁镇 | 三江源 | 湟水谷地 | 水质 | 101°27′ | 36°29′ | √ | | | | √ | | | √ | | | | | | √ | | √ | √ | | |
| 182 | 6301222182 | 30-170 | 湟中县上五庄镇 | 三江源 | 湟水谷地 | 水位、水质 | 101°13′ | 36°30′ | √ | | | | √ | | | √ | | | √ | | | | | √ | √ | | |
| 183 | 6301222183 | 30-171 | 湟中县上五庄镇 | 三江源 | 湟水谷地 | 水位、水质 | 101°14′ | 36°29′ | √ | | | | √ | | | √ | | | √ | | | | | √ | √ | | |
| 184 | 6301222184 | 30-172 | 湟中县上五庄镇 | 三江源 | 湟水谷地 | 水质 | 101°14′ | 36°29′ | √ | | | | √ | | | √ | | | | | | √ | | √ | √ | | |
| 185 | 6301222185 | G30 | 湟中县拦隆口乡 | 三江源 | 湟水谷地 | 水位 | 101°17′ | 36°27′ | √ | | | | √ | | | √ | | | | | √ | | | √ | √ | | |
| 186 | 6301222186 | 30-173 | 湟中县拦隆口乡 | 三江源 | 湟水谷地 | 水位 | 101°17′ | 36°26′ | √ | | | | √ | | | √ | | | | | √ | | | √ | √ | | |
| 187 | 6301222187 | 30-174 | 湟中县拦隆口乡 | 三江源 | 湟水谷地 | 水位 | 101°17′ | 36°25′ | √ | | | | √ | | | √ | | | | | √ | | | √ | √ | | |
| 188 | 6301222188 | G23 | 湟中县拦隆口乡 | 三江源 | 湟水谷地 | 水位 | 101°18′ | 36°25′ | √ | | | | √ | | | √ | | | | | √ | | | √ | √ | | |
| 189 | 6301221189 | 30-175 | 湟中县拦隆口乡 | 三江源 | 湟水谷地 | 水位 | 101°18′ | 36°25′ | √ | | | | √ | | | √ | | | | | √ | | | √ | √ | | |
| 190 | 6301222190 | 30-176 | 湟中县拦隆口乡 | 三江源 | 湟水谷地 | 水位、水质 | 101°18′ | 36°25′ | √ | | | | √ | | | √ | | | √ | | | | | √ | √ | | |
| 191 | 6301222191 | G9105 | 湟中县拦隆口乡 | 三江源 | 湟水谷地 | 水位、水质 | 101°18′ | 36°24′ | √ | | | | √ | | | √ | | | √ | | | | | √ | √ | | |
| 192 | 6301221192 | 30-177 | 湟中县拦隆口乡 | 三江源 | 湟水谷地 | 水位 | 101°18′ | 36°24′ | √ | | | | √ | | | √ | | | | | √ | | | √ | √ | | |
| 193 | 6301221193 | 30-178 | 湟中县拦隆口乡 | 三江源 | 湟水谷地 | 水位 | 101°18′ | 36°24′ | √ | | | | √ | | | √ | | | | | √ | | | √ | √ | | |
| 194 | 6301221194 | 30-179 | 湟中县拦隆口乡 | 三江源 | 湟水谷地 | 水位 | 101°18′ | 36°24′ | √ | | | | √ | | | √ | | | | | √ | | | √ | √ | | |
| 195 | 6301222195 | 30-180 | 湟中县拦隆口乡 | 三江源 | 湟水谷地 | 水位、水质 | 101°18′ | 36°24′ | √ | | | | √ | | | √ | | | √ | | | | | √ | √ | | |
| 196 | 6301222196 | 30-181 | 湟中县哆吧镇 | 三江源 | 湟水谷地 | 水位 | 101°18′ | 36°24′ | √ | | | | √ | | | √ | | | | | √ | | | √ | √ | | |
| 197 | 6301221197 | 30-182 | 湟中县哆吧镇 | 三江源 | 湟水谷地 | 水位 | 101°18′ | 36°24′ | √ | | | | √ | | | √ | | | | | √ | | | √ | √ | | |
| 198 | 6301222198 | 30-184 | 湟中县哆吧镇 | 三江源 | 湟水谷地 | 水位 | 101°16′ | 36°24′ | √ | | | | √ | | | √ | | | | | √ | | | √ | √ | | |
| 199 | 6301222199 | 30-185 | 湟中县哆吧镇 | 三江源 | 湟水谷地 | 水位 | 101°16′ | 36°23′ | √ | | | | √ | | | √ | | | | | √ | | | √ | √ | | |
| 200 | 6301221200 | 30-186 | 湟中县哆吧镇 | 三江源 | 湟水谷地 | 水位 | 101°16′ | 36°23′ | √ | | | | √ | | | √ | | | | | √ | | | √ | √ | | |
| 201 | 6301222201 | 30-187 | 湟中县哆吧镇 | 三江源 | 湟水谷地 | 水位 | 101°16′ | 36°23′ | √ | | | | √ | | | √ | | | | | √ | | | √ | √ | | |
| 202 | 6301222202 | 30-188 | 湟中县哆吧镇 | 三江源 | 湟水谷地 | 水位 | 101°18′ | 36°23′ | √ | | | | √ | | | √ | | | | | √ | | | √ | √ | | |
| 203 | 6301221203 | 30-189 | 湟中县哆吧镇 | 三江源 | 湟水谷地 | 水位 | 101°18′ | 36°23′ | √ | | | | √ | | | √ | | | | | √ | | | √ | √ | | |
| 204 | 6301221204 | 30-190 | 湟中县哆吧镇 | 三江源 | 湟水谷地 | 水位 | 101°18′ | 36°23′ | √ | | | | √ | | | √ | | | | | √ | | | √ | √ | | |

## 续附表 17-2

| 序号 | 编号 | 原编号 | 监测点位置 | 所属水文地质单元 | | 监测目的 | 坐标 | | 监测点类型 | | | | 地下水类型 | | | 监测层位 | | | 监测项目 | | | | | 监测方法 | 监测孔保护设施 | | 备注 |
|---|---|---|---|---|---|---|---|---|---|---|---|---|---|---|---|---|---|---|---|---|---|---|---|---|---|---|---|
| | | | | 一级单元 | 二级单元 | | 东经 | 北纬 | 专门孔 | 机民井 | 泉或地下暗河 | 其他 | 孔隙水 | 裂隙水 | 岩溶水 | 潜水 | 承压水 | 多层监测 | 水位水质共用 | 流量水质共用 | 单测水位 | 单测水质 | 单测流量 | 自动监测自动传输 | 孔口保护设施 | 井房保护 | |
| 205 | 6301222205 | 30-191 | 湟中县哆吧镇 | 三江源 | 湟水谷地 | 水位 | 101°18′ | 36°22′ | √ | | | | √ | | | √ | | | | | √ | | | √ | √ | | |
| 206 | 6301222206 | G32 | 湟中县哆吧镇 | 三江源 | 湟水谷地 | 水位 | 101°18′ | 36°23′ | √ | | | | √ | | | √ | | | | | √ | | | √ | √ | | |
| 207 | 6301222207 | 30-192 | 湟中县哆吧镇 | 三江源 | 湟水谷地 | 水位、水质 | 101°19′ | 36°23′ | √ | | | | √ | | | √ | | | √ | | | | | √ | √ | | |
| 208 | 6301222208 | 30-193 | 湟中县哆吧镇 | 三江源 | 湟水谷地 | 水位 | 101°19′ | 36°23′ | √ | | | | √ | | | √ | | | | | √ | | | √ | √ | | |
| 209 | 6301222209 | 30-194 | 湟中县哆吧镇 | 三江源 | 湟水谷地 | 水位 | 101°19′ | 36°23′ | √ | | | | √ | | | √ | | | | | √ | | | √ | √ | | |
| 210 | 6301222210 | 30-195 | 湟中县哆吧镇 | 三江源 | 湟水谷地 | 水位 | 101°19′ | 36°23′ | √ | | | | √ | | | √ | | | | | √ | | | √ | √ | | |
| 211 | 6301222211 | 30-196 | 湟中县哆吧镇 | 三江源 | 湟水谷地 | 水位 | 101°19′ | 36°22′ | √ | | | | √ | | | √ | | | | | √ | | | √ | √ | | |
| 212 | 6325231212 | 30-197 | 贵德县河阴镇 | 三江源 | 黄河谷地 | 水位 | 101°15′ | 36°01′ | √ | | | | √ | | | √ | | | | | √ | | | √ | √ | | |
| 213 | 6321271213 | 30-198 | 化隆县群科镇 | 三江源 | 黄河谷地 | 水质 | 101°35′ | 36°01′ | √ | | | | √ | | | √ | | | | | | √ | | √ | √ | | |
| 214 | 6321281214 | 30-199 | 循化县积石镇 | 三江源 | 黄河谷地 | 水位、水质 | 102°17′ | 35°30′ | √ | | | | √ | | | √ | | | √ | | | | | √ | √ | | |
| 215 | 6323241215 | 30-200 | 河南县优干宁镇 | 三江源 | 黄河谷地 | 水位 | 101°22′ | 34°26′ | √ | | | | √ | | | √ | | | | | √ | | | √ | √ | | |
| 216 | 6301042216 | 30-204 | 西宁市 | 三江源 | 湟水谷地 | 水量 | 101°27′ | 36°21′ | √ | | | | | √ | | | √ | | | | | | √ | | | | |
| 217 | 6301222217 | G36 | 西宁市沈家寨乡 | 三江源 | 湟水谷地 | 水位 | 101°26′ | 36°21′ | √ | | | | √ | | | √ | | | | | √ | | | √ | √ | | |
| 218 | 6301221218 | 30-205 | 西宁市沈家寨乡 | 三江源 | 湟水谷地 | 水位 | 101°26′ | 36°21′ | √ | | | | √ | | | √ | | | | | √ | | | √ | √ | | |
| 219 | 6301222219 | 30-209 | 西宁市总寨乡 | 三江源 | 湟水谷地 | 水位 | 101°26′ | 36°20′ | √ | | | | √ | | | √ | | | | | √ | | | √ | √ | | |
| 220 | 6301222220 | 30-210 | 西宁市总寨乡 | 三江源 | 湟水谷地 | 水位 | 101°26′ | 36°19′ | √ | | | | √ | | | √ | | | | | √ | | | √ | √ | | |
| 221 | 6301222221 | G31 | 西宁市总寨乡 | 三江源 | 湟水谷地 | 水位、水质 | 101°25′ | 36°19′ | √ | | | | √ | | | √ | | | √ | | | | | √ | √ | | |
| 222 | 6301222222 | G25 | 西宁市总寨乡 | 三江源 | 湟水谷地 | 水位 | 101°24′ | 36°19′ | √ | | | | √ | | | √ | | | | | √ | | | √ | √ | | |
| 223 | 6301221223 | 30-216 | 西宁市总寨乡 | 三江源 | 湟水谷地 | 水位、水质 | 101°22′ | 36°18′ | √ | | | | √ | | | √ | | | √ | | | | | √ | √ | | |
| 224 | 6301221224 | 30-219 | 西宁市上新庄镇 | 三江源 | 湟水谷地 | 水位 | 101°21′ | 36°15′ | √ | | | | √ | | | √ | | | | | √ | | | √ | √ | | |
| 225 | 6301221225 | 30-220 | 西宁市上新庄镇 | 三江源 | 湟水谷地 | 水位 | 101°21′ | 36°15′ | √ | | | | √ | | | √ | | | | | √ | | | √ | √ | | |
| 226 | 6321262226 | 30-222 | 互助县威远镇 | 三江源 | 湟水谷地 | 水位 | 101°33′ | 36°30′ | √ | | | | √ | | | √ | | | | | √ | | | √ | √ | | |
| 227 | 6321262227 | 30-223 | 互助县威远镇 | 三江源 | 湟水谷地 | 水位 | 101°33′ | 36°30′ | √ | | | | √ | | | √ | | | | | √ | | | √ | √ | | |
| 228 | 6321261228 | 30-224 | 互助县威远镇 | 三江源 | 湟水谷地 | 水位 | 101°34′ | 36°30′ | √ | | | | √ | | | √ | | | | | √ | | | √ | √ | | |
| 229 | 6321262229 | 30-225 | 互助县威远镇 | 三江源 | 湟水谷地 | 水位 | 101°34′ | 36°30′ | √ | | | | √ | | | √ | | | | | √ | | | √ | √ | | |

## 续附表 17-2

| 序号 | 编号 | 原编号 | 监测点位置 | 所属水文地质单元 | | 监测目的 | 坐标 | | 监测点类型 | | | | 地下水类型 | | | 监测层位 | | | 监测项目 | | | | | 监测方法 | 监测孔保护设施 | | 备注 |
|---|---|---|---|---|---|---|---|---|---|---|---|---|---|---|---|---|---|---|---|---|---|---|---|---|---|---|---|
| | | | | 一级单元 | 二级单元 | | 东经 | 北纬 | 专门孔 | 机民井 | 泉或地下暗河 | 其他 | 孔隙水 | 裂隙水 | 岩溶水 | 潜水 | 承压水 | 多层监测 | 水位水质共用 | 流量水质共用 | 单测水位 | 单测水质 | 单测流量 | 自动监测自动传输 | 孔口保护设施 | 井房保护 | |
| 230 | 6321262230 | 30-226 | 互助县威远镇 | 三江源 | 湟水谷地 | 水位 | 102°00′ | 36°31′ | √ | | | | √ | | | √ | | | | | √ | | | √ | √ | | |
| 231 | 6321262231 | 30-227 | 互助县威远镇 | 三江源 | 湟水谷地 | 水位 | 102°00′ | 36°30′ | √ | | | | √ | | | √ | | | | | √ | | | √ | √ | | |
| 232 | 6321262232 | 30-228 | 互助县威远镇 | 三江源 | 湟水谷地 | 水位 | 102°00′ | 36°30′ | √ | | | | √ | | | √ | | | | | √ | | | √ | √ | | |
| 233 | 6321262233 | 30-229 | 互助县威远镇 | 三江源 | 湟水谷地 | 水位 | 102°00′ | 36°30′ | √ | | | | √ | | | √ | | | | | √ | | | √ | √ | | |
| 234 | 6321262234 | 30-231 | 互助县威远镇 | 三江源 | 湟水谷地 | 水质 | 101°35′ | 36°30′ | √ | | | | √ | | | √ | | | | | | √ | | √ | √ | | |
| 235 | 6321262235 | 30-232 | 互助县威远镇 | 三江源 | 湟水谷地 | 水质 | 101°34′ | 36°30′ | √ | | | | √ | | | √ | | | | | | √ | | √ | √ | | |
| 236 | 6321262236 | 30-233 | 互助县威远镇 | 三江源 | 湟水谷地 | 水位、水质 | 101°35′ | 36°30′ | √ | | | | √ | | | √ | | | √ | | | | | √ | √ | | |
| 237 | 6321261237 | 30-234 | 互助县威远镇 | 三江源 | 湟水谷地 | 水质 | 101°34′ | 36°30′ | √ | | | | √ | | | √ | | | | | | √ | | √ | √ | | |
| 238 | 6321262238 | 30-236 | 互助县威远镇 | 三江源 | 湟水谷地 | 水位 | 101°34′ | 36°30′ | √ | | | | √ | | | √ | | | | | √ | | | √ | √ | | |
| 239 | 6321261239 | 30-237 | 互助县威远镇 | 三江源 | 湟水谷地 | 水位 | 101°33′ | 36°29′ | √ | | | | √ | | | √ | | | | | √ | | | √ | √ | | |
| 240 | 6321262240 | 30-238 | 互助县威远镇 | 三江源 | 湟水谷地 | 水位 | 101°33′ | 36°29′ | √ | | | | √ | | | √ | | | | | √ | | | √ | √ | | |
| 241 | 6321261241 | 30-239 | 互助县威远镇 | 三江源 | 湟水谷地 | 水位 | 101°34′ | 36°30′ | √ | | | | √ | | | √ | | | | | √ | | | √ | √ | | |
| 242 | 6321262242 | 30-240 | 互助县威远镇 | 三江源 | 湟水谷地 | 水位 | 101°34′ | 36°29′ | √ | | | | √ | | | √ | | | | | √ | | | √ | √ | | |
| 243 | 6321262243 | 30-245 | 互助县双树乡 | 三江源 | 湟水谷地 | 水位 | 101°33′ | 36°27′ | √ | | | | √ | | | √ | | | | | √ | | | √ | √ | | |
| 244 | 6321261244 | 30-249 | 互助县双树乡 | 三江源 | 湟水谷地 | 水位 | 102°13′ | 36°22′ | √ | | | | √ | | | √ | | | | | √ | | | √ | √ | | |
| 245 | 6321231245 | 30-250 | 乐都县引胜乡 | 三江源 | 湟水谷地 | 水位 | 102°14′ | 36°26′ | √ | | | | √ | | | √ | | | | | √ | | | √ | √ | | |
| 246 | 6321231246 | 30-251 | 乐都县引胜乡 | 三江源 | 湟水谷地 | 水位 | 102°22′ | 36°06′ | √ | | | | √ | | | √ | | | | | √ | | | √ | √ | | |
| 247 | 6322211247 | 30-252 | 门源县浩门镇 | 三江源 | 湟水谷地 | 水位 | 101°21′ | 37°15′ | √ | | | | √ | | | √ | | | | | √ | | | √ | √ | | |
| 248 | 6326261248 | 30-253 | 玛多县扎陵湖乡 | 三江源 | 黄河谷地 | 水位 | 97°16′ | 34°33′ | √ | | | | √ | | | √ | | | | | √ | | | √ | √ | | |
| 249 | 6326261249 | 30-254 | 玛多县扎陵湖乡 | 三江源 | 黄河谷地 | 水位 | 98°07′ | 34°32′ | √ | | | | √ | | | √ | | | | | √ | | | √ | √ | | |
| 250 | 6326261250 | 30-255 | 玛多县玛查里镇 | 三江源 | 黄河谷地 | 水位 | 98°05′ | 34°35′ | √ | | | | √ | | | √ | | | | | √ | | | √ | √ | | |
| 251 | 6326261251 | 30-256 | 玛多县玛查里镇 | 三江源 | 黄河谷地 | 水位 | 98°03′ | 34°33′ | √ | | | | √ | | | √ | | | | | √ | | | √ | √ | | |
| 252 | 6326261252 | 30-257 | 玛多县城以南 38km | 三江源 | 黄河谷地 | 水位 | 98°00′ | 34°20′ | √ | | | | √ | | | √ | | | | | √ | | | √ | √ | | |
| 253 | 6326261253 | 30-258 | 玛多县花石峡镇 | 三江源 | 黄河谷地 | 水位 | 99°00′ | 34°30′ | √ | | | | | √ | | √ | | | | | √ | | | √ | √ | | |
| 254 | 6326241254 | 30-259 | 达日县吉迈镇 | 三江源 | 黄河谷地 | 水位 | 99°24′ | 33°15′ | √ | | | | √ | | | √ | | | | | √ | | | √ | √ | | |
| 255 | 6325211255 | 30-260 | 共和县曲沟乡 | 三江源 | 黄河谷地 | 水量 | 100°19′ | 36°06′ | | | √ | | | √ | | | √ | | | | | | √ | | | | |
| 256 | 6327261256 | 30-261 | 曲麻莱县曲麻河乡 | 三江源 | 长江源 | 水位 | 93°03′ | 34°07′ | √ | | | | √ | | | √ | | | | | √ | | | √ | √ | | |
| 257 | 6328011257 | 30-262 | 格尔木市唐古拉山 | 三江源 | 长江源 | 水位 | 92°17′ | 34°09′ | √ | | | | √ | | | √ | | | | | √ | | | √ | √ | | |

**续附表 17-2**

| 序号 | 编号 | 原编号 | 监测点位置 | 所属水文地质单元 | | 监测目的 | 坐标 | | 监测点类型 | | | | 地下水类型 | | | 监测层位 | | | 监测项目 | | | | | 监测方法 | 监测孔保护设施 | | 备注 |
|---|---|---|---|---|---|---|---|---|---|---|---|---|---|---|---|---|---|---|---|---|---|---|---|---|---|---|---|
| | | | | 一级单元 | 二级单元 | | 东经 | 北纬 | 专门孔 | 机民井 | 泉或地下暗河 | 其他 | 孔隙水 | 裂隙水 | 岩溶水 | 潜水 | 承压水 | 多层监测 | 水位水质共用 | 流量水质共用 | 单测水位 | 单测水质 | 单测流量 | 自动监测自动传输 | 孔口保护设施 | 井房保护 | |
| 258 | 6328011258 | 30-263 | 格尔木市唐古拉山 | 三江源 | 长江源 | 水位 | 92°01′ | 33°21′ | √ | | | | √ | | | √ | | | | | √ | | | √ | √ | | |
| 259 | 6328011259 | 30-264 | 格尔木市唐古拉山 | 三江源 | 长江源 | 水位 | 91°32′ | 33°09′ | √ | | | | √ | | | √ | | | | | √ | | | √ | √ | | |
| 260 | 6327261260 | 30-265 | 曲麻莱县约改滩镇 | 三江源 | 长江源 | 水位 | 95°29′ | 34°04′ | √ | | | | √ | | | √ | | | | | √ | | | √ | √ | | |
| 261 | 6327231261 | 30-266 | 称多县清水河乡 | 三江源 | 长江源 | 水位 | 97°24′ | 34°04′ | √ | | | | √ | | | √ | | | | | √ | | | √ | √ | | |
| 262 | 6327231262 | 30-267 | 称多县清水河乡 | 三江源 | 长江源 | 水位 | 97°04′ | 33°29′ | √ | | | | √ | | | √ | | | | | √ | | | √ | √ | | |
| 263 | 6327231263 | 30-268 | 称多县珍秦乡 | 三江源 | 长江源 | 水位 | 97°10′ | 33°15′ | √ | | | | √ | | | √ | | | | | √ | | | √ | √ | | |
| 264 | 6327231264 | 30-269 | 称多县直门达乡 | 三江源 | 长江源 | 水位 | 97°09′ | 33°01′ | √ | | | | √ | | | √ | | | | | √ | | | √ | √ | | |
| 265 | 6327221265 | 30-270 | 杂多县萨呼腾镇 | 三江源 | 澜沧江源 | 水位 | 95°11′ | 32°33′ | √ | | | | √ | | | √ | | | | | √ | | | √ | √ | | |
| 266 | 6327251266 | 30-271 | 囊谦县香达镇 | 三江源 | 澜沧江源 | 水位 | 96°17′ | 32°08′ | √ | | | | √ | | | √ | | | | | √ | | | √ | √ | | |

**附表 18-1 青海省规划新建水功能区水质监测站基本情况一览表**

| 序号 | 站名 | 东经 | 北纬 | 站址 | 所属水功能区 | 流域 | 水系 | 河名 | 监测单位 | 频次 | 分期 |
|---|---|---|---|---|---|---|---|---|---|---|---|
| 1 | 王家庄 | 101°55′ | 36°32′ | 平安县小峡镇王家庄 | 小南川平安农业用水区 | 黄河 | 湟水 | 小南川 | 省中心 | 6 | 近期 |
| 2 | 哈利涧 | 101°01′ | 36°53′ | 海晏县哈利涧河公路桥 | 哈利涧海晏农业用水区 | 黄河 | 湟水 | 哈利涧河 | 省中心 | 6 | 近期 |
| 3 | 老虎沟 | 101°33′ | 37°23′ | 门源县老虎沟公路桥 | 老虎沟门源保留区 | 黄河 | 湟水 | 老虎沟 | 省中心 | 6 | 近期 |
| 4 | 永安河 | 101°13′ | 37°37′ | 永安古城旁 | 永安河门源保留区 | 黄河 | 湟水 | 永安河 | 省中心 | 6 | 近期 |
| 5 | 花窑洞 | 101°07′ | 36°40′ | 湟源县花窑洞村拉拉河桥 | 拉拉河湟源源头水保护区 | 黄河 | 湟水 | 拉拉河 | 省中心 | 6 | 近期 |
| 6 | 善缘桥 | 102°46′ | 36°28′ | 乐都县王家庄村 | 引胜沟乐都饮用水源区 | 黄河 | 湟水 | 引胜沟 | 海东分中心 | 12 | 近期 |
| 7 | 大华村 | 101°13′ | 36°42′ | 拉拉河 315 公路桥 | 拉拉河湟源饮用水源区 | 黄河 | 湟水 | 拉拉河 | 省中心 | 12 | 近期 |
| 8 | 盘道村 | 101°21′ | 36°36′ | 盘道水库大坝 | 盘道河湟中农业用水区 | 黄河 | 湟水 | 盘道河 | 省中心 | 6 | 近期 |
| 9 | 青石坡 | 101°26′ | 36°27′ | 青石坡村上游 1 100 m | 甘河沟湟中饮用水源区 | 黄河 | 湟水 | 甘河沟 | 省中心 | 6 | 近期 |
| 10 | 甘河入口 | 101°34′ | 36°38′ | 甘河入湟口 | 甘河沟湟中工业用水区 | 黄河 | 湟水 | 甘河沟 | 省中心 | 6 | 近期 |
| 11 | 鲍家庄 | 101°36′ | 36°41′ | 崖头村 | 云谷川湟中农业用水区 | 黄河 | 湟水 | 云谷川 | 省中心 | 6 | 近期 |
| 12 | 城关镇 | 101°33′ | 37°01′ | 城关村 | 黑林河大通农业用水区 | 黄河 | 湟水 | 黑林河 | 省中心 | 6 | 近期 |
| 13 | 永丰 | 101°44′ | 36°59′ | 东峡河永丰村公路桥 | 东峡河大通饮用水源区 | 黄河 | 湟水 | 东峡河 | 省中心 | 6 | 近期 |

续附表 18-1

| 序号 | 站名 | 东经 | 北纬 | 站址 | 所属水功能区 | 流域 | 水系 | 河名 | 监测单位 | 频次 | 分期 |
|---|---|---|---|---|---|---|---|---|---|---|---|
| 14 | 东峡桥头镇 | 101°41′ | 36°55′ | 东峡河入北川河口 | 东峡河大通农业用水区 | 黄河 | 湟水 | 东峡河 | 省中心 | 6 | 近期 |
| 15 | 王家庄 | 101°56′ | 36°32′ | 王家庄水文站 | 小南川湟中农业用水区 | 黄河 | 湟水 | 小南川 | 海东分中心 | 6 | 近期 |
| 16 | 哈拉直沟乡 | 102°00′ | 36°37′ | 师家村 | 哈拉直沟互助农业用水区 | 黄河 | 湟水 | 哈拉直沟 | 海东分中心 | 6 | 近期 |
| 17 | 三合镇 | 101°56′ | 36°25′ | 三河镇上游公路桥 | 祁家川平安饮用水源区 | 黄河 | 湟水 | 祁家川 | 海东分中心 | 6 | 近期 |
| 18 | 古城崖 | 102°04′ | 36°30′ | 祁家川 109 公路桥 | 祁家川平安农业用水区 | 黄河 | 湟水 | 白沈沟 | 海东分中心 | 6 | 近期 |
| 19 | 白沈家桥 | 102°04′ | 36°27′ | 沈家村 | 白沈沟平安农业用水区 | 黄河 | 湟水 | 白沈沟 | 海东分中心 | 6 | 近期 |
| 20 | 五十镇 | 102°07′ | 36°42′ | 五十镇下土官村 | 红崖子沟互助农业用水区 | 黄河 | 湟水 | 红崖子沟 | 海东分中心 | 6 | 近期 |
| 21 | 白马寺 | 102°05′ | 36°31′ | 白马寺村上游 500 m | 红崖子沟工业用水区 | 黄河 | 湟水 | 红崖子沟 | 海东分中心 | 6 | 近期 |
| 22 | 红庄 | 102°11′ | 36°30′ | 下杨家村下游 1 000 m | 上水磨沟乐都饮用水源区 | 黄河 | 湟水 | 上水磨沟 | 海东分中心 | 6 | 近期 |
| 23 | 峡门水库 | 102°30′ | 36°13′ | 峡门水库坝下 | 松树沟民和饮用水源区 | 黄河 | 湟水 | 松树沟 | 海东分中心 | 6 | 近期 |
| 24 | 松树乡 | 102°42′ | 36°19′ | 民和县松树乡 | 松树沟民和农业用水区 | 黄河 | 湟水 | 松树沟 | 海东分中心 | 6 | 近期 |
| 25 | 巴州镇 | 102°46′ | 36°13′ | 巴州一村下游 500 m | 巴州沟民和饮用水源区 | 黄河 | 湟水 | 巴州沟 | 海东分中心 | 6 | 近期 |
| 26 | 下川口 | 103°00′ | 36°14′ | 隆治乡下川口村公路旁 | 隆治沟民和农业用水区 | 黄河 | 湟水 | 隆治沟 | 海东分中心 | 6 | 近期 |
| 27 | 吴松他拉 | 100°34′ | 37°42′ | 祁连县老日根村大桥 | 大通河吴松他拉源头水保护区 | 黄河 | 湟水 | 大通河 | 省中心 | 2 | 近期 |
| 28 | 上刘屯村 | 101°22′ | 35°40′ | 莫曲沟入口下游上刘屯 | 西河贵德饮用水源区 | 黄河 | 黄河 | 西河 | 省中心 | 6 | 近期 |
| 29 | 西河 | 101°23′ | 36°01′ | 河西镇公路桥 | 西河贵德农业用水区 | 黄河 | 黄河 | 西河 | 省中心 | 6 | 近期 |
| 30 | 东河 | 101°26′ | 36°02′ | 城东村东河公路桥 | 东河贵德农业用水区 | 黄河 | 黄河 | 东河 | 省中心 | 6 | 近期 |
| 31 | 马克塘镇 | 102°01′ | 35°56′ | 马克塘镇马康公路桥 | 加让沟尖扎农业用水区 | 黄河 | 黄河 | 加让沟 | 海东分中心 | 6 | 近期 |
| 32 | 扎毛水库 | 101°56′ | 35°19′ | 同仁县扎毛水库出口 | 隆务河泽库同仁源头水保护区 | 黄河 | 黄河 | 隆务河 | 海东分中心 | 2 | 近期 |
| 33 | 隆务河口 | 102°05′ | 35°49′ | 尖扎县当顺乡隆务河口 | 隆务河同仁尖扎保留区 | 黄河 | 黄河 | 隆务河 | 海东分中心 | 6 | 近期 |
| 34 | 友谊桥 | 101°06′ | 32°40′ | 玛柯河灯塔乡村小桥 | 大渡河班玛保留区 | 长江 | 大渡河 | 大渡河 | 省中心 | 2 | 近期 |
| 35 | 知钦乡 | 100°29′ | 32°39′ | 知钦乡 | 绰斯甲河班玛源头水保护区 | 长江 | 大渡河 | 绰斯甲河 | 省中心 | 2 | 近期 |
| 36 | 安斗乡 | 101°33′ | 32°59′ | 四川省阿坝县安斗乡 | 阿柯河班玛源头水保护区 | 长江 | 大渡河 | 阿柯河 | 省中心 | 2 | 近期 |
| 37 | 泥朵乡 | 99°42′ | 32°41′ | 四川省泥朵乡 | 鲜水河青川缓冲区 | 长江 | 雅砻江 | 鲜水河 | 省中心 | 2 | 近期 |
| 38 | 苏里乡 | 97°47′ | 38°48′ | 天峻县苏里乡 | 疏勒河玉门源头水保护区 | 西北诸河 | 疏勒河 | 疏勒河 | 省中心 | 2 | 近期 |
| 39 | 肃北县 | 95°00′ | 39°26′ | 甘肃省肃北县 | 党河肃北源头水保护区 | 西北诸河 | 党河 | 党河 | 省中心 | 2 | 近期 |

续附表 18-1

| 序号 | 站名 | 东经 | 北纬 | 站址 | 所属水功能区 | 流域 | 水系 | 河名 | 监测单位 | 频次 | 分期 |
|---|---|---|---|---|---|---|---|---|---|---|---|
| 40 | 大格勒 | 95°42′ | 36°22′ | 大格勒 109 公路桥 | 大格勒河都兰农业用水区 | 西北诸河 | 霍布逊湖 | 大格勒河 | 格尔木分中心 | 2 | 近期 |
| 41 | 五龙沟 | 95°53′ | 36°21′ | 五龙沟 109 公路桥 | 五龙沟都兰农业用水区 | 西北诸河 | 霍布逊湖 | 五龙沟 | 格尔木分中心 | 2 | 近期 |
| 42 | 诺木洪 | 96°26′ | 36°22′ | 诺木洪河 109 公路桥 | 诺木洪都兰农业用水区 | 西北诸河 | 霍布逊湖 | 诺木洪河 | 格尔木分中心 | 2 | 近期 |
| 43 | 热水 | 98°09′ | 36°12′ | 热水乡公路桥 | 察汗乌苏河都兰饮用水源区 | 西北诸河 | 霍布逊湖 | 察汗乌苏河 | 格尔木分中心 | 2 | 近期 |
| 44 | 怀头他拉 | 96°54′ | 37°36′ | 德令哈市怀头他拉水库 | 怀头塔拉德令哈农业用水区 | 西北诸河 | 可鲁克湖 | 怀头他拉河 | 格尔木分中心 | 6 | 近期 |
| 45 | 上尕巴站 | 98°32′ | 36°59′ | 铜普镇上尕巴水文站 | 都兰河乌兰饮用水源区 | 西北诸河 | 都兰湖 | 都兰河 | 格尔木分中心 | 6 | 近期 |
| 46 | 都兰河水库 | 98°30′ | 36°55′ | 乌兰县都兰河水库出口 | 都兰河乌兰农业用水区 | 西北诸河 | 都兰湖 | 都兰河 | 格尔木分中心 | 6 | 近期 |
| 47 | 夏日哈 | 98°20′ | 36°27′ | 都兰县夏日哈镇公路桥 | 夏日哈河都兰农业用水区 | 西北诸河 | 霍布逊湖 | 夏日哈河 | 格尔木分中心 | 2 | 近期 |
| 48 | 天峻大桥 | 99°00′ | 37°19′ | 天峻县城上游公路桥 | 布哈河天峻源头水保护区 | 西北诸河 | 青海湖 | 布哈河 | 省中心 | 2 | 近期 |
| 49 | 莫河场 | 99°30′ | 37°08′ | 布哈河 315 国道公路桥 | 布哈河天峻保留区 | 西北诸河 | 青海湖 | 布哈河 | 省中心 | 2 | 近期 |
| 50 | 折玛曲汇口 | 100°06′ | 37°21′ | 刚察县上游公路桥 | 沙柳河刚察源头水保护区 | 西北诸河 | 青海湖 | 沙柳河 | 省中心 | 2 | 近期 |
| 51 | 沙柳河入口 | 100°05′ | 37°22′ | 刚察县青海湖农场下游 | 沙柳河刚察保留区 | 西北诸河 | 青海湖 | 沙柳河 | 省中心 | 2 | 近期 |
| 52 | 十五道班 | 100°07′ | 37°19′ | 哈尔盖乡十五道班 | 哈尔盖刚察保留区 | 西北诸河 | 青海湖 | 哈尔盖河 | 省中心 | 2 | 近期 |
| 53 | 倒淌河 | 100°57′ | 36°25′ | 共和县倒淌河镇 | 倒淌河共和保留区 | 西北诸河 | 青海湖 | 倒淌河 | 省中心 | 2 | 近期 |
| 54 | 赛什堂 | 101°05′ | 35°49′ | 过马营镇赛什堂公路桥 | 夏曲贵南农业用水区 | 黄河 | 黄河 | 夏曲 | 省中心 | 2 | 近期 |
| 55 | 芒拉河 | 100°52′ | 35°34′ | 贵南县茫曲镇拉曲村 | 芒拉河贵南农业用水区 | 黄河 | 黄河 | 芒拉河 | 省中心 | 2 | 近期 |
| 56 | 小灶火 | 93°38′ | 36°44′ | 小灶火格茫公路桥 | 小灶火格尔木农业用水区 | 西北诸河 | 达布逊湖 | 小灶火 | 格尔木分中心 | 6 | 近期 |
| 57 | 手爬崖 | 101°04′ | 37°47′ | 祁连县阿柔乡公路桥 | 八宝河祁连保留区 | 西北诸河 | 黑河 | 八宝河 | 省中心 | 6 | 近期 |
| 58 | 亚尔加隆瓦 | 102°17′ | 35°12′ | 亚尔加隆瓦口公路桥 | 大夏河同仁保留区 | 黄河 | 大夏河 | 大夏河 | 海东分中心 | 2 | 远期 |
| 59 | 夏河 | 102°23′ | 35°10′ | 大夏河青甘省界下游 | 大夏河青甘缓冲区 | 黄河 | 大夏河 | 大夏河 | 海东分中心 | 2 | 远期 |
| 60 | 赛尔龙乡 | 102°08′ | 34°28′ | 洮河赛尔龙乡公路桥 | 洮河河南保留区 | 黄河 | 洮河 | 洮河 | 海东分中心 | 2 | 远期 |
| 61 | 洮甘省界 | 102°09′ | 34°30′ | 洮河青甘省界 | 洮河青甘缓冲区 | 黄河 | 洮河 | 洮河 | 海东分中心 | 2 | 远期 |
| 62 | 聂恰曲 | 95°36′ | 33°50′ | 治多县上游公路桥 | 聂恰曲治多保留区 | 长江 | 聂恰曲 | 聂恰曲 | 省中心 | 2 | 远期 |
| 63 | 下红科乡 | 99°41′ | 32°47′ | 鲜水河下红科公路桥 | 鲜水河达日源头水保护区 | 长江 | 雅砻江 | 鲜水河 | 省中心 | 2 | 远期 |
| 64 | 刚查村 | 96°58′ | 33°21′ | 称多县称文镇刚查村 | 称文细曲称多保留区 | 长江 | 通天河 | 称文细曲 | 省中心 | 2 | 远期 |
| 65 | 香曲汇口 | 96°30′ | 32°10′ | 囊谦县香达镇公路桥 | 香曲囊谦保留区 | 西南诸河 | 澜沧江 | 香曲 | 省中心 | 2 | 远期 |

续附表 18-1

| 序号 | 站名 | 东经 | 北纬 | 站址 | 所属水功能区 | 流域 | 水系 | 河名 | 监测单位 | 频次 | 分期 |
|---|---|---|---|---|---|---|---|---|---|---|---|
| 66 | 乌兰乌苏 | 97°19′ | 35°34′ | 诺木洪乡乌兰乌苏河 | 乌兰乌苏河都兰保留区 | 西北诸河 | 霍布逊湖 | 大格勒河 | 格尔木分中心 | 2 | 远期 |
| 67 | 鱼卡河 | 95°05′ | 38°00′ | 大柴旦镇 G315 公路桥 | 鱼卡河大柴旦工业用水区 | 西北诸河 | 德宗马海湖 | 鱼卡河 | 格尔木分中心 | 2 | 远期 |
| 68 | 扎麻日 | 98°14′ | 36°25′ | 都兰县热水乡扎麻日村 | 察汗乌苏河都兰保留区 | 西北诸河 | 霍布逊湖 | 察汗乌苏河 | 格尔木分中心 | 2 | 远期 |
| 69 | 塔塔棱河 | 96°29′ | 37°48′ | 大柴旦镇波门河工区 | 塔塔棱河大柴旦保留区 | 西北诸河 | 小柴旦湖 | 塔塔棱河 | 格尔木分中心 | 2 | 远期 |
| 70 | 托拉海河 | 94°22′ | 36°27′ | 郭乡拖拉海村公路桥 | 托拉海河格尔木保护区 | 西北诸河 | 达布逊湖 | 托拉海河 | 格尔木分中心 | 2 | 远期 |
| 71 | 那棱格勒 | 92°34′ | 36°45′ | 乌图美仁乡那棱格勒水库 | 那棱格勒格尔木保留区 | 西北诸河 | 台吉乃尔湖 | 那棱格勒河 | 格尔木分中心 | 2 | 远期 |
| 72 | 建设乡 | 99°25′ | 33°43′ | 达日县建设乡公路桥 | 达日河达日保留区 | 黄河 | 黄河 | 达日河 | 省中心 | 2 | 远期 |
| 73 | 吉迈镇 | 99°40′ | 33°46′ | 达日县吉迈镇公路桥 | 吉迈河达日保留区 | 黄河 | 黄河 | 吉迈河 | 省中心 | 2 | 远期 |
| 74 | 沙科 | 101°28′ | 33°25′ | 久治县沙曲公路桥 | 沙曲久治保留区 | 黄河 | 黄河 | 沙曲 | 省中心 | 2 | 远期 |
| 75 | 下贡麻乡 | 101°10′ | 34°15′ | 甘德县柯曲镇公路桥 | 西柯河甘德保留区 | 黄河 | 黄河 | 西柯河 | 省中心 | 2 | 远期 |
| 76 | 格曲汇口桥 | 100°13′ | 34°49′ | 玛沁县大武乡公路桥 | 切木曲玛沁保留区 | 黄河 | 黄河 | 切木曲 | 省中心 | 2 | 远期 |
| 77 | 宁木特 | 101°11′ | 34°28′ | 河南县宁木特乡公路桥 | 泽曲泽库河南保留区 | 黄河 | 黄河 | 泽曲 | 省中心 | 2 | 远期 |
| 78 | 曲乃亥村 | 100°22′ | 35°16′ | 同德县巴沟乡曲乃亥村 | 巴曲同德保留区 | 黄河 | 黄河 | 巴曲 | 省中心 | 2 | 远期 |

附表 18-2　青海省规划新建水源地水质监测站基本情况一览

| 序号 | 测站名称 | 东经 | 北纬 | 流域名称 | 水系名称 | 河流名称 | 水源地类型 | 监测单位 | 频次 | 规划时期 |
|---|---|---|---|---|---|---|---|---|---|---|
| 1 | 大通县城堡子水源地 | 101°40′ | 37°06′ | 黄河 | 湟水 | 瓜拉峡 | 地下水 | 省中心 | 2 | 近期 |
| 2 | 湟源县城关镇大华水源地 | 101°11′ | 36°41′ | 黄河 | 湟水 | 拉拉河 | 地下水 | 省中心 | 2 | 近期 |
| 3 | 乐都县碾伯镇王家庄水源地 | 102°24′ | 36°33′ | 黄河 | 湟水 | 引胜沟 | 地下水 | 海东分中心 | 2 | 近期 |
| 4 | 互助县威远镇西坡水源地 | 101°59′ | 36°51′ | 黄河 | 湟水 | 柏木峡 | 地下水 | 海东分中心 | 2 | 近期 |
| 5 | 海晏县麻皮寺水源地 | 100°51′ | 37°01′ | 黄河 | 湟水 | 湟水 | 地下水 | 省中心 | 2 | 近期 |
| 6 | 海晏县三角城北部水源地 | 100°59′ | 36°54′ | 黄河 | 湟水 | 湟水 | 地下水 | 省中心 | 2 | 近期 |
| 7 | 同仁县曲麻河水源地 | 102°00′ | 35°32′ | 黄河 | 黄河 | 曲麻河 | 地下水 | 海东分中心 | 2 | 近期 |
| 8 | 共和县新源水源地 | 100°36′ | 36°15′ | 黄河 | 黄河 | 恰卜恰河 | 地下水 | 省中心 | 2 | 近期 |
| 9 | 贵德县西河岗拉湾水源地 | 101°25′ | 36°00′ | 黄河 | 黄河 | 西河 | 地下水 | 省中心 | 2 | 近期 |
| 10 | 德令哈市巴音河谷水源地 | 97°25′ | 37°22′ | 西北诸河 | 可鲁克湖 | 巴音河 | 地下水 | 格尔木分中心 | 2 | 近期 |

续附表 18-2

| 序号 | 测站名称 | 东经 | 北纬 | 流域名称 | 水系名称 | 河流名称 | 水源地类型 | 监测单位 | 频次 | 规划时期 |
|---|---|---|---|---|---|---|---|---|---|---|
| 11 | 门源县老虎沟水源地 | 101°33′ | 37°27′ | 黄河 | 大通河 | 老虎沟 | 地下水 | 省中心 | 2 | 远期 |
| 12 | 祁连县八宝河傍河水源地 | 100°15′ | 38°10′ | 西北诸河 | 黑河 | 八宝河 | 地下水 | 省中心 | 2 | 远期 |
| 13 | 刚察县沙柳河镇水源地 | 100°07′ | 37°20′ | 西北诸河 | 青海湖水系 | 沙柳河 | 地下水 | 省中心 | 2 | 远期 |
| 14 | 尖扎县加让沟水源地 | 102°01′ | 35°56′ | 黄河 | 黄河 | 加让沟 | 地下水 | 海东分中心 | 2 | 远期 |
| 15 | 泽库县夏德日河水源地 | 101°25′ | 35°07′ | 黄河 | 黄河 | 夏德日河 | 地表水 | 海东分中心 | 2 | 远期 |
| 16 | 河南县优干宁镇水源地 | 101°37′ | 34°44′ | 黄河 | 黄河 | 泽曲 | 地下水 | 海东分中心 | 2 | 远期 |
| 17 | 同德县尕巴松多镇水源地 | 100°34′ | 35°21′ | 黄河 | 黄河 | 巴曲河 | 地下水 | 省中心 | 2 | 远期 |
| 18 | 贵南县芒拉河水源地 | 100°44′ | 35°34′ | 黄河 | 黄河 | 芒拉河 | 地下水 | 省中心 | 2 | 远期 |
| 19 | 班玛县莫巴沟水源地 | 100°41′ | 32°56′ | 长江 | 岷沱江 | 玛柯河 | 地表水 | 省中心 | 2 | 远期 |
| 20 | 玉树县扎喜科河傍河水源地 | 96°58′ | 33°00′ | 长江 | 巴塘河 | 扎喜科河 | 地下水 | 省中心 | 2 | 远期 |
| 21 | 都兰县察汗乌苏镇水源地 | 98°07′ | 36°14′ | 西北诸河 | 霍布逊湖 | 察汗乌苏河 | 地表水 | 格尔木分中心 | 2 | 远期 |

## 附表 18-3 青海省规划新建湖泊水库水质监测站基本情况一览

| 序号 | 测站名称 | 东经 | 北纬 | 站址 | 流域名称 | 水系名称 | 湖库名称 | 监测单位 | 监测频次 | 规划时期 |
|---|---|---|---|---|---|---|---|---|---|---|
| 1 | 龙羊峡 | 100°55′ | 36°07′ | 龙羊峡大坝前 | 黄河 | 黄河 | 龙羊峡水库 | 省中心 | 2 | 近期 |
| 2 | 李家峡 | 101°48′ | 36°07′ | 李家峡坝前 | 黄河 | 黄河 | 李家峡水库 | 省中心 | 2 | 近期 |
| 3 | 鄂陵湖 | 97°45′ | 35°04′ | 鄂陵湖黄河出口附近 | 黄河 | 黄河 | 鄂陵湖 | 省中心 | 2 | 远期 |
| 4 | 扎陵湖 | 97°11′ | 34°59′ | 扎陵湖北侧 | 黄河 | 黄河 | 扎陵湖 | 省中心 | 2 | 远期 |

## 附表 18-4 青海省规划新建降水水质监测站基本情况一览

| 序号 | 测站名称 | 东经 | 北纬 | 站址 | 流域名称 | 水系名称 | 河流 | 监测单位 | 规划时期 | 备注 |
|---|---|---|---|---|---|---|---|---|---|---|
| 1 | 朝阳降水站 | 101°45′ | 36°39′ | 朝阳水文站 | 黄河 | 湟水 | 北川 | 省中心 | 近期 | |
| 2 | 格尔木降水站 | 94°54′ | 36°25′ | 格尔木分局院子 | 西北诸河 | 达布逊湖 | 格尔木东河 | 格尔木分中心 | 远期 | |
| 3 | 乐都降水站 | 102°24′ | 36°28′ | 海东分局院子 | 黄河 | 湟水 | 湟水 | 海东分中心 | 远期 | |

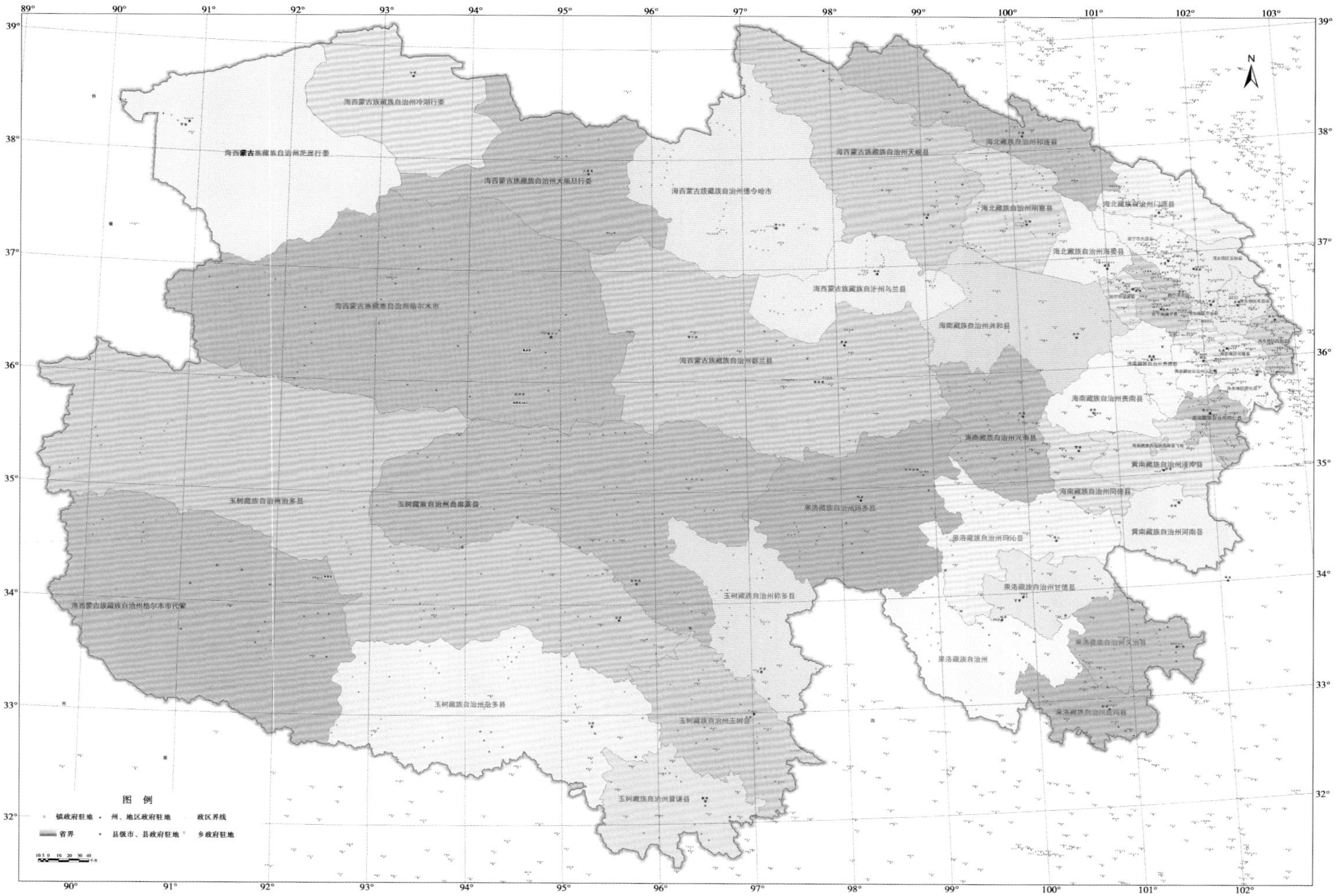


附图 1　青海省行政区划图

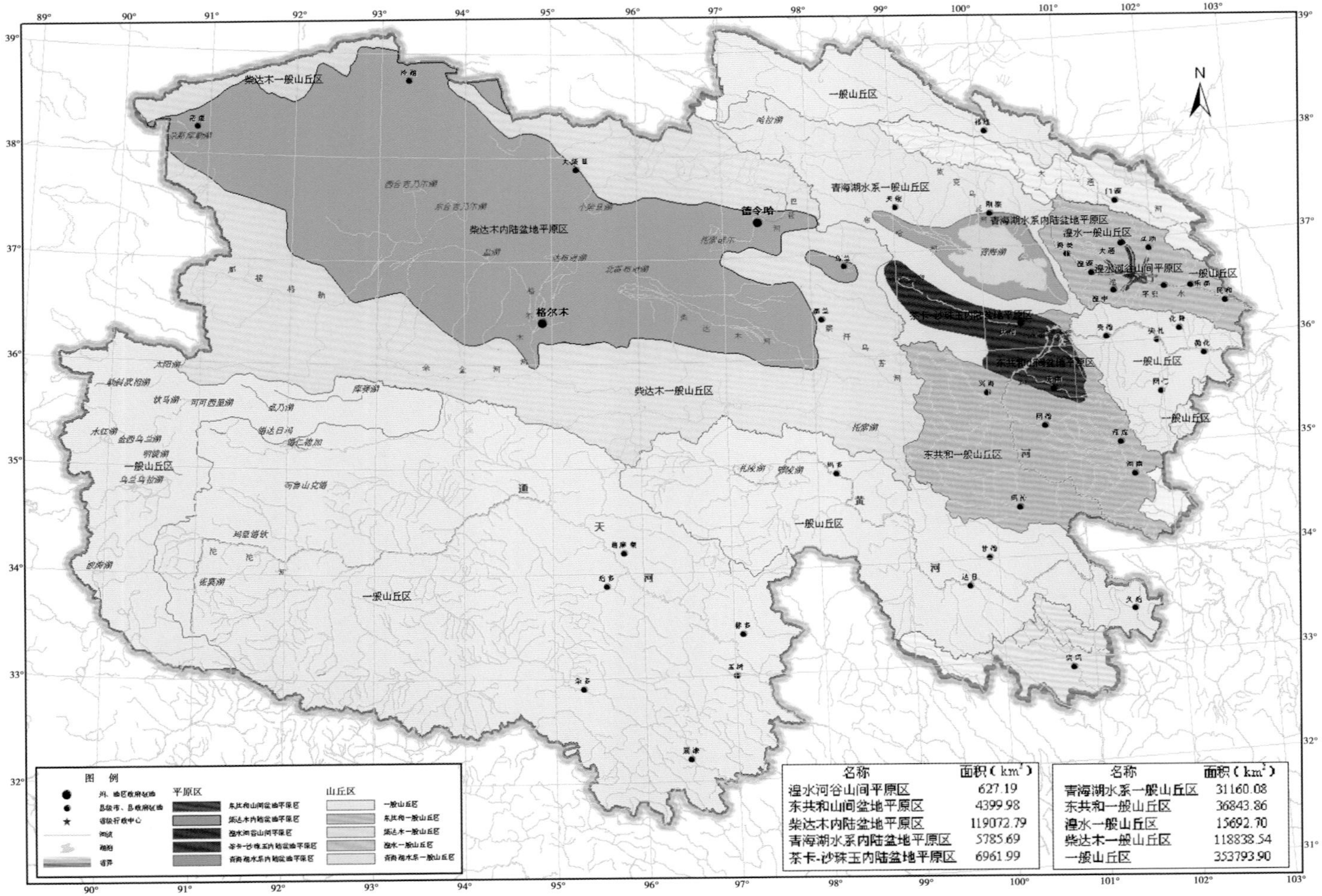

N
柴达木一般山丘区
一般山丘区
青海湖水系一般山丘区
青海湖水系内陆盆地平原区
湟水一般山丘区
湟水河谷山间平原区
一般山丘区
柴达木内陆盆地平原区
格尔木
德令哈
茶卡-沙珠玉内陆盆地平原区
东共和山间盆地平原区
柴达木一般山丘区
东共和一般山丘区
一般山丘区
一般山丘区
一般山丘区
图例
平原区
山丘区
名称 面积（km²）
湟水河谷山间平原区 627.19
东共和山间盆地平原区 4399.98
柴达木内陆盆地平原区 119072.79
青海湖水系内陆盆地平原区 5785.69
茶卡-沙珠玉内陆盆地平原区 6961.99
名称 面积（km²）
青海湖水系一般山丘区 31160.08
东共和一般山丘区 36843.86
湟水一般山丘区 15692.70
柴达木一般山丘区 118838.54
一般山丘区 353793.90

附图 2　青海省山丘区平原区区划图

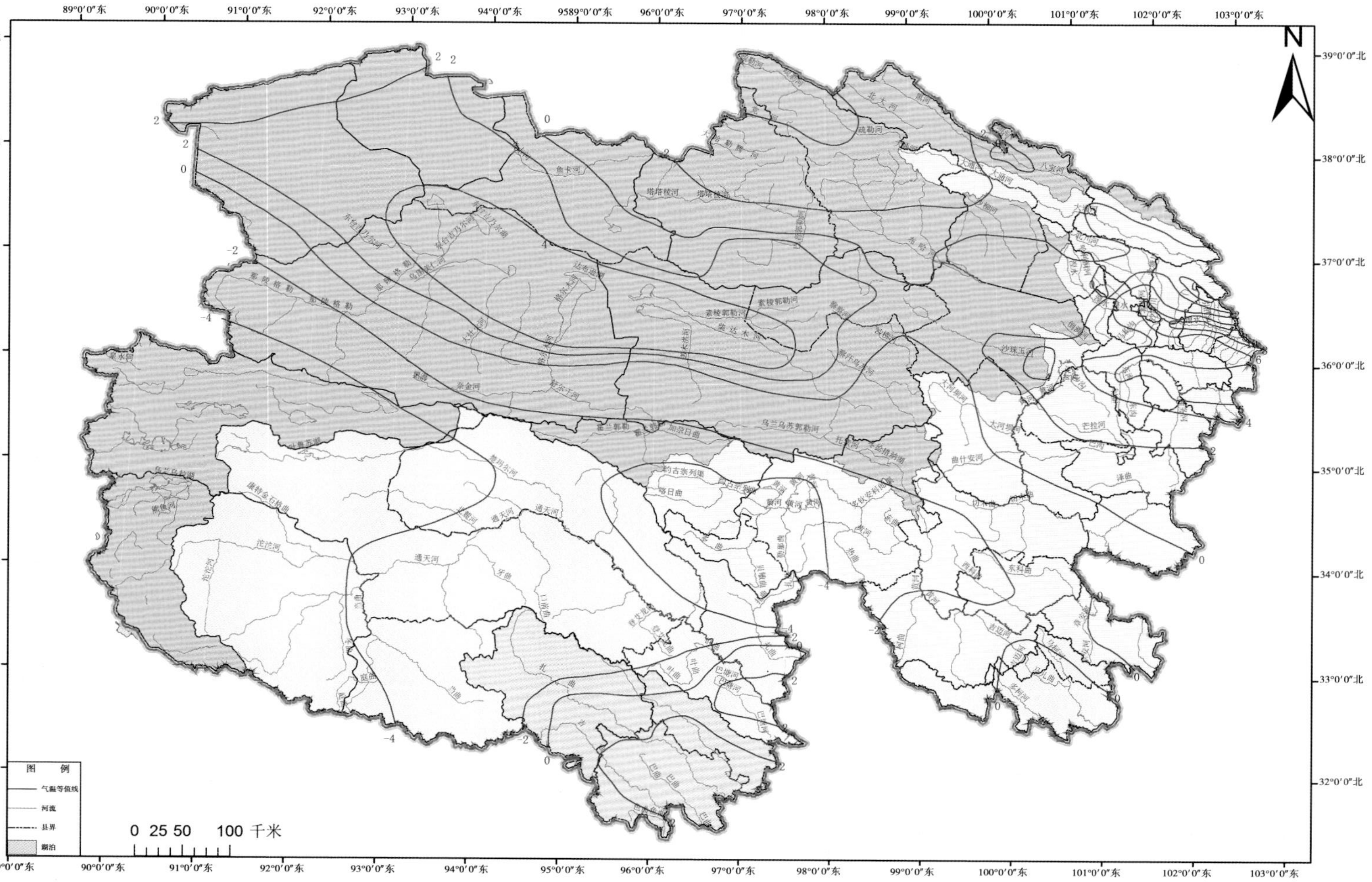


附图 3　青海省多年平均气温等值线图

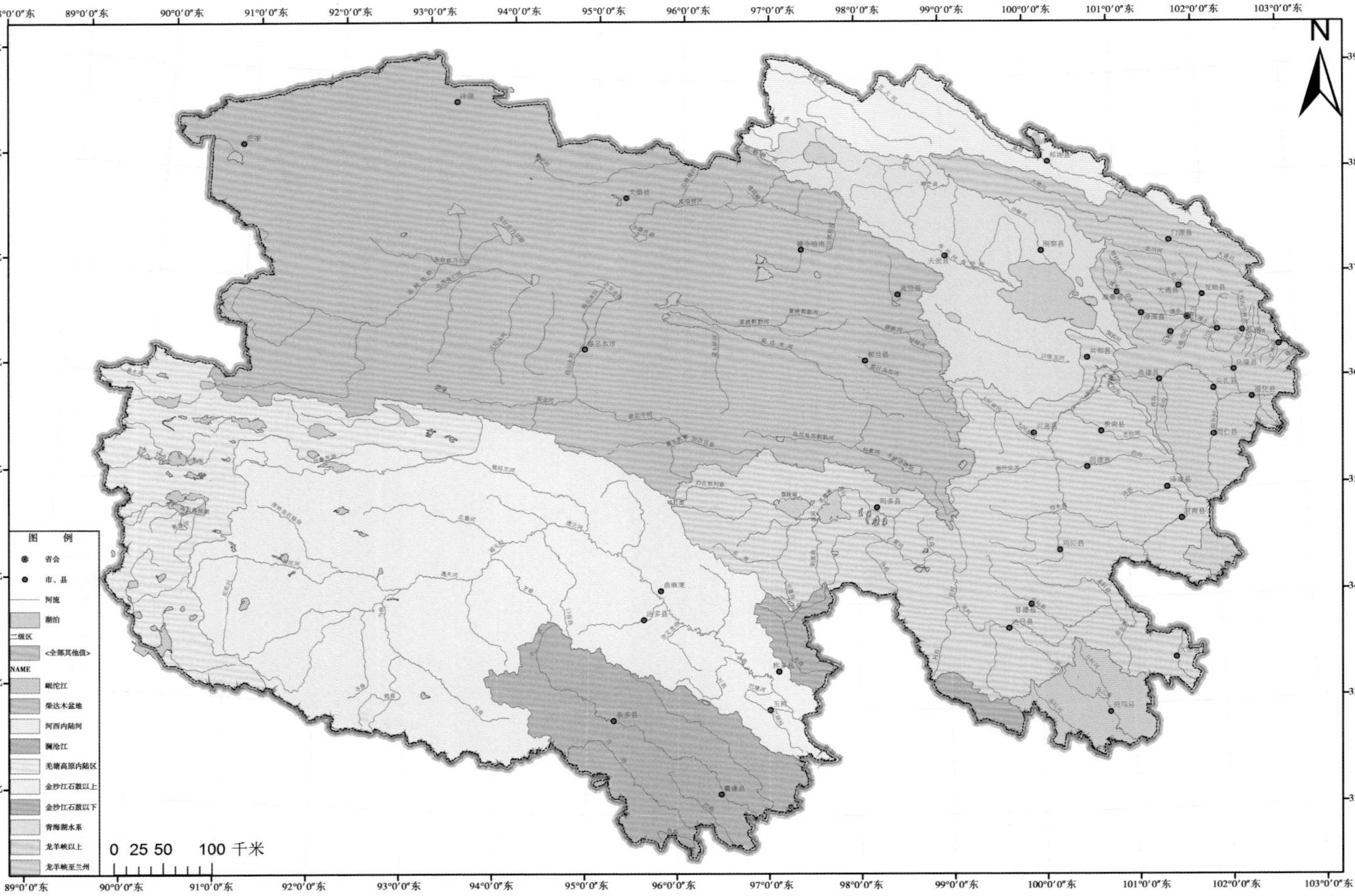


附图 4　青海省河流水系图

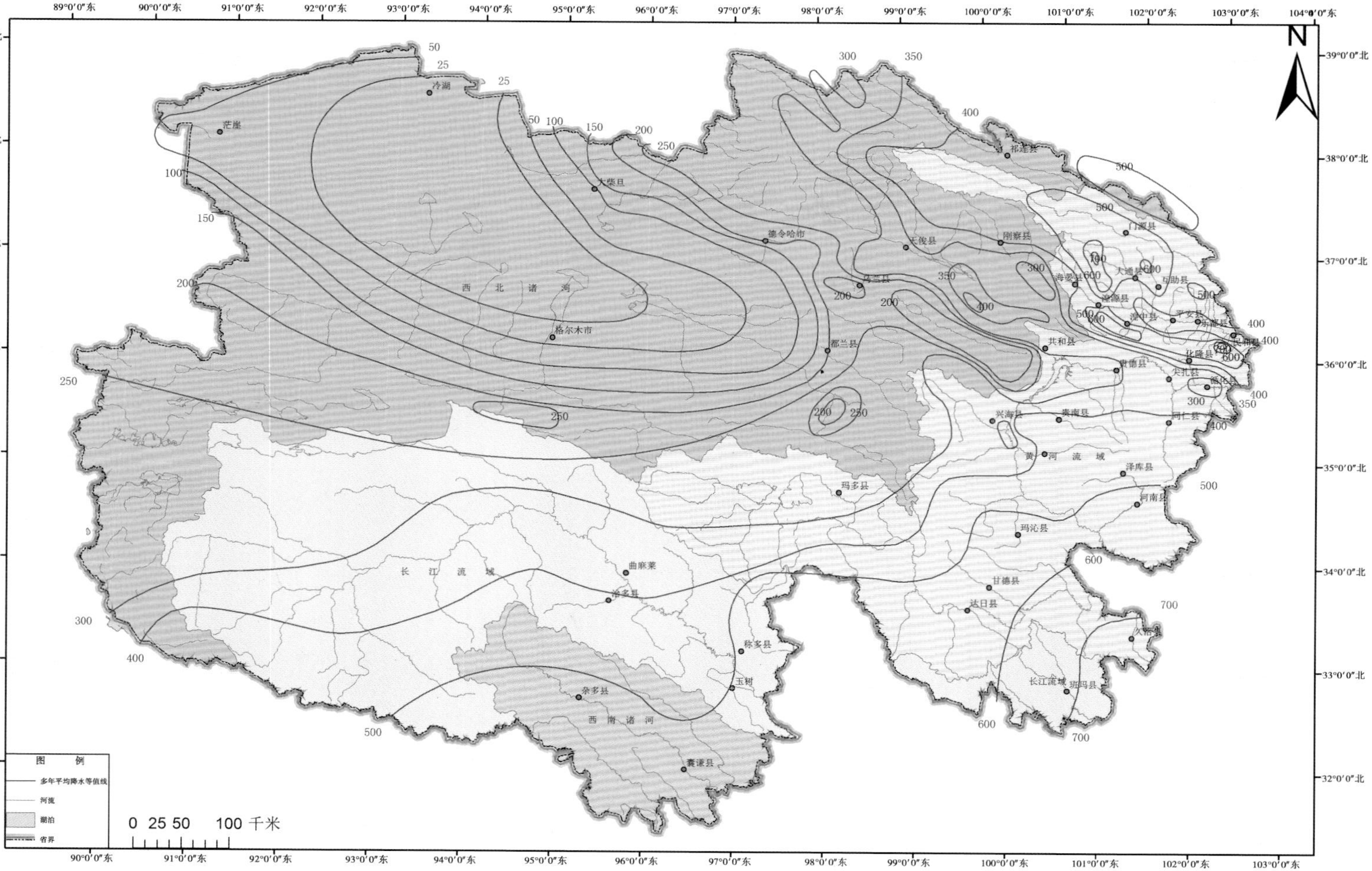


附图 5　青海省多年平均降水量等值线图

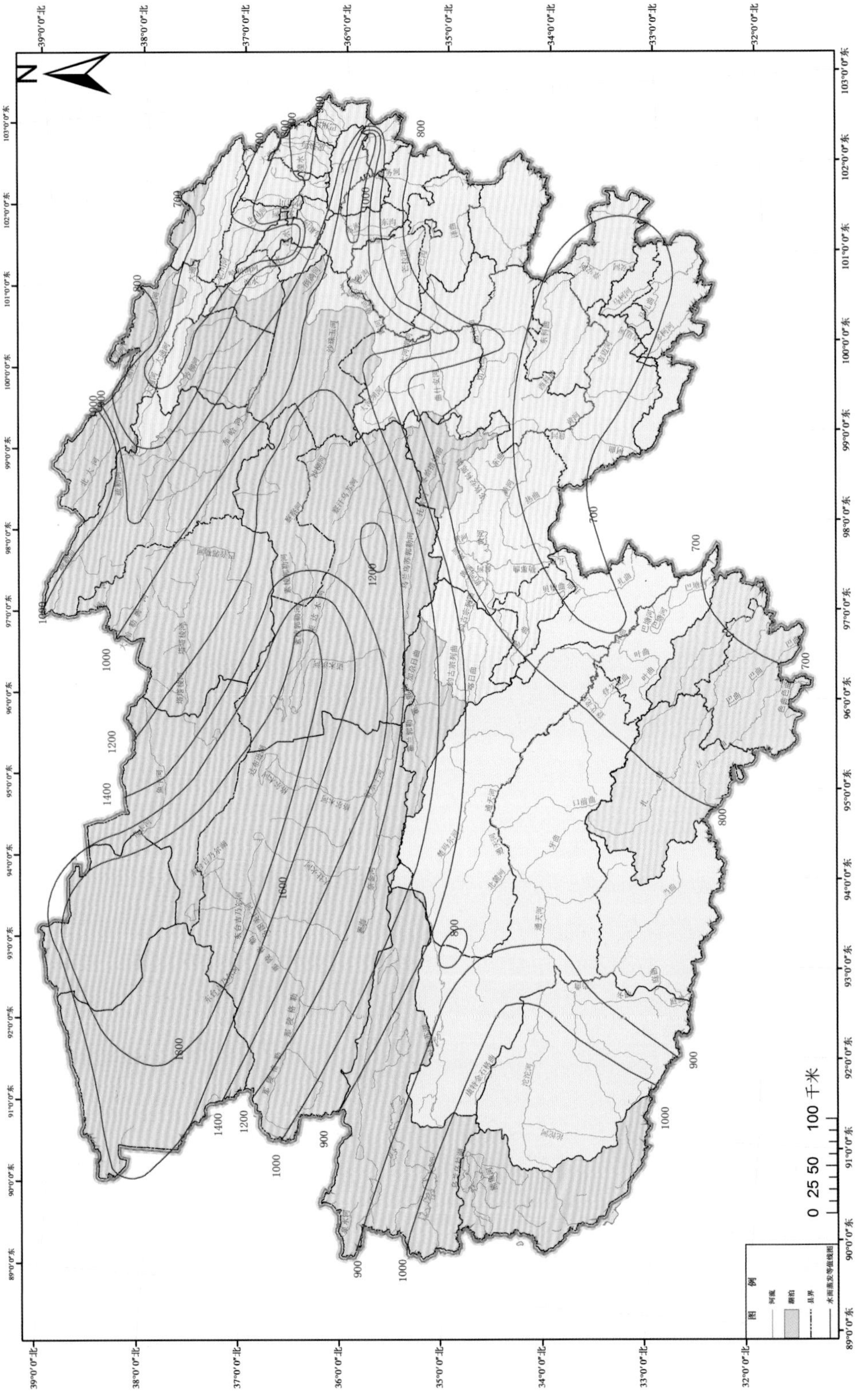


附图 6　青海省多年平均水面蒸发量等值线图

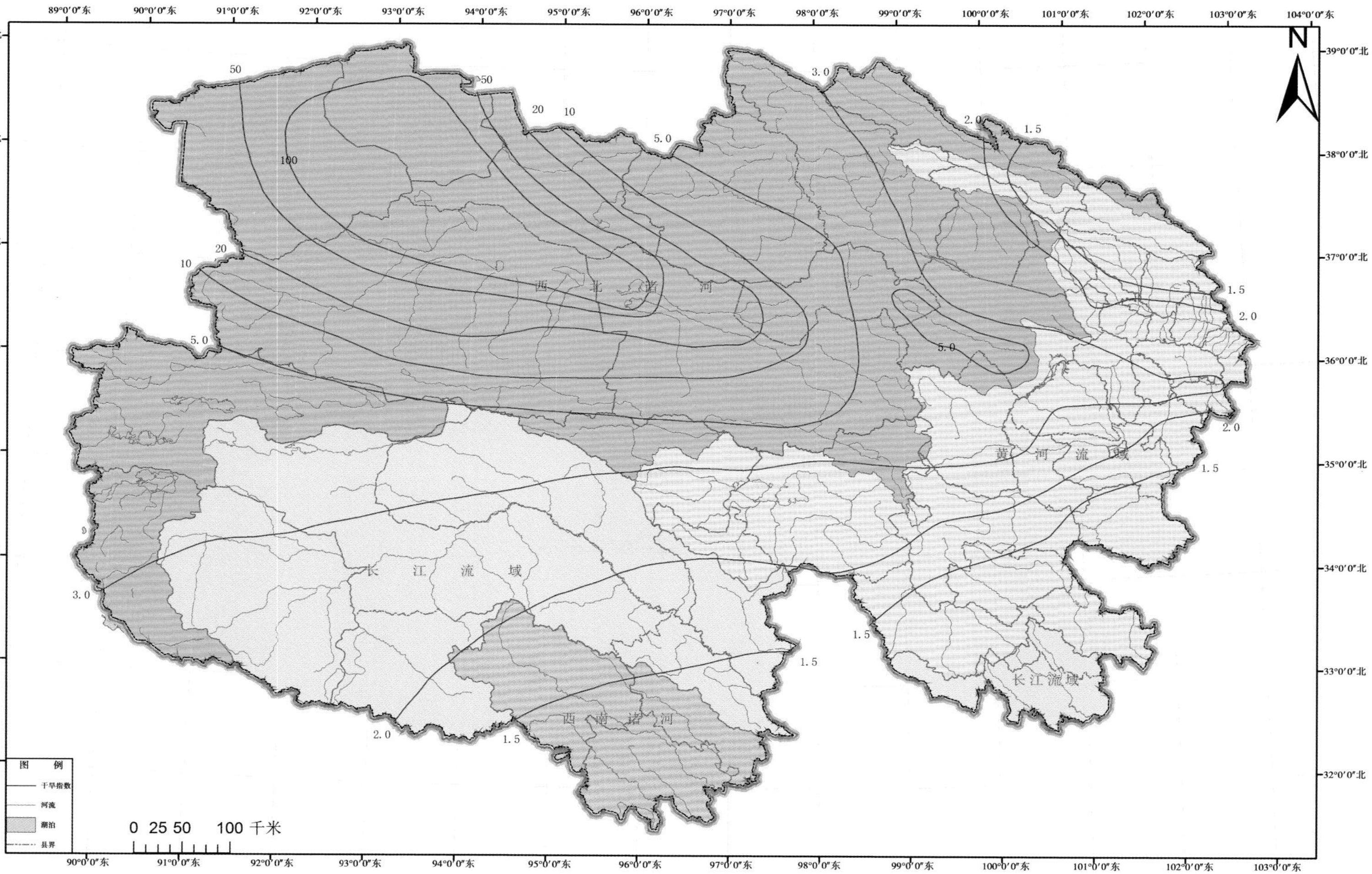

附图 7　青海省多年平均干旱指数等值线图

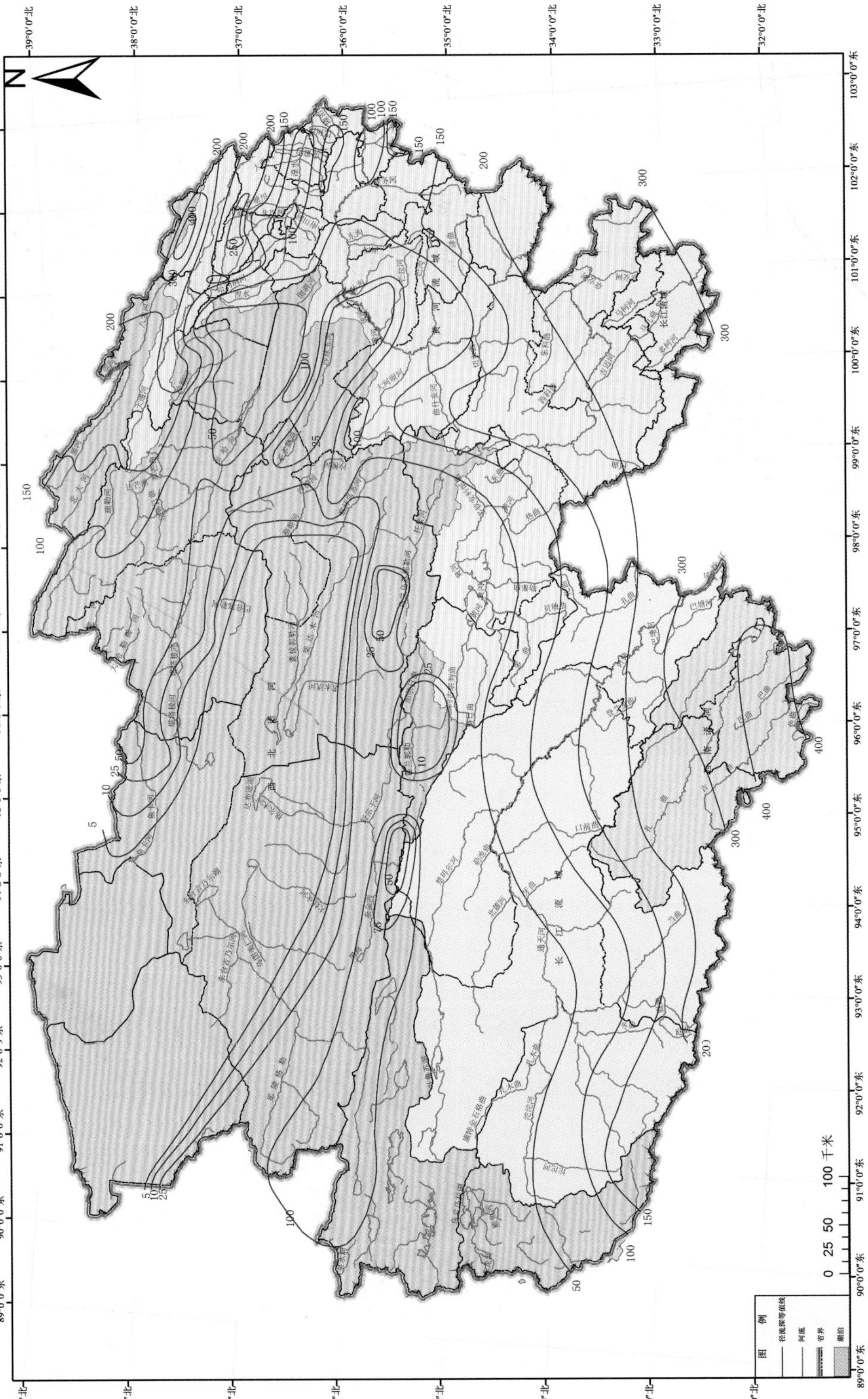


附图 8　青海省多年平均径流深等值线图

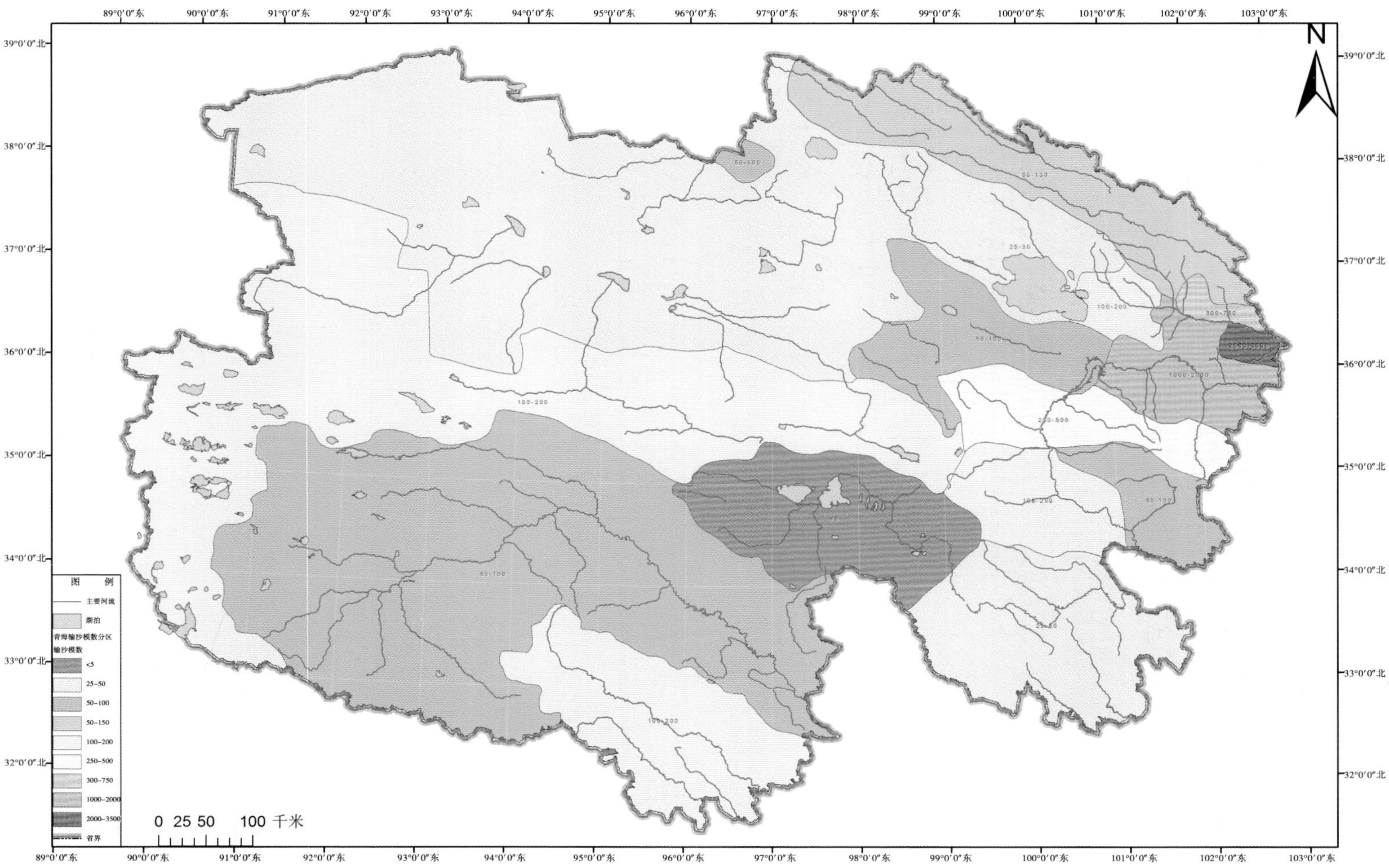


附图9　青海省多年平均输沙模数分区图

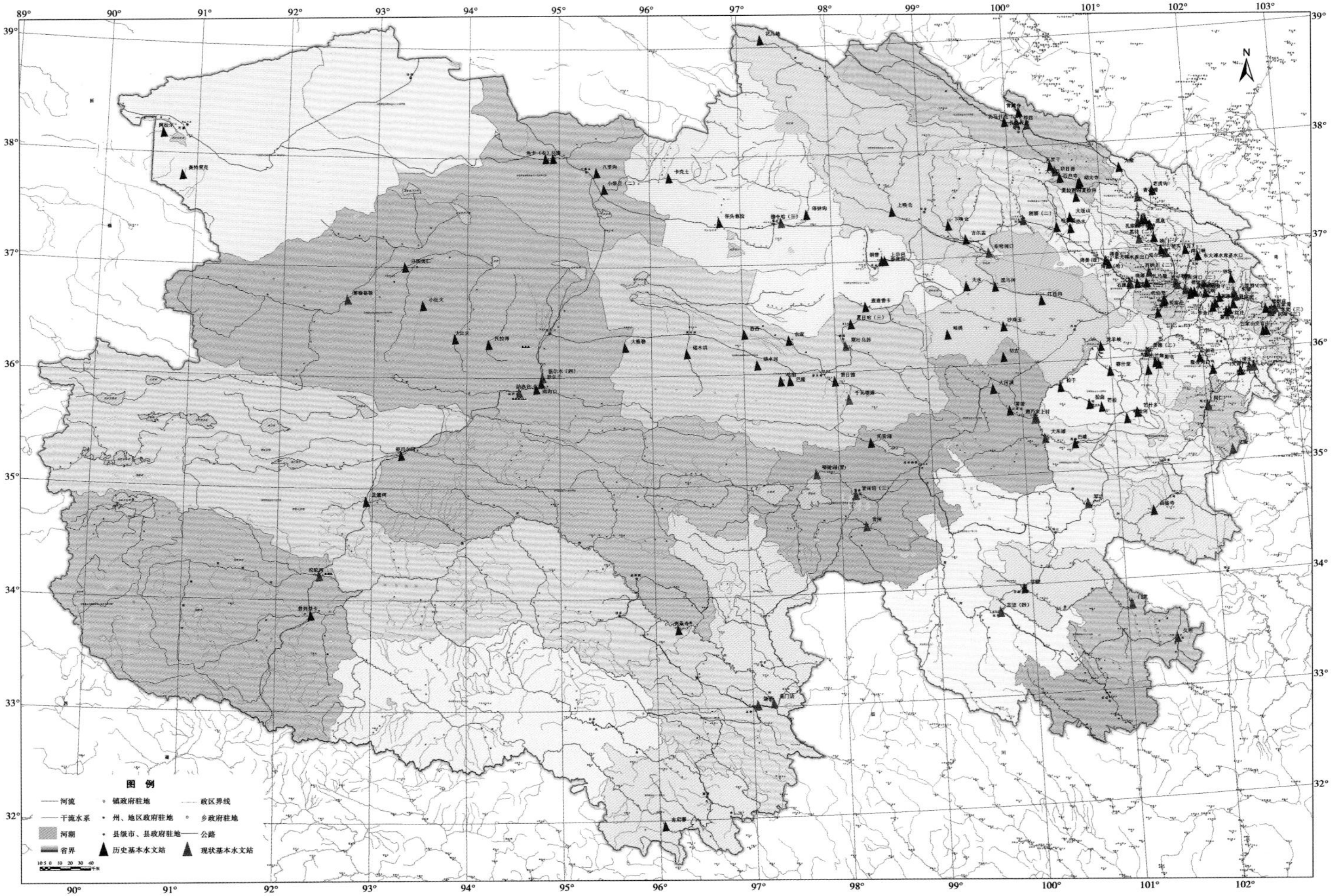

附图 10　青海省现状及历史(已撤)基本水文站分布图

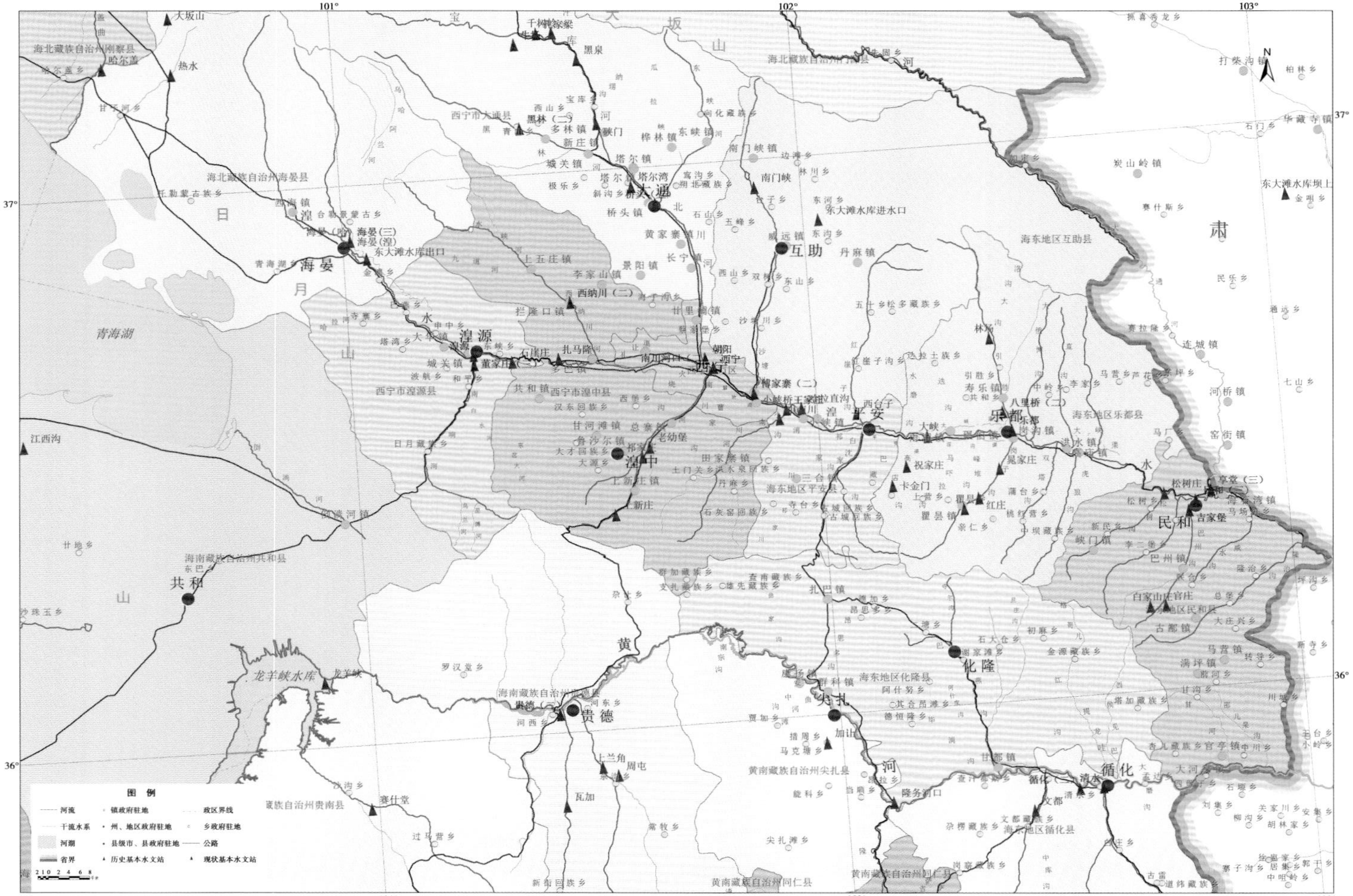


附图 11　青海省现状及历史（已撤）基本水文站分布图湟水流域放大图

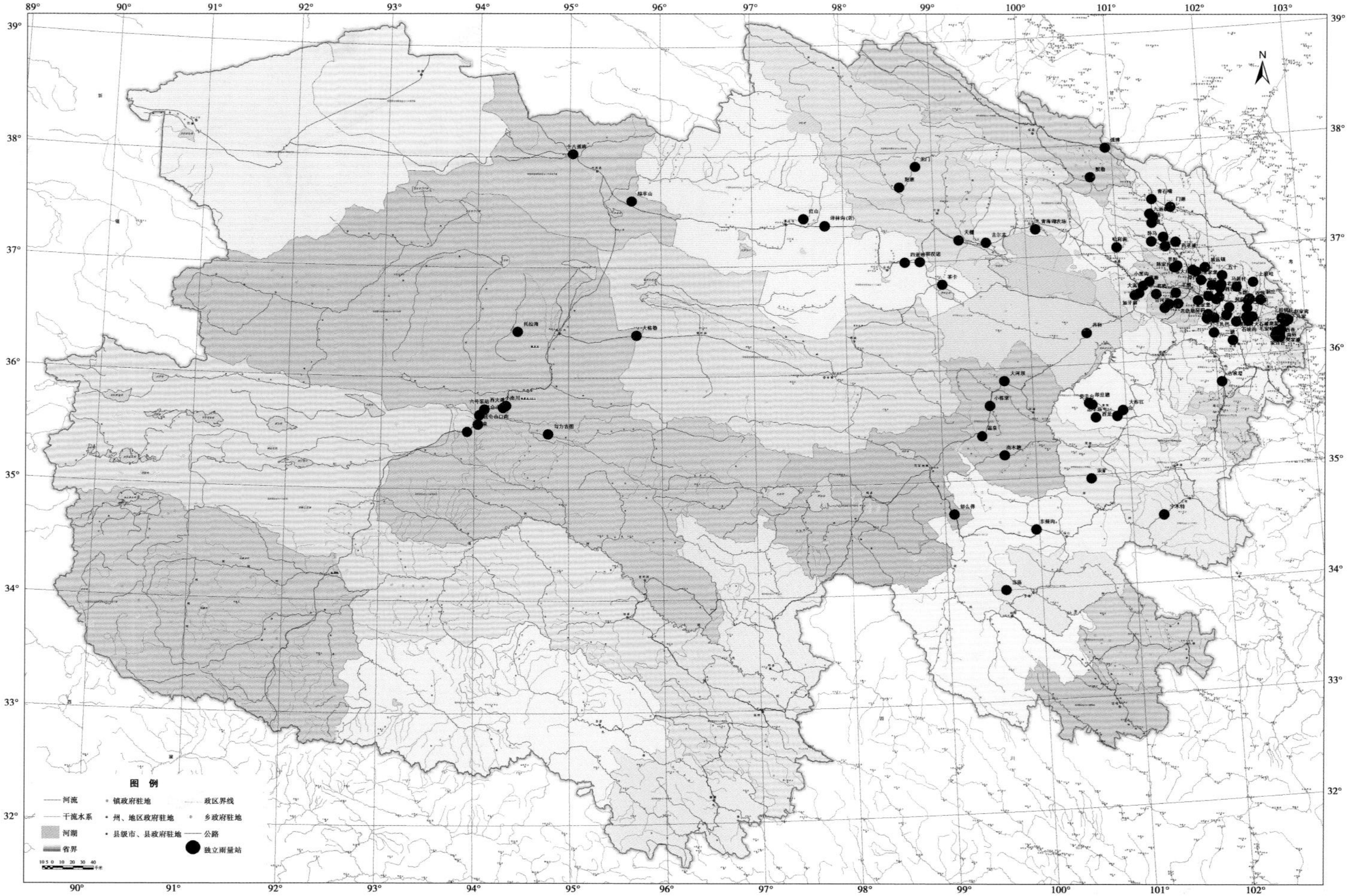


附图 12　青海省独立雨量站分布图(含历史站、不含中小河流独立雨量站)

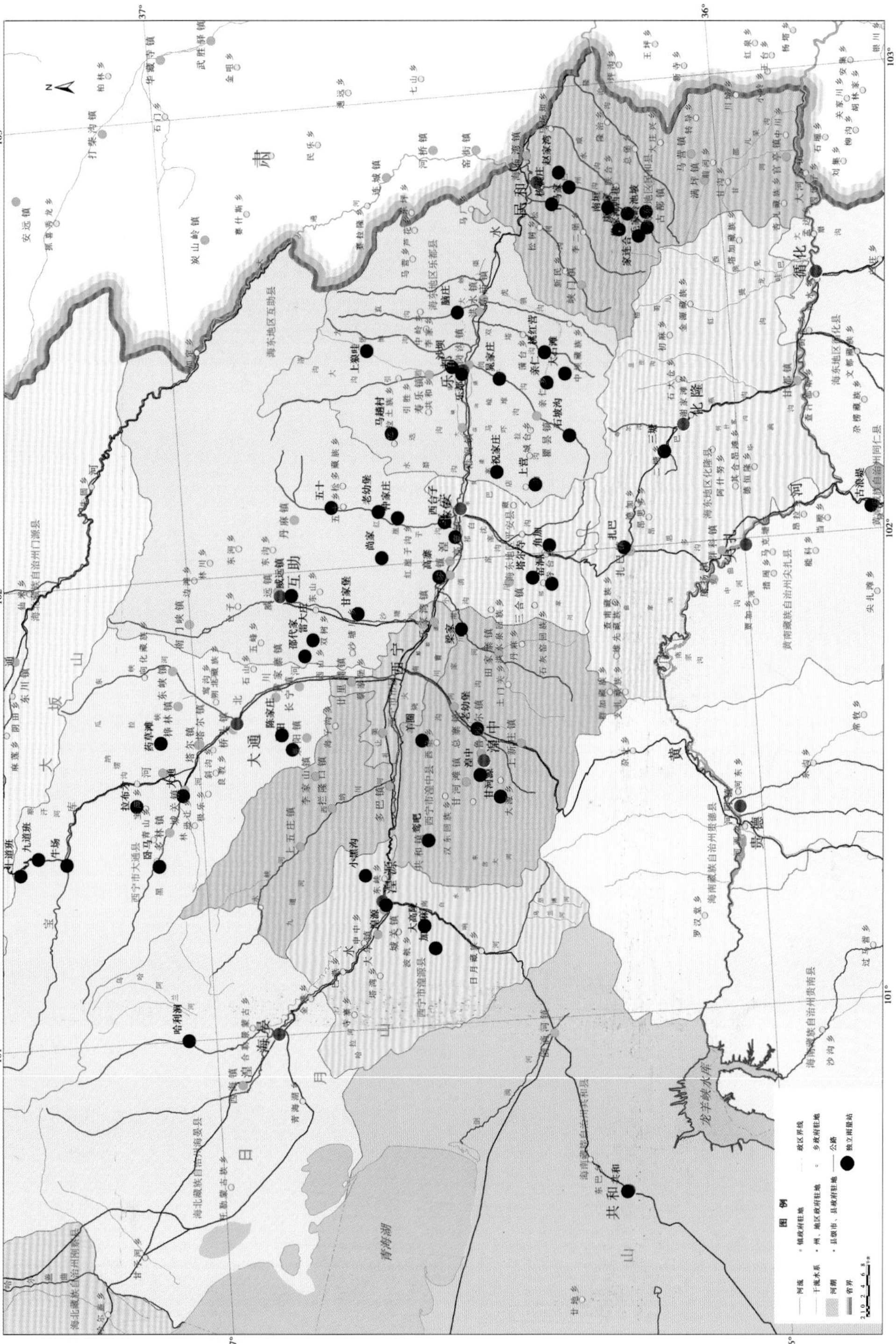

附图13　青海省独立雨量站分布图湟水流域放大图（含历史站、不含中小河流独立雨量站）

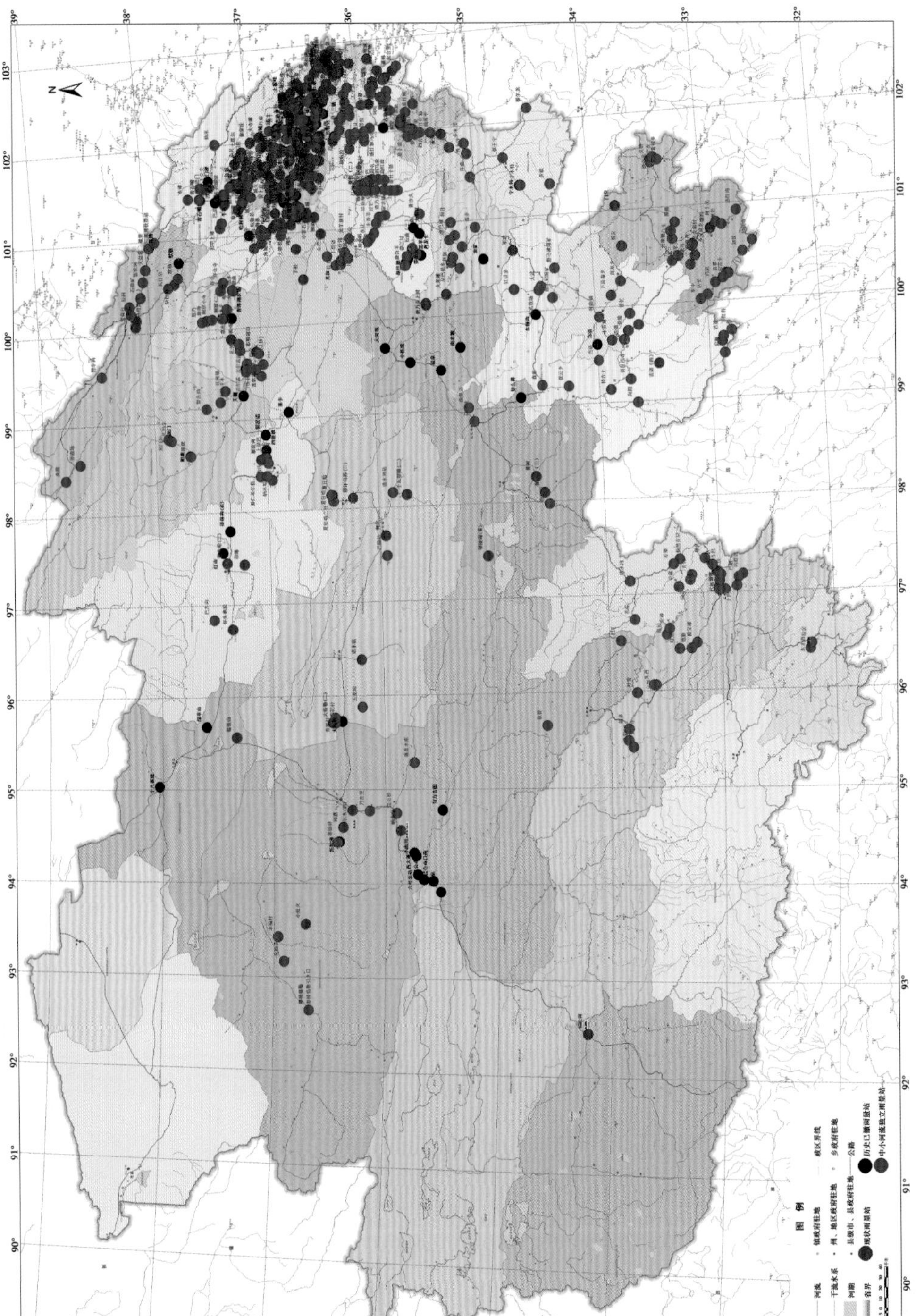


附图14　青海省独立雨量站分布图(含历史站、中小河流独立雨量站)

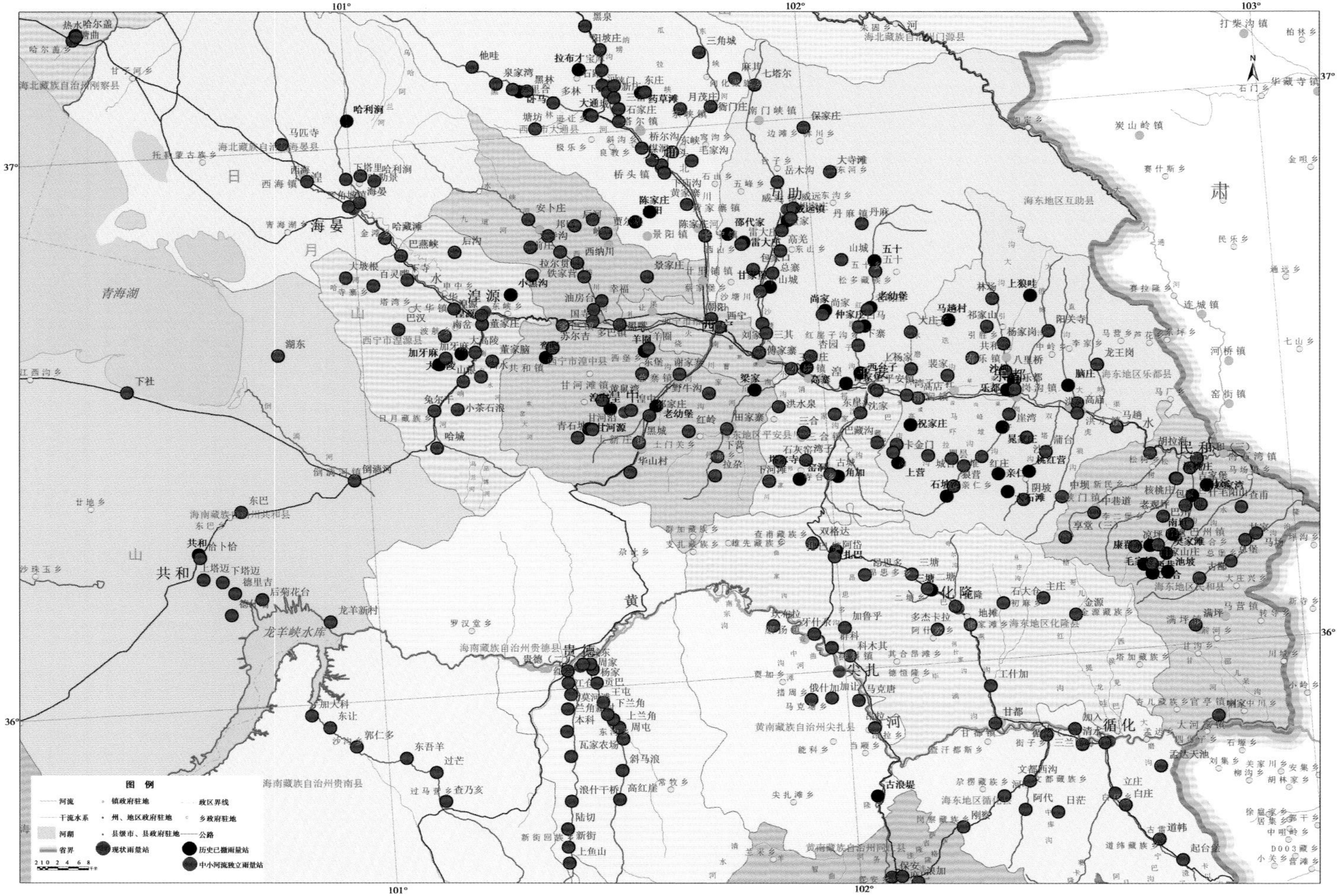


附图 15 青海省独立雨量站湟水分布放大图(含历史站、中小河流独立雨量站)

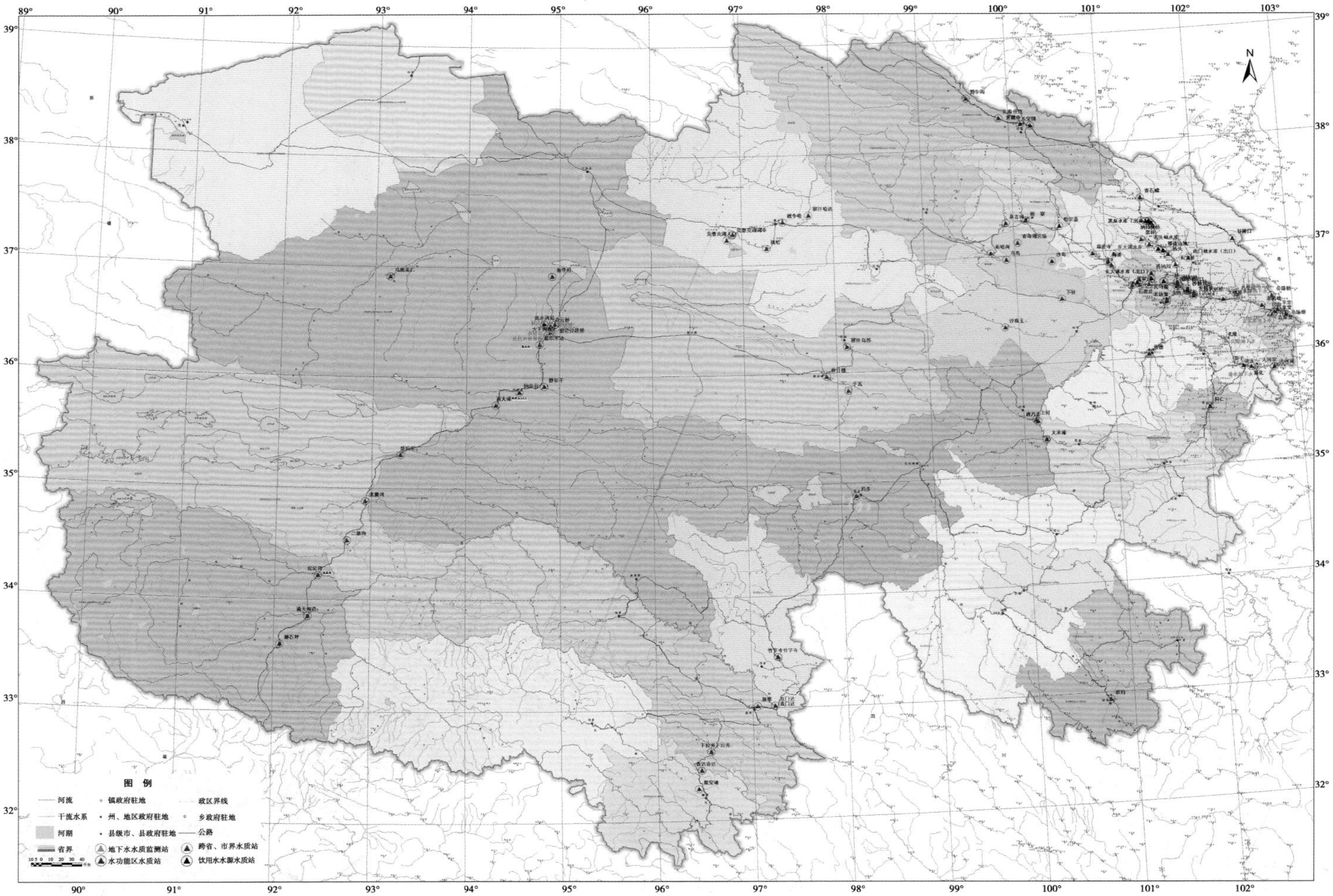


附图 16　青海省水质监测站点分布图

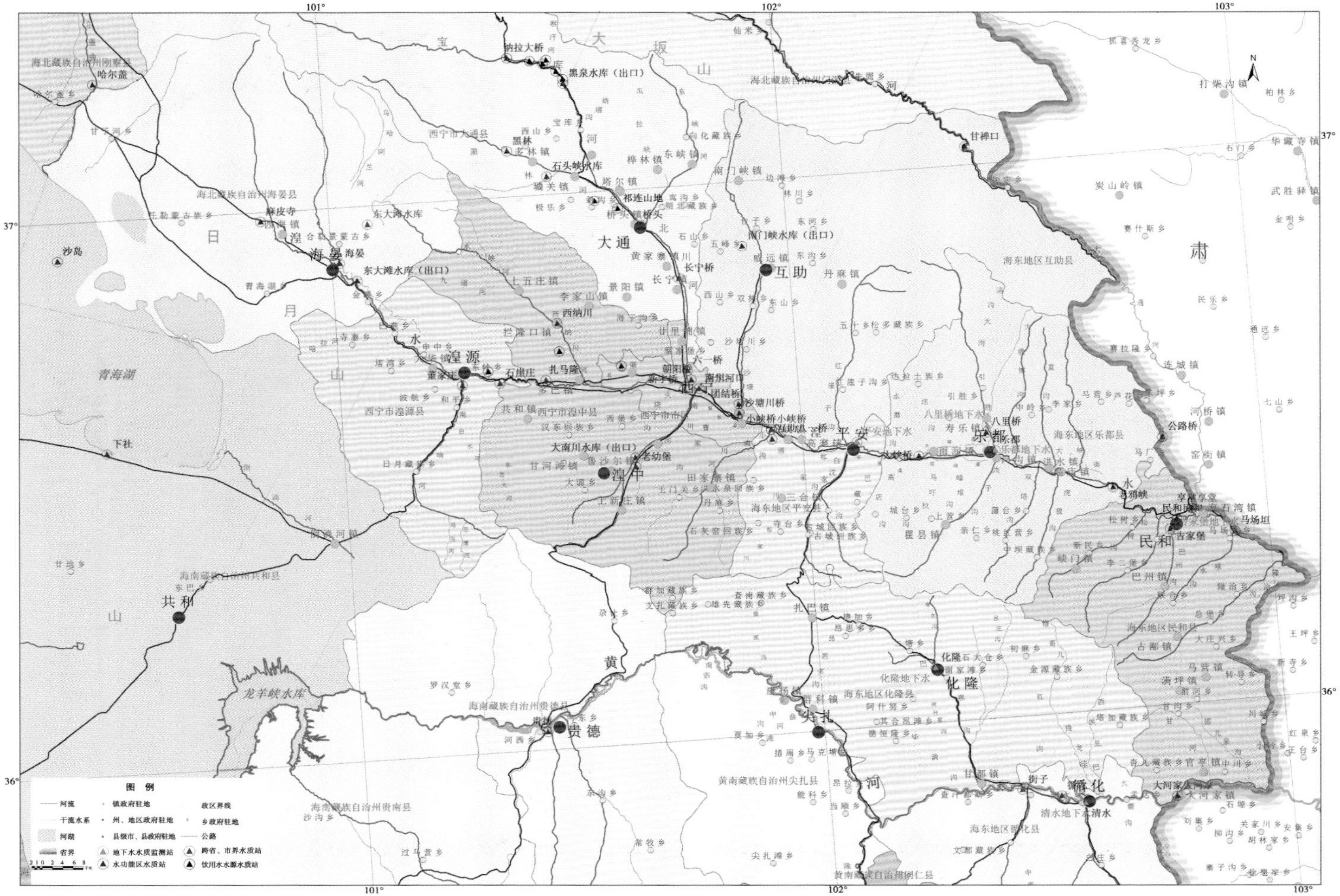


附图 17　青海省水质监测站点分布图湟水流域放大图

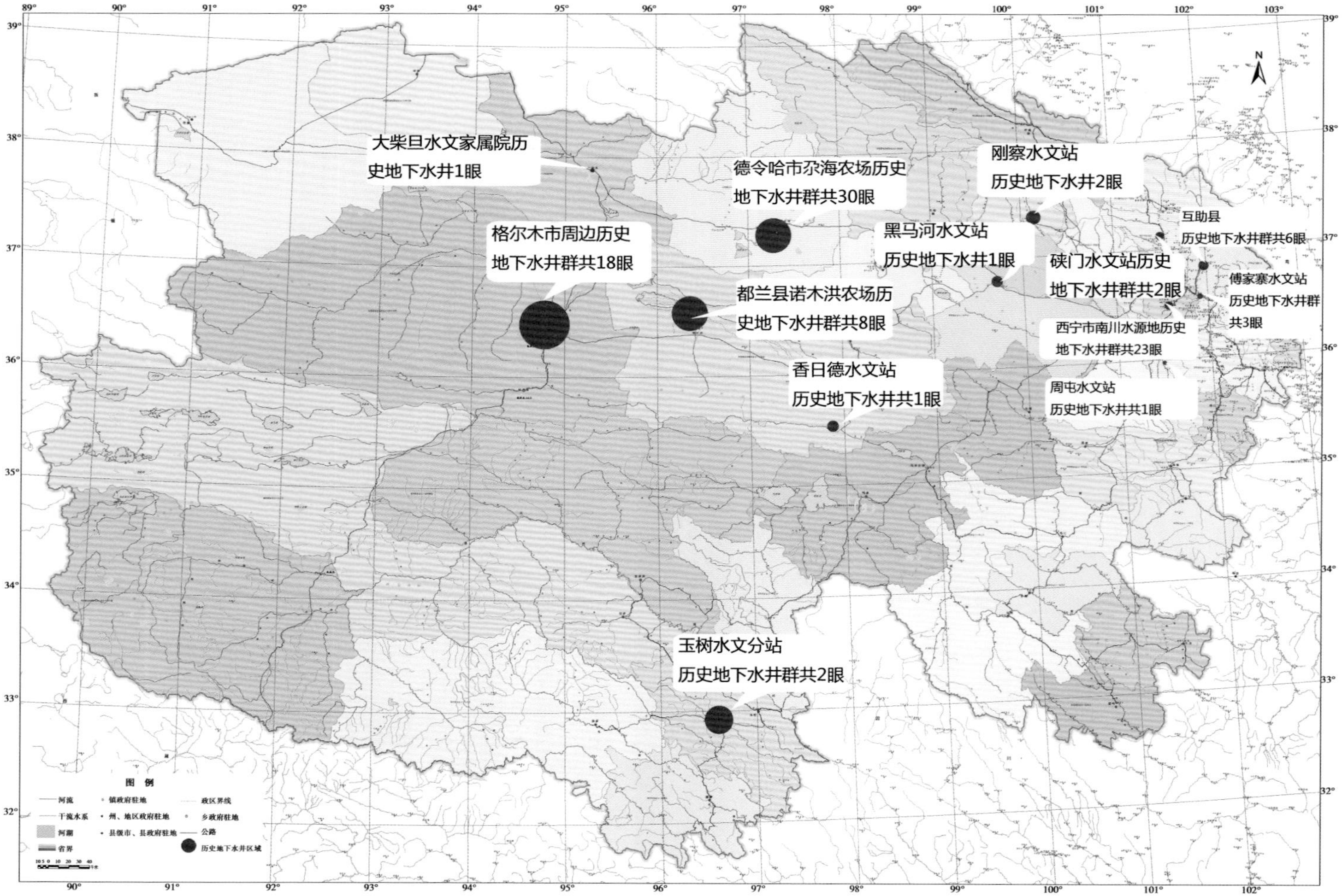

大柴旦水文家属院历史地下水井1眼
德令哈市尕海农场历史地下水井群共30眼
刚察水文站历史地下水井2眼
互助县历史地下水井群共6眼
黑马河水文站历史地下水井1眼
硖门水文站历史地下水井群共2眼
傅家寨水文站历史地下水井群共3眼
格尔木市周边历史地下水井群共18眼
都兰县诺木洪农场历史地下水井群共8眼
西宁市南川水源地历史地下水井群共23眼
香日德水文站历史地下水井共1眼
周屯水文站历史地下水井共1眼
玉树水文分站历史地下水井群共2眼
图例
河流
干流水系
河湖
省界
镇政府驻地
州、地区政府驻地
县级市、县政府驻地
政区界线
乡政府驻地
公路
历史地下水井区域

附图 18　青海省历史地下水井区域分布图

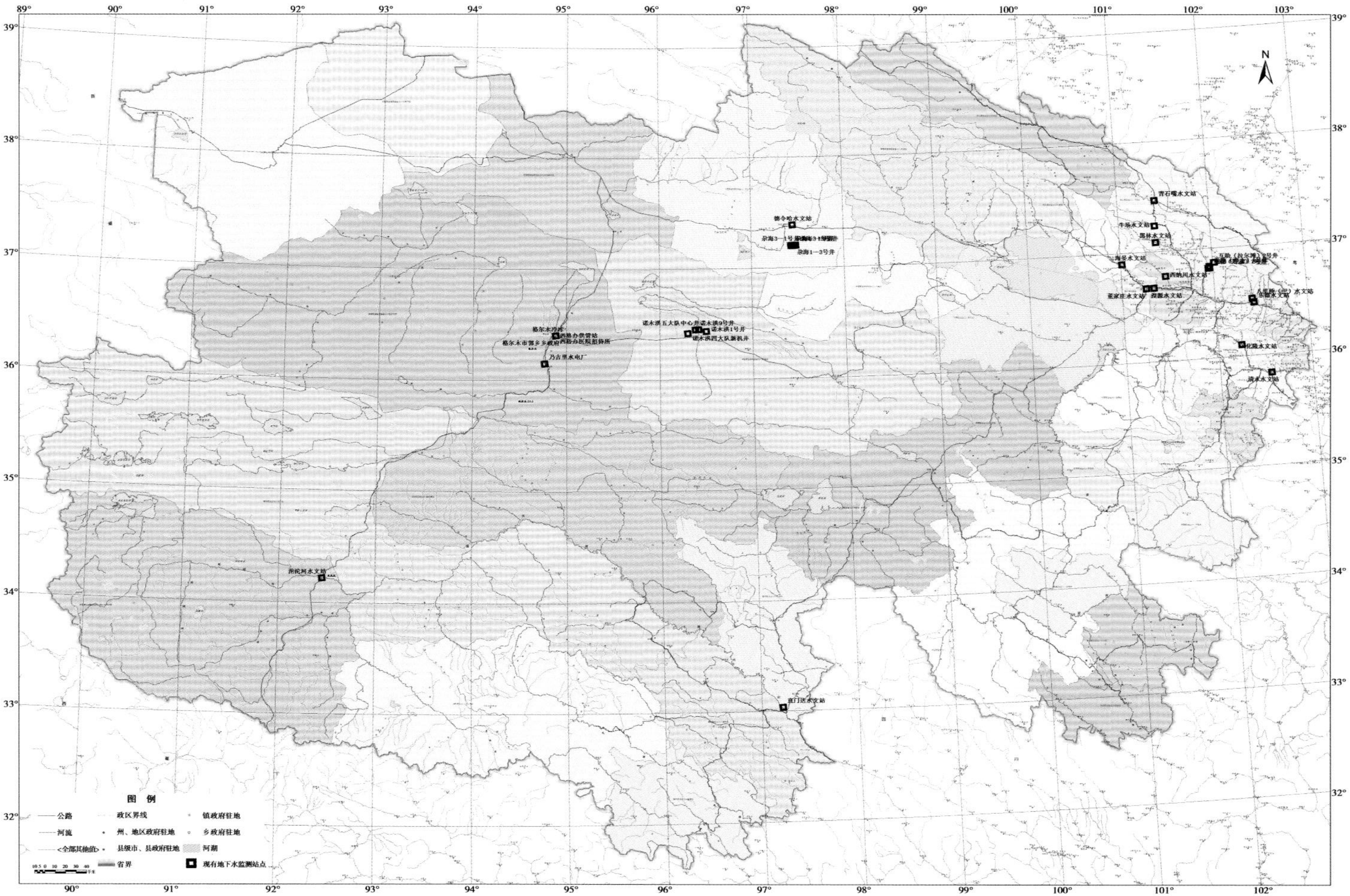


附图 19　属青海省水文局管辖地下水监测站现状分布图

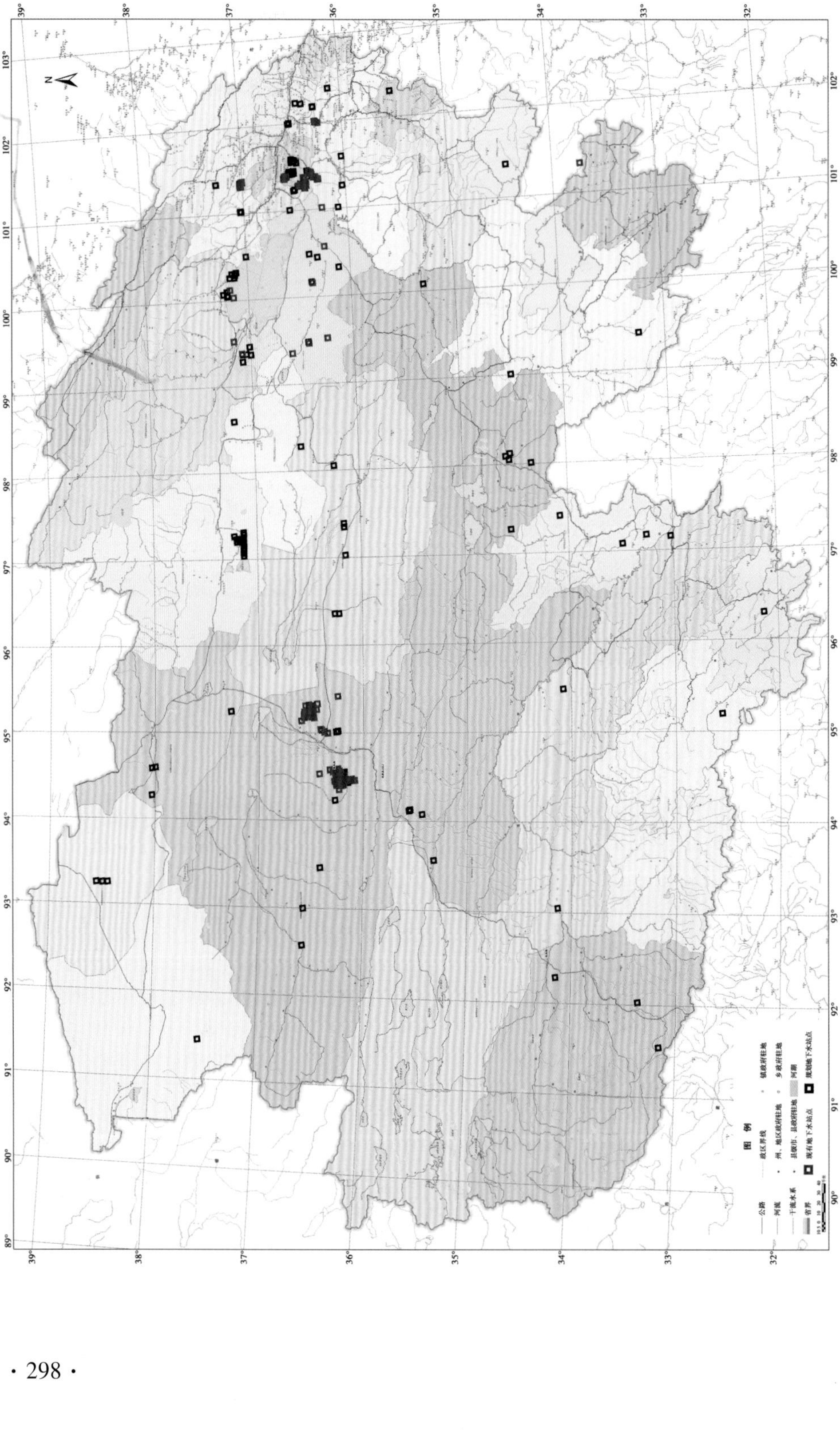


附图 20　属青海省国土资源厅管辖地下水监测站分布图

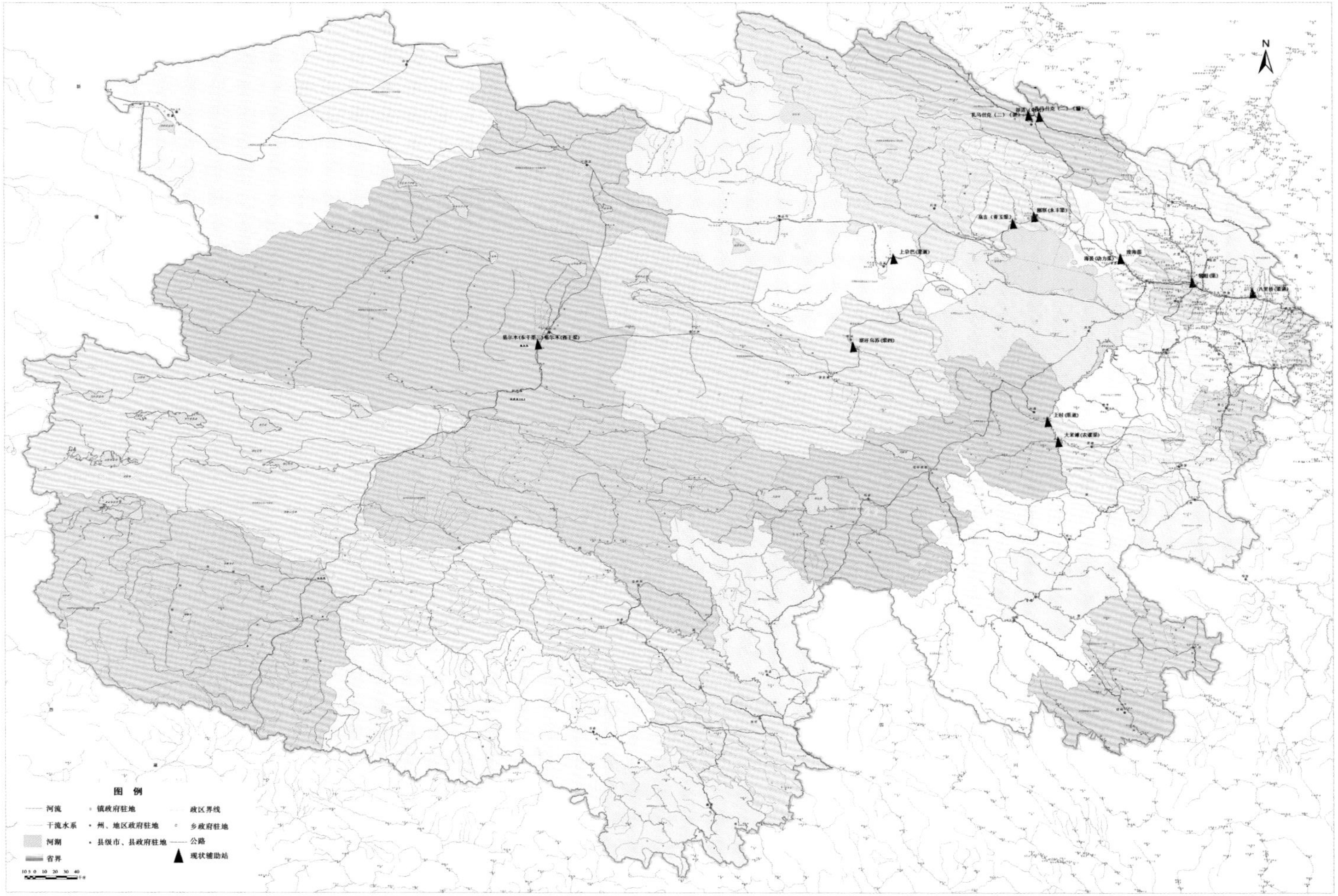


附图 21　青海省现状辅助站分布图

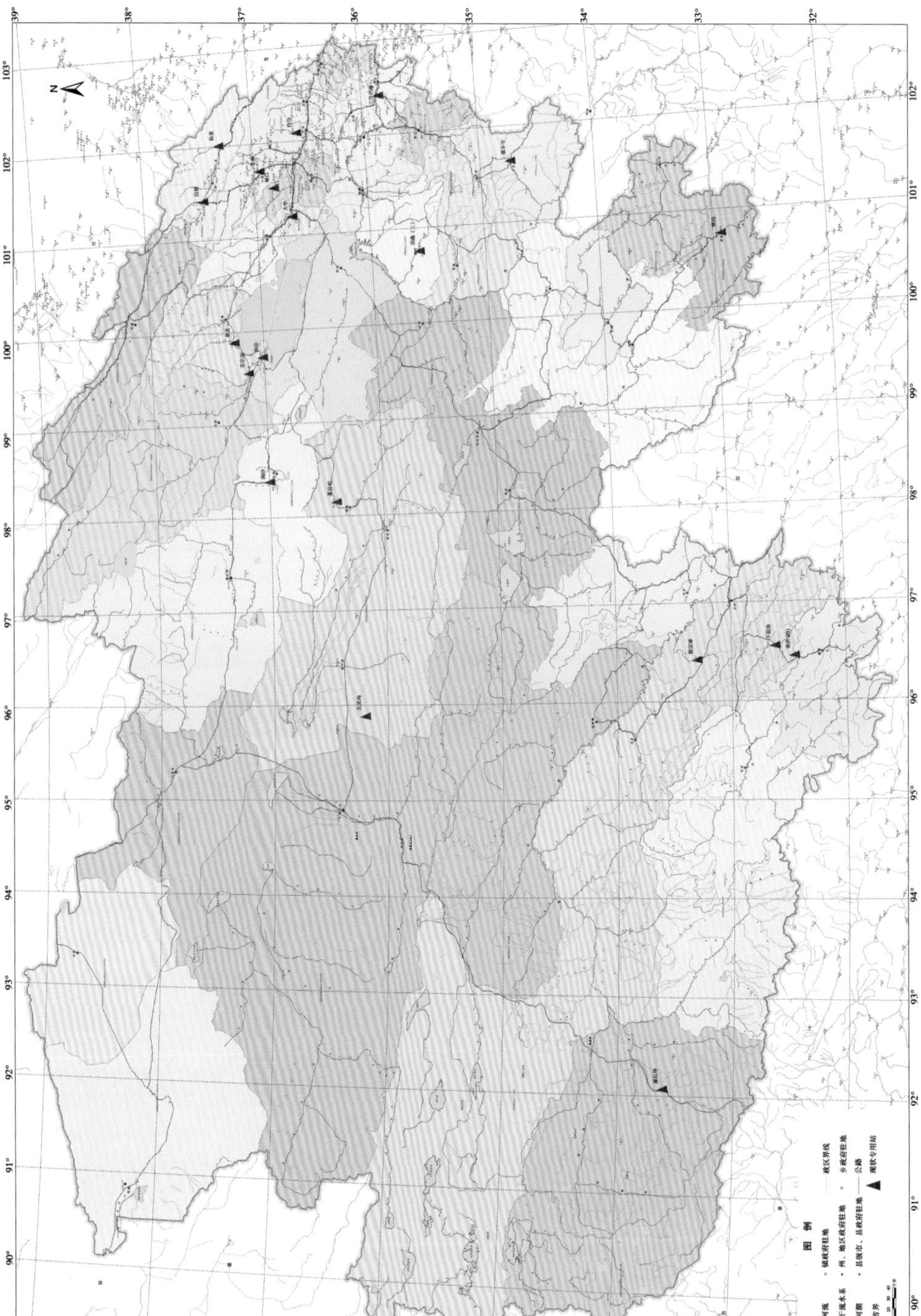

附图 22　青海省现状专用站分布图

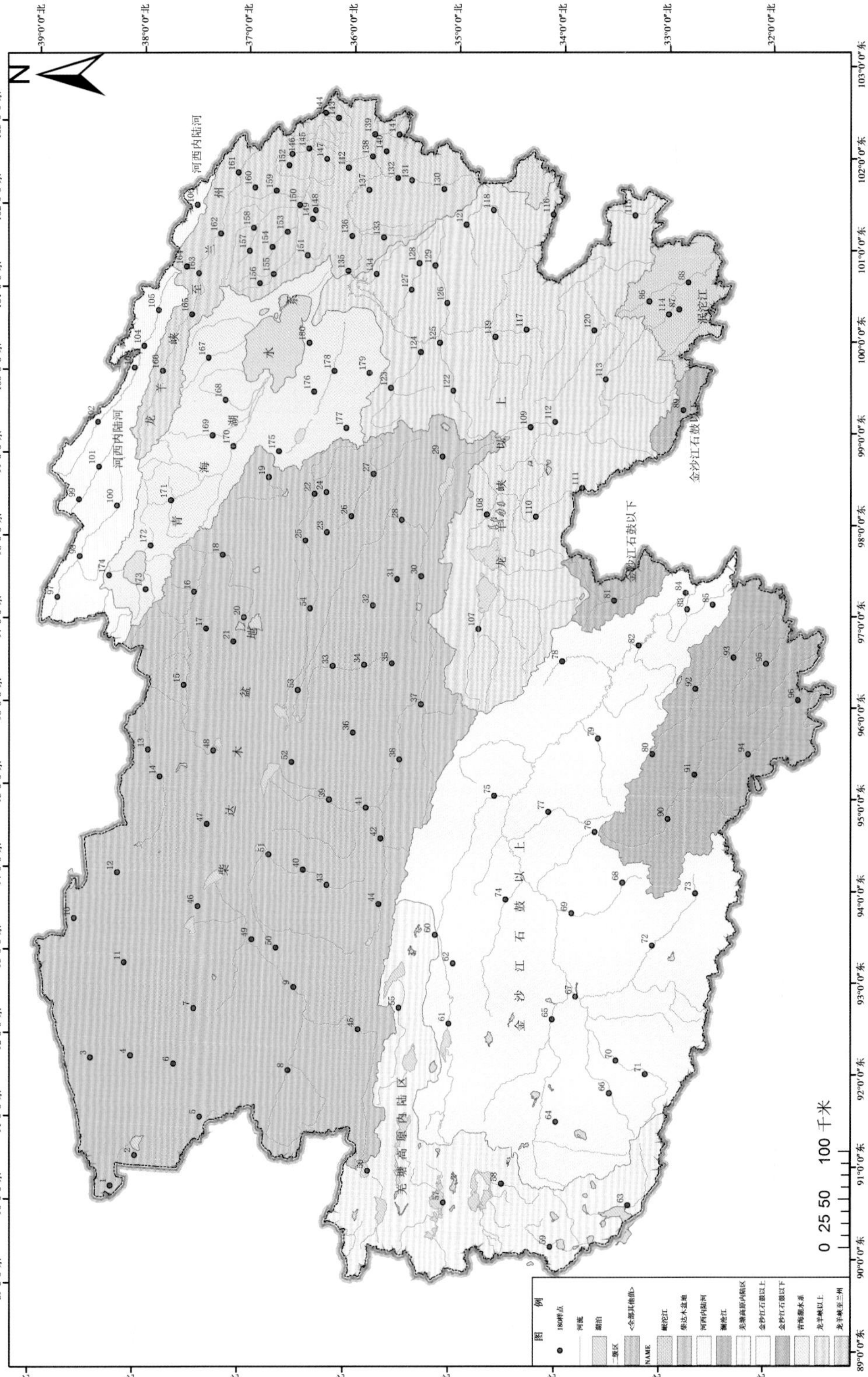


附图 23 样点选择分布图

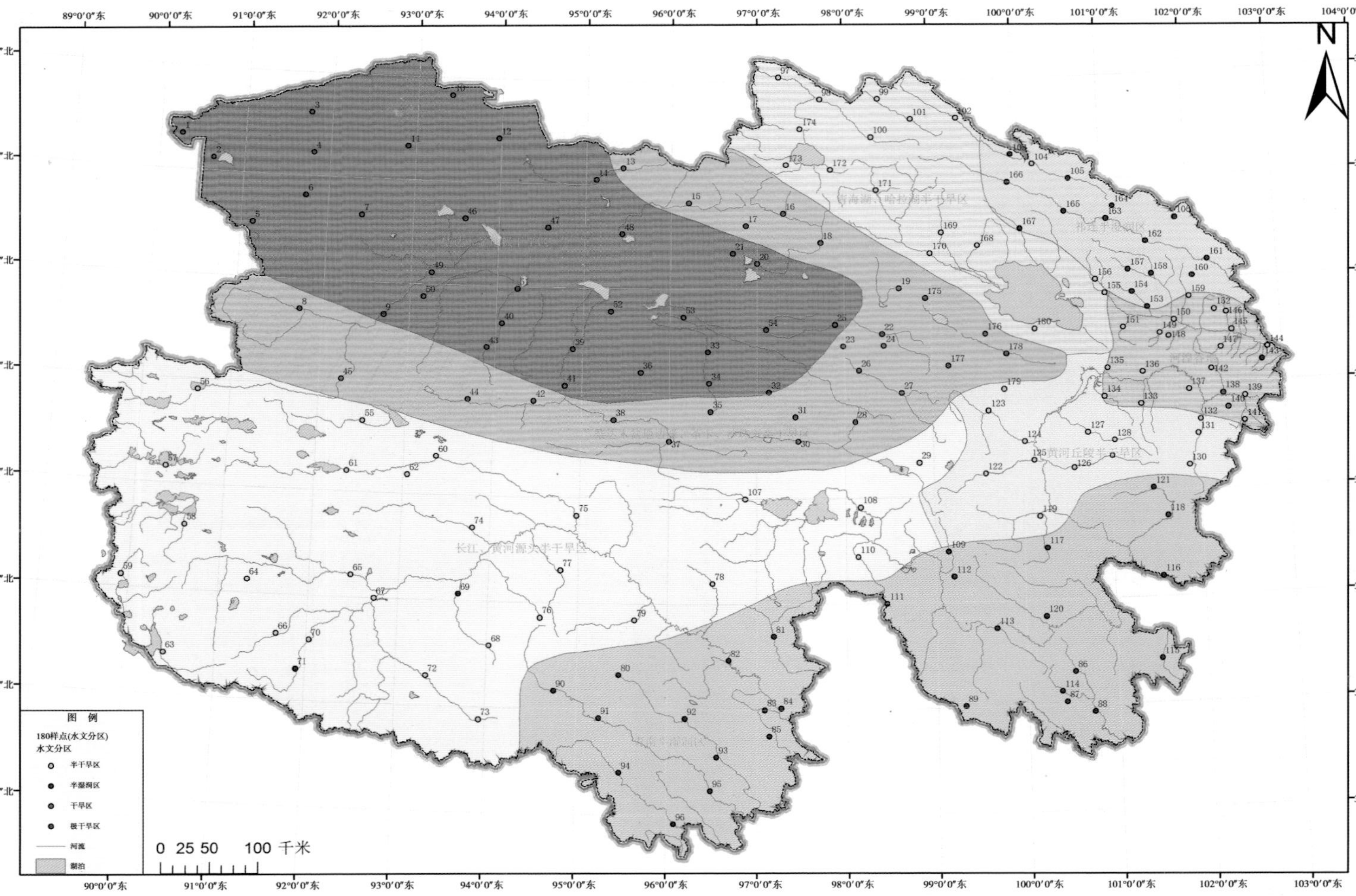


附图 24　青海省水文分区（二级）及对应散点分布图

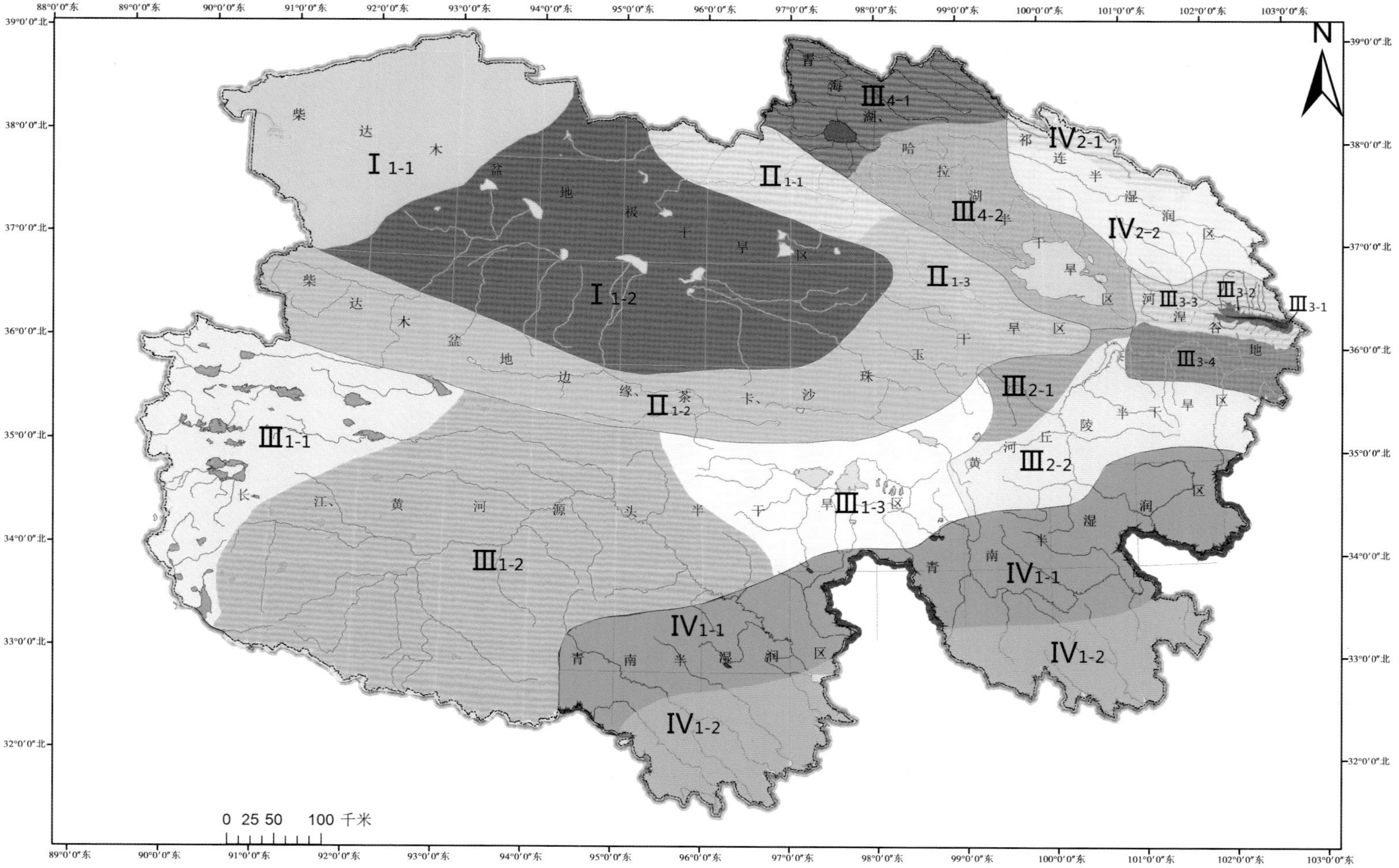


附图 25　青海省水文分区三级区划图

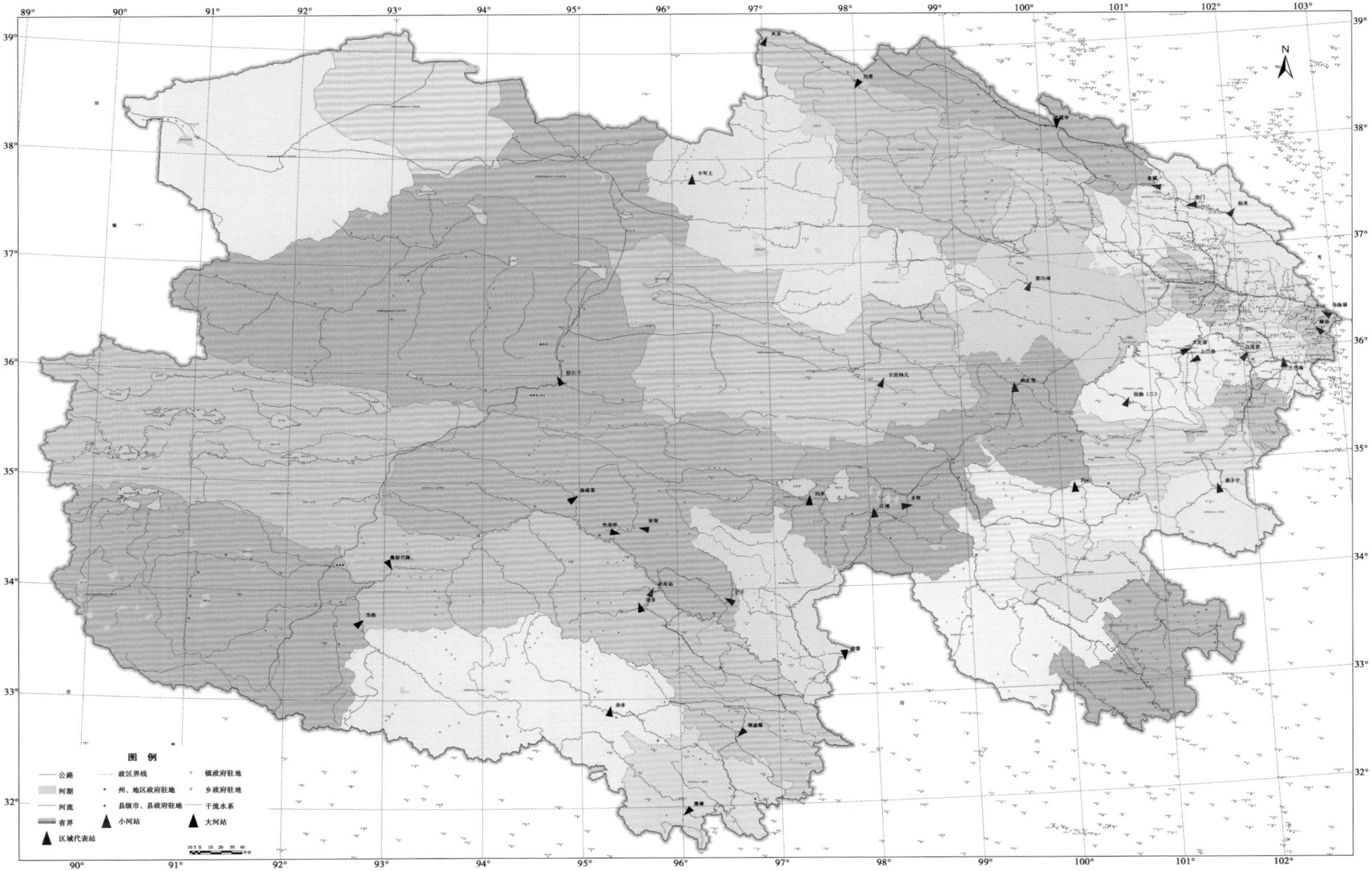


附图 26　青海省规划水文站分布示意图(含大河站、区域代表站、小河站)

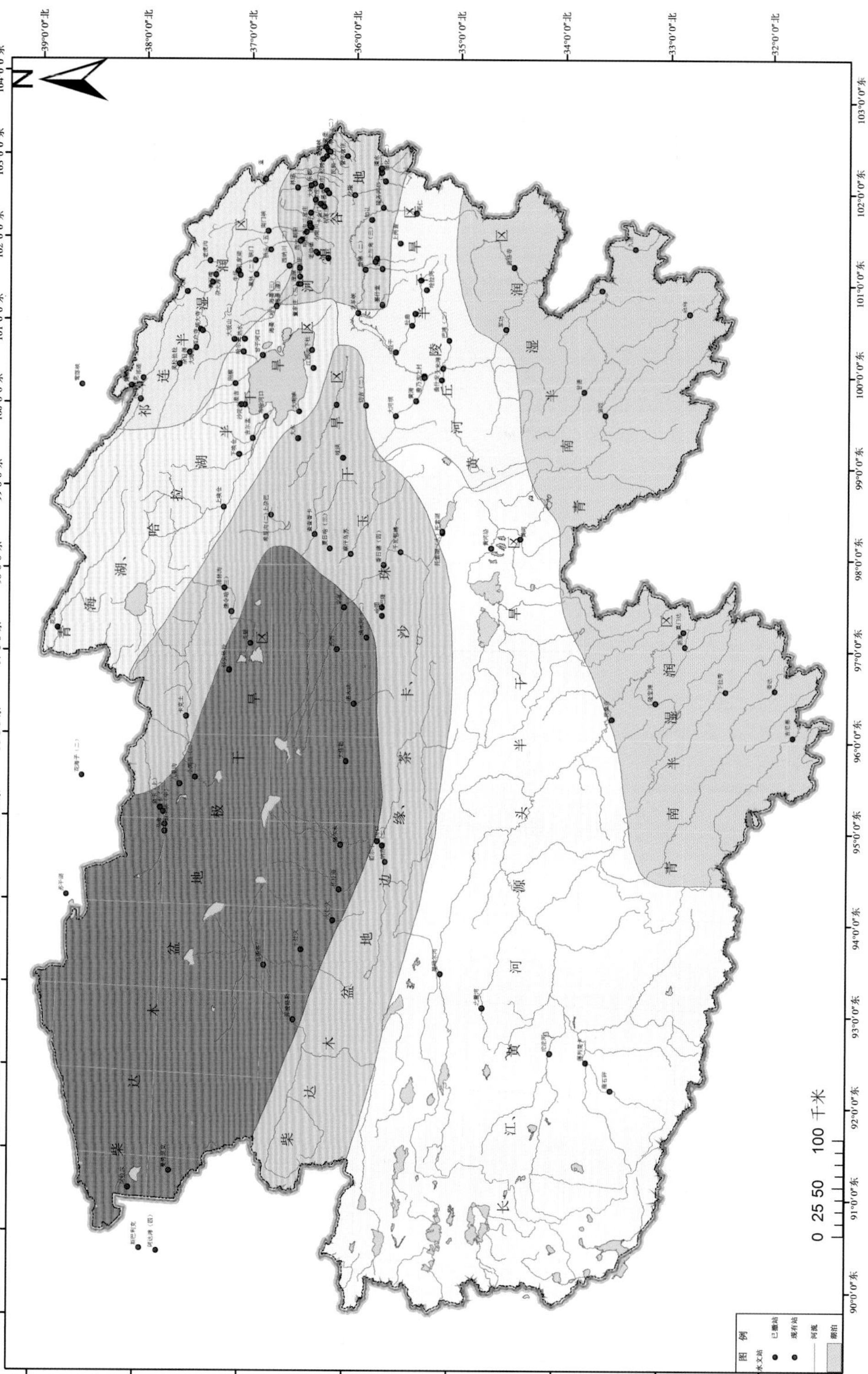

附图27　历史站点、现状站点在水文分区分布图

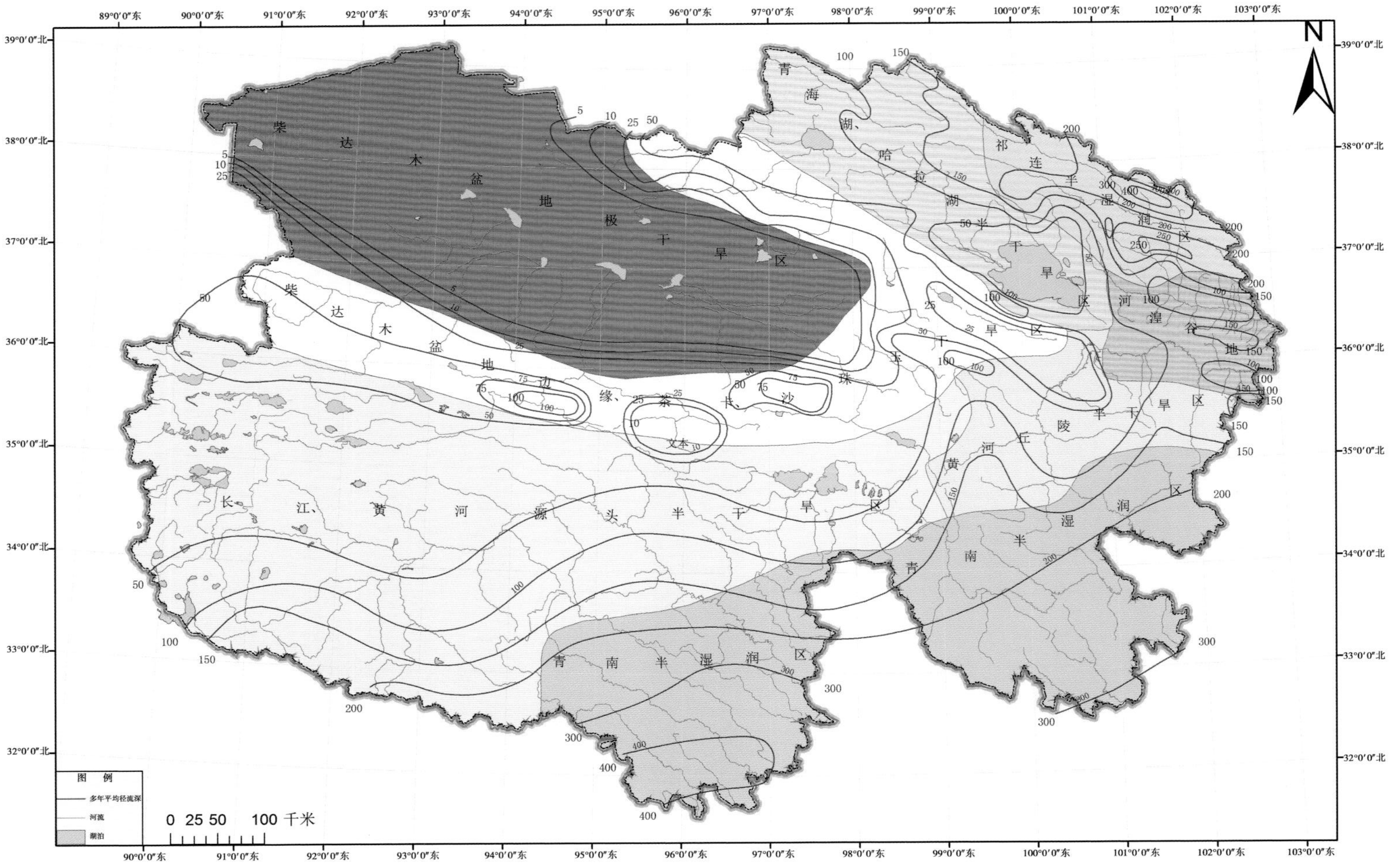


附图 28　水文分区与径流深等值线套绘

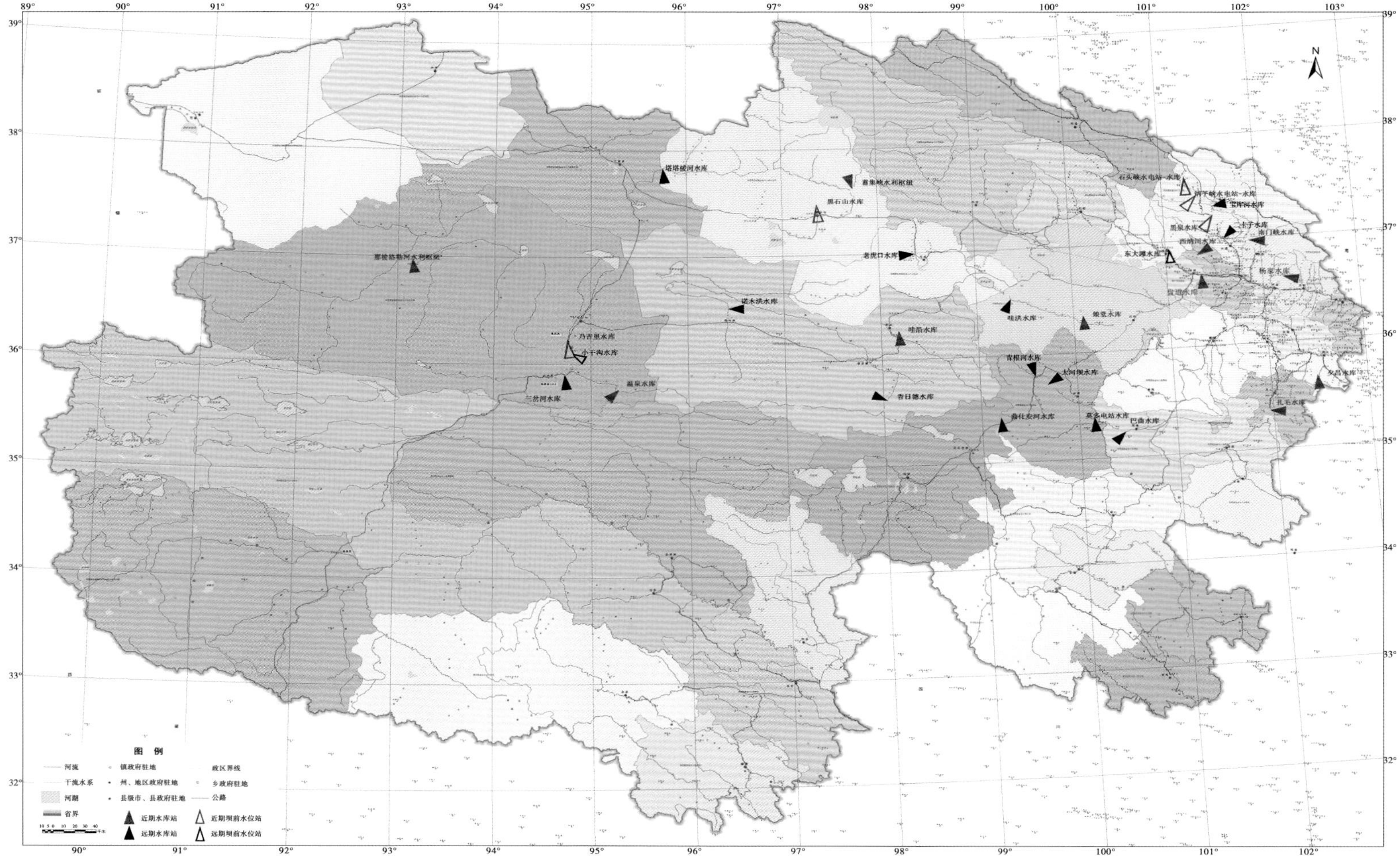


附图 29　青海省规划水库站分布示意图

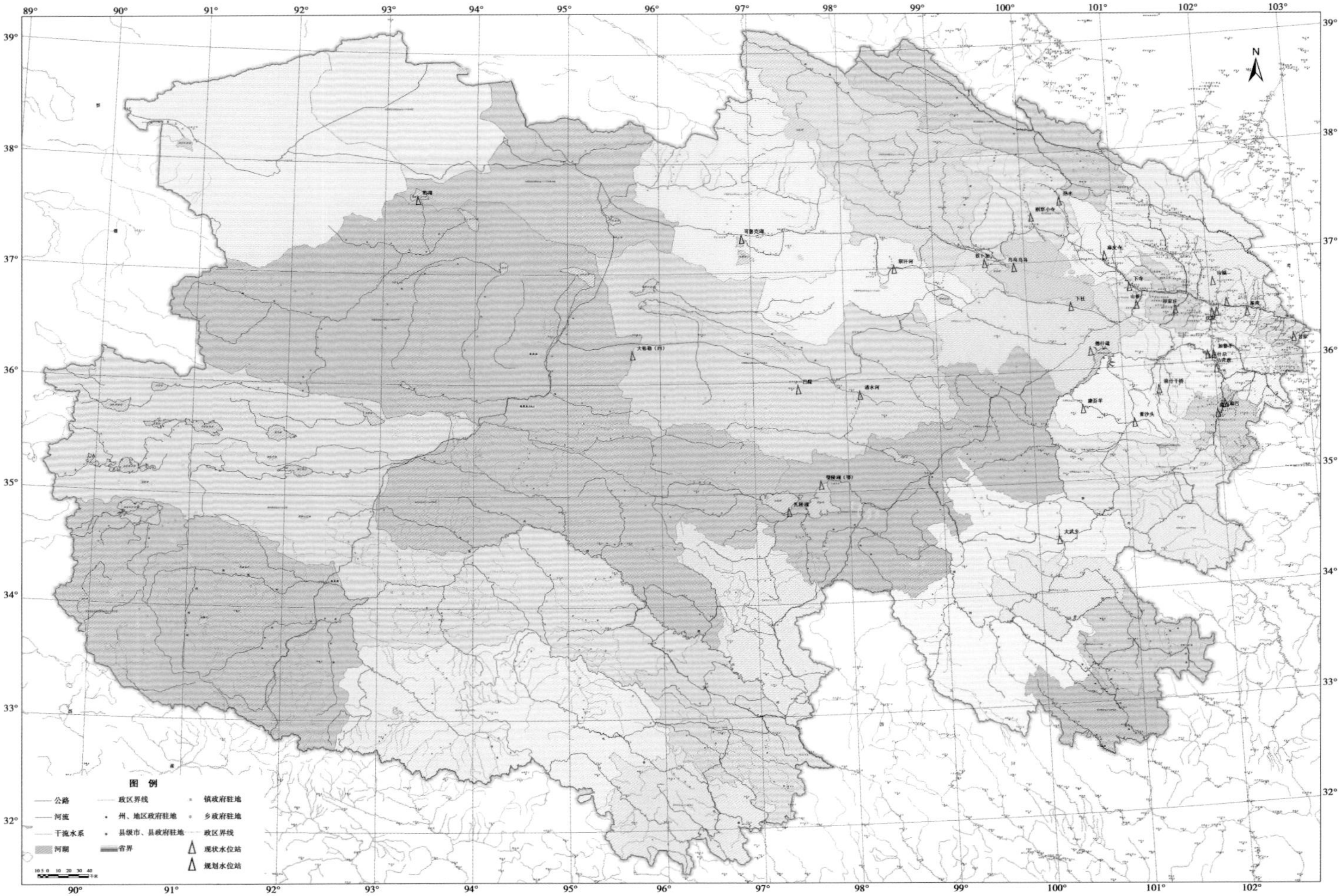


附图 30 青海省现状及规划独立水位站分布示意图

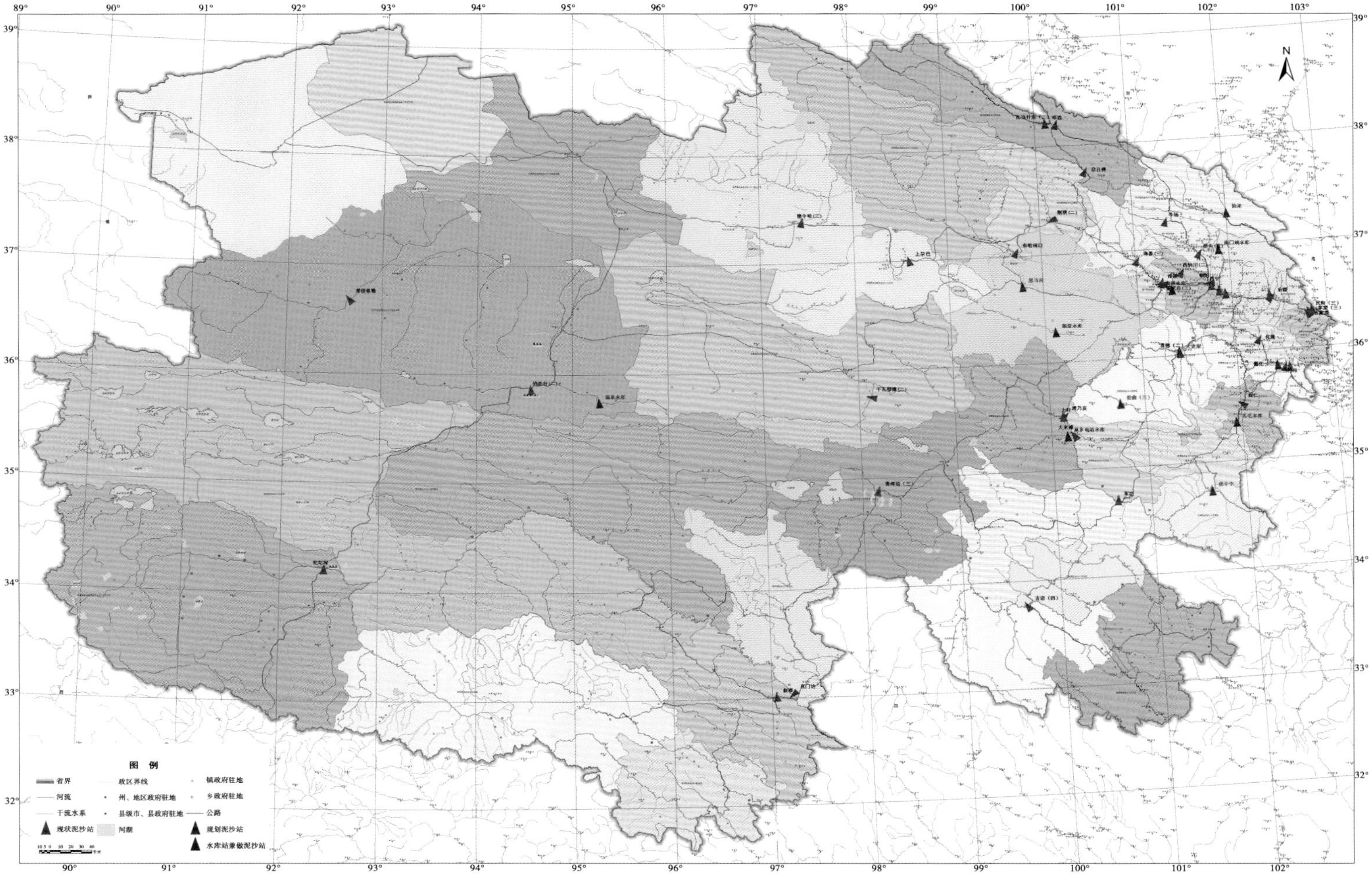


附图 31　青海省现状及规划泥沙站分布示意图

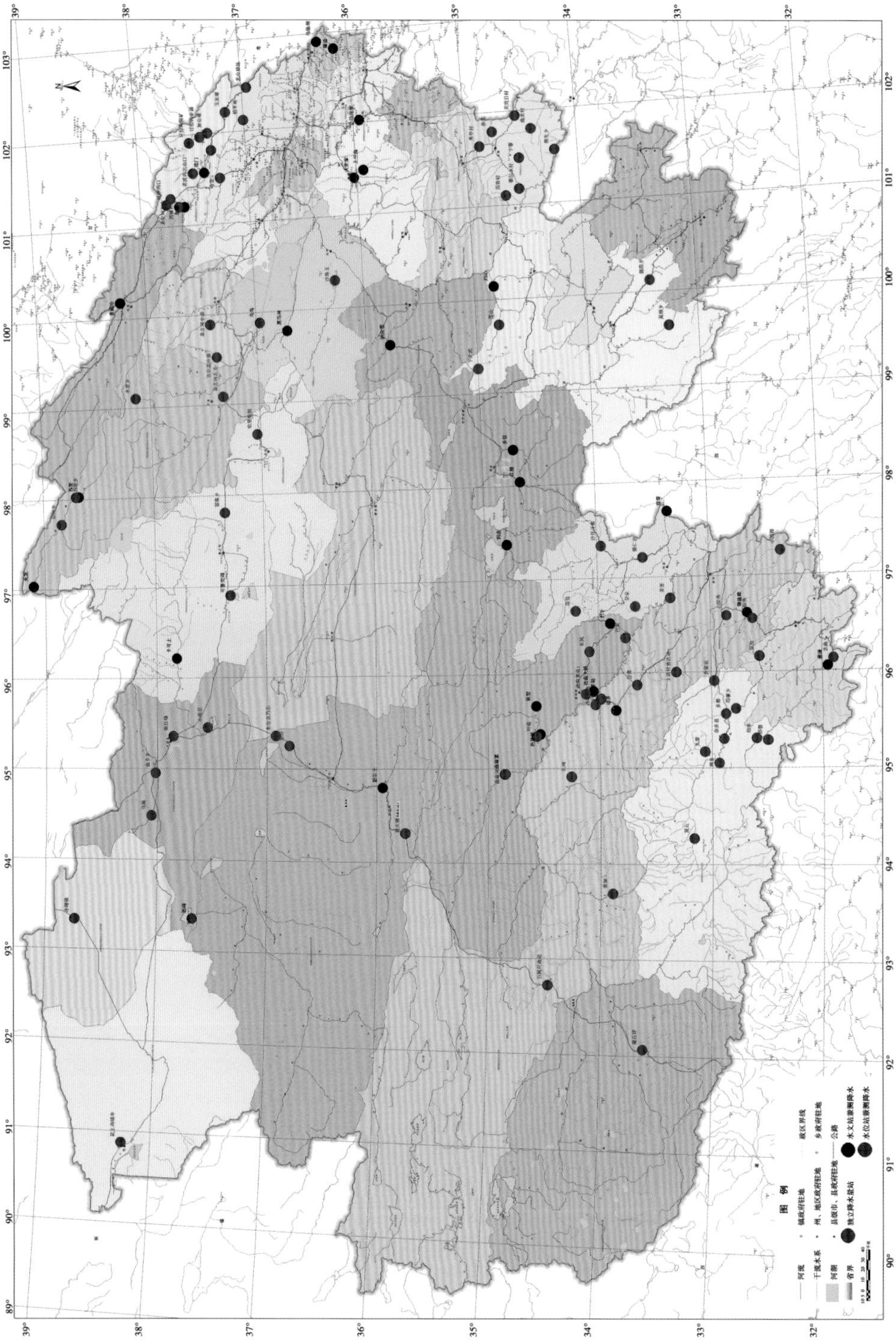

附图 32　青海省规划降水量站分布示意图

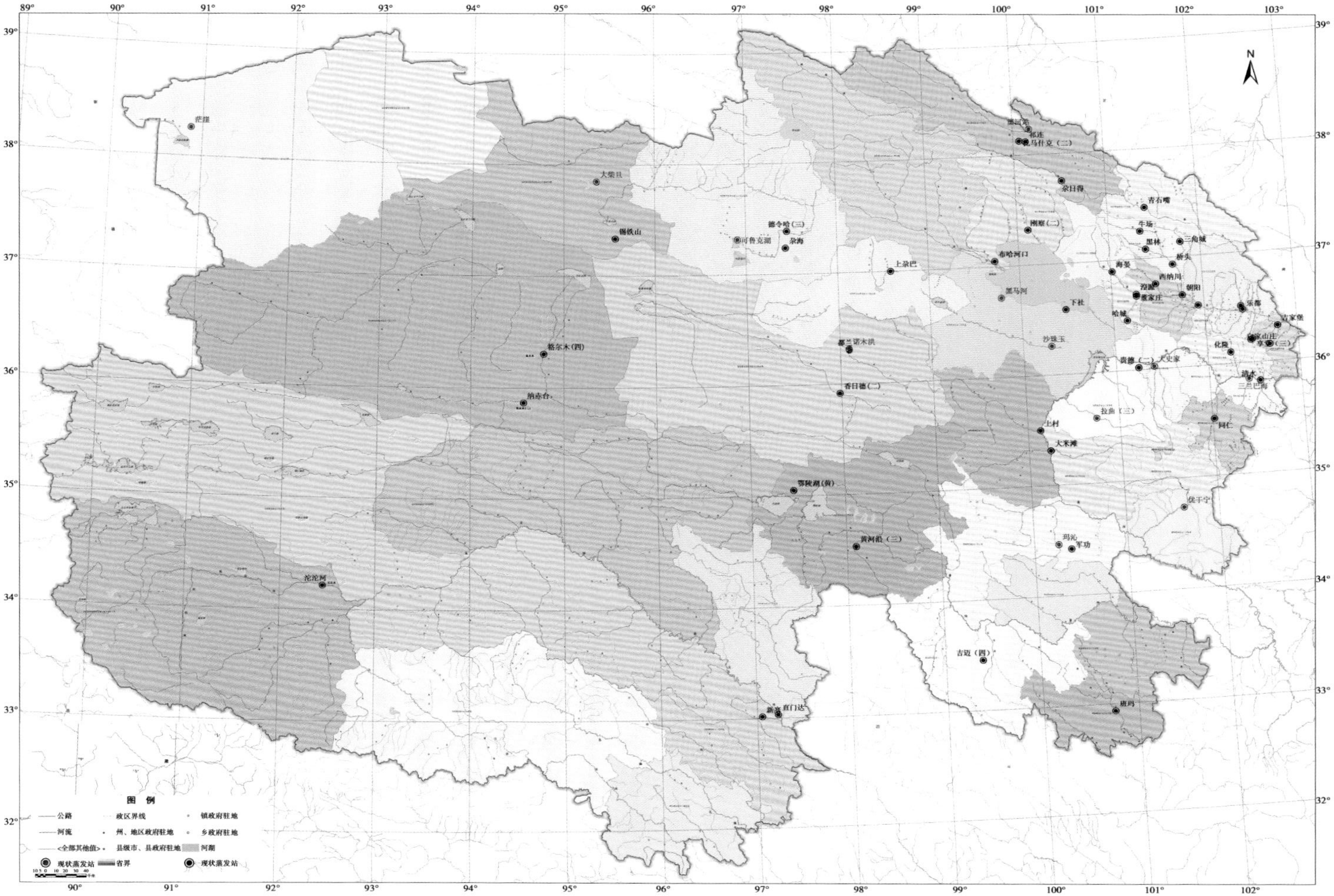


附图 33　青海省现状及规划蒸发站分布示意图

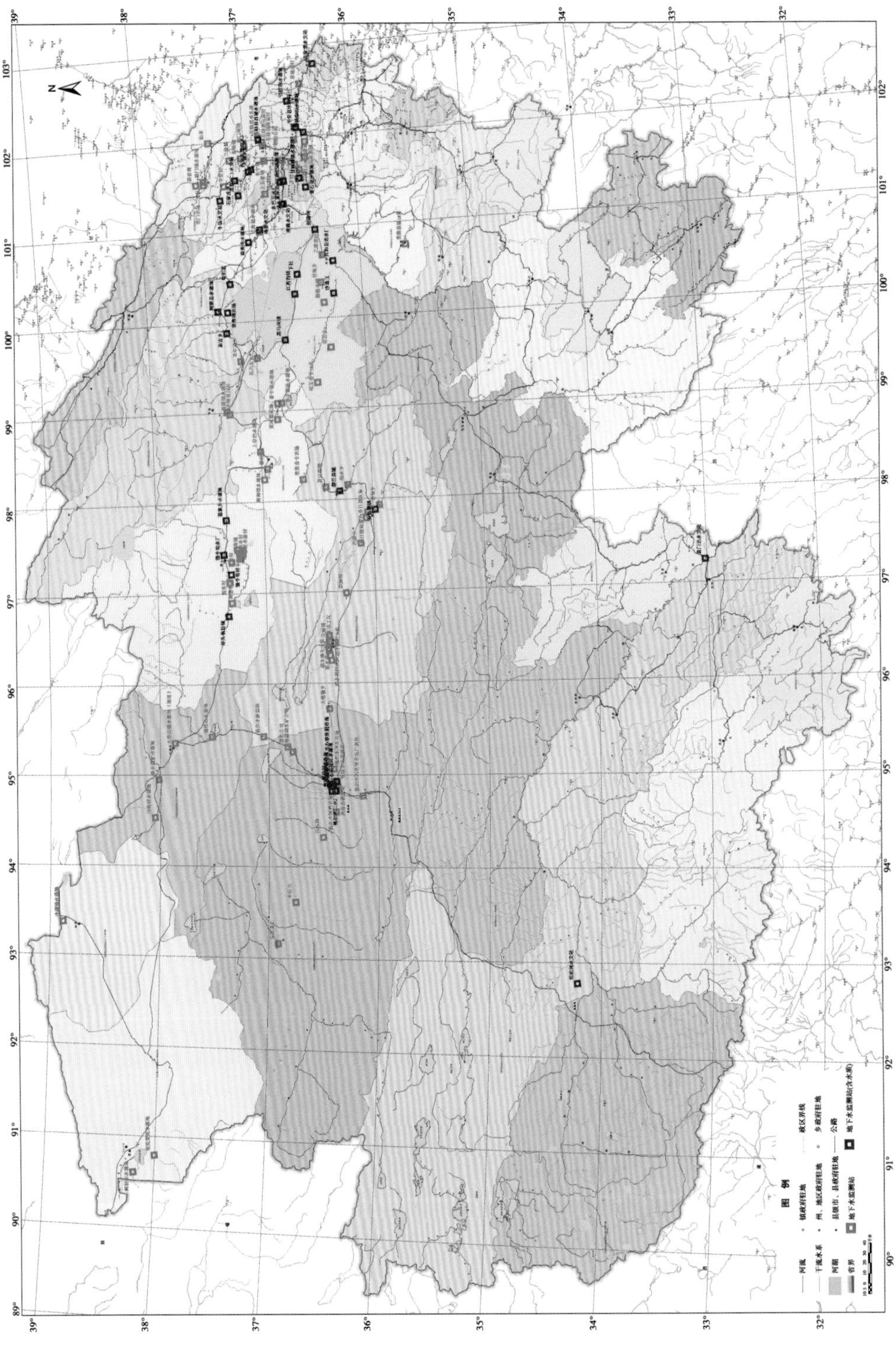

附图 34　青海省规划地下水站分布示意图

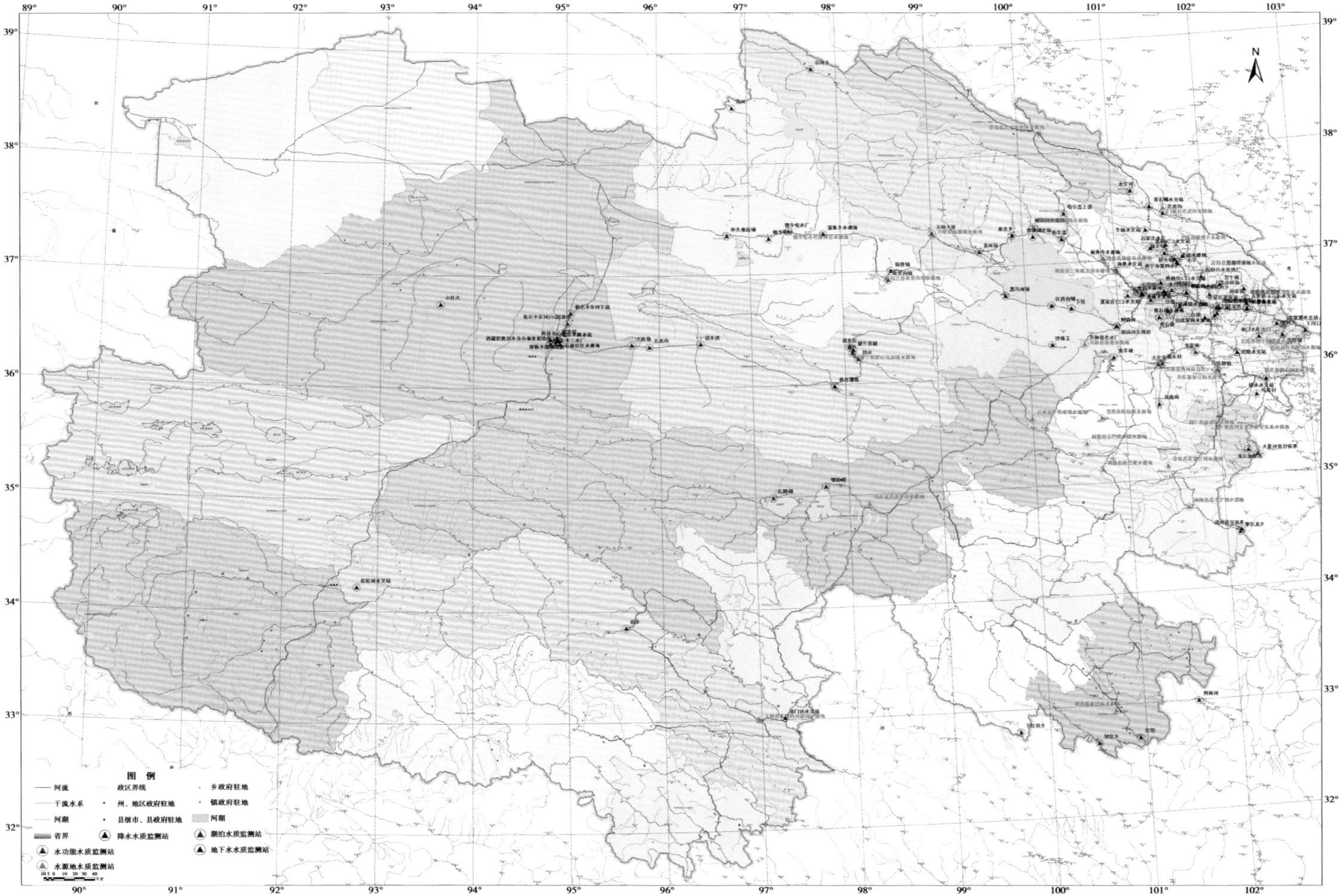


附图 35　青海省规划水质站分布示意图

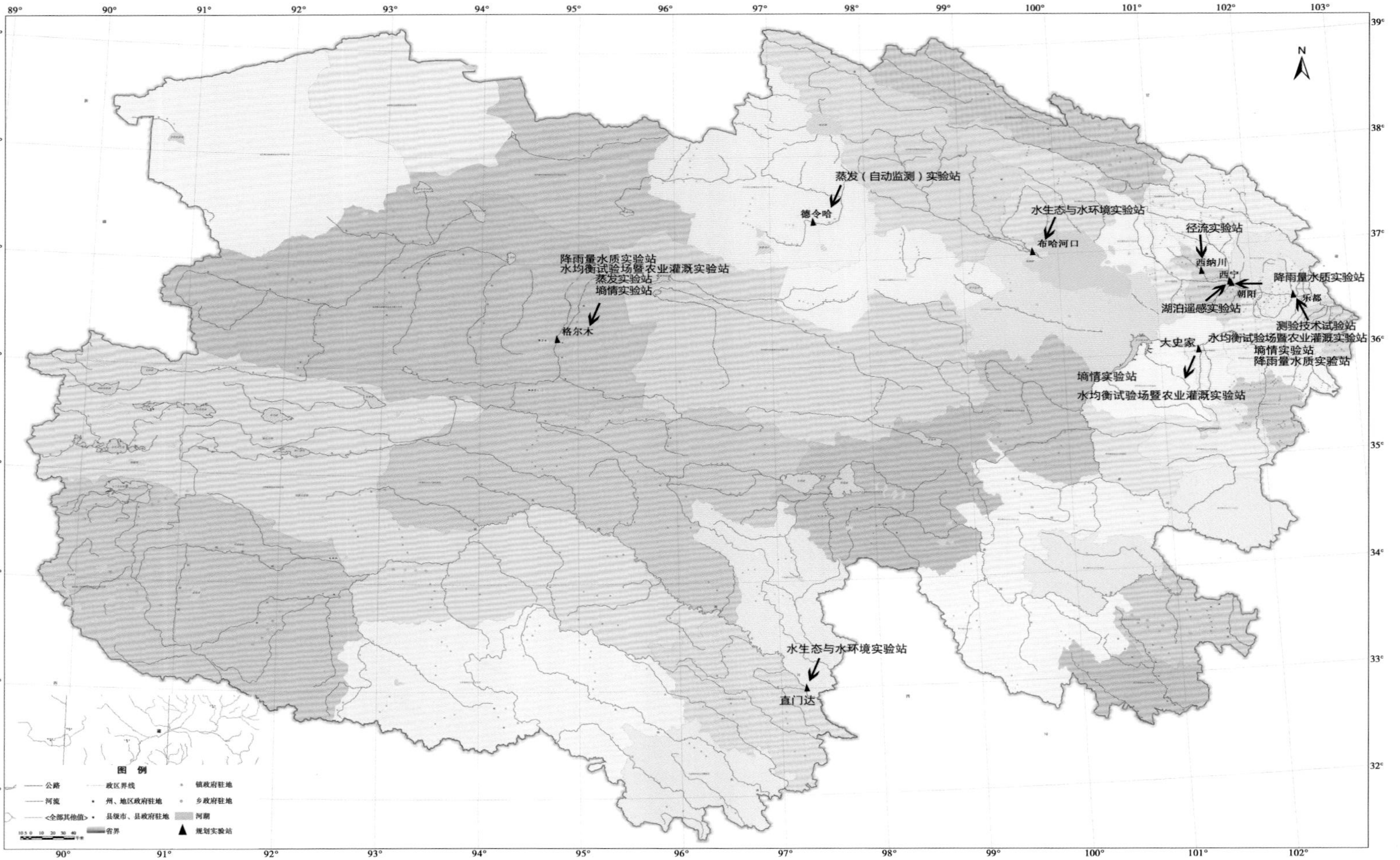


附图 36　青海省规划实验站分布示意图

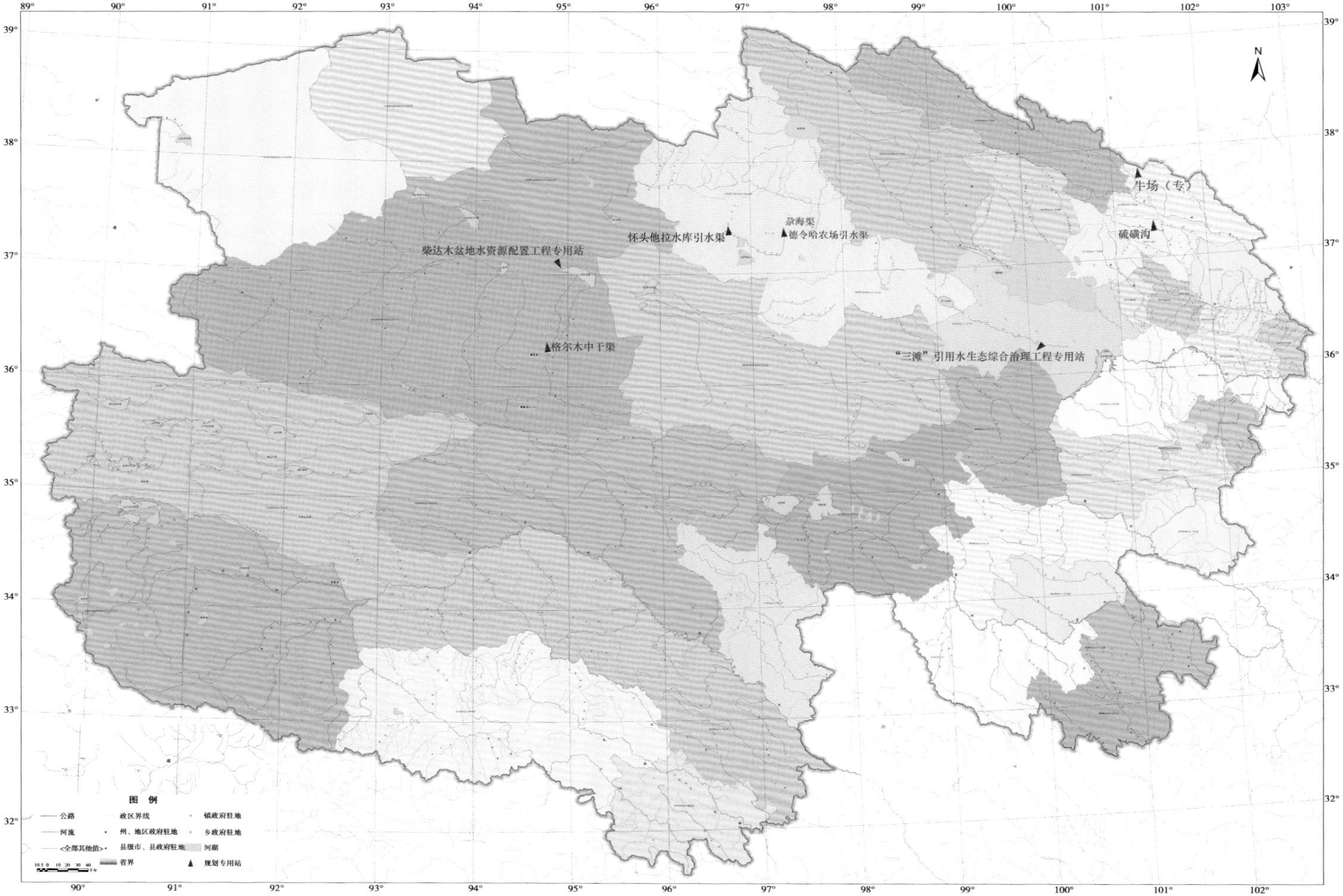


附图 37　青海省规划专用水文站分布示意图